SpringerWienNewYork

Josef Trölß

Angewandte Mathematik mit Mathcad

Lehr- und Arbeitsbuch

Band 3

Differential- und Integralrechnung

Dritte, aktualisierte Auflage

SpringerWienNewYork

Mag. Josef Trölß
Asten/Linz, Österreich

SpringerWien New York ist ein Unternehmen von
Springer Science + Business Media
springer.at

Korrektorat: Mag. Eva-Maria Oberhauser/Springer-Verlag
Satz: Reproduktionsfertige Vorlage des Autors

Gedruckt auf säurefreiem, chlorfrei gebleichtem Papier – TCF
SPIN: 12174447

Mit zahlreichen Abbildungen

Bibliografische Informationen der Deutschen Nationalbibliothek
Die Deutsche Nationalbibliothek verzeichnet diese Publikation in der Deutschen Nationalbibliografie; detaillierte bibliografische Daten sind im Internet über http://dnb.d-nb.de abrufbar.

ISBN 978-3-211-76746-7 SpringerWienNewYork
ISBN 978-3-211-71180-4 2. Aufl. SpringerWienNewYork

Vorwort

Dieses Lehr- und Arbeitsbuch aus dem vierbändigen Werk "Angewandte Mathematik mit Mathcad" richtet sich vor allem an Schülerinnen und Schüler höherer Schulen, Studentinnen und Studenten, Naturwissenschaftlerinnen und Naturwissenschaftler sowie Anwenderinnen und Anwender, speziell im technischen Bereich, die sich über eine computerorientierte Umsetzung mathematischer Probleme informieren wollen und dabei die Vorzüge von Mathcad möglichst effektiv nützen möchten.
Dieses vierbändige Werk wird ergänzt durch das Lehr- und Arbeitsbuch "Einführung in die Statistik und Wahrscheinlichkeitsrechnung und in die Qualitätssicherung mithilfe von Mathcad".
Als grundlegende Voraussetzung für das Verständnis und die Umsetzung mathematischer und technischer Aufgaben mit Mathcad gelten die im Band 1 (Einführung in Mathcad) angeführten Grundlagen.

Computer-Algebra-Systeme (CAS) und **computerorientierte numerische Verfahren (CNV)** vereinfachen den praktischen Umgang mit der Mathematik ganz entscheidend und erfahren heute eine weitreichende Anwendung. Bei ingenieurmäßigen Anwendungen kommen CAS und CNV nicht nur für anspruchsvolle mathematische Aufgabenstellungen und Herleitungen in Betracht, sondern auch als Engineering Desktop Software für alle Berechnungen. **Mathcad** stellt dazu eine Vielfalt von leistungsfähigen Werkzeugen zur Verfügung. So können **mathematische Formeln, Berechnungen, Texte, Grafiken usw.** in einem einzigen Arbeitsblatt dargestellt werden. Berechnungen und ihre Resultate lassen sich besonders einfach **illustrieren, visualisieren und kommentieren**. Werden auf dem Arbeitsblatt einzelne Parameter variiert, so passt die Software umgehend alle betroffenen Formeln und Diagramme des Arbeitsblattes an diese Veränderungen an. Spielerisch lässt sich so das "Was wäre wenn" untersuchen. Damit eignet sich diese Software in hervorragender Weise zur **Simulation** vieler Probleme. Auch die Visualisierung durch **Animation** kommt nicht zu kurz und fördert das Verständnis mathematischer Probleme. Ein weiterer Vorteil besteht auch darin, dass die meisten **mathematischen Ausdrücke** mit modernen Editierfunktionen **in gewohnter standardisierter mathematischer Schreibweise** dargestellt werden können.

Gliederung des dritten Bandes

In diesem Band wird eine **leicht verständliche anwendungsorientierte und anschauliche Darstellung** des mathematischen Stoffes gewählt. Definitionen, Sätze und Formeln werden für das Verständnis möglichst kurz gefasst und durch **zahlreiche Beispiele aus Naturwissenschaft und Technik** und anhand vieler Abbildungen und Grafiken näher erläutert.
Dieses Buch wurde weitgehend mit **Mathcad 14 (M011)** erstellt, sodass die vielen angeführten Beispiele leicht nachvollzogen werden können. Sehr viele Aufgaben können aber auch mit älteren Versionen von Mathcad gelöst werden. Bei zahlreichen Beispielen werden die Lösungen teilweise auch von Hand ermittelt.

Im vorliegenden Band werden folgende ausgewählte Stoffgebiete behandelt:

- **Folgen, Reihen und Grenzwerte:** reelle Zahlenfolgen, Eigenschaften von Folgen, arithmetische und geometrische Folgen, arithmetische endliche Reihen, geometrische endliche Reihen, Grenzwerte von unendlichen Folgen, Grenzwerte von unendlichen Reihen, geometrische unendliche Reihen.

- **Grenzwerte einer reellen Funktion und Stetigkeit:** Grenzwerte einer reellen Funktion, Stetigkeit von reellen Funktionen, Eigenschaften stetiger Funktionen, Verhalten reeller Funktionen im Unendlichen.

- **Differentialrechnung:** Differenzen- und Differentialquotient (Sekante und Tangente), Ableitungsregeln von reellen Funktionen in kartesischer Darstellung, Parameterdarstellung und Polarkoordinatendarstellung, Krümmung ebener Kurven, Grenzwerte von unbestimmten Ausdrücken, Kurvenuntersuchungen, Extremwertaufgaben, Differential einer Funktion (angenäherte Funktionswertberechnung und Fehlerbestimmung), Näherungsverfahren zum Lösen von Gleichungen (Newton-Verfahren und Regula Falsi), Interpolationskurven, Funktionen mit mehreren Variablen, partielle Ableitungen, Fehlerrechnung, Ausgleichsrechnung.

- **Integralrechnung:** unbestimmtes Integral, bestimmtes Integral, Integrationsmethoden, uneigentliches Integral erster und zweiter Art, numerische Integration (Mittelpunkts- und Trapezregel, Kepler- und Simpsonregel), Berechnung der Bogenlänge, Flächenberechnung (ebene Flächen und Mantelflächen von Rotationskörpern), Volumsberechnung, Schwerpunktsberechnung, Trägheitsmomente, Biegelinien, Arbeitsintegrale, hydromechanische Berechnungen, Mittelwerte, Mehrfachintegrale.

Spezielle Hinweise

Beim Erstellen eines Mathcad-Dokuments ist es hilfreich, viele mathematische Sonderzeichen verwenden zu können. Ein recht umfangreicher Zeichensatz ist die **Unicode-Schriftart "Arial". Eine neue Mathematikschriftart (Unicode-Schriftart "Mathcad UniMath") von Mathcad erweitert die verfügbaren mathematischen Symbole (wie z. B. griechische Buchstaben, mathematische Operatoren, Symbole und Pfeile) beträchtlich.** Einige **Sonderzeichen** aus der **Unicode-Schriftart "Arial"** stehen auch im **"Ressourcen-Menü"** von Mathcad zur Verfügung (**QuickSheets-Gesonderte Rechensymbole**).
Spezielle Zeichen finden sich auch in anderen Zeichensätzen wie z. B. **Bookshelf Symbol 2, Bookshelf Symbol 4, Bookshelf Symbol 5, MT Extra, UniversalMath1 PT, Castellar und CommercialScript BT. Empfohlen wird aber der Einsatz von reinen Unicode-Schriftarten.**
Zum **Einfügen verschiedener Zeichen** aus **verschiedenen Zeichensätzen** ist das **Programm Charmap.exe** sehr nützlich. Dieses Programm finden Sie unter **Zubehör-Zeichentabelle** in **Microsoft-Betriebssystemen. Es gibt aber auch andere nützliche Zeichentabellen-Programme.**
Viele **Zeichen** können aber auch mithilfe des **ASCII-Codes** (siehe Zeichentabelle) eingefügt werden (Eingabe mit Alt-Taste und Ziffercode mit dem numerischen Rechenblock der Tastatur).

Zur Darstellung von **komplexen Variablen** wird hier die **Fettschreibweise mit Unterstreichung** gewählt. Damit Variable zur Darstellung von **Vektoren und Matrizen** von normalen Variablen unterschieden werden können, werden diese hier in **Fettschreibweise** dargestellt. Die Darstellung von **Vektoren mit Vektorpfeilen** wird vor allem in Definitionen und Sätzen verwendet.

Damit **Variable**, denen bereits ein Wert zugewiesen wurde, **wertunabhängig auch für nachfolgende symbolische Berechnungen mit den Symboloperatoren** (live symbolic) verwendet werden können, werden diese einfach **redefiniert** (z. B. **x:=x**). Davon wird öfters Gebrauch gemacht.

Danksagung

Mein außerordentlicher Dank gebührt meinen geschätzten Kollegen Hans Eder und Bernhard Roiss für ihre Hilfestellungen bei der Herstellung des Manuskriptes, für wertvolle Hinweise und zahlreiche Korrekturen.

Hinweise, Anregungen und Verbesserungsvorschläge sind jederzeit willkommen.

Linz, im Februar 2008 **Josef Trölß**

Inhaltsverzeichnis

Inhaltsverzeichnis

Inhaltsverzeichnis

1. Folgen, Reihen und Grenzwerte

1.1 Folgen

Reelle Zahlenfolgen heißen solche Funktionen, bei denen die Definitionsmenge D eine Menge natürlicher Zahlen ($D \subseteq \mathbb{N}_0$ bzw. $D \subseteq \mathbb{N}$) und der Wertebereich W eine Menge reeller Zahlen ist.

$$f: D \longrightarrow W \subset \mathbb{R} \qquad (1\text{-}1)$$

$$n \longmapsto f(n) = a_n$$

Die Elemente des Wertebereichs heißen Glieder der Zahlenfolge. Die Glieder, also die Zahlen $a_0, a_1, a_2, \ldots$, bzw. $a_1, a_2, a_3, \ldots$, sind die zu den Platzhaltern 1, 2, 3, ... (Indizes) gehörigen Funktionswerte.

Bezeichnungen:

$f(n) = a_n$	**Funktionsgleichung**
a_n	**allgemeines Glied der reellen Folge (Termdarstellung)**
a_0 bzw. a_1	**1. Glied der Folge oder Anfangsglied**
a_k	**k-tes Glied der Folge**

$< a_n > = < a_0, a_1, a_2, \ldots, a_n >$ **bzw.** $< a_n > = < a_1, a_2, a_3, \ldots, a_n >$ **endliche Folge**

$< a_n > = < a_0, a_1, a_2, a_3, \ldots >$ **bzw.** $< a_n > = < a_1, a_2, a_3, \ldots, a_n, \ldots >$ **unendliche Folge**

Beispiel 1.1.1:

$n \in \{ 1, 2, 3, \ldots, 10 \}$ Definitionsmenge

$< a_n > = < 1/n > = < 1; 1/2; 1/3; \ldots ; 1/10 >$ **endliche Folge**

ORIGIN := 1 ORIGIN festlegen

$n := 1 .. 10$ Bereichsvariable

$a_n := \frac{1}{n}$ Folgeglieder in einem Vektor gespeichert

Vektorausgabe in Tabellenform:

$a_n =$

	1
1	1
2	0.5
3	0.333
4	0.25
5	0.2
6	0.167
7	0.143
8	0.125
9	0.111
10	0.1

$a =$

	1
1	1/1
2	1/2
3	1/3
4	1/4
5	1/5
6	1/6
7	1/7
8	1/8
9	1/9
10	1/10

Verschiedene Ausgabeformen der Folgeglieder:

$$a^T \rightarrow \left(1 \quad \frac{1}{2} \quad \frac{1}{3} \quad \frac{1}{4} \quad \frac{1}{5} \quad \frac{1}{6} \quad \frac{1}{7} \quad \frac{1}{8} \quad \frac{1}{9} \quad \frac{1}{10} \right)$$

symbolische Ausgabe in Vektorform

$a_2 \rightarrow \frac{1}{2}$ $\qquad a_2 = 0.5$ $\qquad a_2 = \frac{1}{2}$

$a_{10} \rightarrow \frac{1}{10}$ $\qquad a_{10} = 0.1$ $\qquad a_{10} = \frac{1}{10}$

symbolische und numerische Ausgabe der Folgeglieder

Eigenschaften von Folgen:

Eine Folge $< a_k >$ heißt

1. streng monoton steigend, wenn für alle $k \in D$ gilt: $a_k < a_{k+1}$ (1-2)
2. monoton steigend, wenn für alle $k \in D$ gilt: $a_k \le a_{k+1}$ (1-3)
3. streng monoton fallend, wenn für alle $k \in D$ gilt: $a_k > a_{k+1}$ (1-4)
4. monoton fallend, wenn für alle $k \in D$ gilt: $a_k \ge a_{k+1}$ (1-5)
5. konstant, wenn für alle $k \in D$ gilt: $a_k = a_{k+1}$ (1-6)
6. nach oben beschränkt, wenn für alle $k \in D$ gilt: $a_k \le K_o$ (1-7)
   K_o heißt obere Schranke von $< a_k >$
7. nach unten beschränkt, wenn für alle $k \in D$ gilt: $a_k \ge K_u$ (1-8)
   K_u heißt untere Schranke von $< a_k >$
8. beschränkt, wenn für alle $k \in D$ gilt: $|a_k| \le M$ (1-9)
   M heißt Schranke von $< a_k >$

$K_o, K_u, M \in \mathbb{R}$

Beispiel 1.1.2:

Geg.: $a_n = 1/10\ (n^2 - 1)$

Ges.: Berechnen Sie die ersten 10 Glieder der Folge (n > 0) und stellen Sie diese Folgeglieder grafisch dar.

ORIGIN := 1 — ORIGIN festlegen

$n := 1 .. 10$ — Bereichsvariable

$a_n := \frac{1}{10} \cdot (n^2 - 1)$ — allgemeines Folgeglied

$a^T \rightarrow \begin{pmatrix} 0 & \frac{3}{10} & \frac{4}{5} & \frac{3}{2} & \frac{12}{5} & \frac{7}{2} & \frac{24}{5} & \frac{63}{10} & 8 & \frac{99}{10} \end{pmatrix}$ — symbolische Ausgabe in Vektorform

$a_1 \rightarrow 0 \quad a_2 \rightarrow \frac{3}{10} \quad a_3 \rightarrow \frac{4}{5} \quad a_4 \rightarrow \frac{3}{2} \quad a_5 \rightarrow \frac{12}{5} \quad a_6 \rightarrow \frac{7}{2} \quad a_{10} \rightarrow \frac{99}{10}$

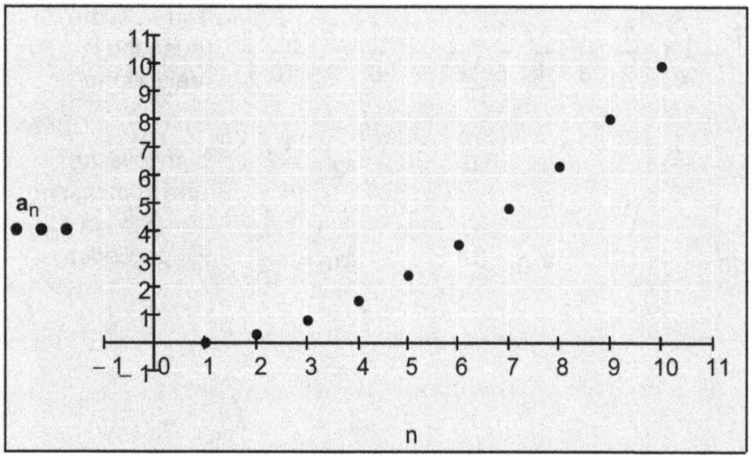

Abb. 1.1.1

a =

	1
1	0
2	3/10
3	4/5
4	3/2
5	12/5
6	7/2
7	24/5
8	63/10
9	8/1
10	99/10

numerische Ausgabe in Vektorform

Beispiel 1.1.3:

Geg.: $a_n = (-1)^n\ 2/n$

Ges.: Berechnen Sie die ersten 10 Glieder der Folge (n > 0) und stellen Sie diese Folgeglieder grafisch dar.

ORIGIN := 1 $\quad$ **a** := **a** $\quad$ ORIGIN festlegen und Redefinition der Variablen **a**

n1 :=

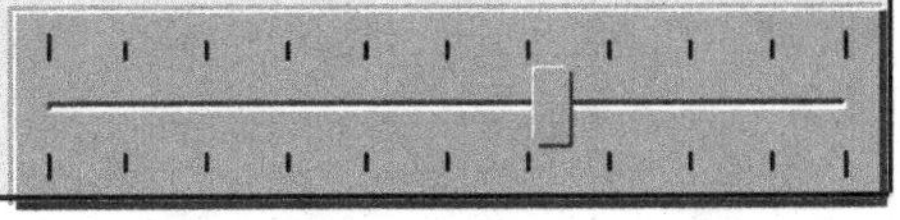

Steuerung der Bereichsvariablen mit einem Schieberegler (Slider)

n := 1 .. n1 $\quad$ Bereichsvariable

$a_n := (-1)^n \cdot \frac{2}{n}$ $\quad$ allgemeines Folgeglied

$\mathbf{a}^T \rightarrow \left(-2 \;\; 1 \;\; -\frac{2}{3} \;\; \frac{1}{2} \;\; -\frac{2}{5} \;\; \frac{1}{3} \;\; -\frac{2}{7} \;\; \frac{1}{4} \;\; -\frac{2}{9} \;\; \frac{1}{5} \;\; -\frac{2}{11} \;\; \frac{1}{6} \right)$ $\quad$ symbolische Ausgabe in Vektorform

$a_1 \rightarrow -2 \qquad a_2 \rightarrow 1 \qquad a_3 \rightarrow -\frac{2}{3} \qquad a_4 \rightarrow \frac{1}{2} \qquad a_5 \rightarrow -\frac{2}{5} \qquad a_6 \rightarrow \frac{1}{3} \qquad a_{10} \rightarrow \frac{1}{5}$

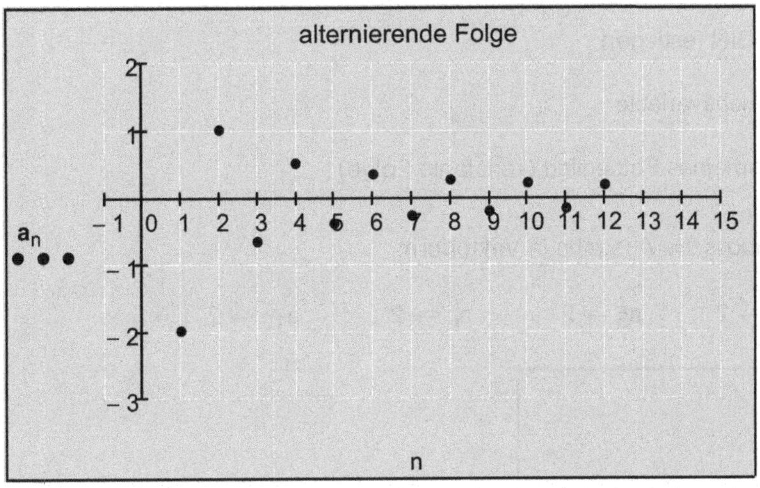

Wenn für alle k ∈ D $a_k \cdot a_{k+1} < 0$ gilt, so heißt die Folge alternierende Folge!

Abb. 1.1.2

Beispiel 1.1.4:

Geg.: $a_n = 2\cos(n\,\pi/6)$

Ges.: Berechnen Sie die ersten 10 Glieder der Folge (n > 0) und stellen Sie diese Folgeglieder grafisch dar.

ORIGIN := 1 $\quad$ **a** := **a** $\quad$ ORIGIN festlegen und Redefinition der Variablen **a**

n := 1 .. 10 $\quad$ Bereichsvariable

$a_n := 2 \cdot \cos\left(n \cdot \frac{\pi}{6}\right)$ $\quad$ allgemeines Folgeglied

$\mathbf{a}^T \rightarrow \left(\sqrt{3} \;\; 1 \;\; 0 \;\; -1 \;\; -\sqrt{3} \;\; -2 \;\; -\sqrt{3} \;\; -1 \;\; 0 \;\; 1 \right)$ $\qquad a_5 = -\frac{2672279}{1542841}$

Vorsicht bei der Ausgabe im Format Bruch! Maschinenzahlen!

$a_1 \rightarrow \sqrt{3} \qquad a_2 \rightarrow 1 \qquad a_3 \rightarrow 0 \qquad a_4 \rightarrow -1 \qquad a_5 \rightarrow -\sqrt{3} \qquad a_6 \rightarrow -2 \qquad a_{10} \rightarrow 1$

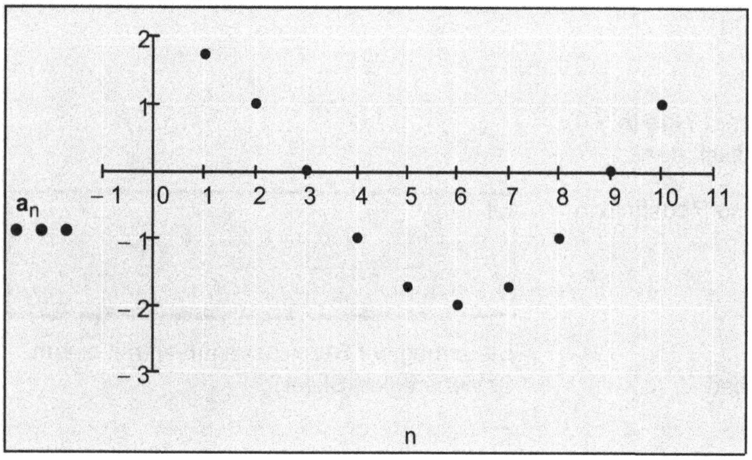

Abb. 1.1.3

Beispiel 1.1.5:

Geg.: $a_n = 2$

Ges.: Berechnen Sie die ersten 10 Glieder der Folge (n > 0) und stellen Sie diese Folgeglieder grafisch dar.

ORIGIN := 1 — ORIGIN festlegen

$n := 1 .. 10$ — Bereichsvariable

$a_n := 2$ — allgemeines Folgeglied (konstante Folge)

$a^T \rightarrow (2\ 2\ 2\ 2\ 2\ 2\ 2\ 2\ 2\ 2)$ — symbolische Ausgabe in Vektorform

$a_1 \rightarrow 2$ $\quad a_2 \rightarrow 2$ $\quad a_3 \rightarrow 2$ $\quad a_4 \rightarrow 2$ $\quad a_5 \rightarrow 2$ $\quad a_6 \rightarrow 2$ $\quad a_{10} \rightarrow 2$

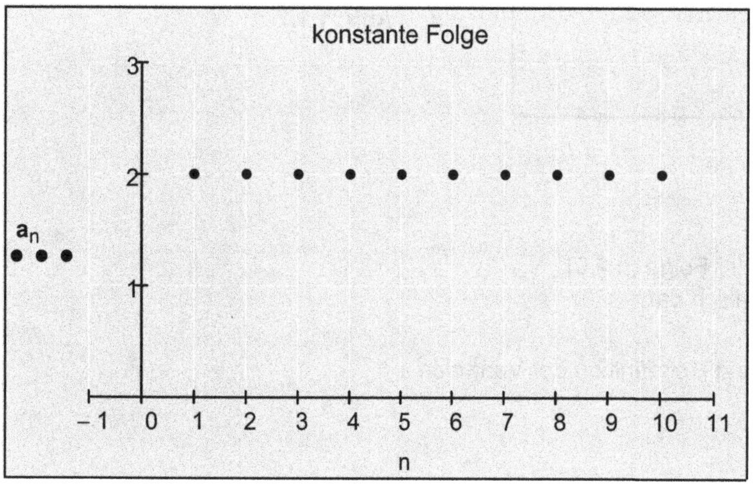

Abb. 1.1.4

Beispiel 1.1.6:

Geg.: $a_n = 3\,n / (2\,n - 1)$

Ges.: Es soll gezeigt werden, dass die Folge streng monoton fällt und die Zahl 1 eine untere Schranke ist. Stellen Sie die ersten 10 Folgeglieder grafisch dar.

ORIGIN := 1 — ORIGIN festlegen

$n := 1 .. 10$ Bereichsvariable

$a_n := \frac{3 \cdot n}{2 \cdot n - 1}$ allgemeines Folgeglied

$a^T \rightarrow \left(3 \;\; 2 \;\; \frac{9}{5} \;\; \frac{12}{7} \;\; \frac{5}{3} \;\; \frac{18}{11} \;\; \frac{21}{13} \;\; \frac{8}{5} \;\; \frac{27}{17} \;\; \frac{30}{19} \right)$ symbolische Ausgabe in Vektorform

$a_1 \rightarrow 3$ $\quad a_2 \rightarrow 2$ $\quad a_3 \rightarrow \frac{9}{5}$ $\quad a_4 \rightarrow \frac{12}{7}$ $\quad a_5 \rightarrow \frac{5}{3}$ $\quad a_6 \rightarrow \frac{18}{11}$ $\quad a_{10} \rightarrow \frac{30}{19}$

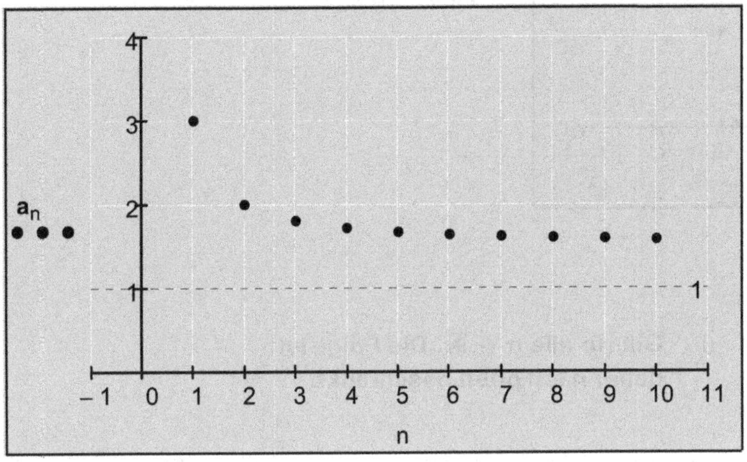

Abb. 1.1.5

$a_n > a_{n+1}$

$\frac{3 \cdot n}{2 \cdot n - 1} > \frac{3 \cdot (n+1)}{2 \cdot (n+1) - 1}$ hat als Lösung(en) $\frac{1}{2} < n \vee n < -\frac{1}{2}$

Gilt für alle n > 1/2 und damit für alle n ∈ ℕ. Die Folge ist daher streng monoton fallend.
n < -1/2 kommt hier nicht in Frage, weil n eine natürliche Zahl sein soll.

$a_n \geq K_u$ $\quad$ **$K_u = 1$**

$3 \cdot n \geq 2 \cdot n - 1$

Händische Lösung (gilt für alle **n ∈ ℕ**). **Die Folge ist daher nach unten beschränkt.**

Beispiel 1.1.7:

Geg.: **$a_n = (10\,n - 7) / n^2$**

Ges.: Es soll nachgewiesen werden, dass die Zahl 4 eine obere und die Zahl 0 eine untere Schranke der Folge ist. Stellen Sie die ersten 10 Folgeglieder grafisch dar.

ORIGIN := 1 ORIGIN festlegen

$n := 1 .. 10$ Bereichsvariable

$a_n := \frac{10 \cdot n - 7}{n^2}$ allgemeines Folgeglied

$a^T \rightarrow \left(3 \;\; \frac{13}{4} \;\; \frac{23}{9} \;\; \frac{33}{16} \;\; \frac{43}{25} \;\; \frac{53}{36} \;\; \frac{9}{7} \;\; \frac{73}{64} \;\; \frac{83}{81} \;\; \frac{93}{100} \right)$ symbolische Ausgabe in Vektorform

$a_1 \to 3$ $a_2 \to \frac{13}{4}$ $a_3 \to \frac{23}{9}$ $a_4 \to \frac{33}{16}$ $a_5 \to \frac{43}{25}$ $a_6 \to \frac{53}{36}$ $a_8 \to \frac{73}{64}$

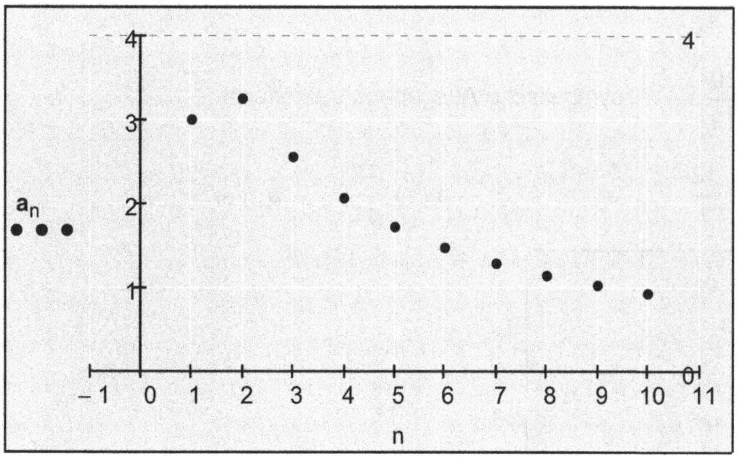

Abb. 1.1.6

$a_n \le K_o$

$\frac{10 \cdot n - 7}{n^2} \le 4$ hat als Lösung(en) $0 < n \vee n < 0$ **Gilt für alle n ∈ ℕ. Die Folge ist daher nach oben beschränkt.**

$a_n \ge K_u$

$\frac{10 \cdot n - 7}{n^2} \ge 0$ hat als Lösung(en) $\frac{7}{10} \le n$ **Gilt für alle n ≥ 7/10 und damit für alle n ∈ ℕ. Die Folge ist daher nach unten beschränkt.**

Anstatt das **allgemeine Glied a_n in Termdarstellung** anzugeben, kann **eine Folge durch eine sogenannte Rekursionsformel** (rekursiv bedeutet zurücklaufend) festgelegt werden. In diesem Fall wird das **erste Glied (oder auch die ersten beiden) und zusätzlich eine Rechenvorschrift angegeben**, die es gestattet, alle folgenden Glieder jeweils aus dem vorhergehenden Glied zu berechnen.

Beispiel 1.1.8:

Geg.: **$b_1 = 1$ und die Rekursionsformel $b_{n+1} = b_n + n^2$**
Ges.: Wie lauten die ersten 14 Folgeglieder?

$b_1 = 1$

$b_2 = b_1 + 1^2 = 1 + 1 = 2$

$b_3 = b_2 + 2^2 = 2 + 4 = 6$

$b_4 = b_3 + 3^2 = 6 + 9 = 15$

$b_5 = b_4 + 4^2 = 15 + 16 = 31$

$b_6 = b_5 + 5^2 = 31 + 25 = 56$

Berechnung der ersten 6 Folgeglieder mit der Rekursionsformel

ORIGIN := 1 — ORIGIN festlegen

n := 1 .. 13 — Bereichsvariable

$b_1 := 1$ — Anfangswert (Wert des 1. Folgegliedes)

$b_{n+1} := b_n + n^2$ Rekursionsformel (Differenzengleichung)

$b^T =$

	1	2	3	4	5	6	7	8	9	10	11	12	13	14
1	1	2	6	15	31	56	92	141	205	286	386	507	651	820

Beispiel 1.1.9:

Geg.: $f_0 = 1$, $f_1 = 1$ und die Rekursionsformel $f_{n+1} = f_n + f_{n-1}$
Ges.: Wie lauten die ersten 15 Folgeglieder.

$f_0 = 1 \quad f_1 = 1$

$f_2 = f_1 + f_0 = 1 + 1 = 2$

$f_3 = f_2 + f_1 = 2 + 1 = 3$

$f_4 = f_3 + f_2 = 3 + 2 = 5$

$f_5 = f_4 + f_3 = 5 + 3 = 8$

$f_6 = f_5 + f_4 = 8 + 5 = 13$

Berechnung der ersten 6 Folgeglieder mit der Rekursionsformel

ORIGIN := 0 ORIGIN festlegen

$n := 1..14$ Bereichsvariable

$f_0 := 1 \quad f_1 := 1$ Anfangswerte

$f_{n+1} := f_n + f_{n-1}$ Rekursionsformel (Differenzengleichung)

$f^T =$

	0	1	2	3	4	5	6	7	8	9	10	11	12
0	1	1	2	3	5	8	13	21	34	55	89	144	...

Diese Folge wird **Fibonacci-Folge** genannt.

Beispiel 1.1.10:

Geg.: $x_1 = a$ und die Rekursionsformel zur Berechnung von $\sqrt[3]{a}$: $x_{n+1} = 1/3\,(2\,x_n + a/x_n^2)$

Ges.: Berechnen Sie $\sqrt[3]{3}$ auf 5 Nachkommastellen genau.

ORIGIN := 1 ORIGIN festlegen

$n := 1..9$ Bereichsvariable

$x_1 := 3$ Anfangswert (Startwert)

$$x_{n+1} := \frac{1}{3}\cdot\left[2\cdot x_n + \frac{x_1}{(x_n)^2}\right]$$ Rekursionsformel (Differenzengleichung)

x =

	1
1	3
2	2.1111111111
3	1.6317841387
4	1.4634119891
5	1.4425541251
6	1.4422496346
7	1.4422495703
8	1.4422495703
9	1.4422495703
10	1.4422495703

$\sqrt[3]{3} = 1.4422495703$ Anzeige auf 10 Nachkommastellen eingestellt!

Beispiel 1.1.11:

Geg.: $u_n = 2\ \mathrm{int}(n/2)$ und $v_n = n \bmod 2$

Ges.: Wie lauten die ersten 15 Folgeglieder?

ORIGIN := 1 ORIGIN festlegen

$n := 1 .. 15$ Bereichsvariable

$u_n := 2 \cdot \mathrm{floor}\left(\frac{n}{2}\right)$ int = floor. Gibt die größte ganze Zahl zurück, die nicht größer als der Wert von x = n/2 ist.

$v_n := \mathrm{mod}(n, 2)$ Modulo-Funktion. Liefert den Rest der Division n/2, wenn der Zähler größer als der Nenner ist, sonst ist das Ergebnis gleich dem Zähler.

$u^T =$

	1	2	3	4	5	6	7	8	9	10	11	12	13	14	15
1	0	2	2	4	4	6	6	8	8	10	10	12	12	14	14

$v^T =$

	1	2	3	4	5	6	7	8	9	10	11	12	13	14	15
1	1	0	1	0	1	0	1	0	1	0	1	0	1	0	1

Beispiel 1.1.12:

Geg.: $a_n = 1$ für n ungerade und $a_n = 2^n$ für n gerade.

Ges.: Wie lauten die ersten 10 Folgeglieder?

ORIGIN := 1 ORIGIN festlegen

```
f(n) :=  for k ∈ 1..n
            c_k ← 2^k  if  floor(k/2) = k/2
            c_k ← 1  otherwise
         c
```

Unterprogramm (Funktion) zur Berechnung der Folgeglieder. floor(k/2) = k/2 ist dann gleich, wenn k eine gerade Zahl ist.

$n := 10$ Anzahl der Folgeglieder

$\mathbf{a} := f(n)$ Berechnung der Folgeglieder mit dem Unterprogramm

$\mathbf{a}^T =$

	1	2	3	4	5	6	7	8	9	10
1	1	4	1	16	1	64	1	256	1	1024

Beispiel 1.1.13:

Geg.: $\mathbf{z_1 = 1}$ und die Rekursionsformel $\mathbf{z_{n+1} = (5\, z_n + 3) \bmod 16}$
Ges.: Berechnen Sie die Folgeglieder so lange, bis sie sich wiederholen.

ORIGIN := 1

$a := 5$ $r := 3$ $k := 16$ Vorgabegrößen

$n := 1 .. 19$ Bereichsvariable

$z_n := 1$ Anfangswert

$\mathbf{z}_{n+1} := \mathrm{mod}(a \cdot \mathbf{z}_n + r, k)$ Pseudozufallsgenerator (liefert Zahlen zwischen 0 und k-1)

$\mathbf{z}^T =$

	1	2	3	4	5	6	7	8	9	10	11	12	13	14	15
1	1	8	11	10	5	12	15	14	9	0	3	2	13	4	...

$p := k$

$\mathbf{z1} := \frac{1}{p} \cdot \mathbf{z}$ Pseudozufallszahlen zwischen 0 und 1

$\mathbf{z1}^T =$

	1	2	3	4	5	6	7	8	9	10
1	0.063	0.5	0.688	0.625	0.313	0.75	0.938	0.875	0.563	...

1.1.1 Arithmetische Folgen

In einer arithmetischen Folge ist die Differenz d zweier benachbarter Glieder konstant, aber von null verschieden (für d = 0 liegt eine konstante Folge vor).

$$a_2 - a_1 = a_3 - a_2 = a_4 - a_3 = \ldots = a_{n+1} - a_n = d \qquad \text{(1-10)}$$

Mit
a_1
$a_2 = a_1 + d$
$a_3 = a_2 + d = a_1 + d + d = a_1 + 2\,d$
$a_4 = a_3 + d = a_1 + 2\,d + d = a_1 + 3\,d$
usw.
erhalten wir das allgemeine Folgeglied:

$$a_n = a_1 + (n - 1)\,d \quad \text{mit } d \in \mathbb{R} \text{ und } n \in \mathbb{N} \text{ bzw.} \qquad \text{(1-11)}$$
$$a_n = a_0 + n\,d \quad \text{mit } d \in \mathbb{R} \text{ und } n \in \mathbb{N}_0$$

Mit (1-10) erhalten wir durch Addition das allgemeine Folgeglied aus dem sich daraus ergebenden arithmetischen Mittel seiner Nachbarglieder:

$a_{n-1} = a_n - d$

$a_{n+1} = a_n + d$

$a_{n-1} + a_{n+1} = 2\, a_n$

und damit

$$a_n = 1/2\,(a_{n-1} + a_{n+1}) \qquad \textbf{(1-12)}$$

Arithmetische Folgen treten überall dort auf, wo sich ein gewisser Anfangswert mehrmals um einen festen Wert vermehrt oder verringert.

Beispiel 1.1.14:

Geg.: $a_n = 2 + (n - 1)\, 1/2$

Ges.: Berechnen Sie die ersten 10 Glieder der Folge und stellen Sie diese Folgeglieder grafisch dar.

ORIGIN := 1 — ORIGIN festlegen

$n := 1 .. 10$ — Bereichsvariable

$a_n := 2 + (n - 1) \cdot \frac{1}{2}$ — allgemeines Folgeglied

$\mathbf{a}^T \rightarrow \left(2 \;\; \frac{5}{2} \;\; 3 \;\; \frac{7}{2} \;\; 4 \;\; \frac{9}{2} \;\; 5 \;\; \frac{11}{2} \;\; 6 \;\; \frac{13}{2}\right)$ — symbolische Ausgabe in Vektorform

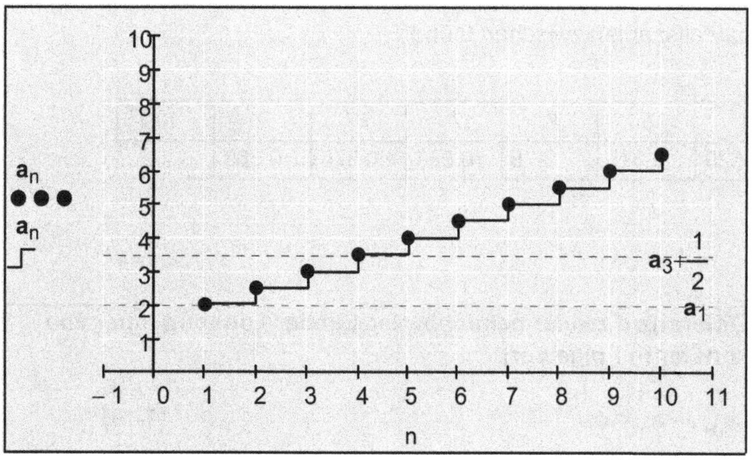

d = 1/2

Die Folge ist streng monoton steigend.

Die Folgeglieder bilden eine Menge äquidistanter Punkte, die auf einer Geraden liegen.

Abb. 1.1.7

Beispiel 1.1.15:

Geg.: $a_n = 4 + (1 - n)\, 5/7$

Ges.: Berechnen Sie die ersten 10 Glieder der Folge, und stellen Sie diese Folgeglieder grafisch dar.

ORIGIN := 1 $\quad \mathbf{a} := \mathbf{a}$ — ORIGIN festlegen und Redefinition von **a**

$n := 1 .. 10$ — Bereichsvariable

$a_n := 4 + (1 - n) \cdot \frac{5}{7}$ — allgemeines Folgeglied

$a^T \rightarrow \left(4 \ \frac{23}{7} \ \frac{18}{7} \ \frac{13}{7} \ \frac{8}{7} \ \frac{3}{7} \ -\frac{2}{7} \ -1 \ -\frac{12}{7} \ -\frac{17}{7}\right)$ symbolische Ausgabe in Vektorform

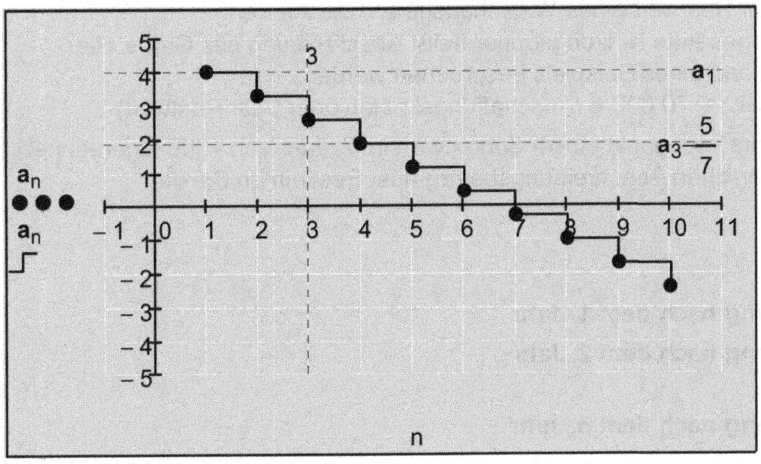

d = - 5/7
Die Folge ist streng monoton fallend.

Abb. 1.1.8

Beispiel 1.1.16:

Einem Festplattenlager von anfänglich B_0 = 5000 Stück werden täglich durchschnittlich 186 Stück entnommen. Wie groß ist der Lagerbestand nach 21 Tagen? Nach wie vielen Tagen sinkt der Lagerbestand erstmals unter 500 Stück?

ORIGIN := 0 ORIGIN festlegen

Stk := 1 Einheitendefinition

k := 25 Anzahl der Tage

t := 0 .. k Bereichsvariable

$\mathbf{B}_0 := 5000 \cdot Stk$ Lagerbestand

$d := -186 \cdot Stk$ konstante Differenz

$\mathbf{B}_t := \mathbf{B}_0 + d \cdot t$ arithmetische Folge

$5000 + t1 \cdot (-186) < 500$ hat als Lösung(en) $\frac{750}{31} < t1 \quad \Rightarrow \quad \frac{750}{31} = 24.19$ und $\mathrm{floor}\left(\frac{750}{31}\right) = 24$

t1 := 24 Nach dem 24. Tag sinkt der Lagerbestand erstmals unter 500 Stück.

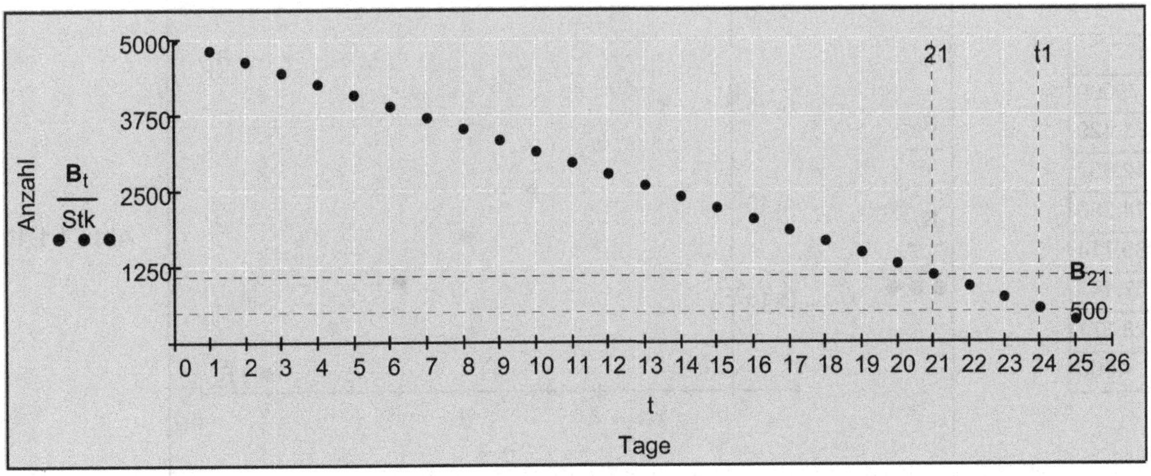

Abb. 1.1.9

Beispiel 1.1.17:

Im Allgemeinen verlieren Wirtschaftsgüter (Gebäude, Computer, PKW, Büroeinrichtungen usw.) mit der Zeit ihren Wert. Wir sprechen dann vom Buch- oder Restwert eines Wirtschaftsgutes. Die Art der Wertverminderung und ihre Aufteilung auf die gesamte Nutzungsdauer heißt Abschreibung des Gutes. Hier soll die lineare Abschreibung eines Gutes anhand eines Beispiels besprochen werden.
Eine Stanzmaschine wird zu einem Preis von R_0 = 70 000 € (Anschaffungskosten oder 0-ter Restwert) angeschafft. Die Nutzungsdauer beträgt 7 Jahre, wobei mit einem Schrottwert im 7. Jahr von 4000 € gerechnet wird. Wir gehen hier von einem konstanten jährlichen Abschreibungsbetrag aus. Bestimmen Sie die Restwertfolge R_n.

n ... Nutzungsdauer in Jahren

$R_1 = R_0 - A_1$ **A_1 ... Abschreibung nach dem 1. Jahr**

$R_2 = R_1 - A_2$ **A_2 ... Abschreibung nach dem 2. Jahr**

$R_n = R_{n-1} - A_n$ **A_n ... Abschreibung nach dem n. Jahr**

Nach unserer Annahme gilt: $A_1 = A_2 = ... = A_n = A$

ORIGIN := 0 ORIGIN festlegen

€ := 1 Währungsdefinition (eine Variable schreiben und mit <**Umschalt**> + <**Strg**> + <**K**> in den Textmodus wechseln, Eurozeichen eingeben und wieder mit der gleichen Tastenkombination den Textmodus verlassen)

n := 1 .. 7 Bereichsvariable

$\mathbf{R}_0 := 70000 \cdot €$ Anschaffungskosten (0-ter Restwert)

$\mathbf{R}_7 := 4000 \cdot €$ Schrottwert im 7. Jahr

$\mathbf{R}_7 = \mathbf{R}_0 - 7 \cdot A$ hat als Lösung(en) $\frac{\mathbf{R}_0}{7} - \frac{\mathbf{R}_7}{7}$

$A := \frac{\mathbf{R}_0}{7} - \frac{\mathbf{R}_7}{7}$ $A = 9428.571 \cdot €$ Abschreibung pro Jahr

$\mathbf{R}_n := \mathbf{R}_{n-1} - A$ allgemeines Bildungsgesetz für den Restwert

$\frac{\mathbf{R}}{€} =$

	0
0	70000
1	60571.429
2	51142.857
3	41714.286
4	32285.714
5	22857.143
6	13428.571
7	4000

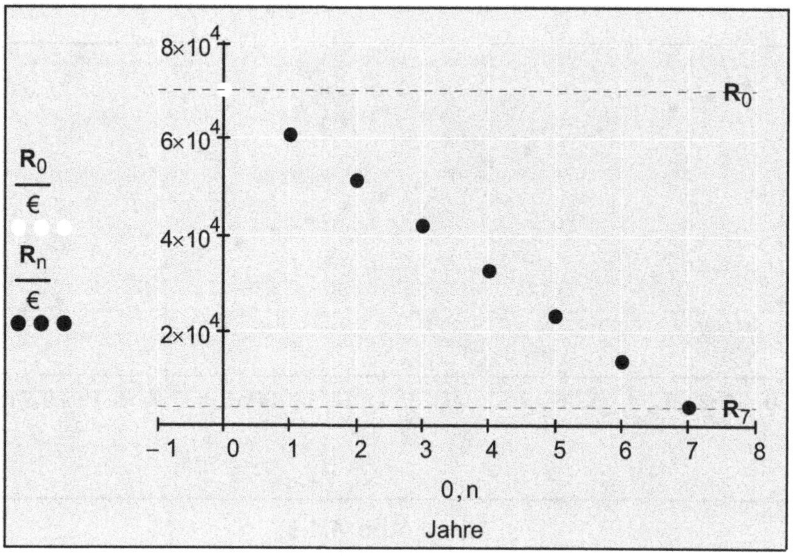

Abb. 1.1.10

1.1.2 Geometrische Folgen

Eine geometrische Folge ist dadurch gekennzeichnet, dass der Quotient q je zweier aufeinanderfolgender Glieder konstant ist ($q \neq 0$):

$$q = \frac{a_{n+1}}{a_n} \qquad (1\text{-}13)$$

Mit

a_1

$a_2 = a_1\, q$

$a_3 = a_2\, q = a_1\, q\, q = a_1\, q^2$

$a_4 = a_3\, q = a_1\, q^2\, q = a_1\, q^3$

usw.

erhalten wir das allgemeine Folgeglied:

$$a_n = a_1\, q^{n-1} \quad \text{mit } q \in \mathbb{R} \setminus \{0\} \text{ und } n \in \mathbb{N} \text{ bzw.} \qquad (1\text{-}14)$$

$$a_n = a_0\, q^n \quad \text{mit } q \in \mathbb{R} \setminus \{0\} \text{ und } n \in \mathbb{N}_0$$

Drei aufeinanderfolgende Folgeglieder a_{k-1}, a_k, a_{k+1} lassen sich immer in der Form $a_k : q$, a_k, $a_k\, q$ schreiben.

Es gilt daher: $(a_k : q)(a_k\, q) = a_k^2$.

Daraus folgt, dass der Absolutbetrag jedes inneren Folgegliedes einer geometrischen Folge gleich dem geometrischen Mittel seiner Nachbarglieder ist:

$$|a_k| = \sqrt{\left(\frac{a_k}{q}\right) \cdot (a_k \cdot q)} = \sqrt{a_{k-1} \cdot a_{k+1}} \qquad (1\text{-}15)$$

Allgemein können wir sagen: Ist $a_1 > 0$ bzw. $a_0 > 0$, so nimmt die geometrische Folge für $q > 1$ zu. Sie ist konstant für $q = 0$, sie nimmt ab für $0 < q < 1$ und sie ist alternierend für $q < 0$.

Geometrische Folgen treten überall dort auf, wo die Änderung von einem Folgeglied zum nächsten nicht absolut, sondern relativ (prozentuell) ist.

Geometrische Folgen bilden in Form der sogenannten Vorzugs- oder Normzahlen die Grundlage für die Typisierung von Hauptabmessungen in der Technik und ermöglichen die Wahl zweckmäßiger Größenabstufungen bei Drehzahlen, Vorschüben, Gewindedurchmessern, Längen, Rohren, Stäben, Platten und dergleichen mehr. Bei konsequenter Verwendung werden die wirtschaftliche Fertigung durch Reduzierung von Werkzeugen und Vorrichtungen gefördert, und das Austauschen von Einzelteilen erleichtert. Zahlreiche Anwendungen geometrischer Folgen finden sich aber auch z. B. bei der Beschreibung physikalischer Vorgänge und bei wirtschaftsmathematischen Berechnungen.

Beispiel 1.1.18:

Geg.: $a_n = 1/4\ (3/2)^{n-1}$

Ges.: Berechnen Sie die ersten 10 Glieder der Folge und stellen Sie diese Folgeglieder grafisch dar.

ORIGIN := 1 ORIGIN festlegen

$n := 1 .. 10$ Bereichsvariable

$a_n := \frac{1}{4} \cdot \left(\frac{3}{2}\right)^{n-1}$ allgemeines Folgeglied $\frac{a_3}{a_2} \rightarrow \frac{3}{2}$ $q := \frac{3}{2}$ Der Quotient von zwei Folgegliedern ist konstant!

$a^T \rightarrow \left(\frac{1}{4} \ \frac{3}{8} \ \frac{9}{16} \ \frac{27}{32} \ \frac{81}{64} \ \frac{243}{128} \ \frac{729}{256} \ \frac{2187}{512} \ \frac{6561}{1024} \ \frac{19683}{2048}\right)$ symbolische Ausgabe in Vektorform

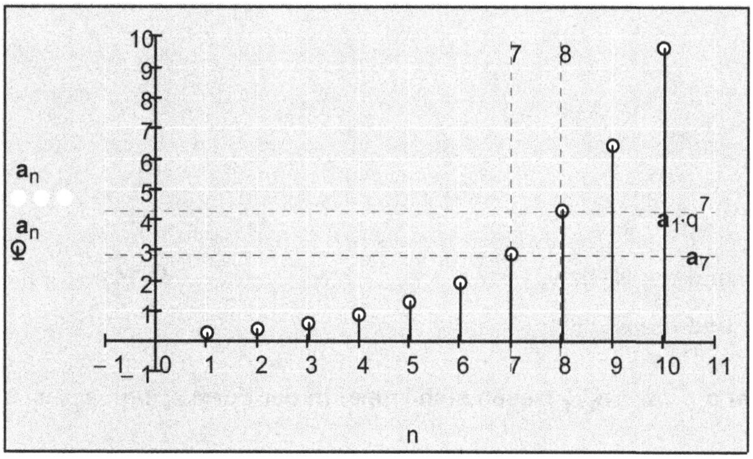

q = 3/2
Die Folge ist streng monoton steigend.

Die Folgeglieder bilden eine Menge von Punkten, die auf einer Exponentialkurve liegen.

Abb. 1.1.11

Beispiel 1.1.19:

Zwischen den Längen 15 mm und 210 mm sind weitere vier Längen so einzuschalten, dass eine geometrische Stufung erreicht wird. Bestimmen Sie die Folge dieser Längen.

ORIGIN := 1

$L_1 := 15 \cdot mm$ $L_6 := 210 \cdot mm$ gegebene Längen

$L_6 = L_1 \cdot q^5$ nach dem Bildungsgesetz einer geometrischen Folge

$q := \sqrt[5]{\frac{L_6}{L_1}}$ $q = 1.695$ Quotient

$n := 1 .. 6$ Bereichsvariable

$L_n := L_1 \cdot q^{n-1}$ allgemeines Bildungsgesetz

$L^T =$

	1	2	3	4	5	6
1	15	25.4	43.1	73.1	123.9	210

$\cdot mm$ numerische Ausgabe in Vektorform

Beispiel 1.1.20:

Bei einer Drehmaschine ist die niedrigste Drehzahl 20 min^{-1} und die höchste 100 min^{-1}. Dazwischen liegen weitere vier Drehzahlen, die geometrisch abgestuft sind. Wie lautet die Folge der Drehzahlen?

ORIGIN := 1 ORIGIN festlegen

$n_1 := 20 \cdot min^{-1}$ $n_6 := 100 \cdot min^{-1}$ gegebene Drehzahlen

$n_6 = n_1 \cdot q^5$ nach dem Bildungsgesetz einer geometrischen Folge

$q := \sqrt[5]{\frac{n_6}{n_1}}$ $q = 1.38$ Quotient

$k := 1..6$ Bereichsvariable

$n_k := n_1 \cdot q^{k-1}$ allgemeines Bildungsgesetz

$n^T =$

	1	2	3	4	5	6
1	20	27.6	38.1	52.5	72.5	100

$\cdot min^{-1}$ numerische Ausgabe in Vektorform

Beispiel 1.1.21:

Von 1 Ω ausgehend soll in 6 bzw. 12 prozentuell gleich großen Stufen der Wert 10 Ω erreicht werden. Berechnen Sie die Zwischenwerte der Folge.

ORIGIN := 1

$E6_1 := 1 \cdot \Omega$ $E6_7 := 10 \cdot \Omega$ gegebene Widerstände

$E6_7 = E6_1 \cdot q^6$ nach dem Bildungsgesetz einer geometrischen Folge

$q := \sqrt[6]{\frac{E6_7}{E6_1}}$ $q = 1.468$ Quotient

Erhöhen wir, mit 1 beginnend, stets um 46,8 % ≈ 47 %, so erreichen wir nach 6 solcher Stufen den Wert 10.

$q = \sqrt[6]{10}$ heißt Stufensprung der Normzahlenreihe E6 (hier wird oft der Begriff Reihe statt Folge benützt). Daraus werden die sogenannten Hauptwerte der Normzahlen der Grundreihe E6 abgeleitet, die vereinbarungsgemäß mit zwei Nachkommastellen angegeben wird.

$k := 1..10$ Bereichsvariable

$E6_k := E6_1 \cdot q^{k-1}$ allgemeines Bildungsgesetz

$E6^T =$

	1	2	3	4	5	6	7	8	9	10
1	1	1.468	2.154	3.162	4.642	6.813	10	14.678	21.544	31.623

Ω

Daraus lassen sich die Hauptwerte der **Normzahlen der Reihe E6** ableiten:

E6 :=

1,00	1,50	2,20	3,20	4,70	6,80	10,00	14,70	21,50	31,60

$E12_1 := 1 \cdot \Omega$ $E12_{13} := 10 \cdot \Omega$ gegebene Widerstände

$E12_{13} = E12_1 \cdot q^{12}$ nach dem Bildungsgesetz einer geometrischen Folge

$q := \sqrt[12]{\frac{E12_{13}}{E12_1}}$ $q = 1.212$ Quotient

$k := 1..15$ Bereichsvariable

$E12_k := E12_1 \cdot q^{k-1}$ allgemeines Bildungsgesetz

$E12^T =$ (Ω)

	1	2	3	4	5	6	7	8	9	10	11	12	13	14	15
1	1	1.21	1.47	1.78	2.15	2.61	3.16	3.83	4.64	5.62	6.81	8.25	10	12.12	14.68

Daraus lassen sich wieder die Hauptwerte der **Normzahlen der Reihe E12** ableiten:

E12 :=

1,00	1,20	1,50	1,80	2,20	2,60	3,20	3,80	4,60	5,60

Hier ist zwischen 2 benachbarten Gliedern der E6-Reihe noch ein Glied dazwischengeschaltet.

Mithilfe eines Unterprogramms lässt sich die Normreihe E6 einfacher berechnen:

$i := 1..15$ Bereichsvariable

$$E12_i := \text{rund}\left(\begin{array}{|l} 1 \text{ if } i = 1 \\ 1 \cdot \prod_{j=0}^{i-2} \sqrt[12]{10} \text{ otherwise} \end{array}, 1\right)$$

$E12^T =$

	1	2	3	4	5	6	7	8	9	10	11	12	13
1	1	1.2	1.5	1.8	2.2	2.6	3.2	3.8	4.6	5.6	6.8	8.3	...

Beispiel 1.1.22:

In der Physik sprechen wir von einer gedämpften Schwingung, wenn die Amplitude A, d. h. die maximale Auslenkung aus der Ruhelage, mit der Zeit abnimmt. Dabei bilden die Amplituden A_1, A_2, A_3, ... im Allgemeinen eine geometrische Folge. Ermitteln Sie das Bildungsgesetz für die Amplitudenfolge und geben Sie die ersten 10 Glieder an. Welche Amplitude ist als Erste unter 5 % der Anfangsamplitude?

ORIGIN := 1 ORIGIN festlegen

$A_1 := 2 \cdot cm$ Ausgangsamplitude

$\delta := 0.5 \cdot s^{-1}$ Dämpfungsfaktor

$\omega := 2 \cdot \pi \cdot s^{-1}$ Kreisfrequenz

$T := \frac{2 \cdot \pi}{\omega}$ $T = 1s$ Schwingungsdauer

$s_1(t) := A_1 \cdot e^{-\delta \cdot t} \cdot \cos(\omega \cdot t)$ Schwingungsgleichung

$A(t) := A_1 \cdot e^{-\delta \cdot t}$ zeitabhängige Amplitude

$t := 0 \cdot s, 0.001 \cdot s .. 5 \cdot s$ Zeitbereich

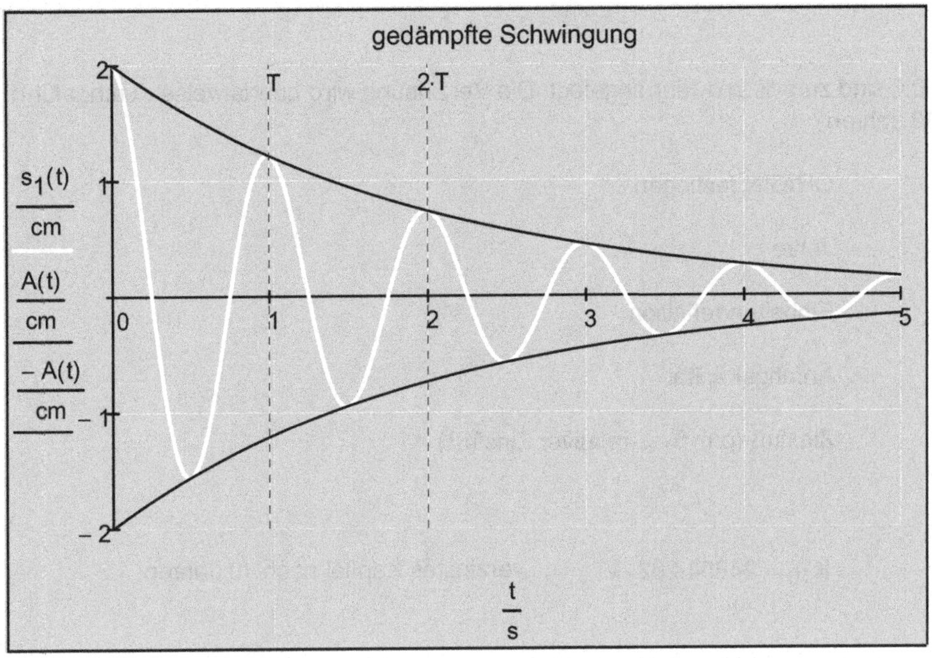

Abb. 1.1.12

Mit $A(t) = A_1\, e^{-\delta t}$ erhalten wir folgendes Bildungsgesetz:

t = 0	$A_1 = A_1$
t = T	$A_2 = A_1\, e^{-\delta T} = A_1\, q$
t = 2 T	$A_3 = A_1\, e^{-\delta 2T} = A_1\, (e^{-\delta T})^2 = A_1\, q^2$

....

$A_n = A_1\, q^{n-1}$

$n := 1 .. 10$ Bereichsvariable

$A_n := A_1 \cdot \left(e^{-\delta \cdot T}\right)^{n-1}$ allgemeines Bildungsgesetz

$A^T =$

	1	2	3	4	5	6	7	8	9	10
1	2	1.213	0.736	0.446	0.271	0.164	0.1	0.06	0.037	0.022

$\cdot$ cm

Amplitude als Erste unter 5 % der Anfangsamplitude:

$A_1 \cdot \left(e^{-\delta \cdot T}\right)^{n-1} < 0.1 \cdot cm$ Ungleichung

$2 \cdot cm \cdot \left(e^{-\delta \cdot T}\right)^{n-1} < 0.1 \cdot cm$ $\quad (n-1) \cdot \ln\left(e^{-\delta \cdot T}\right) < \ln\left(\frac{1}{20}\right)$ logarithmierte Ungleichung

$n := \frac{\ln\left(\frac{1}{20}\right)}{\ln\left(e^{-\delta \cdot T}\right)} + 1$ händische Lösung der Ungleichung

$n = 6.991$

Somit ist A_7 die erste Amplitude, die kleiner als 5 % der Anfangsamplitude A_1 ist.

Beispiel 1.1.23:

Unterjährige Verzinsung. 15000 € sind zu 5 % pro Jahr angelegt. Die Verzinsung wird quartalweise durchgeführt. Wie groß ist der Betrag nach 10 Jahren?

$\boxed{ORIGIN := 0}$ ORIGIN festlegen

$n := 10$ Jahre

$€ := 1$ Einheitendefinition

$\mathbf{K}_0 := 15000 \cdot €$ Anfangskapital

$p := 5 \cdot \%$ Zinsfuß (p/m % ... relativer Zinsfuß)

$$\mathbf{K}_n := \mathbf{K}_0 \cdot \left(1 + \frac{\frac{p}{4}}{100 \cdot \%}\right)^{4 \cdot n}$$

$\mathbf{K}_{10} = 24654.292 \cdot €$ verzinstes Kapital nach 10 Jahren

Beispiel 1.1.24:

32000 € sind in 5 Jahren durch ganzjährige Zinseszinsen auf 38006 € angewachsen.
Wie groß ist der Zinsfuß p?

$\boxed{ORIGIN := 0}$ ORIGIN festlegen

$€ := 1$ Einheitendefinition

$n := 5$ Jahre

$\mathbf{K}_0 := 32000 \cdot €$ Anfangskapital

$\mathbf{K}_5 := 38006 \cdot €$ Kapital nach 5 Jahren

$$\mathbf{K}_n = \mathbf{K}_0 \cdot \left(1 + \frac{p}{100 \cdot \%}\right)^n = \mathbf{K}_0 \cdot r^n$$

Bildungsgesetz für die Kapitalfolge

$r := \sqrt[n]{\frac{\mathbf{K}_n}{\mathbf{K}_0}}$ $r = 1.035$ $p := (r - 1)$ $p = 3.5 \cdot \%$ Zinsfuß

Beispiel 1.1.25:

Eine Maschine wir zu einem Preis von $R_0 = 70000$ € angeschafft. Die Nutzungsdauer betrage 7 Jahre, wobei mit einem Schrottwert von 4000 € gerechnet wird (vergleiche Bsp. 1.17). Bei der sogenannten geometrisch-degressiven Abschreibung werden in jedem Jahr gleichbleibend p % vom jeweiligen Restwert abgeschrieben. Bestimmen Sie die Folge der Restwerte.

$\boxed{ORIGIN := 0}$ ORIGIN festlegen

$€ := 1$ Einheitendefinition

$n := 1 .. 7$ Bereichsvariable

$R_0 := 70000 \cdot €$ Anschaffungskosten (0-ter Restwert)

$R_7 := 4000 \cdot €$ Schrottwert im 7. Jahr

n ... Nutzungsdauer in Jahren

$\mathbf{R_1 = R_0 - A_1 = R_0 - R_0\, p = R_0\, (1 - p)}$ **A_1 ... Abschreibung nach dem 1. Jahr**

$\mathbf{R_2 = R_1 - A_2 = R_1 - R_1\, p = R_1\, (1 - p) = R_0\, (1 - p)^2}$ **A_2 ... Abschreibung nach dem 2. Jahr**

$\mathbf{R_n = R_{n-1} - A_n = R_0\, (1 - p)^n}$ **A_n ... Abschreibung nach dem n. Jahr**

Nach unserer Annahme gilt also auch für den Abschreibungsbetrag:

$\mathbf{A_n = R_0\, p\, (1 - p)^{n-1}}$

$R_7 = R_0 \cdot (1 - p)^7$ Restwert im 7. Jahr

$R_7 = R_0 \cdot (1 - p)^7$ Daraus folgt: $p := 1 - \sqrt[7]{\frac{R_7}{R_0}}$ $p = 33.561 \cdot \%$

Die jährliche Abschreibung beträgt somit ca. 34 %

$R_n := R_0 \cdot (1 - p)^n$ Restwertfolge

$\frac{R}{€} =$

	0
0	70000
1	46507.305
2	30898.992
3	20528.984
4	13639.253
5	9061.784
6	6020.56
7	4000

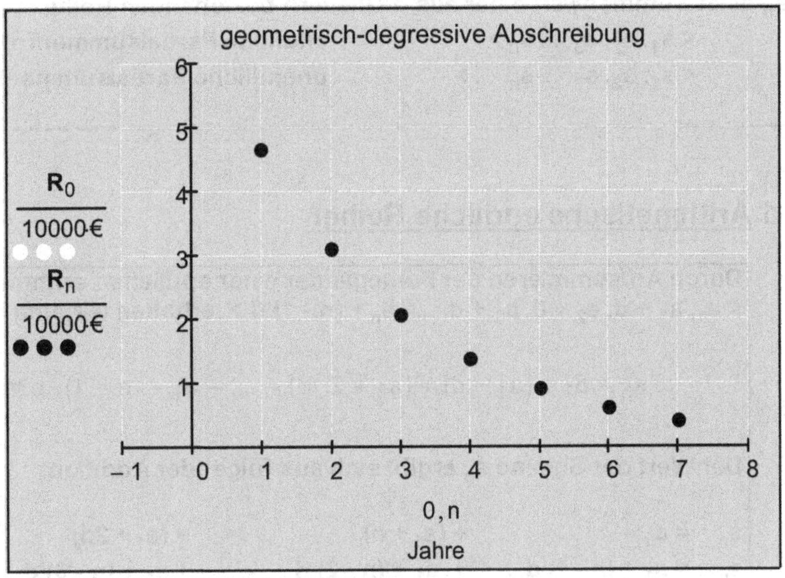

Abb. 1.1.13

1.2 Reihen

Werden die Glieder einer endlichen Zahlenfolge < $a_1, a_2, a_3, \ldots, a_n$ > aufsummiert, so entsteht eine endliche Reihe mit n-Gliedern:

$$a_1 + a_2 + a_3 + \ldots. + a_n = \sum_{k=1}^{n} a_k \qquad (1\text{-}16)$$

Werden die Glieder einer unendlichen Zahlenfolge < $a_1, a_2, a_3, \ldots a_n, \ldots$ > aufsummiert, so entsteht eine unendliche Reihe mit unendlich vielen Gliedern:

$$a_1 + a_2 + a_3 + \ldots. + a_n + \ldots = \sum_{k=1}^{\infty} a_k \qquad (1\text{-}17)$$

Werden die ersten n-Glieder einer Folge addiert, so heißt diese Summe n-te Partialsumme (Teilsumme) der zugehörigen Reihe:

$s_1 = a_1$ **1. Partialsumme**

$s_2 = a_1 + a_2$ **2. Partialsumme**

$s_3 = a_1 + a_2 + a_3$ **3. Partialsumme**

$s_n = a_1 + a_2 + a_3 + \ldots. + a_n$ **n-te Partialsumme** **(1-18)**

s_n heißt Summenwert einer aus n-Gliedern bestehenden Reihe.

< $s_1, s_2, s_3, \ldots s_n$ > **endliche Partialsummenfolge** **(1-19)**

< $s_1, s_2, s_3, \ldots s_n, \ldots$ > **unendliche Partialsummenfolge** **(1-20)**

1.2.1 Arithmetische endliche Reihen

Durch Aufsummieren der Folgeglieder einer endlichen arithmetischen Folge < $a_1, a_1 + d, a_2 + d, a_3 + d, \ldots, a_n + (n-1)\,d$ > erhalten wir eine endliche arithmetische Reihe:

$$s_n = a_1 + (a_1 + d) + (a_1 + 2 \cdot d) + \ldots. + a_1 + (n-1) \cdot d = \sum_{k=1}^{n} \left[a_1 + (k-1) \cdot d\right] \qquad (1\text{-}21)$$

Der Wert der Summe s_n ergibt sich aus folgender Addition:

$s_n = a_1$	$+ (a_1 + d)$	$+ (a_1 + 2d)$	$+ \ldots + a_1 + (n-1)\,d$
$s_n = a_1 + (n-1)\,d$	$+ a_1 + (n-2)\,d$	$+ a_1 + (n-3)\,d$	$+ \ldots + a_1$
$2\,s_n = (2\,a_1 + (n-1)\,d)$	$+ (2\,a_1 + (n-1)\,d)$	$+ (2\,a_1 + (n-1)\,d)$	$+ \ldots + (2\,a_1 + (n-1)\,d)$

Daraus folgt der Summenwert:

$2\,s_n = n\,(2\,a_1 + (n-1)\,d)$

$$s_n = \frac{n}{2} \cdot \left[2 \cdot a_1 + (n-1) \cdot d\right] \text{ bzw.} \qquad (1\text{-}22)$$

$$s_n = \frac{n}{2} \cdot \left[a_1 + a_1 + (n-1) \cdot d\right] = \frac{n}{2} \cdot (a_1 + a_n) \qquad (1\text{-}23)$$

Beispiel 1.2.1:

Berechnen Sie die Summe der natürlichen Zahlen von 1 bis n.

$n := n$ Redefinition von n

$s_n = \sum_{k=1}^{n} k \to s_n = \frac{n \cdot (n+1)}{2}$

$s_n = \sum_{k=1}^{n} k$ erweitern $\to s_n = \frac{n^2}{2} + \frac{n}{2}$

$n := 100$ gewähltes n

$s_n = \frac{n \cdot (n+1)}{2} \to s_n = 5050$ Summenwert

Beispiel 1.2.2:

Berechnen Sie die Summe der ersten n ungeraden natürlichen Zahlen.

$n := n$ Redefinition

$s_n = \sum_{k=1}^{n} (2 \cdot k - 1) \to s_n = n \cdot (n+1) - n$

$s_n = \sum_{k=1}^{n} (2 \cdot k - 1)$ vereinfachen $\to s_n = n^2$

Beispiel 1.2.3:

Berechnen Sie die Summe der ersten n geraden natürlichen Zahlen.

$s_n = \sum_{k=1}^{n} (2 \cdot k) \to s_n = n \cdot (n+1)$

$s_n = \sum_{k=1}^{n} (2k)$ erweitern $\to s_n = n^2 + n$

Beispiel 1.2.4:

Drei Zahlen bilden eine arithmetische Folge. Ihre Summe ist 27 und ihr Produkt 585. Wie heißen diese Zahlen?

$d := d$ Redefinition

$(a_2 - d) + a_2 + (a_2 + d) = 27$

$(a_2 - d) \cdot a_2 \cdot (a_2 + d) = 585$

Gleichungssystem

Aus der ersten Gleichung folgt:

$(a_2 - d) + a_2 + (a_2 + d) = 27$ auflösen, $a_2 \to 9$ $a_2 := 9$ Folgeglied a_2

Aus der zweiten Gleichung folgt:

$(a_2 - d) \cdot a_2 \cdot (a_2 + d) = 585$ auflösen, $d \to \begin{pmatrix} 4 \\ -4 \end{pmatrix}$

$a_1 = 5$ $a_2 = 9$ $a_3 = 13$ **oder** $a_1 = 13$ $a_2 = 9$ $a_3 = 5$ gesuchte Folgeglieder

Beispiel 1.2.5:

Auf einer trapezförmigen schrägen Dachfläche liegen in der obersten Reihe 50 Ziegel. In der zweiten Reihe liegen 54 und in der letzten Reihe 102 Ziegel. Wie viele Ziegel liegen auf dieser Dachfläche, wenn die Anzahl der Ziegel pro Reihe eine arithmetische Folge bilden?

ORIGIN := 1

$a_n = a_1 + (n-1) \cdot d$ Bildungsgesetz einer arithmetischen Folge

$a_1 := 50$ $a_2 := 54$ $a_n := 102$ $d = 4$ $d = a_2 - a_1$

$102 = 50 + (n-1) \cdot 4$ hat als Lösung(en) 14 Anzahl der Reihen $n := 14$

$s_{14} := \frac{n}{2} \cdot (a_1 + a_n)$ $s_{14} = 1064$ 1064 Ziegel liegen auf der Dachfläche

1.2.2 Geometrische endliche Reihen

Durch Aufsummieren der Folgeglieder einer geometrischen Folge $< a_1, a_2\,q, a_3\,q^2, \ldots, a_n\,q^{n-1} >$ erhalten wir eine endliche geometrische Reihe:

$$s_n = a_1 + a_1 \cdot q + a_1 \cdot q^2 + \ldots + a_1 \cdot q^{n-1} = \sum_{k=1}^{n} \left(a_1 \cdot q^{k-1}\right) \qquad \textbf{(1-24)}$$

Der Wert der Summe s_n ergibt sich aus folgender Multiplikation von (1-24) mit q und Subtraktion:

$$s_n\,q \quad = \quad + a_1 q \quad + a_1 q^2 \quad + \ldots + a_1\,q^{n-1} \quad + a_1\,q^n$$
$$s_n \quad = a_1 \quad + a_1 q \quad + a_1 q^2 \quad + \ldots + a_1 q^{n-1}$$

$$s_n\,q - s_n = a_1\,q^n - a_1 \quad \Rightarrow \quad s_n\,(q-1) = a_1\,(q^n - 1)$$

Daraus folgt der Summenwert:

$$s_n = a_1 \cdot \frac{q^n - 1}{q - 1} = a_1 \cdot \frac{1 - q^n}{1 - q} \quad \text{für } q \neq 1 \qquad \textbf{(1-25)}$$

Beispiel 1.2.6:

Berechnen Sie die Summe der ersten n Zweierpotenzen, und beweisen Sie das Ergebnis mithilfe der vollständigen Induktion (Induktionsbeweis).

$n := n$ Redefinition

$$s_n = \sum_{k=0}^{n-1} 2^k \rightarrow s_n = 2^n - 1$$

Induktionsbeweis:
Für alle n ∈ ℕ gilt:
Aussage: A(1), A(2), A(3), ...
Annahme: für alle n ∈ ℕ gilt auch A(n)
Behauptung: gilt auch für A(n+1)

A(1): $s_1 = 2^0 = 1 = 2^1 - 1$

A(2): $s_2 = 2^0 + 2^1 = 3 = 2^2 - 1$

A(3): $s_3 = 2^0 + 2^1 + 2^2 = 7 = 2^3 - 1$

A(n): $s_n = 2^0 + 2^1 + 2^2 + ... + 2^{n-1} = 2^n - 1$

A(n+1): $s_{n+1} = \underbrace{2^0 + 2^1 + 2^2 + ... + 2^{n-1}} + 2^n = 2^{n+1} - 1$

$2^n - 1 + 2^n = 2^{n+1} - 1$ w. z. b. w. (q. e. d.)

Beispiel 1.2.7:

Berechnen Sie die Summe der ersten n Potenzen einer reellen Zahl x.

$$s_n = \sum_{k=0}^{n-1} x^k \rightarrow s_n = \frac{x^n - 1}{x - 1} \qquad \mathbf{x \neq 1}$$

Beispiel 1.2.8:

a) Zu jedem **Jahresbeginn** wird ein Betrag R = 2000 € auf ein Rentenkonto eingezahlt und dort mit p = 5 % verzinst.
b) Zu jedem **Jahresende** wird ein Betrag R = 2000 € auf ein Rentenkonto eingezahlt und dort mit p = 5 % verzinst.

Bestimmen Sie den Wert dieser Rente (vorschüssiger Rentenendwert E_{20} bzw. nachschüssiger Rentenendwert E_{20}) am Ende bzw. am Anfang des 20. Jahres und jeweils den Rentenbarwert B_{20}.

a) Die erste Einzahlung wird 20 Jahre, die zweite 19 Jahre, ..., die letzte Einzahlung 1 Jahr verzinst.
Wir setzen q = 1+ p.

$$E_{20} = R \cdot q^{20} + R \cdot q^{19} + R \cdot q^{18} + ... + R \cdot q^2 + R \cdot q = R \cdot q \cdot \left(\underbrace{q^{19} + q^{18} + q^{17} + ... + q + 1}\right)$$

Geometrische Reihe mit n = 20 Glieder!

$p := 0.05$ Zinsen

$q := 1 + p$

$€ := 1$ Einheitendefinition

$R := 2000 \cdot €$ Einzahlung zu Jahresbeginn

$E_{20} := R \cdot q \cdot \frac{q^{20} - 1}{q - 1}$ $E_{20} = 69438.504 \cdot €$ **vorschüssiger Rentenendwert**

$B_{20} := \frac{E_{20}}{q^{20}}$ $\qquad B_{20} = 26170.642 \cdot €$ $\qquad$ **Rentenbarwert (abzinsen des Rentenendwertes)**

b) Die erste Einzahlung erfolgt erst am Ende des ersten Jahres und wird daher nur 19 Jahre verzinst usw. Wir setzen wieder q = 1+ p.

$$E_{20} = R \cdot q^{19} + R \cdot q^{18} + ... + R \cdot q^{1} + R = R \cdot \left(q^{19} + q^{18} + q^{17} + ... + q + 1\right)$$

$E_{20} := R \cdot \frac{q^{20} - 1}{q - 1}$ $\qquad E_{20} = 66131.908 \cdot €$ $\qquad$ **nachschüssiger Rentenendwert**

$B_{20} := \frac{E_{20}}{q^{20}}$ $\qquad B_{20} = 24924.421 \cdot €$ $\qquad$ **Rentenbarwert (abzinsen des Rentenendwertes)**

Beispiel 1.2.9:

Sie nehmen einen Kredit von K_0 = 20000 € bei einem jährlichen Zinssatz p = 7 % auf. Für die Rückzahlung wird vereinbart, dass Sie 5000 € nach dem ersten Jahr, 4000 € nach dem zweiten Jahr, 6000 € nach dem dritten Jahr zurückzahlen. Der Rest soll am Ende des vierten Jahres zurückgezahlt werden. Wie hoch ist dieser Restbetrag?
Das sogenannte Äquivalenzprinzip besagt, dass Kapitalien nur miteinander verglichen werden können, wenn Sie auf den gleichen Zeitpunkt bezogen werden. Wir müssen also hier den Wert aller Zahlungen auf einen einzigen Zeitpunkt bestimmen.
Eine jährliche Rückzahlung im k-ten Jahr wird auch Annuität A_k genannt. Die Annuität muss einerseits die im k-ten Jahr anfallenden Zinsen Z_k abdecken, andererseits vermindert sie die jeweilige noch bestehende Restschuld. Diese Restschuldminderung wird (Kapitaltilgung) Tilgung T_k im k-ten Jahr genannt. $A_k = Z_k + T_k$.
Wir beziehen alle Zahlungen auf das Ende des vierten Jahres:

ORIGIN := 0 $\mathbf{A} := \mathbf{A1}$ $\mathbf{K} := \mathbf{K1}$	ORIGIN festlegen und Redefinitionen
$p := 0.07$	Zinsen
$q := 1 + p$	Quotient
$€ := 1$	Einheitendefinition
$\mathbf{K}_0 := 20000 \cdot €$	Kredit K_0
$\mathbf{T}_1 := 5000 \cdot €$	Tilgung im 1. Jahr
$\mathbf{T}_2 := 4000 \cdot €$	Tilgung im 2. Jahr
$\mathbf{T}_3 := 6000 \cdot €$	Tilgung im 3. Jahr
$\mathbf{K}_0 \cdot q^4 = 26215.92 \cdot €$	Wert des Kredites
$\mathbf{T}_1 \cdot q^3 = 6125.215 \cdot €$	Wert der Rückzahlung im 1. Jahr
$\mathbf{T}_2 \cdot q^2 = 4579.6 \cdot €$	Wert der Rückzahlung im 2. Jahr

$T_3 \cdot q^1 = 6420 \cdot €$ Wert der Rückzahlung im 3. Jahr

$K_0 \cdot q^4 - \left(T_1 \cdot q^3 + T_2 \cdot q^2 + T_3 \cdot q^1\right) = 9091.105 \cdot €$ fällige Restschuld am Ende des 4. Jahres

Unter der Annahme von jährlichen und gleichbleibenden Ratenzahlungen A (Annuitäten) und nachschüssiger Rückzahlung (d. h. die erste Rückzahlung erfolgt ein Jahr nach der Kreditvergabe) und der Annahme, dass die weiteren Rückzahlungen in Jahresabständen erfolgen, gilt:
Der Endwert der Schuld muss gleich dem Endwert eines nachschüssigen Rentenvorganges sein.

$K_0 \cdot q^n = A \cdot \frac{q^n - 1}{q - 1}$ hat als Lösung(en) $\frac{K_0 \cdot q^n \cdot (q-1)}{q^n - 1}$

$$A_k = \frac{K_0 \cdot q^n \cdot (q-1)}{q^n - 1}$$

Annuität für die Rückzahlung einer Schuld K_0 in n Jahren

$n := 4$ $k := 0..n-1$ Jahre

$p := 0.07$ Zinsen

$q := 1 + p$

$€ := 1$ Einheitendefinition

$K_0 := 20000 \cdot €$ Kredit K_0

$$A_k := K_0 \cdot q^n \cdot \frac{q-1}{q^n - 1}$$

Annuität für die Rückzahlung einer Schuld K_0 in n Jahren

	$Z_0 := K_0 \cdot p$	$A_0 = 5904.562 \cdot €$	$T_0 := A_0 - Z_0$	$S_0 := K_0 - T_0$
$K_1 := S_0$	$Z_1 := K_1 \cdot p$	$A_1 = 5904.562 \cdot €$	$T_1 := A_1 - Z_1$	$S_1 := K_1 - T_1$
$K_2 := S_1$	$Z_2 := K_2 \cdot p$	$A_2 = 5904.562 \cdot €$	$T_2 := A_2 - Z_2$	$S_2 := K_2 - T_2$
$K_3 := S_2$	$Z_3 := K_3 \cdot p$	$A_3 = 5904.562 \cdot €$	$T_3 := A_3 - Z_3$	$S_3 := K_3 - K_3$

Tilgungsplan:

Schuld am Jahresanfang $\frac{K}{€} =$

	0
0	20000
1	15495.438
2	10675.556
3	5518.283

Zinsen $\frac{Z}{€} =$

	0
0	1400
1	1084.681
2	747.289
3	386.28

Annuität $\frac{A_k}{€} =$

	0
0	5904.562
1	5904.562
2	5904.562
3	5904.562

Tilgung $\frac{T}{€} =$

	0
0	4504.562
1	4819.882
2	5157.273
3	5518.283

Schuld $\frac{S}{€} =$

	0
0	15495.438
1	10675.556
2	5518.283
3	0

1.3 Grenzwerte von unendlichen Folgen

Zuerst sollen einige Beispiele untersucht werden, wie sich Folgeglieder einer unendlichen Folge verhalten, wenn wir den Index immer weiter erhöhen:

$< a_n > = < 1/n > = < 1, 1/2, 1/3, 1/4, \ldots , 1/n, \ldots >$

Die Glieder der Folge streben mit wachsendem n gegen einen bestimmten Wert, nämlich gegen 0. Wir sagen, die Folge konvergiert gegen 0 oder die Folge hat den Grenzwert 0. Solche Folgen mit Grenzwert 0 heißen Nullfolgen.

$< a_n > = < n > = < 1, 2, 3, 4, \ldots , n, \ldots >$

Die Glieder dieser Folge werden unbegrenzt groß. Wir sagen, die Folge ist divergent bzw. die Folge besitzt keinen Grenzwert oder die Folge besitzt den uneigentlichen Grenzwert "∞".

Definition:

Eine unendliche Folge $< a_n > = < a_1, a_2, a_3, \ldots >$ heißt konvergent gegen den Grenzwert $a \in \mathbb{R}$, wenn folgendes gilt:

Zu jedem $\varepsilon > 0$ gibt es eine Zahl $N \in \mathbb{N}$, so dass für alle $n > N$ gilt: $|a_n - a| < \varepsilon$ (1-26)

Das heißt, in jeder beliebig kleinen ε-Umgebung von a liegen bis auf endlich viele alle Folgeglieder.

Wenn eine Folge a_n gegen a konvergiert, schreiben wir:

$$\lim_{n \to \infty} a_n = a \qquad (1\text{-}27)$$

Der limes (lat. Grenze) für n gegen unendlich von a_n ist gleich a.

Beispiel 1.3.1:

ORIGIN := 1 $\quad n := 1 .. 20$ ORIGIN und Bereichsvariable festlegen

$a_n := 1 - \frac{1}{n}$ allgemeines Folgeglied

$\lim_{n \to \infty} \left(1 - \frac{1}{n}\right) \to 1 \quad a := 1$ Grenzwert der Folge (a = 1)

$|a_n - 1| < \varepsilon \quad \varepsilon := \frac{1}{10}$ ε-Umgebung von a = 1 (Abstand des Folgegliedes a_n von 1)

Für $\varepsilon = 1/10$ gilt: **$|a_n - 1| = | 1 - 1/n - 1 | = 1/n < \varepsilon$, daher ist $n > 10$.**

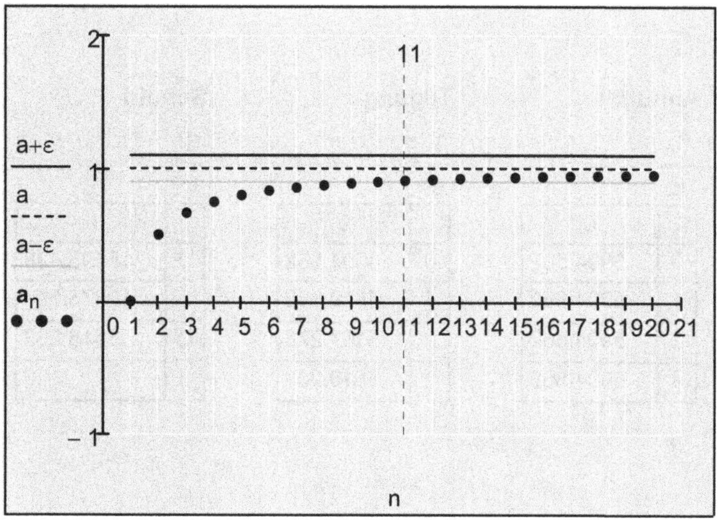

$$n1(a) := \begin{array}{|l} n \leftarrow 20 \\ \text{for } k \in 1..n \\ \quad N \leftarrow k + 1 \text{ if } |a_k - a| \ge \varepsilon \end{array}$$

$n1(a) = 11$

Fast alle a_n liegen in dem Streifen $a \pm \varepsilon$ (ε–Umgebung von a = 1), nämlich ab n = 11.

Abb. 1.3.1

Bei der Grenzwertberechnung können unbestimmte Ausdrücke folgender Form auftreten:

$\frac{0}{0}, \frac{\infty}{\infty}, 0 \cdot \infty, \infty - \infty, 0^0, \infty^0, 1^\infty.$

Sätze über Folgen:

1. Jede beschränkte und monotone Folge ist konvergent.
2. Jede konvergente Folge ist beschränkt.
3. Jede nicht beschränkte Folge ist divergent.
4. Eine konvergente bzw. divergente Folge bleibt konvergent bzw. divergent, wenn endlich viele Glieder abgeändert werden.
5. Der Grenzwert einer konvergenten Folge ist eindeutig bestimmt, d. h., die Folge besitzt höchstens einen Grenzwert.

Aus $\lim_{n \to \infty} a_n = a$ und $\lim_{n \to \infty} b_n = b$ folgt:

6. $\lim_{n \to \infty} (c \cdot a_n) = c \cdot \lim_{n \to \infty} a_n = c \cdot a$ $\quad c \in \mathbb{R}$ **(1-28)**

7. $\lim_{n \to \infty} (a_n + b_n) = \lim_{n \to \infty} a_n + \lim_{n \to \infty} b_n = a + b$ **(gilt auch für die Subtraktion)** **(1-29)**

8. $\lim_{n \to \infty} (a_n \cdot b_n) = \lim_{n \to \infty} a_n \cdot \lim_{n \to \infty} b_n = a \cdot b$ **(1-30)**

9. $\lim_{n \to \infty} \frac{a_n}{b_n} = \frac{\lim_{n \to \infty} a_n}{\lim_{n \to \infty} b_n} = \frac{a}{b}$ **(alle $b_n \neq 0$; $a, b \in \mathbb{R}$, $b \neq 0$)** **(1-31)**

10. $\lim_{n \to \infty} q^n = 0$ **für |q| < 1 oder 1 für q = 1 oder "∞" für q > 1** **(1-32)**

Kein Grenzwert für q ≤ -1!

11. $\lim_{n \to \infty} \sqrt[n]{q} = \lim_{n \to \infty} q^{\frac{1}{n}}$ **= 0 für q = 0 oder 1 für q > 1** **(1-33)**

Beispiel 1.3.2:

Berechnen Sie folgende Grenzwerte mit Mathcad und händisch unter Anwendung der Grenzwertsätze:

$\lim_{n \to \infty} \frac{7}{n} \to 0$ Nullfolge

$\lim_{n \to \infty} \left(3 - \frac{2}{n} + \frac{5}{n^2}\right) \to 3$ $\qquad \lim_{n \to \infty} 3 - \lim_{n \to \infty} \frac{2}{n} + \lim_{n \to \infty} \frac{5}{n^2} = 3$

$\lim_{n \to \infty} \left[\left(\frac{n-1}{n}\right) - \left(\frac{n+1}{2 \cdot n}\right)\right] \to \frac{1}{2}$ $\qquad \lim_{n \to \infty} \frac{n-1}{n} - \lim_{n \to \infty} \frac{n+1}{2 \cdot n} =$

$\lim_{n \to \infty} \frac{1 - \frac{1}{n}}{1} - \lim_{n \to \infty} \frac{1 + \frac{1}{n}}{2} = \frac{1}{2}$ Division von Zähler und Nenner durch n

Beispiel 1.3.3:

Berechnen Sie folgende Grenzwerte mit Mathcad und händisch unter Anwendung der vorher genannten Grenzwertsätze:

$$\lim_{n \to \infty} \frac{3 \cdot n^2 - 2 \cdot n + 5}{5 \cdot n^2 + 7 \cdot n - 1} \to \frac{3}{5} \qquad \lim_{n \to \infty} \frac{3 \cdot n^2 - 2 \cdot n + 5}{5 \cdot n^2 + 7 \cdot n - 1} = \lim_{n \to \infty} \frac{3 - \frac{2}{n} + \frac{5}{n^2}}{5 + \frac{7}{n} - \frac{1}{n^2}} = \frac{3}{5}$$

$$\lim_{n \to \infty} \frac{3 \cdot \sqrt{n} + 2}{\sqrt{n} + 1} \to 3 \qquad \lim_{n \to \infty} \frac{3 \cdot \sqrt{n} + 2}{\sqrt{n} + 1} = \lim_{n \to \infty} \frac{3 + \frac{2}{\sqrt{n}}}{1 + \frac{1}{\sqrt{n}}} = 3$$

$$\lim_{n \to \infty} \left(1 + \frac{1}{n}\right)^n \to e \qquad \exp(1) = e^1 = e$$

Beispiel 1.3.4:

Berechnen Sie das Endkapital bei stetiger Verzinsung (augenblickliche Verzinsung) eines Kapitals K_0 = 2000 €. Der Jahreszinsfuß beträgt 3 %.

$€ := 1$ Währungseinheit

$p := 0.03$ Jahreszinsen

$K_0 := 2000 \cdot €$ Anfangskapital

$m := 1$ Jahr $\qquad K := K_0 \cdot \left(1 + \frac{p}{m}\right)^m \qquad K = 2060 \cdot €$

$m := 12$ Monate $\qquad K := K_0 \cdot \left(1 + \frac{p}{m}\right)^m \qquad K = 2060.832 \cdot €$

$m := 360$ Tage $\qquad K := K_0 \cdot \left(1 + \frac{p}{m}\right)^m \qquad K = 2060.906 \cdot €$

Lassen wir m über alle Grenzen wachsen und setzen p/m = 1/n, so gilt:

$$K = K_0 \cdot \left(1 + \frac{p}{m}\right)^m = K_0 \cdot \left(1 + \frac{1}{n}\right)^{n \cdot p} = K_0 \cdot \left[\left(1 + \frac{1}{n}\right)^n\right]^p$$

$$K = \lim_{n \to \infty} \left[K_0 \cdot \left[\left(1 + \frac{1}{n}\right)^n\right]^p\right] \quad \text{ergibt} \quad K = K_0 \cdot e^p$$

$K := K_0 \cdot e^p \qquad K = 2060.909 \cdot €$

1.4 Grenzwerte von unendlichen Reihen

Genau dann, wenn die Partialsummenfolge $< s_1, s_2, s_3, \ldots s_n, \ldots >$ konvergiert, d. h. den Grenzwert s hat, wird dieser Reihe s als Wert zugeschrieben. Wir sagen: Die Reihe konvergiert und hat die Summe s ($s \in \mathbb{R}$).

$$s = a_1 + a_2 + a_3 + \ldots + a_n + \ldots = \sum_{k=1}^{\infty} a_k \qquad (1\text{-}34)$$

Sätze über Reihen:

1. Eine unendliche Reihe $\sum_{k=1}^{\infty} a_k$ heißt konvergent, wenn ihre Partialsummenfolge $< s_n >$ konvergiert.
Den Grenzwert s der Partialsummenfolge bezeichnen wir als Summe der Reihe:

$$s = a_1 + a_2 + a_3 + \ldots + a_n + \ldots = \sum_{k=1}^{\infty} a_k = \lim_{n \to \infty} s_n = \lim_{n \to \infty} \sum_{k=1}^{n} a_k \qquad (1\text{-}35)$$

Divergiert dagegen die Folge der Partialsummen der gegebenen Reihe, so heißt diese divergent. Sie hat keinen endlichen Summenwert!

2. Die Summe einer konvergenten Reihe ist eindeutig bestimmt.

3. Eine konvergente bzw. divergente Reihe bleibt konvergent bzw. divergent, wenn endlich viele Glieder abgeändert werden.

4. Konvergiert $\sum_{k=1}^{\infty} a_k$ gegen s, so konvergiert auch $\sum_{k=1}^{\infty} (c \cdot a_k)$ gegen c s ($c \in \mathbb{R}$). (1-36)

Divergiert $\sum_{k=1}^{\infty} a_k$, so divergiert auch $\sum_{k=1}^{\infty} (c \cdot a_k)$. (1-37)

5. Konvergiert $\sum_{k=1}^{\infty} a_k$, dann gilt $\lim_{n \to \infty} a_n = 0$ (die Umkehrung gilt nicht!). (1-38)

6. Gilt $\lim_{n \to \infty} a_n \neq 0$, so ist $\sum_{k=1}^{\infty} a_k$ divergent (die Umkehrung gilt nicht!). (1-39)

Beispiel 1.4.1:

$ORIGIN := 0$ $\quad FRAME = 0$ ORIGIN festlegen und Animationsparameter

$n_{max} := 5 + FRAME$ Anzahl der Folgeglieder **Animation mit FRAME von 0 bis 15 und 1 Bild/s**

$n := 1 .. n_{max}$ Bereichsvariable

$a_n := \frac{1}{2 \cdot n^2}$ gegebene Folge $\quad \sum_{n=1}^{\infty} \frac{1}{2 \cdot n^2} \to \frac{\pi^2}{12} = 0.822$ Summenwert der Reihe

$S_0 := 0$ $\quad S_n := S_{n-1} + a_n$ n-te Partialsummenfolge (rekursiv)

Summe := $S_{n_{max}}$

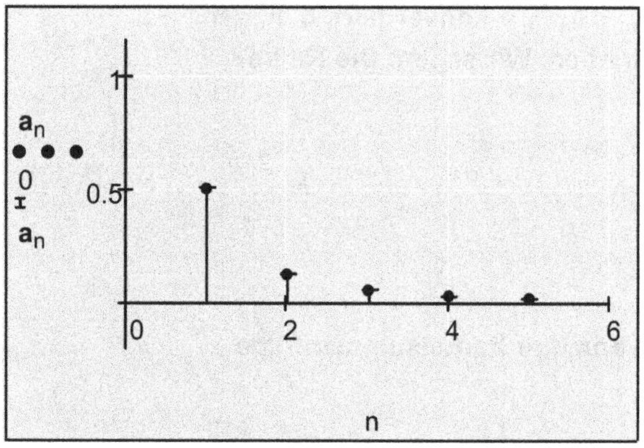

n =

	0
0	1
1	2
2	3
3	4
4	5

a_n =

	0
0	0.5
1	0.125
2	0.056
3	0.031
4	0.02

S_n =

	0
0	0.5
1	0.625
2	0.681
3	0.712
4	0.732

Abb. 1.4.1

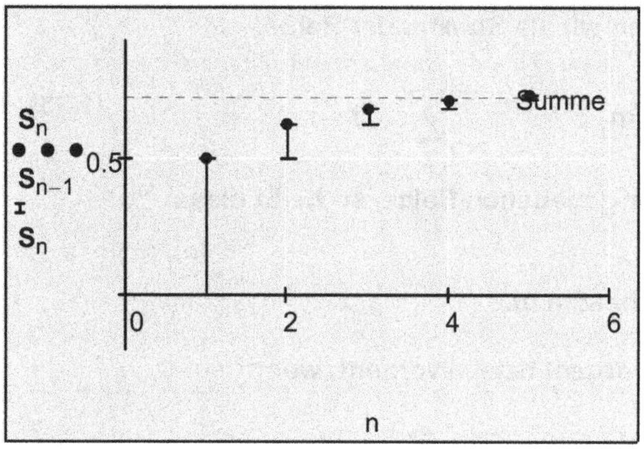

Abb. 1.4.2

Beispiel 1.4.2:

Berechnen Sie die ersten 64 Partialsummen der folgenden Reihe durch Iteration und berechnen Sie die Summe der Reihe:

ORIGIN := 1

$\sum_{n=1}^{\infty} \frac{1}{n}$ gegebene Reihe

$n := 1..64$ Bereichsvariable

$s_1 := 1$ Iterationsbeginn festlegen (Startwert)

$s_{n+1} := s_n + \frac{1}{n+1}$ Partialsumme rekursiv definiert

n =	s_n =
1	1
2	1.5
3	1.833
4	2.083
5	2.283
6	2.45
7	2.593
8	2.718
9	2.829
...	...

die ersten 64 Partialsummen

Daraus lässt sich bestenfalls eine gewisse Tendenz ableiten:

$s_4 = 2.083$ $\quad s_8 = 2.718$ $\quad s_{16} = 3.381$ $\quad s_{64} = 4.744$

$s_4 > 2$ $\quad s_8 > 2.5$ $\quad s_{16} > 3.3$ $\quad s_{64} > 4$

Die Partialsummenfolge ist nicht beschränkt und divergiert.

$$\sum_{n=1}^{\infty} \frac{1}{n} \to \infty$$

Die Reihe ist divergent!

Beispiel 1.4.3:

Berechnen Sie den Summenwert folgender Reihe numerisch (n = 100000) und symbolisch:

$$\sum_{n=1}^{\infty} \frac{1}{n\cdot(n+1)} = \frac{1}{2} + \frac{1}{6} + \frac{1}{12} + \frac{1}{20} + \frac{1}{30} + \ldots.$$

$$\sum_{n=1}^{100000} \frac{1}{n\cdot(n+1)} \to \frac{100000}{100001} = 0.999990000099999$$

$$\sum_{n=1}^{\infty} \frac{1}{n\cdot(n+1)} \quad \text{ergibt} \quad 1$$

Beispiel 1.4.4:

Berechnen Sie den Summenwert folgender Reihe numerisch (n = 100000) und symbolisch:

$$\sum_{n=1}^{100000} \frac{1}{n\cdot(n+1)\cdot(n+2)} = 0.249999999950002$$

$$\sum_{n=1}^{\infty} \frac{1}{n\cdot(n+1)\cdot(n+2)} \quad \text{ergibt} \quad \frac{1}{4}$$

Beispiel 1.4.5:

Berechnen Sie den Summenwert folgender Reihe numerisch (n = 10) und symbolisch:

$$\frac{1}{2} + \frac{2}{2^2} + \frac{3}{2^3} + \ldots$$

$$\sum_{n=1}^{10} \frac{n}{2^n} = 1.98828125 \qquad \sum_{n=1}^{\infty} \frac{n}{2^n} \to 2$$

Beispiel 1.4.6:

Berechnen Sie den Summenwert folgender Reihe numerisch (n = 100) und symbolisch:

$$1 + \frac{2}{2!} + \frac{3}{3!} + \ldots$$

$$\sum_{n=1}^{100} \frac{n}{n!} = 2.718281828459046$$

$$\sum_{n=1}^{\infty} \frac{n}{n!} \ \text{annehmen} \ \to e$$

Beispiel 1.4.7:

Berechnen Sie den Summenwert folgender Reihe numerisch (n = 1000) und symbolisch:

$$\frac{1}{1\cdot 3}+\frac{1}{3\cdot 5}+\frac{1}{5\cdot 7}+\ldots$$

$$\sum_{n=1}^{1000}\frac{1}{(2\cdot n-1)\cdot(2\cdot n+1)}=0.499750124937531 \qquad \sum_{n=1}^{\infty}\frac{1}{(2\cdot n-1)\cdot(2\cdot n+1)}\to\frac{1}{2}$$

Die geometrische unendliche Reihe (a_1 = a):

$$a+a\cdot q+a\cdot q^2+\ldots+a\cdot q^{n-1}+\ldots=\sum_{k=1}^{\infty}\left(a\cdot q^{k-1}\right) \qquad \textbf{(1-40)}$$

Die n-te Partialsumme

$$s_n=a+a\cdot q+a\cdot q^2+\ldots+a\cdot q^{n-1} \qquad \textbf{(1-41)}$$

hat den Summenwert

$$s_n=a+a\cdot q+a\cdot q^2+\ldots+a\cdot q^{n-1}=a\cdot\frac{1-q^n}{1-q}=\frac{a}{1-q}-\frac{a}{1-q}\cdot q^n. \qquad \textbf{(1-42)}$$

1. Fall q > 1

$$\lim_{n\to\infty}s_n=\lim_{n\to\infty}\left(\frac{a}{1-q}-\frac{a}{1-q}\cdot q^n\right)=\infty \quad \textbf{(Satz 10 über Folgen).} \qquad \textbf{(1-43)}$$

2. Fall q = -1

$$\lim_{n\to\infty}s_n \quad \textbf{existiert nicht (Satz 10 über Folgen).} \qquad \textbf{(1-44)}$$

3. Fall |q| < 1

$$\lim_{n\to\infty}s_n=\lim_{n\to\infty}\left(\frac{a}{1-q}-\frac{a}{1-q}\cdot q^n\right)=\frac{a}{1-q} \qquad \textbf{(1-45)}$$

Also eine geometrische Reihe ist genau dann konvergent, wenn |q| < 1 gilt!

Ihre Summe ist also $s=\frac{a}{1-q}$.

Beispiel 1.4.8:

$$\sum_{k=1}^{\infty}\left(\frac{1}{2}\right)^{k-1}=1+\frac{1}{2}+\frac{1}{4}+\frac{1}{8}+\frac{1}{16}+\ldots$$ gegebene geometrische Reihe

$a := 1$ $\quad q := \frac{1}{2}$ $\quad s := \frac{a}{1-q}$ $\quad s = 2$ — Faktoren und Summenwert

$n_{max} := 5 + FRAME$ — **Animation für FRAME von 0 bis 15 mit 1 Bild/s**

$n := 1 .. n_{max} - 1$ — Bereichsvariable

$nu := 1, 3 .. n_{max}$ — Bereichsvariable (ungerade Zahlen)

$s(q,a,i) := (0 \le i) + \sum_n \left[a \cdot q^n \cdot (n \le i)\right]$ Summe $:= s(q,a,n_{max})$

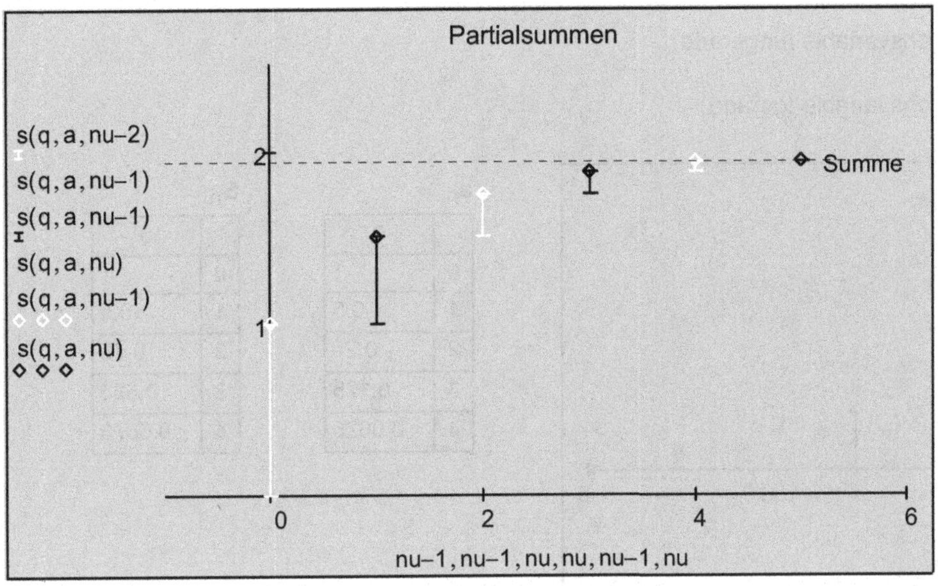

Summe = 1.9375

$s_1 := a \cdot \frac{q^{n_{max}} - 1}{q - 1}$

$s_1 = 1.938$

Abb. 1.4.3

Auswertung als Grenzwert mit der Summenformel und direkte Berechnung der Reihe:

$\lim_{n_{max} \to \infty} \left(a \cdot \frac{q^{n_{max}} - 1}{q - 1}\right) \to 2$ Summe $:= \frac{a}{1 - q}$ Summe = 2 $\sum_{k=1}^{\infty} \left(a \cdot q^{k-1}\right)$ vereinfachen $\to 2$

Berechnung des Summenwertes mithilfe der Partialsummenfolge:

$s_1 = 1$

$s_2 = 1 + 1/2 = 3/2$ Partialsummenfolge

$s_n = 1 \cdot \frac{\left(\frac{1}{2}\right)^n - 1}{\frac{1}{2} - 1} = 2 \cdot \left[1 - \left(\frac{1}{2}\right)^n\right]$

$\lim_{n \to \infty} \left[2 \cdot \left[1 - \left(\frac{1}{2}\right)^n\right]\right] = \lim_{n \to \infty} \left[2 \cdot \left(1 - \frac{1}{2^n}\right)\right] = 2$

Beispiel 1.4.9:

$\sum_{k=1}^{\infty} \left(-\frac{1}{2}\right)^{k-1} = 1 - \frac{1}{2} + \frac{1}{4} - \frac{1}{8} + \frac{1}{16} - .....$ gegebene alternierende geometrische Reihe

ORIGIN := 0 ORIGIN festlegen

$n_{max} := 5 + FRAME$ **Anzahl der Folgeglieder (FRAME von 0 bis 15 und 1 Bild/s)**

$n := 1 .. n_{max}$ Bereichsvariable

$a_0 := 1$ $q := -\frac{1}{2}$ Anfangsglied und Quotient $s := \frac{a_1}{1 - q}$ $s \to \frac{1}{3}$ Summenwert der Reihe

$a_n := a_0 q^{n-1}$ geometrische Folge

$\mathbf{S}_0 := 0$ $\mathbf{S}_n := \mathbf{S}_{n-1} + \mathbf{a}_n$ n-te Partialsumme (rekursiv definiert)

Summe $:= \mathbf{S}_{n_{max}}$ Partialsummen

$nu := 1, 3 .. n_{max}$ Bereichsvariable (ungerade)

$ng := 2, 4 .. n_{max}$ Bereichsvariable (gerade)

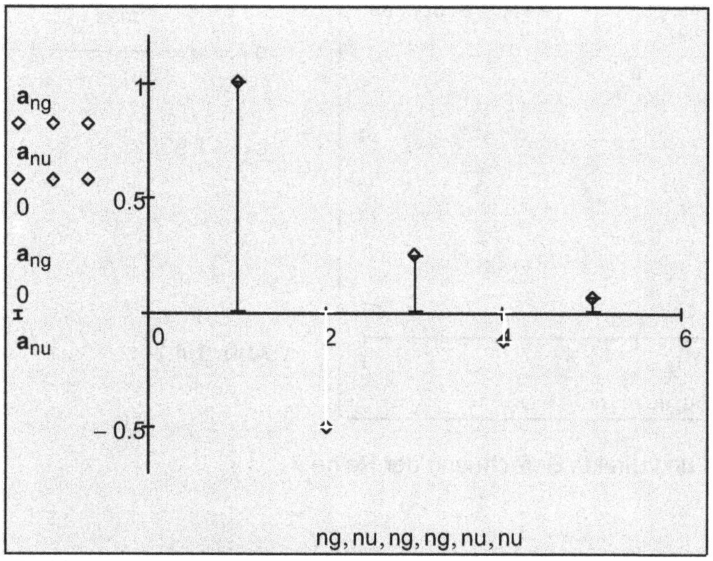

$\mathbf{a}_n =$

	0
0	1
1	-0.5
2	0.25
3	-0.125
4	0.0625

$\mathbf{S}_n =$

	0
0	1
1	0.5
2	0.75
3	0.625
4	0.6875

Abb. 1.4.4

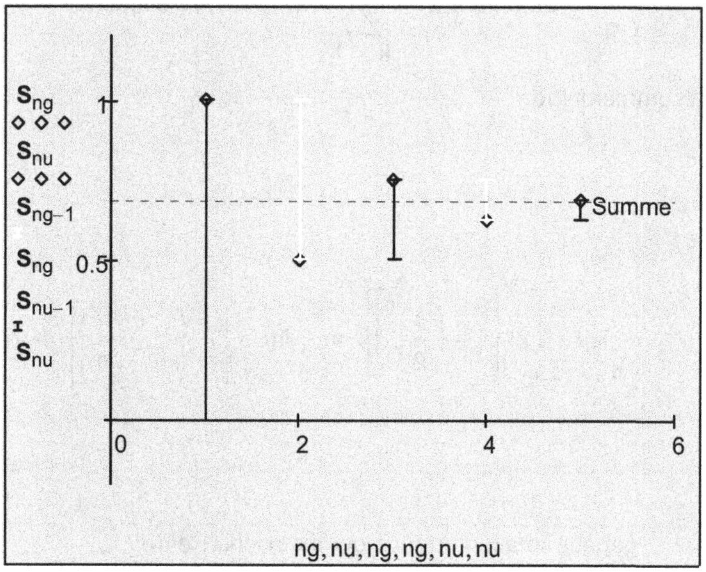

Summe = 0.688

Abb. 1.4.5

Endliche geometrische Reihe:

$s_n := \mathbf{a}_0 \cdot \frac{1 - q^{n_{max}}}{1 - q}$ $s_n = 0.688$ numerische Auswertung

Unendliche geometrische Reihe:

$s := \frac{\mathbf{a}_0}{1 - q}$ $s = 0.667$ $\sum_{k=1}^{\infty} \left(-\frac{1}{2}\right)^{k-1} \to \frac{2}{3}$ numerische und symbolische Auswertung

2. Grenzwert einer reellen Funktion und Stetigkeit

2.1 Grenzwert einer reellen Funktion

Der Begriff des Grenzwertes einer reellen Funktion mit der Funktionsgleichung y = f(x) kann auf den Begriff des Grenzwertes einer Folge zurückgeführt werden. Dazu lassen wir die unabhängige Variable x eine gegen x_0 konvergierende Zahlenfolge $< x_n >$, die Abszissenfolge, durchlaufen und betrachten die Ordinatenfolge $< y_n = f(x_n >$ der zu x_i gehörigen Funktionswerte $f(x_i)$.

Die Annäherung $x \longrightarrow x_0$ bedeutet, dass x nacheinander die Werte jeder beliebigen gegen x_0 konvergierenden Folge $< x_n >$ annehmen kann. Bei $x \longrightarrow x_{0+}$ wird zusätzlich verlangt, dass alle $x_n > x_0$, bei $x \longrightarrow x_{0-}$ alle $x_n < x_0$ sind.

Definition:

a) Eine reelle Funktion y = f(x) sei in einem die Stelle x_0 enthaltenen, offenen Intervall (einer Umgebung von x_0), nicht notwendigerweise an der Stelle x_0 selbst, definiert. Weiters kann dort $< x_n >$ jede beliebige Folge sein, die gegen x_0 konvergiert ($x_n \neq x_0$).
Konvergieren alle Folgen $< y_n = f(x_n) >$ der Funktionswerte gegen den gleichen Grenzwert G, so heißt G Grenzwert der Funktion y = f(x) an der Stelle x_0.
Wir schreiben dafür:

$$\lim_{x \to x_0} f(x) = G \qquad (2\text{-}1)$$

b) Ist $< x_n >$ eine beliebige von rechts nach x_0 konvergierende Folge, und konvergiert dabei die Folge $< y_n = f(x_n) >$ stets gegen den Grenzwert G_r, so heißt G_r rechtsseitiger Grenzwert der Funktion y = f(x) an der Stelle x_0.
Wir schreiben dafür:

$$\lim_{x \to x_0^+} f(x) = G_r \qquad (2\text{-}2)$$

c) Ist $< x_n >$ eine beliebige von links nach x_0 konvergierende Folge, und konvergiert dabei die Folge $< y_n = f(x_n) >$ stets gegen den Grenzwert G_L, so heißt G_L linksseitiger Grenzwert der Funktion y = f(x) an der Stelle x_0.
Wir schreiben dafür:

$$\lim_{x \to x_0^-} f(x) = G_L \qquad (2\text{-}3)$$

d) Existieren der rechtsseitige und linksseitige Grenzwert an der Stelle x_0, und stimmen diese überein, so existiert auch der Grenzwert der Funktion y = f(x) an der Stelle x_0. Es gilt auch die Umkehrung.

e) Werden die Funktionswerte $f(x_n)$ für jede gegen x_0 konvergierende Folge $< x_n >$ beliebig groß oder klein, so schreiben wir:

$$\lim_{x \to x_0} f(x) = \infty \quad \textbf{bzw.} \quad \lim_{x \to x_0} f(x) = -\infty . \qquad (2\text{-}4)$$

Dieser Grenzwert wird uneigentlicher Grenzwert der Funktion genannt.
Entsprechendes gilt auch für den rechts- bzw. linksseitigen Grenzwert der Funktion an der Stelle x_0. In all diesen Fällen heißt x_0 Unendlichkeitsstelle oder Polstelle der Funktion.

Beispiel 2.1.1:

Wir betrachten zwei Abszissenfolgen $< x_n >$ der Funktion f: $y = x^2$, die dem Grenzwert x_0 zustreben, und die zugehörigen Ordinatenfolgen $< y_n = f(x_n) >$:

$ORIGIN := 1$ ORIGIN festlegen

$n := 1 .. 100$ Bereichsvariable

$\mathbf{x1}_n := 2 - \frac{1}{n}$ $\quad \mathbf{x2}_n := 2 - \frac{1}{2 \cdot n}$ Abszissenfolgen

$\mathbf{x1}^T =$

	1	2	3	4	5	6	7	8	9	10
1	1	1.5	1.667	1.75	1.8	1.833	1.857	1.875	1.889	...

$\mathbf{x2}^T =$

	1	2	3	4	5	6	7	8	9	10
1	1.5	1.75	1.833	1.875	1.9	1.917	1.929	1.938	1.944	...

$\lim_{n \to \infty} \left(2 - \frac{1}{n}\right) \to 2 \qquad \lim_{n \to \infty} \left(2 - \frac{1}{2 \cdot n}\right) \to 2$ Grenzwerte der Folgen

$\mathbf{y1}_n := (\mathbf{x1}_n)^2$ $\quad \mathbf{y2}_n := (\mathbf{x2}_n)^2$ Ordinatenfolgen

$\mathbf{y1}^T =$

	1	2	3	4	5	6	7	8	9	10
1	1	2.25	2.778	3.063	3.24	3.361	3.449	3.516	3.568	...

$\mathbf{y2}^T =$

	1	2	3	4	5	6	7	8	9	10
1	2.25	3.063	3.361	3.516	3.61	3.674	3.719	3.754	3.781	...

$\lim_{n \to \infty} \left(2 - \frac{1}{n}\right)^2 \to 4 \qquad \lim_{n \to \infty} \left(2 - \frac{1}{2 \cdot n}\right)^2 \to 4$ Grenzwerte der Folgen

$f(x) := x^2$ Funktionsgleichung

$x := 0, 0.001 .. 2.5$ Bereichsvariable

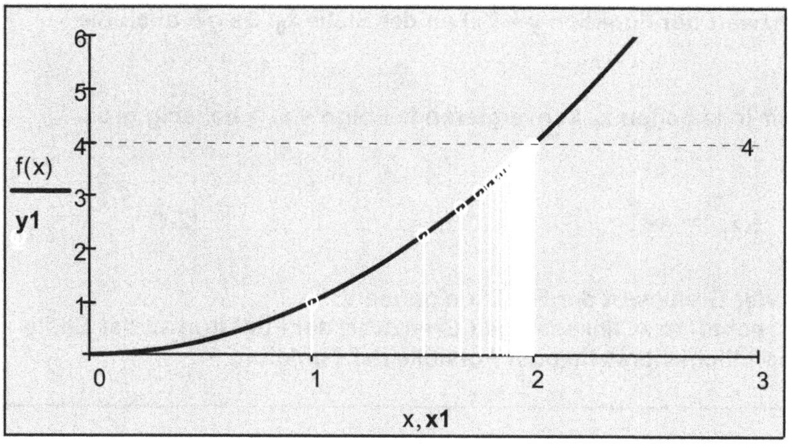

Abb. 2.1.1

Alle diese x-Folgen streben gegen 2 und die zugehörigen f(x)-Folgen gegen 4. 4 ist der Grenzwert G der Funktion f: $y = x^2$ mit x gegen 2. Er stimmt hier mit dem Funktionswert an der Stelle 2 überein.

$\lim_{x \to 2} f(x) \to 4$

Beispiel 2.1.2:

Wir betrachten die Funktion f: y = 1 für x > 0 und y = 0 für x < 0 bzw. y = 1/2 für x = 0. Untersuchen Sie den rechts- und linksseitigen Grenzwert mit $x \to 0$.

$$f(x) = \left(\begin{array}{l} 1 \text{ if } x > 0 \\ \frac{1}{2} \text{ if } x = 0 \\ 0 \text{ if } x < 0 \end{array} \right) = \Phi(x)$$

Heavisidefunktion Φ(x). Der Wert 1/2 ergibt sich bei der Heavisidfunktion aus dem arithmetischen Mittelwert des links- und rechtsseitigen Grenzwertes mit $x \to 0$.

$x := -5, -5 + 0.5 .. 5$

Bereichsvariable

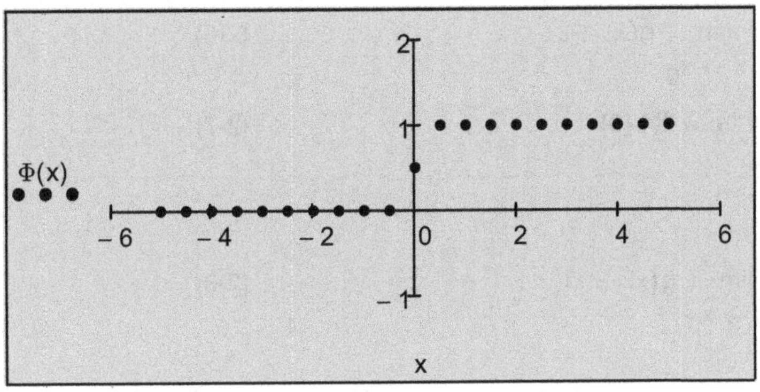

Abb. 2.1.2

Der rechts- und linksseitige Grenzwert stimmt hier nicht überein!

$$\lim_{x \to 0^+} \Phi(x) \to 1$$

$$\lim_{x \to 0^-} \Phi(x) \to 0$$

Beispiel 2.1.3:

Untersuchen Sie die Funktion g: $y = \frac{1}{x-1}$, ob sie einen Grenzwert mit $x \to 1$ besitzt.

$$g(x) := \left| \begin{array}{l} \frac{1}{x-1} \text{ if } x > 1 \\ \frac{1}{x-1} \text{ if } x < 1 \end{array} \right.$$

Funktionsdefinition

$x := -2, -2 + 0.001 .. 2$

Bereichsvariable

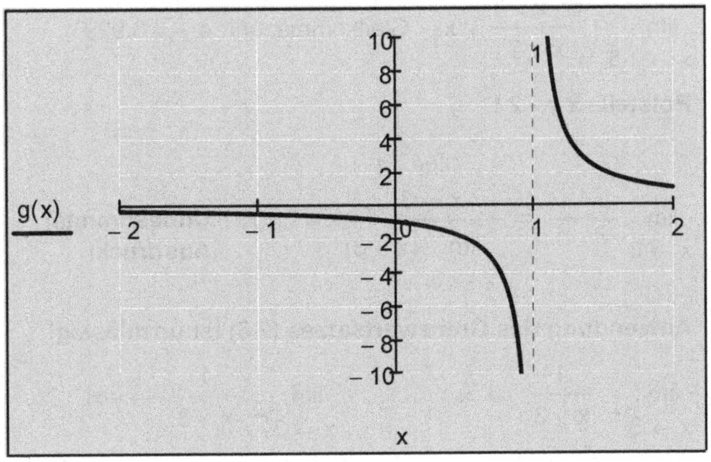

Abb. 2.1.3

Liefert jeweils an der Polstelle einen unbestimmten Grenzwert!

$$\lim_{x \to 1^+} \frac{1}{x-1} \to \infty$$

$$\lim_{x \to 1^-} \frac{1}{x-1} \to -\infty$$

Bei der Grenzwertberechnung kommen verschiedene Methoden zur Anwendung. Es kann, wenn uneigentliche Grenzwerte (siehe Kapitel 1) vorkommen, vorteilhaft sein, Funktionsterme zu kürzen oder zu erweitern. Hilfreich können bei der Bestimmung von Grenzwerten auch einige Grenzwertsätze sein, die genau jenen für Folgen (siehe Kapitel 1) entsprechen. Ein sehr hilfreicher Satz zur Bestimmung von Grenzwerten ist der Satz von L'Hospital, der jedoch erst später besprochen wird.

<u>Grenzwertsätze für reelle Funktionen:</u>

Existieren die Grenzwerte $\lim_{x \to x_0} f(x)$ **und** $\lim_{x \to x_0} g(x)$ **, dann gilt:**

a) $$\lim_{x \to x_0} (f(x) \pm g(x)) = \lim_{x \to x_0} f(x) \pm \lim_{x \to x_0} g(x) \qquad \textbf{(2-5)}$$

b) $$\lim_{x \to x_0} (f(x) \cdot g(x)) = \lim_{x \to x_0} f(x) \cdot \lim_{x \to x_0} g(x) \qquad \textbf{(2-6)}$$

$$\lim_{x \to x_0} (c \cdot f(x)) = c \cdot \lim_{x \to x_0} f(x) \quad \textbf{mit } c \in \mathbb{R} \setminus \{0\} \qquad \textbf{(2-7)}$$

c) $$\lim_{x \to x_0} \frac{f(x)}{g(x)} = \frac{\lim_{x \to x_0} f(x)}{\lim_{x \to x_0} g(x)} \quad \textbf{mit} \lim_{x \to x_0} g(x) \neq 0 \qquad \textbf{(2-8)}$$

<u>Beispiel 2.1.4:</u>

Untersuchen Sie folgende Grenzwerte mithilfe der Grenzwertsätze:

$x := -5, -5 + 0.001 .. 5$ Bereichsvariable

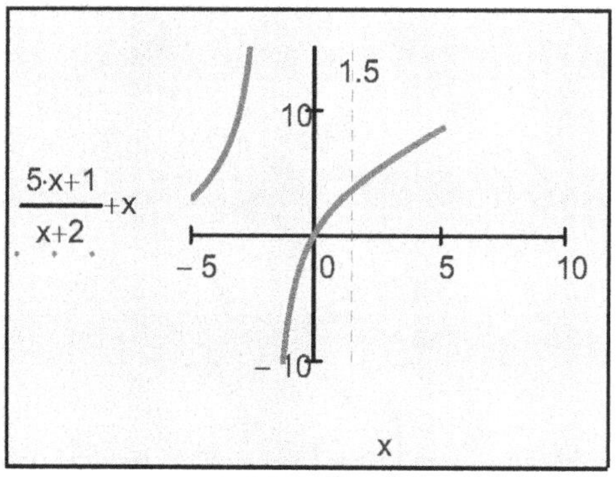

Abb. 2.1.4

$$\lim_{x \to 1.5} \left(\frac{5 \cdot x + 1}{x + 2} + x \right) = \frac{\lim_{x \to 1.5} (5 \cdot x + 1)}{\lim_{x \to 1.5} (x + 2)} + \lim_{x \to 1.5} x$$

$$= \frac{5 \cdot 1.5 + 1}{1.5 + 2} + 1.5 = 3.929$$

$$\lim_{x \to 1.5} \left(\frac{5 \cdot x + 1}{x + 2} + x \right) \text{ Gleitkommazahl}, 4 \rightarrow 3.929$$

Polstelle x = - 2 !

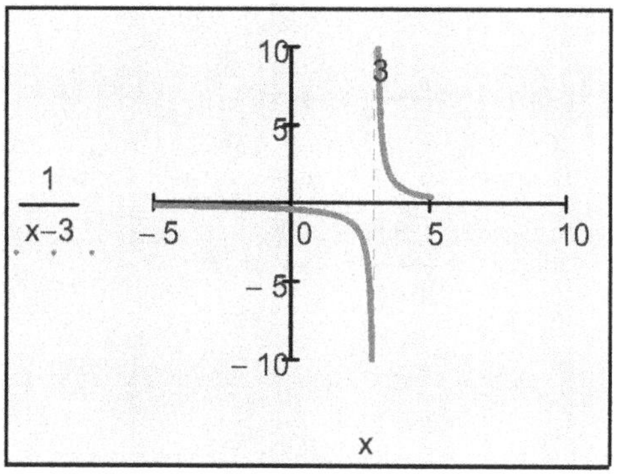

Abb. 2.1.5

$$\lim_{x \to 3} \frac{1}{x - 3} = \frac{\lim_{x \to 3} 1}{\lim_{x \to 3} (x - 3)} = \text{"1/0"}$$ **Unbestimmter Ausdruck!**

Anwendung des Grenzwertsatzes (2-8) ist unzulässig!

$$\lim_{x \to 3^+} \frac{1}{x - 3} \rightarrow \infty \qquad \lim_{x \to 3^-} \frac{1}{x - 3} \rightarrow -\infty$$

Polstelle x = 3 !

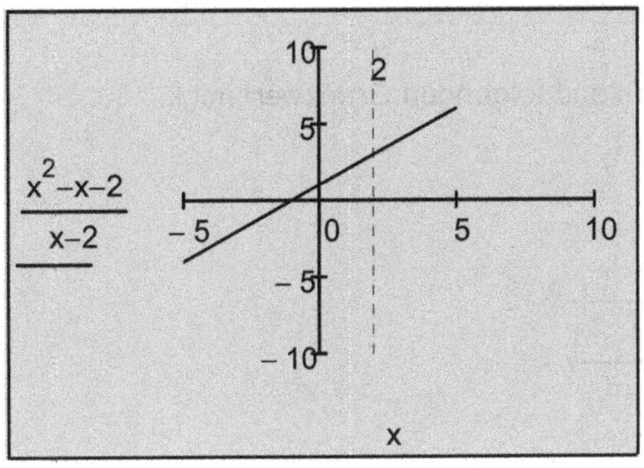

Abb. 2.1.6

$$\lim_{x \to 2} \frac{x^2 - x - 2}{x - 2} = \frac{\lim_{x \to 2} \left(x^2 - x - 2\right)}{\lim_{x \to 2} (x - 2)} = \text{"0/0"}$$

Unbestimmter Ausdruck!

Anwendung des Grenzwertsatzes (2-8) ist unzulässig!

$\frac{x^2 - x - 2}{x - 2}$ vereinfacht auf $x + 1$

$\lim_{x \to 2} (x + 1) \to 3$ **Der Graph hat eine Lücke bei x = 2 !**

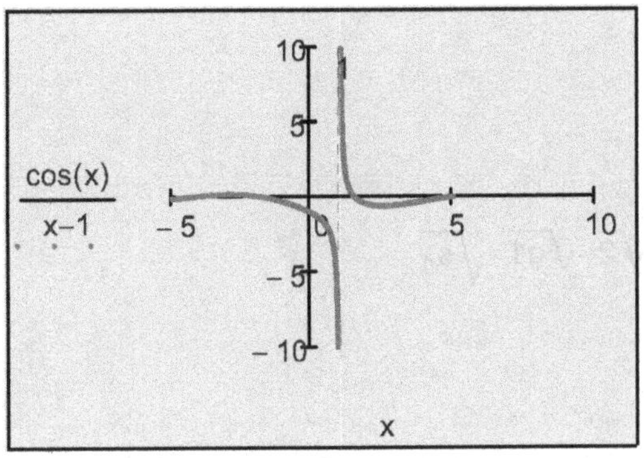

Abb. 2.1.7

$$\lim_{x \to 1} \frac{\cos(x)}{x - 1} = \frac{\lim_{x \to 1} \cos(x)}{\lim_{x \to 1} (x - 1)} = \text{"cos(1)/0"}$$

Unbestimmter Ausdruck!

Anwendung des Grenzwertsatzes (2-8) ist unzulässig!

$\lim_{x \to 1^+} \frac{\cos(x)}{x - 1} \to \infty$ $\qquad$ $\lim_{x \to 1^-} \frac{\cos(x)}{x - 1} \to -\infty$

Polstelle x = 1 !

$f(x) := \frac{\sin(x)}{x}$ gegebene Funktion (Lücke bei $x_1 = 0$)

$x_1 := 0$ Lücke

$x := -10, -10 + 0.01 .. 10$ Bereichsvariable

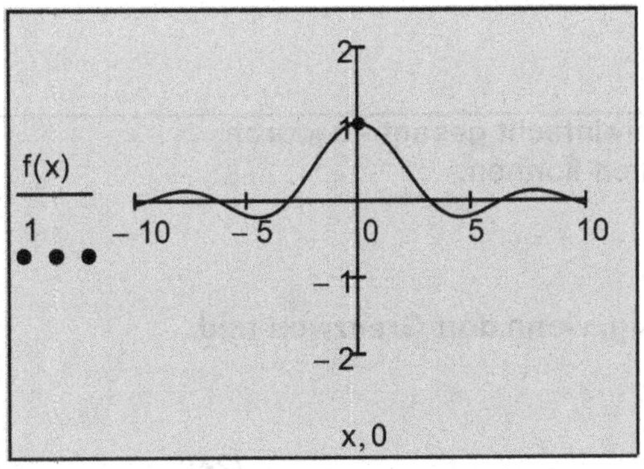

Abb. 2.1.8

$$\lim_{x \to x_1} \frac{\sin(x)}{x} = \frac{\lim_{x \to 0} \sin(x)}{\lim_{x \to 0} x} = \text{"0/0"}$$

Unbestimmter Ausdruck!

Anwendung des Grenzwertsatzes (2-8) ist unzulässig!

$\lim_{x \to x_1} f(x) \to 1$ **Grenzwert**

$\lim_{x \to x_1^-} f(x) \to 1$ **linksseitiger Grenzwert**

$\lim_{x \to x_1^+} f(x) \to 1$ **rechtsseitiger Grenzwert**

Die Lücke x = 0 kann durch die Definition f(0) = 1 geschlossen werden!

Beispiel 2.1.5:

Werten Sie für die Fallgeschwindigkeit eines Körpers mit Luftwiderstand folgenden Grenzwert mit k gegen 0 aus:

$$\lim_{k \to 0} \left(\sqrt{m_0 \cdot g} \cdot \sqrt{\frac{1 - e^{\frac{-2 \cdot k \cdot s_1}{m_0}}}{k}} \right) \quad \text{ergibt} \quad \sqrt{g \cdot m_0} \cdot \sqrt{\frac{2 \cdot s_1}{m_0}}$$

$$\lim_{k \to 0} \left(\sqrt{m_0 \cdot g1} \cdot \sqrt{\frac{1 - e^{\frac{-2 \cdot k \cdot s_1}{m_0}}}{k}} \right) \left| \begin{array}{l} \text{annehmen}, m_0 > 0 \\ \text{annehmen}, s_1 > 0 \\ \text{vereinfachen} \end{array} \right. \rightarrow \sqrt{2 \cdot g1 \cdot s_1}$$

$$\lim_{k \to 0} \left(\sqrt{m_0 \cdot g1} \cdot \sqrt{\frac{1 - e^{\frac{-2 \cdot k \cdot s_1}{m_0}}}{k}} \right) \left| \begin{array}{l} \text{annehmen}, m_0 > 0 \\ \text{vereinfachen} \end{array} \right. \rightarrow \sqrt{2} \cdot \sqrt{g1} \cdot \sqrt{s_1}$$

Beispiel 2.1.6:

Für die erzwungene Schwingung ist für den Resonanzfall folgender Grenzwert mit δ gegen 0 auszuwerten:

$$\lim_{\delta \to 0} \left[\frac{-e^{-\delta \cdot t}}{\omega^2} \cdot \left(\omega \cdot t + \sin(\omega \cdot t) + \delta \cdot t \cdot \cos(\omega \cdot t) - \frac{\delta}{\omega} \cdot \sin(\omega \cdot t) \right) \right] \quad \text{vereinfacht auf} \quad -\frac{\sin(\omega \cdot t) + \omega \cdot t}{\omega^2}$$

$$\lim_{\delta \to 0} \left[\frac{-e^{-\delta \cdot t}}{\omega^2} \cdot \left(\omega \cdot t + \sin(\omega \cdot t) + \delta \cdot t \cdot \cos(\omega \cdot t) - \frac{\delta}{\omega} \cdot \sin(\omega \cdot t) \right) \right] \text{ vereinfachen } \rightarrow -\frac{\sin(\omega \cdot t) + \omega \cdot t}{\omega^2}$$

2.2 Stetigkeit von reellen Funktionen

Eine stetige Funktion ("nicht sprunghafte Funktion") ist - vereinfacht gesagt - dadurch gekennzeichnet, dass wir ihren Graf "in einem Zuge" zeichnen können.

Definition:

a) Eine Funktion f: y = f(x) heißt an der Stelle x_0 ($x_0 \in D$) stetig, wenn dort Grenzwert und Funktionswert existieren und übereinstimmen. Das heißt

$$\lim_{x \to x_0} f(x) = G \text{ und } G = f(x_0) \qquad \textbf{(2-9)}$$

Trifft auch nur eine der beiden Bedingungen nicht zu, so heißt die Funktion an der Stelle x_0 unstetig.

b) Eine Funktion f heißt stetig, wenn sie an allen Stellen des Definitionsbereichs stetig ist..

Bemerkung:

Existiert an einer Definitionslücke x_0 der Grenzwert $\lim_{x \to x_0} f(x) = c$ ($c \in \mathbb{R}$), so kann die Funktion durch die zusätzliche Definition $f(x_0) = c$ stetig fortgesetzt werden. Die Lücke wird dadurch geschlossen (behebbare Unstetigkeitsstelle).

Viele elementare Funktionen sind stetig. Auch Summe, Produkt, Kehrwert und Verkettung (Hintereinanderausführen) von stetigen Funktionen führen wieder auf stetige Funktionen.

Beispiel 2.2.1:

$f(x) := \begin{cases} x & \text{if } 0 \le x \le 3 \\ x - 1 & \text{if } x > 3 \end{cases}$ **oder** $f1(x) = \text{wenn}[(0 \le x) \cdot (x \le 3), x, \text{wenn}(x > 3, x - 1, 0)]$ **Funktion**

$x_1 := 3$ $\quad x_2 := 3.5 - \frac{FRAME}{35}$ mithilfe der Variablen **FRAME** definierter Parameter

FRAME: 0 bis 15 mit 1 Bild/s

$\Delta x := x_2 - x_1$ $\quad \Delta x = 0.5$ x-Wert- und y-Wert-Differenz

$\Delta y := f(x_2) - f(x_1)$ $\quad \Delta y = -0.5$

$\lim_{x \to x_1^+} (x - 1) \to 2$ **rechtsseitiger Grenzwert**

$\lim_{x \to x_1^-} x \to 3$ **linksseitiger Grenzwert**

$f(x_1) = 3$ Funktionswert

$\lim_{\Delta x \to 0} \left(f(x_1 + \Delta x) - f(x_1)\right)$ Der Grenzwert sollte bei Stetigkeit 0 werden!

$\lim_{\Delta x \to 0} \left[(x_1 + \Delta x) - 1 - x_1\right] \to -1$

$x := 0, 0.01 .. 5$ Bereichsvariable

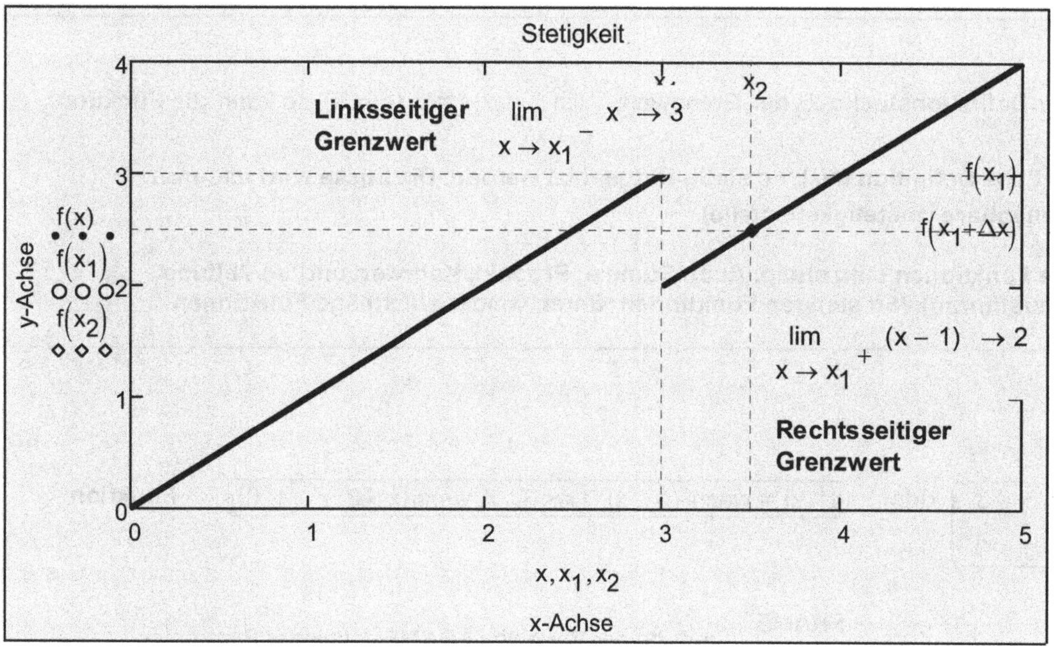

Die Funktion $f(x)$ ist an der Stelle x_1 unstetig.

Abb. 2.2.1

Beispiel 2.2.2:

Untersuchen Sie die Funktion f(x) = sign(x) (Vorzeichenfunktion) auf Stetigkeit.

$x := -2, -2 + 0.01 .. 2$ Bereichsvariable

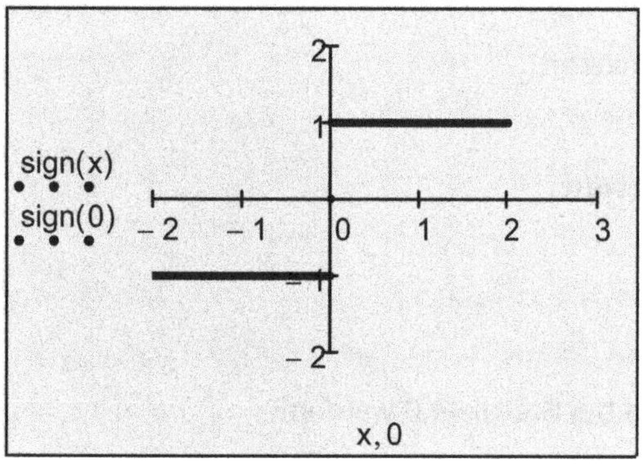

Abb. 2.2.2

$\mathrm{sign}(-0.1) = -1$ $\mathrm{sign}(0) = 0$ $\mathrm{sign}(0.1) = 1$

$\lim_{x \to 0^+} \mathrm{sign}(x) \to 1$

$\lim_{x \to 0^-} \mathrm{sign}(x) \to -1$ Liefert hier den falschen Wert!

Die Funktion ist an der Stelle $x_0 = 0$ unstetig, sonst stetig!

Beispiel 2.2.3:

Untersuchen Sie die Funktion f(x) = σ(x - a) = Φ(x - a) (allgemeine Heavisidefunktion) auf Stetigkeit.

$x := -2, -2 + 0.01 .. 2$ Bereichsvariable

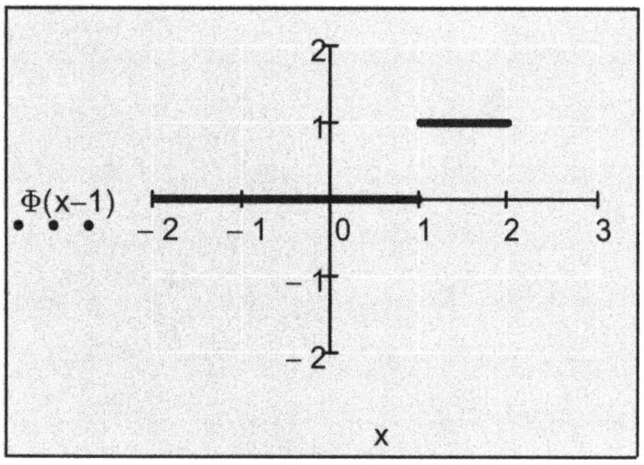

Abb. 2.2.3

$\Phi(3 - 1) = 1$ $\Phi(0.1 - 1) = 0$

$\lim_{x \to 1^+} \Phi(x - 1) \to 1$ $\lim_{x \to 1^-} \Phi(x - 1) \to 0$

Die Funktion ist an der Stelle x = 1 unstetig, sonst stetig!

Beispiel 2.2.4:

Untersuchen Sie die Funktion f(x) = Φ(x - a) - Φ(x - b) (Pulsfunktion) auf Stetigkeit.

$x := -2, -2 + 0.01 .. 4$ Bereichsvariable

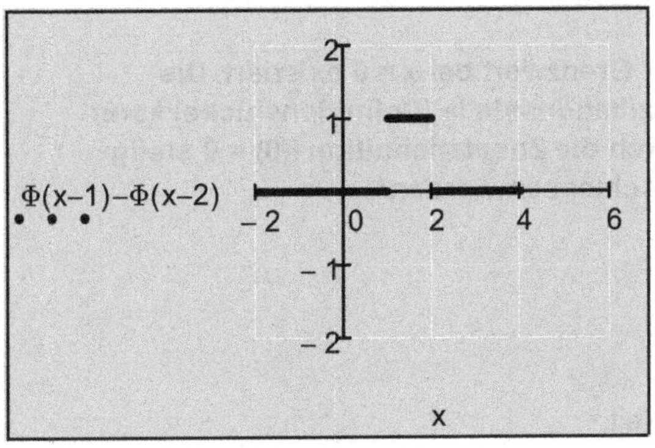

Abb. 2.2.4

$$\lim_{x \to 1^+} (\Phi(x-1) - \Phi(x-2)) \to 1$$

$$\lim_{x \to 1^-} (\Phi(x-1) - \Phi(x-2)) \to 0$$

Die Funktion ist an den Stellen x = 1 und x = 2 unstetig, sonst stetig!

Beispiel 2.2.5:

Untersuchen Sie die Funktion f(x) = (Φ(x) - Φ(x - π)) sin(x) (Fensterfunktion) auf Stetigkeit.

$f(x) := (\Phi(x) - \Phi(x - \pi)) \cdot \sin(x)$ Funktionsgleichung

$x := -2, -2 + 0.01 .. 4$ Bereichsvariable

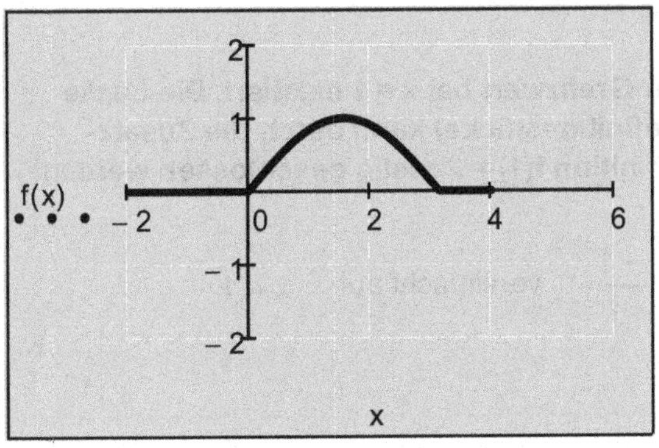

Abb. 2.2.5

Die Funktion ist überall stetig!

Beispiel 2.2.6:

Untersuchen Sie die Funktion f(x) = x sin(1/x) auf Stetigkeit.

$f(x) := x \cdot \sin\left(\frac{1}{x}\right)$ Funktionsgleichung (Oszillationsstelle bei x = 0)

$x := \frac{-3}{\pi}, \frac{-3}{\pi} + 0.001 .. \frac{3}{\pi}$ Bereichsvariable

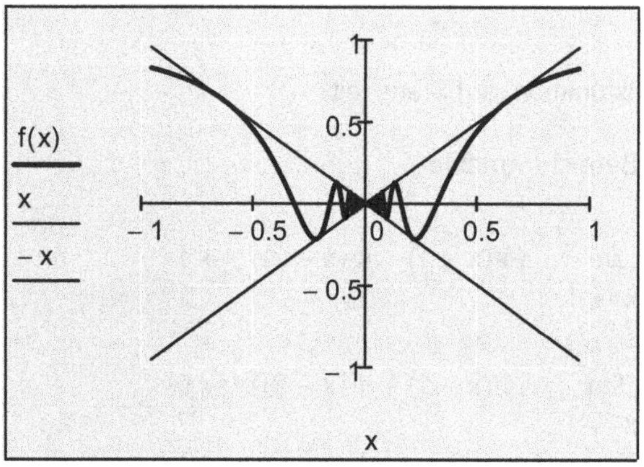

Abb. 2.2.6

Die Funktion ist bei x = 0 unstetig!

$\lim_{x \to 0} f(x) \to 0$

Der Grenzwert bei x = 0 existiert. Die Oszillationsstelle (Definitionslücke) kann durch die Zusatzdefinition f(0) = 0 stetig geschlossen werden!

Beispiel 2.2.7:

Untersuchen Sie die Funktion $f(x) = (x^2 - 1)/(x - 1)$ auf Stetigkeit.

$f(x) := \frac{x^2 - 1}{x - 1}$ Funktionsgleichung (gebrochenrationale Funktion - Lücke bei x = 1)

$x := -2, -2 + 0.01 .. 2$ Bereichsvariable

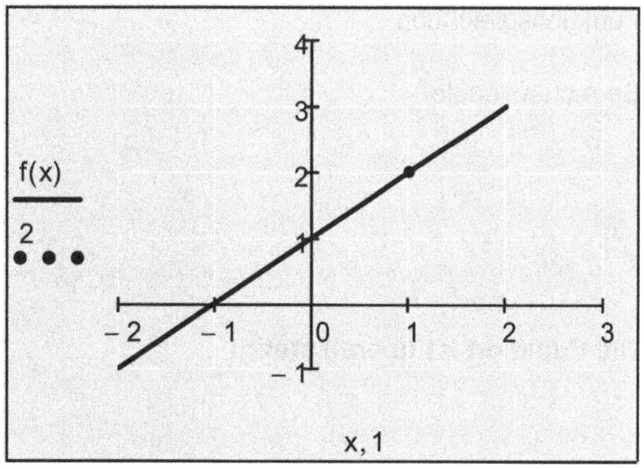

Abb. 2.2.7

Die Funktion ist bei x = 1 unstetig!

$\lim_{x \to 1} f(x) \to 2$

Der Grenzwert bei x = 1 existiert. Die Lücke (Definitionslücke) kann durch die Zusatzdefinition f(1) = 2 stetig geschlossen werden!

$\frac{x^2 - 1}{x - 1}$ vereinfacht auf $x + 1$

2.2.1 Eigenschaften stetiger Funktionen

Stetige Funktionen besitzen eine Reihe von nennenswerten Eigenschaften:

Zwischenwertsatz:

In einem abgeschlossenen Intervall I = [a, b] nehmen stetige Funktionen jeden Wert zwischen f(a) und f(b) an.

Nullstellensatz:

Ist f eine in I = [a, b] stetige Funktion, deren Funktionswerte an den Randpunkten a und b verschiedene Vorzeichen haben, so gibt es mindestens einen Wert $x_0 \in]a, b[$ mit $f(x_0) = 0$.

Extremwertsatz:

Eine in einem abgeschlossenen Intervall I = [a, b] stetige Funktion f ist in I beschränkt und hat hier ein absolutes Maximum bzw. Minimum (absolute Extremwerte). Relative Extremwerte (relatives Maximum bzw. Minimum) werden im Abschnitt 3.3 näher besprochen.

Beispiel 2.2.8:

Besitzt die Funktion $y = x^3 - x - 3$ im Intervall [0, 2] eine Nullstelle?

$a := 0 \quad b := 2$ Intervallrandpunkte

$f(x) := x^3 - x - 3$ Funktion

$f(a) = -3 \quad f(b) = 3$ Es liegt mindestens eine Nullstelle innerhalb des Intervalls!

$x_0 :=$ wurzel$(f(x), x, a, b)$ $\quad x_0 = 1.672$ Nullstelle

$x := -4, -4 + 0.01 .. 4$ Bereichsvariable

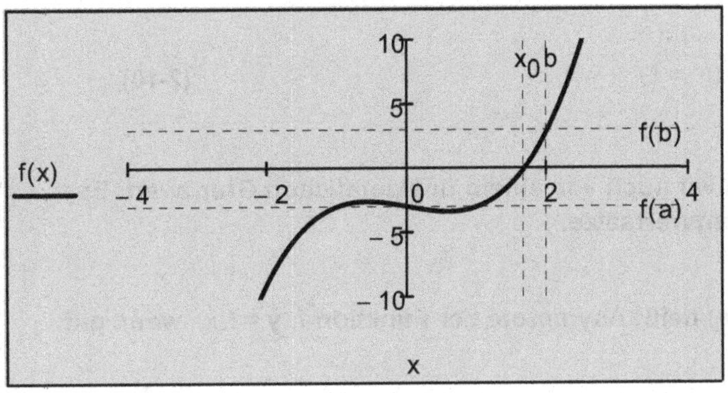

Abb. 2.2.8

Beispiel 2.2.9:

Besitzt die Funktion $y = x^3 - 2x + 5$ im Intervall [-3, 2] eine Nullstelle ?

$a := -3 \quad b := 2$ Intervallrandpunkte

$f(x) := x^3 - 2 \cdot x + 5$ Funktion

$x := -4, -4 + 0.01 .. 4$ Bereichsvariable

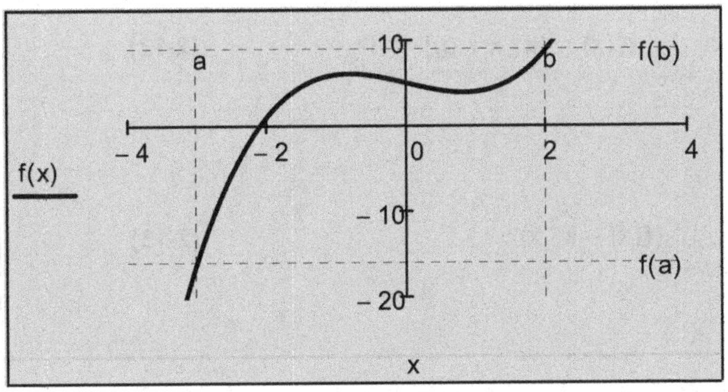

Abb. 2.2.9

$f(a) = -16$ **absolutes Minimum** $\quad f(b) = 9$ **absolutes Maximum**

$x_1 := -1$ Startwert (Näherungswert) $\quad x_2 := 1$ Startwert (Näherungswert)

$x_{max} :=$ Maximieren(f, x_1) $\quad x_{min} :=$ Minimieren(f, x_2)

$x_{max} = -0.816 \quad f(x_{max}) = 6.089$ **relatives Maximum**

$x_{min} = 0.816 \quad f(x_{min}) = 3.911$ **relatives Minimum**

2.2.2 Verhalten reeller Funktionen im Unendlichen

In vielen Anwendungen wird öfters das Langzeitverhalten einer physikalischen Größe untersucht. Zum Beispiel wird bei Schwingungsvorgängen das stationäre Verhalten untersucht, also das Verhalten nach dem Einschwingvorgang. Um solche Verhalten untersuchen zu können, sind Grenzwert- untersuchungen notwendig.

Definition:

a) Konvergiert für jede Folge < x_n > mit $x_n \longrightarrow +\infty$ bzw. $x_n \longrightarrow -\infty$ die Folge < $f(x_n)$ > stets gegen denselben Grenzwert G, so heißt G Grenzwert der Funktion für $x_n \longrightarrow +\infty$ bzw. $x_n \longrightarrow -\infty$.

Wir schreiben dafür:

$$\lim_{x \to \infty} f(x) = G \quad \textbf{bzw.} \quad \lim_{x \to -\infty} f(x) = G \qquad \textbf{(2-10)}$$

Ist G gleich "+ ∞" oder "- ∞", so sprechen wir auch von einem uneigentlichen Grenzwert. Es gelten hier auch die vorher genannten Grenzwertsätze.

b) Eine Gerade g: x = a (Parallele zur y-Achse) heißt Asymptote der Funktion f: y = f(x), wenn gilt:

$$\lim_{x \to a} f(x) = \infty \; ; \quad \lim_{x \to a} f(x) = -\infty \qquad \textbf{(2-11)}$$

a heißt Pol der Funktion f.

c) Existiert speziell der Grenzwert $\lim_{x \to +/-\infty} f(x) = d$, **dann hat der Graf der Funktion f eine horizontale Asymptote mit der Gleichung y = d.**

d) Eine Gerade g: y = k x + d heißt Asymptote der Funktion f: y = f(x), wenn gilt:

$$\lim_{x \to +/-\infty} (f(x) - g(x)) = 0 \quad \textbf{bzw.} \quad \lim_{x \to +/-\infty} [f(x) - (k \cdot x + d)] = 0 \qquad \textbf{(2-12)}$$

oder

$$k = \lim_{x \to +/-\infty} \frac{f(x)}{x} \quad \textbf{und} \quad d = \lim_{x \to +/-\infty} (f(x) - k \cdot x) \qquad \textbf{(2-13)}$$

Beispiel 2.2.10:

Untersuchen Sie die Funktion f: f(x) = tan(x) ; $D = \mathbb{R} \setminus \{ (2\,k + 1)\, \pi/2 \}$ mit $k \in \mathbb{Z}$.

$f(x) := \tan(x)$ Funktionsgleichung

$x := -2 \cdot \pi, -2 \cdot \pi + 0.001 .. 2 \cdot \pi$ Bereichsvariable

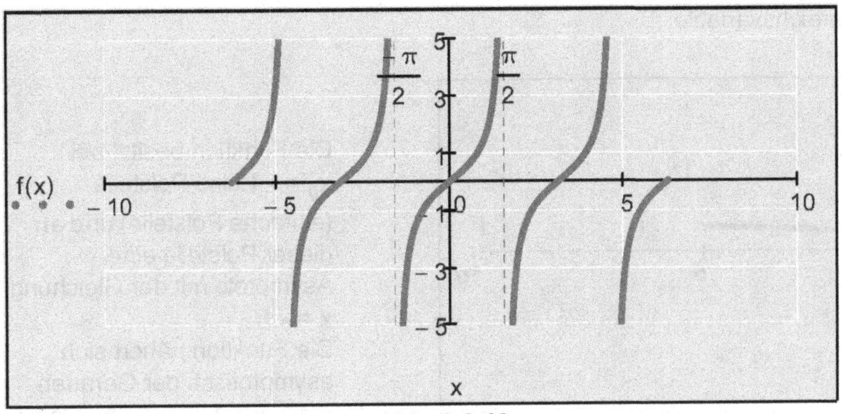

Abb. 2.2.10

Die Funktion besitzt bei **$x_k = (2k+1)\,\pi/2$** Polstellen und an diesen Stellen Asymptoten mit den Gleichungen **$x_k = (2k+1)\,\pi/2$**.

$\lim_{x \to \frac{\pi}{2}^+} f(x) \to -\infty$ $\qquad$ $\lim_{x \to \frac{\pi}{2}^-} f(x) \to \infty$ $\qquad$ Grenzwerte

Beispiel 2.2.11:

Untersuchen Sie die Funktion f: f(x) = 1/(x-1) ; D = ℝ \ { 1 }.

$f(x) := \frac{1}{x-1}$ $\qquad$ Funktionsgleichung

$x := -5, -5 + 0.001 .. 5$ $\qquad$ Bereichsvariable

$x_0 := 1$ $\qquad$ Polstelle

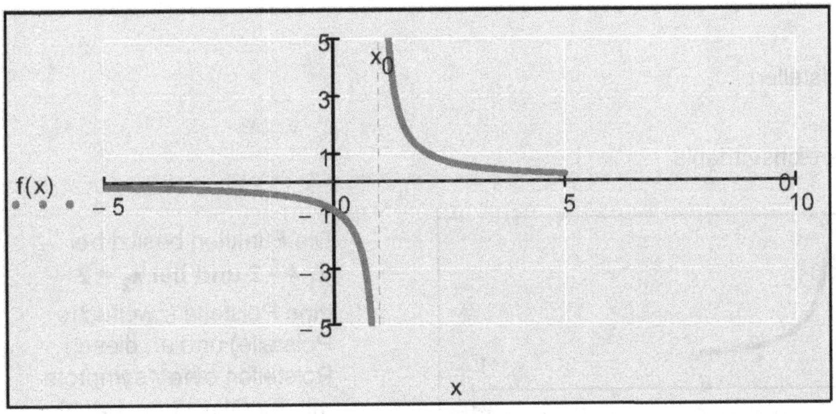

Abb. 2.2.11

Die Funktion besitzt bei **$x_0 = 1$** eine Polstelle und an dieser Polstelle eine Asymptote mit der Gleichung **x = 1**.
Die Funktion nähert sich ebenfalls asymptotisch der x-Achse. Die x-Achse mit der Gleichung y = 0 ist ebenfalls Asymptote.

$\lim_{x \to 1^+} f(x) \to \infty$ $\qquad$ $\lim_{x \to 1^-} f(x) \to -\infty$

$\lim_{x \to \infty} f(x) \to 0$ $\qquad$ $\lim_{x \to -\infty} f(x) \to 0$ $\qquad$ Grenzwerte

Beispiel 2.2.12:

Untersuchen Sie die Funktion f: f(x) = x/(x+1) ; D = ℝ \ { -1 }.

$f(x) := \frac{x}{x+1}$ $\qquad$ Funktionsgleichung

$x := -5, -5 + 0.001 .. 5$ Bereichsvariable

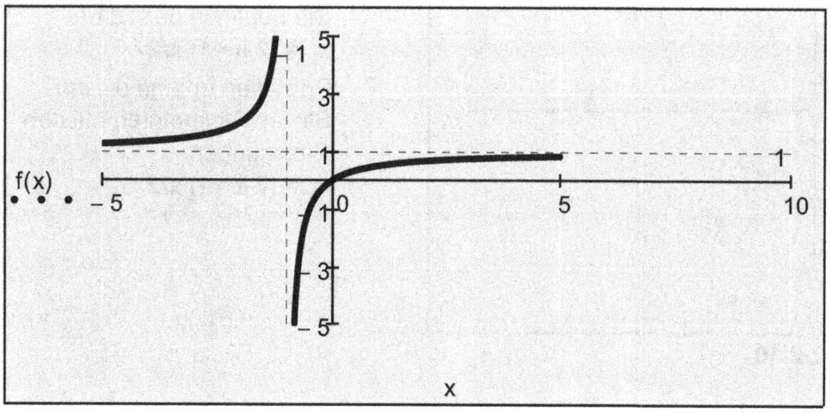

Abb. 2.2.12

Die Funktion besitzt bei **x_0 = - 1** eine Polstelle (einfache Polstelle) und an dieser Polstelle eine Asymptote mit der Gleichung **x = - 1**.
Die Funktion nähert sich asymptotisch der Geraden y = 1. y = 1 ist ebenfalls eine Asymptote.

$\lim_{x \to -1^+} f(x) \to -\infty$ $\lim_{x \to -1^-} f(x) \to \infty$ $\lim_{x \to \infty} f(x) \to 1$ $\lim_{x \to -\infty} f(x) \to 1$ Grenzwerte

Beispiel 2.2.13:

Untersuchen Sie die Funktion f: $f(x) = (x^2 + 1)/(x^2 - 4)$; $D = \mathbb{R} \setminus \{-2, 2\}$.

$f(x) := \frac{x^2 + 1}{x^2 - 4}$ Funktionsgleichung

$x := x$ Redefinition

$x^2 - 4 = 0$ auflösen, $x \to \begin{pmatrix} 2 \\ -2 \end{pmatrix}$ Polstellen

$x := -5, -5 + 0.001 .. 5$ Bereichsvariable

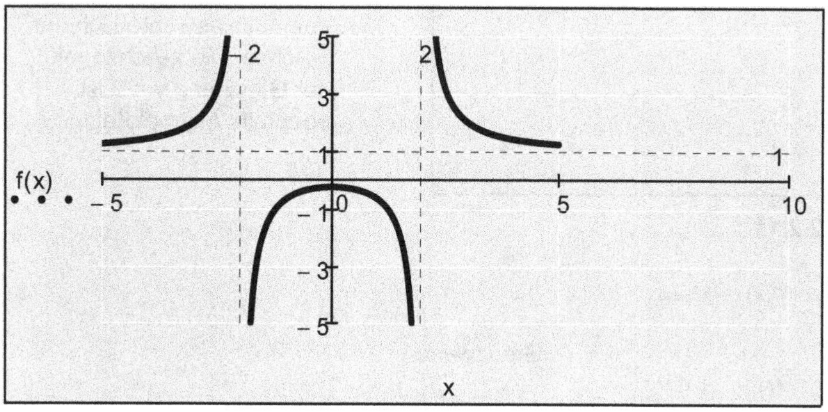

Abb. 2.2.13

Die Funktion besitzt bei **x_1 = - 2 und bei x_2 = 2** eine Polstelle (zweifache Polstelle) und an diesen Polstellen eine Asymptote mit der Gleichung **x = - 2 bzw. x = 2**.
Die Funktion nähert sich ebenfalls asymptotisch der Geraden y = 1. y = 1 ist ebenfalls eine Asymptote.

$\lim_{x \to -2^+} f(x) \to -\infty$ $\lim_{x \to -2^-} f(x) \to \infty$ $\lim_{x \to 2^+} f(x) \to \infty$ $\lim_{x \to 2^-} f(x) \to -\infty$

$\lim_{x \to \infty} f(x) \to 1$ $\lim_{x \to -\infty} f(x) \to 1$ Grenzwerte

Beispiel 2.2.14:

Berechnen Sie die Asymptoten der nachfolgenden unecht gebrochenrationalen Funktion und stellen Sie die Funktion und Asymptoten grafisch dar.

$a := 1$ Konstante

$f(x) := \frac{2 \cdot x^2}{x^2 + a}$ Funktionsgleichung

$k := \lim_{x \to \infty} \frac{f(x)}{x} \to 0$ Steigung der Asymptote

$d := \lim_{x \to \infty} (f(x) - k \cdot x) \to 2$ Achsenabschnitt der Asymptote

$y(x) := k \cdot x + d$ Asymptotengleichung

$x := a - 4, a - 4 + 0.001 .. a + 3$ Bereichsvariable

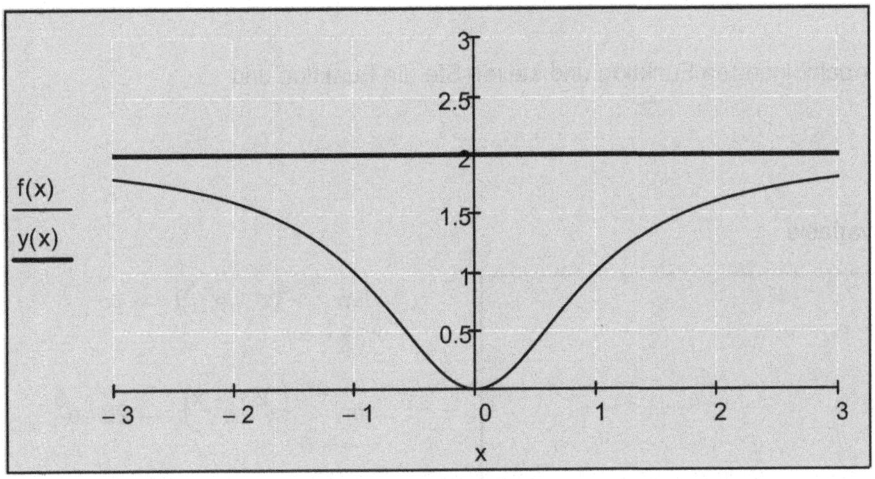

Die Funktion nähert sich asymptotisch der Geraden y = 2.

Abb. 2.2.14

Beispiel 2.2.15:

Berechnen Sie die Asymptoten der nachfolgenden unecht gebrochenrationalen Funktion und stellen Sie die Funktion und Asymptoten grafisch dar.

$a := 5$ Konstante

$f(x) := \frac{5 \cdot x^2 + 1}{x - a}$ Funktionsgleichung

$\frac{5 \cdot x^2 + 1}{x - a}$ in Partialbrüche zerlegt, ergibt

$k := \lim_{x \to \infty} \frac{f(x)}{x} \to 5$ Steigung der Asymptote

$5 \cdot x + 5 \cdot a + \frac{1 + 5 \cdot a^2}{x - a}$

$d := \lim_{x \to \infty} (f(x) - k \cdot x) \to 25$ Achsenabschnitt der Asymptote

5 x + 5 a ist der Term für die Asymptotengleichung

$y(x) := k \cdot x + d$ Asymptotengleichung

$x := a - 2, a - 2 + 0.0001 .. a + 2$ Bereichsvariable

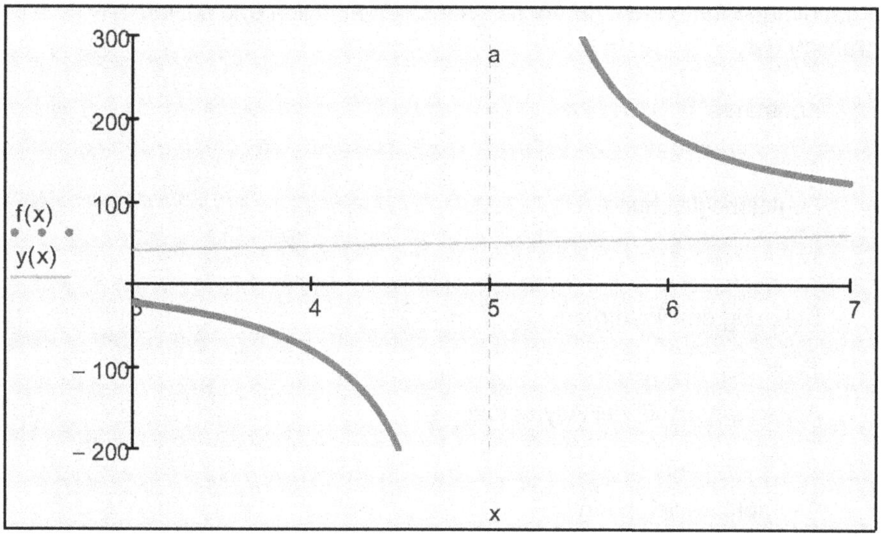

Die Funktion nähert sich asymptotisch der Geraden x = a und y = k x +d. x = a und y = k x + d sind Asymptoten. Die Kurve hat bei x_1 = a einen Pol.

Abb. 2.2.15

Beispiel 2.2.16:

Berechnen Sie die Asymptoten der nachfolgenden Funktion und stellen Sie die Funktion und Asymptoten grafisch dar.

$f(x) := x^2 \cdot e^{-x}$ Funktion

$x := -1, -1 + 0.001 .. 20$ Bereichsvariable

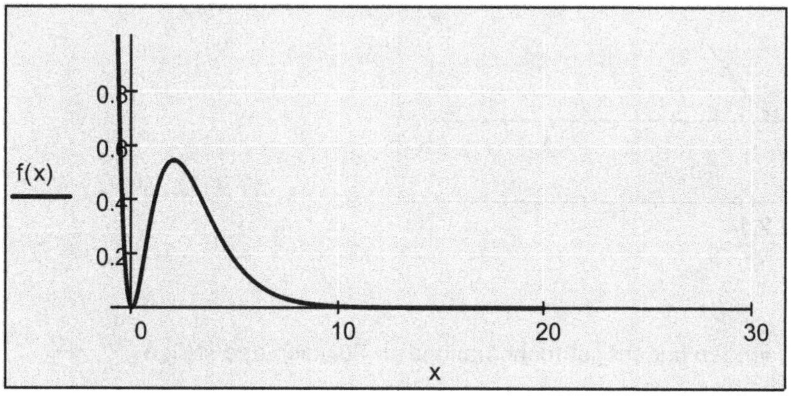

Abb. 2.2.16

$\lim_{x \to -\infty} \left(x^2 \cdot e^{-x}\right) \to \infty$

$\lim_{x \to -5} \left(x^2 \cdot e^{-x}\right) \to 25 \cdot e^5$

$\lim_{x \to \infty} \left(x^2 \cdot e^{-x}\right) \to 0$

Asymptote mit der Gleichung y = 0

Beispiel 2.2.17:

Berechnen Sie die Asymptoten für die Feldstärke eines Kugelkondensators.

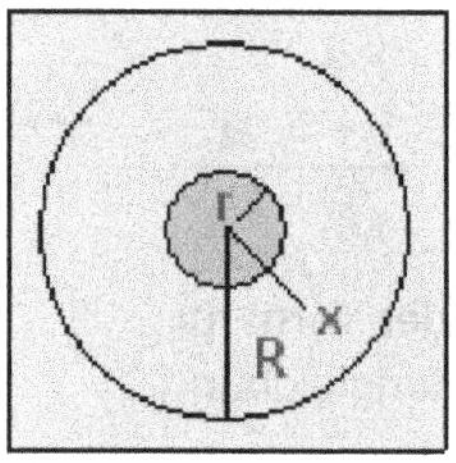

Abb. 2.2.17

$E(x) = \frac{Q}{4 \cdot \pi \cdot \varepsilon_0} \cdot \frac{1}{x^2} = k \cdot \frac{1}{x^2}$ elektrische Feldstärke

$\lim_{x \to 0} \left(k \cdot \frac{1}{x^2}\right) \to \infty$ $\lim_{x \to \infty} \left(k \cdot \frac{1}{x^2}\right) \to 0$ x- und y-Achse sind Asymptoten

x = 0 ist eine Polstelle

$Q := 100 \cdot 1.6 \cdot 10^{-19} \cdot C$ gegebene Ladung

$\varepsilon_0 := 8.8542 \cdot 10^{-12} \cdot \frac{A \cdot s}{V \cdot m}$ elektrische Feldkonstante

$E(x) := \frac{Q}{4 \cdot \pi \cdot \varepsilon_0} \cdot \frac{1}{x^2}$ elektrische Feldstärke

$x := 0 \cdot cm, 0.01 \cdot cm .. 10 \cdot cm$ Bereichsvariable

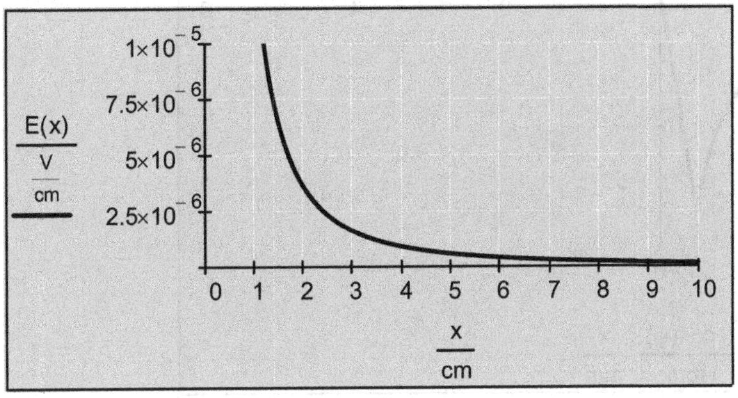

Abb. 2.2.18

__Beispiel 2.2.18:__

Berechnen Sie die Asymptoten für die magnetische Feldstärke H eines stromdurchflossenen Leiters.

Außerhalb des Leiters mit Radius r gilt für die magnetische Feldstärke: $H(x) = \frac{I}{2 \cdot \pi \cdot x} = \frac{k}{x}$

$\lim_{x \to \infty} H(x) = 0$ und $\lim_{x \to -\infty} H(x) = 0$ $H(x) = 0$ ist Asymptote

Innerhalb des Leiters gilt unter der Annahme, dass die Stromverteilung über dem Leiterquerschnitt gleichmäßig ist:

$\frac{I(x)}{I} = \frac{A(x)}{A} = \frac{x^2 \cdot \pi}{r^2 \cdot \pi} = \frac{x^2}{r^2} \Rightarrow I(x) = \frac{I}{r^2} \cdot x^2$ und damit $H(x) = \frac{I(x)}{2 \cdot \pi \cdot x} = \frac{\frac{I}{r^2} \cdot x^2}{2 \cdot \pi \cdot x} = \frac{I}{2 \cdot r^2 \cdot \pi} \cdot x$

$I := 5 \cdot A$ gegebener Strom

$r := \frac{1}{2} \cdot mm$ gegebener Radius

$$H(x) := \begin{cases} \frac{I}{2 \cdot \pi \cdot x} & \text{if } (x > r) \vee (x < r) \\ \frac{I}{2 \cdot r^2 \cdot \pi} \cdot x & \text{if } -r \le x \le r \end{cases}$$ magnetische Feldstärkefunktion

$x := -5 \cdot mm, -5 \cdot mm + 0.01 \cdot mm .. 5 \cdot mm$ Bereichsvariable

$\varphi := 0, 0.1 .. 2 \cdot \pi$ Bereichsvariable

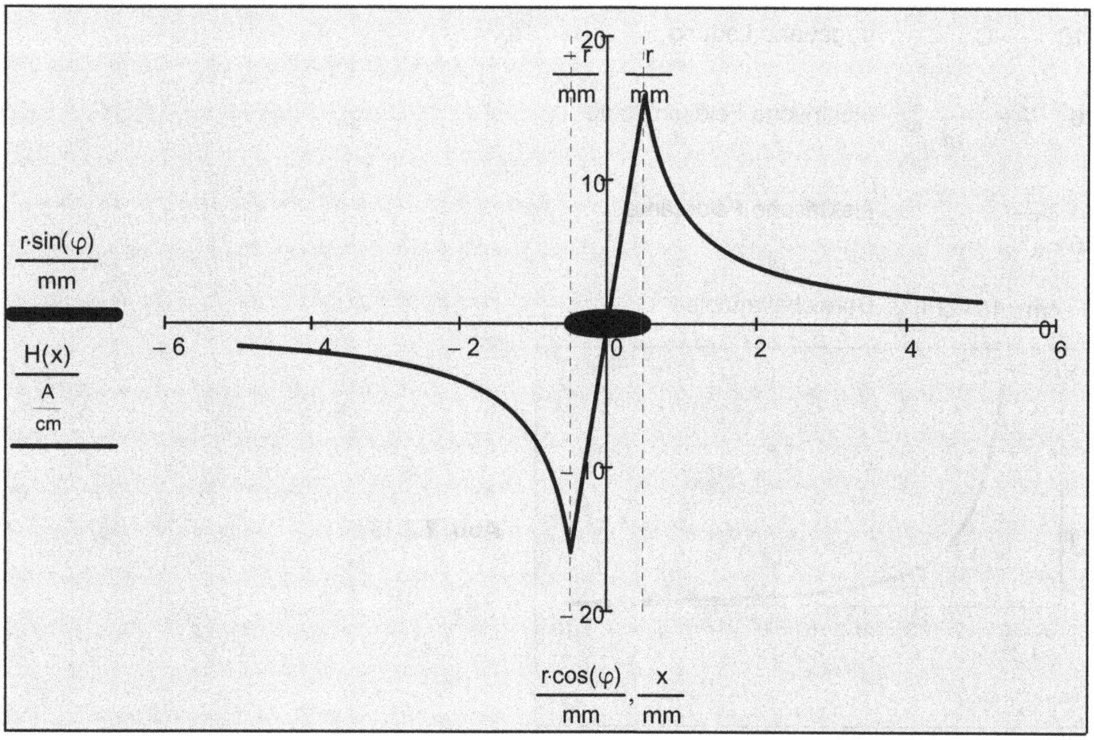

Abb. 2.2.19

Beispiel 2.2.19:

Die elektrische Feldstärke in der Umgebung einer elektrischen Doppelleitung ist gegeben durch $E(x) = k.1/(a^2 - x^2)$ ($k = a.Q/(\pi\, \varepsilon_0\, l)$). Bestimmen Sie den Grenzwert mit x gegen ± ∞ und den links- und rechtsseitigen Grenzwert mit x gegen -a und +a der Funktion E(x). Stellen Sie die Funktion zuerst grafisch dar.

$a := 0.5$ $\quad k := 1$ gegebene Werte

$E(x) := k \cdot \frac{1}{a^2 - x^2}$ elektrische Feldstärke Pol 2. Ordnung bei $x_1 = -a$ und $x_2 = a$

$x := -1, -1 + 0.001 .. 1$ Bereichsvariable

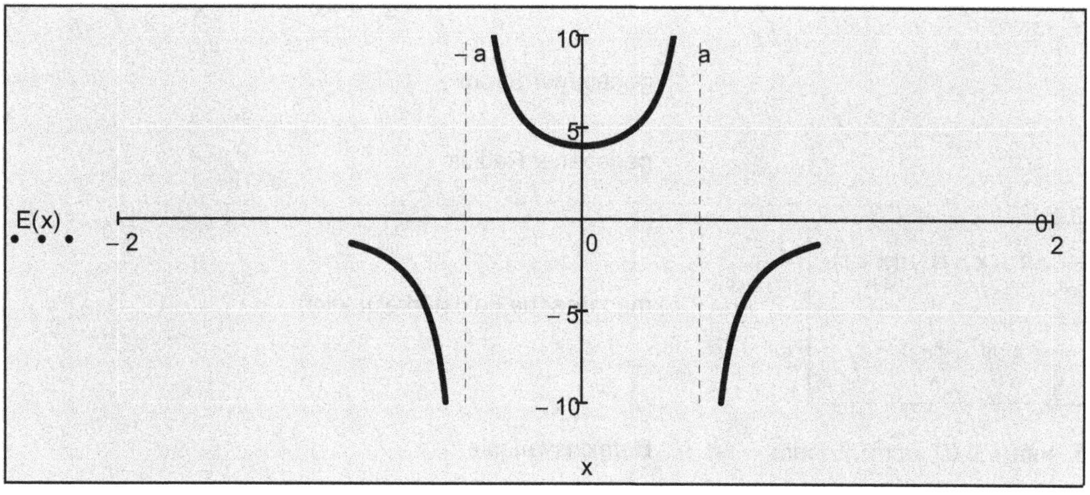

Abb. 2.2.20

$\lim_{x \to -\infty} E(x) \to 0.0$ $\quad \lim_{x \to \infty} E(x) \to 0.0$ $\quad$ y = 0 ist Asymptote

$\lim_{x \to -a^+} E(x) \to \infty$ $\quad \lim_{x \to -a^-} E(x) \to -\infty$ $\quad$ x = - a ist Asymptote

$\lim_{x \to a^+} E(x) \to -\infty$ $\quad \lim_{x \to a^-} E(x) \to \infty$ $\quad$ x = a ist Asymptote

Beispiel 2.2.20:

Gegeben ist eine belastete Gleichstromquelle mit variablem Außenwiderstand. Stellen Sie U = f(x), I = f(x), η = f(x) und P = f(x) in einem Koordinatensystem dar und bestimmen Sie die Asymptoten.

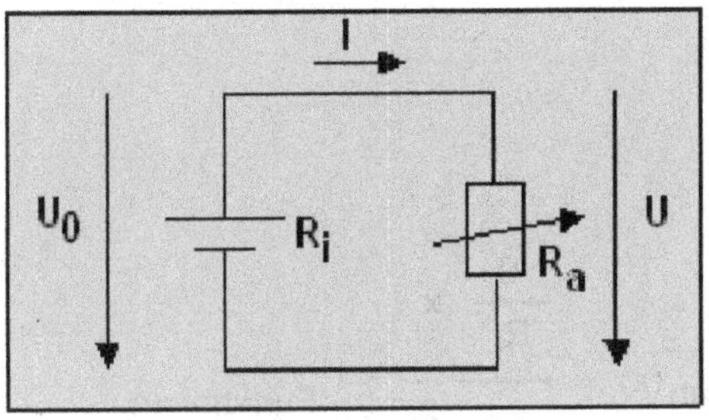

Abb. 2.2.21

$U_0 = 85 \cdot V$

$R_i = 10 \cdot \Omega$

gegebene Daten

(1) Spannungsfunktion:

$$U = I \cdot R_a = \frac{U_0}{R_a + R_i} \cdot R_a \qquad : \mathbf{R_i} \qquad U = \frac{U_0 \cdot \frac{R_a}{R_i}}{\frac{R_a}{R_i} + 1}$$

Substitution: $x = \frac{R_a}{R_i}$

$$U = f(x) = \frac{U_0 \cdot x}{x + 1} \qquad \lim_{x \to \infty} \frac{U_0 \cdot x}{x + 1} \to U_0$$

Asymptote bei $U = U_0$

(2) Stromfunktion:

$$I = \frac{U_0}{R_a + R_i} \qquad : \mathbf{R_i} \qquad I = \frac{\frac{U_0}{R_i}}{\frac{R_a}{R_i} + 1}$$

$$I = f(x) = \frac{\frac{U_0}{R_i}}{x + 1} \qquad \lim_{x \to \infty} \frac{\frac{U_0}{R_i}}{x + 1} \to 0$$

Asymptote bei I = 0

(3) Wirkungsgradfunktion:

$$\eta = \frac{P_{ab}}{P_{zu}} = \frac{U \cdot I}{U_0 \cdot I} = \frac{I^2 \cdot R_a}{I^2 \cdot (R_a + R_i)} = \frac{R_a}{R_a + R_i} \qquad : \mathbf{R_i} \qquad \eta = \frac{\frac{R_a}{R_i}}{\frac{R_a}{R_i} + 1}$$

$$\eta = f(x) = \frac{x}{x + 1} \qquad \lim_{x \to \infty} \frac{x}{x + 1} \to 1$$

Asymptote bei η = 1

(4) Leistungsfunktion:

$$P_{ab} = U \cdot I = I^2 \cdot R_a = \left(\frac{U_0}{R_a + R_i}\right)^2 \cdot R_a = \frac{U_0^{\,2} \cdot R_a}{(R_a + R_i)^2} \qquad : \mathbf{R_i^2} \qquad P_{ab} = \frac{U_0^{\,2} \cdot \dfrac{R_a}{R_i \cdot R_i}}{\left(\dfrac{R_a}{R_i} + 1\right)^2} = \frac{\dfrac{U_0^{\,2}}{R_i} \cdot x}{(x+1)^2}$$

$$P_{ab} = f(x) = \frac{\dfrac{U_0^{\,2}}{R_i} \cdot x}{(x+1)^2} \qquad \lim_{x \to \infty} \frac{\dfrac{U_0^{\,2}}{R_i} \cdot x}{(x+1)^2} \to 0$$

Asymptote bei $P_{ab} = 0$

$U_0 := 85 \cdot V$ angelegte Spannung

$R_i := 10 \cdot \Omega$ Innenwiderstand

$x := 0, 0.01 .. 30$ $x = R_a/R_i$ Bereichsvariable

$$U(x) := \frac{U_0 \cdot x}{x+1} \qquad I(x) := \frac{\dfrac{U_0}{R_i}}{x+1} \qquad \eta(x) := \frac{x}{x+1} \qquad P_{ab}(x) := \frac{\dfrac{U_0^{\,2}}{R_i} \cdot x}{(x+1)^2}$$

Funktionen

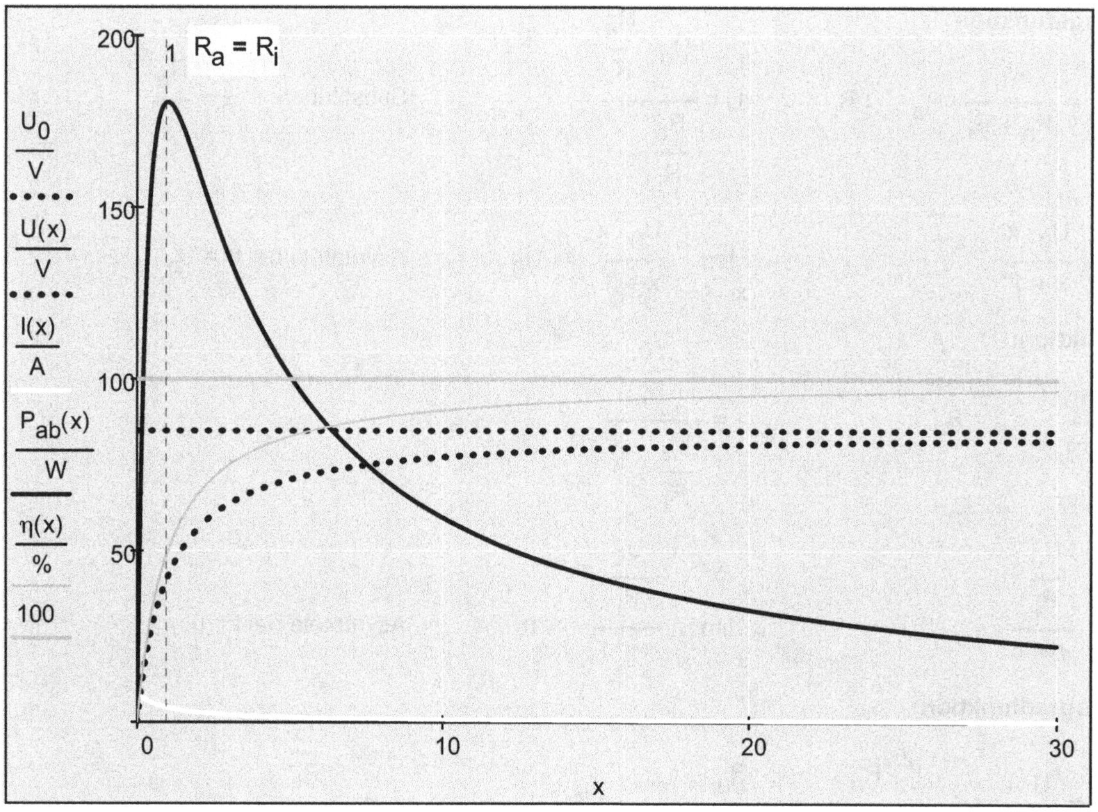

Abb. 2.2.22

__Beispiel 2.2.21:__

Untersuchen Sie den (verlustfreien) Reihenschwingkreis (Resonanzkreis) auf Asymptoten und Nullstellen, und stellen Sie die Blindwiderstände X, X_L und X_C in einem Koordinatensystem grafisch dar.

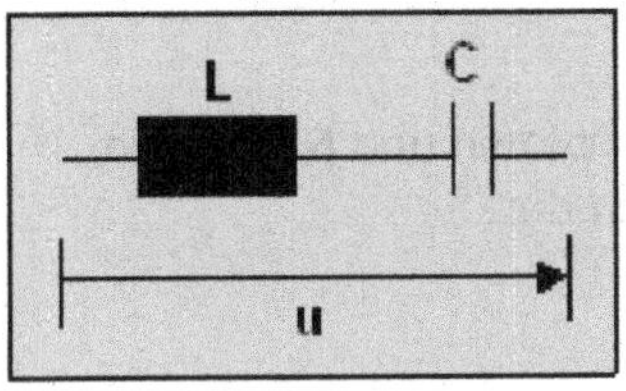

Abb. 2.2.23

$L = 3 \cdot mH$

gegebene Daten

$C = 5 \cdot nF$

$X_L = \omega \cdot L \qquad X_C = \frac{1}{\omega \cdot C}$ Blindwiderstände $\lim_{\omega \to \infty} \frac{1}{\omega \cdot C} \to 0$ Asymptote bei $X_C = 0$, Polstelle bei $\omega = 0$ und Asymptote bei $\omega = 0$

$X = X_L - X_C = \omega \cdot L - \frac{1}{\omega \cdot C}$ Gesamtblindwiderstand

$\omega \cdot L - \frac{1}{\omega \cdot C}$ vereinfacht auf $\frac{\omega^2 \cdot L \cdot C - 1}{\omega \cdot C}$ in Partialbrüche zerlegt, ergibt $\omega \cdot L - \frac{1}{\omega \cdot C}$

$$\lim_{\omega \to \infty} \frac{\omega \cdot L - \frac{1}{\omega \cdot C}}{\omega} \to L \quad = \mathbf{k} \qquad \text{und} \qquad \lim_{\omega \to \infty} \left(\omega \cdot L - \frac{1}{\omega \cdot C} - L \cdot \omega\right) \to 0 \quad = \mathbf{d}$$

Asymptote bei $X_L = \omega$ L, Polstelle bei $\omega = 0$ und Asymptote bei $\omega = 0$

Nullstellen $X = 0$, d. h. $X_L = X_C$:

$$\omega \cdot L - \frac{1}{\omega \cdot C} = 0 \quad \Rightarrow \quad \omega^2 \cdot L \cdot C = 1 \quad \Rightarrow \quad \omega_r = \frac{1}{\sqrt{L \cdot C}}$$ Resonanzfrequenz

$L := 3 \cdot mH$

gegebene Daten

$C := 5 \cdot nF$

$X_L(f) := 2 \cdot \pi \cdot f \cdot L \qquad X_C(f) := \frac{1}{2 \cdot \pi \cdot f \cdot C} \qquad X(f) := 2 \cdot \pi \cdot f \cdot L - \frac{1}{2 \cdot \pi \cdot f \cdot C} \qquad f_r := \frac{1}{2 \cdot \pi \cdot \sqrt{L \cdot C}}$

$f := 1 \cdot kHz, 1 \cdot kHz + 0.01kHz .. 300 \cdot kHz$ Bereichsvariable

$f_r = 41.094 \cdot kHz$

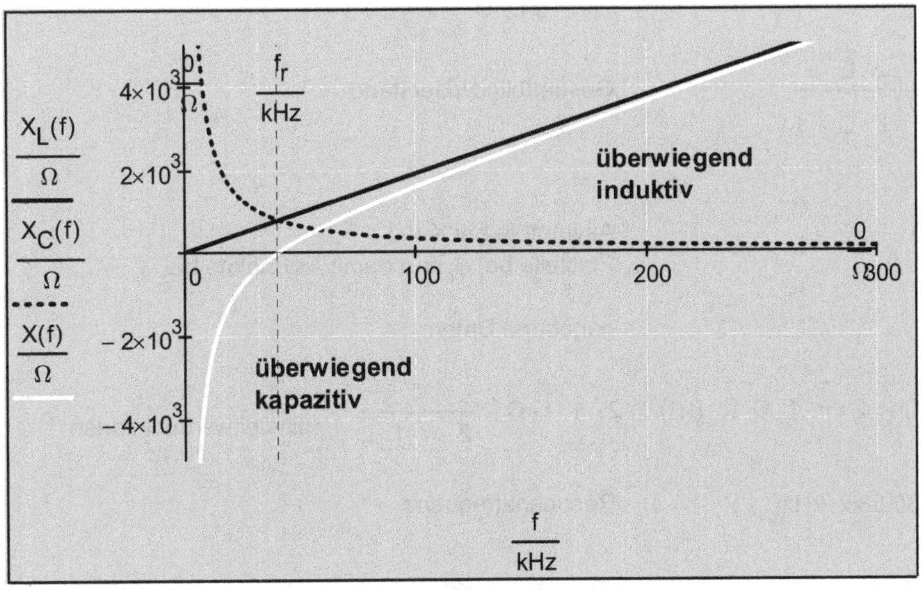

Saugkreis, bevorzugt durchlässig für Ströme der Frequenz f_r (Spannungsresonanz)

Abb. 2.2.24

Beispiel 2.2.22:

Untersuchen Sie den (verlustfreien) Parallelschwingkreis (Resonanzkreis) auf Asymptoten und Nullstellen, und stellen Sie die Blindleitwerte B, B_L und B_C in einem Koordinatensystem grafisch dar.

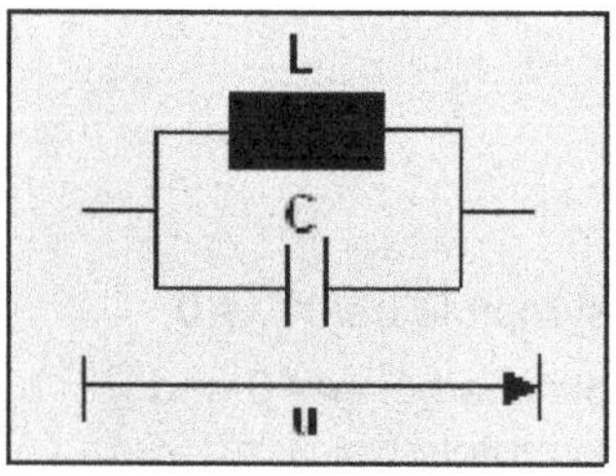

Abb. 2.2.25

$L := L \quad C := C$ Redefinitionen

$L = 5 \cdot mH$

$C = 4 \cdot nF$ gegebene Daten

$B_L = \frac{1}{X_L} = \frac{1}{\omega \cdot L}$ induktiver Blindleitwert $\lim_{\omega \to \infty} \frac{1}{\omega \cdot L} \to 0$ Asymptote bei $B_L = 0$, Polstelle bei $\omega = 0$ und Asymptote bei $\omega = 0$

$B_C = \frac{1}{X_C} = \omega \cdot C$ kapazitiver Blindleitwert

$B = B_C - B_L = \omega \cdot C - \frac{1}{\omega \cdot L}$ Gesamtblindleitwert

$\omega \cdot C - \frac{1}{\omega \cdot L}$ vereinfacht auf $\frac{\omega^2 \cdot L \cdot C - 1}{\omega \cdot L}$ in Partialbrüche zerlegt, ergibt $C \cdot \omega - \frac{1}{L \cdot \omega}$

$\lim_{\omega \to \infty} \frac{\frac{\omega^2 \cdot L \cdot C - 1}{\omega \cdot L}}{\omega} \to C$ **= k** und $\lim_{\omega \to \infty} \left(\omega \cdot C - \frac{1}{\omega \cdot L} - \omega \cdot C\right) \to 0$ **= d**

Asymptote bei $B_C = \omega\, C$, Polstelle bei $\omega = 0$ und Asymptote bei $\omega = 0$

Nullstellen $B = 0$, d. h. $B_C = B_L$:

$\omega \cdot C - \frac{1}{\omega \cdot L} = 0 \qquad \omega^2 \cdot L \cdot C = 1 \qquad \omega_r = \frac{1}{\sqrt{L \cdot C}}$ Resonanzfrequenz

$X = \frac{1}{B} = \frac{1}{\omega \cdot C - \frac{1}{\omega \cdot L}} = \frac{\omega \cdot L}{\omega^2 \cdot L \cdot C - 1}$ Gesamtblindwiderstand

$\lim_{\omega \to \infty} \frac{\omega \cdot L}{\omega^2 \cdot L \cdot C - 1} \to 0$ Asymptote bei $X = 0$
Polstelle bei ω_r und damit Asymptote bei ω_r

$L := 5 \cdot mH \qquad C := 4 \cdot nF$ gegebene Daten

$B_L(f) := \frac{1}{2 \cdot \pi \cdot f \cdot L} \qquad B_C(f) := 2 \cdot \pi \cdot f \cdot C \qquad B(f) := 2 \cdot \pi \cdot f \cdot C - \frac{1}{2 \cdot \pi \cdot f \cdot L}$ Blindleitwertfunktionen

$f_r := \frac{1}{2 \cdot \pi \cdot \sqrt{L \cdot C}} \qquad f_r = 35.588 \cdot kHz$ Resonanzfrequenz

$f := 1 \cdot kHz, 1 \cdot kHz + 0.01kHz .. 300 \cdot kHz$ Bereichsvariable

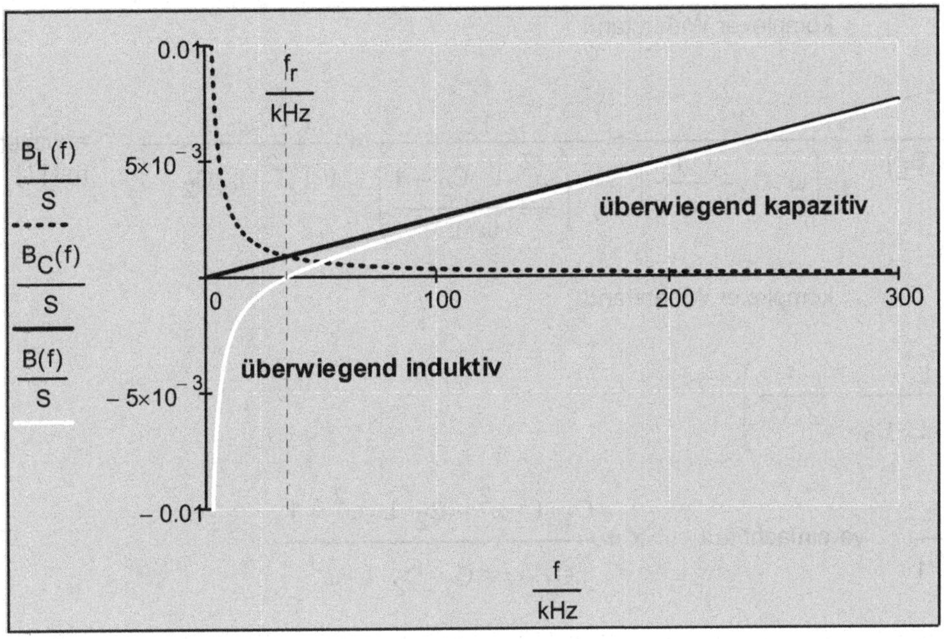

Sperrkreis, sperrt Ströme der Frequenz f_r (Stromresonanz)

Abb. 2.2.26

$$X(f) := \frac{2 \cdot \pi \cdot f \cdot L}{(2 \cdot \pi \cdot f)^2 \cdot L \cdot C - 1}$$ Blindwiderstand

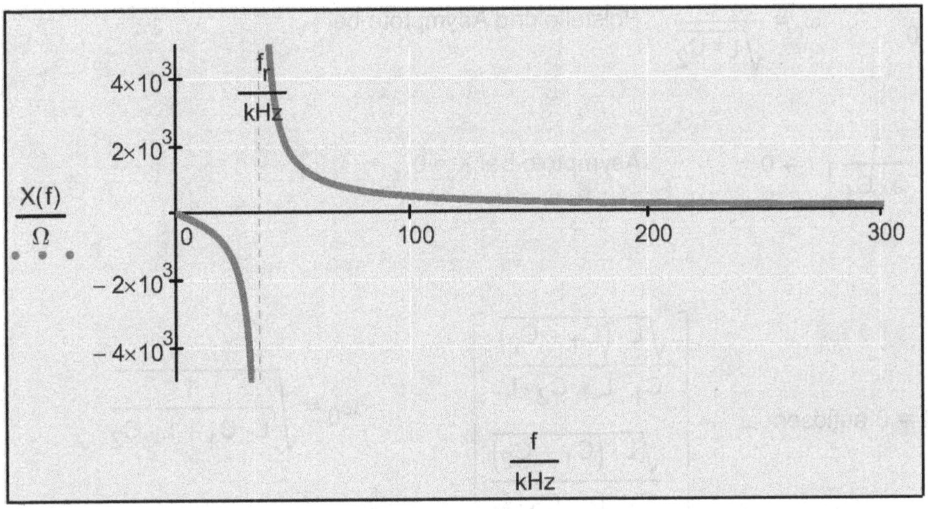

Abb. 2.2.27

Beispiel 2.2.23:

Untersuchen Sie den (verlustfreien) Filter auf Asymptoten und Nullstellen, und stellen Sie den Blindwiderstand X in einem Koordinatensystem grafisch dar.

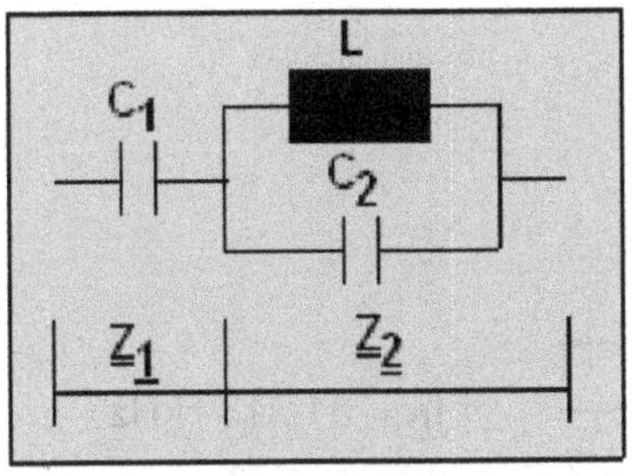

Abb. 2.2.28

$C_1 = 5 \cdot nF$

$C_2 = 8 \cdot nF$

$L = 2 \cdot mH$

$R = 0$

gegebene Daten

$\underline{Z_1} = j \cdot (-X_C) = -j \cdot \frac{1}{\omega \cdot C_1}$ komplexer Widerstand

$$\underline{Z_2} = \frac{1}{\underline{Y}} = \frac{1}{j \cdot B} = \frac{1}{j \cdot (B_C - B_L)} = \frac{1}{j \cdot \left(\omega \cdot C_2 - \frac{1}{\omega \cdot L}\right)} = \frac{1}{j \cdot \left(\frac{\omega^2 \cdot L \cdot C_2 - 1}{\omega \cdot L}\right)} = \frac{\omega \cdot L}{j \cdot \left(\omega^2 \cdot L \cdot C_2 - 1\right)}$$ erweitern mit j / j

$\underline{Z_2} = j \cdot \frac{\omega \cdot L}{1 - \omega^2 \cdot L \cdot C_2}$ komplexer Widerstand

$$\underline{Z} = \underline{Z_2} + \underline{Z_1} = j \cdot \left(\frac{\omega \cdot L}{1 - \omega^2 \cdot L \cdot C_2} - \frac{1}{\omega \cdot C_1}\right)$$

$X = \frac{\omega \cdot L}{1 - \omega^2 \cdot L \cdot C_2} - \frac{1}{\omega \cdot C_1}$ vereinfacht auf $X = \frac{C_1 \cdot L \cdot \omega^2 + C_2 \cdot L \cdot \omega^2 - 1}{C_1 \cdot \omega - C_1 \cdot C_2 \cdot L \cdot \omega^3}$

Polstellen: $L := L$

$C_1 \cdot \omega - C_1 \cdot C_2 \cdot L \cdot \omega^3$ $\omega_1 = 0$ Polstelle und Asymptote bei $\omega_1 = 0$

$\left(1 - \omega^2 \cdot L \cdot C_2\right) \cdot \omega \cdot C_1 = 0$ $\omega_r = \frac{1}{\sqrt{L \cdot C_2}}$ Polstelle und Asymptote bei ω_r

$\lim_{\omega \to \infty} \left(\frac{\omega \cdot L}{1 - \omega^2 \cdot L \cdot C_2} - \frac{1}{\omega \cdot C_1}\right) \to 0$ Asymptote bei X = 0

Nullstellen:

$C_1 \cdot L \cdot \omega^2 + C_2 \cdot L \cdot \omega^2 - 1 = 0$ auflösen, $\omega \to \begin{bmatrix} \frac{\sqrt{L \cdot (C_1 + C_2)}}{C_1 \cdot L + C_2 \cdot L} \\ -\frac{\sqrt{L \cdot (C_1 + C_2)}}{C_1 \cdot L + C_2 \cdot L} \end{bmatrix}$ $\omega_0 = \sqrt{\frac{1}{L \cdot C_1 + L \cdot C_2}}$

$L := 2 \cdot mH$

$C_1 := 5 \cdot nF$ gegebene Daten

$C_2 := 8 \cdot nF$

$X(f) := \frac{2 \cdot \pi \cdot f \cdot L}{1 - (2 \cdot \pi \cdot f)^2 \cdot L \cdot C_2} - \frac{1}{2 \cdot \pi \cdot f \cdot C_1}$ Blindwidwerstand

$f_r := \frac{1}{2 \cdot \pi \cdot \sqrt{L \cdot C_2}}$ $f_r = 39.789 \cdot kHz$ $f_0 := \frac{1}{2 \cdot \pi} \cdot \sqrt{\frac{1}{L \cdot C_1 + L \cdot C_2}}$ $f_0 = 31.213 \cdot kHz$

$f := 1 \cdot kHz, 1 \cdot kHz + 0.01kHz .. 200 \cdot kHz$ Bereichsvariable

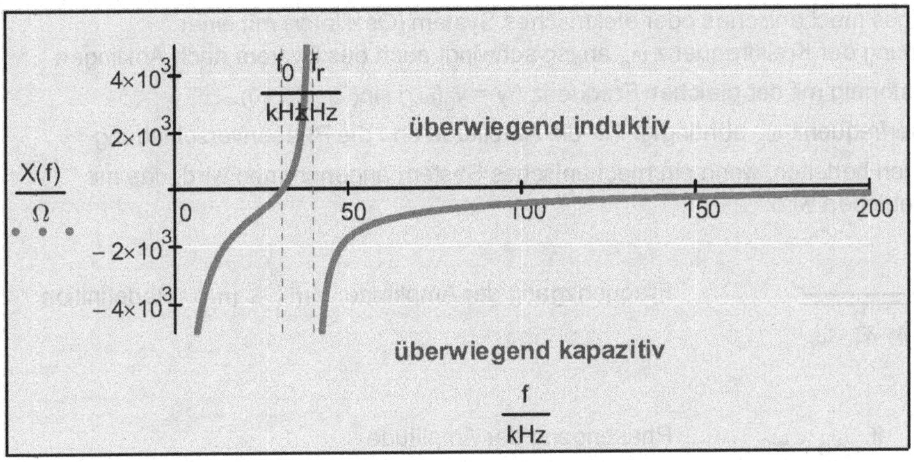

Bei f_0 widerstandsloser Filter.
Der Filter sperrt Ströme der Frequenz f_r.

Abb. 2.2.29

<u>Beispiel 2.2.24:</u>

Eine Kugel der Masse m_0 und der Geschwindigkeit v stößt zentral und elastisch auf eine zweite Kugel der Masse M_0. Aus dem Impuls- und Energieerhaltungssatz lässt sich die Geschwindigkeit v_n der ersten Kugel nach dem Stoß herleiten. Wie groß ist v_n, wenn der Stoß gegen ein festes Hindernis erfolgt? Stellen Sie den Zusammenhang grafisch dar.

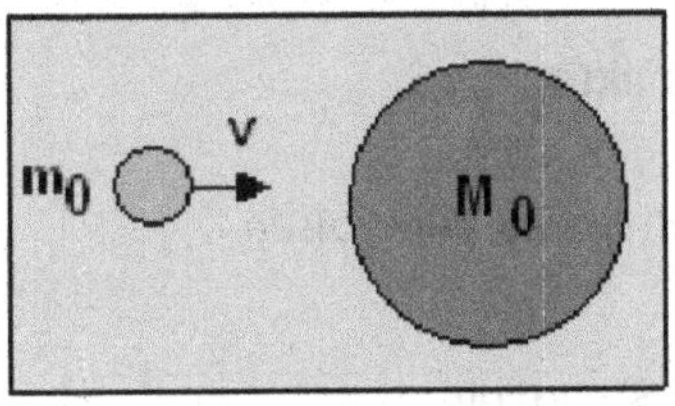

Abb. 2.2.30

$$\lim_{M_0 \to \infty} \frac{(m_0 - M_0) \cdot v}{m_0 + M_0} \to -v$$

gleich große Geschwindigkeit in entgegengesetzter Richtung

$m_0 := 10 \cdot kg$ $\quad v := 20 \cdot \frac{m}{s}$ gegebene Werte

$M_0 := 0 \cdot kg, 1 \cdot kg .. 100 \cdot kg$ Bereichsvariable

$$v_n(M_0) := \frac{(m_0 - M_0) \cdot v}{m_0 + M_0}$$

Geschwindigkeit nach dem Stoß

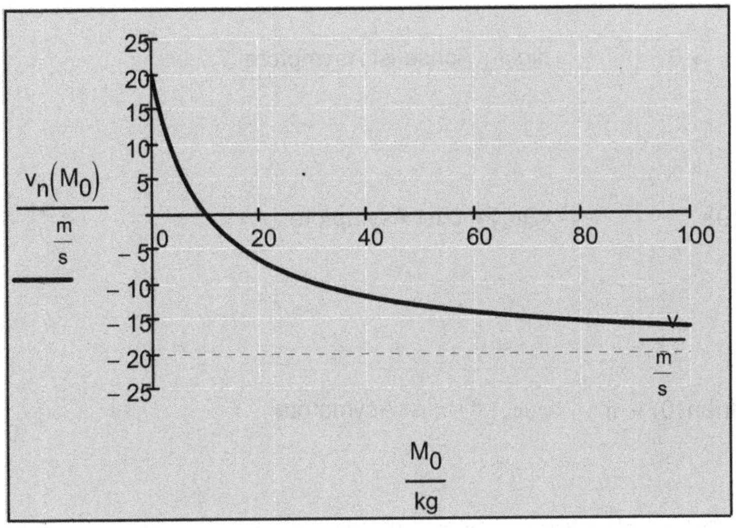

Abb. 2.2.31

Beispiel 2.2.25:

Regen wir ein schwingungsfähiges mechanisches oder elektrisches System (Oszillator) mit einer sinusförmigen Kraft bzw. Spannung der Kreisfrequenz ω_e an, so schwingt auch das System nach Abklingen des Einschwingvorganges sinusförmig mit der gleichen Frequenz ($y = y_0(\omega_e)\sin(\omega_e t + \varphi)$).
Die Amplitude ist von der Erregerfrequenz ω_e abhängig. Für die Amplitude und die Phasenverschiebung lassen sich folgende Beziehungen herleiten, wenn ein mechanisches System angenommen wird, das mit der Kraft $F(t) = F_0 \sin(\omega_e t)$ angetrieben wird:

$$y_0(\omega_e) = \frac{F_0}{m_0 \cdot \sqrt{(\omega_0 - \omega_e)^2 + 4 \cdot \delta^2 \cdot \omega_e}}$$

Frequenzgang der Amplitude $m_0 := m_0$ Redefinition

$$\varphi(\omega_e) = \begin{cases} -\text{artan}\left(\dfrac{2 \cdot \delta \cdot \omega_e}{\omega_0^2 - \omega_e^2}\right) & \text{if } \omega_e < \omega_0 \\ \dfrac{-\pi}{2} & \text{if } \omega_e = \omega_0 \\ -\text{artan}\left(\dfrac{2 \cdot \delta \cdot \omega_e}{\omega_0^2 - \omega_e^2}\right) - \pi & \text{if } \omega_e > \omega_0 \end{cases}$$

Phasengang der Amplitude

ω_0 ist die Eigenfrequenz des Oszillators im ungedämpften Fall. δ ist der Dämpfungsfaktor.

a) Wie verhalten sich die Amplitude y_0 und die Phasenverschiebung bei sehr kleinen sowie bei großen Erregerfrequenzen ω_e?

b) Skizzieren Sie die Funktionen für ω_0 und $\delta = 0.3\ s^{-1}$ und untersuchen Sie sie auf Stetigkeit.

a)

$$\lim_{\omega_e \to 0} \frac{F_0}{m_0 \cdot \sqrt{\left(\omega_0^2 - \omega_e^2\right)^2 + 4 \cdot \delta^2 \cdot \omega_e^2}} \quad \text{annehmen}, \omega_0 > 0 \ \rightarrow \frac{F_0}{m_0 \cdot \omega_0^2}$$

Bei sehr kleinen Frequenzen schwingen Erreger und Oszillator nahezu phasengleich. Der Oszillator wirkt wie starr verbunden und schwingt mit der Amplitude $F_0/(\omega_0^2\, m_0)$.

$$\lim_{\omega_e \to \infty} \frac{F_0}{m_0 \cdot \sqrt{(\omega_0 - \omega_e)^2 + 4 \cdot \delta^2 \cdot \omega_e}} \rightarrow 0$$

die ω_e Achse ist Asymptote

$$\lim_{\omega_e \to 0} -\text{artan}\left(\frac{2 \cdot \delta \cdot \omega_e}{\omega_0^2 - \omega_e^2}\right) \rightarrow -\text{artan}(0)$$

$\varphi(\omega_e) = 0$ ist Asymptote

$$\lim_{\omega_e \to \infty} \left(\text{artan}\left(\frac{2 \cdot \delta \cdot \omega_e}{\omega_0^2 - \omega_e^2}\right) - \pi\right) \rightarrow \text{artan}(0) - \pi$$

$\varphi(\omega_e) = -\pi$ ist Asymptote

b) $\omega_0 := 1 \cdot s^{-1}$ $\quad \delta := 0.3 \cdot s^{-1}$ $\quad F_0 := 100 \cdot N$ Eigenfrequenz, Dämpfungsfaktor und Kraftamplitude

$$y_0(\omega_e) := \frac{F_0}{m_0 \cdot \sqrt{\left(\omega_0^2 - \omega_e^2\right)^2 + 4 \cdot \delta^2 \cdot \omega_e^2}}$$

Amplitudengang oder Frequenzgang der Amplitude

$$\varphi(\omega_e) := \begin{cases} -\mathrm{atan}\left(\dfrac{2 \cdot \delta \cdot \omega_e}{\omega_0^2 - \omega_e^2}\right) & \text{if } \omega_e < \omega_0 \\ \dfrac{-\pi}{2} & \text{if } \omega_e = \omega_0 \\ -\mathrm{atan}\left(\dfrac{2 \cdot \delta \cdot \omega_e}{\omega_0^2 - \omega_e^2}\right) - \pi & \text{if } \omega_e > \omega_0 \end{cases}$$

Phasengang der Amplitude

$\omega_e := 0 \cdot s^{-1}, 0.01 \cdot s^{-1} .. 10 \cdot s^{-1}$ Bereichsvariable

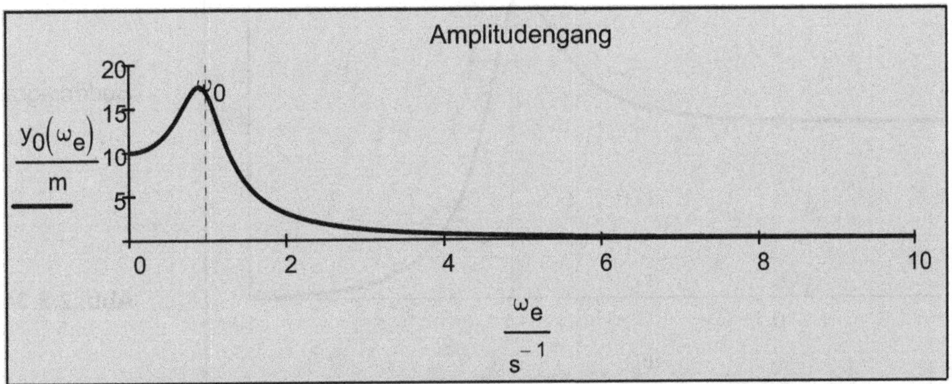

Abb. 2.2.32

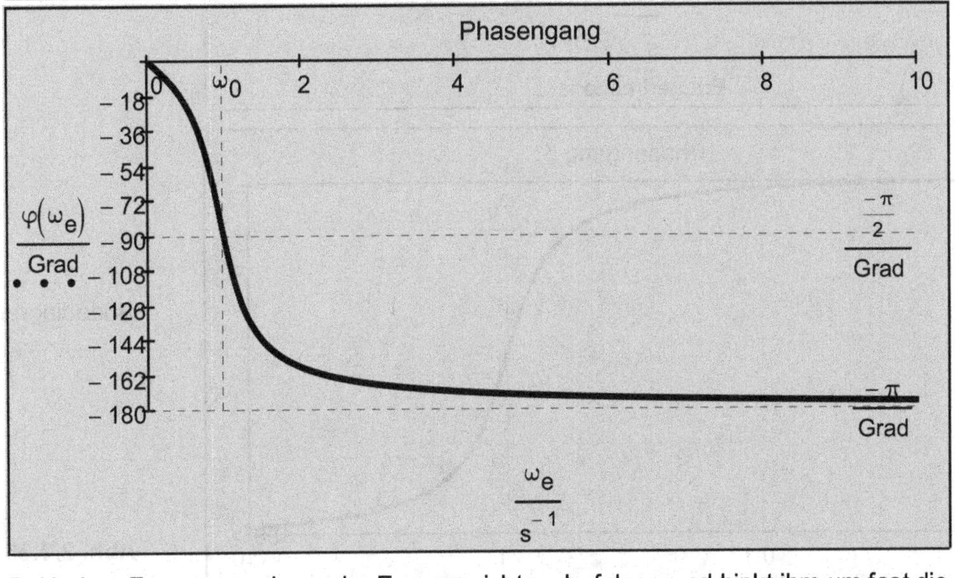

Abb. 2.2.33

Bei hohen Frequenzen kann der Erreger nicht mehr folgen und hinkt ihm um fast die halbe Periode nach. Dazwischen erreicht die Amplitude einen Höchstwert (Resonanz).

$$\lim_{\omega_e \to \omega_0^-} \varphi(\omega_e) = \lim_{\omega_e \to \omega_0^+} \varphi(\omega_e) = \varphi(\omega_0) = \frac{-\pi}{2}$$

Die Funktion ist stetig.

Logarithmische Darstellung von Amplituden- und Phasengang:

$ORIGIN := 0$ ORIGIN festlegen

$\omega_{min} := 0.01 \cdot s^{-1}$ gewählte unterste Erregerfrequenz

$\omega_{max} := 10 \cdot s^{-1}$ gewählte oberste Erregerfrequenz

$n := 500$ Anzahl der Schritte

$\Delta\omega := \dfrac{\log\left(\dfrac{\omega_{max}}{\omega_{min}}\right)}{n}$ Schrittweite

$k := 0 .. n$ Bereichsvariable

$\omega_{e_k} := \omega_{min} \cdot 10^{k \cdot \Delta\omega}$ Vektor der Erregerfrequenzwerte

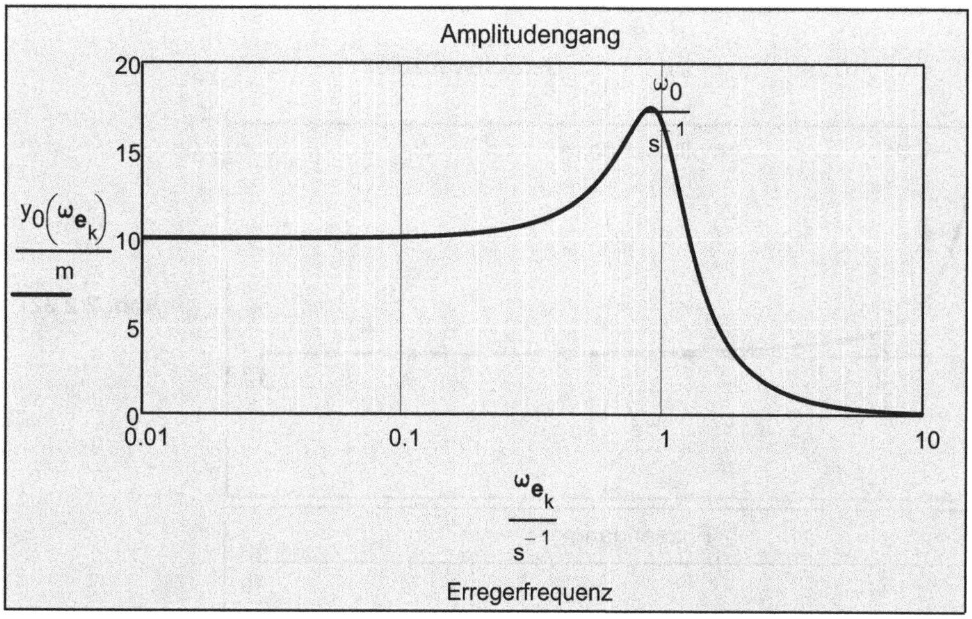

Bodediagramm

Abb. 2.2.34

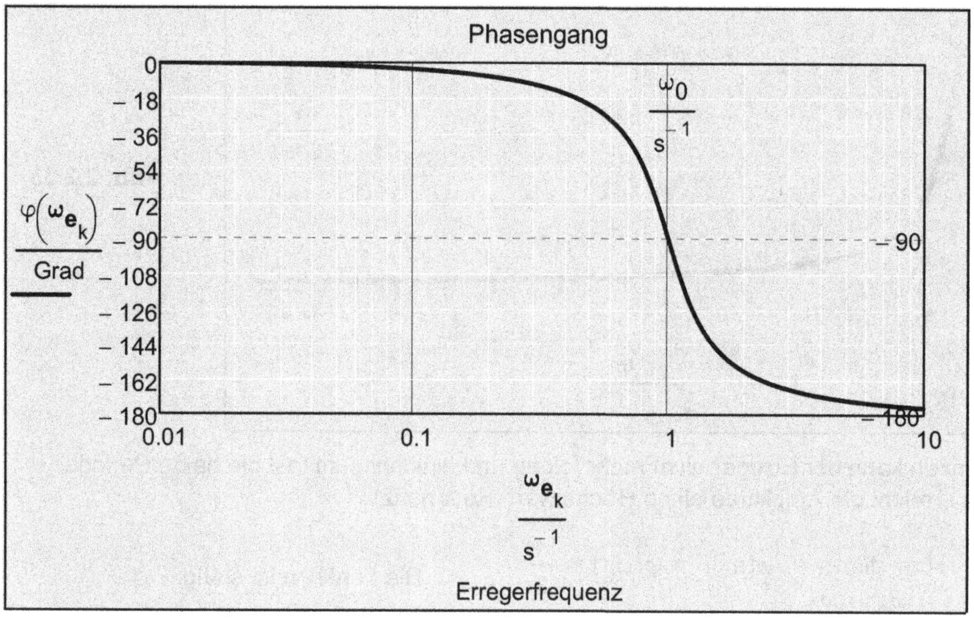

Bodediagramm

Abb. 2.2.35

3. Differentialrechnung

Die Differentialrechnung und Integralrechnung, zusammengefasst auch Infinitesimalrechnung genannt, stellen die Grundlage für die höhere Analysis dar. Sie wurden in der zweiten Hälfte des 17. Jahrhunderts etwa gleichzeitig und unabhängig voneinander von Gottfried Wilhelm Leibniz (1646- 1716) und Isaac Newton (1643-1727) entwickelt. Während Leibniz vom Tangentenproblem ausging, gelangte Newton durch die Untersuchung physikalischer Probleme zur Differentialrechnung. Newton erkannte auch, dass die Integration als Umkehrung der Differentiation aufgefasst werden kann. Die Infinitesimalrechnung wurde zu einem wichtigen Hilfsmittel bei der Beschreibung und Erforschung der Natur. Zusammen mit anderen Gebieten der Mathematik konnte die theoretische und praktische Leistungsfähigkeit bis zum heutigen Tag entscheidend verbessert werden, sowohl bei der Verbindung von Mathematik und Naturwissenschaft als auch bei den direkten Anwendungsmöglichkeiten der Mathematik in Technik und Produktion.
In der Technik treten oft zwei wesentliche Probleme auf:

- **Die Untersuchung des Änderungsverhalten einer physikalischen Größe führt auf eine neue physikalische Größe (Tangentenproblem). Zum Beispiel die Änderung des zurückgelegten Weges pro Zeit führt zur Geschwindigkeitsänderung.**
- **Die Untersuchung der Fläche unter einer Kurve als Maß einer neuen physikalischen Größe (Flächenproblem). Zum Beispiel die Fläche unter der Geschwindigkeitskurve im v-t-Diagramm ist ein Maß für den zurückgelegten Weg.**

3.1 Die Steigung der Tangente - Der Differentialquotient

Mithilfe des **Differenzenquotienten kann die Steigung der Sekante s zwischen zwei Kurvenpunkten P_1 und P_2 von y = f(x)** berechnet werden. Wir berechnen damit den **mittleren Anstieg der Kurve (mittlere Änderungsrate von y) im Intervall [x_1, $x_1 + \Delta x$] bzw. [x_1, $x_1 + h$]**. Dieser mittlere Anstieg ändert sich jedoch von Intervall zu Intervall (ausgenommen bei der linearen Funktion).

$f(x) := -(x-5)^2 + 50$ gegebene Funktion

$x := 0, 0.001 .. 8$ Bereichsvariable

$y_s(x_1, x_2, x) := f(x_1) + \frac{f(x_2) - f(x_1)}{x_2 - x_1}(x - x_1)$ $\quad y - y_1 = \frac{y_2 - y_1}{x_2 - x_1}(x - x_1)$ **Sekantengleichung**

$x_1 := 1 \quad x_2 := 7 - \frac{FRAME}{5}$ Intervallrandpunkte **(FRAME von 0 bis 20)**

$\Delta x := x_2 - x_1$ x-Werte-Differenz

$\Delta y := f(x_2) - f(x_1)$ Funktionswertdifferenz

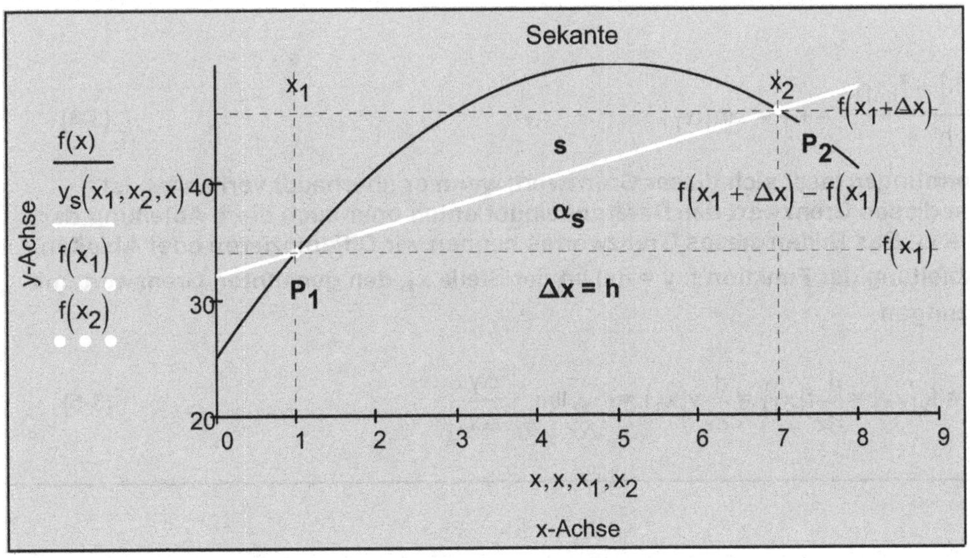

Steigung der Sekante:

$k_s := \frac{\Delta y}{\Delta x}$

$k_s = 2$

$\alpha_s := atan(k_s)$

$\alpha_s = 63.435 \cdot Grad$

Abb. 3.1.1

Differenzenquotient:

$$\frac{\Delta y}{\Delta x} = \frac{y_2 - y_1}{x_2 - x_1} = \frac{f(x_2) - f(x_1)}{x_2 - x_1} = \frac{f(x_1 + \Delta x) - f(x_1)}{x_2 - x_1} = k_s = \tan(\alpha_s) \qquad \textbf{(3-1)}$$

bzw. mit $\Delta x = h$

$$\frac{\Delta y}{\Delta x} = \frac{f(x_1 + h) - f(x_1)}{h} \qquad \textbf{(3-2)}$$

Beispiel 3.1.1:

Geben Sie den Differenzenquotienten der Funktion $y = f(x) = 2\,x + 1$ an der Stelle x_0 an.

$$\frac{\Delta y}{\Delta x} = \frac{f(x_0 + \Delta x) - f(x_0)}{\Delta x} = \frac{2 \cdot (x_0 + \Delta x) + 1 - 2 \cdot x_0 - 1}{\Delta x} = 2 = k_s = k$$

Beispiel 3.1.2:

Geben Sie den Differenzenquotienten der Funktion $y = 3\,x^2 + 1$ an der Stelle x_0 an und berechnen Sie ihn für $P_0(x_0 \mid y_0) = P_0(1 \mid y_0)$ und $\Delta x = 0.1$.

$$\frac{\Delta y}{\Delta x} = \frac{f(x_0 + \Delta x) - f(x_0)}{\Delta x} = \frac{3 \cdot (x_0 + \Delta x)^2 + 1 - 3 \cdot x_0^{\,2} - 1}{\Delta x} = \frac{3 \cdot x_0^{\,2} + 6 \cdot x_0 \cdot \Delta x + 3 \cdot \Delta x^2 + 1 - 3 \cdot x_0^{\,2} - 1}{\Delta x}$$

$$\frac{\Delta y}{\Delta x} = 6 \cdot x_0 + 3 \cdot \Delta x$$

$k_s = \frac{\Delta y}{\Delta x} = 6 \cdot 1 + 3 \cdot 0.1 = 6.3$ Steigung der Sekante in den Punkten $P_0(1 \mid y_0)$ und $P(1.1 \mid y)$

Gelangt die Sekante s bei der Annäherung von P_2 an P_1 in die Grenzlage t, so ist aus ihr eine Tangente geworden, die wir rechnerisch dadurch festlegen können, dass wir ihren Anstieg $k_T = \tan(\alpha_T)$ ermitteln. Dieser ergibt sich aber als der Grenzwert des Sekantenanstiegs, wenn Δx gegen null strebt. Also

$$\lim_{\Delta x \to 0} \frac{\Delta y}{\Delta x} = \lim_{\Delta x \to 0} \frac{y_2 - y_1}{\Delta x} = \lim_{\Delta x \to 0} \frac{f(x_1 + \Delta x) - f(x_1)}{\Delta x} = k_T = \tan(\alpha_T) \qquad \textbf{(3-3)}$$

bzw. mit $\Delta x = h$

$$\lim_{h \to 0} \frac{f(x_1 + h) - f(x_1)}{h} = k_T = \tan(\alpha_T) \qquad \textbf{(3-4)}$$

Durch geeignete Umformungen lässt sich dieser Grenzwert, wenn er überhaupt vorhanden ist, berechnen. Wir nennen diesen Grenzwert den Differentialquotienten oder auch die 1. Ableitung der Funktion f an der Stelle x_1. Das Bilden dieses Grenzwertes nennen wir Differenzieren oder Ableiten. Wir schreiben die 1. Ableitung der Funktion f: $y = f(x)$ an der Stelle x_1, den genannten Grenzwert, mit verschiedenen Abkürzungen:

$$y'(x_1) = f'(x_1) = f_x(x_1) = \frac{d}{dx} f(x_1) = \frac{d}{dx} y(x_1) = \lim_{\Delta x \to 0} \frac{\Delta y}{\Delta x} \qquad \textbf{(3-5)}$$

Für das oben angeführte Beispiel mit $f(x) = -(x-5)^2 + 50$ gilt:

$k_T := \lim_{\Delta x \to 0} \frac{f(x_1 + \Delta x) - f(x_1)}{\Delta x} \to 8$ Steigung der Tangente

$y_T(x_1, x) := f(x_1) + k_T \cdot (x - x_1)$ $y - y_1 = k_T \cdot (x - x_1)$ **Tangentengleichung**

$x_T := 0, 0.001 .. 4$ Bereichsvariable

$x_1 = 1$ $x_2 = 7$

$\Delta x = 6$ $\Delta y = 12$ Daten, wie weiter oben angegeben

$k_s := \frac{\Delta y}{\Delta x}$ $k_s = 2$ Steigung der Sekante

$x_3 := 1$ Stelle x_3

$c(x_3) := y_T(x_3, x_3 - 1)$ $x_4 := x_3 - 1 .. x_3$ Steigungsdreieck (Tangente)

$k := c(x_3) .. y_T(x_3, x_3)$ Gegenkathete des Steigungsdreiecks

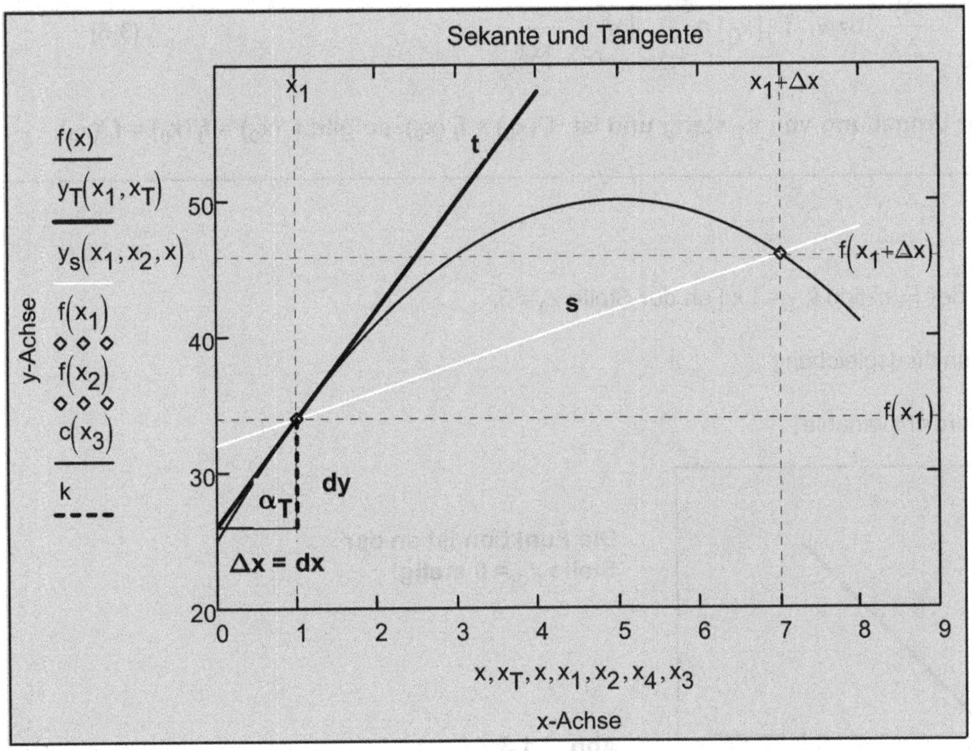

FRAME von 0 bis 30

$\Delta x = 6$

$k_s = 2$

$k_T = 8$

$\alpha_T := \mathrm{atan}(k_T)$

$\alpha_T = 82.875 \cdot \mathrm{Grad}$

Abb. 3.1.2

Beispiel 3.1.3:

Bilden Sie die 1. Ableitung der Funktion f: $y = x^2 - 1$ an der Stelle $x_0 = 2$.

$$\frac{\Delta y}{\Delta x} = \frac{f(x_0 + \Delta x) - f(x_0)}{\Delta x} = \frac{(x_0 + \Delta x)^2 - 1 - x_0^2 + 1}{\Delta x} = 2 \cdot x_0 + \Delta x$$

$$f'(x_0) := \lim_{\Delta x \to 0} (2 \cdot x_0 + \Delta x) \to 2 \cdot x_0$$

$f'(2) = 4$ $= k_T$

Beispiel 3.1.4:

Bilden Sie die 1. Ableitung der Funktion f: $y = x^3$ an der Stelle $x_0 = 1$.

$$\frac{\Delta y}{\Delta x} = \frac{f(x_0 + \Delta x) - f(x_0)}{\Delta x} = \frac{(x_0 + \Delta x)^3 - x_0^{\ 3}}{\Delta x}$$

$$\frac{(x_0 + \Delta x)^3 - x_0^{\ 3}}{\Delta x} \quad \text{vereinfacht auf} \quad 3 \cdot x_0^{\ 2} + 3 \cdot x_0 \cdot \Delta x + \Delta x^2$$

$$f'(x_0) := \lim_{\Delta x \to 0} \left(3 \cdot x_0^{\ 2} + 3 \cdot x_0 \cdot \Delta x + \Delta x^2\right) \to 3 \cdot x_0^{\ 2}$$

$f'(1) = 3 \quad \mathbf{= k_T}$

Beim Grenzwertübergang kann die Annäherung an eine Stelle x_0 von der rechten oder von der linken Seite her erfolgen, also Δx positive und negative Werte annehmen.
Die Funktion f besitzt an der Stelle x_0 eine linksseitige Ableitung $f_l'(x_0)$ bzw. eine rechtsseitige Ableitung $f_r'(x_0)$ (eine links- bzw. rechtsseitige Tangente), wenn folgender Grenzwert existiert:

$$f'_l(x_0) = \lim_{\Delta x \to 0^-} \frac{\Delta y}{\Delta x} \quad \textbf{bzw.} \quad f'_r(x_0) = \lim_{\Delta x \to 0^+} \frac{\Delta y}{\Delta x} \tag{3-6}$$

Ist die Funktion f in einer Umgebung von x_1 stetig und ist $f_l'(x_0) = f_r'(x_0)$, so gilt: $f'(x_0) = f_l'(x_0) = f_r'(x_0)$.

Beispiel 3.1.5:

Bilden Sie die 1. Ableitung der Funktion f: y = | x | an der Stelle $x_0 = 0$.

$y(x) := |x|$ Funktionsgleichung

$x1 := -4, -4 + 0.1 .. 4$ Bereichsvariable

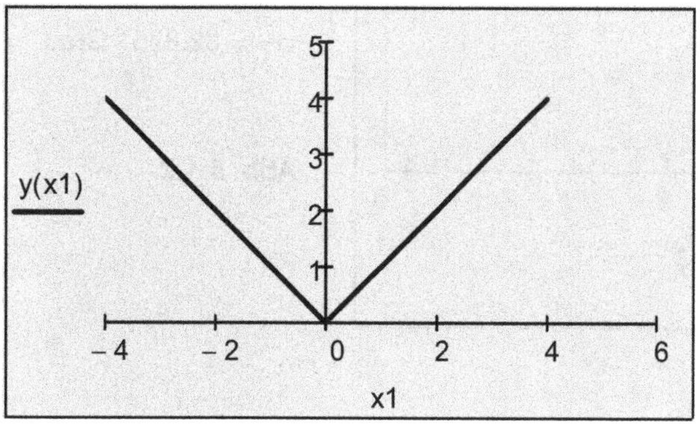

Die Funktion ist an der Stelle $x_0 = 0$ stetig!

Abb. 3.1.3

$$\frac{\Delta y}{\Delta x} = \frac{f(x_0 + \Delta x) - f(x_0)}{\Delta x} = \frac{(x_0 + \Delta x) - x_0}{\Delta x} = 1$$

$$\frac{\Delta y}{\Delta x} = \frac{f(x_0 + \Delta x) - f(x_0)}{\Delta x} = \frac{-(x_0 + \Delta x) - (-x_0)}{\Delta x} = -1$$

$$f'_r(x_0) = \lim_{\Delta x \to 0^+} 1 = 1$$

$$f'_l(x_0) = \lim_{\Delta x \to 0^-} -1 = -1$$

Die Grenzwerte stimmen nicht überein, daher ist die Funktion an der Stelle $x_0 = 0$ nicht differenzierbar!

Definition:

a) Eine Funktion f: y = f(x) ($D \subseteq \mathbb{R}$ und $W \subseteq \mathbb{R}$) heißt an der Stelle $x_0 \in D$ differenzierbar, wenn der folgende Grenzwert existiert:

$$f'(x_0) = \frac{d}{dx}f(x_0) = \lim_{\Delta x \to 0} \frac{\Delta y}{\Delta x} = \lim_{\Delta x \to 0} \frac{f(x_0 + \Delta x) - f(x_0)}{\Delta x} \qquad \textbf{(3-7)}$$

b) Eine Funktion f: y = f(x) heißt an jeder Stelle $x \in D$ differenzierbar, wenn in ganz D die Grenzwerte existieren. Wir schreiben dann:

$$y' = f'(x) = \frac{d}{dx}f(x) = \lim_{\Delta x \to 0} \frac{\Delta y}{\Delta x} = \lim_{\Delta x \to 0} \frac{f(x + \Delta x) - f(x)}{\Delta x} \qquad \textbf{(3-8)}$$

Die Ableitungen von Funktionen sind wiederum Funktionen derselben Argumentwerte.

Satz:

Ist eine Funktion f: y = f(x) an der Stelle x_0 differenzierbar, dann ist sie dort auch stetig.

$f(x) := -(x-5)^2 + 50$ — die bereits oben angeführte Funktion

$f_x(x) := \frac{d}{dx}f(x)$ — Ableitungsfunktion

$y_T(x_1, x) := f(x_1) + f_x(x_1) \cdot (x - x_1)$ — Tangente

$x_1 := 1 + \frac{FRAME}{5}$ — **FRAME von 0 bis 35 mit 2 Bilder/s**

$k_T := f_x(x_1) \qquad k_T = 8$ — Steigung der Tangente

$x_2 := x_1 - 1 .. x_1$ — Bereichsvariable für die Ankathete des Steigungsdreiecks

$c(x_2) := y_T(x_1, x_1 - 1)$ — Ankathete des Steigungsdreiecks

$k := c(x_1) .. y_T(x_1, x_1)$ — Gegenkathete des Steigungsdreiecks

$k_1 := 0 .. f_x(x_1)$ — Funktionswert der Ableitungsfunktion

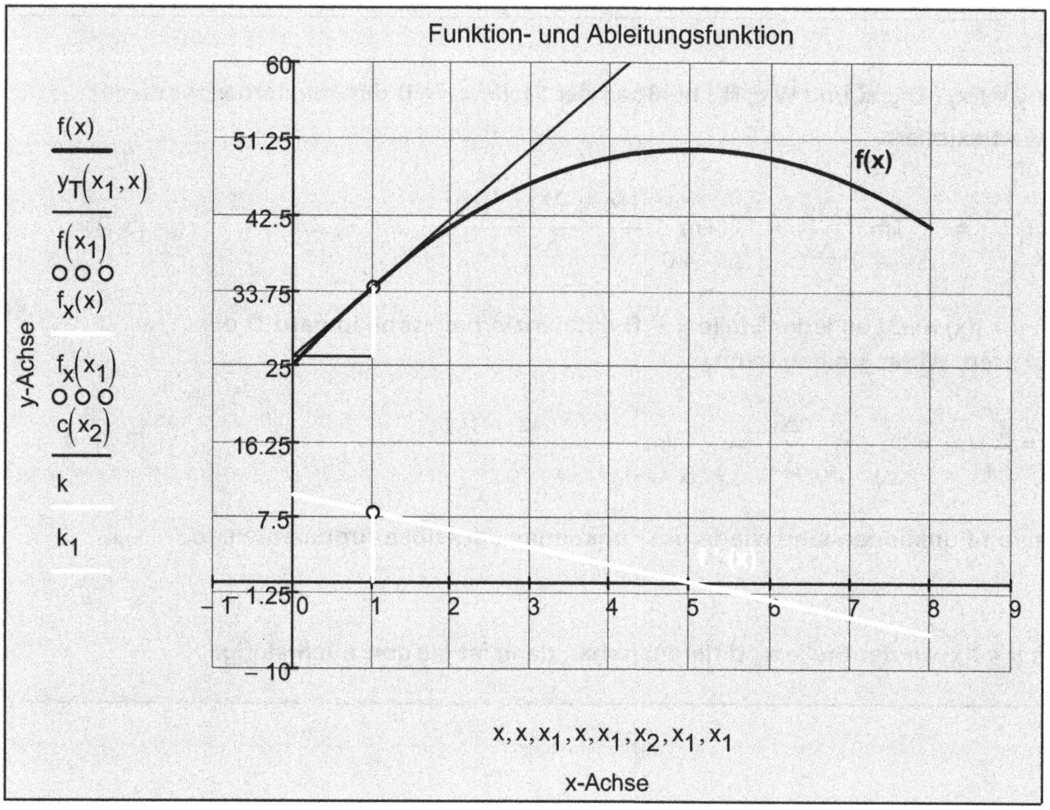

Tangentensteigung:

$k_T = 8$

Funktionswert der Ableitungsfunktion:

$x_1 = 1$

$f_x(x_1) = 8$

Abb. 3.1.4

Beispiel 3.1.6:

Bilden Sie die 1. Ableitung der Funktion f: y = c mit c ∈ ℝ.

$$\frac{\Delta y}{\Delta x} = \frac{f(x + \Delta x) - f(x)}{\Delta x} = \frac{c - c}{\Delta x} = \frac{0}{\Delta x} = 0$$

$$f'(x) := \lim_{\Delta x \to 0} 0 \to 0$$

Die 1. Ableitung einer konstanten Funktion ist an jeder Stelle 0 (waagrechte Tangente!).

Beispiel 3.1.7:

Bilden Sie die 1. Ableitung der Funktion f: $y = x^3$.

$$\frac{\Delta y}{\Delta x} = \frac{f(x + \Delta x) - f(x)}{\Delta x} = \frac{(x + \Delta x)^3 - x^3}{\Delta x}$$

$$\frac{(x + \Delta x)^3 - x^3}{\Delta x} \quad \text{vereinfacht auf} \quad 3 \cdot x^2 + 3 \cdot x \cdot \Delta x + \Delta x^2$$

$$f'(x) := \lim_{\Delta x \to 0} \left(3 \cdot x^2 + 3 \cdot x \cdot \Delta x + \Delta x^2\right) \to 3 \cdot x^2$$

Die Ableitungsfunktion der Funktion $y = x^3$.

Es gilt offensichtlich für die Ableitung von $y = x^r$ mit $r \in \mathbb{R}$ und $r \neq 0$:

$$y' = r\, x^{r-1} \qquad (3\text{-}9)$$

Ist eine Funktion f: y = f(x) an der Stelle x differenzierbar, so gilt:

$$\frac{dy}{dx} = f'(x) \qquad \textbf{(3-10)}$$

Der Differentialquotient (dies rechtfertigt auch diese Bezeichnung) kann in die Differentiale dy und dx aufgespalten werden:

$$dy = f'(x)\,dx \qquad \textbf{(3-11)}$$

dy heißt Differential einer Funktion f: y = f(x) an der Stelle x. Es bedeutet den Zuwachs der Tangentenordinate, wenn sich x um Δx = dx ändert.

Außer der 1. Ableitung einer Funktion lassen sich, falls sie existieren, auch höhere Ableitungen bilden. Sie werden (rekursiv) folgendermaßen definiert:

$$f''(x) = (f'(x))' = \frac{d^2}{dx^2}f(x),\ \ f'''(x) = (f''(x))' = \frac{d^3}{dx^3}f(x),\ \ldots, \qquad \textbf{(3-12)}$$

$$f^{(n)}(x) = (f^{(n-1)}(x))' = \frac{d^n}{dx^n}f(x)$$

Wir nennen die Ableitung der 1. Ableitung die zweite Ableitung, die Ableitung der zweiten Ableitung die dritte Ableitung usw.

3.1.1 Die physikalische Bedeutung des Differentialquotienten

Differentialrechnung	Mathematik	Physik z. B.
unabhängige Variable x	Abszisse x	Zeit t
unabhängige Variable y	Ordinate y	Weg s
Funktionsgleichung y = f(x)	Kurve y = f(x)	Weg-Zeit-Gesetz s = f(t)
Differenzenquotient Δy/Δx	Anstieg der Sekante	Mittlere Geschwindigkeit v_m
Differentialquotient dy/dx (Ableitung)	Anstieg der Tangente (Leibniz)	Augenblicksgeschwindigkeit v(t) (Newton)

Beispiel 3.1.8:

Für den freien Fall eines Körpers (ungleichförmige Bewegung) unter Vernachlässigung des Luftwiderstandes gilt für den zurückgelegten Weg: $s = g/2\ t^2$. In der Zeit t + Δt legt der Körper den Weg s + Δs zurück, also

$$s + \Delta s = \frac{g}{2}(t + \Delta t)^2 = \frac{g}{2}\cdot\left(t^2 + 2\cdot t\cdot\Delta t + \Delta t^2\right)$$

$$\Delta s = \frac{-g}{2}\cdot t^2 + \frac{g}{2}\cdot\left(t^2 + 2\cdot t\cdot\Delta t + \Delta t^2\right) = \frac{g}{2}\cdot\left(2\cdot t\cdot\Delta t + \Delta t^2\right)$$

$$v_m = \frac{\Delta s}{\Delta t} = \frac{g}{2}\cdot\left(\frac{2\cdot t\cdot\Delta t + \Delta t^2}{\Delta t}\right) = g\cdot t + \frac{g}{2}\cdot\Delta t$$

oder:

$$v_m = \frac{\Delta s}{\Delta t} = \frac{s(t+\Delta t) - s(t)}{\Delta t} = \frac{\frac{g}{2}\cdot(t+\Delta t)^2 - \frac{g}{2}\cdot t^2}{\Delta t} = g\cdot t + \frac{g}{2}\cdot \Delta t$$

mittlere Geschwindigkeit

$$v(t) = \lim_{\Delta t \to 0} \frac{\Delta s}{\Delta t} = \frac{d}{dt}s(t) \qquad v(t) := \lim_{\Delta t \to 0}\left(g\cdot t + \frac{g}{2}\cdot \Delta t\right) \to g\cdot t$$

Momentangeschwindigkeit

$t_1 := 1\cdot s$ $\quad t_2 := 2\cdot s - \frac{FRAME}{10}\cdot s$ $\quad$ Zeitpunkte $\quad$ **FRAME von 1 bis 10**

$\Delta t := t_2 - t_1$ $\quad \Delta t = 1\,s$ $\quad$ Zeitdifferenz

$s_1(t) := \frac{g}{2}\cdot t^2$ $\quad$ Weg-Zeit-Gesetz

$s_1'(t) := \frac{d}{dt}s_1(t)$ $\quad v_1 := s_1'(t_1)$ $\quad v_1 = 9.807\,\frac{m}{s}$ $\quad$ Steigung der Tangente an der Stelle t_1 (Geschwindigkeit v_1)

$v_m := g\cdot t_1 + \frac{g}{2}\cdot \Delta t$ $\quad v_m = 14.71\,\frac{m}{s}$ $\quad$ Steigung der Sekante

$s_T(t_1, t) := s_1(t_1) + s_1'(t_1)\cdot(t - t_1)$ $\quad$ Tangente

$s_s(t_1, t_2, t) := s_1(t_1) + \frac{s_1(t_2) - s_1(t_1)}{t_2 - t_1}(t - t_1)$ $\quad$ Sekante

$t := 0\cdot s, 0.01\cdot s .. 3\cdot s$ $\quad$ Bereichsvariable

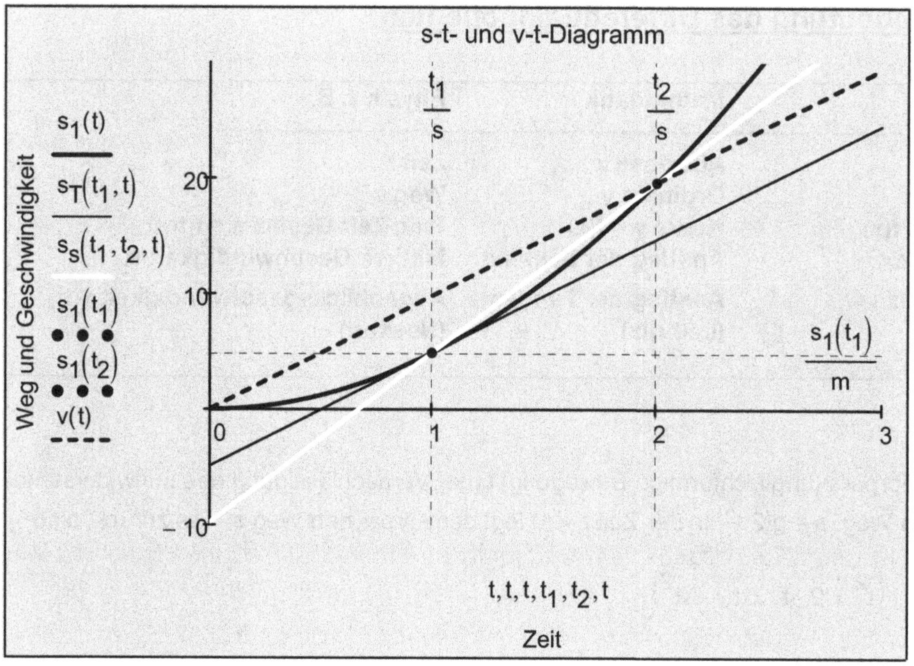

$\Delta t = 1\,s$

$v_m = 14.71\,\frac{m}{s}$

$v_1 = 9.807\,\frac{m}{s}$

Abb. 3.1.5

Bahnbeschleunigung beim freien Fall: v = g t

$$a_m = \frac{\Delta v}{\Delta t} = \frac{v(t+\Delta t) - v(t)}{\Delta t} = \frac{g\cdot(t+\Delta t) - g\cdot t}{\Delta t} = g$$

mittlere Bahnbeschleunigung

$$a(t) = \lim_{\Delta t \to 0}\frac{\Delta v}{\Delta t} = \lim_{\Delta t \to 0} g = g$$

Momentanbeschleunigung

Beispiel 3.1.9:

Gleichmäßig beschleunigte Bewegung ohne Luftwiderstand mit Anfangsgeschwindigkeit:
$s = v_0\ t + g/2\ t^2$.

$t := t \qquad v_0 := 30 \cdot \frac{m}{s}$ — Redefinition und Anfangsgeschwindigkeit

$s1(t) := v_0 \cdot t + \frac{g}{2} \cdot t^2$ — Weg-Zeit-Gesetz

$v(t) := \frac{d}{dt} s1(t) \qquad v(t) \rightarrow \frac{30 \cdot m}{s} + g \cdot t$ — Geschwindigkeit-Zeit-Gesetz

$t := 0 \cdot s, 0.001 \cdot s .. 8 \cdot s$ — Bereichsvariable für die Zeit

$s_t(t_1, t) := s1(t_1) + v(t_1) \cdot (t - t_1)$ — Tangentengleichung im Punkt $P(t_1 \mid s_1)$

$t_1 := 3 \cdot s + \frac{FRAME}{5} \cdot s$ — **Animation: FRAME von 0 bis 20 mit 1 Bild/s**

$t_t := t_1 - 2 \cdot s, t_1 - 2 \cdot s + 0.001 \cdot s .. t_1 + 1 \cdot s$ — Bereichsvariable für die Tangente

$\Delta t(t_2) := s_t(t_1, t_1 - 1 \cdot s) \qquad t_2 := t_1 - 1 \cdot s, t_1 .. t_1$ — $\Delta t = 1$ im Steigungsdreieck

$\Delta s := \Delta t(t_1), \Delta t(t_1) + 1 \cdot m .. s_t(t_1, t_1)$ — $k = \Delta s$ im Steigungsdreieck

$v_1 := 0 \cdot \frac{m}{s}, 1 \cdot \frac{m}{s} .. v(t_1)$ — $v_1 = k$ ... Ableitungswert an der Stelle t_1

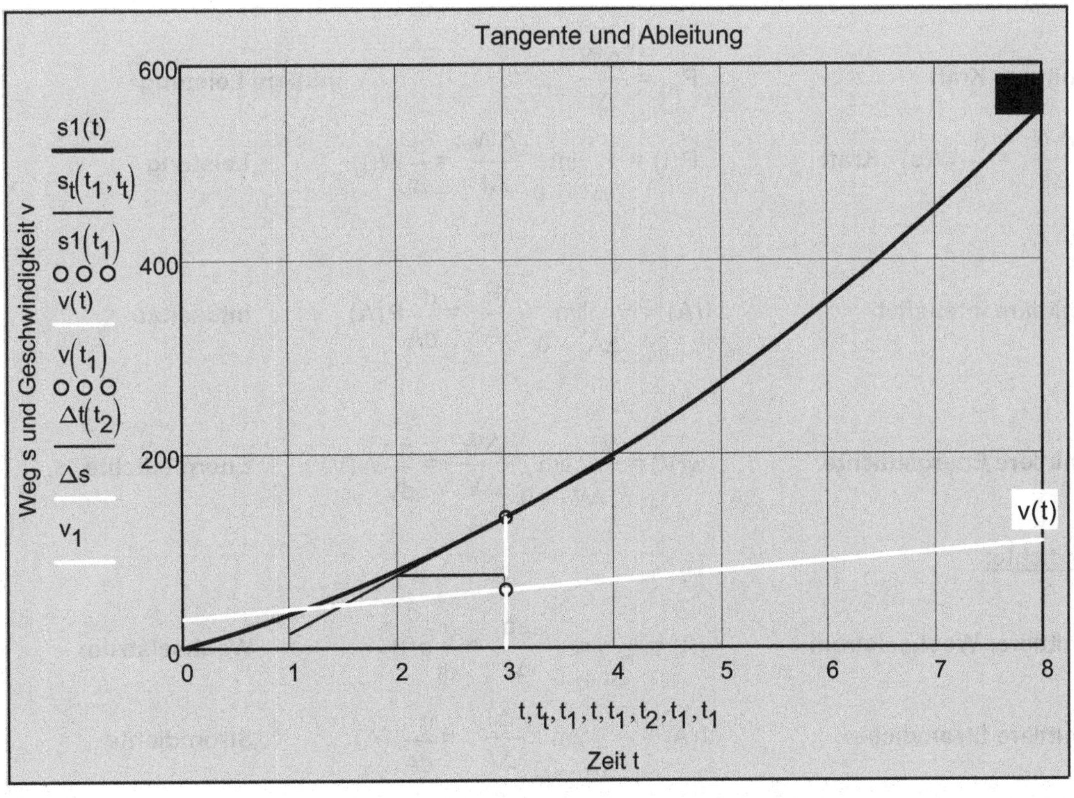

Abb. 3.1.6

Eine kleine Übersicht über wichtige Differentialquotienten aus Physik und Technik:

Translation

$s = s(t)$ Weg-Zeit-Gesetz
$v = v(t)$ Geschwindigkeit
$a = a(t)$ Beschleunigung

mittlere Geschwindigkeit:

$$v_m = \frac{\Delta s}{\Delta t}$$

Momentangeschwindigkeit:

$$v(t) = \lim_{\Delta t \to 0} \frac{\Delta s}{\Delta t} = \frac{d}{dt}s(t)$$

mittlere Beschleunigung:

$$a_m = \frac{\Delta v}{\Delta t}$$

Momentanbeschleunigung:

$$a(t) = \lim_{\Delta t \to 0} \frac{\Delta v}{\Delta t} = \frac{d}{dt}v(t)$$

Rotation

$\varphi = \varphi(t)$ Winkel-Zeit-Gesetz
$\omega = \omega(t)$ Winkelgeschwindigkeit
$\alpha = \alpha(t)$ Winkelbeschleunigung

mittlere Winkelgeschwindigkeit:

$$\omega_m = \frac{\Delta \varphi}{\Delta t}$$

Momentanwinkelgeschwindigkeit:

$$\omega(t) = \lim_{\Delta t \to 0} \frac{\Delta \varphi}{\Delta t} = \frac{d}{dt}\varphi(t)$$

mittlere Winkelbeschleunigung:

$$\alpha_m = \frac{\Delta \omega}{\Delta t}$$

Momentanwinkelbeschleunigung:

$$\alpha(t) = \lim_{\Delta t \to 0} \frac{\Delta \omega}{\Delta t} = \frac{d}{dt}\omega(t)$$

Dynamische Grundgesetze:

$$F = m \cdot \frac{d}{dt}v(t) = m \cdot \frac{d^2}{dt^2}s(t)$$ **Kraftgesetz**

$$M = J \cdot \frac{d}{dt}\omega(t) = J \cdot \frac{d^2}{dt^2}\varphi(t)$$ **Drehmoment**

$$F = \frac{d}{dt}p(t)$$

$$M = \frac{d}{dt}L(t)$$

Arbeit und Leistung:

$$F_m = \frac{\Delta W}{\Delta s}$$ **mittlere Kraft**

$$P_m = \frac{\Delta W}{\Delta t}$$ **mittlere Leistung**

$$F(s) = \lim_{\Delta s \to 0} \frac{\Delta W}{\Delta s} = \frac{d}{ds}W(s)$$ **Kraft**

$$P(t) = \lim_{\Delta t \to 0} \frac{\Delta W}{\Delta t} = \frac{d}{dt}W(t)$$ **Leistung**

Intensität:

$$I_m = \frac{\Delta P}{\Delta A}$$ **mittlere Intensität**

$$I(A) = \lim_{\Delta A \to 0} \frac{\Delta P}{\Delta A} = \frac{d}{dA}P(A)$$ **Intensität**

Energiedichte:

$$w_m = \frac{\Delta W}{\Delta V}$$ **mittlere Energiedichte**

$$w(V) = \lim_{\Delta V \to 0} \frac{\Delta W}{\Delta V} = \frac{d}{dV}W(V)$$ **Energiedichte**

Strom und Stromdichte:

$$i_m = \frac{\Delta q}{\Delta t}$$ **mittlerer Wechselstrom**

$$i(t) = \lim_{\Delta t \to 0} \frac{\Delta q}{\Delta t} = \frac{d}{dt}q(t)$$ **Wechselstrom**

$$J_m = \frac{\Delta I}{\Delta A}$$ **mittlere Stromdichte**

$$J(A) = \lim_{\Delta A \to 0} \frac{\Delta I}{\Delta A} = \frac{d}{dA}I(A)$$ **Stromdichte**

3.2 Ableitungsregeln für reelle Funktionen

3.2.1 Ableitung der linearen Funktion

Lineare Funktion f: $y = k\,x + d$, $D = \mathbb{R}$ und $W = \mathbb{R}$.

$$y'(x) = \frac{d}{dx}(k \cdot x + d) = k, \quad D' = \mathbb{R} \text{ und } W' = \{ k \} \qquad (3\text{-}13)$$

Beispiel 3.2.1:

Bilden Sie die 1. Ableitung der folgenden Funktionen händisch und mithilfe von Mathcad:

(1) $y = 3$ $\qquad y' = 0$

(2) $y = \frac{1}{2} \cdot x$ $\qquad y' = 1/2$ $\qquad y'(x) := \frac{d}{dx}\left(\frac{1}{2} \cdot x\right) \to \frac{1}{2}$

(3) $y = x + 2$ $\qquad y' = 1$ $\qquad y'(x) := \frac{d}{dx}(x + 2) \to 1$

(4) $y = 6 \cdot x + \frac{1}{2}$ $\qquad y' = 6$ $\qquad y'(x) := \frac{d}{dx}\left(6 \cdot x + \frac{1}{2}\right) \to 6$

(5) $s = v \cdot t + s_0$ $\qquad s' = v$ $\qquad s'(t) = \frac{d}{dt}(v \cdot t + s_0)$ vereinfacht auf $s'(t) = v$

(6) $v = a \cdot t + v_0$ $\qquad v' = a$ $\qquad v'(t) = \frac{d}{dt}(a \cdot t + v_0)$ vereinfacht auf $v'(t) = a$

(7) Vergrößern wir bei konstant gehaltener Ladung Q eines Plattenkondensators den Plattenabstand s um ds, so vergrößert sich die Energie auf Grund der geleisteten Arbeit. Wie groß ist dann die Kraftwirkung zwischen den beiden Kondensatorplatten?

$$W = \frac{1}{2} \cdot \frac{Q^2}{C} = \frac{Q^2}{2} \cdot \frac{s}{\varepsilon_{0.} \cdot \varepsilon_r \cdot A} \qquad W = f(s) = k \cdot s \quad \text{und} \quad F = \frac{d}{ds}W$$

$$F = \frac{d}{ds}\left(\frac{Q^2}{2} \cdot \frac{s}{\varepsilon_{0.} \cdot \varepsilon_r \cdot A}\right) \text{ vereinfacht auf } F = \frac{Q^2}{2 \cdot A \cdot \varepsilon_r \cdot \varepsilon_{0.}} = \frac{Q^2}{2} \cdot \frac{1}{C \cdot s} = \frac{C \cdot U^2}{2 \cdot s} \quad \text{mit} \quad Q = C \cdot U$$

3.2.2 Potenzregel

Potenzfunktion:

f: $y = x^r$, $D \subseteq \mathbb{R}$ und $W \subseteq \mathbb{R}$, $r \in \mathbb{R} \setminus \{ 0 , 1 \}$.

Potenzregel:

$$y'(x) = \frac{d}{dx}x^r = r \cdot x^{r-1}, \quad D' \subseteq \mathbb{R} \text{ und } W' \subseteq \mathbb{R} \text{ (Ableitungsfunktion)} \qquad (3\text{-}14)$$

Beispiel 3.2.2:

Bilden Sie die 1. Ableitung der folgenden Funktionen händisch und mithilfe von Mathcad:

(1) $y = x^2$ $y' = 2\,x$ $y'(x) = \frac{d}{dx}x^2$ vereinfacht auf $y'(x) = 2 \cdot x$

(2) $y = 2 \cdot x^3$ $y' = 6\,x^2$ $y'(x) = \frac{d}{dx}\left(2 \cdot x^3\right)$ vereinfacht auf $y'(x) = 6 \cdot x^2$

(3) $y = x^{\frac{1}{3}}$ $y' = 1/3\,x^{-2/3}$ $y'(x) = \frac{d}{dx}x^{\frac{1}{3}}$ vereinfacht auf $y'(x) = \frac{1}{3 \cdot x^{\frac{2}{3}}}$

(4) $y = \sqrt{x} = x^{\frac{1}{2}}$ $y' = 1/\,2\,x^{-1/2}$ $y'(x) = \frac{d}{dx}\sqrt{x}$ vereinfacht auf $y'(x) = \frac{1}{2 \cdot x^{\frac{1}{2}}}$

Beispiel 3.2.3:

Wie groß ist die Steigung und der Steigungswinkel der Tangente von $y = \sqrt{x}$ an der Stelle x = 2?

$y = \sqrt{x} = x^{\frac{1}{2}}$ $y'(x) := \frac{d}{dx}\sqrt{x}$ $y'(2) = 0.354$ Steigung k der Tangente

$\alpha := \mathrm{atan}(y'(2))$ $\alpha = 19.471 \cdot \mathrm{Grad}$ Steigungswinkel der Tangente

Beispiel 3.2.4:

An welchen Stellen besitzt die Funktion y = 1/x die Tangentensteigung -1/2?

$y = \frac{1}{x} = x^{-1}$ $y'(x) = \frac{d}{dx}x^{-1}$ vereinfacht auf $y'(x) = -\frac{1}{x^2}$

Es gilt: y'(x) = k

$-\frac{1}{x^2} = -\frac{1}{2}$ hat als Lösung(en) $\begin{pmatrix} -\sqrt{2} \\ \sqrt{2} \end{pmatrix}$

oder:

ORIGIN := 1 ORIGIN festlegen

$\mathbf{x} := \frac{-1}{x^2} = \frac{-1}{2}$ auflösen, x $\rightarrow \begin{pmatrix} \sqrt{2} \\ -\sqrt{2} \end{pmatrix}$ $\mathbf{x}_1 = 1.414$ $\mathbf{x}_2 = -1.414$

Die Funktion besitzt an den Stellen x_1 und x_2 die Tangentensteigung -1/2.

Beispiel 3.2.5:

Berechnen Sie den Schnittwinkel φ zwischen den Grafen der Funktion f: $y = \sqrt{x}$ und g: $y = x^{-1}$.

Schnittpunkt der Grafen:

$\sqrt{x} = \frac{1}{x}$ hat als Lösung(en) 1 $\quad x_0 := 1$ x-Wert des Schnittpunktes

$\tan(\alpha) = f'(x_0) \qquad \tan(\beta) = g'(x_0)$ Steigungen der Tangenten

$\varphi = \alpha - \beta$ Winkel zwischen den Tangenten

$\tan(\varphi) = \tan(\alpha - \beta) = \frac{\tan(\alpha) - \tan(\beta)}{1 + \tan(\alpha) \cdot \tan(\beta)}$ Summensatz 1. Art

$f'(x_0) := \frac{1}{2 \cdot \sqrt{x_0}} \qquad g'(x_0) := \frac{-1}{x_0^{\,2}}$ Steigungen der Tangenten

$\alpha := \operatorname{atan}(f'(x_0)) \quad \alpha = 26.565 \cdot \text{Grad} \qquad \beta := \operatorname{atan}(g'(x_0)) \quad \beta = -45 \cdot \text{Grad}$ Steigungswinkel der Tangenten

$\tan(\varphi) = \frac{f'(x_0) - g'(x_0)}{1 - f'(x_0) \cdot g'(x_0)}$ Winkelberechnung mit dem Summensatz 1. Art

$\varphi := \operatorname{atan}\left(\frac{f'(x_0) - g'(x_0)}{1 + f'(x_0) \cdot g'(x_0)}\right) \qquad \varphi = 71.565 \cdot \text{Grad}$ Winkel zwischen den Tangenten

$f(x) := \sqrt{x} \qquad g(x) := \frac{1}{x}$ gegebene Funktionen

$t_1(x) := f(x_0) + f'(x_0) \cdot (x - x_0)$ Tangente von f(x) an der Stelle x_0

$t_2(x) := g(x_0) + g'(x_0) \cdot (x - x_0)$ Tangente von g(x) an der Stelle x_0

$x := 0, 0.001 .. 5$ Bereichsvariable

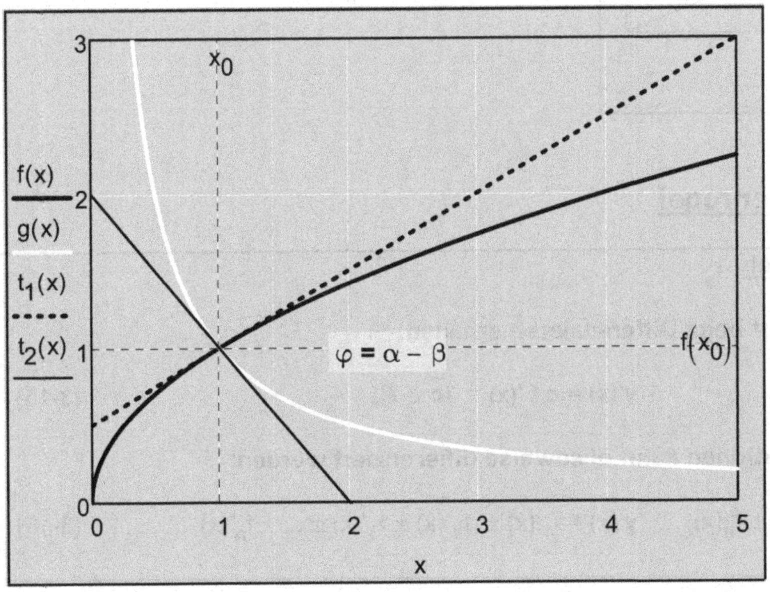

Abb. 3.2.1

Beispiel 3.2.6:

Bestimmen Sie im Punkt P(1 | 1) des Grafen $y = x^2$ die Normale auf den Grafen.

Zwei Geraden stehen normal aufeinander, wenn $k\,k_N = -1$ gilt.

$x_0 := 1$ x-Wert des Punktes P

$f'(x_0) := 2 \cdot x_0$ $f'(x_0) = 2$ Steigung der Tangente im Punkt P

$k_N = \frac{-1}{k}$ $k_N := \frac{-1}{2}$ Steigung der Normalen

$y = k_N \cdot x + d$ $1 = \frac{-1}{2} \cdot 1 + d$ hat als Lösung(en) $\frac{3}{2}$ Achsenabschnitt

$f(x) := x^2$ gegebene Funktion

$t_1(x) := f(x_0) + f'(x_0) \cdot (x - x_0)$ Tangente im Punkt P

$t_N(x) := k_N \cdot x + \frac{3}{2}$ Normale im Punkt P

$x := 0, 0.001 .. 3$ Bereichsvariable

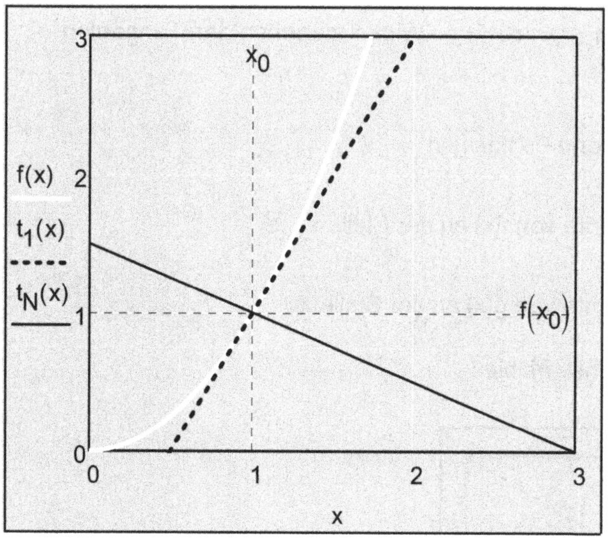

Abb. 3.2.2

3.2.3 Konstanter Faktor und Summenregel

Konstanter Faktor und Summenregel:

Ein konstanter Produktfaktor c bleibt beim Differenzieren erhalten:

$y(x) = c\,f(x)$ $y'(x) = c\,f'(x)$ $(c \in \mathbb{R})$ **(3-15)**

Die Summe oder Differenz von Funktionen kann gliedweise differenziert werden:

$y(x) = f_1(x) \pm f_2(x) \pm f_3(x) \pm ... \pm f_n(x)$ $y'(x) = f_1'(x) \pm f_2'(x) \pm f_3'(x) \pm ... \pm f_n'(x)$ **(3-16)**

Beispiel 3.2.7:

Die Strahlungsintensität eines schwarzen Körpers bei der absoluten Temperatur T ist gegeben durch $I(T) = \sigma T^4$. Die Strahlungskonstante beträgt $\sigma = 5.67\ 10^{-8}\ W/(m^2\ K^4)$. Wie groß ist die Änderung der Strahlungsintensität bei der Temperatur T = 285 K?

$I(T) = \sigma \cdot T^4$ $\quad \frac{d}{dT} I(T) = 4 \cdot \sigma \cdot T^3$ Funktion und Ableitungsfunktion

$\sigma := 5.67 \cdot 10^{-8} \cdot \frac{W}{m^2 \cdot K^4}$ $\quad T := 285 \cdot K$ Strahlungskonstante und Temperaturwert T

$I_T := 4 \cdot \sigma \cdot T^3$ $\quad I_T = 5.25 \cdot \frac{W}{m^2 \cdot K}$ Ableitungswert bei der Temperatur T = 285 K

Beispiel 3.2.8:

Bewegt sich ein Körper der Masse m, so besitzt er die kinetische Energie E_k. Wie groß ist die Änderung der kinetischen Energie bezüglich der Geschwindigkeit?

$E_k(v) = \frac{m \cdot v^2}{2}$ $\quad \frac{d}{dv} E_k(v) = m \cdot v$ Funktion und Ableitungsfunktion

$\frac{d}{dv} E_k(v) = m \cdot v = p$ Die Änderung der kinetischen Energie nach der Geschwindigkeit ist gleich dem Impuls!

Beispiel 3.2.9:

Bilden Sie die 1. Ableitung der folgenden Funktionen:

(1) $y = x^2 + x$ $\quad y' = 2\ x+1$

$y'(x) = \frac{d}{dx}\left(x^2 + x\right)$ vereinfacht auf $y'(x) = 2 \cdot x + 1$

(2) $y = 7 \cdot x^5 + \frac{1}{2} \cdot x^3$ $\quad y' = 35\ \ x^4 + 3/2\ \ x^2$

$y'(x) = \frac{d}{dx}\left(7 \cdot x^5 + \frac{1}{2} \cdot x^3\right)$ vereinfacht auf $y'(x) = 35 \cdot x^4 + \frac{3 \cdot x^2}{2}$

(3) $y = 8 \cdot x^3 - 7 \cdot x^2 + x - 15$ $\quad y' = 24\ \ x^2 - 14\ \ x + 1$

$y'(x) = \frac{d}{dx}\left(8 \cdot x^3 - 7 \cdot x^2 + x - 15\right)$ ergibt $y'(x) = 24 \cdot x^2 - 14 \cdot x + 1$

Beispiel 3.2.10:

Wie groß ist die Steigung der Kurve $y = 1/3\ x^3 + 1$ im Punkt P(1 | 4/3)? Wie groß ist der Steigungswinkel der Tangente im Punkt P und wie lautet die Tangentengleichung?

$y = \frac{1}{3} \cdot x^3 + 1$ $\quad y' = x^2$ $\quad y'(1) = 1$ Steigung der Tangente

$k = \tan(\alpha) = y'(1)$ $\quad \tan(\alpha) = 1$ hat als Lösung(en) $\frac{\pi}{4}$ Steigungswinkel der Tangente

$y = k \cdot x + d$ Gleichung der Tangente

$\frac{4}{3} = 1 + d \Rightarrow d = \frac{1}{3}$ Achsenabschnitt der Tangente $\quad y = x + \frac{1}{3}$ Gleichung der Tangente

Beispiel 3.2.11:

Für den senkrechten Wurf nach unten (ohne Luftwiderstand) gilt $s = v_0\, t + g/2\, t^2$. Wie groß ist die Momentangeschwindigkeit in jedem Zeitpunkt und wie groß ist die Momentanbeschleunigung in jedem Zeitpunkt?

$v(t) = \frac{d}{dt}s(t) = \frac{d}{dt}\left(v_0 \cdot t + \frac{g}{2} \cdot t^2\right)$ vereinfacht auf $v(t) = \frac{d}{dt}s(t) = v_0 + g \cdot t$

$a(t) = \frac{d}{dt}v(t) = \frac{d}{dt}\left(v_0 + g \cdot t\right)$ vereinfacht auf $a(t) = \frac{d}{dt}v(t) = g$

Beispiel 3.2.12:

In welchen Punkten der Parabel $y = (x^2/2) - 3\,x + 4$ ist die Steigung der Tangente 1 bzw. -1?

$y = \frac{1}{2} \cdot x^2 - 3 \cdot x + 4$ $\quad y'(x) = \frac{d}{dx}\left(\frac{1}{2} \cdot x^2 - 3 \cdot x + 4\right)$ vereinfacht auf $y'(x) = x - 3$

$x - 3 = 1 \quad \Rightarrow \quad x_1 = 4 \quad y_1 = 0$

$x - 3 = -1 \quad \Rightarrow \quad x_2 = 2 \quad y_2 = 0$

Koordinaten der gesuchten Punkte

3.2.4 Produktregel

Produktregel:

$$y(x) = u(x)\,.\,v(x) \qquad y'(x) = u'(x)\,.\,v(x) + v'(x)\,.\,u(x) \qquad (3\text{-}17)$$

Beispiel 3.2.13:

Bilden Sie die 1. Ableitung der folgenden Funktionen händisch und mithilfe von Mathcad:

(1) $y = 2 \cdot x \cdot (x - 1)$ $\quad y' = 2\,(x - 1) + 1\ \ 2\,x = 4\,x - 2$

$y'(x) = \frac{d}{dx}[2 \cdot x \cdot (x - 1)]$ vereinfacht auf $y'(x) = 4 \cdot x - 2$

(2) $y = (2 - x) \cdot (2 + x)$ $\quad y' = -1\,(2 + x) + 1\ \ (2 - x) = -2\,x$

$y'(x) = \frac{d}{dx}[(2 - x) \cdot (2 + x)]$ vereinfacht auf $y'(x) = -2 \cdot x$

(3) $y = \left(x^2 + x + 1\right) \cdot (x - 1)$ $\quad y' = (2\,x + 1)\,(x - 1) + 1\ \ (x^2 + x + 1)$

$y'(x) = \frac{d}{dx}\left[\left(x^2 + x + 1\right) \cdot (x - 1)\right]$ vereinfacht auf $y'(x) = 3 \cdot x^2$

(4) $y = x^2 \cdot \left(x - \frac{1}{x} - \frac{1}{x^2}\right)$ $\quad y' = 2\,x\,(x - 1/x - 1/x^2) + (1 + x^{-2} + 2\,x^{-3})\,x^2$

$y'(x) = \frac{d}{dx}\left[x^2 \cdot \left(x - \frac{1}{x} - \frac{1}{x^2}\right)\right]$ vereinfacht auf $y'(x) = 3 \cdot x^2 - 1$

3.2.5 Quotientenregel

Quotientenregel:

Sei $y(x) = \frac{u(x)}{v(x)}$ **mit** $v(x) \neq 0$.

Aus der Produktregel folgt:
y = u/v ⇒ u = v y ⇒ u' = v' y+ y' v ⇒ y' v = u' - v' y ⇒ y' = (u' - v' y)/v ⇒ y' = (u' - v' (u/v))/v .
Durch Vereinfachung des Bruches erhalten wir schließlich die Quotientenregel:

$$y'(x) = \frac{u'(x) \cdot v(x) - v'(x) \cdot u(x)}{(v(x))^2} \qquad (v(x) \neq 0) \qquad (3\text{-}18)$$

Beispiel 3.2.14:

Bilden Sie die 1. Ableitung der folgenden Funktionen händisch und mithilfe von Mathcad:

(1) $y = \frac{4 \cdot x^2 - 1}{2 \cdot x}$ $\quad y'(x) = \frac{8 \cdot x \cdot 2 \cdot x - 2 \cdot (4 \cdot x^2 - 1)}{4 \cdot x^2}$ vereinfacht auf $y'(x) = \frac{1}{2 \cdot x^2} + 2$

$y'(x) = \frac{d}{dx} \frac{4 \cdot x^2 - 1}{2 \cdot x}$ vereinfacht auf $y'(x) = \frac{1}{2 \cdot x^2} + 2$

(2) $y = \frac{x^2 + 1}{x^2 - 1}$ $\quad y'(x) = \frac{2 \cdot x \cdot (x^2 - 1) - 2 \cdot x \cdot (x^2 + 1)}{(x^2 - 1)^2}$ vereinfacht auf $y'(x) = -\frac{4 \cdot x}{(x^2 - 1)^2}$

$y'(x) = \frac{d}{dx} \frac{x^2 + 1}{x^2 - 1}$ vereinfacht auf $y'(x) = -\frac{4 \cdot x}{(x^2 - 1)^2}$

(3) $y = \frac{x^2 - 5 \cdot x + 6}{x - 3}$ $\quad y'(x) = \frac{(2 \cdot x - 5) \cdot (x - 3) - 1 \cdot (x^2 - 5 \cdot x + 6)}{(x - 3)^2}$ vereinfacht auf $y'(x) = 1$

$y'(x) = \frac{d}{dx} \frac{x^2 - 5 \cdot x + 6}{x - 3}$ vereinfacht auf $y'(x) = 1$

Beispiel 3.2.15:

Wie groß ist die Steigung der Tangente der Funktion y = (x+1)/(x-1) an der Stelle $x_1 = 0$ bzw. $x_2 = 2$?

$y = \frac{x + 1}{x - 1}$ $\quad y'(x) = \frac{d}{dx} \frac{x + 1}{x - 1}$ vereinfacht auf $y'(x) = -\frac{2}{(x - 1)^2}$

$x_1 := 0 \quad x_2 := 2$ Stelle 0 und 2

$y'(x) := -\frac{2}{(x - 1)^2}$ $\quad y'(x_1) = -2$ $\quad y'(x_2) = -2$ Steigungen der Tangenten

Beispiel 3.2.16:

Unter welchem Winkel schneidet der Graf der Funktion $y = (x^2 - 4)/(x+1)$ die x-Achse?

$y = \frac{x^2 - 4}{x + 1}$ gegebene Funktion

$\frac{x^2 - 4}{x + 1} = 0$ Gleichung zur Nullstellenbestimmung

$x_1 := 2 \qquad x_2 := -2$ Nullstellen der Funktion

$y'(x) = \frac{d}{dx}\frac{x^2 - 4}{x + 1}$ vereinfacht auf $y'(x) = \frac{3}{(x+1)^2} + 1$ Ableitungsfunktion

$y'(x) := \frac{3}{(x+1)^2} + 1$ Ableitungsfunktion

$k_1 := y'(x_1) \qquad k_1 = 1.333 \qquad k_2 := y'(x_2) \qquad k_2 = 4$ Steigungen der Tangenten

$\varphi_1 := \operatorname{atan}(k_1) \qquad \varphi_1 = 53.13 \cdot \mathrm{Grad}$ Winkel zwischen x-Achse und gegebener Kurve

$\varphi_2 := \operatorname{atan}(k_2) \qquad \varphi_2 = 75.964 \cdot \mathrm{Grad}$ Winkel zwischen x-Achse und gegebener Kurve

Beispiel 3.2.17:

Nach dem Boyle-Mariote'schen-Gesetz gilt $V = c/p$. Wie groß ist die Volumsänderung beim Druck p?

$V(p) = \frac{c}{p} \qquad \frac{d}{dp}\frac{c}{p}$ vereinfacht auf $-\frac{c}{p^2}$

Beispiel 3.2.18:

Bestimmen Sie den Verlauf der Wellen- und Gruppengeschwindigkeit in der Umgebung einer Absorptionslinie:

$k(\omega) = \frac{\omega}{c}\left(A + \frac{B}{\omega_0^2 - \omega^2}\right)$ Wellenzahl

$\frac{d}{d\omega}k(\omega) = \frac{d}{d\omega}\left[\frac{\omega}{c}\left(A + \frac{B}{\omega_0^2 - \omega^2}\right)\right]$ vereinfacht auf

$\frac{d}{d\omega}k(\omega) = \frac{A \cdot \omega^4 - 2 \cdot A \cdot \omega^2 \cdot \omega_0^2 + B \cdot \omega^2 + A \cdot \omega_0^4 + B \cdot \omega_0^2}{c \cdot \left(\omega^2 - \omega_0^2\right)^2}$ Wellengeschwindigkeit

$$v_{gr}(\omega) = \frac{d}{dk}\omega(k) = \frac{1}{\frac{d}{d\omega}k(\omega)}$$ Gruppengeschwindigkeit

$$v_{gr}(\omega) = \frac{1}{\left[\frac{A\cdot\omega^4 - 2\cdot A\cdot\omega^2\cdot{\omega_0}^2 + B\cdot\omega^2 + A\cdot{\omega_0}^4 + B\cdot{\omega_0}^2}{c\cdot\left(\omega^2-{\omega_0}^2\right)^2}\right]}$$ ergibt

$$v_{gr}(\omega) = \frac{c\cdot\left(\omega^2-{\omega_0}^2\right)^2}{A\cdot\omega^4 - 2\cdot A\cdot\omega^2\cdot{\omega_0}^2 + B\cdot\omega^2 + A\cdot{\omega_0}^4 + B\cdot{\omega_0}^2}$$

3.2.6 Kettenregel

Kettenregel:

Eine Funktion wie z. B. $y = \sqrt{x^2+1}$ **nennen wir verkettete Funktion, wobei** x^2+1 **als "innere Funktion" und die Wurzel als "äußere Funktion" bezeichnet wird.**

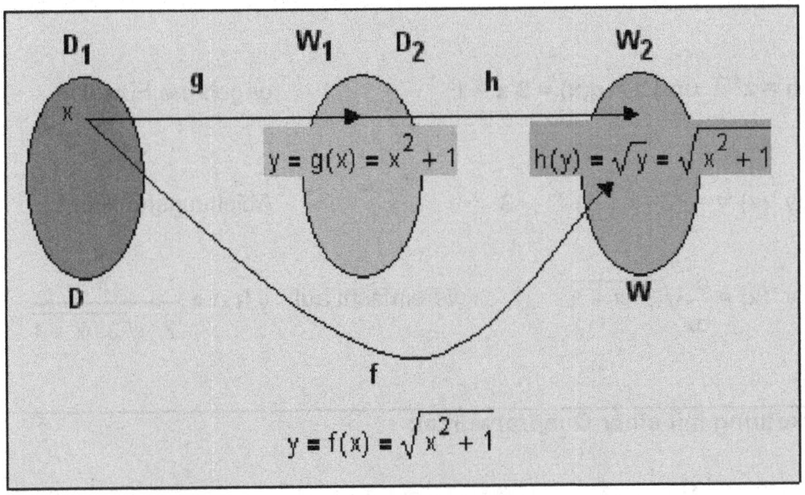

Abb. 3.2.3

h ... äußere Funktion
g ... innere Funktion

y = h(g(x))

Sei y = h(g(x)) = h(z) mit z = g(x). Dann gilt:

$$y' = h'(z)\ g'(x) \quad \text{bzw.} \quad \frac{d}{dx}y = \frac{d}{dz}h\cdot\frac{d}{dx}z \qquad (3\text{-}19)$$

Wenn die innere Funktion wieder eine Funktion von einer Funktion ist, lässt sich die Kettenregel analog anwenden.
Sei also y = f(g(h(x))) mit y = f(z), z = g(w) und w = h(x). Dann gilt:

$$y' = f'(z)\,.\,g'(w)\,.\,h'(x) \quad \text{bzw.} \quad \frac{d}{dx}y = \frac{d}{dz}y\cdot\frac{d}{dw}z\cdot\frac{d}{dx}w \qquad (3\text{-}20)$$

Beispiel 3.2.19:

Bilden Sie die 1. Ableitung händisch und mit Mathcad der folgenden Funktionen:

(1) $y = (2 \cdot x + 1)^3$ **$h = z^3$ und $z = g(x) = 2x + 1$** gegebene Funktion

$y'(x) = 3 \cdot (2 \cdot x + 1)^2 \cdot 2$ bzw. $y'(x) = 6 \cdot (2 \cdot x + 1)^2$ händisch auswerten

$y'(x) = \frac{d}{dx}(2 \cdot x + 1)^3$ vereinfacht auf $y'(x) = 6 \cdot (2 \cdot x + 1)^2$ mit Mathcad auswerten durch vereinfachen

(2) $y = \sqrt{x^2 + 2 \cdot x - 3}$ **$h = z^{1/2}$ und $z = g(x) = x^2 + 2x - 3$**

$$y'(x) = \frac{1}{2} \cdot \left(x^2 + 2 \cdot x - 3\right)^{\frac{-1}{2}} \cdot (2 \cdot x + 2)$$ Ableitungsfunktion

$y'(x) = \frac{d}{dx}\sqrt{x^2 + 2 \cdot x - 3}$ vereinfacht auf $y'(x) = \frac{x + 1}{\sqrt{x^2 + 2 \cdot x - 3}}$

(3) $y = \sqrt{3 \cdot x + 1}$ **$h = z^{1/2}$ und $z = g(x) = 3x + 1$** gegebene Funktion

$$y'(x) = \frac{1}{2}(3 \cdot x + 1)^{\frac{-1}{2}} \cdot 3$$ Ableitungsfunktion

$y'(x) = \frac{d}{dx}\sqrt{3 \cdot x + 1}$ vereinfacht auf $y'(x) = \frac{3}{2 \cdot \sqrt{3 \cdot x + 1}}$

Damit gilt offensichtlich bei Verkettung mit einer Quadratwurzel:

$$y = \sqrt{f(x)} \qquad y' = \frac{f'(x)}{2 \cdot \sqrt{f(x)}} \qquad \textbf{(3-21)}$$

(4) $y = \left(x^2 + 1\right) \cdot \sqrt{x^3 - 1}$ gegebene Funktion

$$y'(x) = 2 \cdot x \cdot \sqrt{x^3 - 1} + \frac{3 \cdot x^2}{2 \cdot \sqrt{x^3 - 1}} \cdot \left(x^2 + 1\right)$$ Ableitungsfunktion

$y'(x) = \frac{d}{dx}\left[\left(x^2 + 1\right) \cdot \sqrt{x^3 - 1}\right]$ vereinfacht auf $y'(x) = \frac{x \cdot \left(7 \cdot x^3 + 3 \cdot x - 4\right)}{2 \cdot \sqrt{x^3 - 1}}$

(5) $y = \frac{(3 \cdot x^2 - 1)^3}{(x-1)^2}$ gegebene Funktion

$y'(x) = \frac{3 \cdot (3 \cdot x^2 - 1)^2 \cdot 6 \cdot x \cdot (x-1)^2 - 2 \cdot (x-1) \cdot (3 \cdot x^2 - 1)^3}{\left[(x-1)^2\right]^2}$ Ableitungsfunktion

$y'(x) = \frac{d}{dx} \frac{(3 \cdot x^2 - 1)^3}{(x-1)^2}$ vereinfacht auf $y'(x) = \frac{2 \cdot (3 \cdot x^2 - 1)^2 \cdot (6 \cdot x^2 - 9 \cdot x + 1)}{(x-1)^3}$

(6) $y = \frac{x}{\sqrt{x^2 + 1}} = x \cdot (x^2 + 1)^{\frac{-1}{2}}$ gegebene Funktion

$y'(x) = 1 \cdot (x^2 + 1)^{\frac{-1}{2}} - \frac{1}{2} \cdot (x^2 + 1)^{\frac{-3}{2}} \cdot 2 \cdot x \cdot x$ vereinfacht auf $y'(x) = (x^2 + 1)^{\frac{-3}{2}}$

$y'(x) = \frac{d}{dx} \frac{x}{\sqrt{x^2 + 1}}$ vereinfacht auf $y'(x) = (x^2 + 1)^{\frac{-3}{2}}$

(7) $y = \sqrt{(2 \cdot x + 3) \cdot (x - 2)}$ gegebene Funktion

$y'(x) = \frac{1}{2} \cdot [(2 \cdot x + 3) \cdot (x - 2)]^{\frac{-1}{2}} \cdot [2 \cdot (x - 2) + 1 \cdot (2 \cdot x + 3)]$ Ableitungsfunktion

$y'(x) = \frac{d}{dx} \sqrt{(2 \cdot x + 3) \cdot (x - 2)}$ vereinfacht auf $y'(x) = \frac{2 \cdot x - \frac{1}{2}}{\sqrt{(x - 2) \cdot (2 \cdot x + 3)}}$

(8) $y = \sqrt{(2 \cdot x - 3)^3}$ **$f(z) = (z)^{1/2}$ mit $z = g(w) = w^3$ und $w = h(x) = 2x - 3$** gegebene Funktion

$y'(x) = \frac{1}{2} \cdot \left[(2 \cdot x - 3)^3\right]^{\frac{-1}{2}} \cdot 3 \cdot (2 \cdot x - 3)^2 \cdot 2$ Ableitungsfunktion

$y'(x) = \frac{d}{dx} \sqrt{(2 \cdot x - 3)^3}$ vereinfacht auf $y'(x) = \frac{3 \cdot (2 \cdot x - 3)^2}{\sqrt{(2 \cdot x - 3)^3}}$

Beispiel 3.2.20:

Aus einem kugelförmigen Ballon entweicht Gas mit einer Geschwindigkeit von 54 l/min. Wie schnell nimmt die Oberfläche des Ballons ab, wenn der Radius am Anfang 3.6 m beträgt?

Abb. 3.2.4

$$V(t) = \frac{4 \cdot \pi}{3} \cdot r(t)^3 = f(r(t)) \qquad A_M(t) = 4 \cdot \pi \cdot r(t)^2 = g(r(t))$$ Volumen und Oberfläche

$54\ l = 54\ dm^3$

$$V(t) = \frac{4 \cdot \pi}{3} \cdot r(t)^3 \qquad \frac{d}{dt}V(t) = \frac{d}{dt}\left(\frac{4 \cdot \pi}{3} \cdot r(t)^3\right)$$ vereinfacht auf $$\frac{d}{dt}V(t) = 4 \cdot \pi \cdot r(t)^2 \cdot \frac{d}{dt}r(t)$$ Volumenstrom (theoretisch)

$$A_M(t) = 4 \cdot \pi \cdot r(t)^2 \qquad \frac{d}{dt}A_M(t) = \frac{d}{dt}\left(4 \cdot \pi \cdot r(t)^2\right)$$ vereinfacht auf $$\frac{d}{dt}A_M(t) = 8 \cdot \pi \cdot r(t) \cdot \frac{d}{dt}r(t)$$

$$\frac{\frac{d}{dt}A_M(t)}{\frac{d}{dt}V(t)} = \frac{8 \cdot \pi \cdot r(t) \cdot \frac{d}{dt}r(t)}{4 \cdot \pi \cdot r(t)^2 \cdot \frac{d}{dt}r(t)}$$ vereinfacht auf $$\frac{\frac{d}{dt}A_M(t)}{\frac{d}{dt}V(t)} = \frac{2}{r(t)}$$

$$\frac{d}{dt}A_M(t) = \frac{2}{r(t)} \cdot \frac{d}{dt}V(t) = \frac{2}{36 \cdot dm} \cdot \left(-54 \cdot \frac{dm^3}{min}\right)$$ vereinfacht auf $$\frac{d}{dt}A_M(t) = \frac{2}{r(t)} \cdot \frac{d}{dt}V(t) = -3 \cdot \frac{dm^2}{min}$$

Die Oberfläche verkleinert sich um 3 dm^2 pro Minute.

Beispiel 3.2.21:

Aus einem konischen Trichter läuft Wasser mit der Geschwindigkeit von 8 cm^3/s aus. Der Radius der Öffnung des Trichters sei R = 8 cm und die Höhe des Trichters H = 16 cm. Bestimmen Sie die Geschwindigkeit, mit der der Wasserspiegel sinkt, wenn er h = 4 cm über der Trichterspitze steht.

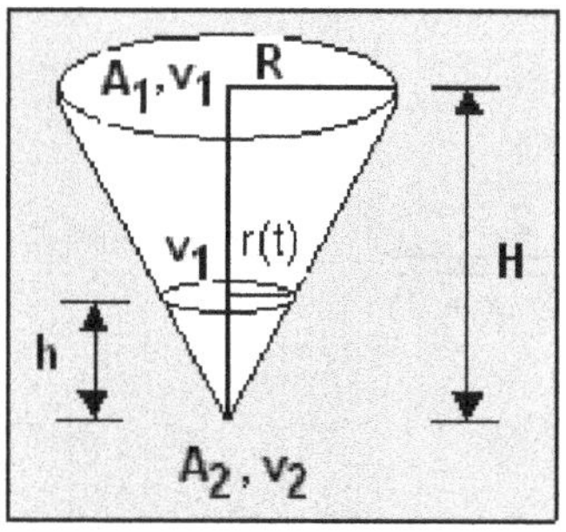

Abb. 3.2.5

$$\frac{r(t)}{R} = \frac{h(t)}{H}$$ ähnliche Dreiecke $$\frac{r(t)}{8 \cdot cm} = \frac{h(t)}{16 \cdot cm} \Rightarrow r(t) = \frac{h(t)}{2}$$

$$V(t) = \frac{1}{3} \cdot \pi \cdot r(t)^2 \cdot h(t) = \frac{1}{3} \cdot \pi \cdot \left(\frac{h(t)}{2}\right)^2 \cdot h(t) = \frac{1}{12} \cdot \pi \cdot h(t)^3$$ Volumen

$A_1 \cdot v_1 = A_2 \cdot v_2$ Kontinuitätsgleichung

Volumenstrom (theoretisch):

$$V(t) = \frac{1}{12} \cdot \pi \cdot h(t)^3 \qquad \frac{d}{dt}V(t) = \frac{d}{dt}\left(\frac{1}{12} \cdot \pi \cdot h(t)^3\right)$$ vereinfacht auf $$\frac{d}{dt}V(t) = \frac{\pi \cdot h(t)^2 \cdot \frac{d}{dt}h(t)}{4}$$

$$\frac{d}{dt}h(t) = \frac{4}{\pi \cdot h^2} \cdot \frac{d}{dt}V(t)$$ Sinkgeschwindigkeit des Wasserspiegels (theoretisch)

$h := 16 \cdot cm - 4 \cdot cm$ Höhe des Wasserspiegels

$\frac{d}{dt}V(t) = -8 \cdot \frac{cm^3}{s}$ Auslaufgeschwindigkeit (Volumenstrom)

$\frac{d}{dt}h(t) = \frac{4}{\pi \cdot h^2} \cdot \left(-8 \cdot \frac{cm^3}{s}\right) \to \frac{d}{dt}h(t) = -\frac{2 \cdot cm}{9 \cdot \pi \cdot s}$ $\quad -\frac{2}{9 \cdot \pi} \cdot \frac{cm}{s} = -0.071 \cdot \frac{cm}{s}$

Die Sinkgeschwindigkeit beträgt in 4 cm Höhe 0.071 cm pro Sekunde.

3.2.7 Ableitungen von Funktionen und Relationen in impliziter Darstellung

Ableitungen von Funktionen und Relationen in impliziter Darstellung:

$y = 3x^2 - 2x + 1$	$y = f(x)$	explizite Funktionsgleichung	(3-22)
$3x^2 - 2x - y = -1$	$F(x,y) = c$	implizite Funktionsgleichung	(3-23)
$x^2 + y^2 = r^2$	$F(x,y) = c$	implizite Gleichung (Relation)	(3-24)

Wenn x die unabhängige und y die abhängige Variable bezeichnet, so differenzieren wir gliedweise jeden Term der Gleichung nach x. Jeder Term, der y enthält, ist mit der Kettenregel abzuleiten, da y von x abhängig ist. Danach lösen wir die erhaltene Gleichung nach y' auf.

Beispiel 3.2.22:

Bilden Sie die 1. Ableitung der folgenden Funktionen und Relationen händisch und mithilfe von Mathcad:

(1) $y^3 - x^2 = 0$ $\quad y = x^{\frac{2}{3}}$ $\quad$ implizite und explizite Form

$3 \cdot y^2 \cdot y' - 2 \cdot x = 0$ $\quad$ **F(x, y, y') = 0** $\quad \Rightarrow \quad y' = \frac{2}{3} \cdot \frac{x}{y^2}$ $\quad$ **y' = f(x,y)**

$\frac{d}{dx}\left(y(x)^3 - x^2\right) = 0$ $\quad$ vereinfacht auf $\quad 3 \cdot y(x)^2 \cdot \frac{d}{dx}y(x) - 2 \cdot x = 0$

(2) $y^2 - x^2 = 0$ $\quad y = \sqrt{x} \quad y = -\sqrt{x}$ $\quad$ implizite und explizite Form

$2 \cdot y \cdot y' - 2 \cdot x = 0$ $\quad$ **F(x, y, y') = 0** $\quad \Rightarrow \quad y' = \frac{x}{y}$ $\quad$ **y' = f(x,y)**

$\frac{d}{dx}\left(y(x)^2 - x^2\right) = 0$ $\quad$ vereinfacht auf $\quad 2 \cdot y(x) \cdot \frac{d}{dx}y(x) - 2 \cdot x = 0$

(3) $y^3 - x^2 \cdot y + x = 0$ $\quad$ implizite Form

$3 \cdot y^2 \cdot y' - 2 \cdot x \cdot y - y' \cdot x^2 + 1 = 0$ $\quad$ **F(x, y, y') = 0**

$y' = \frac{1 - 2 \cdot x \cdot y}{-3 \cdot y^2 + x^2}$ $\quad$ **y' = f(x,y)**

$\frac{d}{dx}\left(y(x)^3 - x^2 \cdot y(x) + x\right) = 0$ vereinfacht auf $3 \cdot y(x)^2 \cdot \frac{d}{dx}y(x) - 2 \cdot x \cdot y(x) - x^2 \cdot \frac{d}{dx}y(x) + 1 = 0$

Beispiel 3.2.23:

Bilden Sie die 1. Ableitung der Kreisgleichung:

$x^2 + y^2 = r^2$ Kreis in Hauptlage

$2 \cdot x + 2 \cdot y \cdot y' = 0$ **F(x, y, y') = 0** $\Rightarrow$ $y' = \frac{-x}{y}$ **y' = f(x,y)**

$(x - m)^2 + (y - n)^2 = r^2$ Kreis in allgemeiner Lage mit M(m|n)

$2 \cdot (x - m) + 2 \cdot (y - n) \cdot y' = 0$ **F(x, y, y') = 0** $\Rightarrow$ $y' = \frac{-(x - m)}{y - n}$ **y' = f(x,y)**

Beispiel 3.2.24:

Bilden Sie die 1. Ableitung der Ellipsengleichung:

$\frac{x^2}{a^2} + \frac{y^2}{b^2} = 1$ Ellipse in Hauptlage

$\frac{2 \cdot x}{a^2} + \frac{2 \cdot y \cdot y'}{b^2} = 0$ **F(x, y, y') = 0** $\Rightarrow$ $y' = \frac{-b^2 \cdot x}{a^2 \cdot y}$ **y' = f(x,y)**

$\frac{(x - m)^2}{a^2} + \frac{(y - n)^2}{b^2} = 1$ Ellipse in allgemeiner Lage mit M(m|n)

$\frac{2 \cdot (x - m)}{a^2} + \frac{2 \cdot (y - n) \cdot y'}{b^2} = 0$ **F(x, y, y') = 0** $\Rightarrow$ $y' = \frac{-b^2 \cdot (x - m)}{a^2 \cdot (y - n)}$ **y' = f(x,y)**

Beispiel 3.2.25:

Bilden Sie die 1. Ableitung der Hyperbelgleichung:

$\frac{x^2}{a^2} - \frac{y^2}{b^2} = 1$ Hyperbel in Hauptlage

$\frac{2 \cdot x}{a^2} - \frac{2 \cdot y \cdot y'}{b^2} = 0$ **F(x, y, y') = 0** $\Rightarrow$ $y' = \frac{b^2 \cdot x}{a^2 \cdot y}$ **y' = f(x,y)**

$\frac{(x - m)^2}{a^2} - \frac{(y - n)^2}{b^2} = 1$ Hyperbel in allgemeiner Lage mit M(m|n)

$$\frac{2 \cdot (x-m)}{a^2} - \frac{2 \cdot (y-n) \cdot y'}{b^2} = 0 \qquad \mathbf{F(\,x, y, y'\,) = 0} \qquad \Rightarrow \qquad y' = \frac{b^2 \cdot (x-m)}{a^2 \cdot (y-n)} \qquad \mathbf{y' = f(x,y)}$$

Beispiel 3.2.26:

Bilden Sie die 1. Ableitung der Parabel:

$y^2 - 2 \cdot p \cdot x = 0$ Scheitelgleichung der Parabel (symmetrisch zu x-Achse und Brennpunkt F(p/2|0))

$\frac{d}{dx}\left(y(x)^2 - 2 \cdot p \cdot x\right) = 0$ vereinfacht auf $2 \cdot y(x) \cdot \frac{d}{dx}y(x) - 2 \cdot p = 0$ **F(y, y') = 0**

$y' = \frac{p}{y}$ **y' = f(y)**

Beispiel 3.2.27:

Bilden Sie die 1. Ableitung der Astroide (Sternkurve):

$x^{\frac{2}{3}} + y^{\frac{2}{3}} = a^{\frac{2}{3}}$ implizite Form

$\frac{d}{dx}\left(x^{\frac{2}{3}} + y(x)^{\frac{2}{3}}\right) = \frac{d}{dx}a^{\frac{2}{3}}$ vereinfacht auf $\frac{2 \cdot \frac{d}{dx}y(x)}{3 \cdot y(x)^{\frac{1}{3}}} + \frac{2}{3 \cdot x^{\frac{1}{3}}} = 0$ **F(x, y, y') = 0**

$\frac{2}{3 \cdot x^{\frac{1}{3}}} + \frac{2}{3 \cdot y^{\frac{1}{3}}} \cdot y' = 0$ hat als Lösung(en) $\frac{-y^{\frac{1}{3}}}{x^{\frac{1}{3}}}$

$y' = -\frac{y^{\frac{1}{3}}}{x^{\frac{1}{3}}}$ **y' = f(x,y)**

$$f'(x,y) := \frac{d}{dx}\left(x^{\frac{2}{3}} + y(x)^{\frac{2}{3}} - a^{\frac{2}{3}}\right) \left| \begin{array}{l} \text{auflösen}, \frac{d}{dx}y(x) \\ \text{ersetzen}, y(x) = y \end{array} \right. \rightarrow -\frac{y^{\frac{1}{3}}}{x^{\frac{1}{3}}} \qquad f'(1,1) = -1$$

implizite Ableitung mithilfe von Symboloperatoren

Beispiel 3.2.28:

Bestimmen Sie die Steigung des Grafen im Punkt $P_1(1| y_1 > 0)$, den Steigungswinkel der Tangente im P_1 und die Tangentengleichung durch P_1 der folgenden Relation:

$y^2 - x^2 \cdot y = 3$ implizite Gleichung

ORIGIN := 1 ORIGIN festlegen

$x_1 := 1$ x-Wert des Punktes P_1

$\mathbf{y} := y1^2 - 1 \cdot y1 = 3$ auflösen, y1 $\rightarrow \begin{pmatrix} \frac{\sqrt{13}}{2} + \frac{1}{2} \\ \frac{1}{2} - \frac{\sqrt{13}}{2} \end{pmatrix}$

$\mathbf{y}_1 = 2.303$ $\mathbf{y}_2 = -1.303$

$2 \cdot y \cdot y' - 2 \cdot x \cdot y - y' \cdot x^2 = 0$ hat als Lösung(en) $\frac{2 \cdot x \cdot y}{2 \cdot y - x^2}$

$y'(x, y) := \frac{2 \cdot x \cdot y}{2 \cdot y - x^2}$ $y'(x_1, \mathbf{y}_1) = 1.277$ Steigung der Tangente in P_1

$\alpha := \operatorname{atan}(y'(x_1, \mathbf{y}_1))$ $\alpha = 51.944 \cdot \text{Grad}$ Steigungswinkel der Tangente in P_1

$y - 2.303 = 1.277 \cdot (x - 1)$ hat als Lösung(en) $1.277 \cdot x + 1.026$

$y = 1.277 \cdot x + 1.026$ Tangentengleichung in P_1

Beispiel 3.2.29:

Gegeben ist die folgende Relation p.V = c. Bestimmen Sie die 1. Ableitung von p nach V (p = f(V)):

$p \cdot V = c$ implizite Gleichung

$p' \cdot V + p = 0$ $p' = \frac{-p}{V}$ **p' = f(p,V)**

Setzen wir p = c/V ein, dann folgt: $p' = \frac{-c}{V^2}$ **p' = f(V)**

Ableitungen der Umkehrfunktionen:

Beispiel:

y = 2 x +3 **y = f(x) explizite Funktionsgleichung**
y' = 2 **y' = f (x)'**

x = 1/2 y - 3/2 **$x = f_u(y)$ Umkehrfunktion von y = f(x)**
(x = 1/2 y - 3/2)' ⇒ **1 = 1/2 y' implizite Differentiation**

Für die Ableitung der Umkehrfunktion gilt demnach:

$$(x = f_u(y))' \Rightarrow 1 = f_u'(y) \cdot y' \qquad (3\text{-}25)$$

$$f(x)' = \frac{1}{(f_u(y))'} \quad \text{bzw.} \quad \frac{d}{dx}y = \frac{1}{\frac{d}{dy}x} \qquad (3\text{-}26)$$

Beispiel 3.2.30:

Bilden Sie die 1. Ableitung der folgenden Funktionen:

(1) $y = \sqrt{x}$ $\quad x = y^2$ $\quad$ Funktion und Umkehrfunktion

a) $y' = \dfrac{1}{2 \cdot \sqrt{x}}$

b) $x = y^2$ $\quad 1 = 2 \cdot y \cdot y'$ $\quad$ implizite Ableitung $\quad y' = \dfrac{1}{2 \cdot y} = \dfrac{1}{2 \cdot \sqrt{x}}$

(2) $y = x^2$ $\quad x = \sqrt{y}$ bzw. $x = -\sqrt{y}$ $\quad$ Funktion und Umkehrfunktion

a) $y' = 2 \cdot x$

b) $x = \sqrt{y}$ $\quad 1 = \dfrac{1}{2 \cdot \sqrt{y}} \cdot y'$ $\quad$ implizite Ableitung $\quad y' = 2 \cdot \sqrt{y} = 2 \cdot x$

(3) $y = (x - 5)^2$ $\quad x = 5 + \sqrt{y}$ bzw. $x = 5 - \sqrt{y}$ $\quad$ Funktion und Umkehrfunktion

a) $y' = 2 \cdot (x - 5)$

b) $x = 5 + \sqrt{y}$ $\quad 1 = \dfrac{1}{2 \cdot \sqrt{y}} \cdot y'$ $\quad$ implizite Ableitung $\quad y' = 2 \cdot \sqrt{y} = 2 \cdot (x - 5)$

(4) $s = \dfrac{g}{2} \cdot t^2$ $\quad t = \sqrt{\dfrac{2 \cdot s}{g}}$ bzw. $t = -\sqrt{\dfrac{2 \cdot s}{g}}$ $\quad$ Funktion und Umkehrfunktion

a) $s' = g \cdot t$

b) $t = \sqrt{\dfrac{2 \cdot s}{g}}$ $\quad 1 = \dfrac{\frac{2}{g}}{2 \cdot \sqrt{\frac{2 \cdot s}{g}}} \cdot s'$ $\quad$ implizite Ableitung $\quad s' = g \cdot \sqrt{\dfrac{2 \cdot s}{g}} = g \cdot t$

(5) $x \cdot y^2 = 1$ $\quad y = \sqrt{\dfrac{1}{x}} = x^{\frac{-1}{2}}$ bzw. $y = -\sqrt{\dfrac{1}{x}}$ $\quad$ implizite und explizite Darstellung der Funktion

a) $y' = \dfrac{-1}{2} \cdot x^{\frac{-3}{2}}$

b) $1 \cdot y^2 + 2 \cdot y \cdot y' \cdot x = 0$ $\quad$ hat als Lösung(en) $\quad -\dfrac{y}{2 \cdot x}$

$$y' = -\frac{y}{2 \cdot x} = -\frac{1}{2} \cdot \frac{x^{\frac{-1}{2}}}{x} = \frac{-1}{2} \cdot x^{\frac{-3}{2}}$$

3.2.8 Ableitung der Exponential- und Logarithmusfunktion

Exponentialfunktion:

f: $y = a^x$, $D \subseteq \mathbb{R}$ und $W \subseteq \mathbb{R}^+$, $a \in \mathbb{R}^+ \setminus \{1\}$

$$y'(x) = \frac{d}{dx}a^x = a^x \cdot \ln(a),\ D' \subseteq \mathbb{R} \text{ und } W' \subseteq \mathbb{R}^+,\ a \in \mathbb{R}^+ \setminus \{1\} \qquad \textbf{(3-27)}$$

Sonderfälle:

$y = e^x$ **$y = 10^x$** **$y = 2^x$**

$$y'(x) = e^x \qquad y'(x) = 10^x \cdot \ln(10) \qquad y'(x) = 2^x \cdot \ln(2) \qquad \textbf{(3-28)}$$

Logarithmusfunktion:

f: $y = \log_a(x) = \ln(x)/\ln(a)$, $D \subseteq \mathbb{R}^+$ und $W \subseteq \mathbb{R}$, $a \in \mathbb{R}^+ \setminus \{1\}$

$$y = \log_a(x) = \frac{\ln(x)}{\ln(a)} = \frac{\lg(x)}{\lg(a)} = \frac{\text{lb}(x)}{\text{lb}(a)} \qquad \textbf{(3-29)}$$

$$y'(x) = \frac{d}{dx}\log_a(x) = \frac{1}{\ln(a)} \cdot \frac{1}{x},\ D' \subseteq \mathbb{R} \setminus \{0\} \text{ und } W' \subseteq \mathbb{R} \setminus \{0\},\ a \in \mathbb{R}^+ \setminus \{1\} \qquad \textbf{(3-30)}$$

Sonderfälle:

$y = \ln(x)$ **$y = \lg(x)$** **$y = \text{lb}(x)$**

$$y'(x) = \frac{1}{x} \qquad y'(x) = \frac{1}{\ln(10)} \cdot \frac{1}{x} \qquad y'(x) = \frac{1}{\ln(2)} \cdot \frac{1}{x} \qquad \textbf{(3-31)}$$

Beispiel 3.2.31:

Bilden Sie die 1. Ableitung händisch und mithilfe von Mathcad der folgenden Funktionen:

(1) $y = 3 \cdot e^x$ $\quad y'(x) = 3 \cdot e^x$

$y'(x) = \frac{d}{dx}\left(3 \cdot e^x\right)$ vereinfacht auf $y'(x) = 3 \cdot e^x$

(2) $y = 1 - 2 \cdot e^x$ $\quad y'(x) = -2 \cdot e^x$

$y'(x) = \frac{d}{dx}\left(1 - 2 \cdot e^x\right)$ vereinfacht auf $y'(x) = -2 \cdot e^x$

(3) $y = e^x + 2 \cdot x$ $\quad y'(x) = e^x + 2$

$y'(x) = \frac{d}{dx}\left(e^x + 2 \cdot x\right)$ vereinfacht auf $y'(x) = e^x + 2$

(4) $y = c \cdot e^{\lambda \cdot x}$ $\quad y'(x) = c \cdot \lambda \cdot e^{\lambda \cdot x}$

$y'(x) = \frac{d}{dx}\left(c \cdot e^{\lambda \cdot x}\right)$ vereinfacht auf $y'(x) = \lambda \cdot c \cdot e^{\lambda \cdot x}$

(5) $y = e^{5 \cdot x}$ $\quad y'(x) = 5 \cdot e^{5 \cdot x}$

$y'(x) = \frac{d}{dx} e^{5 \cdot x}$ vereinfacht auf $y'(x) = 5 \cdot e^{5 \cdot x}$

(6) $y = e^{-2 \cdot x}$ $\quad y'(x) = -2 \cdot e^{-2 \cdot x}$

$y'(x) = \frac{d}{dx} e^{-2 \cdot x}$ vereinfacht auf $y'(x) = -2 \cdot e^{-2 \cdot x}$

(7) $y = e^{3 \cdot x} - 3 \cdot e^{-x}$ $\quad y'(x) = 3 \cdot e^{3 \cdot x} + 3 \cdot e^{-x}$

$y'(x) = \frac{d}{dx}\left(e^{3 \cdot x} - 3 \cdot e^{-x}\right)$ vereinfacht auf $y'(x) = 3 \cdot e^{-x} + 3 \cdot e^{3 \cdot x}$

(8) $y = e^{x^2}$ $\quad y'(x) = 2 \cdot x \cdot e^{x^2}$

$y'(x) = \frac{d}{dx} e^{x^2}$ vereinfacht auf $y'(x) = 2 \cdot x \cdot e^{x^2}$

$\ln(y) = x^2 \cdot \ln(e)$ $\quad \frac{1}{y} \cdot y' = 2 \cdot x$ **Implizite Differentiation nach dem Logarithmieren!**

(9) $y = e^{\frac{-x^2}{2}} + 2 \cdot x \cdot e^{\frac{x^2}{2}}$ $\quad y'(x) = -x \cdot e^{\frac{-x^2}{2}} + 2 \cdot e^{\frac{x^2}{2}} + x \cdot e^{\frac{x^2}{2}} \cdot 2 \cdot x$

$y'(x) = \frac{d}{dx}\left(e^{\frac{-x^2}{2}} + 2 \cdot x \cdot e^{\frac{x^2}{2}}\right)$ vereinfacht auf $y'(x) = 4 \cdot x \cdot e^{\frac{x^2}{2}} \cdot \left(\frac{x}{2} + \frac{1}{2 \cdot x}\right) - x \cdot e^{-\frac{x^2}{2}}$

(10) $y = \left(\frac{1}{2}\right)^x$ $\quad y'(x) = \left(\frac{1}{2}\right)^x \cdot \ln\left(\frac{1}{2}\right)$

$y'(x) = \frac{d}{dx}\left(\frac{1}{2}\right)^x$ vereinfacht auf $y'(x) = -\frac{\ln(2)}{2^x}$

(11) $y = x^2 \cdot 3^x$ $\quad y'(x) = 2 \cdot x \cdot 3^x + 3^x \cdot \ln(3) \cdot x^2$

$y'(x) = \frac{d}{dx}\left(x^2 \cdot 3^x\right)$ vereinfacht auf $y'(x) = 3^x \cdot x \cdot (x \cdot \ln(3) + 2)$

Beispiel 3.2.32:

Berechnen Sie die Zerfallsgeschwindigkeit beim radioaktiven Zerfall.

$N(t) = N_0 \cdot e^{-\lambda \cdot t} = N_0 \cdot e^{\frac{-t}{\tau}}$ Zerfallsgesetz

Zerfallsgeschwindigkeit:

$N(t) = N_0 \cdot e^{-\lambda \cdot t}$ $\frac{d}{dt}N(t) = \frac{d}{dt}\left(N_0 \cdot e^{-\lambda \cdot t}\right)$ vereinfacht auf $\frac{d}{dt}N(t) = -N_0 \cdot \lambda \cdot e^{-\lambda \cdot t}$

$\lambda := 0.0002 \cdot s^{-1}$ Zerfallskonstante

$N_0 := 1000$ Anzahl der Kerne zur Zeit t = 0 s

$N(t) := N_0 \cdot e^{-\lambda \cdot t}$ $v_N(t) := -N_0 \cdot \lambda \cdot e^{-\lambda \cdot t}$ Zerfallsgesetz und Zerfallsgeschwindigkeit

$t := 0 \cdot min, 0.01 \cdot min .. 500 \cdot min$ Bereichsvariable

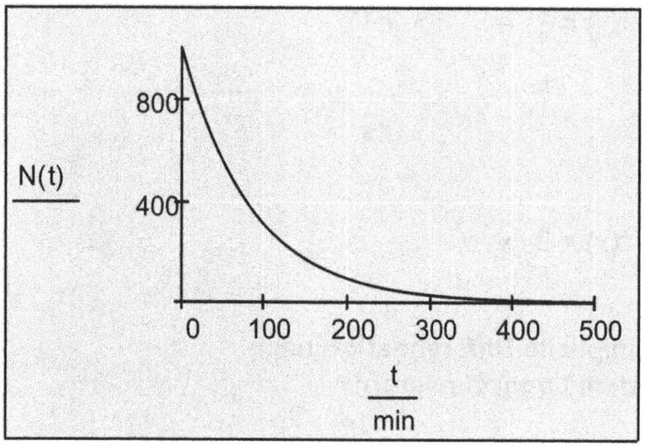

Abb. 3.2.6

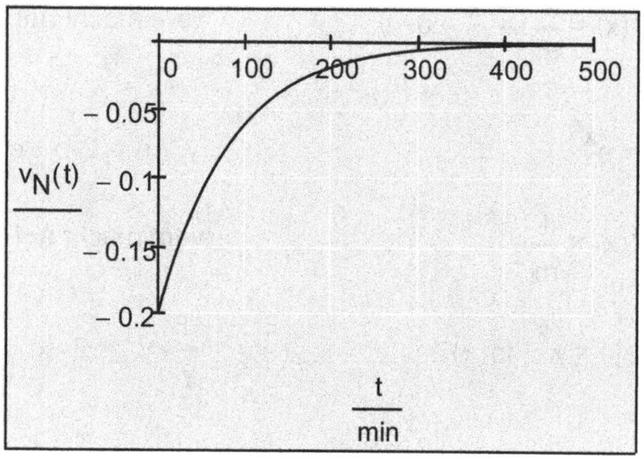

Abb. 3.2.7

Beispiel 3.2.33:

Berechnen Sie die Abkühlungsgeschwindigkeit eines Körpers der Anfangstemperatur ϑ_a und der Umgebungstemperatur ϑ_u (konstant).

$\vartheta = \left(\vartheta_a - \vartheta_u\right) \cdot e^{\frac{-t}{\tau}} + \vartheta_u$ Abkühlungsgesetz von Newton

$\vartheta(t) = \left(\vartheta_a - \vartheta_u\right) \cdot e^{\frac{-t}{\tau}} + \vartheta_u$ $\frac{d}{dt}\vartheta(t) = \frac{d}{dt}\left[\left(\vartheta_a - \vartheta_u\right) \cdot e^{\frac{-t}{\tau}} + \vartheta_u\right]$ vereinfacht auf $\frac{d}{dt}\vartheta(t) = -\frac{e^{-\frac{t}{\tau}} \cdot \left(\vartheta_a - \vartheta_u\right)}{\tau}$

$\frac{d}{dt}\vartheta(0) = -\frac{e^{-\frac{0}{\tau}} \cdot \left(\vartheta_a - \vartheta_u\right)}{\tau} = k = \frac{-\left(\vartheta_a - \vartheta_u\right)}{\tau}$ Steigung der Anlauftangente

$\vartheta_T(t) = \frac{-\left(\vartheta_a - \vartheta_u\right)}{\tau} \cdot t + \vartheta_a$ Tangentengleichung

$0 = \frac{-\left(\vartheta_a - \vartheta_u\right)}{\tau} \cdot t + \vartheta_a$ hat als Lösung(en) $\frac{\tau \cdot \vartheta_a}{\vartheta_a - \vartheta_u}$ Schnittstelle mit der t-Achse

$\vartheta_u = \vartheta_T(t)$ Gleichung zur Bestimmung der Schnittstelle der Tangente und ϑ_u-Geraden

$\vartheta_u = \frac{-(\vartheta_a - \vartheta_u)}{\tau} \cdot t + \vartheta_a$ hat als Lösung(en) τ Schnittstelle mit der ϑ_u-Geraden

$\tau := 0.2 \cdot \text{min}$ Zeitkonstante

$°C := 1$ Grad-Definition

$\vartheta_a := 100 \cdot °C$ Anfangstemperatur

$\vartheta_u := 25 \cdot °C$ Umgebungstemperatur

$\vartheta(t) := (\vartheta_a - \vartheta_u) \cdot e^{\frac{-t}{\tau}} + \vartheta_u$ Abkühlungsgesetz

$\vartheta_T(t) := \frac{-(\vartheta_a - \vartheta_u)}{\tau} \cdot t + \vartheta_a$ Tangentengleichung

$t_a := \frac{\tau \cdot \vartheta_a}{\vartheta_a - \vartheta_u}$ Schnittstelle mit der t-Achse

$v_\vartheta(t) := -\frac{e^{-\frac{t}{\tau}} \cdot (\vartheta_a - \vartheta_u)}{\tau}$ Abkühlungsgeschwindigkeit

$t := 0 \cdot \text{min}, 0.001 \cdot \text{min} .. 1 \cdot \text{min}$ Bereichsvariable

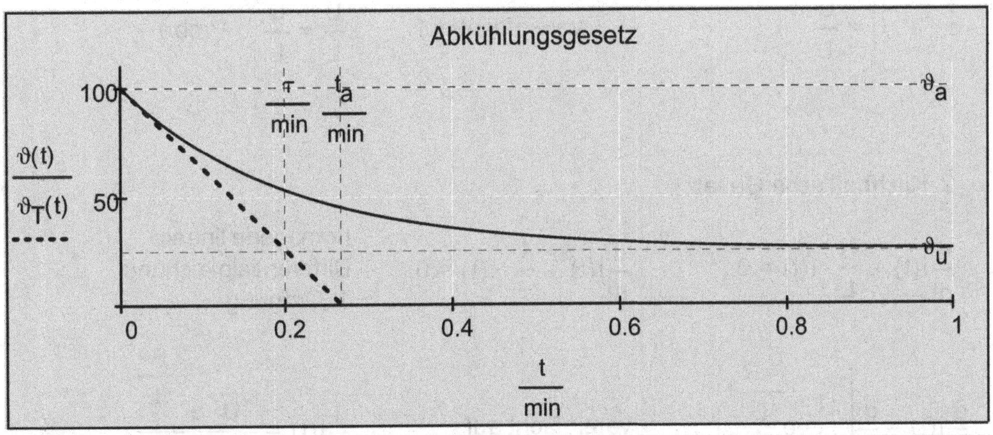

Abb. 3.2.8

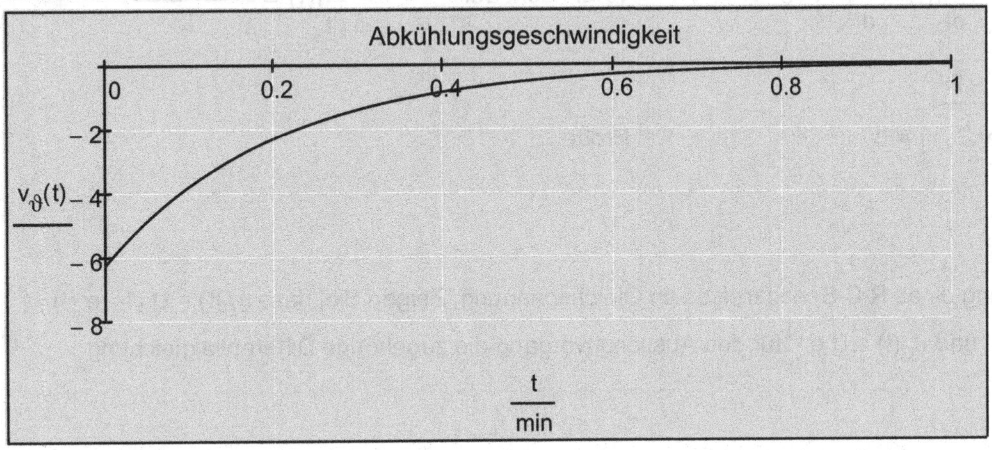

Abb. 3.2.9

Beispiel 3.2.34:

Ein- und Ausschaltvorgang eines R-L-Serienkreises an Gleichspannung. Zeigen Sie, dass $i(t) = I\,(1 - e^{-t/\tau})$ für den Einschaltvorgang und $i(t) = I\,e^{-t/\tau}$ für den Ausschaltvorgang die zugehörige Differentialgleichung erfüllt.

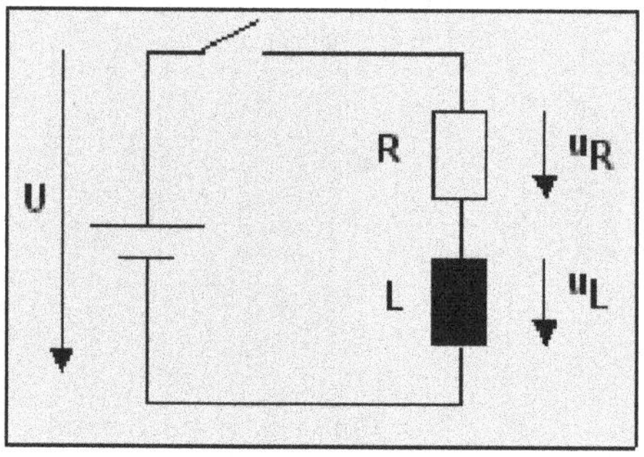

Abb. 3.2.10

$u_R(t) = i(t)\cdot R$ Spannung am Widerstand

$u_L(t) = L\cdot\frac{d}{dt}i(t)$ Spannung an der Spule

$\tau = \frac{L}{R}$ Zeitkonstante

Einschaltvorgang:

$U = u_R(t) + u_L(t)$ 2. Kirchhoff'sche Gesetz

$U = i(t)\cdot R + L\cdot\frac{d}{dt}i(t)$ $\quad \frac{d}{dt}i(t) + \frac{R}{L}\cdot i(t) = \frac{U}{L}$ $\quad \frac{d}{dt}i(t) + \frac{1}{\tau}\cdot i(t) = \frac{U}{L}$ inhomogene lineare Differentialgleichung 1. Ordnung

$i(t) = \frac{U}{R}\cdot\left(1 - e^{\frac{-R}{L}\cdot t}\right)$ $\quad \frac{d}{dt}i(t) = \frac{d}{dt}\left[\frac{U}{R}\cdot\left(1 - e^{\frac{-R}{L}\cdot t}\right)\right]$ vereinfacht auf $\frac{d}{dt}i(t) = \frac{U\cdot e^{-\frac{R\cdot t}{L}}}{L}$

$\frac{U\cdot e^{-\frac{R\cdot t}{L}}}{L} + \frac{R}{L}\cdot\left[\frac{U}{R}\cdot\left(1 - e^{\frac{-R}{L}\cdot t}\right)\right] = \frac{U}{L}$ vereinfacht auf $\frac{U}{L} = \frac{U}{L}$ Probe

Ausschaltvorgang:

$0 = u_R(t) + u_L(t)$ 2. Kirchhoff'sche Gesetz

$0 = i(t)\cdot R + L\cdot\frac{d}{dt}i(t)$ $\quad \frac{d}{dt}i(t) + \frac{R}{L}\cdot i(t) = 0$ $\quad \frac{d}{dt}i(t) + \frac{1}{\tau}\cdot i(t) = 0$ homogene lineare Differentialgleichung 1. Ordnung

$i(t) = \frac{U}{R}\cdot e^{\frac{-R}{L}\cdot t}$ $\quad \frac{d}{dt}i(t) = \frac{d}{dt}\left(\frac{U}{R}\cdot e^{\frac{-R}{L}\cdot t}\right)$ vereinfacht auf $\frac{d}{dt}i(t) = -\frac{U\cdot e^{-\frac{R\cdot t}{L}}}{L}$

$-\frac{U\cdot e^{-\frac{R\cdot t}{L}}}{L} + \frac{R}{L}\cdot\left(\frac{U}{R}\cdot e^{\frac{-R}{L}\cdot t}\right) = 0$ Probe

Beispiel 3.2.35:

Ein- und Ausschaltvorgang eines R-C-Serienkreises an Gleichspannung. Zeigen Sie, dass $u_C(t) = U\,(1 - e^{-t/\tau})$ für den Einschaltvorgang und $u_C(t) = U\,e^{-t/\tau}$ für den Ausschaltvorgang die zugehörige Differentialgleichung erfüllt.

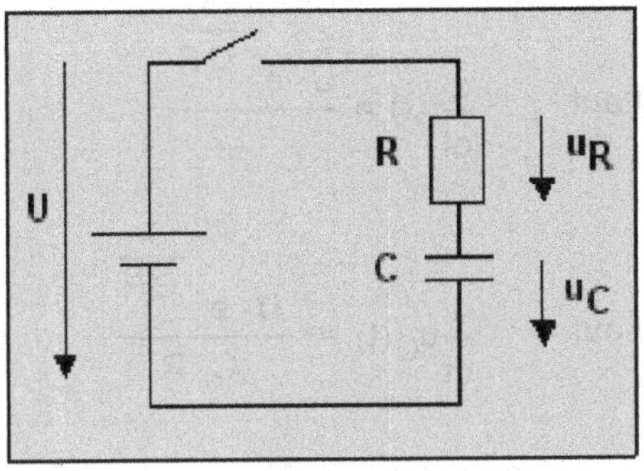

Abb. 3.2.11

$u_R = i(t) \cdot R$ Spannung am Ohm'schen Widerstand

$u_C(t) = \frac{1}{C} \cdot \int i(t)\,dt$ Spannung am Kondensator

$i(t) = C \cdot \frac{d}{dt} u_c(t)$ Strom im Stromkreis

$\tau = R \cdot C$ Zeitkonstante

Einschaltvorgang:

$U = u_R(t) + u_C(t)$ 2. Kirchhoff'sche Gesetz

$U = i(t) \cdot R + \frac{1}{C} \cdot \int i(t)\,dt$ **/d/dt** $0 = R \cdot \frac{d}{dt} i(t) + \frac{1}{C} i(t)$ bzw. $\frac{d}{dt} i(t) + \frac{1}{R \cdot C} \cdot i(t) = 0$ homogene lineare Differentialgleichung 1. Ordnung

$U = R \cdot C \cdot \frac{d}{dt} u_C(t) + u_C(t)$ $\frac{d}{dt} u_C(t) + \frac{1}{R \cdot C} \cdot u_C(t) = \frac{U}{R \cdot C}$ inhomogene lineare Differentialgleichung 1. Ordnung

$i(t) = \frac{U}{R} \cdot e^{\frac{-t}{R \cdot C}}$ $\frac{d}{dt} i(t) = \frac{d}{dt}\left(\frac{U}{R} \cdot e^{\frac{-t}{R \cdot C}}\right)$ vereinfacht auf $\frac{d}{dt} i(t) = -\frac{U \cdot e^{-\frac{t}{C \cdot R}}}{C \cdot R^2}$

$u_c(t) = U \cdot \left(1 - e^{\frac{-t}{R \cdot C}}\right)$ $\frac{d}{dt} u_c(t) = \frac{d}{dt}\left[U \cdot \left(1 - e^{\frac{-t}{R \cdot C}}\right)\right]$ vereinfacht auf $\frac{d}{dt} u_c(t) = \frac{U \cdot e^{-\frac{t}{C \cdot R}}}{C \cdot R}$

$0 = R \cdot \frac{-U \cdot e^{-\frac{t}{C \cdot R}}}{C \cdot R^2} + \frac{1}{C}\left(\frac{U}{R} \cdot e^{\frac{-t}{R \cdot C}}\right) = 0$ Probe

$\frac{U \cdot e^{-\frac{t}{C \cdot R}}}{C \cdot R} + \frac{1}{R \cdot C} \cdot U \cdot \left(1 - e^{\frac{-t}{R \cdot C}}\right) = \frac{U}{R \cdot C}$ vereinfacht auf $\frac{U}{R \cdot C} = \frac{U}{R \cdot C}$ Probe

Ausschaltvorgang:

$0 = u_R(t) + u_C(t)$ 2. Kirchhoff'sche Gesetz

$0 = i(t) \cdot R + \frac{1}{C} \cdot \int i(t)\,dt$ **/d/dt** $0 = R \cdot \frac{d}{dt} i(t) + \frac{1}{C} i(t)$ bzw. $\frac{d}{dt} i(t) + \frac{1}{R \cdot C} \cdot i(t) = 0$ homogene lineare Differentialgleichung 1. Ordnung

$0 = R \cdot C \cdot \frac{d}{dt} u_C(t) + u_C(t)$ $\frac{d}{dt} u_C(t) + \frac{1}{R \cdot C} \cdot u_C(t) = 0$ homogene lineare Differentialgleichung 1. Ordnung

$i(t) = -\frac{U}{R} \cdot e^{\frac{-t}{R \cdot C}}$ $u_C(t) = U \cdot e^{\frac{-t}{R \cdot C}}$

$i(t) = -\frac{U}{R} \cdot e^{\frac{-t}{R \cdot C}}$ $\quad \frac{d}{dt} i(t) = \frac{d}{dt}\left(-\frac{U}{R} \cdot e^{\frac{-t}{R \cdot C}}\right)$ vereinfacht auf $\frac{d}{dt} i(t) = \frac{U \cdot e^{-\frac{t}{C \cdot R}}}{C \cdot R^2}$

$u_C(t) = U \cdot e^{\frac{-t}{R \cdot C}}$ $\quad \frac{d}{dt} u_C(t) = \frac{d}{dt}\left(U \cdot e^{\frac{-t}{R \cdot C}}\right)$ vereinfacht auf $\frac{d}{dt} u_C(t) = -\frac{U \cdot e^{-\frac{t}{C \cdot R}}}{C \cdot R}$

$\frac{U \cdot e^{-\frac{t}{C \cdot R}}}{C \cdot R^2} + \frac{1}{R \cdot C} \cdot \left(-\frac{U}{R} \cdot e^{\frac{-t}{R \cdot C}}\right) = 0$ Probe

$-\frac{U \cdot e^{-\frac{t}{C \cdot R}}}{C \cdot R} + \frac{1}{R \cdot C} \cdot \left(U \cdot \exp\left(\frac{-t}{R \cdot C}\right)\right) = 0$ Probe

Beispiel 3.2.36:

Bilden Sie die 1. Ableitung der folgenden Funktionen händisch und mithilfe von Mathcad:

(1) $y = 3 \cdot \ln(x)$ $\quad y'(x) = 3 \cdot \frac{1}{x}$

$y'(x) = \frac{d}{dx}(3 \cdot \ln(x))$ vereinfacht auf $y'(x) = \frac{3}{x}$

(2) $y = x \cdot \ln(x)$ $\quad y'(x) = 1 \cdot \ln(x) + \frac{1}{x} \cdot x$

$y'(x) = \frac{d}{dx}(x \cdot \ln(x))$ vereinfacht auf $y'(x) = \ln(x) + 1$

(3) $y = \frac{\ln(x)}{x}$ $\quad y'(x) = \frac{\frac{1}{x} \cdot x - 1 \cdot \ln(x)}{x^2}$

$y'(x) = \frac{d}{dx} \frac{\ln(x)}{x}$ vereinfacht auf $y'(x) = -\frac{\ln(x) - 1}{x^2}$

(4) $y = \ln\left(x^2\right)$ $\quad y'(x) = \frac{1}{x^2} \cdot 2 \cdot x$

$y'(x) = \frac{d}{dx} \ln\left(x^2\right)$ vereinfacht auf $y'(x) = \frac{2}{x}$

(5) $y = \ln(x)^2$ $\quad y'(x) = 2 \cdot (\ln(x)) \cdot \frac{1}{x}$

$y'(x) = \frac{d}{dx} \ln(x)^2$ vereinfacht auf $y'(x) = \frac{2 \cdot \ln(x)}{x}$

(6) $y = \ln\left(x + \sqrt{x^2 + 1}\right)$ $\qquad y'(x) = \frac{1}{x + \sqrt{x^2 + 1}} \cdot \left[1 + \frac{1}{2} \cdot \left(x^2 + 1\right)^{\frac{-1}{2}} \cdot 2 \cdot x\right]$

$y'(x) = \frac{d}{dx}\ln\left(x + \sqrt{x^2 + 1}\right)$ vereinfacht auf $y'(x) = \left(x^2 + 1\right)^{\frac{-1}{2}}$

<u>Beispiel 3.2.37:</u>

Bilden Sie die 1. Ableitung der folgenden Funktionen über die Umkehrfunktion bzw. durch Logarithmieren händisch:

(1) $y = e^x$ $\qquad x = \ln(y(x))$ $\qquad$ implizite Ableitung $\qquad 1 = \frac{\frac{d}{dx}y(x)}{y(x)}$ $\qquad y'(x) = 1 \cdot y(x) = e^x$

(2) $y = a^x$ $\qquad \ln(y(x)) = x \cdot \ln(a)$ $\qquad$ implizite Ableitung $\qquad \frac{\frac{d}{dx}y(x)}{y(x)} = \ln(a)$

$y'(x) = \ln(a) \cdot y(x) = \ln(a) \cdot a^x$

(3) $y = \ln(x)$ $\qquad e^{y(x)} = x$ $\qquad$ implizite Ableitung $\qquad \frac{d}{dx}y(x) \cdot e^{y(x)} = 1$

$y'(x) = \frac{1}{e^{y(x)}} = \frac{1}{x}$

(4) $y = \log_a(x)$ $\qquad a^{y(x)} = x$ $\qquad a^{y(x)} \cdot \frac{d}{dx}y(x) \cdot \ln(a) = 1$

$y'(x) = \frac{1}{\ln(a)} \cdot \frac{1}{a^{y(x)}} = \frac{1}{\ln(a)} \cdot \frac{1}{x}$

(5) $y = u(x) \cdot v(x)$ $\qquad \ln(y(x)) = \ln(u(x)) + \ln(v(x))$ $\qquad$ implizite Ableitung

$$\frac{\frac{d}{dx}y(x)}{y(x)} = \frac{\frac{d}{dx}u(x)}{u(x)} + \frac{\frac{d}{dx}v(x)}{v(x)} \quad \Rightarrow$$

$$y'(x) = u(x) \cdot v(x) \cdot \left(\frac{\frac{d}{dx}u(x)}{u(x)} + \frac{\frac{d}{dx}v(x)}{v(x)}\right) = u'(x) \cdot v(x) + v'(x) \cdot u(x)$$

Produktregel

(6) $y = u(x)^{v(x)}$

$\ln(y(x)) = v(x) \cdot \ln(u(x))$

implizite Ableitung

$$\frac{\frac{d}{dx}y(x)}{y(x)} = \frac{d}{dx}v(x) \cdot \ln(u(x)) + v(x) \cdot \frac{\frac{d}{dx}u(x)}{u(x)} \quad \Rightarrow$$

$$y'(x) = u(x)^{v(x)} \cdot \left(v'(x) \cdot \ln(u(x)) + u'(x) \cdot \frac{v(x)}{u(x)}\right)$$

(7) $y = (a + b \cdot x)^{\frac{1}{x}}$

$\ln(y(x)) = \frac{1}{x} \cdot \ln(a + b \cdot x)$

implizite Ableitung

$$\frac{\frac{d}{dx}y(x)}{y(x)} = \frac{-1}{x^2} \cdot \ln(a + b \cdot x) + \frac{1}{x} \cdot \frac{b}{a + b \cdot x} \quad \Rightarrow$$

$$y'(x) = (a + b \cdot x)^{\frac{1}{x}} \cdot \left(\frac{-1}{x^2} \cdot \ln(a + b \cdot x) + \frac{1}{x} \cdot \frac{b}{a + b \cdot x}\right)$$

(8) $y = a^{-c \cdot x}$

$\ln(y(x)) = -c \cdot x \cdot \ln(a)$

implizite Ableitung

$$\frac{\frac{d}{dx}y(x)}{y(x)} = -c \cdot \ln(a) \quad \Rightarrow$$

$$y'(x) = -c \cdot \ln(a) \cdot a^{-c x}$$

(9) $s = c_p \cdot \ln(T) + C$ Entropie bei isobarer Zustandsänderung

Ges.: T(s) und dT/ds?

$$\ln(T) = \frac{s - C}{c_p} \quad \Rightarrow \quad T(s) = e^{\frac{s-C}{c_p}}$$

$$T(s) = e^{\frac{s-C}{c_p}} \qquad \frac{d}{ds}T(s) = \frac{1}{c_p} \cdot e^{\left(\frac{s-C}{c_p}\right)}$$

3.2.9 Ableitung von Kreis- und Arkusfunktionen

Ableitungen der Kreisfunktionen:

Sinusfunktion: f: y = sin(x), D = ℝ und W = [-1 , +1].

$$y'(x) = \frac{d}{dx}\sin(x) = \cos(x), \quad D' = \mathbb{R} \text{ und } W' = [-1\,,+1] \tag{3-32}$$

Kosinusfunktion: f: y = cos(x), D = ℝ und W = [-1 , +1].

$$y'(x) = \frac{d}{dx}\cos(x) = -\sin(x), \quad D' = \mathbb{R} \text{ und } W' = [-1\,,+1] \tag{3-33}$$

Tangensfunktion: f: y = tan(x) = sin(x)/cos(x), D = ℝ \ {(2k+1) π/2} und W = ℝ.

$$y'(x) = \frac{d}{dx}\tan(x) = \frac{1}{(\cos(x))^2} = 1 + (\tan(x))^2, \quad D' = \mathbb{R} \setminus \{(2k+1)\,\pi/2\} \text{ und } W' = \mathbb{R} \tag{3-34}$$

Kotangensfunktion: f: y = cot(x) = cos(x)/sin(x), D = ℝ \ {k π} und W = ℝ.

$$y'(x) = \frac{d}{dx}\cot(x) = -\frac{1}{(\sin(x))^2} = -\left[1 + (\cot(x))^2\right], \quad D' = \mathbb{R} \setminus \{k\,\pi\} \text{ und } W' = \mathbb{R} \tag{3-35}$$

Ableitungen der Arkusfunktionen:

Arkussinusfunktion: f: y = arcsin(x), D = [-1 , +1] und W = [-π/2 , +π/2] usw.

$$y'(x) = \frac{d}{dx}\arcsin(x) = \frac{1}{\sqrt{1-x^2}}, \quad D' =]-1\,,+1[\tag{3-36}$$

Arkuskosinusfunktion: f: y = arccos(x), D = [-1 , +1] und W = [0 , π] usw.

$$y'(x) = \frac{d}{dx}\arccos(x) = -\frac{1}{\sqrt{1-x^2}}, \quad D' =]-1\,,+1[\tag{3-37}$$

Arkustangensfunktion: f: y = arctan(x), D = ℝ und W =]-π/2 , +π/2[usw.

$$y'(x) = \frac{d}{dx}\arctan(x) = \frac{1}{1+x^2}, \quad D' = \mathbb{R} \tag{3-38}$$

Arkuskotangensfunktion: f: y = arccot(x), D = ℝ und W =]0 , π[usw.

$$y'(x) = \frac{d}{dx}\operatorname{arccot}(x) = -\frac{1}{1+x^2}, \quad D' = \mathbb{R} \tag{3-39}$$

Beispiel 3.2.38:

Bilden Sie die 1. Ableitung der folgenden Funktionen händisch und mithilfe von Mathcad:

(1) $y = a \cdot \sin(x)$ $\quad y'(x) = a \cdot \cos(x)$

$y'(x) = \frac{d}{dx}(a \cdot \sin(x))$ vereinfacht auf $y'(x) = a \cdot \cos(x)$

(2) $y = \sin(a \cdot x)$ $\quad y'(x) = a \cdot \cos(a \cdot x)$

$y'(x) = \frac{d}{dx}\sin(a \cdot x)$ vereinfacht auf $y'(x) = a \cdot \cos(a \cdot x)$

(3) $y = \sin(2 \cdot x - c)$ $\quad y'(x) = 2 \cdot \cos(2 \cdot x - c)$

$y'(x) = \frac{d}{dx}\sin(2 \cdot x - c)$ vereinfacht auf $y'(x) = 2 \cdot \cos(2 \cdot x - c)$

(4) $y = r \cdot \sin(\omega \cdot t + \varphi)$ $\quad y'(t) = r \cdot \omega \cdot \cos(\omega \cdot t + \varphi)$

$y'(t) = \frac{d}{dt}(r \cdot \sin(\omega \cdot t + \varphi))$ vereinfacht auf $y'(t) = \omega \cdot r \cdot \cos(\varphi + \omega \cdot t)$

(5) $y = c \cdot \sin\left(\frac{x}{c}\right)$ $\quad y'(x) = \cos\left(\frac{x}{c}\right)$

$y'(x) = \frac{d}{dx}\left(c \cdot \sin\left(\frac{x}{c}\right)\right)$ vereinfacht auf $y'(x) = \cos\left(\frac{x}{c}\right)$

(6) $y = \cos\left(\frac{x}{2}\right)$ $\quad y'(x) = \frac{-1}{2}\sin\left(\frac{x}{2}\right)$

$y'(x) = \frac{d}{dx}\cos\left(\frac{x}{2}\right)$ vereinfacht auf $y'(x) = -\frac{\sin\left(\frac{x}{2}\right)}{2}$

(7) $y = \cos(4 \cdot x - 1)$ $\quad y'(x) = -4\sin(4 \cdot x - 1)$

$y'(x) = \frac{d}{dx}\cos(4 \cdot x - 1)$ vereinfacht auf $y'(x) = -4 \cdot \sin(4 \cdot x - 1)$

(8) $y = r \cdot \cos(\omega \cdot t + \varphi)$ $\quad y'(t) = -r \cdot \omega\sin(\omega \cdot t + \varphi)$

$y'(t) = \frac{d}{dt}(r \cdot \cos(\omega \cdot t + \varphi))$ vereinfacht auf $y'(t) = -\omega \cdot r \cdot \sin(\varphi + \omega \cdot t)$

(9) $y = \cos(c \cdot x)^2$ $\quad y'(x) = 2 \cdot \cos(c \cdot x) \cdot (-1) \cdot \sin(c \cdot x) \cdot c = -c \cdot \sin(2 \cdot c \cdot x)$

$y'(x) = \frac{d}{dx}\cos(c \cdot x)^2$ vereinfacht auf $y'(x) = -c \cdot \sin(2 \cdot c \cdot x)$

(10) $y = x^2 \cdot \cos(x)$ $\qquad y'(x) = 2 \cdot x \cdot \cos(x) - \sin(x) \cdot x^2$

$y'(x) = \frac{d}{dx}\left(x^2 \cdot \cos(x)\right)$ vereinfacht auf $y'(x) = 2 \cdot x \cdot \cos(x) - x^2 \cdot \sin(x)$

(11) $y = \cos(x) \cdot \sin(x)$ $\qquad y'(x) = -\sin(x) \cdot \sin(x) + \cos(x) \cdot \cos(x)$

$y'(x) = \frac{d}{dx}(\cos(x) \cdot \sin(x))$ vereinfacht auf $y'(x) = \cos(2 \cdot x)$

(12) $y = \frac{1}{\cos(x)}$ $\qquad y'(x) = \frac{\sin(x)}{\cos(x)^2}$

$y'(x) = \frac{d}{dx}\frac{1}{\cos(x)}$ vereinfacht auf $y'(x) = -\frac{\sin(x)}{\sin(x)^2 - 1}$

(13) $y = \frac{\sin(x) + \cos(x)}{\sin(x) - 1}$ $\qquad y'(x) = \frac{(\cos(x) - \sin(x)) \cdot (\sin(x) - 1) - \cos(x) \cdot (\sin(x) + \cos(x))}{(\sin(x) - 1)^2}$

$y'(x) = \frac{d}{dx}\frac{\sin(x) + \cos(x)}{\sin(x) - 1}$ vereinfacht auf $y'(x) = \frac{2 \cdot \sin\left(\frac{x}{2}\right)^2 + \sin(x) - 2}{\sin(x)^2 - 2 \cdot \sin(x) + 1}$

(14) $y = x \cdot \tan(x)$ $\qquad y'(x) = 1 \cdot \tan(x) + \frac{1}{\cos(x)^2} \cdot x = \tan(x) + \left(1 + \tan(x)^2\right) \cdot x$

$y'(x) = \frac{d}{dx}(x \cdot \tan(x))$ vereinfacht auf $y'(x) = x \cdot \tan(x)^2 + \tan(x) + x$

(15) $y = \tan\left(x^2\right)$ $\qquad y'(x) = \frac{1}{\cos\left(x^2\right)^2} \cdot 2 \cdot x$

$y'(x) = \frac{d}{dx}\tan\left(x^2\right)$ vereinfacht auf $y'(x) = 2 \cdot x \cdot \left(\tan\left(x^2\right)^2 + 1\right)$

(16) $y = \cot(3 \cdot x) - \tan(3 \cdot x)$ $\qquad y'(x) = \frac{-1}{\sin(3 \cdot x)^2} \cdot 3 - \frac{1}{\cos(3 \cdot x)^2} \cdot 3$

$y'(x) = \frac{d}{dx}(\cot(3 \cdot x) - \tan(3 \cdot x))$ vereinfacht auf $y'(x) = \frac{24}{\cos(12 \cdot x) - 1}$

(17) $y = \ln\left(\sqrt{\cos(x)}\right)$ $\qquad y'(x) = \frac{1}{\sqrt{\cos(x)}} \cdot \frac{1}{2} \cdot \cos(x)^{\frac{-1}{2}} \cdot (-\sin(x))$

$y'(x) = \frac{d}{dx}\ln\left(\sqrt{\cos(x)}\right)$ vereinfacht auf $y'(x) = -\frac{\tan(x)}{2}$

Beispiel 3.2.39:

Für einen gedämpften Schwingkreis gilt:

$$u_C(t) = U_0 \cdot e^{-\delta \cdot t} \cdot \left(\cos(\omega \cdot t) + \frac{\delta}{\omega} \cdot \sin(\omega \cdot t)\right)$$ Kondensatorspannung

Bestimmen Sie den Strom i = C du_C/dt.

$$i(t) = C \cdot \frac{d}{dt}\left[U_0 \cdot e^{-\delta \cdot t} \cdot \left(\cos(\omega \cdot t) + \frac{\delta}{\omega} \cdot \sin(\omega \cdot t)\right)\right]$$ vereinfacht auf

$$i(t) = -\frac{C \cdot U_0 \cdot e^{-\delta \cdot t} \cdot \sin(\omega \cdot t) \cdot \left(\omega^2 + \delta^2\right)}{\omega}$$

mit $\frac{\delta^2 + \omega^2}{\omega} = \frac{\delta^2 + \omega_0^{\,2} - \delta^2}{\omega} = \frac{1}{\omega \cdot L \cdot C}$ folgt

$$i(t) = \frac{-U_0}{\omega \cdot L} \cdot e^{(-\delta \cdot t)} \cdot \sin(\omega \cdot t)$$ Stromfunktion

Beispiel 3.2.40:

Leiten Sie die Ableitungsregeln für die Arkusfunktionen mithilfe der impliziten Differentiation bzw. der Umkehrfunktionen händisch her:

(1) $y = \arcsin(x)$ $x = \sin(y(x))$ implizite Differentiation $1 = \cos(y(x)) \cdot \frac{d}{dx}y(x)$

$$y' = \frac{1}{\frac{dx}{dy}} = \frac{1}{\cos(y)} = \frac{1}{\sqrt{1 - \sin(y)^2}} = \frac{1}{\sqrt{1 - x^2}}$$ mit $\sin(y)^2 + \cos(y)^2 = 1$

$y(x) = \operatorname{asin}(x)$ Differentiation $\frac{d}{dx}y(x) = \frac{1}{\left(1 - x^2\right)^{\frac{1}{2}}}$ **asin(x) = arcsin(x)**

(2) $y = \arccos(x)$ $x = \cos(y(x))$ implizite Differentiation $1 = -\sin(y(x)) \cdot \frac{d}{dx}y(x)$

$$y' = \frac{1}{\frac{dx}{dy}} = -\frac{1}{\sin(y)} = -\frac{1}{\sqrt{1 - \cos(y)^2}} = -\frac{1}{\sqrt{1 - x^2}}$$ mit $\sin(y)^2 + \cos(y)^2 = 1$

$y(x) = \operatorname{acos}(x)$ Differentiation $\frac{d}{dx}y(x) = \frac{-1}{\left(1 - x^2\right)^{\frac{1}{2}}}$ **acos(x) = arccos(x)**

(3) $y = \arctan(x)$ $x = \tan(y(x))$ implizite Differentiation $1 = \left(1 + \tan(y(x))^2\right) \cdot \frac{d}{dx}y(x)$

$$y' = \frac{1}{\frac{dx}{dy}} = \frac{1}{1+\tan(y)^2} = \frac{1}{1+x^2}$$

$y(x) = \text{atan}(x)$ Differentiation $\frac{d}{dx}y(x) = \frac{1}{x^2+1}$ **atan(x) = arctan(x)**

(4) $y = \text{arccot}(x)$ $x = \cot(y(x))$ implizite Differentiation $1 = \left(-1-\cot(y(x))^2\right)\cdot\frac{d}{dx}y(x)$

$$y' = \frac{1}{\frac{dx}{dy}} = -\frac{1}{1+\cot(y(x))^2} = -\frac{1}{1+x^2}$$

$y(x) = \text{acot}(x)$ Differentiation $\frac{d}{dx}y(x) = \frac{-1}{x^2+1}$ **acot(x) = arccot(x)**

Beispiel 3.2.41:

Bilden Sie die 1. Ableitung der folgenden Funktionen händisch und mithilfe von Mathcad:

(1) $y = \arcsin(2\cdot x)$ $y'(x) = \frac{2}{\sqrt{1-(2\cdot x)^2}}$

$y'(x) = \frac{d}{dx}\text{asin}(2\cdot x)$ vereinfacht auf $y'(x) = \frac{2}{\sqrt{1-4\cdot x^2}}$

(2) $y = \arcsin\left(\sqrt{x}\right)$ $y'(x) = \frac{\frac{1}{2}\cdot x^{-\frac{1}{2}}}{\sqrt{1-x}}$

$y'(x) = \frac{d}{dx}\text{asin}\left(\sqrt{x}\right)$ vereinfacht auf $y'(x) = \frac{1}{2\cdot\sqrt{x}\cdot\sqrt{1-x}}$

(3) $y = \arcsin(x)^2$ $y'(x) = 2\cdot\arcsin(x)\cdot\frac{1}{\sqrt{1-x^2}}$

$y'(x) = \frac{d}{dx}\text{asin}(x)^2$ vereinfacht auf $y'(x) = \frac{2\cdot\text{asin}(x)}{\sqrt{1-x^2}}$

(4) $y = x \cdot \arcsin(x)$ $\qquad y'(x) = 1 \cdot \arcsin(x) + \frac{x}{\sqrt{1-x^2}}$

$y'(x) = \frac{d}{dx}(x \cdot \mathrm{asin}(x))$ vereinfacht auf $y'(x) = \mathrm{asin}(x) + \frac{x}{\sqrt{1-x^2}}$

(5) $y = \arccos\left(\frac{x}{a}\right)$ $\qquad y'(x) = -\frac{1}{a} \cdot \frac{1}{\sqrt{1-\left(\frac{x}{a}\right)^2}}$

$y'(x) = \frac{d}{dx}\mathrm{acos}\left(\frac{x}{a}\right)$ vereinfacht auf $y'(x) = -\frac{1}{a \cdot \sqrt{1-\frac{x^2}{a^2}}}$

(6) $y = x \cdot \arctan(x) - \ln\left(\sqrt{1+x^2}\right)$ $\qquad y'(x) = 1 \cdot \arctan(x) + \frac{x}{1+x^2} - \frac{1}{\sqrt{1+x^2}} \cdot \frac{2 \cdot x}{2 \cdot \sqrt{1+x^2}}$

$y'(x) = \frac{d}{dx}\left(x \cdot \mathrm{atan}(x) - \ln\left(\sqrt{1+x^2}\right)\right)$ vereinfacht auf $y'(x) = \mathrm{atan}(x)$

(7) $y = \arctan\left(\frac{1}{x}\right)$ $\qquad y'(x) = \frac{1}{1+\left(\frac{1}{x}\right)^2} \cdot \left(\frac{-1}{x^2}\right) = \frac{-1}{x^2+1}$

$y'(x) = \frac{d}{dx}\mathrm{atan}\left(\frac{1}{x}\right)$ vereinfacht auf $y'(x) = -\frac{1}{x^2+1}$

(8) $y = x \cdot \arctan\left(\frac{x}{a}\right) - \frac{a}{2} \cdot \ln\left(a^2+x^2\right)$ $\qquad y'(x) = 1 \cdot \arctan\left(\frac{x}{a}\right) + \frac{1}{a} \cdot \frac{1}{1+\left(\frac{x}{a}\right)^2} \cdot x - \frac{a}{2} \cdot \frac{1}{a^2+x^2} \cdot 2 \cdot x$

$y'(x) = \frac{d}{dx}\left(x \cdot \mathrm{atan}\left(\frac{x}{a}\right) - \frac{a}{2} \cdot \ln\left(a^2+x^2\right)\right)$ vereinfacht auf $y'(x) = \mathrm{atan}\left(\frac{x}{a}\right)$

(9) $y = \mathrm{arccot}\left(e^x\right)$ $\qquad y'(x) = \frac{-1}{1+\left(e^x\right)^2} \cdot e^x$

$y'(x) = \frac{d}{dx}\mathrm{acot}\left(e^x\right)$ vereinfacht auf $y'(x) = -\frac{1}{2 \cdot \cosh(x)}$

3.2.10 Ableitung von Hyperbel- und Areafunktionen

Ableitungen der Hyperbelfunktionen:

Hyperbelsinus - sinus hyperbolicus:

f: $y = \sinh(x) = (e^x - e^{-x})/2$, $D = \mathbb{R}$ und $W = \mathbb{R}$.

$$y'(x) = \frac{d}{dx}\sinh(x) = \cosh(x),\ D' = \mathbb{R} \text{ und } W' = [1\ ,\ \infty[. \qquad (3\text{-}40)$$

Hyberbelkosinus - cosinus hyperbolicus:

f: $y = \cosh(x) = (e^x + e^{-x})/2$, $D = \mathbb{R}$ und $W = [1\ ,\ \infty[$.

$$y'(x) = \frac{d}{dx}\cosh(x) = \sinh(x)\ ,\ D' = \mathbb{R} \text{ und } W' = \mathbb{R}. \qquad (3\text{-}41)$$

Hyberbeltangens - tangens hyperbolicus:

f: $y = \tanh(x) = \sinh(x)/\cosh(x)$, $D = \mathbb{R}$ und $W =]-1\ ,+1[$.

$$y'(x) = \frac{d}{dx}\tanh(x) = \frac{1}{(\cosh(x))^2} = 1 - (\tanh(x))^2,\ D' = \mathbb{R} \text{ und } W' \subseteq \mathbb{R}. \qquad (3\text{-}42)$$

Hyberbelkotangens - cotangens hyperbolicus:

f: $y = \coth(x) = \cosh(x)/\sinh(x)$, $D = \mathbb{R} \setminus \{0\}$ und $W = \mathbb{R} \setminus [-1\ ,\ +1]$.

$$y'(x) = \frac{d}{dx}\coth(x) = -\frac{1}{(\sinh(x))^2} = 1 - (\coth(x))^2,\ D' = \mathbb{R} \setminus \{0\}. \qquad (3\text{-}43)$$

Einige wichtige Beziehungen zwischen Kreis- bzw. Hyperbelfunktionen:

$\cos^2 x + \sin^2 x = 1$	$\cosh^2 x - \sinh^2 x = 1$	(3-44)
$\sin(2x) = 2\sin(x)\cos(x)$	$\sinh(2x) = 2\sinh(x)\cosh(x)$	(3-45)
$\cos(2x) = \cos^2 x - \sin^2 x$	$\cosh(2x) = \cosh^2 x + \sinh^2 x$	(3-46)
$\sin^2 x = 1/2\,(1 - \cos(2x))$	$\sinh^2 x = 1/2\,(\cosh(2x) - 1)$	(3-47)
$\cos^2 x = 1/2\,(1 + \cos(2x))$	$\cosh^2 x = 1/2\,(\cosh(2x) + 1)$	(3-48)
$1/\sin^2 x = 1 + \cot^2(x)$	$1/\sinh^2 x = -1 + \coth^2(x)$	(3-49)
$1/\cos^2 x = 1 + \tan^2(x)$	$1/\cosh^2 x = 1 - \tanh^2(x)$	(3-50)

$x := -3, -3 + 0.01 .. 3$ Bereichsvariable

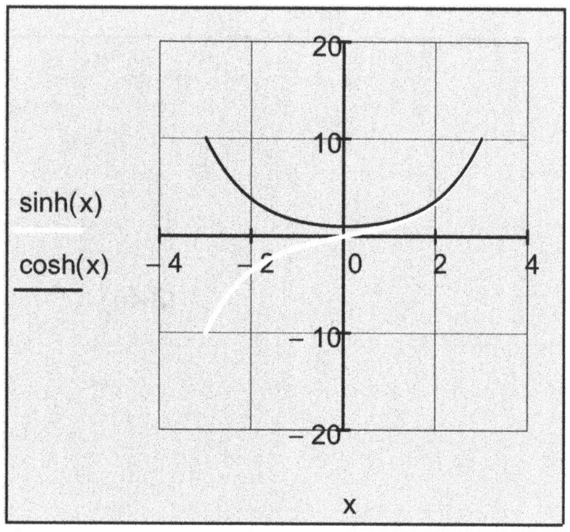

Abb. 3.2.12

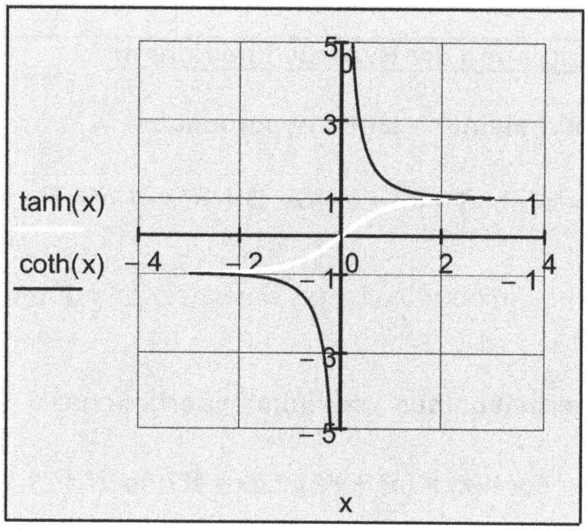

Abb. 3.2.13

Beispiel 3.2.42:

Bilden Sie die 1. Ableitung der folgenden Funktionen händisch und mithilfe von Mathcad:

(1) $y = \sinh(k \cdot x)$ $y'(x) = k \cdot \cosh(k \cdot x)$

$y'(x) = \frac{d}{dx}\sinh(k \cdot x)$ vereinfacht auf $y'(x) = k \cdot \cosh(k \cdot x)$

(2) $y = \sinh\left(k \cdot \sqrt{x}\right)$ $y'(x) = \frac{k}{2 \cdot \sqrt{x}} \cdot \cosh\left(k \cdot \sqrt{x}\right)$

$y'(x) = \frac{d}{dx}\sinh\left(k \cdot \sqrt{x}\right)$ vereinfacht auf $y'(x) = \frac{k \cdot \cosh\left(k \cdot \sqrt{x}\right)}{2 \cdot \sqrt{x}}$

(3) $y = \frac{1}{\sinh(x)}$ $y'(x) = \frac{-\cosh(x)}{\sinh(x)^2} = \cosh(x) \cdot \left(\frac{-1}{\sinh(x)^2}\right) = \cosh(x) \cdot \left(1 - \coth(x)^2\right)$

$y'(x) = \frac{d}{dx}\frac{1}{\sinh(x)}$ vereinfacht auf $y'(x) = -\frac{\cosh(x)}{\cosh(x)^2 - 1}$

(4) $y = \frac{x^2}{2} + \ln(\sinh(x)) - x \cdot \coth(x)$ $y'(x) = x + \frac{1}{\sinh(x)} \cdot \cosh(x) - \left[1 \cdot \coth(x) + \left(\frac{-1}{\sinh(x)^2}\right) \cdot x\right]$

$y'(x) = \frac{d}{dx}\left(\frac{x^2}{2} + \ln(\sinh(x)) - x \cdot \coth(x)\right)$ vereinfacht auf $y'(x) = x + \frac{x}{\sinh(x)^2}$

Beispiel 3.2.43:

Das Weg- Zeit-Gesetz für den zurückgelegten Weg s des freien Falls unter Berücksichtigung des Luftwiderstandes lautet:

$s(t) = \frac{v_s^2}{g} \cdot \ln\left(\cosh\left(\frac{g \cdot t}{v_s}\right)\right)$ g ... Erdbeschleunigung
v_s ... stationäre Geschwindigkeit

Bestimmen Sie die Geschwindigkeit und Beschleunigung.

$$v(t) = \frac{d}{dt}s(t) = \frac{d}{dt}\left(\frac{v_S^{\,2}}{g}\cdot \ln\left(\cosh\left(\frac{g\cdot t}{v_S}\right)\right)\right) \quad \text{vereinfacht auf} \quad v(t) = \frac{d}{dt}s(t) = \frac{v_S\cdot \sinh\left(\frac{g\cdot t}{v_S}\right)}{\cosh\left(\frac{g\cdot t}{v_S}\right)}$$

$$v(t) = v_S\cdot \tanh\left(\frac{g\cdot t}{v_S}\right)$$

$$a(t) = \frac{d^2}{dt^2}s(t) = \frac{d}{dt}v(t) = \frac{d}{dt}\left(v_S\cdot \tanh\left(\frac{g\cdot t}{v_S}\right)\right) \quad \text{vereinfacht auf} \quad a(t) = \frac{d^2}{dt^2}s(t) = \frac{d}{dt}v(t) = -g\cdot\left(\tanh\left(\frac{g\cdot t}{v_S}\right)^2 - 1\right)$$

Ableitungen der Areafunktionen:

Areasinushyperbolicus: f: $y = \operatorname{arsinh}(x) = \ln\left(x+\sqrt{x^2+1}\right)$ **$D = \mathbb{R}$ und $W = \mathbb{R}$**

$$y'(x) = \frac{d}{dx}\operatorname{arsinh}(x) = \frac{1}{\sqrt{x^2+1}},\quad \mathbf{D' = \mathbb{R}} \qquad \textbf{(3-51)}$$

Areakosinushyperbolicus: f: $y = \operatorname{arcosh}(x) = \ln\left(x+\sqrt{x^2-1}\right)$ **$D = [1, \infty[$ und $W = \mathbb{R}^+ \cup \{0\}$ bzw.**

$y = -\operatorname{arcosh}(x) = -\ln\left(x+\sqrt{x^2-1}\right)$ **$D = [1, \infty[$ und $W = \mathbb{R}^-$**

$$y'(x) = \pm\frac{d}{dx}\operatorname{arcosh}(x) = \pm\frac{1}{\sqrt{x^2-1}} \qquad \mathbf{D' = \mathbb{R}\setminus[-1, +1]} \qquad \textbf{(3-52)}$$

Areatangenshyperbolicus: f: $y = \operatorname{artanh}(x) = \ln\left(\sqrt{\frac{1+x}{1-x}}\right)$ **$D =]-1, +1[$ und $W = \mathbb{R}$**

$$y'(x) = \frac{d}{dx}\operatorname{artan}(x) = \frac{1}{1-x^2},\quad \mathbf{D' = \mathbb{R}\setminus\{-1, 1\}} \qquad \textbf{(3-53)}$$

Areakotangenshyperbolicus: f: $y = \operatorname{arcoth}(x) = \ln\left(\sqrt{\frac{x+1}{x-1}}\right)$ **$D = \mathbb{R}\setminus[-1, 1[$ und $W = \mathbb{R}\setminus\{0\}$**

$$y'(x) = \frac{d}{dx}\operatorname{arcoth}(x) = \frac{1}{1-x^2} \qquad \mathbf{D' = \mathbb{R}\setminus[-1, 1]} \qquad \textbf{(3-54)}$$

$x := -3, -3 + 0.01 .. 3$ Bereichsvariable

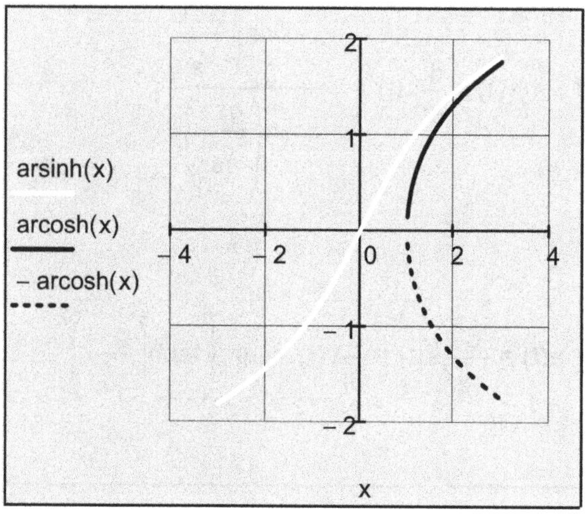

Abb. 3.2.14

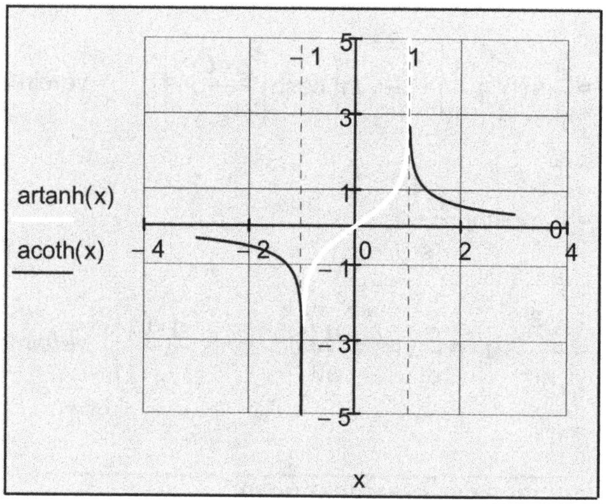

Abb. 3.2.15

Beispiel 3.2.44:

Leiten Sie den Zusammenhang zwischen arsinh(x) und ln(x) her.

$y = \operatorname{arsinh}(x) \quad \Rightarrow \quad x = \sinh(y) = \frac{e^y - e^{-y}}{2}$

$2 \cdot x = e^y - e^{-y}$ **/.e^y** $\quad \Rightarrow \quad e^{2 \cdot y} - 2 \cdot x \cdot e^y - 1 = 0 \quad \Rightarrow \quad \left(e^y\right)^2 - 2 \cdot x \cdot e^y - 1 = 0$

$e^y = x + \sqrt{x^2 + 1}$ Die negative Lösung entfällt, weil e^y für alle y positiv ist!

Logarithmieren auf beiden Seiten liefert schließlich:

$y = \ln\left(x + \sqrt{x^2 + 1}\right)$

Beispiel 3.2.45:

Leiten Sie die Ableitungsfunktion für die Areasinushyperbolicus-Funktionen her:

$y = \operatorname{arsinh}(x) = \ln\left(x + \sqrt{x^2 + 1}\right)$

(1) $y'(x) = \frac{1}{x + \sqrt{x^2 + 1}} \cdot \left(1 + \frac{2 \cdot x}{2 \cdot \sqrt{x^2 + 1}}\right)$ händisch (kann noch vereinfacht werden)

(2) $y = \operatorname{arsinh}(x) \quad \Rightarrow \quad x = \sinh(y)$

$y'(x) = \frac{1}{\frac{dx}{dy}} = \frac{1}{\cosh(y)} = \frac{1}{\sqrt{1 + \sinh(y)^2}} = \frac{1}{\sqrt{1 + x^2}}$ mit $\cosh(y)^2 - \sinh(y)^2 = 1$ mithilfe der Umkehrfunktion

(3) $y'(x) = \frac{d}{dx}\operatorname{arsinh}(x)$ vereinfacht auf $y'(x) = \left(x^2 + 1\right)^{\frac{-1}{2}}$ mithilfe von Mathcad

Beispiel 3.2.46:

Bilden Sie die 1. Ableitung von folgenden Funktionen händisch und mithilfe von Mathcad:

(1) $y = 3 \cdot \operatorname{arsinh}\left(\frac{x}{3}\right)$ $\qquad y'(x) = 3 \cdot \frac{1}{\sqrt{1 + \left(\frac{x}{3}\right)^2}} \cdot \frac{1}{3}$

$y'(x) = \frac{d}{dx}\left(3 \cdot \operatorname{arsinh}\left(\frac{x}{3}\right)\right)$ vereinfacht auf $y'(x) = \frac{3}{\sqrt{x^2 + 9}}$

(2) $y = x \cdot \operatorname{artanh}\left(\frac{x}{a}\right) + \frac{a}{2} \cdot \ln\left(a^2 - x^2\right)$ $\qquad y'(x) = 1 \cdot \operatorname{artanh}\left(\frac{x}{a}\right) + \frac{1}{1 - \left(\frac{x}{a}\right)^2} \cdot \frac{x}{a} + \frac{a}{2} \cdot \frac{1}{a^2 - x^2} \cdot (-2 \cdot x)$

$y'(x) = \frac{d}{dx}\left(x \cdot \operatorname{artanh}\left(\frac{x}{a}\right) + \frac{a}{2} \cdot \ln\left(a^2 - x^2\right)\right)$ vereinfacht auf $y'(x) = \operatorname{artanh}\left(\frac{x}{a}\right)$

(3) $y = \operatorname{arcosh}\left(\frac{1}{1 - x^2}\right)$ $\qquad y'(x) = \frac{1}{\sqrt{\left(\frac{1}{1 - x^2}\right)^2 - 1}} \cdot \left[-\frac{-2 \cdot x}{\left(1 - x^2\right)^2}\right] = \frac{2 \cdot x}{\sqrt{\left(1 - x^2\right)^2 - \left(1 - x^2\right)^4}}$

$y'(x) = \frac{d}{dx}\operatorname{arcosh}\left(\frac{1}{1 - x^2}\right)$ vereinfacht auf $y'(x) = \frac{2 \cdot x}{\left(x^2 - 1\right)^2 \cdot \sqrt{-\frac{x^2 \cdot \left(x^2 - 2\right)}{\left(x^2 - 1\right)^2}}}$

Beispiel 3.2.47:

Ein Seil ist zwischen den Punkten A und B aufgehängt, und die Mittellinie hat die Gleichung $y = a \cosh(x/a)$ (Kettenlinie). Die Spannweite beträgt $2\ L = 200$ m. Im Punkt B hat das Seil eine Steigung $k = 1$. Bestimmen Sie den Durchhang f, und vergleichen Sie den Durchhang von einer Näherungsparabel $y = b\ x^2 + a$.

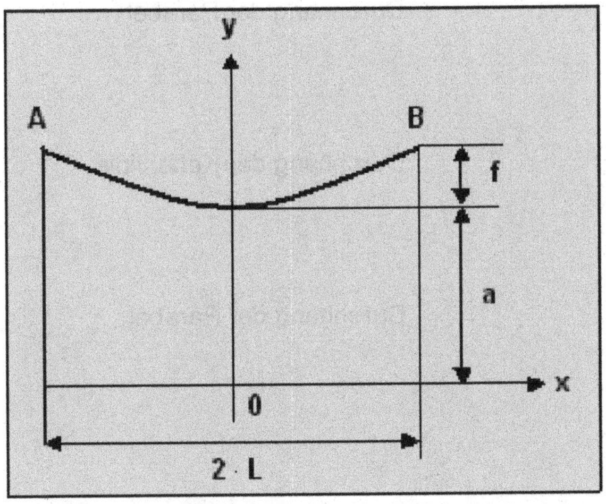

Abb. 3.2.16

$y = a \cdot \cosh\left(\frac{x}{a}\right)$ $\qquad$ $y'(x) = \sinh\left(\frac{x}{a}\right)$ $\qquad$ Funktion und deren Ableitung

$y'(L) = k$ $\qquad$ $y'(L) = \sinh\left(\frac{L}{a}\right) = k$ $\qquad$ Ableitung an der Stelle L

$$\sinh\left(\frac{L}{a}\right) = k \quad \Rightarrow \quad \frac{L}{a} = \operatorname{arsinh}(k) = \ln\left(k + \sqrt{k^2 + 1}\right) \quad \Rightarrow \quad a = \frac{L}{\ln\left(k + \sqrt{k^2 + 1}\right)}$$

Für den Punkt B(L | a+f) gilt:

$a + f = a \cdot \cosh\left(\frac{L}{a}\right) \quad \Rightarrow \quad f = a \cdot \left(\cosh\left(\frac{L}{a}\right) - 1\right)$ $\qquad$ Durchhang der Kettenlinie

Mit $\cosh(x)^2 - \sinh(x)^2 = 1$ folgt: $\cosh(x) = \sqrt{\sinh(x)^2 + 1}$ bzw. $\cosh\left(\frac{L}{a}\right) = \sqrt{\sinh\left(\frac{L}{a}\right)^2 + 1} = \sqrt{k^2 + 1}$

Damit lässt sich der Durchhang wie folgt berechnen:

$$f = a \cdot \left(\cosh\left(\frac{L}{a}\right) - 1\right) = a \cdot \left(\sqrt{k^2 + 1} - 1\right) = L \cdot \frac{\sqrt{k^2 + 1} - 1}{\ln\left(k + \sqrt{k^2 + 1}\right)}$$

Durchhang der Kettenlinie

Näherungsparabel:

$y = b \cdot x^2 + a$ $\qquad$ $y'(x) = 2 \cdot b \cdot x$ $\qquad$ Funktion und deren Ableitung

$y'(L) = k$ $\qquad$ $y'(L) = 2 \cdot b \cdot L = k$. $\qquad$ Ableitung an der Stelle L

$2 \cdot b \cdot L = k \quad \Rightarrow \quad b = \frac{k}{2 \cdot L}$ $\qquad$ Koeffizient b

Für den Punkt B(L | a+f) gilt:

$a + f = b \cdot L^2 + a \quad \Rightarrow \quad f = b \cdot L^2$

$$f = b \cdot L^2 = \frac{k}{2 \cdot L} \cdot L^2 = \frac{k \cdot L}{2}$$

Durchhang der Parabel

$f_K(k, L) := L \cdot \frac{\sqrt{k^2 + 1} - 1}{\ln\left(k + \sqrt{k^2 + 1}\right)}$ $\qquad$ $f_K(1, 100 \cdot m) = 46.996\,m$ $\qquad$ Durchhang der Kettenlinie

$f_P(k, L) := \frac{k \cdot L}{2}$ $\qquad$ $f_P(1, 100 \cdot m) = 50\,m$ $\qquad$ Durchhang der Parabel

3.2.11 Höhere Ableitungen

Gegeben sei eine beliebig oft differenzierbare Funktion f: y = f(x). Mit f lassen sich dann rekursiv folgende Ableitungen bilden:

$$y'(x) = f'(x) = \frac{d}{dx}y\,,\; y''(x) = \frac{d^2}{dx^2}y\,,\; y'''(x) = \frac{d^3}{dx^3}y\,,\; y^{(4)} = \frac{d^4}{dx^4}y\,, \ldots,\; y^{(n)} = \frac{d^n}{dx^n}y\,, \ldots \quad \textbf{(3-55)}$$

Beispiel 3.2.48:

Bilden Sie die ersten 6 Ableitungen der folgenden Funktion:

$y(x) = x^5 - 3 \cdot x^2 + 5 \cdot x - 6$	durch Differentiation, ergibt	$\frac{d}{dx}y(x) = 5 \cdot x^4 - 6 \cdot x + 5$
$y'(x) = 5 \cdot x^4 - 6 \cdot x + 5$	erste Ableitung	
$\frac{d}{dx}\left(5 \cdot x^4 - 6 \cdot x + 5\right)$	vereinfacht auf	$20 \cdot x^3 - 6$
$y''(x) = 20 \cdot x^3 - 6$	zweite Ableitung	
$\frac{d}{dx}\left(20 \cdot x^3 - 6\right)$	vereinfacht auf	$60 \cdot x^2$
$y'''(x) = 60 \cdot x^2$	dritte Ableitung	
$\frac{d}{dx}\left(60 \cdot x^2\right)$	vereinfacht auf	$120 \cdot x$
$y^4 = 120 \cdot x$	vierte Ableitung	
$\frac{d}{dx}(120 \cdot x)$	vereinfacht auf	120
$y^5 = 120$	fünfte Ableitung	
$\frac{d}{dx}120$	vereinfacht auf	0
$y^6 = 0$	sechste Ableitung	

Beispiel 3.2.49:

Bilden Sie die ersten 3 Ableitungen der folgenden Funktion:

$y(x) = x \cdot e^x$ $\qquad \frac{d}{dx}y(x) = \frac{d}{dx}\left(x \cdot e^x\right)$ vereinfacht auf $\frac{d}{dx}y(x) = e^x \cdot (x+1)$

$y'(x) = e^x + e^x \cdot x = e^x \cdot (1+x)$ erste Ableitung

$y''(x) = e^x \cdot (1+x) + e^x = e^x \cdot (2+x)$ zweite Ableitung

$y'''(x) = e^x \cdot (2+x) + e^x = e^x \cdot (3+x)$ dritte Ableitung

$x := x$ Redefinition

$\frac{d^{10}}{dx^{10}}\left(x \cdot e^x\right) \rightarrow 10 \cdot e^x + x \cdot e^x$ zehnte Ableitung

Beweis für die n-te Ableitung durch vollständige Induktion:

A(1): $y'(x) = e^x + e^x \cdot x = e^x \cdot (1+x)$

A(2): $y''(x) = e^x \cdot (1+x) + e^x = e^x \cdot (2+x)$

Annahme ist auch für A(n) gültig: Daraus folgt, dass auch A(n+1) gültig sein muss:

A(n+1): $y^{n+1}(x) = e^x \cdot (n+1+x)$

Beispiel 3.2.50:

Bilden Sie die ersten n-Ableitungen der folgenden Funktion:

$y(x) = \sin(x)$ $\quad y'(x) = \cos(x)$ $\quad y''(x) = -\sin(x)$ $\quad y'''(x) = -\cos(x)$ $\quad y^4 = \sin(x)$

$y^n = \sin\left(x + n \cdot \frac{\pi}{2}\right)$ n-te Ableitung der Funktion $y = \sin(x)$ mit $n \in \mathbb{N}$

Beispiel 3.2.51:

Zeigen Sie, dass $y = \sinh(x)$ der folgenden Differentialgleichung genügt.

$\frac{d^2}{dx^2}y - y = 0$ homogene lineare Differentialgleichung 2. Ordnung mit konstanten Koeffizienten

$y(x) = \sinh(x)$ $\quad \frac{d}{dx}\sinh(x) \rightarrow \cosh(x)$ $\quad \frac{d^2}{dx^2}\sinh(x) \rightarrow \sinh(x)$

$\sinh(x) - \sinh(x) = 0$ $\quad y = \sinh(x)$ ist Lösung der gegebenen Differentialgleichung

Beispiel 3.2.52:

Höhere Ableitungen mit dem Symboloperatoren:

$x := x$ Redefinition

$f(x) := 2 \cdot x + 3 + \sin(x)^3$ die zu differenzierende Funktion

Erste Ableitung:

$$\frac{d}{dx} f(x) \rightarrow 3 \cdot \cos(x) \cdot \sin(x)^2 + 2$$

$f_x(x) := \frac{d}{dx} f(x)$ $f_x(x) \rightarrow 3 \cdot \cos(x) \cdot \sin(x)^2 + 2$

Ableitung n-ter Ordnung:

$n := 5$

$$\frac{d^n}{dx^n} f(x) \rightarrow 183 \cdot \cos(x) \cdot \sin(x)^2 - 60 \cdot \cos(x)^3$$

$f_n(x) := \frac{d^n}{dx^n} f(x)$ $f_n(x) \rightarrow 183 \cdot \cos(x) \cdot \sin(x)^2 - 60 \cdot \cos(x)^3$

Beispiel 3.2.53:

Gegeben ist eine Parabel $y = a\,x^2 + b\,x + c$. Bestimmen Sie den Scheitel der Parabel, wenn $f(2) = 3$, $f'(2) = 2$ und die zweite Ableitung der Parabel -1 ist.

$f(x) = a \cdot x^2 + b \cdot x + c$ $f'(x) = 2 \cdot a \cdot x + b$ $f''(x) = 2 \cdot a$ Funktion und Ableitungen

Durch Einsetzen der Werte ergibt sich ein lineares Gleichungssystem:

$a := 1$ $b := 1$ $c := 1$ Startwerte (Schätzwerte)

Vorgabe

$a \cdot 2^2 + b \cdot 2 + c = 3$ $2 \cdot a \cdot 2 + b = 2$ $2 \cdot a = -1$

$\begin{pmatrix} a \\ b \\ c \end{pmatrix} := \text{Suchen}(a, b, c)$ $\begin{pmatrix} a \\ b \\ c \end{pmatrix} = \begin{pmatrix} -0.5 \\ 4 \\ -3 \end{pmatrix}$

$f(x) := a \cdot x^2 + b \cdot x + c$ $x := 0, 0.01 .. 8$ Funktionsgleichung und Bereichsvariable

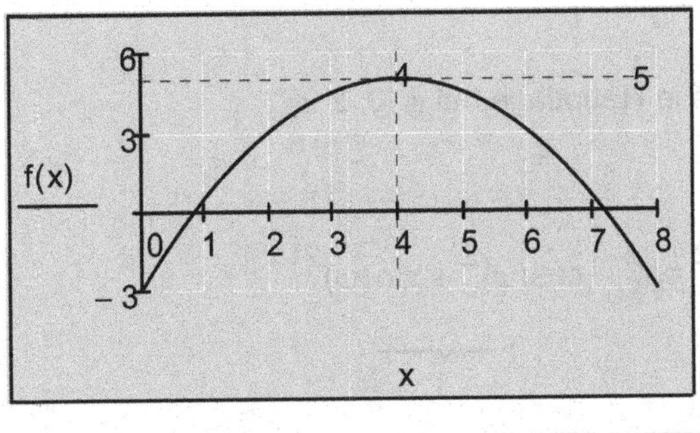

$f'(x) = -1 \cdot x + 4 = 0$ waagrechte Tangente im Punkt S(4|5)

$f(4) = 5$

Abb. 3.2.17

3.2.12 Ableitungen von Funktionen in Parameterdarstellung

Neben der expliziten Darstellung einer Funktion f: y = f(x) wird auch häufig die Parameterdarstellung verwendet:

$$f: D \subseteq \mathbb{R} \longrightarrow W \subseteq \mathbb{R}^2 \qquad t \longmapsto f(t) = (x(t), y(t)) \tag{3-56}$$

x = x(t) und y = y(t) heißen Parametergleichungen und t heißt Parameter. Häufig werden die Buchstaben t, φ, λ, α, θ usw. als Parameter verwendet.
Für jede Kurve gibt es unter bestimmten Voraussetzungen unendlich viele Parameterdarstellungen.
Wenn eine Funktion durch eine Gleichung r = r(φ) (Polarkoordinatendarstellung; siehe nächsten Abschnitt) gegeben ist, so erhalten wir durch x = r(φ) cos(φ) und y = r(φ) sin(φ) eine beliebige Parameterdarstellung.

Ableitungen von Funktionen in Parameterdarstellung:

Mit $x_t = \frac{d}{dt}x$, $y_t = \frac{d}{dt}y$ **und** $y' = \frac{d}{dx}y$ **erhalten wir die erste Ableitung durch:**

$$y'(x) = f'(x) = \frac{d}{dx}y = \frac{d}{dt}y \cdot \frac{d}{dx}t = \frac{y_t}{x_t}$$

$$y' = \frac{y_t}{x_t} \quad \text{mit } x_t \neq 0 \tag{3-57}$$

Die zweite Ableitung ergibt sich dann aus:

$$y''(x) = \frac{d^2}{dx^2}y = \left(\frac{d}{dt}y'\right) \cdot \left(\frac{d}{dx}t\right) = \frac{d}{dt}\frac{y_t}{x_t} \cdot \frac{d}{dx}t = \frac{y_{tt} \cdot x_t - x_{tt} \cdot y_t}{x_t^2} \cdot \frac{1}{x_t}$$

$$y'' = \frac{d^2}{dx^2}y = \frac{y_{tt} \cdot x_t - x_{tt} \cdot y_t}{x_t^3} = \frac{1}{x_t^3} \cdot \left|\begin{pmatrix} x_t & y_t \\ x_{tt} & y_{tt} \end{pmatrix}\right| \quad \text{mit } x_t \neq 0 \tag{3-58}$$

Beispiel 3.2.54:

Geben Sie für einen Kreis in Hauptlage eine Parameterdarstellung an. Leiten Sie aus der Parameterform die implizite Form der Kreisgleichung her. Bestimmen Sie die waagrechten und senkrechten Tangenten am Kreis.

$r := 1$ Kreisradius

$x(\varphi) := r \cdot \cos(\varphi)$

$y(\varphi) := r \cdot \sin(\varphi)$

Parameterdarstellung des Kreises in Hauptlage mit φ [0, 2 π[

$x^2 = r^2 \cdot \cos(\varphi)^2$

$y^2 = r^2 \cdot \sin(\varphi)^2$

Durch Addition folgt: $x^2 + y^2 = r^2 \cdot \underbrace{\left(\cos(\varphi)^2 + \sin(\varphi)^2\right)}_{1}$

$\frac{d}{d\varphi}x = x_\varphi = -r \cdot \sin(\varphi)$ $\frac{d}{d\varphi}y = y_\varphi = r \cdot \cos(\varphi)$

Ableitungen

$x_\varphi(\varphi) := -r \cdot \sin(\varphi)$ $y_\varphi(\varphi) := r \cdot \cos(\varphi)$

$y' = \frac{y_\varphi}{x_\varphi} = -\frac{r \cdot \cos(\varphi)}{r \cdot \sin(\varphi)}$ $\varphi \neq 0$ und $\varphi \neq \pi$

Waagrechte Tangenten:

$\varphi := 0, 0.01 .. 2 \cdot \pi$ Bereichsvariable

$y' = -\frac{r \cdot \cos(\varphi)}{r \cdot \sin(\varphi)} = 0$

$r \cdot \cos(\varphi) = 0$ hat als Lösung(en) $\frac{1}{2} \cdot \pi$

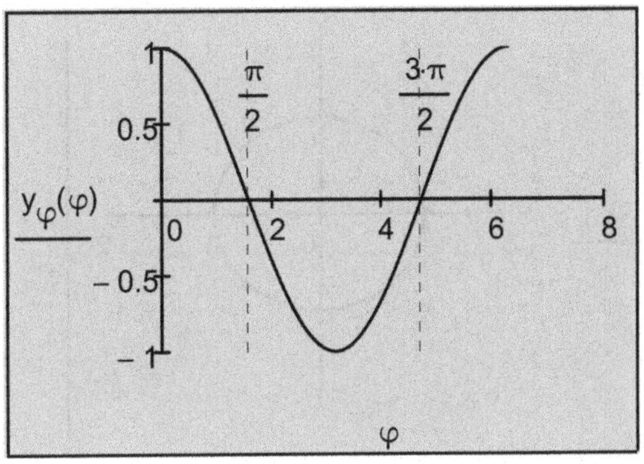

Abb. 3.2.18

Numerische Lösung:

ORIGIN := 1

$TOL := 10^{-15}$

$\varphi_1 := 2$ $\varphi_1 := wurzel(y_\varphi(\varphi_1), \varphi_1)$

$\varphi_2 := 4$ $\varphi_2 := wurzel(y_\varphi(\varphi_2), \varphi_2)$

$i := 1 .. 2$

$\varphi_i =$

90
270

$\cdot$ Grad

$y_\varphi(\varphi_i) =$

0
0

$x(\varphi_i) =$

0
0

$y(\varphi_i) =$

1
-1

L = {(0, 1); (0, -1)}

Punkte mit Tangenten parallel zur Abszisse

Senkrechte Tangenten:

$\frac{1}{y'} = -\frac{r \cdot \sin(\varphi)}{r \cdot \cos(\varphi)} = 0$ $\varphi \neq \frac{\pi}{2}$ und $\varphi \neq \frac{3 \cdot \pi}{2}$

$r \cdot \sin(\varphi) = 0$ hat als Lösung(en) 0

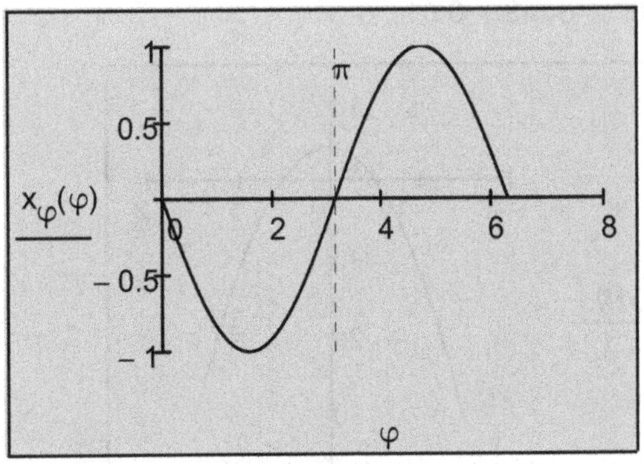

Abb. 3.2.19

Numerische Lösung:

ORIGIN := 1

$TOL := 10^{-15}$

$\varphi_3 := 0$ $\varphi_3 := wurzel(x_\varphi(\varphi_3), \varphi_3)$

$\varphi_4 := 3$ $\varphi_4 := wurzel(x_\varphi(\varphi_4), \varphi_4)$

$i := 3..4$

$\varphi_i =$ $\begin{pmatrix} 0 \\ 180 \end{pmatrix} \cdot \text{Grad}$ $\quad x_\varphi(\varphi_i) =$ $\begin{pmatrix} 0 \\ 0 \end{pmatrix}$

$x(\varphi_i) =$ $\begin{pmatrix} 1 \\ -1 \end{pmatrix}$ $\quad y(\varphi_i) =$ $\begin{pmatrix} 0 \\ 0 \end{pmatrix}$

L = {(1, 0); (-1, 0)}

Punkte mit Tangenten parallel zur Ordinate

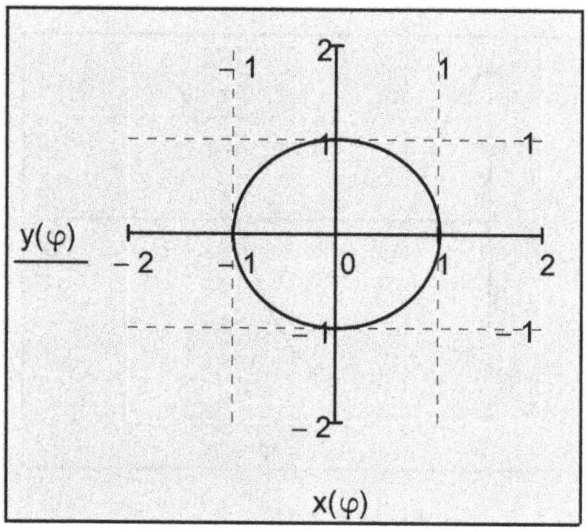

Parameterdarstellung eines Kreises in allgemeiner Lage mit M(m | n):

$x(\varphi) = m + r \cdot \cos(\varphi)$

$y(\varphi) = n + r \cdot \sin(\varphi)$

Abb. 3.2.20

<u>Beispiel 3.2.55:</u>

Leiten Sie aus der gegebenen Parameterform die explizite Form der Funktionsgleichung her. Bestimmen Sie die erste und zweite Ableitung der Funktion.

$x(t) := \frac{t}{2} \qquad y(t) := 4 - t^2$ Parameterdarstellung einer Funktion mit $\mathbf{t} \in \mathbb{R}$

$t = 2 \cdot x \qquad y = 4 - (2 \cdot x)^2 = 4 - 4 \cdot x^2$ t aus der ersten Gleichung in die zweite Gleichung eingesetzt, liefert die explizite Funktionsgleichung.

$y(x) := 4 - 4 \cdot x^2$ explizite Funktionsgleichung

$t := -3, -3 + 0.01 .. 3$

$x1 := -3, -3 + 0.01 .. 3$ Bereichsvariable

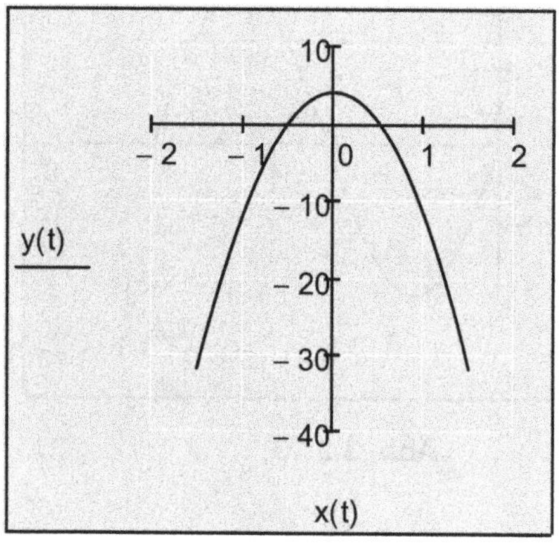

Abb. 3.2.21

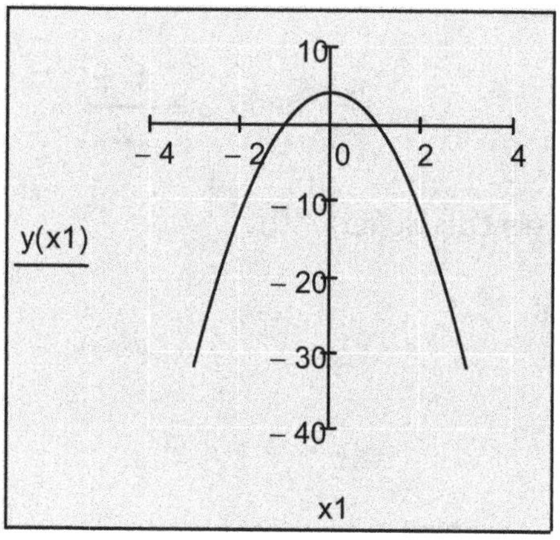

Abb. 3.2.22

$x_t = \frac{1}{2}$ $\quad y_t = -2 \cdot t$

Ableitungen der Parametergleichungen

$x_{tt} = 0$ $\quad y_{tt} = -2$

$$y' = \frac{y_t}{x_t} = \frac{-2 \cdot t}{\frac{1}{2}} = -4 \cdot t$$

$$y'' = \frac{y_{tt} \cdot x_t - x_{tt} \cdot y_t}{x_t^{\,3}} = \frac{-2 \cdot \frac{1}{2}}{\left(\frac{1}{2}\right)^3} = -8$$

Beispiel 3.2.56:

Leiten Sie aus der gegebenen Parameterform die explizite Form der Funktionsgleichung her. Bestimmen Sie die erste und zweite Ableitung der Funktion.

$x1(t) := 3 \cdot \ln(t) \quad y1(t) := \frac{3}{2} \cdot \left(t + \frac{1}{t}\right)$ Parameterdarstellung einer Funktion mit **t** $\in$ $\mathbb{R}^+$

Elimination des Parameters t:

$$\frac{x}{3} = \ln(t) \quad \Rightarrow \quad t = e^{\frac{x}{3}} \quad \Rightarrow \quad y = \frac{3}{2} \cdot \left(e^{\frac{x}{3}} + e^{-\frac{x}{3}}\right) = 3 \cdot \cosh\left(\frac{x}{3}\right)$$ explizite Darstellung (Kettenlinie)

$y(x) := 3 \cdot \cosh\left(\frac{x}{3}\right)$ explizite Funktionsgleichung

$t := 1, 1 + 0.01 .. 3$ $\qquad x := -3, -3 + 0.01 .. 3$ Bereichsvariable

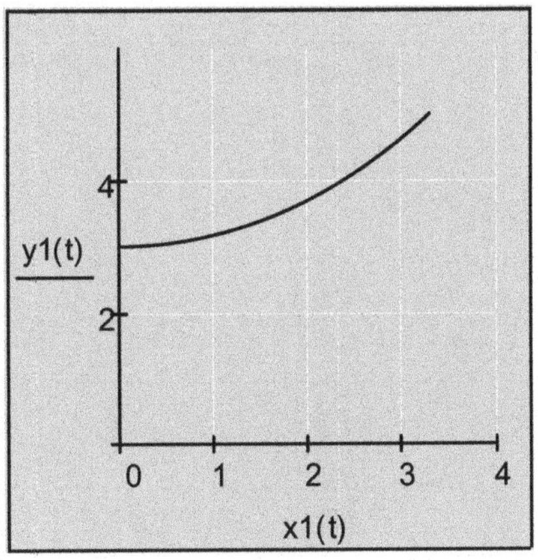

Abb. 3.2.23

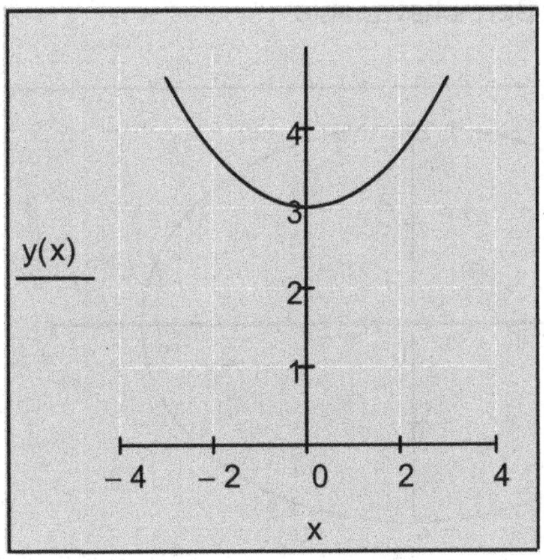

Abb. 3.2.24

$x_t = \frac{3}{t}$ $\quad y_t = \frac{3}{2} \cdot \left(1 - \frac{1}{t^2}\right)$

Ableitungen

$x_{tt} = \frac{-3}{t^2}$ $\quad y_{tt} = \frac{3}{t^3}$

$$y' = \frac{y_t}{x_t} = \frac{\frac{3}{2} \cdot \left(1 - \frac{1}{t^2}\right)}{\frac{3}{t}}$$ vereinfacht auf $$y' = \frac{y_t}{x_t} = \frac{t^2 - 1}{2 \cdot t}$$

$$y'' = \frac{y_{tt} \cdot x_t - x_{tt} \cdot y_t}{x_t^{\ 3}} = \frac{\frac{3}{t^3} \cdot \frac{3}{t} + \frac{3}{t^2} \cdot \left[\frac{3}{2} \cdot \left(1 - \frac{1}{t^2}\right)\right]}{\left(\frac{3}{t}\right)^3}$$ vereinfacht auf $$y'' = \frac{y_{tt} \cdot x_t - x_{tt} \cdot y_t}{x_t^{\ 3}} = \frac{t^2 + 1}{6 \cdot t}$$

Beispiel 3.2.57:

Leiten Sie aus der gegebenen Parameterform die explizite Form der Funktionsgleichung her. Bestimmen Sie die erste und zweite Ableitung der Funktion.

$x(\varphi) := 3 \cdot \cos(\varphi)$ $\quad y(\varphi) := 2 \cdot \sin(\varphi)$ $\quad$ Parameterdarstellung einer Ellipse mit $\varphi \in [0, 2\pi[$

$$\frac{x^2}{3^2} = \cos(\varphi)^2$$

Umgeformte Parametergleichungen

$$\frac{y^2}{2^2} = \sin(\varphi)^2$$

Durch Addition der beiden Gleichungen erhalten wir die implizite Darstellung der Ellipse in Hauptlage:

$$\frac{x^2}{3^2} + \frac{y^2}{2^2} = 1$$ implizite Darstellung der Ellipse

$\varphi := -4, -4 + 0.01 .. 4$ $\quad$ Bereichsvariable

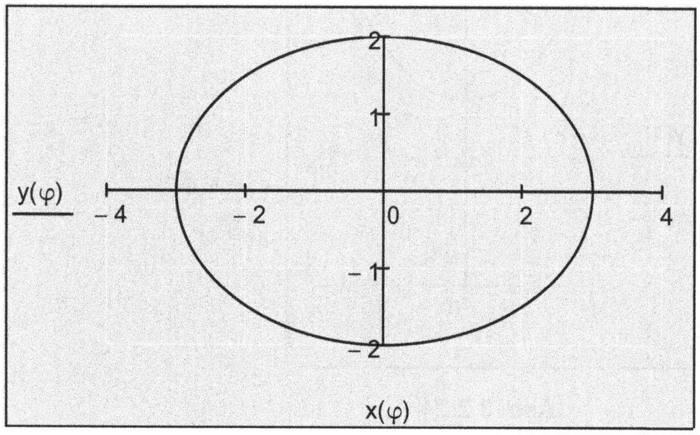

Abb. 3.2.25

$x_\varphi = -3 \cdot \sin(\varphi)$ $\quad y_\varphi = 2 \cdot \cos(\varphi)$

Ableitungen der Parametergleichungen

$x_{\varphi\varphi} = -3 \cdot \cos(\varphi)$ $\quad y_{\varphi\varphi} = -2 \cdot \sin(\varphi)$

$$y' = \frac{y_\varphi}{x_\varphi} = \frac{2 \cdot \cos(\varphi)}{-3 \cdot \sin(\varphi)} = \frac{-2}{3} \cdot \cot(\varphi)$$ erste Ableitung

$$y'' = \frac{y_{\varphi\varphi} \cdot x_\varphi - x_{\varphi\varphi} \cdot y_\varphi}{x_\varphi^{\ 3}} = \frac{-2 \cdot \sin(\varphi) \cdot (-3 \cdot \sin(\varphi)) - (-3 \cdot \cos(\varphi)) \cdot (2 \cdot \cos(\varphi))}{(-3 \cdot \sin(\varphi))^3}$$ vereinfacht auf

$$y'' = \frac{y_{\varphi\varphi} \cdot x_\varphi - x_{\varphi\varphi} \cdot y_\varphi}{x_\varphi^{\ 3}} = -\frac{2}{9 \cdot \sin(\varphi)^3}$$ zweite Ableitung

Beispiel 3.2.58:

Geben Sie für eine archimedische Spirale in Polarkoordinatenform $r = r(\varphi) = \varphi$ eine Parameterdarstellung an und bestimmen Sie die waagrechten und senkrechten Tangenten an der Spirale.

$x(\varphi) := \varphi \cdot \cos(\varphi)$ $\quad y(\varphi) := \varphi \cdot \sin(\varphi)$ $\quad$ Parametergleichungen für die archimedische Spirale

$x_\varphi(\varphi) := \cos(\varphi) - \varphi \cdot \sin(\varphi)$ $\quad y_\varphi(\varphi) := \sin(\varphi) + \varphi \cdot \cos(\varphi)$ $\quad$ Ableitungen der Parametergleichungen

Tangenten parallel zur Abszisse:

$$y' = \frac{y_\varphi(\varphi)}{x_\varphi(\varphi)} = \frac{\sin(\varphi) + \varphi \cdot \cos(\varphi)}{\cos(\varphi) - \varphi \cdot \sin(\varphi)} = 0$$ Ableitung in Parameterform

$\sin(\varphi) + \varphi \cdot \cos(\varphi) = 0$ $\quad$ hat als Lösung(en) $\quad 0$

ORIGIN := 1 $\quad$ ORIGIN festlegen

$\varphi_1 := 0$ $\quad$ erste Lösung

Die weiteren Lösungen numerisch ermittelt:

$\varphi_2 := 2 \quad \varphi_2 := \text{wurzel}(y_\varphi(\varphi_2), \varphi_2)$ $\quad t := 0, 0.02 .. 2 \cdot \pi$ $\quad$ Bereichsvariable

$\varphi_3 := 5 \quad \varphi_3 := \text{wurzel}(y_\varphi(\varphi_3), \varphi_3)$

$i := 1 .. 3$ $\quad$ Bereichsvariable

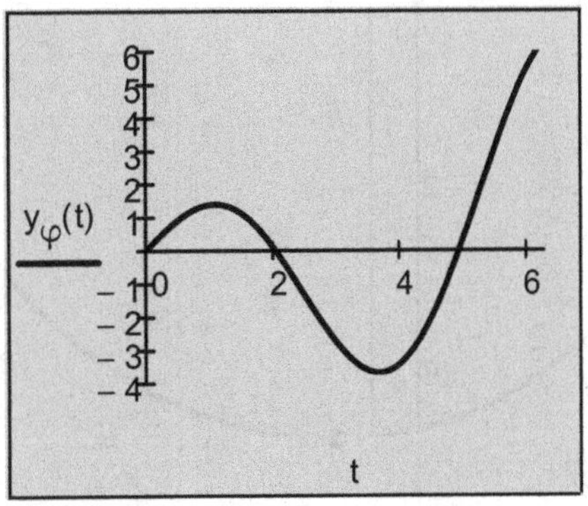

Abb. 3.2.26

$\varphi_i =$	$y_\varphi(\varphi_i) =$
0	0
2.029	0
4.913	0

$x(\varphi_i) =$	$y(\varphi_i) =$
0	0
-0.897	1.82
0.98	-4.814

L = {(0, 0); (- 0.897, 1.82); (0.98, - 4.814)}

Punkte mit Tangenten parallel zur Abszisse

Tangenten parallel zur Ordinate:

$$\frac{1}{y'} = \frac{\cos(\varphi) - \varphi \cdot \sin(\varphi)}{\sin(\varphi) + \varphi \cdot \cos(\varphi)} = 0$$

Die weiteren Lösungen numerisch ermittelt:

$\varphi_4 := 0.5$ $\quad\quad \varphi_4 := \text{wurzel}\left(x_\varphi(\varphi_4), \varphi_4\right)$

$\varphi_5 := 3.5$ $\quad\quad \varphi_5 := \text{wurzel}\left(x_\varphi(\varphi_5), \varphi_5\right)$

$i := 4 .. 5$ Bereichsvariable

$\varphi_i =$	$x_\varphi(\varphi_i) =$
0.86	0
3.426	0

$x(\varphi_i) =$	$y(\varphi_i) =$
0.561	0.652
-3.288	-0.96

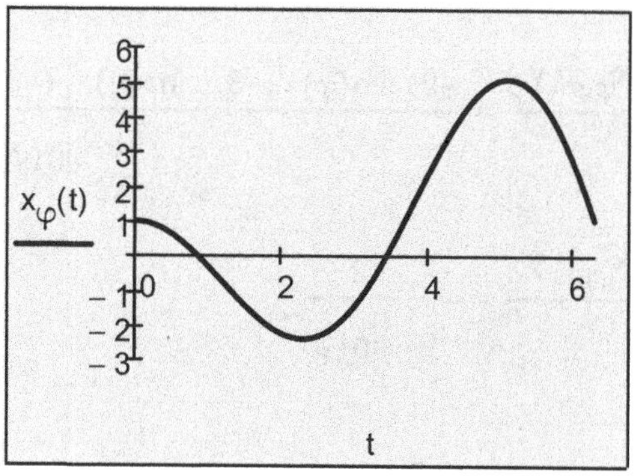

Abb. 3.2.27

L = {(0.561, 0.652); (- 3.288, - 0.96)}

Punkte mit Tangenten parallel zur Ordinate

$\varphi := 0, 0.01 .. 2 \cdot \pi$ $\quad i := 1 .. 5$ $\quad t_1 := -5 .. 5$ $\quad t_2 := 0 .. 6$ Bereichsvariablen

$y'(\varphi) := \dfrac{y_\varphi(\varphi)}{x_\varphi(\varphi)}$ Ableitung in Parameterform

$d(\varphi) := y(\varphi) - y'(\varphi) \cdot x(\varphi)$ Achsenabschnitt (y = k x + d)

$T(t, \varphi) := y'(\varphi) \cdot t + d(\varphi)$ Tangentengleichung für die Spiralle

$T_N(t, \varphi) := y(t)$ Normale

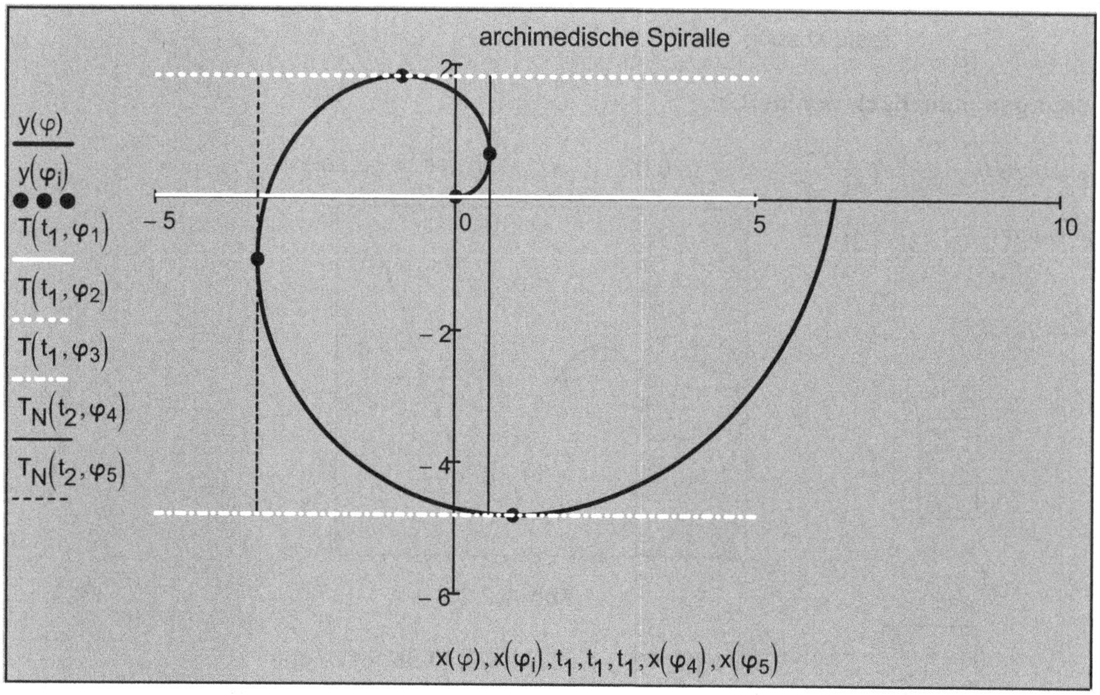

Abb. 3.2.28

Beispiel 3.2.59:

Eine gespitzte Zykloide ist durch folgende Parameterdarstellung gegeben: x(t) = r (t - sin(t)), y(t) = r (1 - cos(t)). Ermitteln Sie, falls vorhanden, die waagrechten Tangenten für **t ∈ [0, 2π[**. Zeigen Sie, dass die Zykloide für t = 0 eine senkrechte Tangente besitzt.

$r := 2$ gewählter Abrollkreisradius

$x(t) := r \cdot (t - \sin(t)) \qquad y(t) := r \cdot (1 - \cos(t))$ — Parameterdarstellung einer Funktion mit $\mathbf{t} \in \mathbb{R}$

$x_t = r \cdot (1 - \cos(t)) \qquad y_t = r \cdot \sin(t)$ — Ableitungen der Parametergleichungen

$$y' = \frac{y_t}{x_t} = \frac{r \cdot \sin(t)}{r \cdot (1 - \cos(t))} = 0$$ Ableitung in Parameterform

$\sin(t) = 0 \qquad t_1 := \pi$ — eine Lösung der Gleichung

$x(t_1) \to 2 \cdot \pi \qquad y(t_1) \to 4$ — x- und y-Werte

$t := -2, -2 + 0.01 .. 8$ — Bereichsvariable

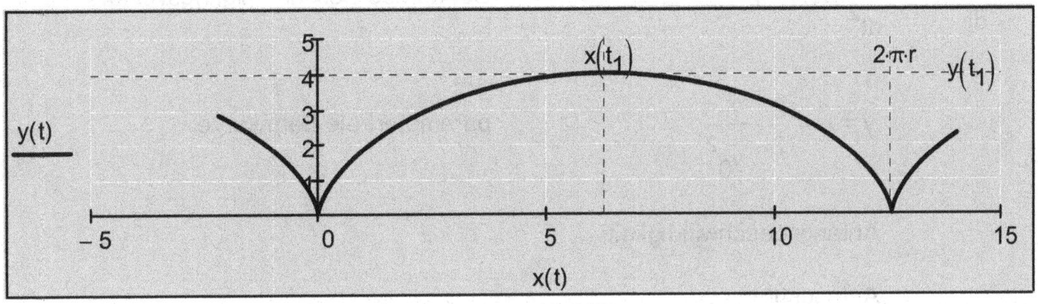

Abb. 3.2.29

Für t = 0 kann die Ableitungsformel nicht angewendet werden.

$$\lim_{t \to 0} \frac{\sin(t)}{1 - \cos(t)} = \frac{0}{0}$$

$$\lim_{t \to 0^+} \frac{\sin(t)}{1 - \cos(t)} = \lim_{t \to 0^+} \frac{\sin\left(2 \cdot \frac{t}{2}\right)}{1 - \cos\left(2 \cdot \frac{t}{2}\right)} = \lim_{t \to 0^+} \frac{2 \cdot \sin\left(\frac{t}{2}\right) \cdot \cos\left(\frac{t}{2}\right)}{1 - \left(\cos\left(\frac{t}{2}\right)^2 - \sin\left(\frac{t}{2}\right)^2\right)}$$

$$\lim_{t \to 0^+} \frac{2 \cdot \sin\left(\frac{t}{2}\right) \cdot \cos\left(\frac{t}{2}\right)}{2 \cdot \sin\left(\frac{t}{2}\right)^2} = \lim_{t \to 0^+} \frac{\cos\left(\frac{t}{2}\right)}{\sin\left(\frac{t}{2}\right)} = \infty$$ Die Tangente verläuft senkrecht!

Beispiel 3.2.60:

Eine Kugel wird in der Höhe h = 10 m über dem Boden waagrecht mit konstanter Geschwindigkeit v_0 = 10 m/s (ohne Luftwiderstand) in Bewegung gesetzt. Mit welcher Geschwindigkeit trifft sie am Boden auf? Wie groß ist der Winkel unter dem die Kugel am Boden auftrifft? Welche Beschleunigung hat die Kugel?

$$\mathbf{r}(t) = \begin{pmatrix} x(t) \\ y(t) \end{pmatrix} = \begin{pmatrix} v_0 \cdot t \\ h - \frac{g}{2} \cdot t^2 \end{pmatrix}$$ Ortsvektor

$$\mathbf{v}(t) = \begin{pmatrix} v_x(t) \\ v_y(t) \end{pmatrix} = \frac{d}{dt}\mathbf{r}(t) = \begin{pmatrix} \frac{d}{dt}x(t) \\ \frac{d}{dt}y(t) \end{pmatrix} = \begin{pmatrix} v_0 \\ g \cdot t \end{pmatrix}$$ Geschwindigkeitsvektor

$v = |\mathbf{v}| = \sqrt{v_x^2 + v_y^2} = \frac{d}{dt}s(t) = \sqrt{v_0^2 + g^2 \cdot t^2}$ Betrag des Geschwindigkeitsvektors

$\mathbf{a}(t) = \begin{pmatrix} a_x(t) \\ a_y(t) \end{pmatrix} = \frac{d}{dt}\mathbf{v}(t) = \begin{pmatrix} \frac{d}{dt}v_x(t) \\ \frac{d}{dt}v_y(t) \end{pmatrix} = \begin{pmatrix} \frac{d^2}{dt^2}x(t) \\ \frac{d^2}{dt^2}y(t) \end{pmatrix} = \begin{pmatrix} 0 \\ g \end{pmatrix}$ Beschleunigungsvektor

$a = |\mathbf{a}| = \sqrt{a_x^2 + a_y^2} = \frac{d}{dt}v(t) = \frac{d^2}{dt^2}s(t) = g$ Betrag des Beschleunigungsvektors

$t = \frac{x}{v_0}$ $y = h - \frac{g}{2} \cdot \frac{x^2}{v_0^2}$ parameterfreie Bahnkurve

$v_0 := 10\frac{m}{s}$ Anfangsgeschwindigkeit

$h := 10 \cdot m$ Anfangshöhe

$x(t) := v_0 \cdot t$ $y(t) := h - \frac{g}{2} \cdot t^2$ Parametergleichungen für die Bahnkurve

$v_x(t) := v_0$ $v_y(t) := -g \cdot t$ Parametergleichungen für die Geschwindigkeitskomponenten

$v(t) := \sqrt{v_x(t)^2 + v_y(t)^2}$ Geschwindigkeitsfunktion

y = 0 am Auftreffpunkt:

$h - \frac{g}{2} \cdot t^2 = 0 \quad \Rightarrow$ $t_0 := \sqrt{\frac{2 \cdot h}{g}}$ $t_0 = 1.428\, s$ Auftreffzeit am Boden

$v(t_0) = 17.209\frac{m}{s}$ Auftreffgeschwindigkeit am Boden

Auftreffwinkel:

$y' = \frac{y_t}{x_t} = \frac{-g \cdot t}{v_0}$ $\tan(\alpha) = y'(t_0)$

$\tan(\alpha) = \frac{-g \cdot t_0}{v_0}$ $\alpha := \operatorname{atan}\left(\frac{-g \cdot t_0}{v_0}\right)$ $\alpha = -54.472 \cdot Grad$

$\alpha_0 := \alpha + 180 \cdot Grad$ $\alpha_0 = 125.528 \cdot Grad$

$\varphi_0 := 180 \cdot Grad - \alpha_0$ $\varphi_0 = 54.472 \cdot Grad$

$t := 0 \cdot s, 0.01 \cdot s .. 1.5 \cdot s$ Bereichsvariable

$x_T(\lambda) := x(t_0) + \lambda \cdot \cos(\alpha_0)$

$y_T(\lambda) := \lambda \cdot \sin(\alpha_0)$

Parameterdarstellung der Tangente im Punkt $P(x(t_0)|0)$

$\lambda := -1 \cdot m, -1 \cdot m + 0.1 \cdot m .. 10m$ Bereichsvariable

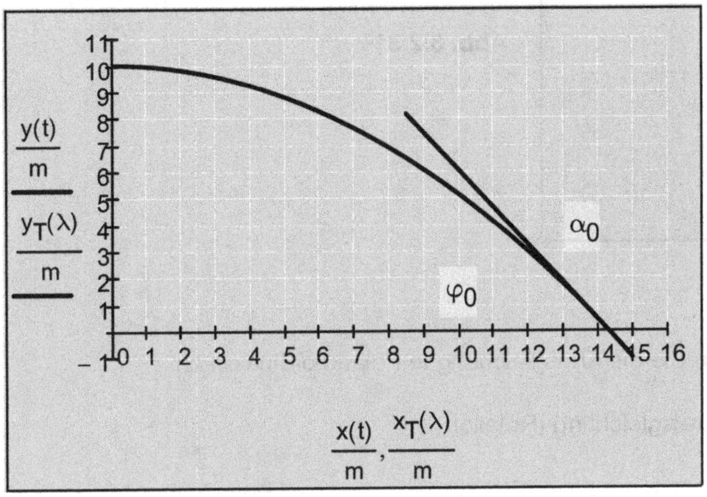

$t_0 = 1.428\,s$

$W := x(t_0)$ Wurfweite

$W = 14.281\,m$

Abb. 3.2.30

3.2.13 Ableitungen von Funktionen in Polarkoordinatendarstellung

Die Lage eines Punktes in der Ebene kann durch kartesische Koordinaten P(x|y) oder durch die Angabe des Winkels φ und der Entfernung r vom Ursprung, also durch P(φ | r), festgelegt werden. Ein funktioneller Zusammenhang zwischen r und φ ist durch eine Polarkoordinatendarstellung gegeben:

$$f: D \subseteq \mathbb{R} \longrightarrow W \subseteq \mathbb{R} \qquad \varphi \longmapsto r = f(\varphi) \tag{3-59}$$

Umrechnung von kartesischen Koordinaten in Polarkoordinaten und umgekehrt:

$$x^2 + y^2 = r^2 \qquad r = \sqrt{x^2 + y^2} \tag{3-60}$$

$$x = r \cdot \cos(\varphi) \qquad \tan(\varphi) = \frac{y}{x} \tag{3-61}$$

$$y = r \cdot \sin(\varphi) \qquad \varphi = \arctan\left(\frac{y}{x}\right) \tag{3-62}$$

Ableitungen von Funktionen in Polarkoordinatendarstellung:

$$r'(\varphi) = \frac{d}{d\varphi} r(\varphi) = \frac{d}{d\varphi} f(\varphi) \tag{3-63}$$

r' bedeutet nicht die Steigung der Tangente!

$$\tan(\Psi) = \frac{r(\varphi)}{r'(\varphi)} = r(\varphi) \cdot \frac{d}{dr}\varphi(r) \qquad \tan(\alpha) = \frac{r'(\varphi) \cdot \tan(\varphi) + r(\varphi)}{r'(\varphi) - r(\varphi) \cdot \tan(\varphi)} \tag{3-64}$$

Der Winkel Ψ zwischen Leitstrahl und Tangente spielt bei Polarkoordinaten eine wesentliche Rolle, ähnlich der der Steigung einer Tangente bei kartesischen Koordinaten (siehe Abb. 3.2.31). tan(ψ) wird auch polare Steigung genannt.

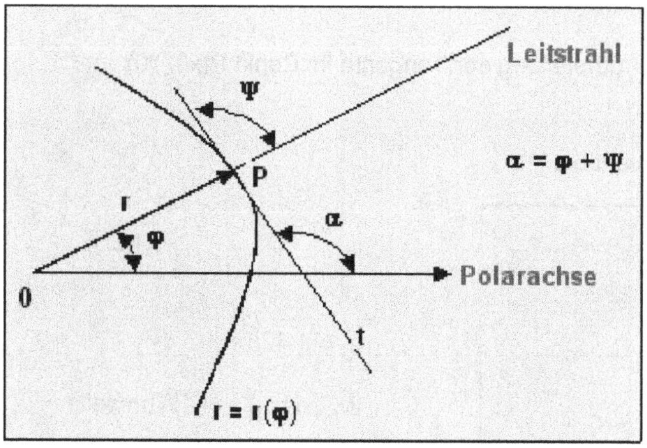

Abb. 3.2.31

Beispiel 3.2.61:

Gegeben ist ein Kreis in Hauptlage. Geben Sie die Kreisgleichung in Polarkoordinaten an.

$x^2 + y^2 = r^2$ implizite Form der Kreisgleichung (Relation)

$y = \sqrt{r^2 - x^2}$

$y = -\sqrt{r^2 - x^2}$ explizite Form der Kreisgleichung

$x = \rho \cdot \cos(\varphi)$

$y = \rho \cdot \sin(\varphi)$ Parametergleichungen des Kreises

Setzen wir die Parametergleichungen in die implizite Form ein, so erhalten wir die Polarkoordinatenform:

$\rho^2 \cdot \cos(\varphi)^2 + \rho^2 \cdot \sin(\varphi)^2 = r^2$ daraus folgt: $\rho = r =$ konstant

$\varphi := 0, 0.01 .. 2 \cdot \pi$ Bereichsvariable

$r(\varphi) := 3$ Kreisgleichung in Polarkoordinatenform

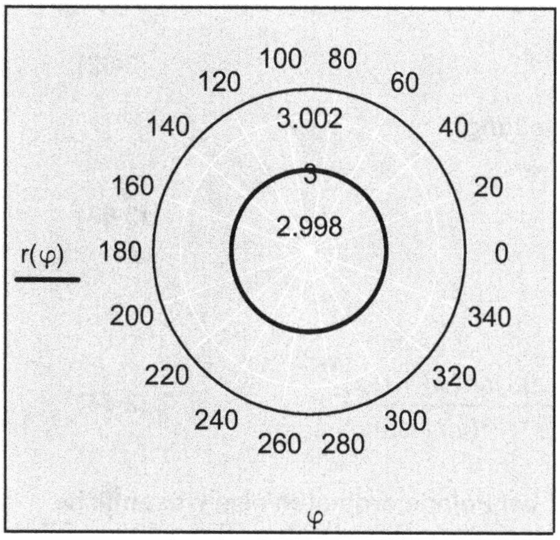

Abb. 3.2.32

Beispiel 3.2.62

Gegeben ist eine Lemniskate in Polarkoordinaten $r^2 = a^2 \cos(2\,\varphi)$. Geben Sie die Gleichung in kartesischen Koordinaten an.

$r^2 = a^2 \cdot \cos(2 \cdot \varphi)$ Gleichung der Lemniskate

Es gelten folgende Beziehungen:

$r^2 = x^2 + y^2$ $\quad \cos(2 \cdot \varphi) = \cos(\varphi)^2 - \sin(\varphi)^2$ $\quad \cos(\varphi) = \frac{x}{r} = \frac{x}{\sqrt{x^2 + y^2}}$ $\quad \sin(\varphi) = \frac{y}{r} = \frac{y}{\sqrt{x^2 + y^2}}$

$x^2 + y^2 = a^2 \cdot \left(\cos(\varphi)^2 - \sin(\varphi)^2\right)$ $\quad \Rightarrow \quad$ $x^2 + y^2 = a^2 \cdot \left(\frac{x^2}{x^2 + y^2} - \frac{y^2}{x^2 + y^2}\right)$ $\quad \Rightarrow$

$\left(x^2 + y^2\right)^2 = a^2 \cdot \left(x^2 - y^2\right)$ implizite Form der Gleichung für die Lemniskate

$\varphi := 0, 0.01 .. 2 \cdot \pi$ Bereichsvariable

$r(\varphi) := 3 \cdot \sqrt{\cos(2 \cdot \varphi)}$ Lemniskate in Polarkoordinatenform (D = [0, 2 π[)

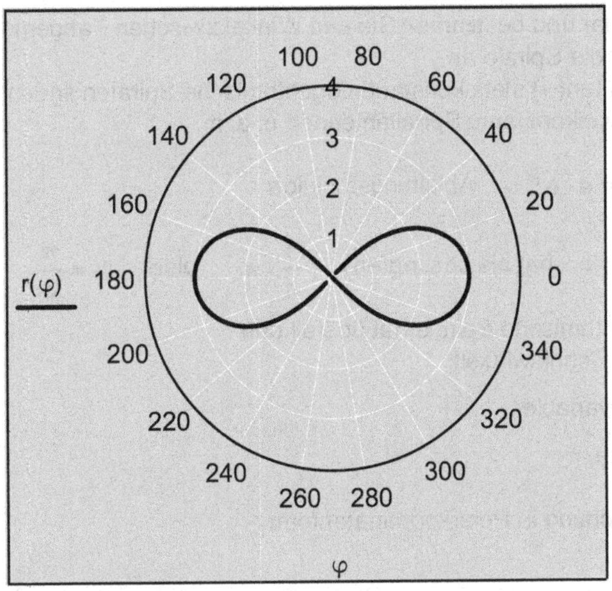

Abb. 3.2.33

Beispiel 3.2.63:

Stellen Sie die archimedische Spirale $r = a\,\varphi$ grafisch dar und bestimmen Sie den Winkel zwischen Tangente und Leitstrahl. Geben Sie eine Parameterdarstellung für die Spirale an.
Die archimedische Spirale ist dadurch gekennzeichnet, dass der Radius linear mit dem Winkel zunimmt, d. h. es entstehen Spiralen, deren Abstände konstant sind. Anwendungen finden sich z.B. bei einer Laufkatze eines Drehkrans (die Laufkatze fährt mit konstanter Geschwindigkeit nach innen oder außen und gleichzeitig dreht sich der Arm des Drehkrans) oder bei einer spiralförmigen Speicherung von Daten auf Langspielplatten oder CDs.

$r(\varphi) = a \cdot \varphi$ Funktion $\quad \frac{d}{d\varphi} r(\varphi) = a$ Ableitungsfunktion

$\tan(\Psi) = \frac{r(\varphi)}{\frac{d}{d\varphi} r(\varphi)} = \frac{a \cdot \varphi}{a} = \varphi$ $\quad \tan(\Psi) = \varphi \quad \Rightarrow \quad \Psi = \arctan(\varphi)$

$\varphi := 0, 0.001 .. 4 \cdot \pi$ Bereichsvariable

$a := 1$ Konstante

$r(\varphi) := a \cdot \varphi$ archimedische Spirale in Polarkoordinatenform

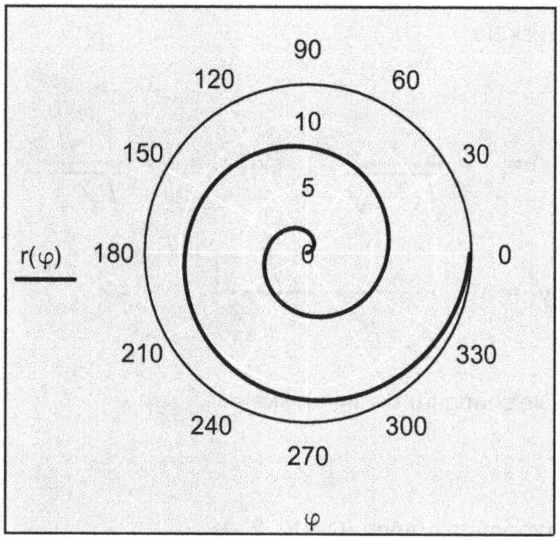

Eine Parameterdarstellung für die archimedische Spirale:

$x = a \cdot \varphi \cdot \cos(\varphi)$

$y = a \cdot \varphi \cdot \sin(\varphi)$

Abb. 3.2.34

Beispiel 3.2.64:

Stellen Sie die logarithmische Spirale $r = a\ e^{\varphi}$ grafisch dar und bestimmen Sie den Winkel zwischen Tangente und Leitstrahl. Geben Sie eine Parameterdarstellung für die Spirale an.
Bei einer logarithmischen Spirale ist die polare Steigung $\tan(\psi)$ stets konstant! Logarithmische Spiralen finden wir z. B. bei Radialturbinenschaufeln, Fräserformen, winkelkonstante Spirallantennen u. a. m.

$r(\varphi) = a \cdot e^{\varphi}$ Funktion

$\frac{d}{d\varphi} r(\varphi) = a \cdot e^{\varphi}$ Ableitungsfunktion

$\tan(\Psi) = \frac{r(\varphi)}{\frac{d}{d\varphi} r(\varphi)} = \frac{a \cdot e^{\varphi}}{a \cdot e^{\varphi}} = 1 = \text{konstant}$

$\tan(\Psi) = 1$ hat als Lösung(en) $\frac{1}{4} \cdot \pi$ also $\Psi = \frac{\pi}{4}$

Die logarithmische Spirale hat überall den gleichen Schnittwinkel!

$\varphi := 0, 0.01 .. 2 \cdot \pi$ Bereichsvariable

$a := 0.1$ Konstante

$r(\varphi) := a \cdot e^{\varphi}$ Kreisgleichung in Polarkoordinatenform

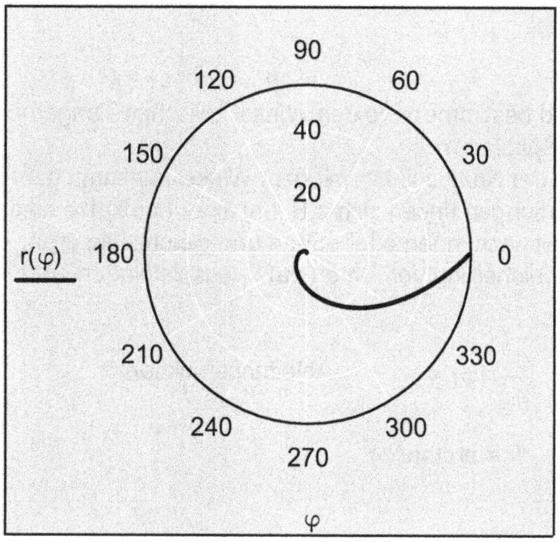

Eine Parameterdarstellung für die logarithmische Spirale:

$x = a \cdot e^{\varphi} \cdot \cos(\varphi)$

$y = a \cdot e^{\varphi} \cdot \sin(\varphi)$

Abb. 3.2.35

Beispiel 3.2.65:

Stellen Sie die hyperbolische Spirale r = a /φ grafisch dar und bestimmen Sie den Winkel zwischen Tangente und Leitstrahl. Geben Sie eine Parameterdarstellung für die Spirale an.

$r(\varphi) = \frac{a}{\varphi}$ Funktion $\frac{d}{d\varphi}r(\varphi) = \frac{-a}{\varphi^2}$ Ableitungsfunktion

$\tan(\Psi) = \frac{r(\varphi)}{\frac{d}{d\varphi}r(\varphi)} = \frac{\frac{a}{\varphi}}{\frac{-a}{\varphi^2}} = -\varphi$ $\tan(\Psi) = -\varphi$ $\Rightarrow$ $\Psi = -\arctan(\varphi)$

$\varphi := 0.5, 0.5 + 0.001 .. \pi$ Bereichsvariable

$a := 1$

$r(\varphi) := \frac{a}{\varphi}$ hyperbolische Spirale in Polarkoordinatenform

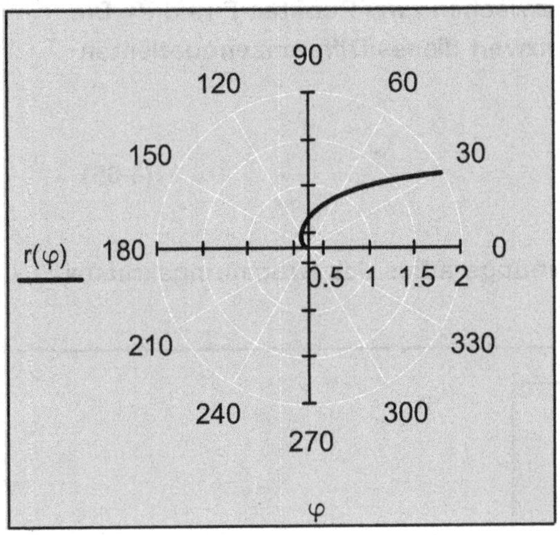

Eine Parameterdarstellung für die hyperbolische Spirale:

$x = \frac{a}{\varphi}\cdot\cos(\varphi)$

$y = \frac{a}{\varphi}\cdot\sin(\varphi)$

Abb. 3.2.36

Beispiel 3.2.66:

Stellen Sie die Kardioide (Herzkurve) r = 2 a (1 + cos(φ)) grafisch dar und bestimmen Sie den Winkel zwischen Tangente und Leitstrahl.

$r(\varphi) = 2\cdot a\cdot(1+\cos(\varphi))$ Funktion $\frac{d}{d\varphi}r(\varphi) = -2\cdot a\cdot\sin(\varphi)$ Ableitungsfunktion

$$\tan(\Psi) = \frac{r(\varphi)}{\frac{d}{d\varphi}r(\varphi)} = \frac{2\cdot a\cdot(1+\cos(\varphi))}{-2\cdot a\cdot\sin(\varphi)} = \frac{-2\cdot\cos\left(\frac{\varphi}{2}\right)^2}{2\cdot\sin\left(\frac{\varphi}{2}\right)\cdot\cos\left(\frac{\varphi}{2}\right)} = -\cot\left(\frac{\varphi}{2}\right) = \tan\left(\frac{\varphi}{2}+\frac{\pi}{2}\right) \Rightarrow \Psi = \frac{\varphi}{2}+\frac{\pi}{2}$$

$\varphi := 0, 0.001 .. 2\cdot\pi$ Bereichsvariable

$a := 2$ Konstante

$r(\varphi) := 2\cdot a\cdot(1+\cos(\varphi))$ Kreisgleichung in Polarkoordinatenform

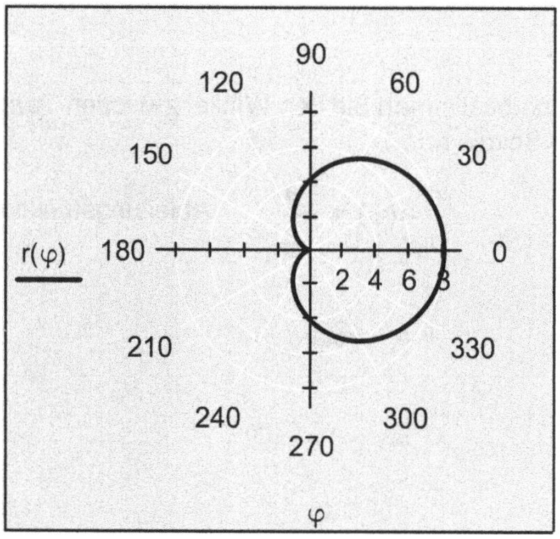

Abb. 3.2.37

3.2.14 Krümmung ebener Kurven

Die Änderung des Steigungswinkels $\Delta\alpha$, bezogen auf die Änderung der Bogenlänge Δs, ist ein Maß für die Stärke der mittleren Krümmung der Kurve zwischen zwei Punkten P und P_1. Die Krümmung im Punkt P wird dementsprechend als Grenzwert dieses Differenzenquotienten definiert:

$$\kappa = \lim_{\Delta s \to 0} \frac{\Delta\alpha}{\Delta s} = \frac{d}{ds}\alpha \qquad \textbf{(3-65)}$$

Der Kehrwert ρ der Krümmung in P $\rho = \frac{1}{\kappa}$ ist der Krümmungsradius des Krümmungskreises in P.

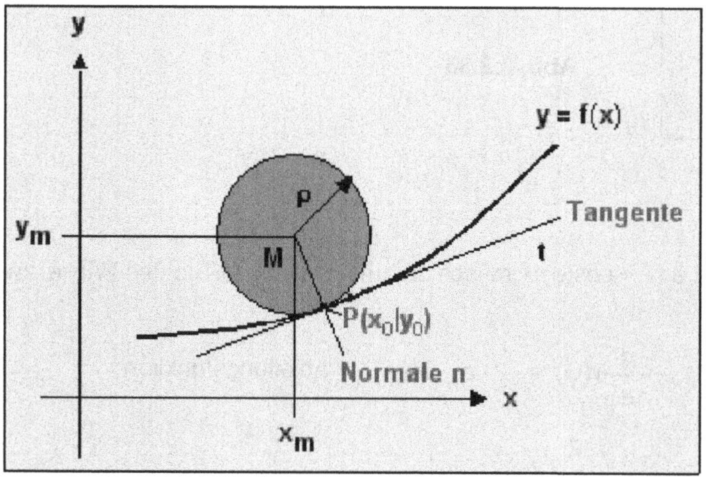

Abb. 3.2.38

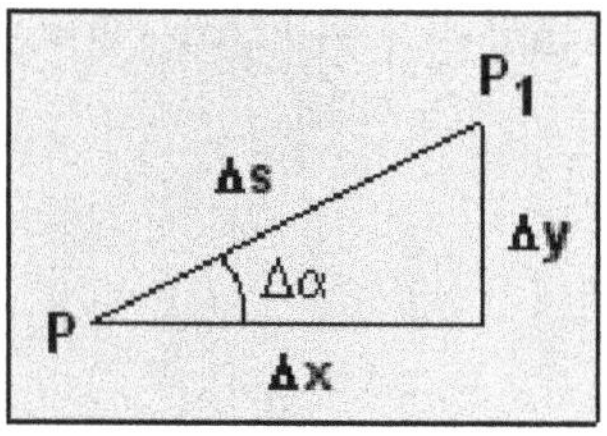

Abb. 3.2.39

Näherungsweise gilt nach Abb. 3.2.39 für die Bogenlänge:

$$\Delta s = \sqrt{\Delta x^2 + \Delta y^2} \qquad \text{bzw.} \qquad \frac{\Delta s}{\Delta x} = \sqrt{1 + \left(\frac{\Delta y}{\Delta x}\right)^2}$$

Durch den Grenzübergang, wenn y = f(x) differenzierbar ist, ergibt sich dann für die Bogenlänge:

$$\lim_{\Delta x \to 0} \frac{\Delta s}{\Delta x} = \frac{d}{dx}s = \sqrt{1 + y'(x)^2}$$

Mit $\tan(\alpha) = y'(x)$ und damit $\alpha = \arctan(y'(x))$ erhalten wir mit der Kettenregel die Krümmung:

$$\kappa = \frac{d}{ds}\alpha = \frac{d}{dx}\left(\alpha \cdot \frac{d}{ds}x\right) = \frac{d}{dx}\left(\arctan(y'(x)) \cdot \frac{d}{ds}x\right) = \frac{1}{1 + y'(x)^2} \cdot y''(x) \cdot \frac{1}{\sqrt{1 + y'(x)^2}} = \frac{y''(x)}{\left(1 + y'(x)^2\right)^{\frac{3}{2}}}$$

Funktionsdarstellungen:

$y = f(x)$, $P(x \mid y)$ **$x = x(t)$, $y = y(t)$, $P(x \mid y)$** **$r = r(\varphi)$, $P(\varphi \mid r)$**

Krümmung:

$$\kappa = \frac{y''(x)}{\left(1 + y'(x)^2\right)^{\frac{3}{2}}} \qquad \kappa = \frac{x_t \cdot y_{tt} - y_t \cdot x_{tt}}{\left(x_t^2 + y_t^2\right)^{\frac{3}{2}}} \qquad \kappa = \frac{r^2 + 2 \cdot r'^2 - r \cdot r''}{\left(r^2 + r'^2\right)^{\frac{3}{2}}} \qquad \text{(3-66)}$$

Krümmungsmittelpunkt:

$$x_m = x - \frac{1 + y'(x)^2}{y''(x)} \cdot y'(x) \qquad x_m = x - \frac{x_t^2 + y_t^2}{x_t \cdot y_{tt} - y_t \cdot x_{tt}} \cdot y_t \qquad \text{(3-67)}$$

$$y_m = y(x) + \frac{1 + y'(x)^2}{y''(x)} \qquad y_m = y + \frac{x_t^2 + y_t^2}{x_t \cdot y_{tt} - y_t \cdot x_{tt}} \cdot x_t$$

Bei waagrechter Tangente (Extremstellen x_0) gilt: $y'(x_0) = 0$.
Für die Krümmung vereinfacht sich dann die erste Beziehung in (3-66) zu:

$$\kappa = \frac{1}{\rho} = y''(x_0) \qquad \text{(3-68)}$$

Damit kann mit der zweiten Ableitung eine qualitative Aussage gemacht werden, ob eine Kurve links- (κ positiv) oder rechtsgekrümmt (κ negativ) ist.

Die alle Mittelpunkte der Krümmungskreise verbindende Kurve heißt Evolute (entwickeln, entfalten) der Ausgangsfunktion $y = f(x)$. Der Graf von $y = f(x)$ heißt in diesem Zusammenhang Evolvente (hervorwälzen, herauswickeln) der betreffenden Evolute.

Krümmung und Krümmungsradius für eine Funktion $y = f(x)$:

$$\kappa(f, x) := \frac{\frac{d^2}{dx^2}f(x)}{\left[1 + \left(\frac{d}{dx}f(x)\right)^2\right]^{\frac{3}{2}}} \qquad \rho(f, x) := \frac{\left[1 + \left(\frac{d}{dx}f(x)\right)^2\right]^{\frac{3}{2}}}{\frac{d^2}{dx^2}f(x)}$$

Beispiel 3.2.67:

Bestimmen Sie die Krümmung und Krümmungsmittelpunkte in einem beliebigen Kurvenpunkt und die Krümmung und den Krümmungsmittelpunkt sowie auch den Krümmungsradius im Punkt P(0|0) der Funktion $y = x^2$.

$f(x) := x^2$ $\quad y'(x) = 2 \cdot x$ $\quad y''(x) = 2$ $\quad$ gegebene Funktion und deren Ableitungen

$$\kappa = \frac{y''(x)}{\left(1 + y'(x)^2\right)^{\frac{3}{2}}} = \frac{2}{\left(1 + 4 \cdot x^2\right)^{\frac{3}{2}}} \qquad x := x \qquad \kappa(f, x) \rightarrow \frac{2}{\left(4 \cdot x^2 + 1\right)^{\frac{3}{2}}}$$ Krümmungsfunktion

Krümmungsmittelpunkte:

$$x_m = x - \frac{1 + y'(x)^2}{y''(x)} \cdot y'(x) = x - \frac{1 + 4 \cdot x^2}{2} \cdot 2 \cdot x$$ vereinfacht auf $$x_m = x - \frac{1 + y'(x)^2}{y''(x)} \cdot y'(x) = -4 \cdot x^3$$

$$y_m = y(x) + \frac{1 + y'(x)^2}{y''(x)} = x^2 + \frac{1 + 4 \cdot x^2}{2}$$ vereinfacht auf $$y_m = y(x) + \frac{1 + y'(x)^2}{y''(x)} = 3 \cdot x^2 + \frac{1}{2}$$

$x_m(x) := -4 \cdot x^3$

$y_m(x) := 3 \cdot x^2 + \frac{1}{2}$

Parametergleichungen der Krümmungsmittelpunkte (Semikubische Parabel - Neil'sche-Parabel)

Mit P(0|0) gilt: $\quad \kappa(f, 0) = 2$ Krümmung $\quad \rho := \frac{1}{\kappa(f, 0)}$ $\quad \rho \rightarrow \frac{1}{2}$ Krümmungsradius

$x_m(0) = 0$

$y_m(0) = 0.5$

Koordinaten des Krümmungsmittelpunktes im Punkt P

$x := -5, -5 + 0.01 .. 5$ Bereichsvariable

$x1(\varphi) := \rho \cdot \cos(\varphi)$

$y1(\varphi) := \rho \cdot \sin(\varphi) + \rho$

Parameterdarstellung für den Krümmungskreis

$\varphi := 0, 0.01 .. 2 \cdot \pi$ Bereichsvariable

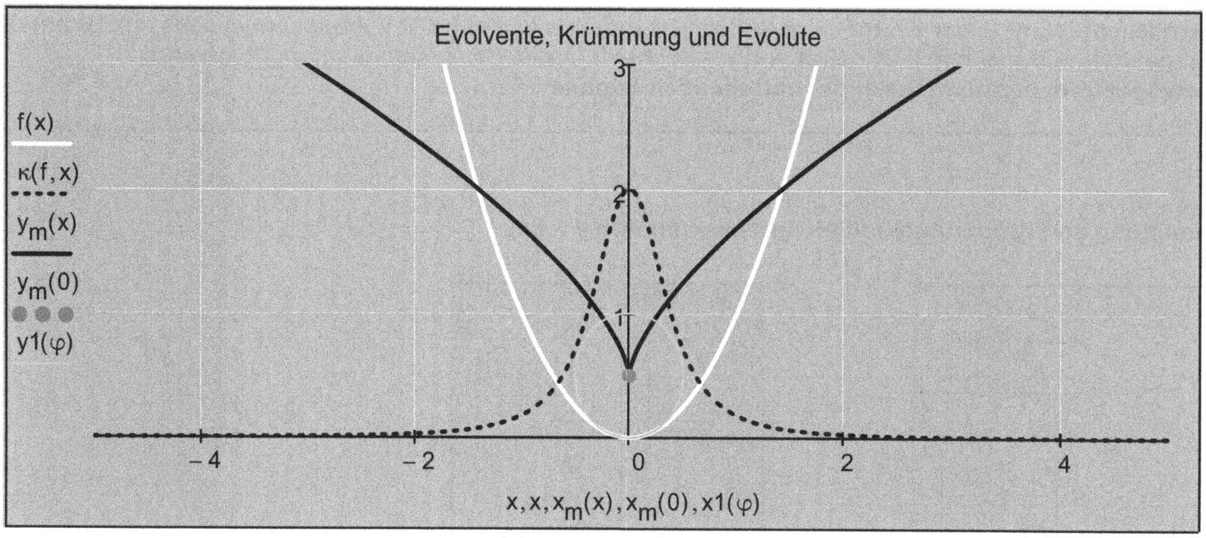

Abb. 3.2.40

Beispiel 3.2.68:

Bestimmen Sie die Krümmung und Krümmungsmittelpunkte in einem beliebigen Kurvenpunkt und die Krümmung und den Krümmungsmittelpunkt sowie auch den Krümmungsradius im Punkt P(π/2|1) der Funktion y = sin(x).

$y = \sin(x) \qquad y'(x) = \cos(x) \qquad y''(x) = -\sin(x)$ gegebene Funktion und deren Ableitungen

$$\kappa = \frac{y''(x)}{\left(1 + y'(x)^2\right)^{\frac{3}{2}}} = \frac{-\sin(x)}{\left(1 + \cos(x)^2\right)^{\frac{3}{2}}}$$ Krümmungsfunktion

Krümmungsmittelpunkte:

$$x_m = x - \frac{1 + y'(x)^2}{y''(x)} \cdot y'(x) = x - \frac{1 + \cos(x)^2}{-\sin(x)} \cdot \cos(x) = \frac{x \cdot \sin(x) + \cos(x) + \cos(x)^3}{\sin(x)}$$

$$y_m = y(x) + \frac{1 + y'(x)^2}{y''(x)} = \sin(x) + \frac{1 + \cos(x)^2}{-\sin(x)} = -2 \cdot \frac{\cos(x)^2}{\sin(x)}$$

Für P(π/2|1) gilt:

$\kappa = -1$ und $\rho = \frac{1}{\kappa} = -1$

$x_m = \frac{\pi}{2}$ und $y_m = 0$

$x := -2 \cdot \pi, -2 \cdot \pi + 0.01 .. 2 \cdot \pi$ Bereichsvariable

$f(x) := \sin(x)$ gegebene Funktion

$$x_m(x) := \frac{x \cdot \sin(x) + \cos(x) + \cos(x)^3}{\sin(x)}$$

$$y_m(x) := -2 \cdot \frac{\cos(x)^2}{\sin(x)}$$

Parametergleichungen der Krümmungsmittelpunkte

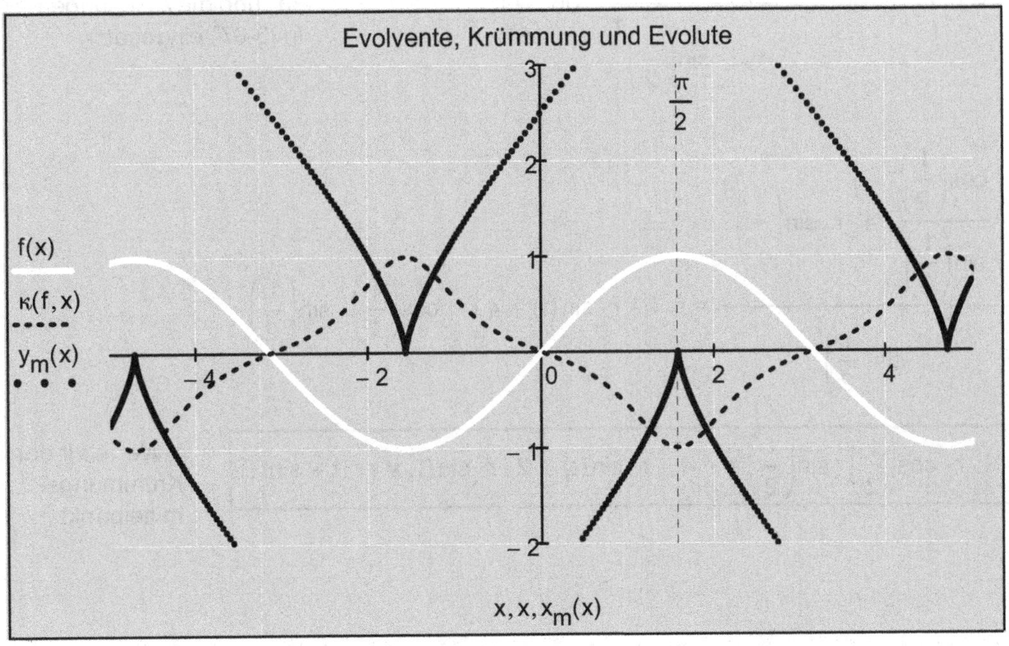

Abb. 3.2.41

Beispiel 3.2.69:

Bestimmen Sie die Krümmung und Krümmungsmittelpunkte in einem beliebigen Kurvenpunkt der Funktion x = r (t - sin(t)) und y = r (1 - cos(t)) (spitze Zykloide).

$x = r(t - \sin(t)) \qquad y = r\cdot(1-\cos(t))$ Parametergleichungen der Zykloide

$x_t = r(1-\cos(t)) \qquad y_t = r\cdot\sin(t)$ Ableitungen der Parametergleichungen

$y' = \frac{y_t}{x_t} = \frac{r\cdot\sin(t)}{r\cdot(1-\cos(t))} = \cot\left(\frac{t}{2}\right)$ wegen $1-\cos(t) = 2\cdot\sin\left(\frac{t}{2}\right)^2$ erste Ableitung

$\sin(t) = 2\cdot\sin\left(\frac{t}{2}\right)\cdot\cos\left(\frac{t}{2}\right)$

$$y'' = \frac{\frac{d}{dt}y'}{\frac{d}{dt}x} = \frac{\frac{-1}{\sin\left(\frac{t}{2}\right)^2}\cdot\frac{1}{2}}{2\cdot r\cdot\sin\left(\frac{t}{2}\right)^2} = \frac{-1}{4\cdot r\cdot\sin\left(\frac{t}{2}\right)^4}$$ zweite Ableitung

$$\kappa = \frac{y''}{\left(1+y'^2\right)^{\frac{3}{2}}} = \frac{\frac{-1}{4\cdot r\cdot\sin\left(\frac{t}{2}\right)^4}}{\left(1+\cot\left(\frac{t}{2}\right)^2\right)^{\frac{3}{2}}} = \frac{\frac{-1}{4\cdot r\cdot\sin\left(\frac{t}{2}\right)^4}}{\left(\frac{1}{\sin\left(\frac{t}{2}\right)^2}\right)^{\frac{3}{2}}} = \frac{-1}{4\cdot r\cdot\sin\left(\frac{t}{2}\right)}$$

Krümmungsfunktion in Parameterform

$$x_m = x - \frac{y'}{y''}\cdot\left(1+y'^2\right) = r\cdot t - r\cdot\sin(t) - \frac{\cot\left(\frac{t}{2}\right)}{\frac{-1}{4\cdot r\cdot\sin\left(\frac{t}{2}\right)^4}}\cdot\sin\left(\frac{t}{2}\right)^2$$

x(t) und die Ableitungen in (3-67) eingesetzt

$$x_m = r\cdot t - r\cdot\sin(t) + \frac{\frac{\cos\left(\frac{t}{2}\right)}{\sin\left(\frac{t}{2}\right)}\cdot 4\cdot r\cdot\sin\left(\frac{t}{2}\right)^4}{\sin\left(\frac{t}{2}\right)^2} = r\cdot t - r\cdot\sin(t) + 4\cdot r\cdot\cos\left(\frac{t}{2}\right)\cdot\sin\left(\frac{t}{2}\right)$$

$$x_m = r\cdot t - r\cdot\sin(t) + 4\cdot r\cdot\cos\left(\frac{t}{2}\right)\cdot\sin\left(\frac{t}{2}\right) = r\cdot t - r\cdot\sin(t) + 2\cdot r\cdot\sin(t) = r\cdot(t+\sin(t))$$

x-Werte für den Krümmungsmittelpunkt

$$y_m = y + \frac{1 + y'^2}{y''} = r - r \cdot \cos(t) + \frac{1}{\frac{-1}{4 \cdot r \cdot \sin\left(\frac{t}{2}\right)^4}} \cdot \frac{1}{\sin\left(\frac{t}{2}\right)^2} = r - r \cdot \cos(t) - 4 \cdot r \cdot \sin\left(\frac{t}{2}\right)^2$$

y(t) und die Ableitungen in (3-67) eingesetzt

$$y_m = r - r \cdot \cos(t) - 4 \cdot r \cdot \sin\left(\frac{t}{2}\right)^2 = r \cdot (1 - \cos(t)) - 4 \cdot r \cdot \sin\left(\frac{t}{2}\right)^2 = r \cdot 2 \cdot \sin\left(\frac{t}{2}\right)^2 - 4 \cdot r \cdot \sin\left(\frac{t}{2}\right)^2$$

$$y_m = -2 \cdot r \cdot \sin\left(\frac{t}{2}\right)^2 = -r \cdot (1 - \cos(t))$$

$t := 0, 0.01 .. 15$ Bereichsvariable

$r := 2$ gewählter Abrollkreisradius

$x(t) := r \cdot (t - \sin(t))$

Funktion in Parameterdarstellung

$y(t) := r \cdot (1 - \cos(t))$

$$\kappa(t) := \frac{-1}{4 \cdot r \cdot \sin\left(\frac{t}{2}\right)}$$ Krümmungsfunktion

$x_m(t) := r \cdot (t + \sin(t))$

Parametergleichungen der Krümmungsmittelpunkte (Evolute-verschobene Zykloide)

$y_m(t) := -r \cdot (1 - \cos(t))$

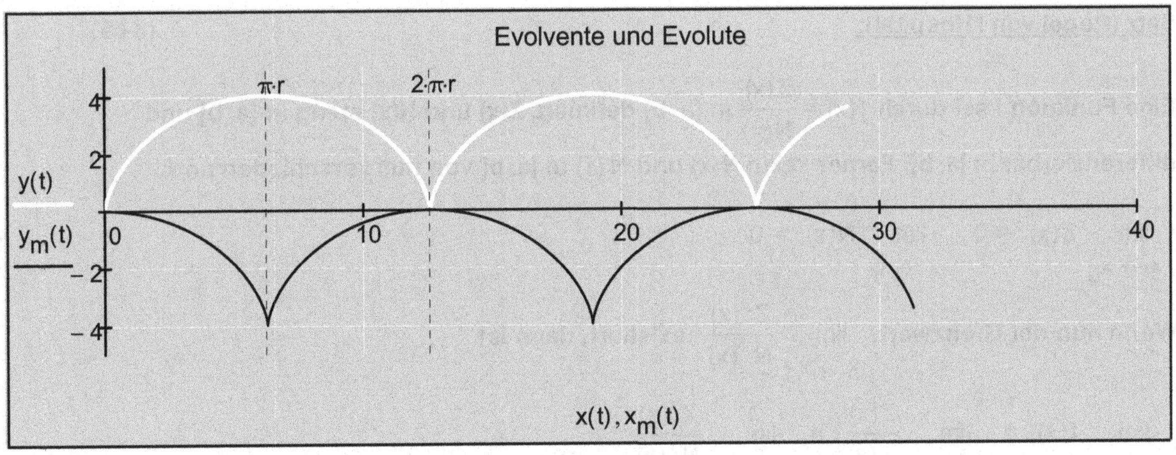

Abb. 3.2.42

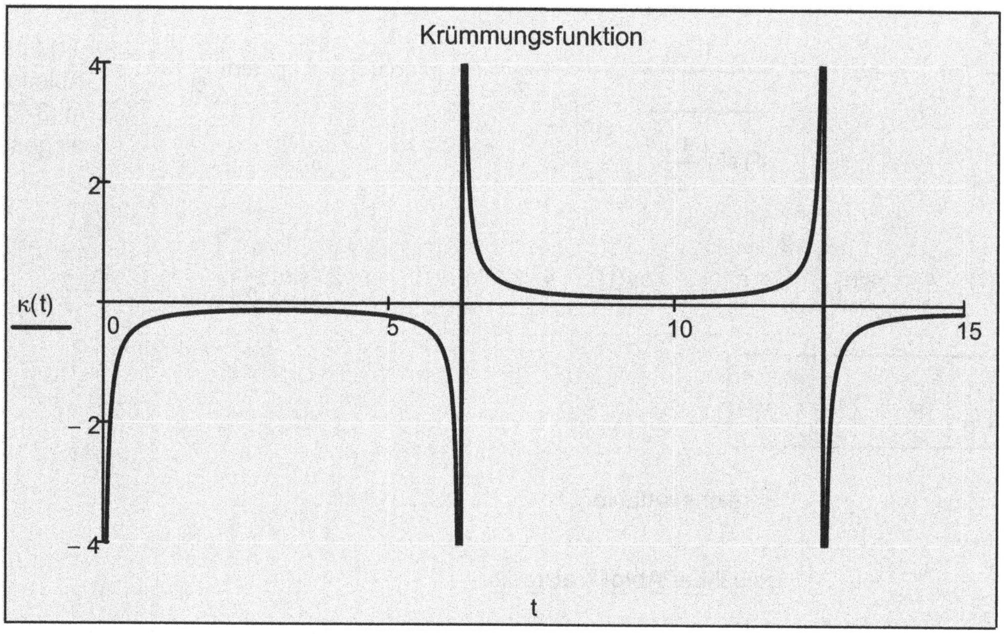

Abb. 3.2.43

3.2.15 Grenzwerte von unbestimmten Ausdrücken

Öfters ergeben sich bei der Anwendung der bekannten Grenzwertsätze (siehe Abschnitt 2.1) unbestimmte Ausdrücke (unbestimmte Formen) der folgender Form:

$$\frac{0}{0}, \frac{\infty}{\infty}, 0 \cdot \infty, \infty - \infty, 0^0, \infty^0, 1^\infty .$$

Mithilfe eines Satzes von Johann Bernoulli (von De l'Hospital veröffentlicht-daher auch Regel von l'Hospital genannt) ist es unter bestimmten Voraussetzungen möglich, diese Grenzwerte zu finden.

Satz (Regel von l'Hospital): **(3-69)**

Eine Funktion f sei durch $f(x) = \frac{Z(x)}{N(x)}$ **in [a, b] definiert, Z(x) und N(x) stetig in [a, b] und differenzierbar in]a, b[. Ferner seien N(x) und N'(x) in]a, b[von null verschieden und**

$$\lim_{x \to x_0} Z(x) = 0, \quad \lim_{x \to x_0} N(x) = 0.$$

Wenn nun der Grenzwert $\lim_{x \to x_0} \frac{Z'(x)}{N'(x)}$ **existiert, dann ist**

$$\lim_{x \to x_0} f(x) = \lim_{x \to x_0} \frac{Z(x)}{N(x)} = \lim_{x \to x_0} \frac{Z'(x)}{N'(x)} .$$

Beispiel 3.2.70:

Bestimmen Sie folgende Grenzwerte, die auf Ausdrücke der Form $\frac{0}{0}$, $\frac{\infty}{\infty}$ führen:

(1) $y = \frac{\sin(x)}{x}$ gegebene Funktion

$\lim_{x \to 0} \frac{\sin(x)}{x} = \frac{0}{0}$ $\underset{\text{l'Hospital}}{\Rightarrow}$ $\lim_{x \to 0} \frac{\cos(x)}{1} = 1$ Damit gilt: $\lim_{x \to 0} \frac{\sin(x)}{x} = 1$

$\lim_{x \to 0} \frac{\sin(x)}{x} \to 1$ Berechnung mit Mathcad

(2) $y = \frac{1 - \cos(x)}{x^2}$ gegebene Funktion

$\lim_{x \to 0} \frac{1 - \cos(x)}{x^2} = \frac{0}{0}$ $\underset{\text{l'Hospital}}{\Rightarrow}$ $\lim_{x \to 0} \frac{\sin(x)}{2 \cdot x} = \frac{0}{0}$ $\underset{\text{l'Hospital}}{\Rightarrow}$ $\lim_{x \to 0} \frac{\cos(x)}{2} = \frac{1}{2}$

Damit gilt: $\lim_{x \to 0} \frac{1 - \cos(x)}{x^2} = \frac{1}{2}$ Oder mit Mathcad: $\lim_{x \to 0} \frac{1 - \cos(x)}{x^2} \to \frac{1}{2}$

(3) $y = \frac{\ln(x)}{x^n}$ gegebene Funktion

$\lim_{x \to \infty} \frac{\ln(x)}{x^n} = \frac{\infty}{\infty}$ $\underset{\text{l'Hospital}}{\Rightarrow}$ $\lim_{x \to \infty} \frac{\frac{1}{x}}{n \cdot x^{n-1}} = \lim_{x \to \infty} \frac{1}{n \cdot x^n} = 0$

Damit gilt: $\lim_{x \to \infty} \frac{\ln(x)}{x^n} = 0$ Oder mit Mathcad: $\lim_{x \to \infty} \frac{\ln(x)}{x^n} \to 0$

(4) $y = \frac{x^2}{e^x}$ gegebene Funktion

$\lim_{x \to \infty} \frac{x^2}{e^x} = \frac{\infty}{\infty}$ $\underset{\text{l'Hospital}}{\Rightarrow}$ $\lim_{x \to \infty} \frac{2 \cdot x}{e^x} = \frac{\infty}{\infty}$ $\underset{\text{l'Hospital}}{\Rightarrow}$ $\lim_{x \to \infty} \frac{2}{e^x} = 0$

Damit gilt: $\lim_{x \to \infty} \frac{x^2}{e^x} = 0$ Oder mit Mathcad: $\lim_{x \to \infty} \frac{x^2}{e^x} \to 0$

Beispiel 3.2.71:

Bestimmen Sie folgende Grenzwerte, die auf unbestimmte Ausdrücke der Form $0 \cdot \infty$, $\infty - \infty$ führen.

$0 \cdot \infty$ wird auf $\frac{0}{0}$ oder $\frac{\infty}{\infty}$ umgeformt.

$\infty - \infty$ wird auf $\frac{0}{0}$ umgeformt.

(1) $y = x \cdot \ln(x)$ gegebene Funktion

$$\lim_{x \to 0} (x \cdot \ln(x)) = 0 \cdot (-\infty) \quad \underset{\textbf{Umformung}}{\Rightarrow} \quad \lim_{x \to 0} \frac{x}{\frac{1}{\ln(x)}} = \frac{0}{0}$$

$$\underset{\textbf{l'Hospital}}{\Rightarrow} \quad \lim_{x \to 0} \frac{1}{\frac{-1}{\ln(x)^2} \cdot \frac{1}{x}} = \lim_{x \to 0} \left(-x \cdot \ln(x)^2\right) = 0 \cdot \infty$$ führt zu keinem Ergebnis

Umformung auf $\frac{\infty}{\infty}$:

$$\lim_{x \to 0} \frac{\ln(x)}{\frac{1}{x}} = \frac{\infty}{\infty} \quad \underset{\textbf{l'Hospital}}{\Rightarrow} \quad \lim_{x \to 0} \frac{\frac{1}{x}}{\frac{-1}{x^2}} = \lim_{x \to 0} -x = 0$$

Damit gilt: $\lim_{x \to 0} (x \cdot \ln(x)) = 0$ Oder mit Mathcad: $\lim_{x \to 0} (x \cdot \ln(x)) \to 0$

(2) $y = (\pi - x) \cdot \tan\left(\frac{x}{2}\right)$ gegebene Funktion

$$\lim_{x \to \pi} \left[(\pi - x) \cdot \tan\left(\frac{x}{2}\right)\right] = 0 \cdot \infty \quad \underset{\textbf{Umformung}}{\Rightarrow} \quad \lim_{x \to \pi} \frac{\pi - x}{\cot\left(\frac{x}{2}\right)} = \frac{0}{0}$$

$$\underset{\textbf{l'Hospital}}{\Rightarrow} \quad \lim_{x \to \pi} \frac{-1}{\frac{-1}{2} \cdot \frac{1}{\sin\left(\frac{x}{2}\right)^2}} = \lim_{x \to \pi} \left(2 \cdot \sin\left(\frac{x}{2}\right)^2\right) = 2$$

Damit gilt: $\lim_{x \to \pi} \left[(\pi - x) \cdot \tan\left(\frac{x}{2}\right)\right] = 2$ Oder mit Mathcad: $\lim_{x \to \pi} \left[(\pi - x) \cdot \tan\left(\frac{x}{2}\right)\right] \to 2$

(3) $y = \frac{1}{x} - \frac{1}{\sin(x)}$ gegebene Funktion

$$\lim_{x \to 0} \left(\frac{1}{x} - \frac{1}{\sin(x)}\right) = \infty - \infty \quad \underset{\textbf{Umformung}}{\Rightarrow} \quad \lim_{x \to 0} \frac{\sin(x) - x}{x \cdot \sin(x)} = \frac{0}{0} \quad \underset{\textbf{l'Hospital}}{\Rightarrow} \quad \lim_{x \to 0} \frac{\cos(x) - 1}{\sin(x) + x \cdot \cos(x)} = \frac{0}{0}$$

$$\underset{\text{l'Hospital}}{\Rightarrow} \quad \lim_{x \to 0} \frac{-\sin(x)}{\cos(x) + \cos(x) - x \cdot \sin(x)} = 0$$

Damit gilt: $\lim_{x \to 0} \left(\frac{1}{x} - \frac{1}{\sin(x)} \right) = 0$

Beispiel 3.2.72:

Bestimmen Sie folgende Grenzwerte, die auf unbestimmte Ausdrücke der Form 0^0, ∞^0, 1^∞ führen.

Wir schreiben statt $u(x)^{v(x)}$: $(e^{\ln(u(x))})^{v(x)} = e^{v(x)\ln(u(x))}$

(1) $y = x^x$ gegebene Funktion

$$\lim_{x \to 0} x^x = \lim_{x \to 0} \left(e^{\ln(x)}\right)^x \underset{\text{Umformung}}{\Rightarrow} \lim_{x \to 0} e^{x \cdot \ln(x)} = e^{\lim_{x \to 0} (x \cdot \ln(x))} = e^0 = 1$$

siehe Beispiel 3.2.71 (1)

Damit gilt: $\lim_{x \to 0} x^x = 1$ Oder mit Mathcad: $\lim_{x \to 0} x^x \to 1$

(2) $y = x^{\frac{1}{x}}$ gegebene Funktion

$$\lim_{x \to \infty} x^{\frac{1}{x}} = \infty^0 \underset{\text{Umformung}}{\Rightarrow} \lim_{x \to \infty} e^{\ln\left(x^{\frac{1}{x}}\right)} = \lim_{x \to \infty} e^{\frac{1}{x} \cdot \ln(x)} = e^{\lim_{x \to \infty} \left(\frac{1}{x} \cdot \ln(x)\right)} = e^0 = 1$$

siehe Beispiel 3.2.70 (3)

Damit gilt: $\lim_{x \to \infty} x^{\frac{1}{x}} = 1$ Oder mit Mathcad: $\lim_{x \to \infty} x^{\frac{1}{x}} \to 1$

(3) $y = \left(1 + \frac{k}{x}\right)^x$ gegebene Funktion

$$\lim_{x \to \infty} \left(1 + \frac{k}{x}\right)^x = 1^\infty \underset{\text{Umformung}}{\Rightarrow} \lim_{x \to \infty} e^{x \cdot \ln\left(1 + \frac{k}{x}\right)} = e^{\lim_{x \to \infty} \left(x \cdot \ln\left(1 + \frac{k}{x}\right)\right)}$$

$$\lim_{x \to \infty} \left(x \cdot \ln\left(1 + \frac{k}{x}\right)\right) = \infty \cdot 0 \underset{\text{Umformung}}{\Rightarrow} \lim_{x \to \infty} \frac{\ln\left(1 + \frac{k}{x}\right)}{\frac{1}{x}} = \frac{0}{0}$$

$$\underset{\text{l'Hospital}}{\Rightarrow} \quad \lim_{x \to \infty} \frac{\frac{1}{1 + \frac{k}{x}} \cdot \left(\frac{-k}{x^2}\right)}{\frac{-1}{x^2}} = \lim_{x \to \infty} \left(\frac{k}{1 + \frac{k}{x}}\right) = k$$

Damit gilt: $\lim_{x \to \infty} \left(1 + \frac{k}{x}\right)^x = e^k$ Oder mit Mathcad: $\lim_{x \to \infty} \left(1 + \frac{k}{x}\right)^x \to e^k$

3.3 Kurvenuntersuchungen

Mithilfe der Differentialrechnung können für eine Funktion f: y = f(x) nicht nur die Tangenten in den einzelnen Kurvenpunkten ermittelt werden, sondern es können auch für den Kurvenverlauf wichtige Punkte (Hoch- und Tiefpunkte; Wendepunkte) bestimmt werden. Die Untersuchung der Monotonie und des Krümmungsverhaltens von f gibt weitere wichtige Hinweise für den Kurvenverlauf. Die Anwendung der Differentialrechnung in diesem Sinne auf die Behandlung von Kurven wird als Kurvendiskussion bezeichnet.

Bei einer Kurvendiskussion wollen wir folgende Punkte berücksichtigen:

a) Von welcher Art ist die zu untersuchende Funktion?
b) Bestimmung der Definitionsmenge (Sprungstellen, Lücken, Pole).
c) Untersuchung der Funktion auf Nullstellen (siehe dazu Nullstellensatz, Abschnitt 2.2.1),
d) Symmetrieeigenschaften (Axialsymmetrie (f(- x) = f(x)) und Zentralsymmetrie (f(- x) = - f(x)).
e) Untersuchung der Funktion auf Asymptoten.
f) Extremwerte (Hoch- und Tiefpunkte):
Wenn eine Funktion f innerhalb eines bestimmten Intervalls I = [a, b] der Stelle x_0 einen größten bzw. kleinsten Wert besitzt, so hat die Funktion f an dieser Stelle ein absolutes Maximum bzw. Minimum. Befinden sich innerhalb des Intervalls I mehrere größte und kleinste Werte, so hat die Funktion f ein relatives Maximum (oder mehrere Maxima) bzw. ein relatives Minimum (oder mehrere Minima). Maxima und Minima heißen Extrema. x_0 heißt Extremstelle. Über den Extremstellen befinden sich die Hochpunkte $H(x_k|y_k)$ bzw. Tiefpunkte $T_i(x_k|y_k)$. Siehe dazu Extremwertsatz, Abschnitt 2.2.1.

Notwendige Bedingung für ein relatives (lokales) Extremum:

Ist f(x) an der Stelle x_0 differenzierbar, dann ist x_0 eine relative Extremstelle, wenn $f'(x_0) = 0$ gilt.

Hinreichende Bedingung für ein relatives (lokales) Extremum:

$f'(x_0) = 0$ und $f''(x_0) > 0 \Rightarrow$ Minimum an der Stelle x_0
$f'(x_0) = 0$ und $f''(x_0) < 0 \Rightarrow$ Maximum an der Stelle x_0

$x := -1, -1 + 0.01 .. 5$ Bereichsvariable

$f(x) := (x-2)^2 + 1$ $f_x(x) := 4 \cdot (x-2)$ $f_{xx}(x) := 4$ Funktion und Ableitungen

$g(x) := -(x-2)^2 + 1$ $g_x(x) := -4 \cdot (x-2)$ $g_{xx}(x) := -4$ Funktion und Ableitungen

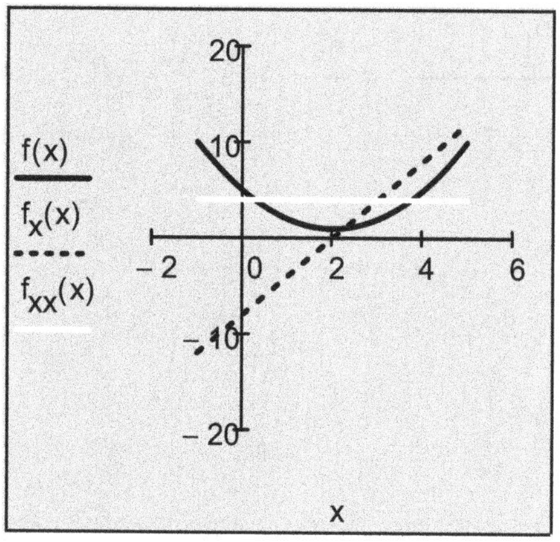

Abb. 3.3.1

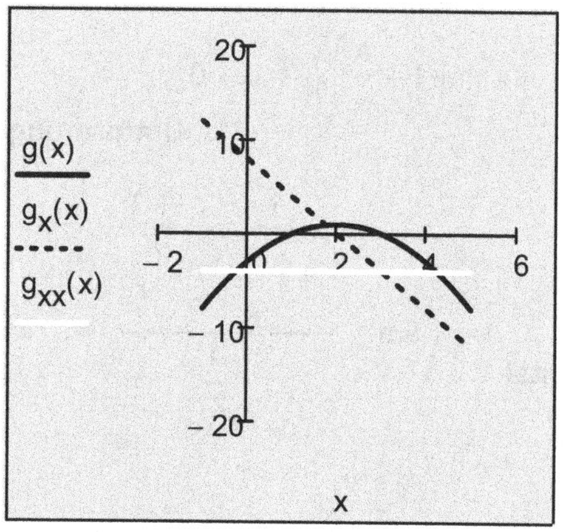

Abb. 3.3.2

$f_x(1.9) = -0.4$ $f_x(2.1) = 0.4$ $g_x(1.9) = 0.4$ $g_x(2.1) = -0.4$

g) Wendepunkte:
Punkte, in denen der "Tangentendrehsinn" wechselt, also die Kurve von einer Linkskurve zu einer Rechtskurve (oder umgekehrt) wird, nennen wir Wendepunkte und bezeichnen sie mit $W(x_k|y_k)$.
Wendepunkte mit waagrechter Wendetangente nennen wir Terrassenpunkte oder Sattelpunkte und bezeichnen sie mit $T(x_k|y_k)$ oder $S(x_k|y_k)$.

Notwendige und hinreichende Bedingung für einen Wendepunkt:

$f''(x_0) = 0$ und $f'''(x_0) \neq 0 \Rightarrow x_0$ ist Wendestelle mit $W(x_0|y_0)$

Notwendige und hinreichende Bedingung für einen Terrassenpunkt oder Sattelpunkt:

$f'(x_0) = 0$, $f''(x_0) = 0$ und $f'''(x_0) \neq 0 \Rightarrow$ Terrassenpunkt $T(x_0|y_0)$ bzw. Sattelpunkt $S(x_0|y_0)$

$x := -3, -3 + 0.01 .. 5$ Bereichsvariable

$f(x) := x^3 - 6 \cdot x^2 + 9 \cdot x$ Funktion und Ableitungen

$f_x(x) := 3 \cdot x^2 - 12 \cdot x + 9$ $f_{xx}(x) := 6 \cdot x - 12$ $f_{xxx}(x) := 6$ $x_0 := 2$

$g(x) := x^4 - 4 \cdot x^3$ Funktion und Ableitungen

$g_x(x) := 4 \cdot x^3 - 12 \cdot x^2$ $g_{xx}(x) := 12 \cdot x^2 - 24 \cdot x$ $g_{xxx}(x) := 24 \cdot x - 24$ $x_{01} := 0$

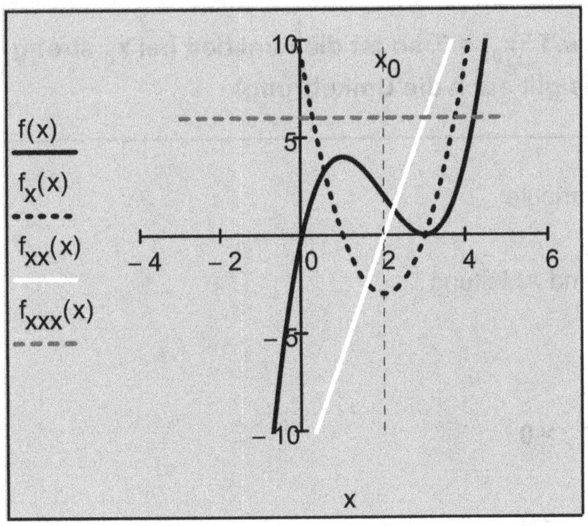

Abb. 3.3.3

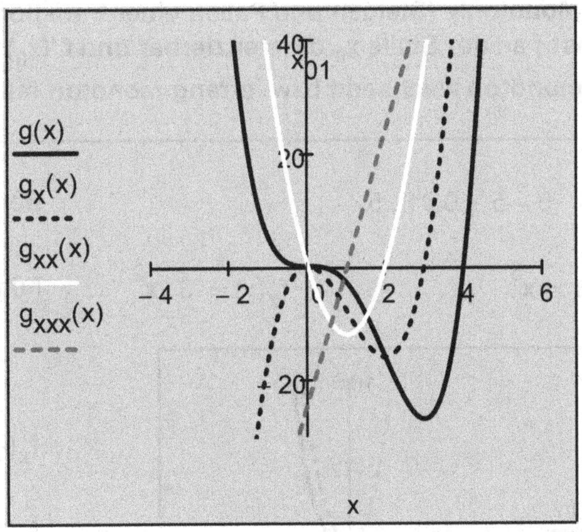

Abb. 3.3.4

$f_{xx}(x_0) = 0$ $f_{xxx}(x_0) = 6$ $g_x(x_{01}) = 0$ $g_{xx}(x_{01}) = 0$ $g_{xxx}(x_{01}) = -24$

h) Krümmungsverhalten:
Die zweite Ableitung gibt einen Hinweis darauf, wie stark sich eine Kurve krümmt. Siehe dazu Abschnitt 3.2.14.

(1) Ist f bei x_0 zweimal differenzierbar und $f''(x_0) < 0$, dann ist die Kurve bei x_0 eine Rechtskurve.
(2) Ist f bei x_0 zweimal differenzierbar und $f''(x_0) > 0$, dann ist die Kurve bei x_0 eine Linkskurve.

$f''(x_0) < 0$ Rechtskrümmung (von oben konvex)

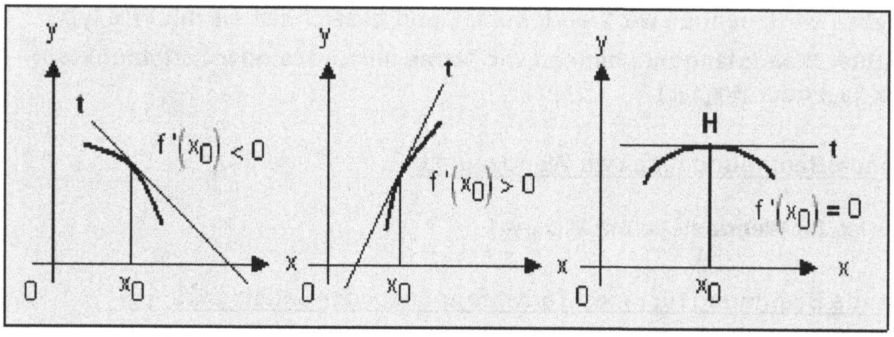

Abb. 3.3.5

$f''(x_0) > 0$ Linkskrümmung (von oben konkav)

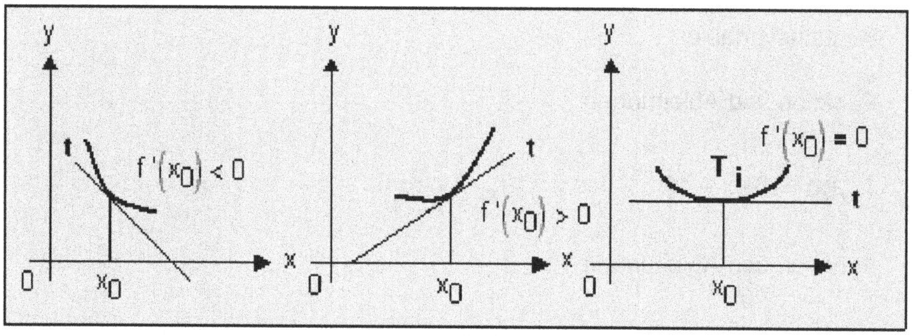

Abb. 3.3.6

i) Monotonie (Steigen und Fallen einer Funktion):
Ist f an der Stelle x_0 differenzierbar und $f'(x_0) > 0$ bzw. $f'(x_0) < 0$, so ist die Funktion bei x_0 streng monoton wachsend bzw. streng monoton fallend (es gilt auch die Umkehrung).

$x := -5, -5 + 0.01 .. 5$ Bereichsvariable

$f(x) := x^3$ $f_x(x) := 3 \cdot x^2$ Funktion und Ableitung

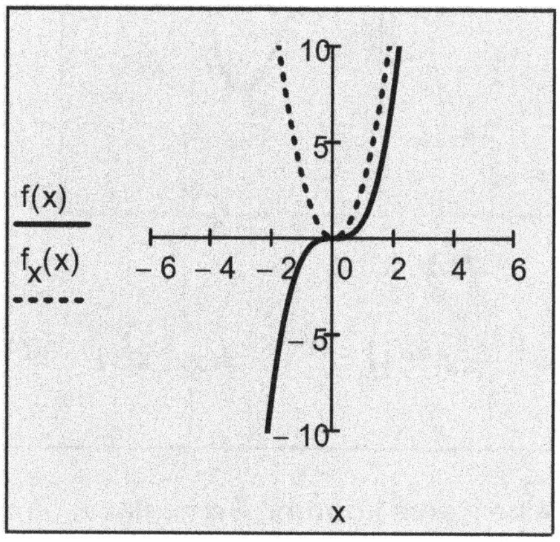

$f_x(-1) = 3$ **> 0**

$f_x(1) = 3$ **> 0**

Abb. 3.3.7

Polynomfunktionen (ganzrationale Funktionen):

Eine Polynomfunktion n-ten Grades (Parabel n-ter Ordnung) hat die Form

$$y = P_n(x) = a_n \cdot x^n + a_{n-1} \cdot x^{n-1} + a_{n-2} \cdot x^{n-2} + ... + a_2 \cdot x^2 + a_1 \cdot x + a_0 \qquad D \in \mathbb{R} \qquad (3\text{-}70)$$

$a_n \neq 0$; $a_k \in \mathbb{R}$; $k = 0, 1, 2, ..., n$
a_k bezeichnen wir als Koeffizienten und a_0 als Absolutglied oder konstantes Glied.

Nach dem Fundamentalsatz der Algebra hat die Polynomfunktion in $\mathbb{C}$ genau n-Nullstellen ($x_1, x_2, ..., x_n$), die einfach oder mehrfach, reell oder komplex sein können.

Damit kann eine Polynomfunktion n-ten Grades in folgender Form geschrieben werden:

$$y = a_n (x - x_1)(x - x_2)(x - x_3) ... (x - x_n) \qquad (3\text{-}71)$$

Beispiel 3.3.1:

Untersuchen Sie folgende Funktion auf Nullstellen, Extremstellen und Wendepunkte und stellen Sie die Funktion grafisch dar.

$x := x$ Redefinition

$ORIGIN := 1$ ORIGIN festlegen

$f(x) := 2 \cdot x^3 - 4 \cdot x^2 + 2$ Polynomfunktion 3. Grades (nicht symmetrisch wegen x^3 und x^2)

Ableitungen:

$f_x(x) := \frac{d}{dx} f(x) \rightarrow 6 \cdot x^2 - 8 \cdot x$ $\quad f_x(x)$ Faktor $\rightarrow 2 \cdot x \cdot (3 \cdot x - 4)$ erste Ableitung

$f_{xx}(x) := \frac{d}{dx} f_x(x) \rightarrow 12 \cdot x - 8$ $\quad f_{xx}(x)$ Faktor $\rightarrow 4 \cdot (3 \cdot x - 2)$ zweite Ableitung

$f_{xxx}(x) := \frac{d}{dx} f_{xx}(x) \rightarrow 12$ $\quad f_{xxx}(x)$ Faktor $\rightarrow 2^2 \cdot 3$ dritte Ableitung

Nullstellen:

$$\mathbf{x_N} := f(x) = 0 \text{ auflösen}, x \rightarrow \begin{pmatrix} 1 \\ \frac{\sqrt{5}}{2} + \frac{1}{2} \\ \frac{1}{2} - \frac{\sqrt{5}}{2} \end{pmatrix} \qquad \mathbf{x_N} = \begin{pmatrix} 1 \\ 1.618 \\ -0.618 \end{pmatrix}$$

drei reelle Nullstellen

$$f(\mathbf{x_N}) = \begin{pmatrix} 0 \\ 0 \\ 0 \end{pmatrix}$$

Probe

$$\mathbf{N} := \begin{pmatrix} x_{N_1} & f(x_{N_1}) \\ x_{N_2} & f(x_{N_2}) \\ x_{N_3} & f(x_{N_3}) \end{pmatrix} \qquad \mathbf{N} = \begin{pmatrix} 1 & 0 \\ 1.618 & 0 \\ -0.618 & 0 \end{pmatrix}$$

die Koordinaten der Nullstellen zu einer Matrix zusammengefasst

Extremstellen:

notwendige Bedingung:

$$\mathbf{x_E} := f_x(x) = 0 \text{ auflösen}, x \rightarrow \begin{pmatrix} 0 \\ \frac{4}{3} \end{pmatrix}$$

$$f(\mathbf{x_E}) = \begin{pmatrix} 2 \\ -\frac{10}{27} \end{pmatrix}$$

Ergebnisformat "Bruch"

hinreichende Bedingung:

$$f_{xx}(\mathbf{x_E}) = \begin{pmatrix} -8 \\ 8 \end{pmatrix}$$

Hochpunkt wegen $f_{xx}(x_{E2}) < 0$
Tiefpunkt wegen $f_{xx}(x_{E1}) > 0$

$$\mathbf{E} := \begin{pmatrix} x_{E_1} & f(x_{E_1}) \\ x_{E_2} & f(x_{E_2}) \end{pmatrix}$$

Extremwerte zu einer Matrix zusammengefasst

$$\mathbf{E} = \begin{pmatrix} 0 & 2 \\ 1.333 & -0.37 \end{pmatrix} \quad \text{oder} \quad \mathbf{E} \rightarrow \begin{pmatrix} 0 & 2 \\ \frac{4}{3} & -\frac{10}{27} \end{pmatrix}$$

Hochpunkt H

Tiefpunkt T_i

Wendestellen:

notwendige Bedingung:

$$x_W := f_{xx}(x) = 0 \text{ auflösen}, x \rightarrow \frac{2}{3}$$

hinreichende Bedingung:

$$f_{xxx}(x_W) = 12 \qquad f_{xxx}(x_W) \neq 0$$

$$\mathbf{W} := \begin{pmatrix} x_W & f(x_W) \end{pmatrix}$$

$$\mathbf{W} = (0.667 \quad 0.815) \quad \text{oder} \quad \mathbf{W} \rightarrow \begin{pmatrix} \frac{2}{3} & \frac{22}{27} \end{pmatrix}$$

Wendepunkt

$a := -2 \quad b := 4$ Intervallrandpunkte

$N := 400$ Anzahl der Schritte

$\Delta x := \dfrac{b-a}{N}$ Schrittweite

$x := a, a + \Delta x .. b$ Bereichsvariable

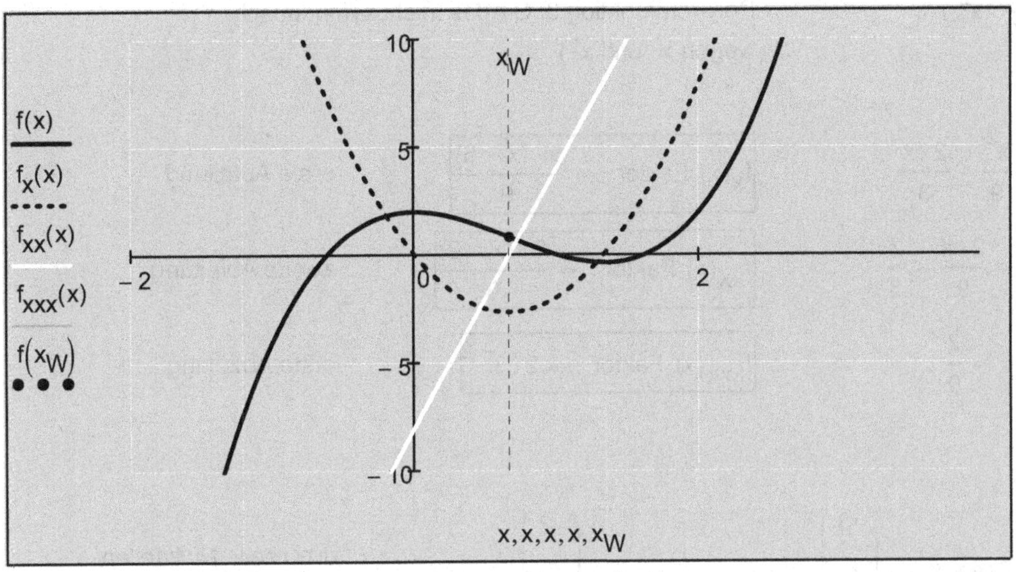

Abb. 3.3.8

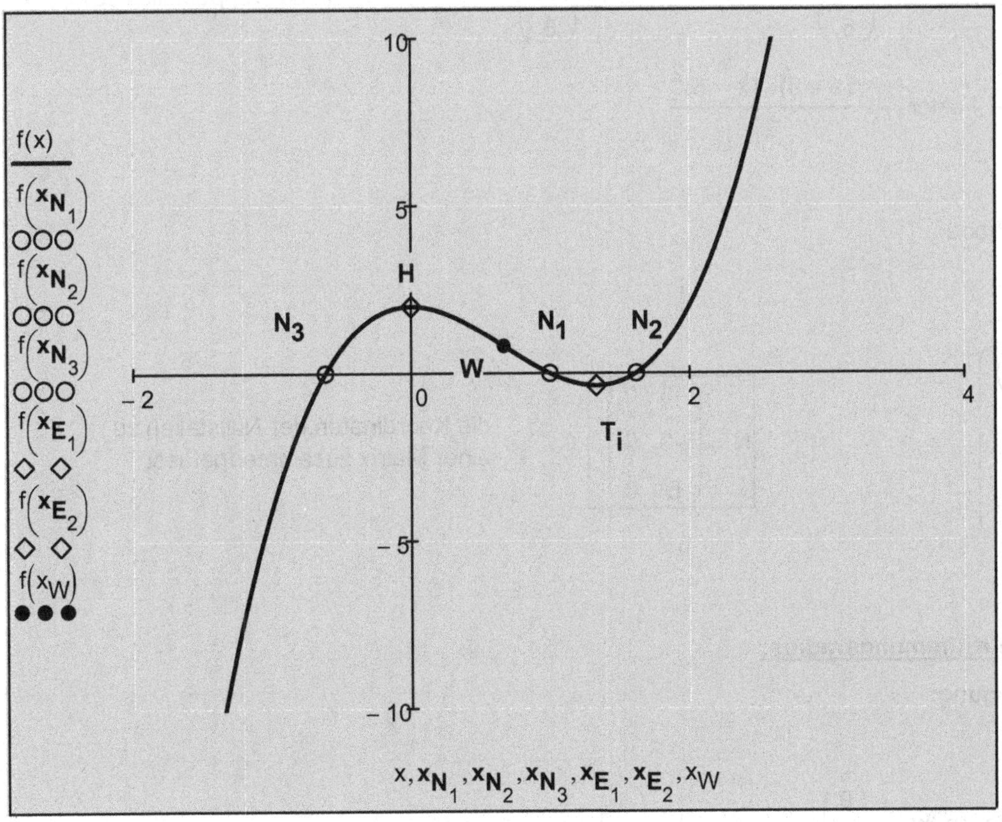

Abb. 3.3.9

Beispiel 3.3.2:

Untersuchen Sie folgende Funktion auf Nullstellen, Extremstellen und Wendepunkte und stellen Sie die Funktion grafisch dar. Falls Extremstellen vorliegen, bestimmen Sie den Krümmungsradius und stellen Sie die Krümmungskreise ebenfalls grafisch dar.

$x := x$ Redefinition

$ORIGIN := 1$ ORIGIN festlegen

$f(x) := \frac{1}{27} \cdot x^3 - \frac{1}{3} \cdot x^2 + 4$ Polynomfunktion 3. Grades (nicht symmetrisch wegen x^3 und x^2)

Ableitungen:

$f_x(x) := \frac{d}{dx} f(x) \rightarrow \frac{x^2}{9} - \frac{2 \cdot x}{3}$ $\quad f_x(x)$ Faktor $\rightarrow \frac{x \cdot (x-6)}{9}$ erste Ableitung

$f_{xx}(x) := \frac{d}{dx} f_x(x) \rightarrow \frac{2 \cdot x}{9} - \frac{2}{3}$ $\quad f_{xx}(x)$ Faktor $\rightarrow \frac{2 \cdot (x-3)}{9}$ zweite Ableitung

$f_{xxx}(x) := \frac{d}{dx} f_{xx}(x) \rightarrow \frac{2}{9}$ $\quad f_{xxx}(x)$ Faktor $\rightarrow 2 \cdot 3^{-2}$ dritte Ableitung

Nullstellen:

$\mathbf{x_N} := f(x) = 0 \text{ auflösen}, x \rightarrow \begin{pmatrix} -3 \\ 6 \\ 6 \end{pmatrix}$ $\quad \mathbf{x_N} = \begin{pmatrix} -3 \\ 6 \\ 6 \end{pmatrix}$ drei reelle Nullstellen (eine Doppelnullstelle)

$\frac{1}{27} \cdot x^3 - \frac{1}{3} \cdot x^2 + 4 \text{ Faktor } \rightarrow \frac{(x+3) \cdot (x-6)^2}{27}$

$f(\mathbf{x_N}) = \begin{pmatrix} 0 \\ 0 \\ 0 \end{pmatrix}$ Probe

$\mathbf{N} := \begin{pmatrix} \mathbf{x_N}_1 & f(\mathbf{x_N}_1) \\ \mathbf{x_N}_1 & f(\mathbf{x_N}_1) \\ \mathbf{x_N}_2 & f(\mathbf{x_N}_2) \end{pmatrix}$ $\quad \mathbf{N} = \begin{pmatrix} -3 & 0 \\ -3 & 0 \\ 6 & 0 \end{pmatrix}$ die Koordinaten der Nullstellen zu einer Matrix zusammengefasst

Extremstellen und Krümmungsradius:

notwendige Bedingung:

$\mathbf{x_E} := f_x(x) = 0 \text{ auflösen}, x \rightarrow \begin{pmatrix} 0 \\ 6 \end{pmatrix}$ $\quad f(\mathbf{x_E}) = \begin{pmatrix} 4 \\ 0 \end{pmatrix}$

hinreichende Bedingung:

$f_{xx}(\mathbf{x_E}) = \begin{pmatrix} -0.667 \\ 0.667 \end{pmatrix}$ Hochpunkt wegen $f_{xx}(x_{E2}) < 0$
Tiefpunkt wegen $f_{xx}(x_{E1}) > 0$

$\mathbf{E} := \begin{pmatrix} \mathbf{x_{E_1}} & f(\mathbf{x_{E_1}}) \\ \mathbf{x_{E_2}} & f(\mathbf{x_{E_2}}) \end{pmatrix}$ Extremwerte zu einer Matrix zusammengefasst

$\mathbf{E} = \begin{pmatrix} 0 & 4 \\ 6 & 0 \end{pmatrix}$ oder $\mathbf{E} \rightarrow \begin{pmatrix} 0 & 4 \\ 6 & 0 \end{pmatrix}$ **Hochpunkt H**
Tiefpunkt T_i

$\rho_1 := \frac{1}{f_{xx}(\mathbf{x_{E_1}})}$ $\rho_1 \rightarrow -\frac{3}{2}$

Krümmungsradien

$\rho_2 := \frac{1}{f_{xx}(\mathbf{x_{E_2}})}$ $\rho_2 \rightarrow \frac{3}{2}$

Wendestellen:

notwendige Bedingung:

$x_W := f_{xx}(x) = 0 \text{ auflösen}, x \rightarrow 3$

hinreichende Bedingung:

$f_{xxx}(x_W) = 0.222$ $f_{xxx}(x_W) \neq 0$

$\mathbf{W} := (x_W \;\; f(x_W))$ $\mathbf{W} = (3 \;\; 2)$ oder $\mathbf{W} \rightarrow (3 \;\; 2)$

$a := -4 \quad b := 9$ Intervallrandpunkte

$N := 400$ Anzahl der Schritte

$\Delta x := \frac{b - a}{N}$ Schrittweite

$x := a, a + \Delta x .. b$ Bereichsvariable

$\varphi := 0, 0.01 .. 2 \cdot \pi$ Bereichsvariable

$x1(\varphi) := \rho_1 \cdot \cos(\varphi)$ $y1(\varphi) := \rho_1 \cdot \sin(\varphi) + f(\mathbf{x_{E_1}}) + \rho_1$

$x2(\varphi) := \rho_2 \cdot \cos(\varphi) + \mathbf{x_{E_2}}$ $y2(\varphi) := \rho_2 \cdot \sin(\varphi) + \left(f(\mathbf{x_{E_2}}) + \rho_2\right)$

Krümmungskreise in Parameterdarstellung

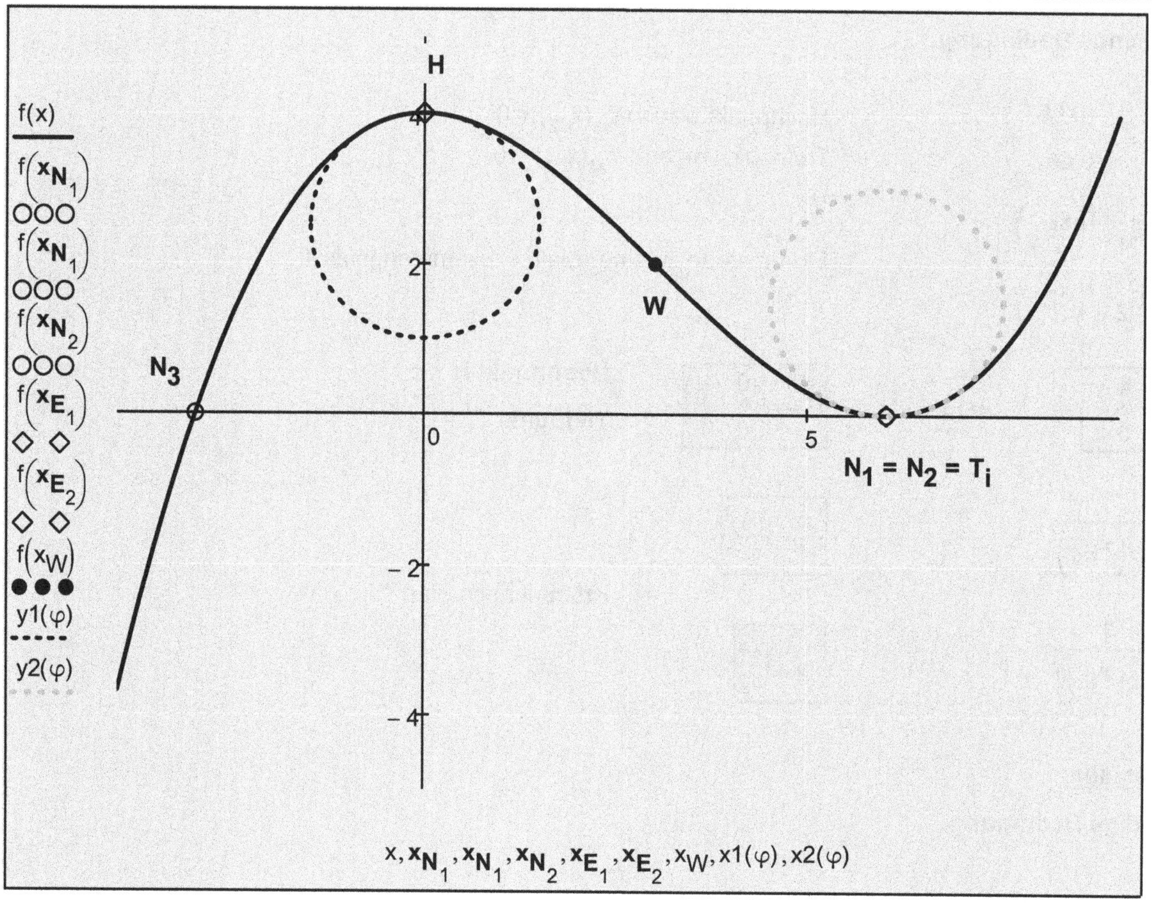

Abb. 3.3.10

Beispiel 3.3.3:

Der Graf einer Polynomfunktion 3. Grades besitzt den Hochpunkt H(1|7) und den Wendepunkt W(2|4). Wie lautet die Funktion?

$x := x$ Redefinition

$y(x) = a \cdot x^3 + b \cdot x^2 + c \cdot x + d$ Funktion

$\frac{d}{dx} y(x) = 3 \cdot a \cdot x^2 + 2 \cdot b \cdot x + c$ 1. Ableitung $\frac{d^2}{dx^2} y(x) = 6 \cdot a \cdot x + 2 \cdot b$ 2. Ableitung

Aus den gegebenen Bedingungen erhalten wir folgendes lineare Gleichungssystem:

H(1|7) ist ein Punkt des Grafen: $7 = a \cdot 1^3 + b \cdot 1^2 + c \cdot 1 + d$

W(2|4) ist ein Punkt des Grafen: $4 = a \cdot 2^3 + b \cdot 2^2 + c \cdot 2 + d$

H(1|7): y' (1) = 0 $0 = 3 \cdot a \cdot 1^2 + 2 \cdot b \cdot 1 + c$

W(2|4): y ''(2) = 0 $0 = 6 \cdot a \cdot 2 + 2 \cdot b$

$a := 1$ $\quad b := 1$ $\quad c := 1$ $\quad d := 1$ Startwerte (Schätzwerte; nur für eine numerische Lösung erforderlich)

Vorgabe

$$7 = a \cdot 1^3 + b \cdot 1^2 + c \cdot 1 + d$$

$$4 = a \cdot 2^3 + b \cdot 2^2 + c \cdot 2 + d$$

$$0 = 3 \cdot a \cdot 1^2 + 2 \cdot b \cdot 1 + c$$

$$0 = 6 \cdot a \cdot 2 + 2 \cdot b$$

$$\mathbf{x} := \text{Suchen}(a, b, c, d) \rightarrow \begin{pmatrix} \frac{3}{2} \\ -9 \\ \frac{27}{2} \\ 1 \end{pmatrix} \qquad \begin{pmatrix} a \\ b \\ c \\ d \end{pmatrix} := \mathbf{x}$$

Lösungen des linearen Gleichungssystems

$$y(x) = a \cdot x^3 + b \cdot x^2 + c \cdot x + d \rightarrow y(x) = \frac{3 \cdot x^3}{2} - 9 \cdot x^2 + \frac{27 \cdot x}{2} + 1$$

gesuchte Polynomfunktion

Beispiel 3.3.4:

Ein beidseitig eingespannter Träger der Länge L wird mit einer konstanten Streckenlast q belastet. Die Biegelinie (elastische Linie) bezüglich des Koordinatensystems wird durch die nachfolgend angegebene Polynomfunktion beschrieben. Diskutieren Sie diese Funktion und stellen Sie die Biegelinie grafisch dar.

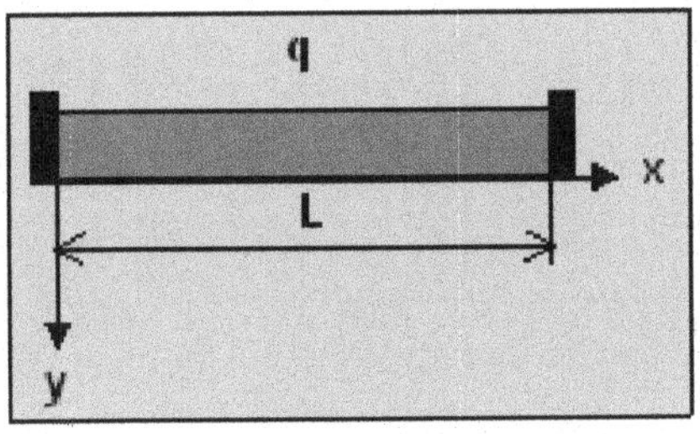

Abb. 3.3.11

$$y = w(x) = \frac{q \cdot L^4}{24 \cdot E \cdot I} \cdot \frac{x^2}{L^2} \cdot \left(1 - \frac{x}{L}\right)^2$$

Biegelinie ($0 \cdot m \le x \le L$)

E ... Elastizitätsmodul
I ... Flächenträgheitsmoment

$L := 4 \cdot m$ $\qquad \frac{q}{E \cdot I} = 0.006 \cdot m^4$ $\qquad$ gegebene Größen

$$y = w(x) = \frac{q \cdot L^4}{24 \cdot E \cdot I} \cdot \frac{x^2}{L^2} \cdot \left(1 - \frac{x}{L}\right)^2 \quad \text{vereinfacht auf} \quad y = w(x) = \frac{q \cdot x^2 \cdot (L - x)^2}{24 \cdot E \cdot I}$$

$$y = w(x) = \frac{q \cdot x^2 \cdot (L - x)^2}{24 \cdot E \cdot I} \quad \text{erweitert auf} \quad y = w(x) = \frac{q \cdot x^4}{24 \cdot E \cdot I} - \frac{L \cdot q \cdot x^3}{12 \cdot E \cdot I} + \frac{L^2 \cdot q \cdot x^2}{24 \cdot E \cdot I}$$

$x := x$ $\qquad$ Redefinition

ORIGIN := 1 $\qquad$ ORIGIN festlegen

$$f(x) := \frac{1}{24} \cdot 0.006 \cdot m^4 \cdot \left(x^2 \cdot L^2 - 2 \cdot x^3 \cdot L + x^4\right)$$

Polynomfunktion 4. Grades
(nicht symmetrisch wegen x^3 und x^2)

Ableitungen:

$f_x(x) := \frac{d}{dx} f(x)$ $\qquad$ $f_x(x)$ Faktor $\rightarrow \frac{m^4 \cdot x \cdot (2.0 \cdot m - 1.0 \cdot x) \cdot (4.0 \cdot m - 1.0 \cdot x)}{1000}$

$f_{xx}(x) := \frac{d}{dx} f_x(x)$ $\qquad$ $f_{xx}(x)$ Faktor $\rightarrow \frac{m^4 \cdot \left(8.0 \cdot m^2 - 12.0 \cdot m \cdot x + 3.0 \cdot x^2\right)}{1000}$

$f_{xxx}(x) := \frac{d}{dx} f_{xx}(x)$ $\qquad$ $f_{xxx}(x)$ Faktor $\rightarrow -\frac{3 \cdot m^4 \cdot (2.0 \cdot m - 1.0 \cdot x)}{500}$

Nullstellen:

$\mathbf{x_{N1}} := f(x) = 0$ auflösen, $x \rightarrow \begin{pmatrix} 0 \\ 0 \\ 4 \cdot m \\ 4 \cdot m \end{pmatrix}$ $\qquad$ $\mathbf{x_{N1}} = \begin{pmatrix} 0 \\ 0 \\ 4 \\ 4 \end{pmatrix} m$ $\qquad$ zwei reelle Doppelnullstellen

$\mathbf{x_N} := \begin{pmatrix} \mathbf{x_{N1}}_1 \\ \mathbf{x_{N1}}_2 \\ \mathbf{x_{N1}}_3 \\ \mathbf{x_{N1}}_4 \end{pmatrix}$ $\qquad$ $\mathbf{x_N} = \begin{pmatrix} 0 \\ 0 \\ 4 \\ 4 \end{pmatrix} m$

$f(\mathbf{x_N}) = \begin{pmatrix} 0 \\ 0 \\ 0 \\ 0 \end{pmatrix} m^8$ $\qquad$ Probe

Extremstellen und Krümmungsradius:

notwendige Bedingung:

$\mathbf{x_E} := f_x(x) = 0$ auflösen, $x \rightarrow \begin{pmatrix} 0 \\ 2 \cdot m \\ 4 \cdot m \end{pmatrix}$ $\qquad$ $f(\mathbf{x_E}) = \begin{pmatrix} 0 \\ 0.004 \\ 0 \end{pmatrix} m^8$

hinreichende Bedingung:

$f_{xx}\left(\mathbf{x_E}_1\right) = 8 \times 10^3 L^2$ $\qquad$ Tiefpunkt wegen $f_{xx}(x_{E1}) > 0$

$f_{xx}\left(\mathbf{x_E}_2\right) = -4 \times 10^3 L^2$ $\qquad$ Hochpunkt wegen $f_{xx}(x_{E3}) < 0$

$f_{xx}\left(\mathbf{x_E}_3\right) = 8 \times 10^3 L^2$ $\qquad$ Tiefpunkt wegen $f_{xx}(x_{E2}) > 0$

Wendestellen:

notwendige Bedingung:

$$x_W := f_{xx}(x) = 0 \;\Big|\; \begin{array}{l}\text{auflösen}, x \\ \text{Gleitkommazahl}, 5\end{array} \rightarrow \begin{pmatrix} 3.1547 \cdot m \\ 0.8453 \cdot m \end{pmatrix}$$

hinreichende Bedingung:

$f_{xxx}\left(x_{W_1}\right) = 6.928 \times 10^{-3} m^5$ $\quad f_{xxx}(x_{W1}) \neq 0$

$f_{xxx}\left(x_{W_2}\right) = -6.928 \times 10^{-3} m^5$ $\quad f_{xxx}(x_{W2}) \neq 0$

$a := 0 \cdot m \qquad b := 4 \cdot m$ $\quad$ Intervallrandpunkte

$N := 400$ $\quad$ Anzahl der Schritte

$\Delta x := \dfrac{b-a}{N}$ $\quad$ Schrittweite

$x := a, a + \Delta x .. b$ $\quad$ Bereichsvariable

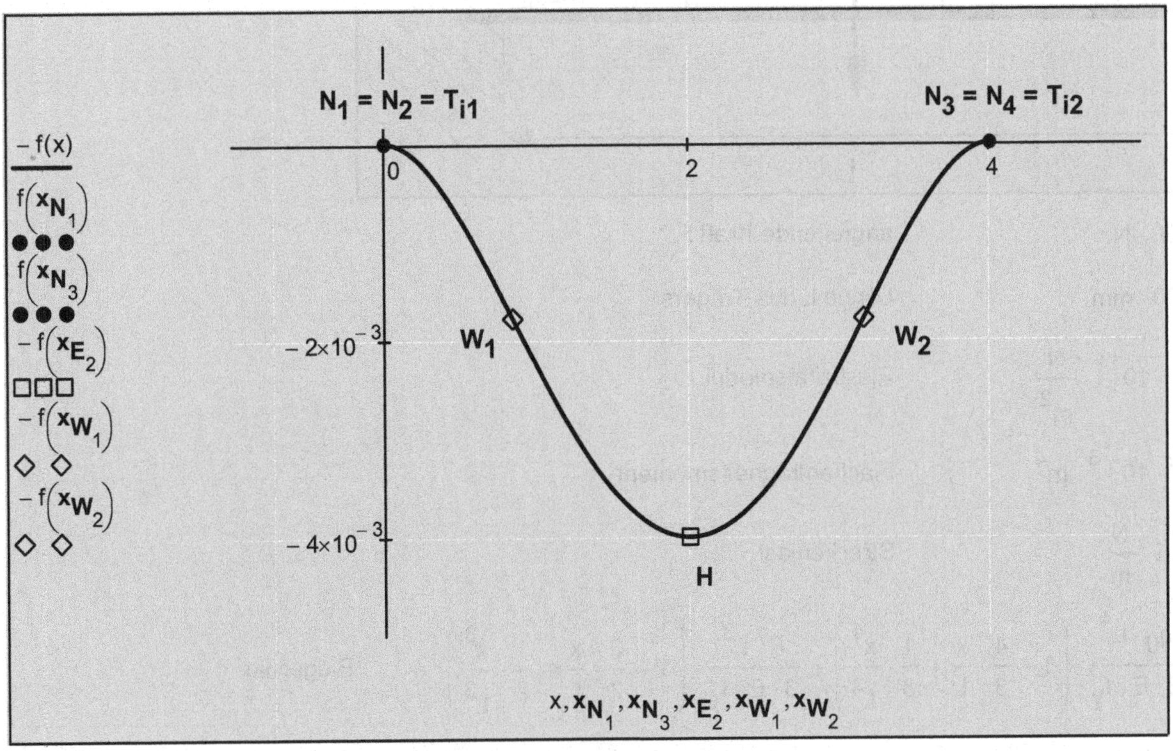

Abb. 3.3.12

Es ist üblich, die y-Achse nach unten zeigen zu lassen! Daher wird der Hochpunkt zum Tiefpunkt und umgekehrt!

Beispiel 3.3.5:

Ein einseitig eingespannter Träger der Länge L = 2 m wird durch eine konstante Streckenlast $q(x) = q_0$ = 115 N/m und zusätzlich am freien Ende durch die Kraft F = 1000 N belastet. Die Gleichung der Biegelinie lautet dann (Biegelinie bei Einzelbelastung durch das Eigengewicht + Biegelinie bei Einzelbelastung durch die Kraft F):

$$y(x) = y_1(x) + y_2(x) = \frac{q_0 \cdot L^4}{8 \cdot E \cdot I_y} \cdot \left(1 - \frac{4}{3} \cdot \frac{x}{L} + \frac{1}{3} \cdot \frac{x^4}{L^4}\right) + \frac{F \cdot L^3}{3 \cdot E \cdot I_y} \cdot \left(1 - \frac{3}{2} \cdot \frac{x}{L} + \frac{1}{2} \cdot \frac{x^3}{L^3}\right) \qquad 0 \le x \le L$$

Stellen Sie die Biegelinie (Biegeverlauf) dar, wenn der Träger
a) nur durch das Eigengewicht belastet
b) nur mit einer Kraft F belastet und
c) durch Doppelbelastung von F und q_0 belastet wird.
Ermitteln Sie das Biegemoment $M_b(x) = - E\, I_y\, y''(x)$ und die Querkraft $Q(x) = M'_b(x)$ und stellen Sie diese ebenfalls grafisch dar. Für das Elastizitätsmodul wird $E = 2.1\ 10^{11}$ N/m² und für das Flächenträgheitsmoment $I_y = 1.7\ 10^{-6}$ m⁴ angenommen.

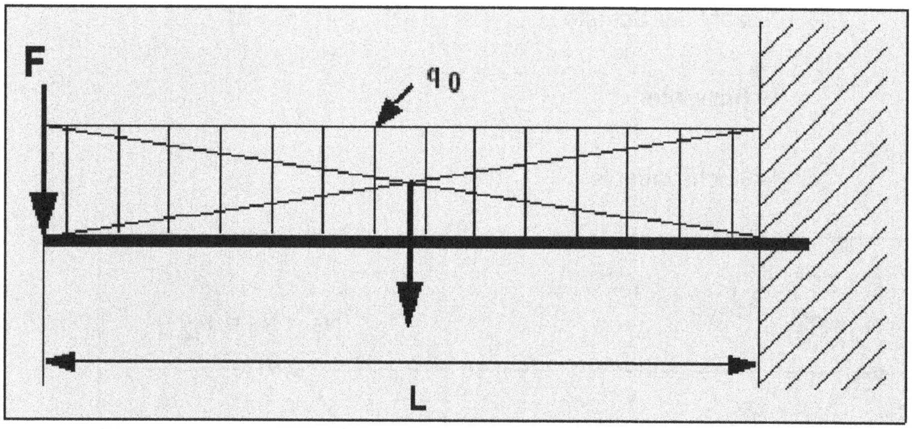

Abb. 3.3.13

$F := 1000 \cdot N$ angreifende Kraft F

$L := 2000 \cdot mm$ Länge L des Trägers

$E := 2.1 \cdot 10^{11} \cdot \frac{N}{m^2}$ Elastizitätsmodul

$I_y := 1.7 \cdot 10^{-6} \cdot m^4$ Flächenträgheitsmoment

$q_0 := 115 \cdot \frac{N}{m}$ Streckenlast

$$y(x) = \frac{q_0 \cdot L^4}{8 \cdot E \cdot I_y} \cdot \left(1 - \frac{4}{3} \cdot \frac{x}{L} + \frac{1}{3} \cdot \frac{x^4}{L^4}\right) + \frac{F \cdot L^3}{3 \cdot E \cdot I_y} \cdot \left(1 - \frac{3}{2} \cdot \frac{x}{L} + \frac{1}{2} \cdot \frac{x^3}{L^3}\right)$$ Biegelinie

$$\frac{q_0 \cdot L^4}{8 \cdot E \cdot I_y} \cdot \left(1 - \frac{4}{3} \cdot \frac{x}{L} + \frac{1}{3} \cdot \frac{x^4}{L^4}\right) + \frac{F \cdot L^3}{3 \cdot E \cdot I_y} \cdot \left(1 - \frac{3}{2} \cdot \frac{x}{L} + \frac{1}{2} \cdot \frac{x^3}{L^3}\right)$$ durch Differenzierung, ergibt

$$-\frac{F\cdot L^3\cdot\left(\frac{3}{2\cdot L}-\frac{3\cdot x^2}{2\cdot L^3}\right)}{3\cdot E\cdot I_y}-\frac{L^4\cdot q_0\cdot\left(\frac{4}{3\cdot L}-\frac{4\cdot x^3}{3\cdot L^4}\right)}{8\cdot E\cdot I_y}$$ durch Differenzierung, ergibt $$\frac{F\cdot x}{E\cdot I_y}+\frac{q_0\cdot x^2}{2\cdot E\cdot I_y}$$

$$-E\cdot I_y\cdot\left(\frac{F\cdot x}{E\cdot I_y}+\frac{q_0\cdot x^2}{2\cdot E\cdot I_y}\right)$$

Biegemoment: $M_b(x) = - E\ I_y\ y''(x)$

vereinfacht auf

$$-\frac{q_0\cdot x^2}{2}-F\cdot x$$

Biegemoment

durch Differenzierung, ergibt

$$-F-q_0\cdot x$$

Querkraft: $Q(x) = M'_b(x)$

$$y_1(x) := \frac{q_0\cdot L^4}{8\cdot E\cdot I_y}\cdot\left(1-\frac{4}{3}\cdot\frac{x}{L}+\frac{1}{3}\cdot\frac{x^4}{L^4}\right)$$

Funktionsgleichung für Biegelinie bei Einzelbelastung durch das Eigengewicht

$$y_2(x) := \frac{F\cdot L^3}{3\cdot E\cdot I_y}\cdot\left(1-\frac{3}{2}\cdot\frac{x}{L}+\frac{1}{2}\cdot\frac{x^3}{L^3}\right)$$

Funktionsgleichung für Biegelinie bei Einzelbelastung durch Kraft F

$$y(x) := \frac{q_0\cdot L^4}{8\cdot E\cdot I_y}\cdot\left(1-\frac{4}{3}\cdot\frac{x}{L}+\frac{1}{3}\cdot\frac{x^4}{L^4}\right)+\frac{F\cdot L^3}{3\cdot E\cdot I_y}\cdot\left(1-\frac{3}{2}\cdot\frac{x}{L}+\frac{1}{2}\cdot\frac{x^3}{L^3}\right)$$

Biegelinie bei Doppelbelastung

$$M_b(x) := \left(-\frac{q_0\cdot x^2}{2}-F\cdot x\right)$$

Biegemoment

$$Q(x) := -F-q_0\cdot x$$

Querkraft

Maximale Biegung bei Einzelbelastung durch das Eigengewicht:

$x_0 := 0\cdot m$ $\qquad$ $y_1(x_0) = 0.644\cdot mm$

Maximale Biegung bei Einzelbelastung durch die Kraft F:

$y_2(x_0) = 7.47\cdot mm$

Maximale Biegung, maximales Biegemoment und maximale Querkraft bei Doppelbelastung:

$y(x_0) = 8.114\cdot mm$ $\qquad$ $M_b(L) = -2230\cdot N\cdot m$

$Q(x_0) = -1000\cdot N$ $\qquad$ $Q(L) = -1230\cdot N$

$\Delta x := 0.2\cdot mm$ $\qquad$ Schrittweite

$x := 0\cdot mm, 0\cdot mm + \Delta x .. L$ $\qquad$ Bereichsvariable

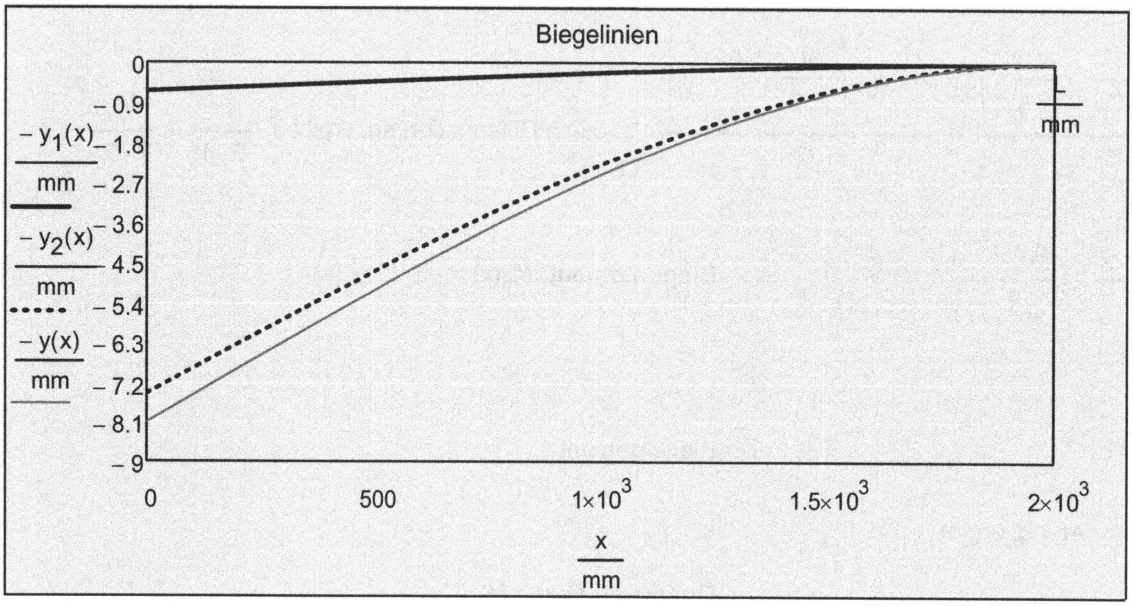

Abb. 3.3.14

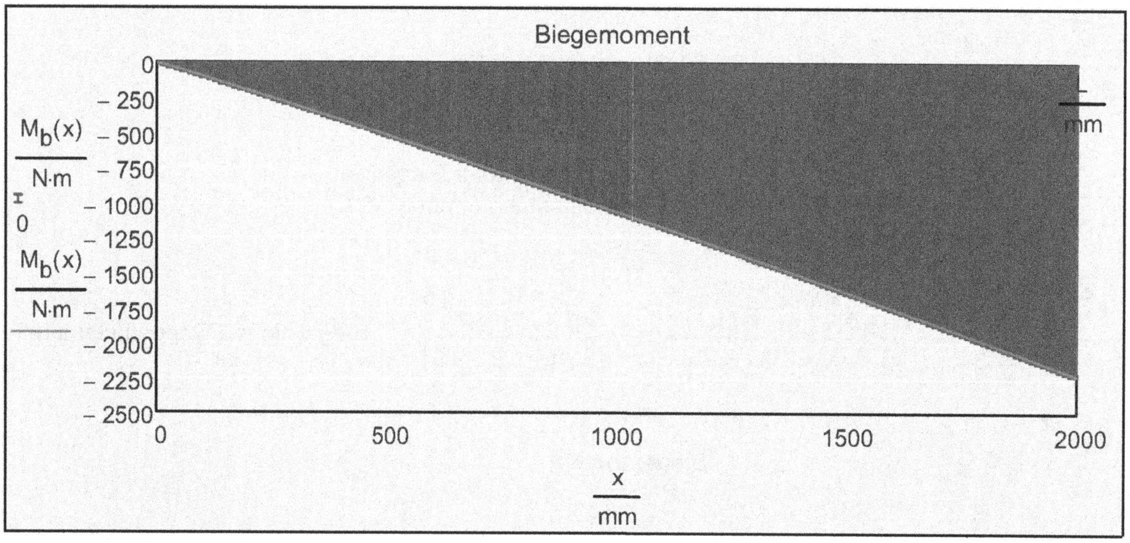

Abb. 3.3.15

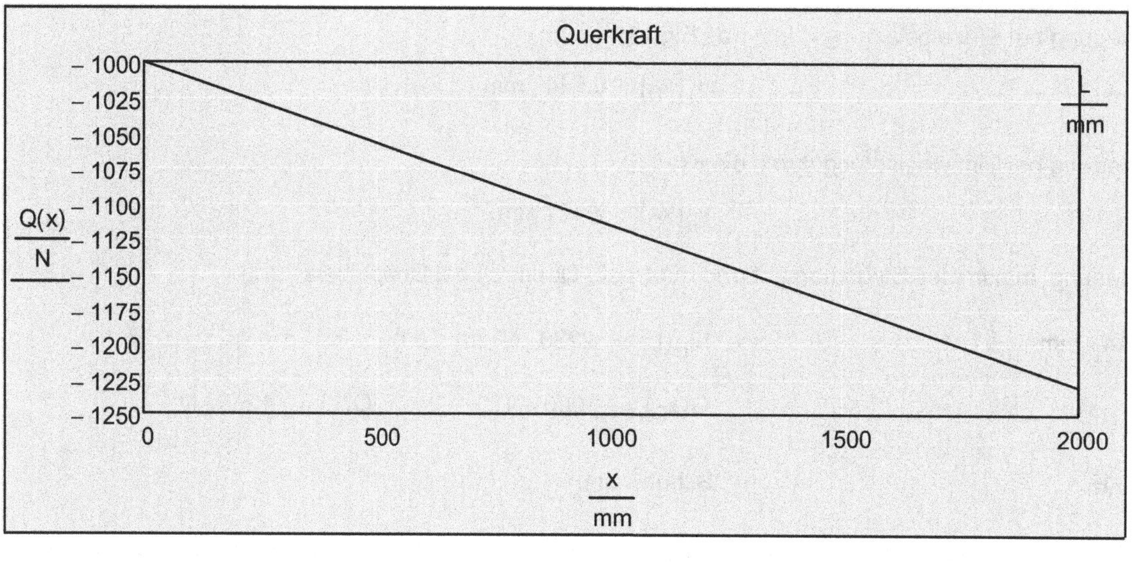

Abb. 3.3.16

Gebrochenrationale Funktionen:

Eine gebrochenrationale Funktion, falls $P_n(x)$ nicht durch $P_m(x)$ ohne Rest teilbar ist, hat folgende Form:

$$y = \frac{P_n(x)}{P_m(x)} = \frac{a_n \cdot x^n + a_{n-1} \cdot x^{n-1} + a_{n-2} \cdot x^{n-2} + ... + a_2 \cdot x^2 + a_1 \cdot x + a_0}{b_m \cdot x^m + b_{m-1} \cdot x^{m-1} + b_{m-2} \cdot x^{m-2} + ... + b_2 \cdot x^2 + b_1 \cdot x + b_0} \qquad \textbf{(3-72)}$$

$D = \{x \mid x \in \mathbb{R} \wedge P_m(x) \neq 0\}$ und a_n, $b_n \neq 0$; $a_k \in \mathbb{R}$ mit $k = 0, 1, 2, ..., n$; $b_l \in \mathbb{R}$ mit $l = 0, 1, 2, ..., m$
a_k, b_k bezeichnen wir als Koeffizienten und a_0, b_0 als Absolutglieder oder konstante Glieder.

Wenn $n < m$ gilt, dann sprechen wir von einer echt gebrochenrationalen Funktion.
Wenn $n \geq m$ gilt, dann sprechen wir von einer unecht gebrochenrationalen Funktion.

x_0 ist eine Nullstelle, wenn gilt:

$$P_n(x_0) = 0 \text{ und } P_m(x_0) \neq 0 \qquad \textbf{(3-73)}$$

x_1 ist eine Polstelle, wenn gilt:

$$P_n(x_1) \neq 0 \text{ und } P_m(x_1) = 0 \qquad \textbf{(3-74)}$$

Gemeinsame Nullstellen x_0 heißen Lücken, wenn gilt:

$$P_n(x_0) = 0 \text{ und } P_m(x_0) = 0 \qquad \textbf{(3-75)}$$

Beispiel 3.3.6:

Untersuchen Sie folgende Funktion auf Nullstellen, Polstellen, Lücken, Extremstellen und Wendepunkte, und stellen Sie die Funktion grafisch dar.

$x := x$ Redefinition

ORIGIN := 1 ORIGIN festlegen

$f(x) := \frac{x^2 - 4}{x^2 + 2 \cdot x - 3}$ unecht gebrochenrationale Funktion

Ableitungen:

$$f_x(x) := \frac{d}{dx} f(x) \text{ vereinfachen } \rightarrow \frac{2 \cdot \left(x^2 + x + 4\right)}{\left(x^2 + 2 \cdot x - 3\right)^2}$$

$$f_{xx}(x) := \frac{d^2}{dx^2} f(x) \text{ vereinfachen } \rightarrow -\frac{2 \cdot \left(2 \cdot x^3 + 3 \cdot x^2 + 24 \cdot x + 19\right)}{\left(x^2 + 2 \cdot x - 3\right)^3}$$

$$f_{xxx}(x) := \frac{d^3}{dx^3} f(x) \text{ vereinfachen } \rightarrow \frac{12 \cdot \left(x^4 + 2 \cdot x^3 + 24 \cdot x^2 + 38 \cdot x + 31\right)}{\left(x^2 + 2 \cdot x - 3\right)^4}$$

Nullstellen:

$x_N := f(x) = 0$ auflösen, $x \rightarrow \begin{pmatrix} 2 \\ -2 \end{pmatrix}$ **einfache reelle Nullstelle bei 2 und -2**

$x_N = \begin{pmatrix} 2 \\ -2 \end{pmatrix}$ $f\left(x_{N_1}\right) = 0$ $f\left(x_{N_2}\right) = 0$ Probe

Polstellen (Nullstellen des Nenners) und Asymptoten:

$x_P := x^2 + 2 \cdot x - 3 = 0$ auflösen, $x \rightarrow \begin{pmatrix} 1 \\ -3 \end{pmatrix}$ **D = ℝ \ {- 3, 1}**

$x_P = \begin{pmatrix} 1 \\ -3 \end{pmatrix}$ **x = - 3 und x = 1 sind vertikale Asymptoten**

$\lim_{x \to \infty} \frac{x^2 - 4}{x^2 + 2 \cdot x - 3} \rightarrow 1$ **y = 1 ist eine horizontale Asymptote**

$\lim_{x \to -\infty} \frac{x^2 - 4}{x^2 + 2 \cdot x - 3} \rightarrow 1$

Extremstellen:

$x_E := \frac{d}{dx} f(x) = 0 \;\Big|\; \begin{matrix} \text{auflösen}, x \\ \text{Gleitkommazahl}, 4 \end{matrix} \rightarrow \begin{pmatrix} -0.5 + 1.936i \\ -0.5 - 1.936i \end{pmatrix}$ keine reellen Extremstellen

Wendepunkte:

$x_W := \frac{d^2}{dx^2} f(x) = 0 \;\Big|\; \begin{matrix} \text{auflösen}, x \\ \text{Gleitkommazahl}, 5 \end{matrix} \rightarrow \begin{pmatrix} -0.83014 \\ -0.33493 + 3.3663i \\ -0.33493 - 3.3663i \end{pmatrix}$

$x_W = \begin{pmatrix} -0.83 \\ -0.335 + 3.366i \\ -0.335 - 3.366i \end{pmatrix}$ $f_{xxx}\left(x_{W_1}\right) = 0.739$ $f_{xxx}(x_{W1}) \neq 0$

$W := \left(x_{W_1} \;\; f\left(x_{W_1}\right)\right)$ $W = (-0.83 \;\; 0.834)$ **Wendepunkt**

$f(x) := \begin{vmatrix} \dfrac{x^2 - 4}{x^2 + 2 \cdot x - 3} & \text{if} \quad x \neq -3 \vee x \neq 1 \\ 0 \quad \text{otherwise} \end{vmatrix}$ gegebene unecht gebrochenrationale Funktion

$g(x) := 1$ Asymptote

$x := -4, -4 + 0.001 .. 4$ Bereichsvariable

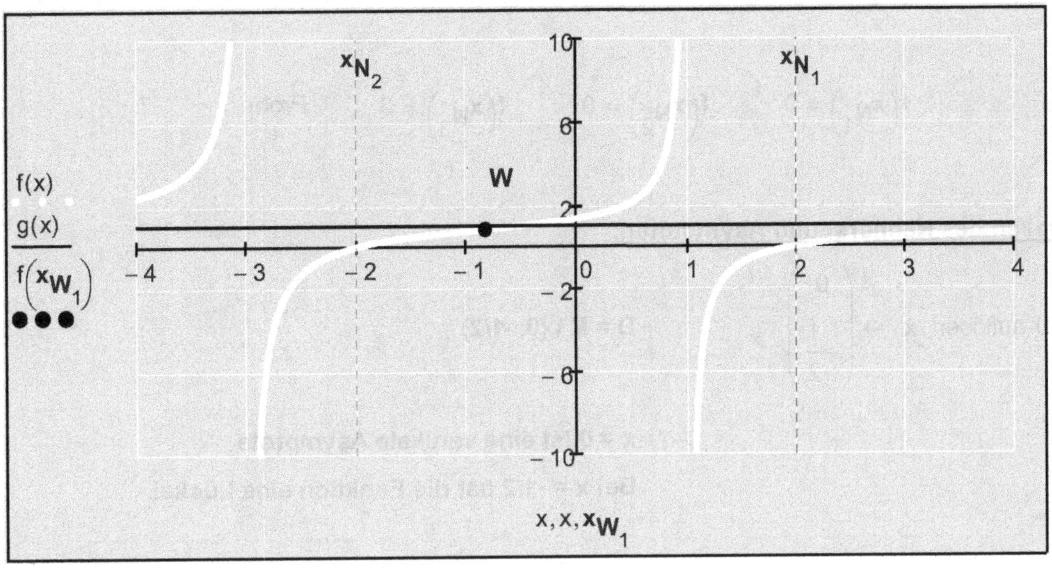

Abb. 3.3.17

Beispiel 3.3.7:

Untersuchen Sie folgende Funktion auf Nullstellen, Polstellen, Lücken, Extremstellen und Wendepunkte, und stellen Sie die Funktion grafisch dar.

$x := x$ Redefinition

$\boxed{ORIGIN := 1}$ ORIGIN festlegen

$f(x) = \dfrac{4 \cdot x^4 + 8 \cdot x^3 - 3 \cdot x^2 - 7 \cdot x - 2}{2 \cdot x^2 + x}$ unecht gebrochenrationale Funktion

$f(x) = \dfrac{4 \cdot x^4 + 8 \cdot x^3 - 3 \cdot x^2 - 7 \cdot x - 2}{2 \cdot x^2 + x}$ vereinfacht auf $f(x) = \dfrac{(x-1) \cdot (x+2) \cdot (2 \cdot x + 1)}{x}$

$f(x) := \dfrac{4 \cdot x^4 + 8 \cdot x^3 - 3 \cdot x^2 - 7 \cdot x - 2}{2 \cdot x^2 + x}$ unecht gebrochenrationale Funktion

Ableitungen:

$f_x(x) := \dfrac{d}{dx} f(x) \text{ vereinfachen } \rightarrow 4 \cdot x + \dfrac{2}{x^2} + 3$

$f_{xx}(x) := \dfrac{d^2}{dx^2} f(x) \text{ vereinfachen } \rightarrow 4 - \dfrac{4}{x^3}$

$f_{xxx}(x) := \frac{d^3}{dx^3}f(x) \text{ vereinfachen } \rightarrow \frac{12}{x^4}$

Nullstellen:

$x_N := f(x) = 0 \text{ auflösen}, x \rightarrow \begin{pmatrix} 1 \\ -2 \\ -\frac{1}{2} \end{pmatrix}$ **einfache reelle Nullstellen**

$x_N = \begin{pmatrix} 1 \\ -2 \\ -0.5 \end{pmatrix}$ $f(x_{N_1}) = 0$ $f(x_{N_2}) = 0$ $f(x_{N_3}) = 0$ Probe

Polstellen (Nullstellen des Nenners) und Asymptoten:

$x_P := 2 \cdot x^2 + x = 0 \text{ auflösen}, x \rightarrow \begin{pmatrix} 0 \\ -\frac{1}{2} \end{pmatrix}$ **D = ℝ \ {0, -1/2}**

$x_P = \begin{pmatrix} 0 \\ -0.5 \end{pmatrix}$

x = 0 ist eine vertikale Asymptote

Bei x = -1/2 hat die Funktion eine Lücke!

Grenzwertuntersuchungen:

$\lim_{x \rightarrow \frac{-1}{2}} \frac{4 \cdot x^4 + 8 \cdot x^3 - 3 \cdot x^2 - 7 \cdot x - 2}{2 \cdot x^2 + x} \rightarrow 0$

Die Lücke kann stetig ergänzt werden!
Damit ist D = R \ {0}.

$\lim_{x \rightarrow \infty} \frac{4 \cdot x^4 + 8 \cdot x^3 - 3 \cdot x^2 - 7 \cdot x - 2}{2 \cdot x^2 + x} \rightarrow \infty$

$\lim_{x \rightarrow -\infty} \frac{4 \cdot x^4 + 8 \cdot x^3 - 3 \cdot x^2 - 7 \cdot x - 2}{2 \cdot x^2 + x} \rightarrow \infty$

$\frac{4 \cdot x^4 + 8 \cdot x^3 - 3 \cdot x^2 - 7 \cdot x - 2}{2 \cdot x^2 + x}$ in Partialbrüche zerlegt, ergibt $3 \cdot x - \frac{2}{x} + 2 \cdot x^2 - 3$

$f_g(x) := 2 \cdot x^2 + 3 \cdot x - 3$ **asymptotische Grenzkurve**

Extremstellen:

$x_E := \frac{d}{dx}f(x) = 0 \;\Big|\; \begin{matrix} \text{auflösen}, x \\ \text{Gleitkommazahl}, 4 \end{matrix} \rightarrow \begin{pmatrix} -1.137 \\ 0.1934 + 0.6343i \\ 0.1934 - 0.6343i \end{pmatrix}$ eine reelle Extremstelle

$$x_E = \begin{pmatrix} -1.137 \\ 0.193 + 0.634i \\ 0.193 - 0.634i \end{pmatrix}$$

$f_{xx}\left(x_{E_1}\right) = 6.721$ $\quad f_{xx}(x_{E1}) > 0$, daher ein Minimum

$T_i := \left(x_{E_1} \quad f\left(x_{E_1}\right)\right)$ $\quad T_i = (-1.137 \quad -2.066)$ **Tiefpunkt**

Wendepunkte:

$$x_W := \frac{d^2}{dx^2} f(x) = 0 \text{ auflösen}, x \rightarrow \begin{pmatrix} 1 \\ -\frac{1}{2} + \frac{\sqrt{3} \cdot i}{2} \\ -\frac{1}{2} - \frac{\sqrt{3} \cdot i}{2} \end{pmatrix}$$

$$x_W = \begin{pmatrix} 1 \\ -0.5 + 0.866i \\ -0.5 - 0.866i \end{pmatrix}$$

$f_{xxx}\left(x_{W_1}\right) = 12$ $\quad f_{xxx}(x_{W1}) \neq 0$

$W := \left(x_{W_1} \quad f\left(x_{W_1}\right)\right)$ $\quad W = (1 \quad 0)$ **Wendepunkt**

$x := -4, -4 + 0.001 .. 4$ $\quad$ Bereichsvariable

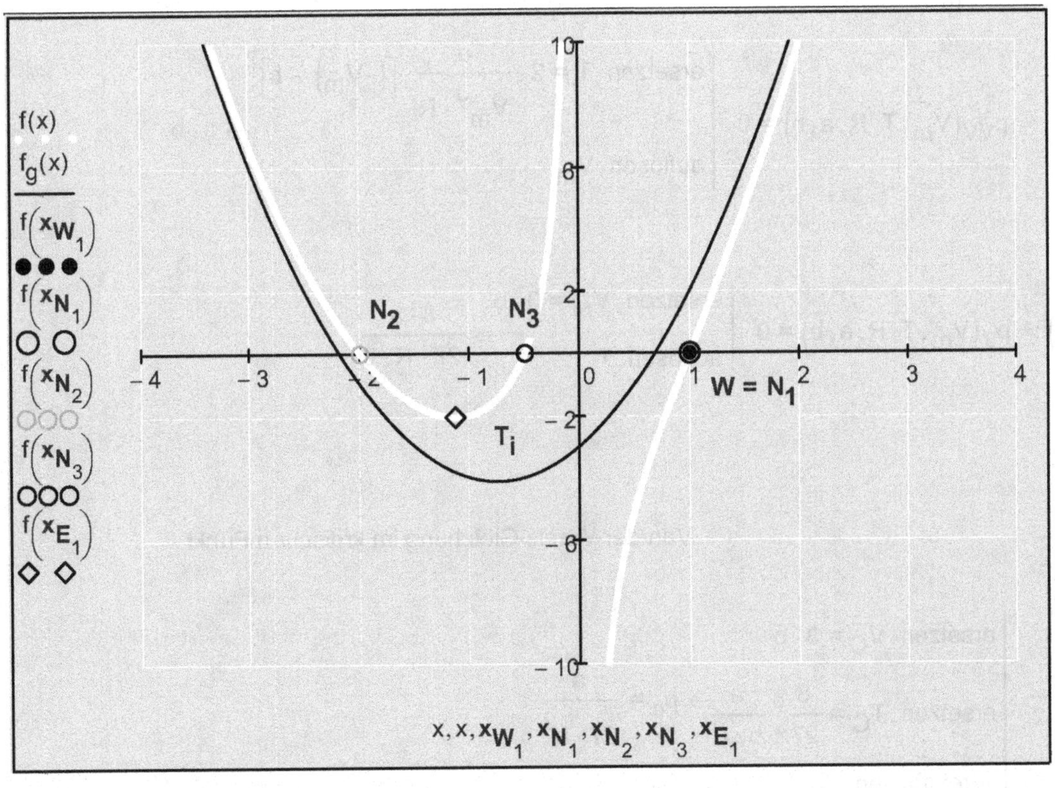

Abb. 3.3.18

Beispiel 3.3.8:

Berechnen Sie die kritischen Größen T_c, p_c und V_c mithilfe der Van-der-Waals-Gleichung.

Der kritische Punkt ist ein Wendepunkt (Terrassenpunkt). Das heißt, dass die erste und die zweite Ableitung des Drucks p nach dem Volumen V_m gleich null sind.

Simulieren Sie die Isothermen von CO_2 mithilfe der Van-der-Waals-Gleichung für verschiedene Temperaturen: 0, 20, 30.85, 40, 80 °C.

$\text{ORIGIN} := 1$ ORIGIN festlegen

$R := R \quad T := T \quad a := a \quad b := b$ Redefinitionen

$$p(V_m, T, R, a, b) := \frac{R \cdot T}{V_m - b} - \frac{a}{V_m^2}$$ Van-der-Waals-Gleichung

R bedeutet die Gaskonstante, T die Temperatur, V_m das molare Volumen und a, b sind spezifische gasabhängige Konstanten.

Berechnung der ersten Ableitung und auflösen nach T:

$$p_V(V_m, T, R, a, b) := \frac{d}{dV_m} p(V_m, T, R, a, b) \qquad p_V(V_m, T, R, a, b) \rightarrow \frac{2 \cdot a}{V_m^3} - \frac{R \cdot T}{(V_m - b)^2}$$

$$T(V_m, T, R, a, b) := p_V(V_m, T, R, a, b) = 0 \text{ auflösen}, T \rightarrow \frac{2 \cdot a \cdot (V_m - b)^2}{R \cdot V_m^3}$$

Berechnung der zweiten Ableitung, T ersetzen und auflösen nach V_m:

$$p_{VV}(V_m, T, R, a, b) := \frac{d}{dV_m} p_V(V_m, T, R, a, b)$$

$$V_c(V_m, T, R, a, b) := p_{VV}(V_m, T, R, a, b) = 0 \left| \begin{array}{l} \text{ersetzen}, T = 2 \cdot \frac{a}{V_m^3 \cdot R} \cdot [(-V_m) + b]^2 \\ \text{auflösen}, V_m \end{array} \right. \rightarrow 3 \cdot b$$

$$V_c = 3 \cdot b$$

$$T_c(V_m, T, R, a, b) := p_V(V_m, T, R, a, b) = 0 \left| \begin{array}{l} \text{ersetzen}, V_m = 3 \cdot b \\ \text{auflösen}, T \end{array} \right. \rightarrow \frac{8 \cdot a}{27 \cdot R \cdot b}$$

$$T_c = \frac{8}{27} \cdot \frac{a}{b \cdot R}$$

$$p_c = \frac{R \cdot T_c}{V_c - b} - \frac{a}{V_c^2}$$ Van-der-Waals-Gleichung im kritischen Punkt

$$p_C = \frac{R \cdot T_C}{V_C - b} - \frac{a}{V_C^2} \left| \begin{array}{l} \text{ersetzen}, V_C = 3 \cdot b \\ \text{ersetzen}, T_C = \frac{8}{27} \cdot \frac{a}{b \cdot R} \\ \text{vereinfachen} \end{array} \right. \rightarrow p_C = \frac{a}{27 \cdot b^2}$$

Zusammenfassung:

$p_c = \frac{1}{27} \cdot \frac{a}{b^2}$ $V_c = 3 \cdot b$ $T_c = \frac{8}{27} \cdot \frac{a}{R \cdot b}$ $(p_c \ \ V_c \ \ T_c)$

Simulation der Isothermen von CO_2 mithilfe der Van-der-Waals-Gleichung:

$bar := 10^5 \cdot Pa$ $l = 1L$ Einheiten

$a := 3.639 \cdot \frac{bar \cdot l^2}{Mol^2}$ $b := 4.267 \cdot 10^{-2} \cdot \frac{l}{Mol}$ Konstanten für CO_2

$R := 0.083 \cdot \frac{bar \cdot l}{K \cdot Mol}$ Gaskonstante

$p_c := \frac{1}{27} \cdot \frac{a}{b^2}$ $p_c = 74.024 \cdot bar$

$V_c := 3 \cdot b$ $V_c = 0.128 \cdot \frac{l}{Mol}$ Daten des kritischen Punktes

$T_c := \frac{8}{27} \cdot \frac{a}{R \cdot b}$ $T_c = 304.444 K$

$p(T, V_m) := \frac{R \cdot T}{V_m - b} - \frac{a}{V_m^2}$ Van-der-Waals-Gleichung

$Np := 800$ Anzahl der Bildpunkte

$i := 1 .. Np$ Bereichsvariable

$\vartheta := (0 \ \ 20 \ \ 30.85 \ \ 40 \ \ 80)$ Temperaturen in °C

$\mathbf{T} := (\vartheta + 273.15)^T \cdot K$ $\mathbf{T} = \begin{pmatrix} 273.15 \\ 293.15 \\ 304 \\ 313.15 \\ 353.15 \end{pmatrix} K$ Temperaturen in Kelvin

$\mathbf{V_m}_i := 0.065 \cdot \frac{l}{Mol} + i \cdot 0.001 \cdot \frac{l}{Mol}$ Molvolumina in l/Mol

$j := 1 .. 5$ Bereichsvariable

$\mathbf{p}_{j,i} := p(\mathbf{T}_j, \mathbf{V_m}_i)$ Druckmatrix

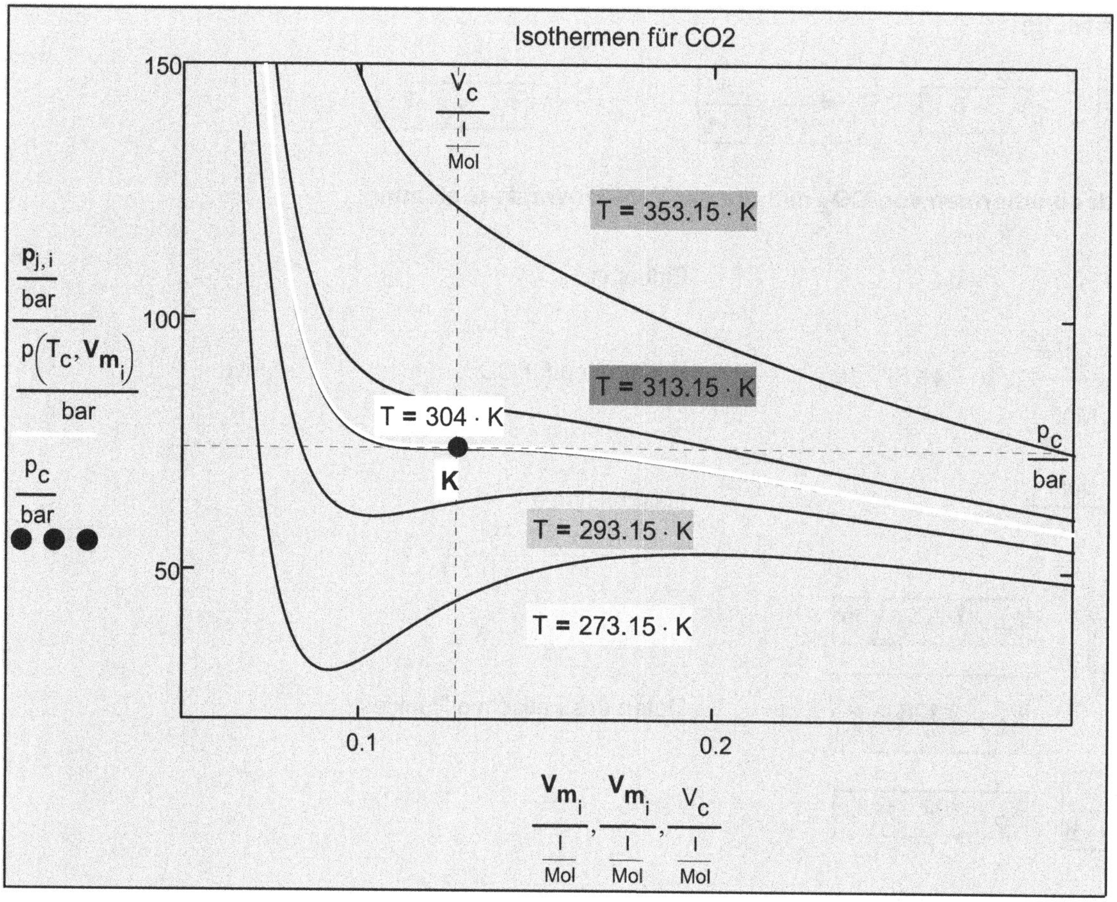

Abb. 3.3.19

Oberhalb der kritischen Temperatur T_c ist eine Verflüssigung allein durch Druck nicht möglich.
Nur bei Unterschreiten der kritischen Temperatur lassen sich Gase durch Druck verflüssigen.

Nachfolgend sollen noch weitere Beispiele aus verschiedenen Anwendungsgebieten betrachtet werden:

Beispiel 3.3.9:

Untersuchen Sie folgende Funktion auf Nullstellen, Extremstellen und Wendepunkte und stellen Sie die Funktion grafisch dar.

$x := x$ Redefinition $\qquad$ $ORIGIN := 1$ ORIGIN festlegen

$f(x) := 4x \cdot e^{-x^2}$ gegebene Funktion

Ableitungen:

$f_x(x) := \frac{d}{dx} f(x)$ $\qquad$ $f_x(x)$ Faktor $\rightarrow -4 \cdot e^{-x^2} \cdot (2 \cdot x^2 - 1)$

$f_{xx}(x) := \frac{d}{dx} f_x(x)$ $\qquad$ $f_{xx}(x)$ Faktor $\rightarrow 8 \cdot e^{-x^2} \cdot x \cdot (2 \cdot x^2 - 3)$

$f_{xxx}(x) := \frac{d}{dx} f_{xx}(x)$ $\qquad$ $f_{xxx}(x)$ Faktor $\rightarrow -8 \cdot e^{-x^2} \cdot (4 \cdot x^4 - 12 \cdot x^2 + 3)$

Nullstellen:

$x_N := f(x) = 0$ auflösen, $x \rightarrow 0$ $\quad$ $N := (x_N \;\; f(x_N)) \rightarrow (0 \;\; 0)$

Extremstellen:

notwendige Bedingung:

$$x_E := f_x(x) = 0 \text{ auflösen}, x \rightarrow \begin{pmatrix} \frac{\sqrt{2}}{2} \\ -\frac{\sqrt{2}}{2} \end{pmatrix} \qquad E := \begin{pmatrix} x_{E_1} & f(x_{E_1}) \\ x_{E_2} & f(x_{E_2}) \end{pmatrix} \qquad E = \begin{pmatrix} 0.707 & 1.716 \\ -0.707 & -1.716 \end{pmatrix}$$

hinreichende Bedingung:

$f_{xx}(x_{E_1}) = -6.862$ $\quad$ $f_{xx}(x_{E2}) < 0$, daher ein Maximum (Hochpunkt)

$f_{xx}(x_{E_2}) = 6.862$ $\quad$ $f_{xx}(x_{E1}) > 0$, daher ein Minimum (Tiefpunkt)

$H := (x_{E_1} \;\; f(x_{E_1}))$ $\quad$ $H = (0.707 \;\; 1.716)$ $\quad$ **Hochpunkt**

$T_i := (x_{E_2} \;\; f(x_{E_2}))$ $\quad$ $T_i = (-0.707 \;\; -1.716)$ $\quad$ **Tiefpunkt**

Wendestellen:

notwendige Bedingung:

$$x_W := f_{xx}(x) = 0 \text{ auflösen}, x \rightarrow \begin{pmatrix} 0 \\ \frac{\sqrt{6}}{2} \\ -\frac{\sqrt{6}}{2} \end{pmatrix} \qquad W := \begin{pmatrix} x_{W_1} & f(x_{W_1}) \\ x_{W_2} & f(x_{W_2}) \\ x_{W_3} & f(x_{W_3}) \end{pmatrix} \qquad W = \begin{pmatrix} 0 & 0 \\ 1.225 & 1.093 \\ -1.225 & -1.093 \end{pmatrix}$$

hinreichende Bedingung:

$f_{xxx}(x_{W_1}) = -24$ $\quad$ $f_{xxx}(x_{W_2}) = 10.71$ $\quad$ $f_{xxx}(x_{W_3}) = 10.71$ $\quad$ $f_{xxx}(x_W) \neq 0$

$W_1 := (x_{W_1} \;\; f(x_{W_1}))$ $\quad$ $W_1 = (0 \;\; 0)$ $\quad$ **Wendepunkt 1**

$W_2 := (x_{W_2} \;\; f(x_{W_2}))$ $\quad$ $W_2 = (1.225 \;\; 1.093)$ $\quad$ **Wendepunkt 2**

$W_3 := (x_{W_3} \;\; f(x_{W_3}))$ $\quad$ $W_3 = (-1.225 \;\; -1.093)$ $\quad$ **Wendepunkt 3**

Verhalten im Unendlichen:

$\lim_{x \to \infty} \left(4x \cdot e^{-x^2}\right) \to 0$ $\lim_{x \to -\infty} \left(4x \cdot e^{-x^2}\right) \to 0$ **y = 0 ist Asymptote**

grafische Darstellung:

$x := -4, -4 + 0.01 .. 4$ Bereichsvariable

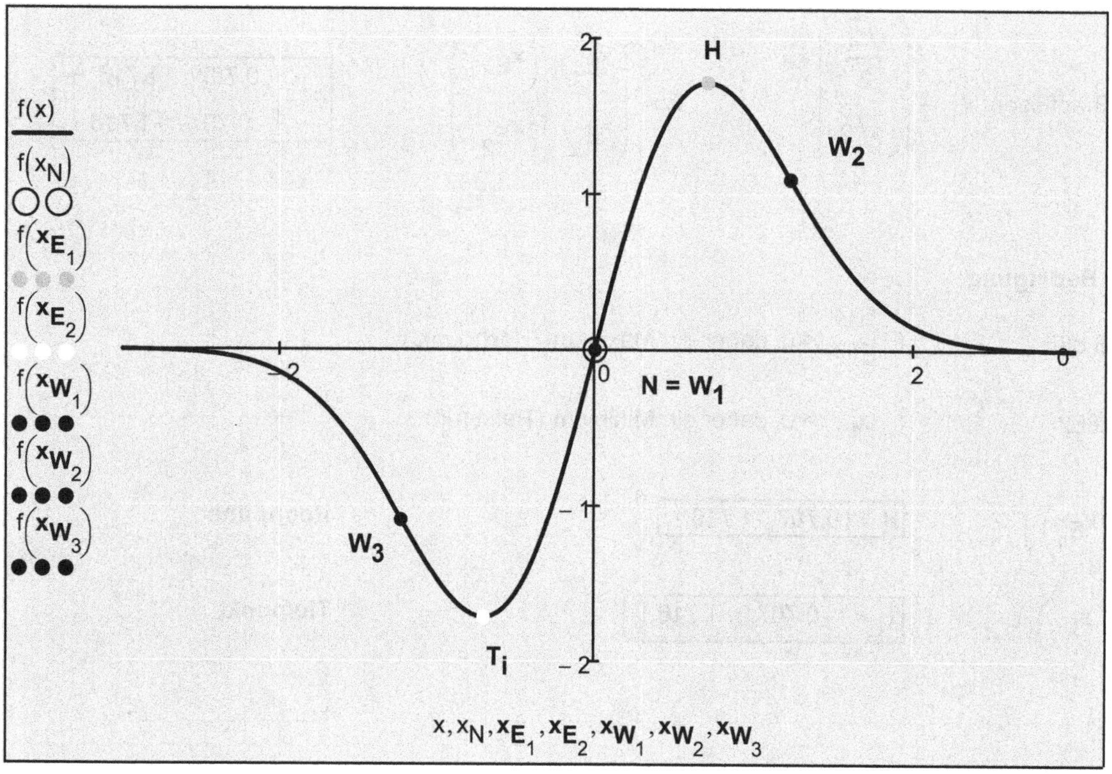

Abb. 3.3.20

Beispiel 3.3.10:

Untersuchen Sie folgende Funktion auf Nullstellen, Extremstellen und Wendepunkte, und stellen Sie die Funktion grafisch dar.

$x := x$ Redefinition

ORIGIN := 1 ORIGIN festlegen

$$g(x,\mu,\sigma) := \frac{1}{\sigma \cdot \sqrt{2 \cdot \pi}} e^{\frac{-1}{2}\left(\frac{x-\mu}{\sigma}\right)^2}$$

Gegebene Funktion (Gauß'sche Normalverteilung; Wahrscheinlichkeitsdichtefunktion). g(x) dx ist die Wahrscheinlichkeit, dass x einen Wert zwischen x und x+dx annimmt.
μ ... Mittelwert (Erwartungswert)
σ ... Standardabweichung ($\sigma > 0$)

Ableitungen:

$g_x(x,\mu,\sigma) := \frac{d}{dx} g(x,\mu,\sigma)$

$$g_x(x,\mu,\sigma) \rightarrow \frac{\sqrt{2}\cdot e^{-\frac{(\mu-x)^2}{2\cdot\sigma^2}}\cdot(2\cdot\mu-2\cdot x)}{4\cdot\sqrt{\pi}\cdot\sigma^3}$$

$g_{xx}(x,\mu,\sigma) := \frac{d}{dx} g_x(x,\mu,\sigma)$

$$g_{xx}(x,\mu,\sigma) \text{ Faktor } \rightarrow \frac{e^{-\frac{\mu^2-2\cdot\mu\cdot x+x^2}{2\cdot\sigma^2}}\cdot\left(\sqrt{2}\cdot\mu-\sqrt{2}\cdot\sigma-\sqrt{2}\cdot x\right)\cdot(\mu+\sigma-x)}{2\cdot\sqrt{\pi}\cdot\sigma^5}$$

$g_{xxx}(x,\mu,\sigma) := \frac{d}{dx} g_{xx}(x,\mu,\sigma)$

$$g_{xxx}(x,\mu,\sigma) \text{ Faktor } \rightarrow \frac{e^{-\frac{\mu^2-2\cdot\mu\cdot x+x^2}{2\cdot\sigma^2}}\cdot(\mu-x)\cdot\left(\sqrt{2}\cdot\mu^2-2\cdot\sqrt{2}\cdot\mu\cdot x-3\cdot\sqrt{2}\cdot\sigma^2+\sqrt{2}\cdot x^2\right)}{2\cdot\sqrt{\pi}\cdot\sigma^7}$$

Nullstellen:

Wegen $g(x) > 0$ (für alle $x \in D$) gibt es keine Nullstellen.

Extremstellen:

notwendige Bedingung:

$x_E(\mu) := g_x(x,\mu,\sigma) = 0$ auflösen, $x \rightarrow \mu$

hinreichende Bedingung:

$g_{xx}\left(x_E(\mu),\mu,\sigma\right)$ Gleitkommazahl, 4 $\rightarrow -\frac{0.3989}{\sigma^3}$ $\qquad g_{xx}(x_E) < 0$, daher ein Maximum (Hochpunkt)

$g\left(x_E(\mu),\mu,\sigma\right)$ Gleitkommazahl, 5 $\rightarrow \frac{0.39894}{\sigma}$

Hochpunkt: H(μ | 0.399/σ)

Wendestellen:

notwendige Bedingung:

$\mathbf{x_W}(\sigma,\mu) := g_{xx}(x,\mu,\sigma) = 0$ auflösen, x $\rightarrow \begin{pmatrix} \mu+\sigma \\ \mu-\sigma \end{pmatrix}$

$\mathbf{x_W}(\sigma,\mu)_1 \rightarrow \mu+\sigma$ $\mathbf{x_W}(\sigma,\mu)_2 \rightarrow \mu-\sigma$

hinreichende Bedingung:

$g_{xxx}\left(\mathbf{x_W}(\sigma,\mu)_1,\mu,\sigma\right)$ Gleitkommazahl, 4 $\rightarrow \frac{0.4839}{\sigma^4}$

$f_{xxx}(\mathbf{x_W}) \neq 0$

$g_{xxx}\left(\mathbf{x_W}(\sigma,\mu)_2,\mu,\sigma\right)$ Gleitkommazahl, 4 $\rightarrow -\frac{0.4839}{\sigma^4}$

$g(\sigma+\mu,\mu,\sigma)$ Gleitkommazahl, 4 $\rightarrow \frac{0.242}{\sigma}$ $g(-\sigma+\mu,\mu,\sigma)$ Gleitkommazahl, 4 $\rightarrow \frac{0.242}{\sigma}$

$W_1(\mu+\sigma \mid 0.242/\sigma)$

Wendepunkte

$W_2(\mu-\sigma \mid 0.242/\sigma)$

Verhalten im Unendlichen:

$\mu := 3$ $\sigma := 1$

Vorgaben (Erwartungswert und Streuung)

$$\lim_{x\to\infty}\left[\frac{1}{\sigma\cdot\sqrt{2\cdot\pi}}e^{\frac{-1}{2}\cdot\left(\frac{x-\mu}{\sigma}\right)^2}\right] \rightarrow 0$$

y = 0 ist Asymptote

$x_E := \mu$

Erwartungswert

$\mathbf{x_W}_1 := \mu+\sigma$

Wendestellen

$\mathbf{x_W}_2 := \mu-\sigma$

$\mathbf{x_W} = \begin{pmatrix} 4 \\ 2 \end{pmatrix}$ $g(\mathbf{x_W},\mu,\sigma) = \begin{pmatrix} 0.242 \\ 0.242 \end{pmatrix}$

Koordinaten der Wendepunkte

$\mathbf{P_W} :=$ erweitern$\left(\mathbf{x_W}, g(\mathbf{x_W},\mu,\sigma)\right)$ $\mathbf{P_W} = \begin{pmatrix} 4 & 0.242 \\ 2 & 0.242 \end{pmatrix}$

Matrix mit Wendepunkten

Wendetangenten:

$g(x) - g(x_1) = k\cdot(x-x_1)$

Tangentengleichung (Punkt-Richtungsform)

$k_1 := g_x\left(x_{W_1}, \mu, \sigma\right)$ $k_1 = -0.242$

$k_2 := g_x\left(x_{W_2}, \mu, \sigma\right)$ $k_2 = 0.242$

Steigungen der Wendetangenten

$g_1(x) := g\left(x_{W_1}, \mu, \sigma\right) + k_1 \cdot \left(x - x_{W_1}\right)$

$g_2(x) := g\left(x_{W_2}, \mu, \sigma\right) + k_2 \cdot \left(x - x_{W_2}\right)$

Wendetangentengleichungen

$\mu := \mu$ $\sigma := \sigma$

Redefinitionen

Schnittpunkt der Tangenten mit der x-Achse:

$g\left(x_{W_1}, \mu, \sigma\right) = 0.242$ $g(\mu + \sigma, \mu, \sigma)$ Gleitkommazahl, 4 $\rightarrow \dfrac{0.242}{\sigma}$

$g_1(x) = 0$ $g(\mu + \sigma, \mu, \sigma) + k_1 \cdot (x - \mu - \sigma) = 0$ hat als Lösung(en) $\dfrac{k_1 \cdot (\mu + \sigma) - g(\mu + \sigma, \mu, \sigma)}{k_1}$

$x_1 := \dfrac{k_1 \cdot (\mu + \sigma) - g(\mu + \sigma, \mu, \sigma)}{k_1}$ $x_1 = 5$ **(= μ + 2 σ)**

$g_2(x) = 0$ $g(\mu - \sigma, \mu, \sigma) + k_2 \cdot (x - \mu + \sigma) = 0$ hat als Lösung(en) $-\dfrac{\sigma \cdot k_2 - \mu \cdot k_2 + g(\mu - \sigma, \mu, \sigma)}{k_2}$

$x_2 := -\dfrac{\sigma \cdot k_2 - \mu \cdot k_2 + g(\mu - \sigma, \mu, \sigma)}{k_2}$ $x_2 = 1$ **(= μ - 2 σ)**

$x := 0, 0.01 .. 7$ Bereichsvariable

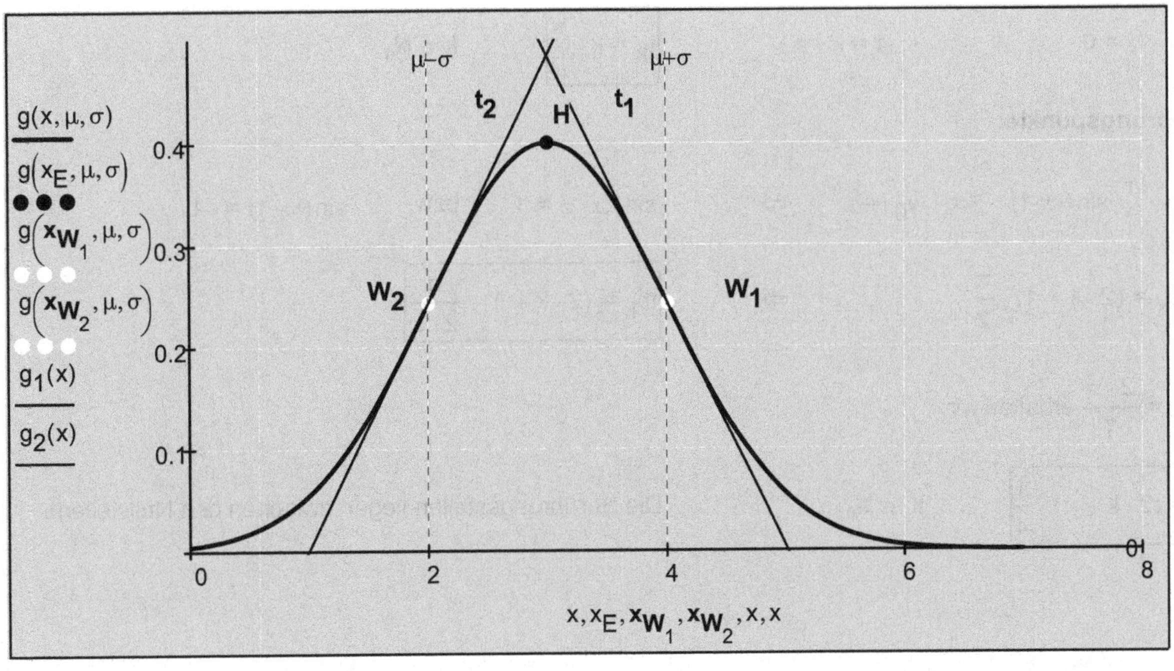

Abb. 3.3.21

Beispiel 3.3.11:

Untersuchen Sie folgende Funktion auf Nullstellen, Extremstellen und Wendepunkte, und stellen Sie die Funktion grafisch dar.

$t := t$ Redefinition $\quad$ ORIGIN := 0 $\quad$ ORIGIN festlegen

$y(t, y_0, \delta, \omega) := y_0 \cdot e^{-\delta \cdot t} \cdot \sin(\omega \cdot t)$ $\quad$ gegebene Funktion (gedämpfte Schwingung)

$y_0 = \frac{v_0}{\omega}$ $\quad$ Amplitude $\quad$ v_0 ... Anfangsgeschwindigkeit

$\omega = \sqrt{\omega_0^2 - \delta^2}$ $\quad$ Kreisfrequenz $\quad$ ω_0 ... Eigenfrequenz (Kreisfrequenz der ungedämpften Schwingung)

δ ... Dämpfungsfaktor

Ableitungen:

$$y_t(t, y_0, \delta, \omega) := \frac{d}{dt} y(t, y_0, \delta, \omega)$$

$$y_t(t, y_0, \delta, \omega) \text{ Faktor } \rightarrow e^{-\delta \cdot t} \cdot y_0 \cdot (\omega \cdot \cos(\omega \cdot t) - \delta \cdot \sin(\omega \cdot t))$$

$$y_{tt}(t, y_0, \delta, \omega) := \left(\frac{d}{dt} y_t(t, y_0, \delta, \omega)\right)$$

$$y_{tt}(t, y_0, \delta, \omega) \text{ Faktor } \rightarrow -e^{-\delta \cdot t} \cdot y_0 \cdot \left(\omega^2 \cdot \sin(\omega \cdot t) - \delta^2 \cdot \sin(\omega \cdot t) + 2 \cdot \omega \cdot \delta \cdot \cos(\omega \cdot t)\right)$$

Nullstellen und Berührungspunkte mit den Dämpfungskurven:

$y_0 \cdot e^{-\delta \cdot t} \cdot \sin(\omega \cdot t) = 0$ $\quad$ hat als Lösung(en) $\quad$ 0 $\quad$ Hier wird nur eine Nullstelle gefunden!

$\sin(\omega \cdot t) = 0$ $\quad$ $\omega \cdot t = k \cdot \pi$ $\quad$ $t_k = k \cdot \frac{\pi}{\omega}$ $\quad$ $\mathbf{k} \in \mathbb{N}_0$

Berührungspunkte:

$y_0 \cdot e^{-\delta \cdot t} \cdot \sin(\omega \cdot t) = \pm\, y_0 \cdot e^{-\delta \cdot t}$ $\quad \Rightarrow \quad$ $\sin(\omega \cdot t) = 1$ bzw. $\sin(\omega \cdot t) = -1$

$\omega \cdot tb_k = (2 \cdot k + 1) \cdot \frac{\pi}{2}$ $\quad \Rightarrow \quad$ $tb_k = (2 \cdot k + 1) \cdot \frac{\pi}{2 \cdot \omega}$

Mit $\omega = \frac{2 \cdot \pi}{T}$ erhalten wir:

$tb_k = (2 \cdot k + 1) \cdot \frac{T}{4}$ $\quad$ $\mathbf{k} \in \mathbb{N}_0$ $\quad$ Die Berührungsstellen liegen zwischen den Nullstellen!

Extremstellen:

notwendige Bedingung:

Vorgabe

$$y_t(t, y_0, \delta, \omega) = 0$$

$$\text{Suchen}(t)^T \rightarrow \begin{pmatrix} -\dfrac{2 \cdot \text{atan}\left(\dfrac{\delta + \sqrt{\omega^2 + \delta^2}}{\omega}\right)}{\omega} \\ -\dfrac{2 \cdot \text{atan}\left(\dfrac{\delta - \sqrt{\omega^2 + \delta^2}}{\omega}\right)}{\omega} \end{pmatrix}$$

$$t_E = -\frac{2 \cdot \text{atan}\left(\dfrac{\delta - \sqrt{\omega^2 + \delta^2}}{\omega}\right)}{\omega} = \frac{\text{atan}\left(\dfrac{\omega}{\delta}\right)}{\omega}$$

Wegen der Periodizität gilt dann:

$$t_{Ex_k} = \frac{1}{\omega} \cdot \left(\arctan\left(\frac{\omega}{\delta}\right) + k \cdot \pi\right)$$

$k \in \mathbb{N}_0$

k ... ungerade ... Maxima
k ... gerade ... Minima

Wendestellen:

notwendige Bedingung:

Vorgabe

$$y_{tt}(t, y_0, \delta, \omega) = 0$$

$$\text{Suchen}(t) \rightarrow \left(\frac{2 \cdot \text{atan}\left(\dfrac{\omega}{\delta}\right)}{\omega} \quad -\frac{2 \cdot \text{atan}\left(\dfrac{\delta}{\omega}\right)}{\omega} \right)$$

$$t_W = \frac{2 \cdot \text{atan}\left(\dfrac{\omega}{\delta}\right)}{\omega}$$

$$t_{We_k} = \frac{2 \cdot \text{atan}\left(\dfrac{\omega}{\delta}\right) + k \cdot \pi}{\omega}$$

$k \in \mathbb{N}_0$

Verhalten im Unendlichen:

$$\lim_{t \to \infty} \left(y_0 \cdot e^{-\delta \cdot t} \cdot \sin(\omega \cdot t)\right)$$

y = 0 ist Asymptote

Amplitudenverhältnis:

$$y(t) = y_0 \cdot e^{-\delta \cdot t} \cdot \sin(\omega \cdot t)$$

$$y(t + T) = y_0 \cdot e^{-\delta \cdot (t+T)} \cdot \sin[\omega \cdot (t + T)]$$

$$\frac{y(t)}{y(t + T)} = \frac{y_0 \cdot e^{-\delta \cdot t} \cdot \sin(\omega \cdot t)}{y_0 \cdot e^{-\delta \cdot (t+T)} \cdot \sin[\omega \cdot (t + T)]} = e^{\delta \cdot T}$$

Dämpfungsverhältnis, das Verhältnis bleibt konstant.

$$\ln\left(\frac{y(t)}{y(t + T)}\right) = \ln\left(e^{\delta \cdot T}\right) = \delta \cdot T = \Lambda$$

Logarithmisches Dekrement, daraus kann δ ermittelt werden.

$t := 0 \cdot s, 0.01 \cdot s .. 16 \cdot s$ Bereichsvariable

$y_0 := 0.3 \cdot m$ Amplitude

$\delta := 0.2 \cdot s^{-1}$ Dämpfungsfaktor

$\omega := 1 \cdot s^{-1}$ Kreisfrequenz

$T := \frac{2 \cdot \pi}{\omega}$ Schwingungsdauer

$k := 0 .. 4$ Bereichsvariable

$t_k := k \cdot \frac{\pi}{\omega}$ Nullstellen

$tb_k := (2 \cdot k + 1) \cdot \frac{T}{4}$ Berührungsstellen

$t_{Ex_k} := \frac{1}{\omega}\left(\operatorname{atan}\left(\frac{\omega}{\delta}\right) + k \cdot \pi\right)$ Extremstellen

$t_{We_k} := \frac{2 \cdot \operatorname{atan}\left(\frac{\omega}{\delta}\right) + k \cdot \pi}{\omega}$ Wendestellen

$y_1(t) := y_0 \cdot e^{-\delta \cdot t}$

Dämpfungskurven

$y_2(t) := -y_0 \cdot e^{-\delta \cdot t}$

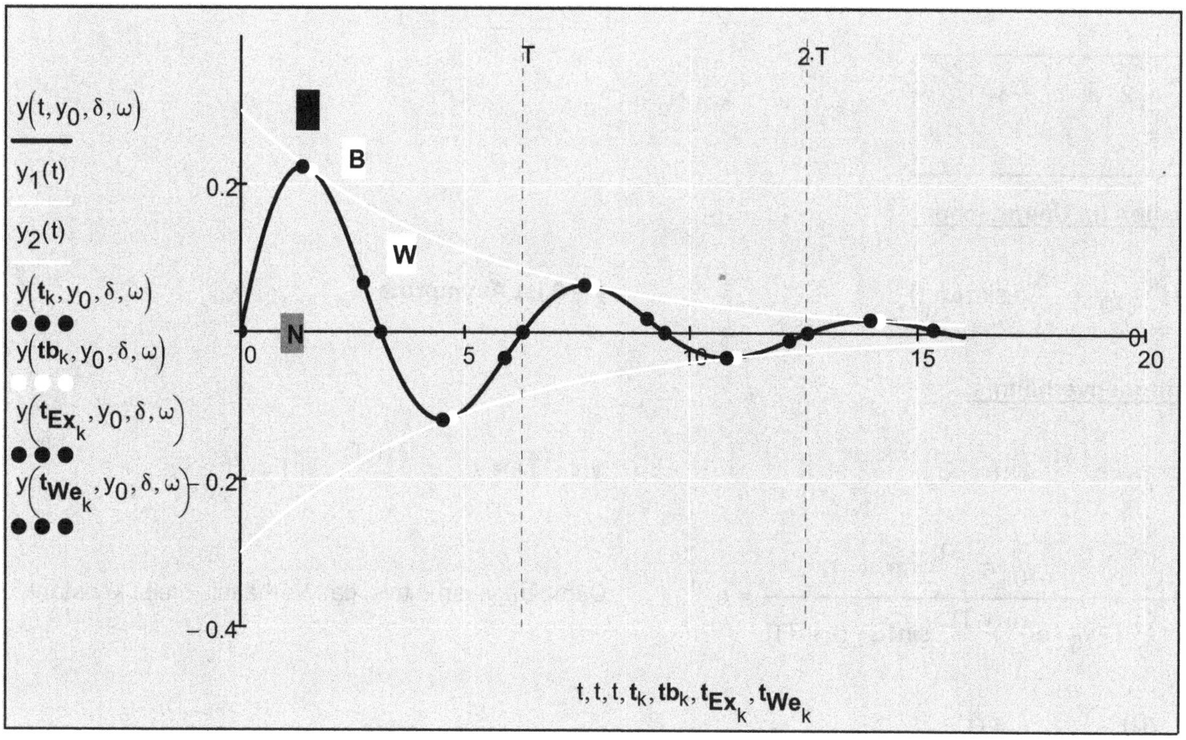

Abb. 3.3.22

Kosten und Preistheorie (Betriebswirtschaftliche Berechnungen):

K(x) ... Kostenfunktion eines Betriebes (Gesamtkosten)

$K_s(x) = K(x)/x$ ... Stückkostenfunktion (Gesamtkosten/Stück)

Gesucht ist jene Menge x, für die die Kosten pro Stück am geringsten sind. Diese Produktionsmenge heißt Betriebsoptimum. Wir suchen also das Minimum der Stückkostenfunktion $K_s(x)$.

Beispiel 3.3.12:

Bestimmen Sie bei gegebener Kostenfunktion K(x) das Betriebsoptimum und stellen Sie die Kostenfunktion und die Stückkostenfunktion grafisch dar.

$x := x$ Redefinition — ORIGIN := 1 — ORIGIN festlegen

ME := 1 — Mengeneinheiten — GE := 1 — Geldeinheiten

$K(x) := 0.05 \cdot x^3 - 3 \cdot x^2 + 100 \cdot x + 1000$ — Gegebene Kostenfunktion in GE (Geldeinheiten)

$K_s(x) := \frac{K(x)}{x}$ — Stückkostenfunktion in GE/ME

$$K_s(x) \rightarrow \frac{100 \cdot x - 3 \cdot x^2 + 0.05 \cdot x^3 + 1000}{x}$$

Ableitungen:

$K_{sx}(x) := \frac{d}{dx} K_s(x)$ — $K_{sx}(x)$ Faktor $\rightarrow \frac{x^3 - 30.0 \cdot x^2 - 10000.0}{10 \cdot x^2}$

$K_{sxx}(x) := \frac{d}{dx} K_{sx}(x)$ — $K_{sxx}(x)$ Faktor $\rightarrow \frac{x^3 + 20000.0}{10 \cdot x^3}$

Extremstellen:

notwendige Bedingung:

Vorgabe

$K_{sx}(x) = 0$

$$\mathbf{x_E} := \text{Suchen}(x)^T \text{ Gleitkommazahl}, 4 \rightarrow \begin{pmatrix} 37.22 \\ -3.609 + 15.99i \\ -3.609 - 15.99i \end{pmatrix}$$

eine reelle Extremstelle

hinreichende Bedingung:

$K_{sxx}\left(\mathbf{x_{E_1}}\right)$ Gleitkommazahl, 4 $\rightarrow 0.1388$ — $K_{sxx}(x_{E3}) > 0$, daher ein Minimum

$\mathbf{x_{E_1}} = 37.22 \cdot ME$ — **Kostengünstigste Produktionsmenge: 37 Mengeneinheiten**

Grafische Darstellung:

$x := 0, 0.001 .. 100$ Bereichsvariable

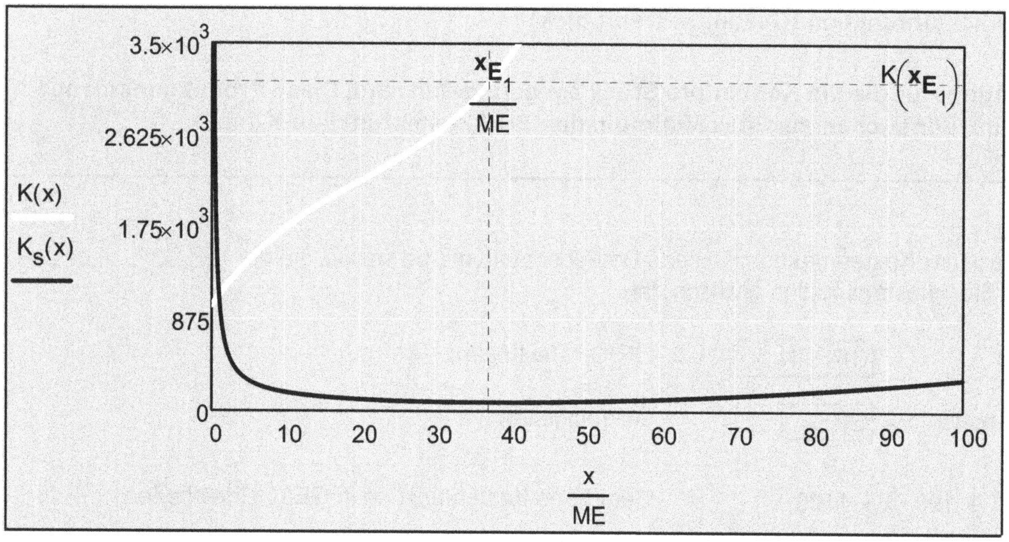

Abb. 3.3.23

Unter Betriebsminimum verstehen wir jene Produktionsmenge, bei der die variablen Kosten pro Stück $K_{sv}(x)$ den kleinsten Wert annehmen. Während die Stückzahlen im Betriebsoptimum zugleich die langfristige Kostenuntergrenze darstellen, geben die variablen Stückkosten $K_{sv}(x)$ im Betriebsminimum die kurzfristige Kostenuntergrenze an.

Beispiel 3.3.13:

Bestimmen Sie bei gegebener Kostenfunktion K(x) das Betriebsminimum und stellen Sie die variablen Kosten und die variablen Stückkosten grafisch dar.

$x := x$ Redefinition

$ORIGIN := 1$ ORIGIN festlegen

$ME := 1$ Mengeneinheiten

$GE := 1$ Geldeinheiten

$K(x) := 0.05 \cdot x^3 - 3 \cdot x^2 + 100 \cdot x + 1000$ gegebene Kostenfunktion in GE (Geldeinheiten)

$K_v(x) := 0.05 \cdot x^3 - 3 \cdot x^2 + 100 \cdot x$ variable Kosten

$K_{sv}(x) = \frac{K_v(x)}{x}$ variable Stückkostenfunktion

$K_{sv}(x) := 0.05 \cdot x^2 - 3 \cdot x + 100$

Ableitungen:

$K_{svx}(x) := \frac{d}{dx} K_{sv}(x)$

$K_{svx}(x) \text{ Faktor } \rightarrow \frac{x - 30.0}{10}$

$K_{svxx}(x) := \left(\frac{d}{dx} K_{svx}(x)\right)$

$K_{svxx}(x) \text{ Faktor } \rightarrow 0.1$

Extremstellen:

notwendige Bedingung:

Vorgabe

$K_{svx}(x) = 0$

$x_E := \text{Suchen}(x) \rightarrow 30.0$

hinreichende Bedingung:

$K_{svxx}(x_E) > 0$ $K_{svxx}(x_E) > 0$, daher ein Minimum

$x_E = 30 \cdot ME$ **Das Betriebsminimum liegt bei 30 Mengeneinheiten**

$K_{sv}(x_E) = 55 \cdot \frac{GE}{ME}$ **Kurzfristige Kostenuntergrenze beträgt 55 GE/ME**

$x := 0, 0.01 .. 50$ Bereichsvariable

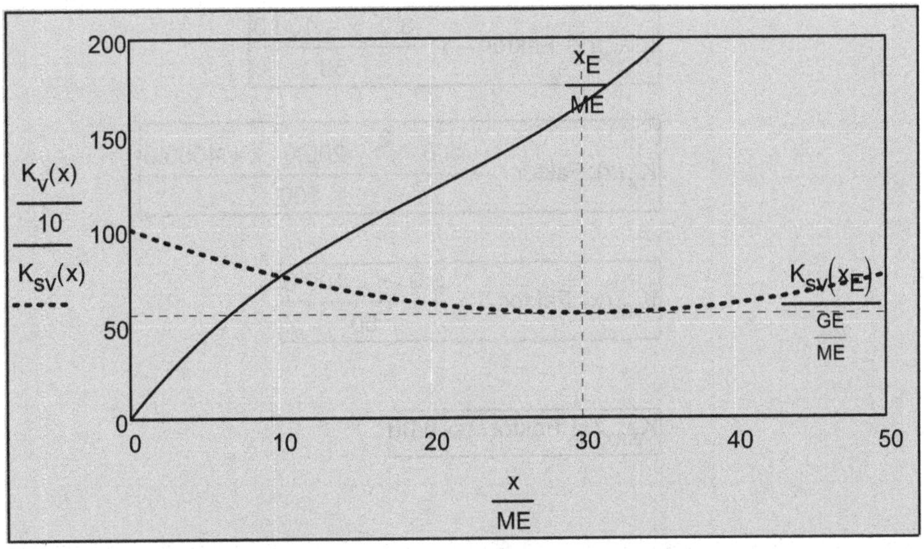

Abb. 3.3.24

Eine **wichtige Größe in der Betriebswirtschaft ist der Gewinn bzw. Verlust**, allgemein der **Erfolg** eines Unternehmens. Zur Ermittlung des **Erfolges Erf(x)** bei einer bestimmten Ausbringungsmenge x müssen **vom Erlös E(x)** die **Kosten K(x) abgezogen** werden.

Erf(x) ... Erfolgsfunktion

E(x) ... Erlösfunktion

Erf(x) = E(x) - K(x)

Wird ein Produkt von vielen angeboten, so ist meist der **Preis p eine konstante Größe** und **E(x) = p x.**

Ein einziger Anbieter (Monopolist) kann den Preis bestimmen, muss aber berücksichtigen, dass zwischen **Preis p** und Absatz (Nachfrage) ein funktioneller Zusammenhang besteht:

E(x) = n(x) x   p = n(x) ... (nichtlineare) Nachfragefunktion

Es gilt:

Erf(x) > 0 ... weist auf einen Gewinn hin.

Erf(x) < 0 ... weist auf einen Verlust hin.

Erf(x) = 0 ... das Unternehmen arbeitet gerade kostendeckend, die Nullstellen x_1, x_2 nennen wir Gewinnschwellen.

Beispiel 3.3.14:

Die Gesamtkosten K(x) lassen sich annähernd durch die nachfolgende Gleichung beschreiben. Berechnen Sie die Gewinnschwellen und den maximalen Gewinn bei einem Marktpreis p = 30 GE.

$x := x$ Redefinition | $ORIGIN := 1$ ORIGIN festlegen

$ME := 1$ Mengeneinheiten | $GE := 1$ Geldeinheiten

$K(x) := 0.01 \cdot x^3 - x^2 + 40 \cdot x + 500$ gegebene Kostenfunktion in GE (Geldeinheiten)

$E(x) := 30 \cdot x$ Erlösfunktion

$Erf(x) := E(x) - K(x)$ Erfolgsfunktion

Ableitungen:

$Erf_x(x) := \frac{d}{dx} Erf(x)$ $\qquad Erf_x(x) \text{ Faktor } \rightarrow -\frac{3.0 \cdot x^2 - 200.0 \cdot x + 1000.0}{100}$

$Erf_{xx}(x) := \frac{d}{dx} Erf_x(x)$ $\qquad Erf_{xx}(x) \text{ Faktor } \rightarrow -\frac{3.0 \cdot x - 100.0}{50}$

$K_x(x) := \frac{d}{dx} K(x)$ $\qquad K_x(x) \text{ Faktor } \rightarrow \frac{3.0 \cdot x^2 - 200.0 \cdot x + 4000.0}{100}$

$K_{xx}(x) := \frac{d}{dx} K_x(x)$ $\qquad K_{xx}(x) \text{ Faktor } \rightarrow \frac{3.0 \cdot x - 100.0}{50}$

$K_{xxx}(x) := \frac{d}{dx} K_{xx}(x)$ $\qquad K_{xxx}(x) \text{ Faktor } \rightarrow 0.06$

Nullstellen:

Vorgabe

$Erf(x) = 0$

$\mathbf{x_N} := \text{Suchen}(x)^T \text{ Gleitkommazahl}, 4 \rightarrow \begin{pmatrix} -16.84 \\ 37.33 \\ 79.52 \end{pmatrix}$ Nur die positiven reellen Nullstellen sind brauchbar!

$x_u := \text{ceil}\left(\mathbf{x_N}_2\right) \qquad x_o := \text{floor}\left(\mathbf{x_N}_3\right)$

$x_u = 38 \cdot ME \qquad x_o = 79 \cdot ME$ untere und obere Gewinnschwelle (die untere wird aufgerundet, die obere abgrundet)

Extremstellen (Gewinnmaximum):

notwendige Bedingung:

Vorgabe

$\mathrm{Erf}_x(x) = 0$

$\mathbf{x_E} := \mathrm{Suchen}(x)^T \rightarrow \begin{pmatrix} 5.4446657821974817341 \\ 61.222000884469184933 \end{pmatrix}$ $\quad \mathbf{x_{E_1}} = 5.445 \cdot \mathrm{ME} \quad \mathbf{x_{E_2}} = 61.222 \cdot \mathrm{ME}$

$\mathrm{Erf}\left(\mathbf{x_{E_1}}\right) = -526.416 \cdot \mathrm{GE}$ **Verlust**

$\mathrm{Erf}\left(\mathbf{x_{E_2}}\right) = 341.231 \cdot \mathrm{GE}$ **maximaler Gewinn**

Der maximale Gewinn liegt bei 61 Mengeneinheiten und beträgt 341 Geldeinheiten.

Wendestellen der Kostenfunktion:

notwendige Bedingung:

Vorgabe

$K_{xx}(x) = 0$

$x_W := \mathrm{Suchen}(x)\ \mathrm{Gleitkommazahl}, 4 \rightarrow 33.33$

$x := 0, 0.01 .. 100$ Bereichsvariable

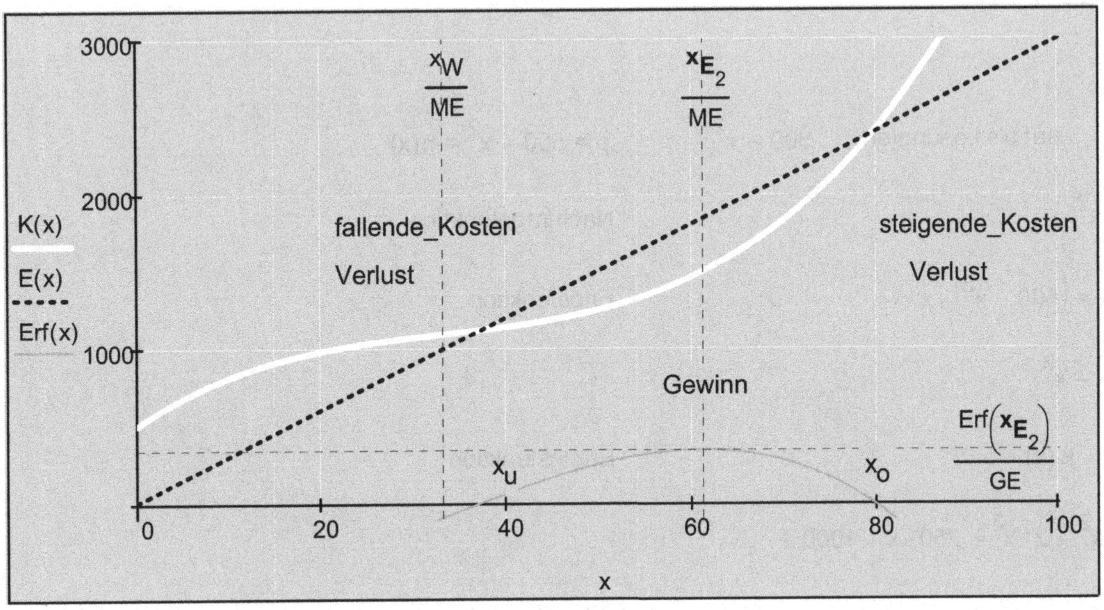

Abb. 3.3.25

Beispiel 3.3.15:

Für die Herstellung eines Produktes entstehen einem Betrieb Fixkosten in der Höhe von 1000 GE. Die variablen Kosten lassen sich annähernd durch die Gleichung $K_v(x) = x^3 - 25\,x^2 + 250\,x$ beschreiben.

Der mengenmäßige Umsatz x ändert sich mit dem Preis p nach der Gleichung $x = (500 - p)^{1/2}$.
Wie lautet die Funktionsgleichung für die Gesamtkosten, für den Erlös und für den Erfolg? Wie lauten die Gewinnschwellen und der maximale Gewinn? Wie groß ist die langfristige und kurzfristige Kostenuntergrenze?

$x := x$ Redefinition

$ORIGIN := 1$ ORIGIN festlegen

$ME := 1$ Mengeneinheiten

$GE := 1$ Geldeinheiten

$K_v(x) := x^3 - 25 \cdot x^2 + 250 \cdot x$ variable Kosten

$K(x) = K_v(x) + \text{Fixkosten}$ Kostenfunktion in GE (Geldeinheiten)

$K(x) := x^3 - 25 \cdot x^2 + 250 \cdot x + 1000$

$K_s(x) := \frac{K(x)}{x}$ Stückkostenfunktion

$K_s(x) \rightarrow \frac{x^3 - 25 \cdot x^2 + 250 \cdot x + 1000}{x}$ variable Stückkostenfunktion

$K_{sv}(x) = \frac{K_v(x)}{x} = \frac{x^3 - 25 \cdot x^2 + 250 \cdot x}{x}$

$K_{sv}(x) := x^2 - 25 \cdot x + 250$

Nachfrage:

$x = \sqrt{500 - p}$ hat als Lösung(en) $500 - x^2$ $p = 500 - x^2 = n(x)$

$n(x) := 500 - x^2$ Nachfragefunktion

$E(x) = n(x) \cdot x = \left(500 - x^2\right) \cdot x$ Erlösfunktion

$E(x) := 500 \cdot x - x^3$

$Erf(x) := E(x) - K(x)$ Erfolgsfunktion

$Erf(x) \rightarrow 25 \cdot x^2 - 2 \cdot x^3 + 250 \cdot x - 1000$

Ableitungen:

$K_{svx}(x) := \frac{d}{dx}K_{sv}(x)$ $\qquad K_{svx}(x)$ Faktor $\rightarrow 2 \cdot x - 25$

$K_{svxx}(x) := \frac{d}{dx}K_{svx}(x)$ $\qquad K_{svxx}(x)$ Faktor $\rightarrow 2$

$K_{sx}(x) := \frac{d}{dx}K_{s}(x)$ $\qquad K_{sx}(x)$ Faktor $\rightarrow \frac{2 \cdot x^3 - 25 \cdot x^2 - 1000}{x^2}$

$K_{sxx}(x) := \frac{d}{dx}K_{sx}(x)$ $\qquad K_{sxx}(x)$ Faktor $\rightarrow \frac{2 \cdot (x+10) \cdot \left(x^2 - 10 \cdot x + 100\right)}{x^3}$

$Erf_{x}(x) := \frac{d}{dx}Erf(x)$ $\qquad Erf_{x}(x)$ Faktor $\rightarrow -2 \cdot \left(3 \cdot x^2 - 25 \cdot x - 125\right)$

$Erf_{xx}(x) := \frac{d}{dx}Erf_{x}(x)$ $\qquad Erf_{xx}(x)$ Faktor $\rightarrow -2 \cdot (6 \cdot x - 25)$

Nullstellen (Gewinnschwellen):

$x_u :=$ wurzel$(Erf(x), x, 0, 10)$ $\qquad x_{u1} := \text{ceil}(x_u)$ $\qquad x_{u1} = 4 \cdot ME$ $\qquad$ untere und obere

$x_o :=$ wurzel$(Erf(x), x, 10, 20)$ $\qquad x_{o1} := \text{floor}(x_o)$ $\qquad x_{o1} = 17 \cdot ME$ $\qquad$ Gewinnschwelle

Extremstellen (Gewinnmaximum):

notwendige Bedingung:

Vorgabe

$Erf_x(x) = 0$

$$\mathbf{x_E} := \text{Suchen}(x)^T \rightarrow \begin{pmatrix} \frac{5 \cdot \sqrt{85}}{6} + \frac{25}{6} \\ \frac{25}{6} - \frac{5 \cdot \sqrt{85}}{6} \end{pmatrix}$$

$\mathbf{x_{E_1}} = 11.85 \cdot ME$ $\qquad \mathbf{x_{E_2}} = -3.516 \cdot ME$

$Erf\left(\mathbf{x_{E_1}}\right) = 2145.049 \cdot GE$ $\qquad$ **maximaler Gewinn**

$Erf\left(\mathbf{x_{E_2}}\right) = -1483.012 \cdot GE$ $\qquad$ **Verlust**

Der Gewinnbereich liegt zwischen 4 ME und 17 ME. Der maximale Gewinn liegt bei 12 ME und beträgt 2145 GE.

Betriebsoptimum und Betriebsminimum:

$\mathbf{x_{opt}} := K_{sx}(x) = 0 \;\Big|\; \begin{array}{l}\text{auflösen}, x \\ \text{Gleitkommazahl}, 3\end{array} \rightarrow \begin{pmatrix} 14.8 \\ -1.14 + 5.7i \\ -1.14 - 5.7i \end{pmatrix}$ $\quad$ $x_{opt} := \text{ceil}\left(\mathbf{x_{opt_1}}\right)$

$x_{opt} = 15 \cdot ME$ $\quad$ Betriebsoptimum

$K_s\left(x_{opt}\right) = 166.667 \cdot \frac{GE}{ME}$ $\quad$ langfristige Kostenuntergrenze

$x_{min} := K_{svx}(x) = 0 \;\Big|\; \begin{array}{l}\text{auflösen}, x \\ \text{Gleitkommazahl}, 3\end{array} \rightarrow 12.5$ $\quad$ $x_{min} := \text{ceil}\left(x_{min}\right)$

$x_{min} = 13 \cdot ME$ $\quad$ Betriebsminimum

$K_{sv}\left(x_{min}\right) = 94 \cdot \frac{GE}{ME}$ $\quad$ kurzfristige Kostenuntergrenze

$x := 0, 0.01 .. 30$ $\quad$ Bereichsvariable

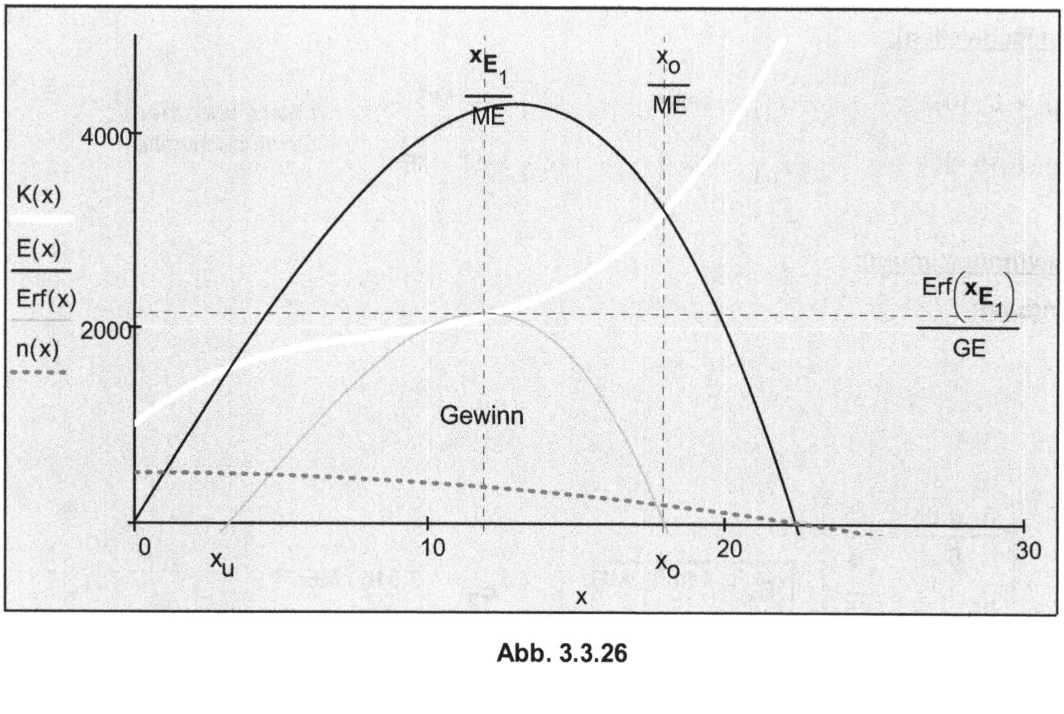

Abb. 3.3.26

3.4 Extremwertaufgaben

Bei angewandten Aufgaben stellt sich öfters die Frage, ob in einem gewissen Intervall I = [a, b] einer vorgegebenen Funktion $y = f(x_1, x_2, ...)$ (Zielfunktion) ein Extremwert (Maximum oder Minimum) vorliegt. Die Zielfunktion ist für das vorliegende Problem zu bestimmen und weist oft die Abhängigkeit von mehr als einer Variablen auf. Für diese Fälle können Nebenbedingungen aufgestellt werden (ergeben sich oft aus geometrischen Überlegungen wie dem pythagoräischen Lehrsatz, den Strahlensätzen usw.), um die Zielfunktion auf die Abhängigkeit von einer Variablen y = f(x) überzuführen (siehe dazu auch Abschnitt 3.8.2).

Eine Funktion f, die auf einem Intervall I definiert ist, kann an einem Randpunkt oder im Inneren von I = [a, b] einen absoluten Extremwert annehmen (siehe Abschnitt 2.2.1 Extremwertsatz).

Folgende Funktionen besitzen dieselben Extremstellen:

$y = f(x) + c$ **und** $y_1 = f(x)$ **(3-76)**

$y = a \cdot f(x)$ **und** $y_1 = f(x)$ **(3-77)**

$y = \sqrt[n]{f(x)}$ **und** $y_1 = f(x)$ **n gerade und $f(x) \geq 0$ in [a, b]** **(3-78)**

$y = \frac{1}{f(x)}$ **und** $y_1 = f(x)$ **Maximum wird zum Minimum und Minimum zum Maximum!** **(3-79)**

Vorgangsweise:

a) Aufstellen der Zielfunktion $y = f(x_1,x_2,...)$ **(3-80)**
b) Aufsuchen von Nebenbedingungen **(3-81)**
c) Extremwerte aufsuchen:

$f'(x_0) = 0$ und $f''(x_0) > 0$ ... Minimum **(3-82)**
$f'(x_0) = 0$ und $f''(x_0) < 0$ ... Maximum

Beispiel 3.4.1:

Von einem quadratischen Blechstück mit den Seitenlängen a = 50.0 cm werden die markierten Quadrate weggeschnitten. Wie lang muss die Seite x dieser Quadrate sein, damit das Volumen V der Schachtel, die aus dem so entstehenden Netz gebildet werden kann, möglichst groß wird?

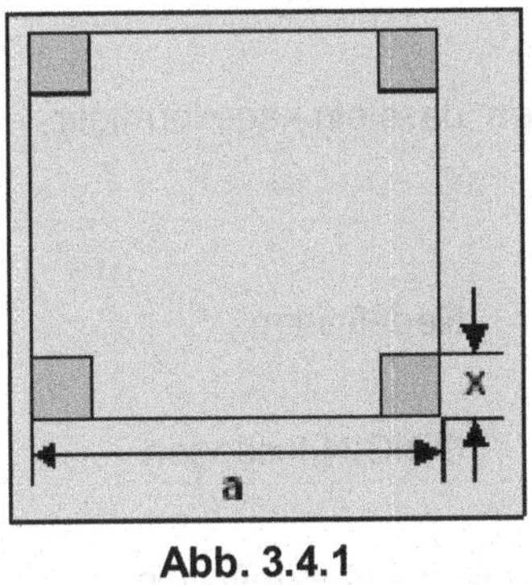

Abb. 3.4.1

$V(x) = (a - 2 \cdot x)^2 \cdot x$ **Zielfunktion aus der Geometrie**

V(x) soll ein Maximum werden für $x \in$ [0 cm, 25 cm]

ORIGIN := 1 ORIGIN festlegen

$dm := 10^{-1} \cdot m$ Einheiten definieren

$V(x, a) := (a - 2 \cdot x)^2 \cdot x$ Zielfunktion

$V_x(x, a) := \frac{d}{dx} V(x, a)$ $V_x(x, a)$ Faktor $\rightarrow (a - 6 \cdot x) \cdot (a - 2 \cdot x)$

Ableitungen

$V_{xx}(x, a) := \frac{d}{dx} V_x(x, a)$ $V_{xx}(x, a)$ Faktor $\rightarrow -8 \cdot (a - 3 \cdot x)$

$a := 50 \cdot cm$ Seitenlänge des Quadrates

$\mathbf{x} := V_x(x, a) = 0$ auflösen, $x \rightarrow \begin{pmatrix} 25 \cdot cm \\ \frac{25 \cdot cm}{3} \end{pmatrix}$ Ausschnitte (nur der zweite Wert ist brauchbar)

$V_{xx}(\mathbf{x}_2, a) = -2m$ $V_{xx}(x1) < 0$, daher ein Maximum

$\mathbf{x}_2 = 8.333 \cdot cm$ $V(\mathbf{x}_2, a) = 9.259 \cdot dm^3$

$V_{xx}(\mathbf{x}_1, a) = 2m$ Minimum

$x := 0 \cdot cm, 0.01 \cdot cm .. 30 \cdot cm$ Bereichsvariable

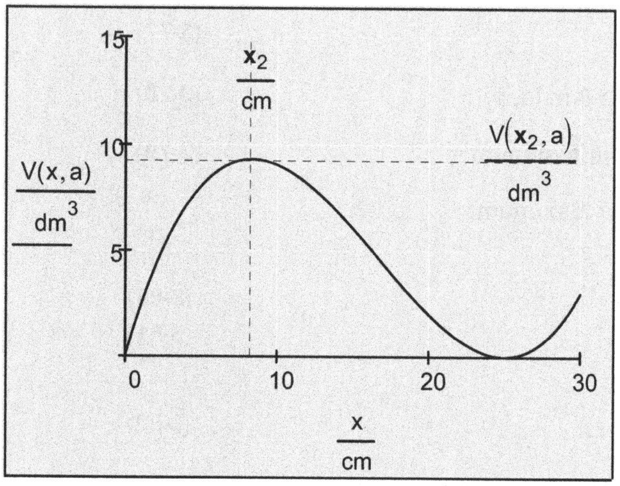

Abb. 3.4.2

$V1(x) := (50 \cdot cm - 2 \cdot x)^2 \cdot x$ Zielfunktion

$x := 5 \cdot cm$ Startwert

$x_1 :=$ Maximieren$(V1, x)$ $x_1 = 8.333 \cdot cm$ Bestimmung der Extremstelle mithilfe der Mathcad-Funktion Maximieren

Beispiel 3.4.2:

Aus einer gegebenen Kreisfläche ist ein Sektor von solcher Größe auszuschneiden, dass ein kegelförmiger Filter mit größtmöglichem Fassungsvermögen hergestellt werden kann.

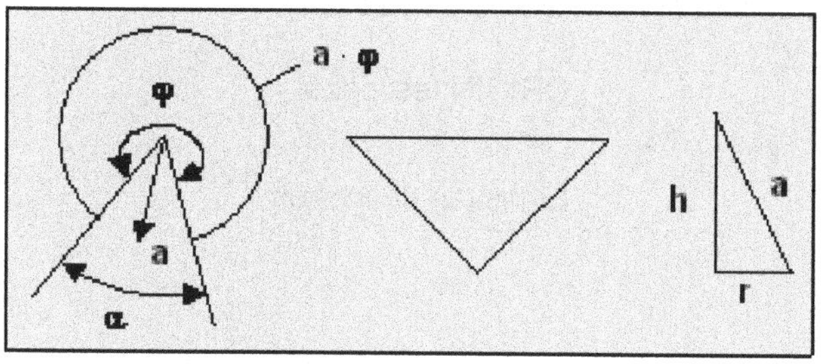

Abb. 3.4.3

$x := x$ Redefinition

$ORIGIN := 1$ ORIGIN festlegen

$dm := 10^{-1} \cdot m$ Einheitendefinition

$V(r, h) = \frac{\pi}{3} \cdot r^2 \cdot h$ **Zielfunktion: V(r,h) soll ein Maximum werden**

$h^2 = a^2 - r^2$ **Nebenbedingung (Abb. 3.4.3)**

$2 \cdot \pi \cdot r = a \cdot \varphi$ hat als Lösung(en) $\frac{1}{2} \cdot a \cdot \frac{\varphi}{\pi}$ d. h. $r = \frac{1}{2} \cdot a \cdot \frac{\varphi}{\pi}$ Radius des Trichters

$V(\varphi) = \frac{\pi}{3} \cdot r^2 \cdot h = \frac{\pi}{3} \cdot \frac{a^2 \cdot \varphi^2}{4 \cdot \pi^2} \cdot \sqrt{a^2 - \frac{a^2 \cdot \varphi^2}{4 \cdot \pi^2}} = \frac{\pi}{3} \cdot \frac{a^2 \cdot \varphi^2}{4 \cdot \pi^2} \cdot \frac{a}{2 \cdot \pi} \cdot \sqrt{4 \cdot \pi^2 - \varphi^2}$ Volumsfunktion mit einer Variablen

$V(\varphi) = \frac{a^3}{24 \cdot \pi^2} \cdot \varphi^2 \cdot \sqrt{4 \cdot \pi^2 - \varphi^2}$ **Zielfunktion: V(φ) soll ein Maximum werden**

$f_1(\varphi) = V(\varphi)^2$ **Nach (3-78) kann die Zielfunktion vereinfacht werden.**

$f(\varphi) := \varphi^4 \cdot \left(4 \cdot \pi^2 - \varphi^2\right)$ **Nach (3-77) können konstante Faktoren weggelassen werden.**

$f_\varphi(\varphi) := \frac{d}{d\varphi} f(\varphi)$ $f_\varphi(\varphi)$ Faktor $\rightarrow 2 \cdot \varphi^3 \cdot \left(8 \cdot \pi^2 - 3 \cdot \varphi^2\right)$

Ableitungen

$f_{\varphi\varphi}(\varphi) := \frac{d}{d\varphi} f_\varphi(\varphi)$ $f_{\varphi\varphi}(\varphi)$ Faktor $\rightarrow 6 \cdot \varphi^2 \cdot \left(8 \cdot \pi^2 - 5 \cdot \varphi^2\right)$

$\varphi := f_\varphi(\varphi)$ auflösen, $\varphi \rightarrow \begin{pmatrix} 0 \\ 0 \\ 0 \\ \frac{2 \cdot \pi \cdot \sqrt{6}}{3} \\ -\frac{2 \cdot \pi \cdot \sqrt{6}}{3} \end{pmatrix}$ Nur der Wert φ_4 ist brauchbar!

$f_{\varphi\varphi}(\varphi_4) \rightarrow -\frac{256 \cdot \pi^4}{3}$ $f_{\varphi\varphi}(\varphi_4) < 0$, daher liegt ein Maximum vor $\varphi_4 = 5.13$ $f(\varphi_4) = 9115.394$

$\varphi := 0, 0.01 .. 2 \cdot \pi$ Bereichsvariable (Winkel in Radiant)

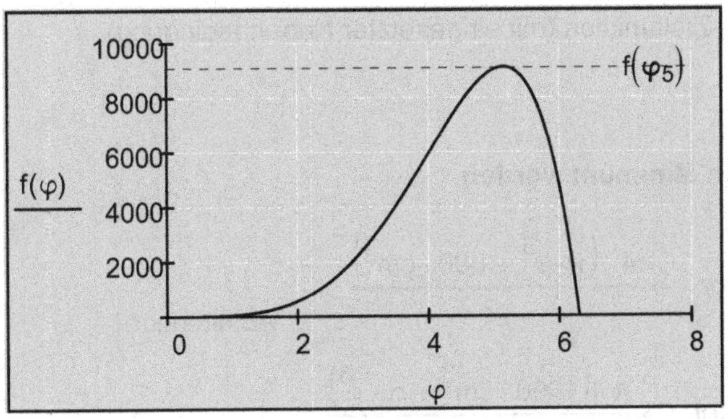

Abb. 3.4.4

$a := 20 \cdot cm$ Radius des gewählten Kreises

$V1(\varphi) := \frac{a^3}{24 \cdot \pi^2} \cdot \varphi^2 \cdot \sqrt{4 \cdot \pi^2 - \varphi^2}$ $V1(\varphi_4) = 3.225 \cdot dm^3$ maximales Volumen

$\varphi = 360° - \alpha$ $\varphi_4 = 293.9 \cdot Grad$ Mittenwinkel des Sektors (in Grad), der auszuschneiden ist.

$\alpha := 360Grad - \varphi_4$ $\alpha = 66.1 \cdot Grad$ gesuchter Winkel in Grad

$\varphi := 4$ Startwert

$\varphi := Maximieren(V1, \varphi)$ $\varphi = 293.939 \cdot Grad$ Berechnung mithilfe des Näherungsverfahrens "Maximieren"

Beispiel 3.4.3:

Ein zylindrischer Behälter aus Blech mit kreisförmiger Grundfläche fasst 1000 cm^3. Bestimmen Sie die Abmessungen, für die der Metallverbrauch (Oberfläche) am kleinsten ist, wenn der Behälter oben geschlossen ist.

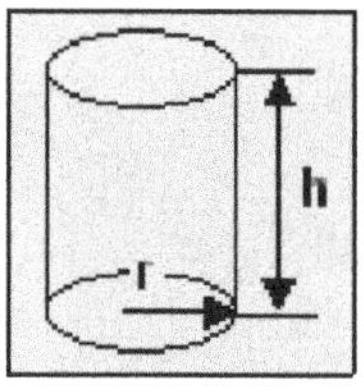

Abb. 3.4.5

$x := x$ Redefinition

$ORIGIN := 1$ ORIGIN festlegen

$dm := 10^{-1} \cdot m$ Einheitendefinition

$A_o(r, h) := 2 \cdot \pi \cdot r^2 + 2 \cdot \pi \cdot r \cdot h$ **Zielfunktion (soll ein Minimum werden)**

$V(r, h) := \pi \cdot r^2 \cdot h$ $\Rightarrow$ $h = \frac{1000 \cdot cm^3}{\pi \cdot r^2}$ **Nebenbedingung**

$V1 := 1000 \cdot cm^3$

$\begin{pmatrix} r \\ h \end{pmatrix} := \begin{pmatrix} 0 \\ 0 \end{pmatrix} \cdot cm$ **Startwerte für das Näherungsverfahren**

Vorgabe **Lösungsblock**

$V(r, h) = V1$

$\begin{pmatrix} r \\ h \end{pmatrix} := Minimieren(A_o, r, h)$ $r = 0.5 \cdot h$ $h = 10.833 \cdot cm$ Maße für die minimale Oberfläche

oder: $r := r$ Redefinition

$A_o(r) = 2 \cdot \pi \cdot r^2 + 2 \cdot \pi \cdot r \cdot \frac{1000 \cdot cm^3}{\pi \cdot r^2}$ vereinfachte Zielfunktion (mit eingesetzter Nebenbedingung)

$A_o(r) := 2 \cdot \pi \cdot r^2 + 2 \cdot \frac{1000 \cdot cm^3}{r}$ **$A_o(r)$ soll ein Minimum werden**

$A_{or}(r) := \frac{d}{dr} A_o(r)$ $A_{or}(r)$ Faktor $\rightarrow \frac{4 \cdot (\pi \cdot r^3 - 500 \cdot cm^3)}{r^2}$

$A_{orr}(r) := \frac{d}{dr} A_{or}(r)$ $A_{orr}(r)$ Faktor $\rightarrow \frac{4 \cdot (1000 \cdot cm^3 + \pi \cdot r^3)}{r^3}$ Ableitungen

$$\mathbf{r} := A_{or}(r1) = 0 \;\; \begin{vmatrix} \text{auflösen}, r1 \\ \text{Gleitkommazahl}, 5 \end{vmatrix} \rightarrow \begin{bmatrix} \left(159.15 \cdot cm^3\right)^{\frac{1}{3}} \\ -(0.5 - 0.86603j) \cdot \left(159.15 \cdot cm^3\right)^{\frac{1}{3}} \\ -(0.5 + 0.86603j) \cdot \left(159.15 \cdot cm^3\right)^{\frac{1}{3}} \end{bmatrix}$$

Nur der reelle Wert ist brauchbar!

$A_{orr}(\mathbf{r}_1) \rightarrow 37.69989244910626689$ Die zweite Ableitung ist größer null, daher liegt eine Minimum vor.

$\mathbf{r}_1 = 5.419 \cdot cm$ $\qquad h := \dfrac{1000 \cdot cm^3}{\pi \cdot (\mathbf{r}_1)^2}$ $\qquad \mathbf{r}_1 = 0.5 \cdot h$ $\quad h = 10.839 \cdot cm$ Maße für die minimale Oberfläche

$A_o(\mathbf{r}_1) = 5.536 \cdot dm^2$ minimale Oberfläche

$r := 0 \cdot cm, 0.01 \cdot cm .. 10 \cdot cm$ Bereichsvariable

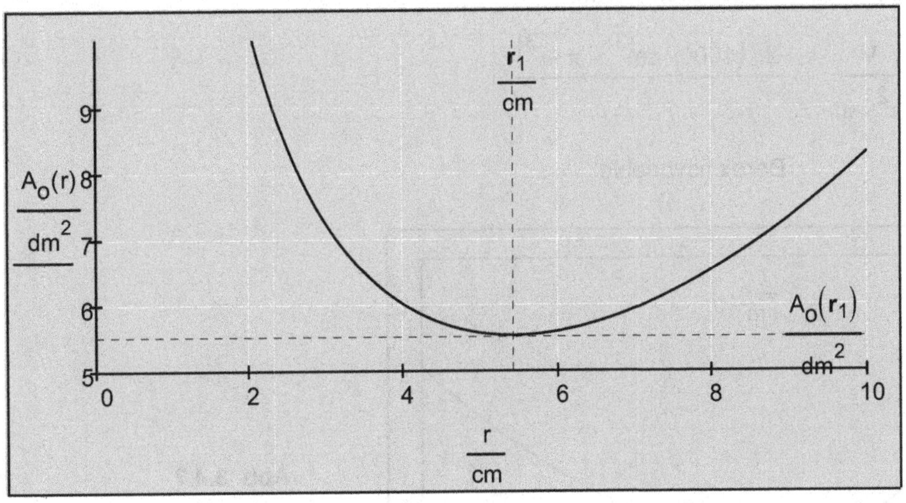

Abb. 3.4.6

Eine andere Berechnungsvariante:

$r := r \qquad h := h$ Redefinitionen

$O(r, h) := 2 \cdot r^2 \cdot \pi + 2 \cdot r \cdot \pi \cdot h$ **Zielfunktion (soll ein Minimum werden)**

$V = r^2 \cdot \pi \cdot h$ **Nebenbedingung (Zusammenhang zwischen den Parametern r und h des Zylinders)**

$h = \dfrac{V}{r^2 \cdot \pi}$ die Höhe h aus der Nebenbedingung

$V := V \qquad r := r$ Redefinitionen

$\frac{d}{dr}\left(2 \cdot r^2 \cdot \pi + 2 \cdot r \cdot \pi \cdot h1(r)\right)$	auflösen, $\frac{d}{dr}h1(r)$ ersetzen, $h1(r) = \frac{V}{r^2 \cdot \pi} \rightarrow -\frac{V}{\pi \cdot r^3} - 2$ vereinfachen

$V := 1000 \cdot cm^3$ vorgegebenes Volumen

$\mathbf{r} := -\frac{V}{\pi \cdot r^3} - 2$ | auflösen, r | Gleitkommazahl, 5 $\rightarrow \begin{bmatrix} (2.7096 + 4.6932j) \cdot cm \\ -5.4193 \cdot cm \\ (2.7096 - 4.6932j) \cdot cm \end{bmatrix}$ Lösungsvektor

$r := |\mathbf{r}_2|$ $r = 5.419 \cdot cm$ optimaler Radius

$h := \frac{V}{r^2 \cdot \pi}$ $h = 10.838 \cdot cm$ optimale Höhe und Radius $r = 0.5 \cdot h$

$O(r, h) = 5.536 \cdot dm^2$ minimale Oberfläche

h umbenennen, weil auf h bereits ein Wert zugewiesen wurde:

$O(r) := O(r, h1)$ ersetzen, $h1 = \frac{V}{r^2 \cdot \pi} \rightarrow \frac{2 \cdot \left(1000 \cdot cm^3 + \pi \cdot r^3\right)}{r}$

$r_1 := 0 \cdot cm, 0.01 \cdot cm .. 10 \cdot cm$ Bereichsvariable

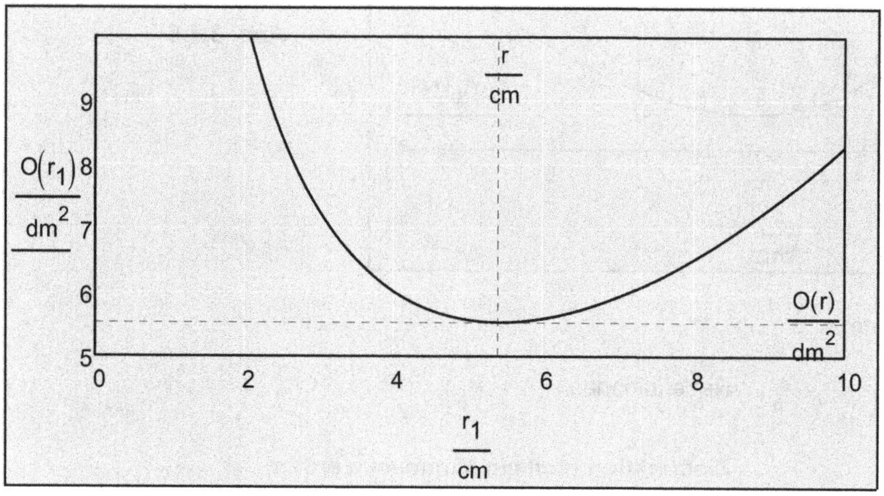

Abb. 3.4.7

Beispiel 3.4.4:

Es soll ein Viereck mit b = 3/4 dm und l = 3 dm in ein Dreieck so eingeschrieben werden, dass die Hypothenuse L minimal wird.

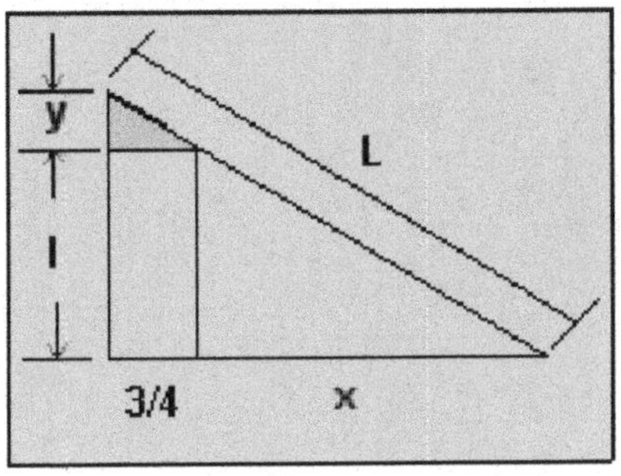

Abb. 3.4.8

$x := x$ Redefinition

$ORIGIN := 1$ ORIGIN festlegen

$L(x, y) := \sqrt{(y+3)^2 + \left(x + \frac{3}{4}\right)^2}$ **Zielfunktion (soll ein Minimum werden)**

Nebenbedingung: Für ähnliche Dreiecke gilt der Strahlensatz:

$\frac{y}{\frac{3}{4}} = \frac{3}{x}$ hat als Lösung(en) $\frac{9}{4 \cdot y}$ x ist also: $x = \frac{9}{4 \cdot y}$

$L(y) := L(x, y) \text{ ersetzen}, x = \frac{9}{4 \cdot y} \rightarrow \frac{\sqrt{\frac{\left(16 \cdot y^2 + 9\right) \cdot (y+3)^2}{y^2}}}{4}$ Zielfunktion auf die Abhängigkeit von einer Variablen reduzieren

$\mathbf{y} := \frac{d}{dy}L(y) = 0 \;\left|\; \begin{array}{l} \text{auflösen}, y \\ \text{annehmen}, y = \text{reell} \end{array}\right. \rightarrow \begin{pmatrix} -3 \\ \frac{3 \cdot 4^{\frac{1}{3}}}{4} \end{pmatrix}$ Nur die positive Lösung ist brauchbar.

$\mathbf{y}_2 = 1.191$ minimaler y-Wert

$L(\mathbf{y}_2) = 4.953$ minimale Länge in dm

$y := 0, 0.01 .. 3$ Bereichsvariable

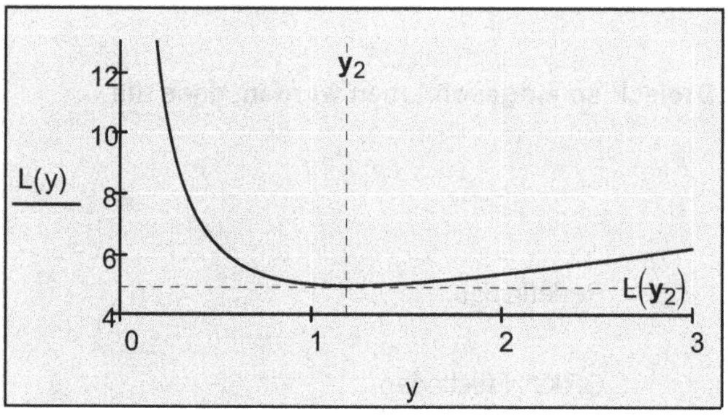

Abb. 3.4.9

$L(y) := \sqrt{(y+3)^2 + \left(\frac{9}{4\cdot y} + \frac{3}{4}\right)^2}$ Zielfunktion

$y := 1$ Startwert

$y_1 := \text{Minimieren}(L, y)$ $y_1 = 1.191$ Berechnung mithilfe des Näherungsverfahrens

Beispiel 3.4.5:

Es soll ein Kegel mit maximalem Volumen in eine Kugel eingeschrieben werden:

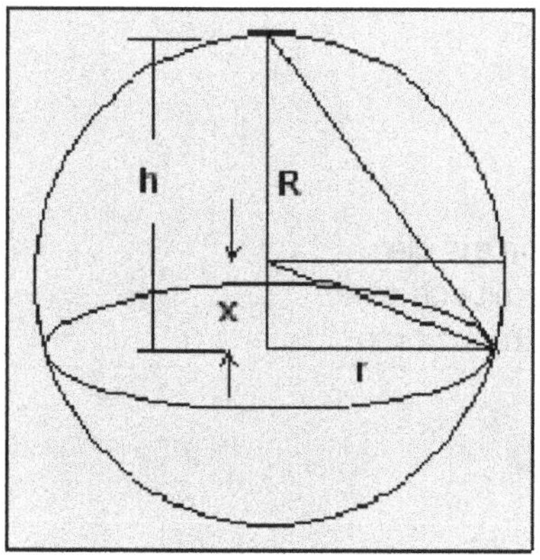

Abb. 3.4.10

$r := r$ $h := h$ $x := x$ Redefinitionen

$\boxed{ORIGIN := 1}$ ORIGIN festlegen

$dm := 10^{-1} \cdot m$ Einheitendefinition

Volumen:

$V_{Kegel}(r, h) = \frac{1}{3} \cdot \pi \cdot r^2 \cdot h$ **Zielfunktion (soll ein Maximum werden)**

Aus der Abbildung 3.4.10:

$h = R + x$

Nebenbedingungen

$R^2 = x^2 + r^2$

Nach dem Einsetzen der Nebenbedingungen ist die Zielfunktion nur mehr von einer Variablen abhängig:

$V_{Kegel}(r, h) := \frac{1}{3} \cdot \pi \cdot r^2 \cdot h$

$V_{Kegel}(x) := V_{Kegel}(r,h)$ ersetzen, $h = R + x, r^2 = R^2 - x^2 \rightarrow \frac{\pi \cdot (R^2 - x^2) \cdot (R + x)}{3}$

$\mathbf{x} := \frac{d}{dx} V_{Kegel}(x) = 0$ auflösen, $x \rightarrow \begin{pmatrix} -R \\ \frac{R}{3} \end{pmatrix}$ Nur der positive Radius ist von Bedeutung.

$x_{max} := \mathbf{x}_2 \rightarrow \frac{R}{3}$ optimaler x-Wert

$\begin{pmatrix} r_{max} \\ h_{max} \end{pmatrix} := \begin{pmatrix} \sqrt{R^2 - x^2} \\ R + x \end{pmatrix}$ | ersetzen, $x = x_{max}$ annehmen, $R > 0$ vereinfachen $\rightarrow \begin{pmatrix} \frac{2 \cdot \sqrt{2} \cdot R}{3} \\ \frac{4 \cdot R}{3} \end{pmatrix}$ optimaler Radius und optimale Höhe

$r_{max} \rightarrow \frac{2 \cdot \sqrt{2} \cdot R}{3}$ $\qquad h_{max} \rightarrow \frac{4 \cdot R}{3}$

$R := (1 + FRAME) \cdot dm$ **Änderung des Kugelradius für weitere Simulationen**

$V_{Kegel}(x) := \frac{\pi}{3} \cdot (R^2 - x^2) \cdot (R + x)$ Kegelvolumen

$x_{max} := \frac{R}{3}$ $\qquad h_{max} := R + x_{max}$ $\qquad r_{max} := \sqrt{R^2 - x_{max}{}^2}$ optimale Höhe und optimaler Radius

$h_{max} = 0.133\,m$ $\qquad r_{max} = 0.094\,m$

$x := 0 \cdot dm, 0.01 \cdot dm .. x_{max} + 1 \cdot dm$ Bereichsvariable

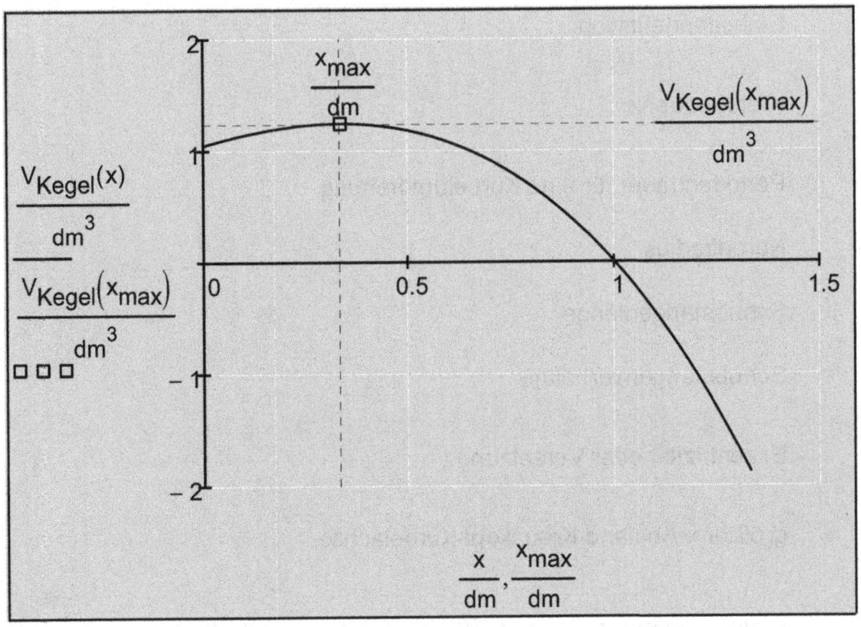

$R = 1 \cdot dm$

$x_{max} = 0.333 \cdot dm$

$V_{Kegel}(x_{max}) = 1.241 \cdot dm^3$

Abb. 3.4.11

Näherungsweise Lösung mit der Funktion "wurzel":

$x := 0 \cdot dm$ **Startwert**

$x_{max1} := \text{wurzel}\left(\frac{d}{dx}V_{Kegel}(x), x\right)$ $x_{max1} = 0.333 \cdot dm$ $V_{Kegel}(x_{max1}) = 1.241 \cdot dm^3$

Beispiel 3.4.6:

Schubkurbel mit bzw. ohne Exzentrizität:

Die Schubkurbel dreht sich mit konstanter Winkelgeschwindigkeit ω. Der Kreuzkopf bewegt sich geradlinig hin und her und erreicht im Punkt K_{max} den oberen Totpunkt. Bestimmen Sie neben der Position des Kreuzkopfes auch dessen Geschwindigkeit und die Beschleunigung in Abhängigkeit von der Zeit und stellen Sie diese grafisch dar. Bestimmen Sie auch den oberen und unteren Totpunkt, den Kolbenhub und die Maxima der Kreuzkopf- geschwindigkeit.

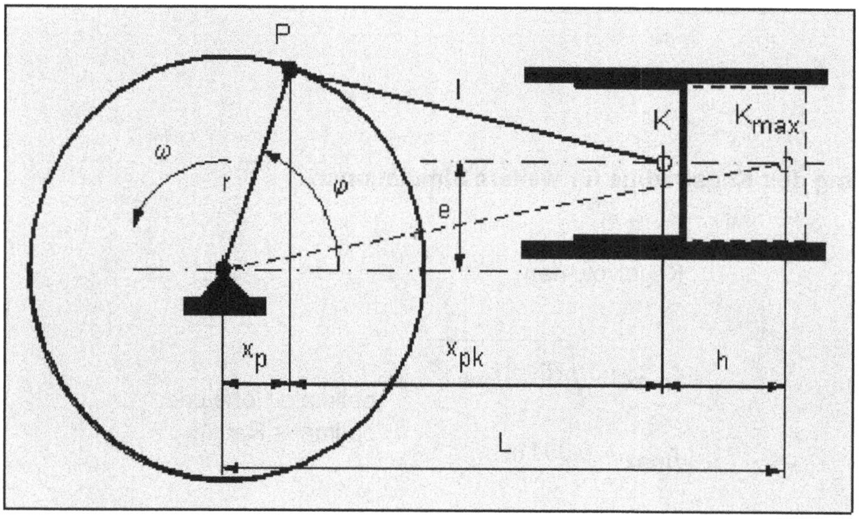

Abb. 3.4.12

$dm := 10^{-1} \cdot m$ Einheitendefinition

$\omega := 1 \cdot s^{-1}$ Kreisfrequenz

$T := \frac{2 \cdot \pi}{\omega}$ $T = 6.283 \cdot s$ Periodendauer für eine Kurbelumdrehung

$r := 4 \cdot dm$ Kurbelradius

$l := 12 \cdot dm$ Schubstangenlänge

$\lambda := \frac{r}{l}$ $\lambda = 0.333$ Schubstangenverhältnis

$e1 := 2 \cdot dm$ Exzentrizität oder Versetzung

$L := \sqrt{(r + l)^2 - e1^2}$ $L = 1.587\,m$ größter x-Abstand Kreuzkopf-Kurbelachse

$x_p(t) := r \cdot \cos(\omega \cdot t)$
$y_p(t) := r \cdot \sin(\omega \cdot t)$
Kurbelkoordinaten

$x_{pk}(t) := \sqrt{l^2 - (y_p(t) - e1)^2}$ Abstand

$x_k(t) := x_p(t) + x_{pk}(t)$ Kreuzkopfposition

$v_k(t) := \frac{d}{dt} x_k(t)$ Geschwindigkeit des Kreuzkopfes

$a_k(t) := \frac{d^2}{dt^2} x_k(t)$ Beschleunigung des Kreuzkopfes

$h(t) := L - x_k(t)$ Hub, bezogen auf oberen Totpunkt

Bestimmung des oberen und unteren Totpunkts aus den Nullstellen der Kreuzkopfgeschwindigkeit:

$t_o := 0 \cdot s$ $\quad t_o := \text{wurzel}(v_k(t_o), t_o)$ $\quad \omega \cdot t_o = 7.181 \cdot \text{Grad}$

$t_u := T \cdot 0.5$ $\quad t_u := \text{wurzel}(v_k(t_u), t_u)$ $\quad \omega \cdot t_u = 194.478 \cdot \text{Grad}$

$|\omega \cdot t_o - \omega \cdot t_u| = 187.297 \cdot \text{Grad}$

Durch die Exzentrizität ist der Abstand zwischen dem oberen und unteren Totpunkt nicht mehr 180 Grad.
Je größer die Exzentrizität, desto größer die Abweichung von 180 Grad.

Kolbenhub: $\quad Hub := h(t_u)$ $\quad Hub = 0.813\,m$

Bestimmung der absoluten Maxima der Kreuzkopfgeschwindigkeit:

$t_m := 0.25 \cdot T$ $\quad t_{max1} := \text{wurzel}(a_k(t_m), t_m)$ $\quad \omega \cdot t_{max1} = 81.107 \cdot \text{Grad}$ $\quad v_k(t_{max1}) = -0.405 \frac{m}{s}$

$t_m := 0.75 \cdot T$ $\quad t_{max2} := \text{wurzel}(a_k(t_m), t_m)$ $\quad \omega \cdot t_{max2} = 294.032 \cdot \text{Grad}$ $\quad v_k(t_{max2}) = 0.452 \frac{m}{s}$

$t := 0 \cdot s, 0.01 \cdot T .. T$ Bereichsvariable

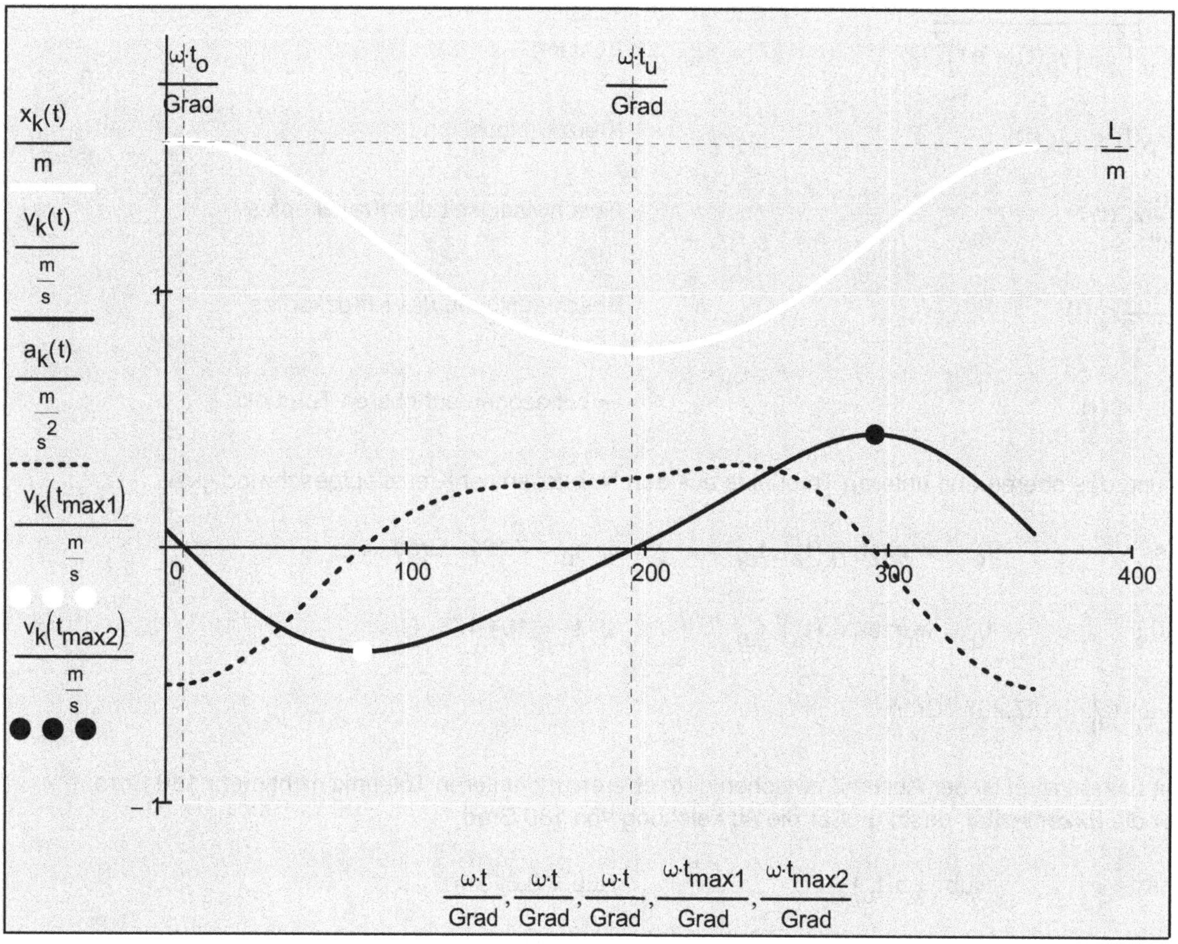

Abb. 3.4.13

Beispiel 3.4.7:

Ein Zylinderkondensator soll bei gegebenem Außendurchmesser 2 r_2 = 2 cm die Spannung U = 10 kV aufnehmen. Zu bestimmen ist die am Innenleiter (r_1) auftretende elektrische Feldstärke E_1 bei Radien zwischen r_1 = 0.1 cm und r_2 = 0.7 cm. Bei welchem Radienverhältnis $x = r_2/r_1$ ist die Feldstärke E_1 an der Oberfläche des Innenleiters minimal?

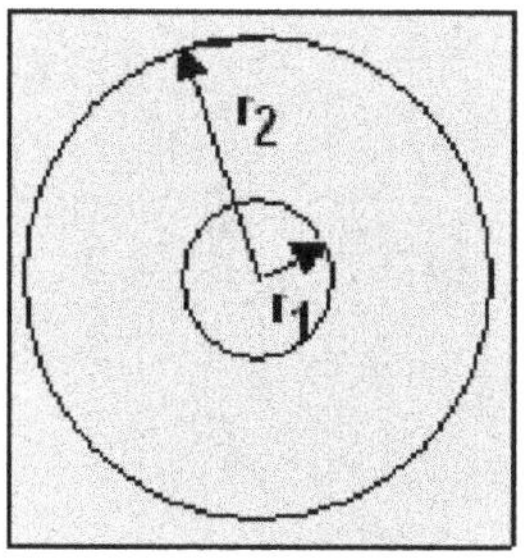

Abb. 3.4.14

$x := x$ Redefinition

$ORIGIN := 1$ ORIGIN festlegen

$$E_1 = \frac{U}{r_1 \cdot \ln\left(\frac{r_2}{r_1}\right)} = \frac{U \cdot \frac{r_2}{r_1}}{r_1 \cdot \frac{r_2}{r_1} \cdot \ln\left(\frac{r_2}{r_1}\right)} = \frac{U \cdot x}{r_2 \cdot \ln(x)}$$ Feldstärke mit $x = r_2/r_1$

$$E_1(x, r_2, U) := \frac{U \cdot x}{r_2 \cdot \ln(x)}$$

$E_{1x}(x, r_2, U) := \frac{d}{dx} E_1(x, r_2, U)$ $E_{1x}(x, r_2, U)$ Faktor $\rightarrow \frac{U \cdot (\ln(x) - 1)}{r_2 \cdot \ln(x)^2}$ Ableitungen

$E_{1xx}(x, r_2, U) := \frac{d}{dx} E_{1x}(x, r_2, U)$ $E_{1xx}(x, r_2, U)$ Faktor $\rightarrow -\frac{U \cdot (\ln(x) - 2)}{r_2 \cdot x \cdot \ln(x)^3}$

$x_1 := E_{1x}(x, r_2, U)$ auflösen, x $\rightarrow e$ $x_1 = \frac{r_2}{r_1} = e$ optimales Radiusverhältnis

$E_{1xx}(x_1, r_2, U)$ vereinfachen $\rightarrow \frac{U \cdot e^{-1}}{r_2}$ Ist positiv, daher liegt ein Minimum vor!

$U := 10 \cdot kV$ Spannung

$r_2 := 1 \cdot cm$ Außenleiterradius

$E_1(r_1) := \frac{U}{r_1 \cdot \ln\left(\frac{r_2}{r_1}\right)}$ elektrische Feldstärke

$r_{1min} := \frac{r_2}{e^1}$ $r_{1min} = 0.368 \cdot cm$ minimaler Radius

$r_1 := 0.1 \cdot cm, 0.1 \cdot cm + 0.001 \cdot cm .. 0.7 \cdot cm$ Bereichsvariable

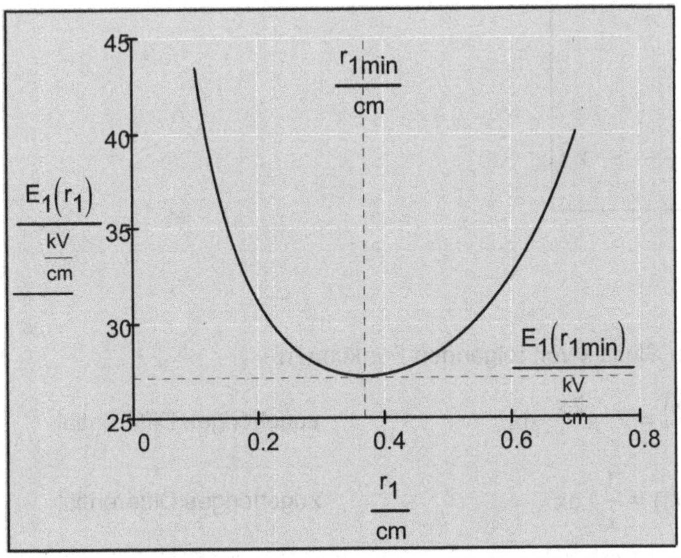

Abb. 3.4.15

Berechnung mithilfe des Näherungsverfahrens "Minimieren":

$E_1(r_1) := \frac{U}{r_1 \cdot \ln\left(\frac{r_2}{r_1}\right)}$ Zielfunktion

$r_1 := 0.3 \cdot cm$ Startwert

$r_1 := \text{Minimieren}(E_1, r_1)$ $r_1 = 0.368 \cdot cm$ optimaler Radius $\frac{r_2}{r_1} = 2.718$ Radiusverhältnis e

3.5 Das Differential einer Funktion

Ist eine Funktion f: y = f(x) an der Stelle x_1 differenzierbar, so gilt:

$$\frac{dy}{dx} = f'(x_1) \qquad \text{(3-83)}$$

Der Differentialquotient kann in die Differentiale dy und dx aufgespalten werden:

$$dy = f'(x_1)\, dx \qquad \text{(3-84)}$$

dy heißt Differential einer Funktion y = f(x) an der Stelle x_1. Es bedeutet den Zuwachs der Tangentenordinate, wenn sich x_1 um $\Delta x = dx$ ändert.

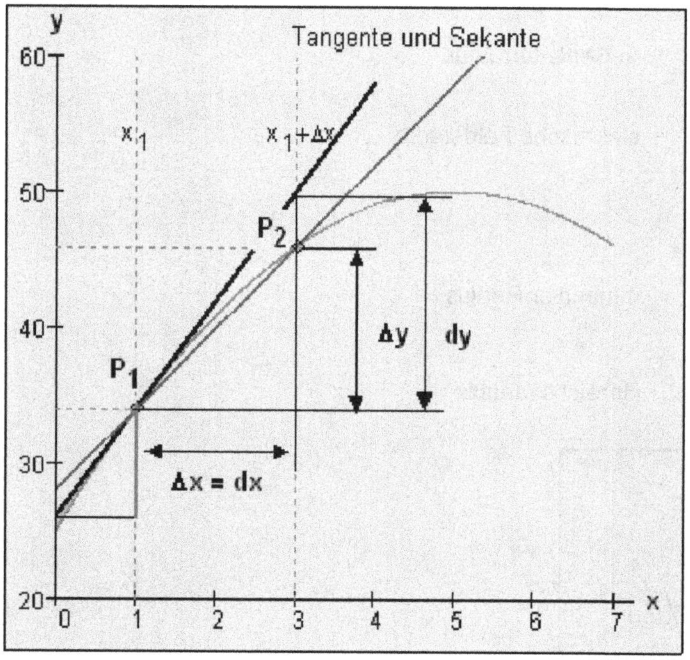

Abb. 3.5.1

Beispiel 3.5.1:

Bestimmen Sie das Differential an einer beliebigen Stelle x von folgenden Funktionen:

$y = e^{2\cdot x}$	gegebene Funktion	$dy = d\left(e^{2\cdot x}\right) = 2 \cdot e^{2\cdot x} \cdot dx$	zugehöriges Differential
$y = \ln(x)$	gegebene Funktion	$dy = d(\ln(x)) = \frac{1}{x} \cdot dx$	zugehöriges Differential
$y = \sin(x)^2$	gegebene Funktion	$dy = d\left(\sin(x)^2\right) = 2 \cdot \sin(x) \cdot \cos(x) \cdot dx$	zugehöriges Differential
$y = x^4$	gegebene Funktion	$dy = d\left(x^4\right) = 4 \cdot x^3 \cdot dx$	zugehöriges Differential
$y = x^2 + 4$	gegebene Funktion	$dy = d\left(x^2 + 4\right) = 2 \cdot x \cdot dx$	zugehöriges Differential

3.5.1 Angenäherte Funktionswertberechnung

a) Funktionswertdifferenz:

dy ist Näherungswert für die tatsächliche Funktionswertdifferenz Δy, wenn Δx hinreichend klein ist. Die Näherung ist von 1. Ordnung, d. h. die Kurve wird im betrachteten Intervall $[x, x+\Delta x]$ durch die Tangente ersetzt.

$$\Delta y \approx dy = y'\,dx \quad \text{bzw.} \quad f(x+\Delta x) - f(x) \approx dy = f'(x)\,dx \qquad (3\text{-}85)$$

Beispiel 3.5.2:

Geg.: $y = x^4$, $P_1(2|y_1)$, $\Delta x = dx = 0.5$.
Ges.: $\Delta y \approx dy$

$dy = d\left(x^4\right) = 4 \cdot x^3 \cdot dx = 4 \cdot 2^3 \cdot 0.5 = 2^4 = 16$ Differential

$\Delta y = y_2 - y_1 = f\left(x_1 + \Delta x\right) - f\left(x_1\right) = f(2 + 0.5) - f(2) = 2.5^4 - 2^4 = 23.0625$ Funktionswertdifferenz

dy < Δy, weil Δx = dx = 0.5 zu groß gewählt wurde!

Beispiel 3.5.3:

Geg.: $y = \sin(x)$, $P_1(\pi/4|y_1)$, $\Delta x = dx = 0.1047$.
Ges.: $\Delta y \approx dy$

$dy = d(\sin(x)) = \cos(x) \cdot dx = \cos\left(\frac{\pi}{4}\right) \cdot 0.1047 = 0.0740$ Differential

$\Delta y = y_2 - y_1 = f\left(x_1 + \Delta x\right) - f\left(x_1\right) = f\left(\frac{\pi}{4} + 0.1047\right) - f\left(\frac{\pi}{4}\right) = 0.0700$ Funktionswertdifferenz (**$\Delta y \approx dy$**)

b) Funktionswertberechnung aus einem benachbarten Wert x_0:

Aus $f(x_0+\Delta x) - f(x_0) \approx dy = f'(x_0)\,dx$ folgt:

$$f(x_0+\Delta x) \approx f(x_0) + f'(x_0)\,dx \quad \text{bzw.} \qquad (3\text{-}86)$$

$$f(x_0+\Delta x) \approx f(x_0) + \Delta x\, f'(x_0) \quad \text{bzw. mit } \Delta x = h \qquad (3\text{-}87)$$

$$f(x_0+h) \approx f(x_0) + h\, f'(x_0) \qquad (3\text{-}88)$$

Beispiel 3.5.4:

Geg.: $y = x^3 - 4x^2 + 5x - 6$
Ges.: Funktionswert näherungsweise für x = 4.03

$f(x) := x^3 - 4 \cdot x^2 + 5 \cdot x - 6$ gegebene Funktion $x_0 = 4$ $h = 0.03$ Stelle x_0 und Schrittweite h

$f'(x) = 3 \cdot x^2 - 8 \cdot x + 5$ Ableitung

$f\left(x_0 + h\right) = f(4 + 0.03) = f(4.03) \approx f(4) + 0.03 \cdot f'(4)$ nach (3-88)

$f(4.03) \approx 14 + 0.03 \cdot 21 = 14.63$ $f(4.03) = 14.637$ Näherungswert und "exakter" Wert

Beispiel 3.5.5:

Geg.: y = cos(x)
Ges.: Funktionswert näherungsweise für x = 0.005

$f(x) := \cos(x)$ gegebene Funktion $x_0 = 0$ $h = 0.005$ Stelle x_0 und Schrittweite h

$f'(x) = -\sin(x)$ Ableitung

$f(x_0 + h) = f(0 + 0.005) = f(0.005) \approx f(0) + 0.005 \cdot f'(0)$ nach (3-88)

$f(0.005) \approx \cos(0) - 0.005 \cdot \sin(0) = 1$ $f(0.005) = 1$ Näherungswert und "exakter" Wert

Eine genauere Berechnung erlaubt der Mittelwertsatz (Verschärfung der Linearisierungsformel).

Mittelwertsatz:

Sei f in $[x_1, x_2]$ stetig und in $]x_1, x_2[$ differenzierbar, dann existiert mindestens eine Zahl $\xi \in]x_1, x_2[$, sodass gilt:

$$f'(\xi) = \frac{f(x_2) - f(x_1)}{x_2 - x_1} \qquad \textbf{(3-89)}$$

Das heißt, es gibt mindestens einen Punkt P zwischen P_1 und P_2, in dem die Tangente parallel zur Sekante ist.

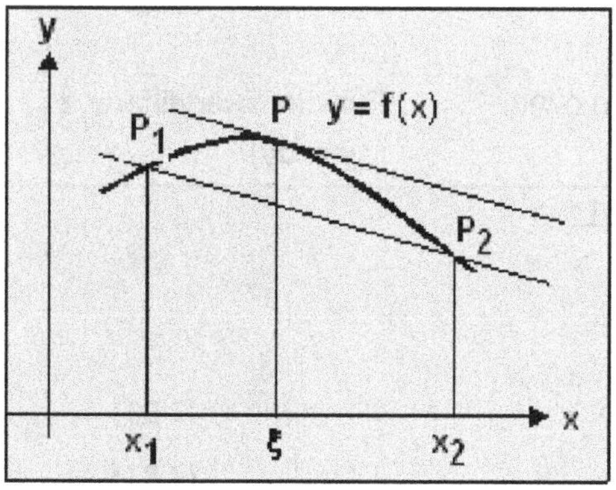

Abb. 3.5.2

Setzen wir $x_1 = x_0$, $x_2 = x_0 + h$, $x_2 - x_1 = h$ und $\xi = x_0 + \vartheta\, h$, dann folgt:

$$f'(x_0 + \vartheta \cdot h) = \frac{f(x_0 + h) - f(x_0)}{h} \qquad \textbf{(3-90)}$$

Damit erhalten wir durch Umformung:

$$f(x_0 + h) = f(x_0) + h \cdot f'(x_0 + \vartheta \cdot h) \qquad \textbf{(3-91)}$$

ϑ ein positiver echter Bruch mit $\vartheta \in]0, 1[$.

Beispiel 3.5.6:

Geg.: y = cos(x)
Ges.: Funktionswert näherungsweise für x = 0.005 mithilfe des Mittelwertsatzes

$f(x) := \cos(x)$ gegebene Funktion

$f'(x) = -\sin(x)$ Ableitung $x_0 = 0$ $h = 0.005$ $\vartheta = \frac{1}{2}$ Stelle x_0, Schrittweite h und gewähltem ϑ

$$f(x_0 + h) = f(0 + 0.005) = f(0.005) = f(0) + 0.005 \cdot f'\left(0 + \frac{1}{2} \cdot 0.005\right)$$

$f(0.005) = \cos(0) - 0.005 \cdot \sin\left(\frac{1}{2} \cdot 0.005\right) = 0.9999875$ $f(0.005) = 0.9999875$ Näherungswert und "exakter" Wert

c) Näherungsformeln für kleine Größen x:

Wegen $f(x_0+h) \approx f(x_0) + h\,f'(x_0)$ gilt für $x_0 = 0$ und $h = x$:

$$f(x) \approx f(0) + f'(0)\,x\,,\ \text{für } |x| << 1 \qquad (3\text{-}92)$$

Beispiel 3.5.7:

$y = \sin(x)$ $\quad y' = \cos(x)$ $\quad \sin(x) \approx \sin(0) + \cos(0)\cdot x = x$

$\boxed{\sin(x) \approx x}$

$y = \cos(x)$ $\quad y' = -\sin(x)$ $\quad \cos(x) \approx \cos(0) - \sin(0)\cdot x = 1$

$\boxed{\cos(x)) \approx 1}$

$y = \tan(x)$ $\quad y' = 1 + \tan(x)^2$ $\quad \tan(x) \approx \tan(0) + \left(1 + \tan(0)^2\right)\cdot x = x$

$\boxed{\tan(x) \approx x}$

$y = e^x$ $\quad y' = e^x$ $\quad e^x \approx e^0 + e^0\cdot x = 1 + x$

$\boxed{e^x \approx 1 + x}$

$y = (1+x)^n$ $\quad y' = n\cdot(1+x)^{n-1}$ $\quad (1+x)^n \approx (1+0)^n + n\cdot(1+0)^{n-1}\cdot x = 1 + nx$

$\boxed{(1+x)^n \approx 1 + n\cdot x}$

$y = (1+x)^{\frac{1}{n}}$ $\quad y' = \frac{1}{n}\cdot(1+x)^{\frac{1}{n}-1}$ $\quad (1+x)^{\frac{1}{n}} \approx (1+0)^{\frac{1}{n}} + \frac{1}{n}\cdot(1+0)^{\frac{1}{n}-1}\cdot x = 1 + \frac{1}{n}x$

$\boxed{(1+x)^{\frac{1}{n}} \approx 1 + n^{-1}\cdot x}$

Beispiel 3.5.8:

$\sin(0.03) = 0.03$	$\sin(0.03)$	≈ 0.03
$\cos(0.005) = 1$	$\cos(0.005)$	≈ 1
$\tan(0.02) = 0.02$	$\tan(0.02)$	≈ 0.02
$e^{0.001} = 1.001$	$e^{0.001}$	$\approx 1 + 0.001 = 1.001$
$1.03^2 = 1.061$	$1.03^2 = (1+0.03)^2$	$\approx 1 + 2\cdot 0.03 = 1.06$
$\frac{1}{1.009^2} = 0.982$	$\frac{1}{1.009^2} = (1+0.009)^{-2}$	$\approx 1 - 2\cdot 0.009 = 0.982$
$\sqrt{1.06} = 1.03$	$1.06^{\frac{1}{2}} = (1+0.06)^{\frac{1}{2}}$	$\approx 1 + \frac{1}{2}\cdot 0.06 = 1.03$

3.5.2 Angenäherte Fehlerbestimmung

Im Folgenden soll auf die Auswirkung eines Eingabefehlers auf ein Rechenergebnis eingegangen werden, was als Fehlerfortpflanzung bezeichnet wird. Dabei stehen hier Messwerte im Vordergrund, die sogenannte systematische Messfehler besitzen.

Systematische Messfehler entstehen durch die Unvollkommenheiten von Messgeräten, etwa durch ungenaue Justierung und ungenaue Messmethoden. Sie treten unter gleichen Messbedingungen immer mit gleichem Betrag und gleichen Vorzeichen auf und sind im Prinzip korrigierbar. Häufig verzichtet man auf diese Korrektur und gibt zum gemessenen Wert nur den maximal möglichen absoluten oder relativen Fehler an.
Davon unterscheiden sich die zufälligen Fehler (Ablesefehler, Reibungsfehler, schlechte Kontakte, Rauschen und dergleichen). Sie sind nicht genau erfassbar und daher nicht korrigierbar. Als Messergebnis wird der arithmetische Mittelwert wiederholter Messungen angegeben, ergänzt durch eine statistisch bestimmte Messunsicherheit. Darauf und auf die Auswirkungen zufälliger Fehler auf ein Rechenergebnis (Gauß'sches Fehlerfortpflanzungsgesetz) wird hier vorerst noch nicht eingegangen.

Jede Messung einer physikalischen Größe ist fehlerbehaftet, d. h. ihr wahrer Wert x ist nicht bekannt. Ist x_0 der gemessene (angezeigte) Wert, so bleibt mit x auch die Messabweichung (x_0 - x) (auch absoluter Fehler genannt) unbekannt. Um dennoch eine Aussage über die Messunsicherheit machen zu können, begnügen wir uns oft mit einer Abschätzung der Messabweichung: $|x_0 - x| \le |\Delta x|$.

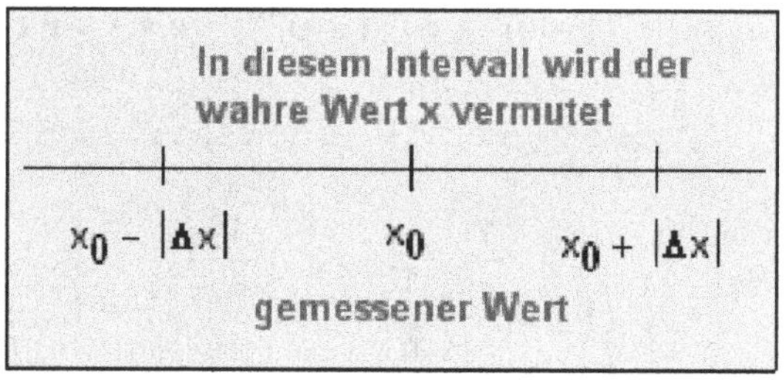

Abb. 3.5.3

$|\Delta x|$ wird deshalb als Messunsicherheit oder absoluter Maximalfehler der Messung bezeichnet. $x = x_0 \pm |\Delta x|$ bedeutet, dass für den wahren Wert x vermutet wird:
$x_0 - |\Delta x| \le x \le x_0 + |\Delta x|$.
Die Angabe eines absoluten Maximalfehlers erfolgt in der Regel auf eine oder zwei geltende Ziffern. Auf die gleiche Genauigkeit wird x_0 gerundet.

Die Größe $|\Delta x/x_0|$ heißt relative Messunsicherheit oder relativer Maximalfehler der Messgröße x.

Auswirkung einer Messunsicherheit von einer Messgröße x auf eine von ihr abhängige Größe y = f(x):

Ist y = f(x), $x = x_0 \pm |\Delta x|$ und $y_0 = f(x_0)$, so gilt für den absoluten und relativen Maximalfehler von y (weil $|\Delta x|$ im Allgemeinen klein ist):

$$|\Delta y| \approx |dy| = |f'(x_0)| \cdot |\Delta x| \quad \text{bzw.} \qquad (3\text{-}93)$$

$$\left|\frac{\Delta y}{y_0}\right| \approx \left|\frac{dy}{y_0}\right| = \left|\frac{f'(x_0)}{y_0}\right| \cdot |\Delta x| \quad \text{bzw.} \quad F_{rel} = \left|\frac{\Delta y}{y_0}\right| \cdot 100\% \qquad (3\text{-}93)$$

Beispiel 3.5.9:

Gemessen wird die Seite eines Quadrates mit a = 8.12 cm ± 0.5 mm. Wie groß ist näherungsweise der damit verbundene absolute und relative Maximalfehler (**mithilfe des Differentials**) der Fläche? Bestimmen Sie die Fehler auch exakt mithilfe der **Wertschranken.**

Fehlerbestimmung mithilfe des Differentials:

$A1(a) := a^2$ $\quad A_a(a) := \frac{d}{da}A1(a)$ $\quad A_a(a_0)$ vereinfachen $\to 2 \cdot a_0$ Funktion und Ableitung

$a_0 := 8.12 \cdot cm$ $\quad A_0 := A1(a_0)$ $\quad A_0 = 65.934 \cdot cm^2$ $\quad \Delta a := 0.05 \cdot cm$

$|\Delta A| \approx |A_a(a_0)| \cdot |\Delta a| = 0.812 \cdot cm^2$ absoluter Fehler **$A = A_0 \pm \Delta A = (65.93 \pm 0.81)\ cm^2$**

$\left|\frac{\Delta A}{A_0}\right| \cdot 100\% \approx \left|\frac{A_a(a_0)}{A_0}\right| \cdot |\Delta a| \cdot 100\% = 1.2 \cdot \%$ relativer Fehler

Fehlerbestimmung mithilfe der Wertschranken:

$a_{un} := 8.12 \cdot cm - 0.05 \cdot cm$ $\quad a_{ob} := 8.12 \cdot cm + 0.05 \cdot cm$ Wertschranken

$A_{un} := a_{un}^2$ $\quad A_{un} = 65.125 \cdot cm^2$ $\quad A_{ob} := a_{ob}^2$ $\quad A_{ob} = 66.749 \cdot cm^2$ Wertschranken

$A_0 := \frac{1}{2}(A_{ob} + A_{un})$ $\quad A_0 = 65.937 \cdot cm^2$

$A = A_0 \pm \Delta A$

$\Delta A := \frac{1}{2}(A_{ob} - A_{un})$ $\quad \Delta A = 0.812 \cdot cm^2$

Beispiel 3.5.10:

Der Spannungsabfall U eines von Gleichstrom durchflossenen Widerstandes R = 10 Ω wird mithilfe des Ohm'schen Gesetzes bestimmt. Wie groß ist der prozentuelle Fehler von U, wenn bei der Messung von I_0 = 6.3 A ein Fehler ΔI = ± 0.2 A vorhanden ist?

$U(I) := R \cdot I$ $\quad U_I(I) := \frac{d}{dI}U(I)$ $\quad U_I(I_0)$ vereinfachen $\to R$ Funktion und Ableitung

$I_0 := 6.3 \cdot A$ $\quad \Delta I := 0.2 \cdot A$ Messwert und Abweichung

$\left|\frac{\Delta U}{U_0}\right| \cdot 100\% \approx \left|\frac{U_I(I_0)}{U_0}\right| \cdot |\Delta I| \cdot 100\% = \left|\frac{R}{R \cdot I_0}\right| \cdot |\Delta I| \cdot 100\% = \left|\frac{\Delta I}{I_0}\right| \cdot 100\%$ relativer Fehler

$\left|\frac{\Delta U}{U_0}\right| \cdot 100\% \approx \left|\frac{\Delta I}{I_0}\right| \cdot 100\% = 3.175 \cdot \%$

Beispiel 3.5.11:

Der Durchmesser einer Kugel wird mit d = 5.0 cm ± 0.1 cm gemessen. Wie groß ist näherungsweise der damit verbundene absolute und relative Maximalfehler (**mithilfe des Differentials**) der Oberfläche und des Volumens der Kugel? Bestimmen Sie die Fehler auch exakt mithilfe der **Wertschranken.**

Oberfläche:

Fehlerbestimmung mithilfe des Differentials:

$O(d) := \pi \cdot d^2$ $\quad O_d(d) := \frac{d}{dd}O(d)$ $\quad O_d(d_0)$ vereinfachen $\rightarrow 2 \cdot \pi \cdot d_0$ Funktion und Ableitung

$d_0 := 5.0 \cdot cm$ $\quad \Delta d := 0.1 \cdot cm$ Messwert und Abweichung

$O_0 := O(d_0)$ $\quad O_0 = 78.5 \cdot cm^2$ berechnete Oberfläche

$|\Delta O| \approx |O_d(d_0)| \cdot |\Delta d| = 3.1 \cdot cm^2$ absoluter Fehler

$\left|\frac{\Delta O}{O_0}\right| \cdot 100\% \approx \left|\frac{O_d(d_0)}{O_0}\right| \cdot |\Delta d| \cdot 100\% = 4 \cdot \%$ relativer Fehler

$\mathbf{O = O_0 \pm \Delta O = (78.5 \pm 3.1)\ cm^2}$

Fehlerbestimmung mithilfe der Wertschranken:

$d_{un} := 5.0 \cdot cm - 0.1 \cdot cm$ $\quad d_{ob} := 5.0 \cdot cm + 0.1 \cdot cm$ Wertschranken

$O_{un} := \pi \cdot d_{un}^2$ $\quad O_{un} = 75.4 \cdot cm^2$ $\quad O_{ob} := \pi \cdot d_{ob}^2$ $\quad O_{ob} = 81.7 \cdot cm^2$ Wertschranken

$O_0 := \frac{1}{2}(O_{ob} + O_{un})$ $\quad O_0 = 78.571 \cdot cm^2$ berechnete Oberfläche

$\Delta O := \frac{1}{2}(O_{ob} - O_{un})$ $\quad \Delta O = 3.142 \cdot cm^2$ absoluter Fehler

$\mathbf{O = O_0 \pm \Delta O = (78.5 \pm 3.1)\ cm^2}$

Volumen:

Fehlerbestimmung mithilfe des Differentials:

$d_0 := d_0$ Redefinition

$V(d) := \frac{\pi}{6} \cdot d^3$ $\quad V_d(d) := \frac{d}{dd}V(d)$ $\quad V_d(d_0)$ vereinfachen $\rightarrow \frac{\pi \cdot d_0^2}{2}$ Funktion und Ableitung

$d_0 := 5.0 \cdot cm$ $\quad \Delta d := 0.1 \cdot cm$ Messwert und Abweichung

$V_0 := V(d_0)$ $\quad V_0 = 65.4 \cdot cm^3$ berechnetes Volumen

$|\Delta O| \approx \quad |V_d(d_0)| \cdot |\Delta d| = 3.9 \cdot cm^3$ absoluter Fehler

$\left|\frac{\Delta V}{V_0}\right| \cdot 100\% \approx \left|\frac{V_d(d_0)}{V_0}\right| \cdot |\Delta d| \cdot 100\% = 6 \cdot \%$ sehr großer relativer Maximalfehler

$V = V_0 \pm \Delta V = (65.4 \pm 3.9)\ cm^3$

Fehlerbestimmung mithilfe der Wertschranken:

$d_{un} := 5.0 \cdot cm - 0.1 \cdot cm$ $\quad d_{ob} := 5.0 \cdot cm + 0.1 \cdot cm$ Wertschranken

$V_{un} := \frac{\pi}{6} \cdot d_{un}^{\ 3}$ $\quad V_{un} = 61.6 \cdot cm^3$ $\quad V_{ob} := \frac{\pi}{6} \cdot d_{ob}^{\ 3}$ $\quad V_{ob} = 69.5 \cdot cm^3$ Wertschranken

$V_0 := \frac{1}{2}(V_{ob} + V_{un})$ $\quad V_0 = 65.5 \cdot cm^3$ berechnetes Volumen

$\Delta V := \frac{1}{2}(V_{ob} - V_{un})$ $\quad \Delta V = 3.9 \cdot cm^3$ absoluter Fehler

$\left|\frac{\Delta V}{V_0}\right| \cdot 100 \cdot \% = 5.994 \cdot \%$ sehr großer relativer Maximalfehler

$V = V_0 \pm \Delta V = (65.5 \pm 3.9)\ cm^3$

<u>Beispiel 3.5.12:</u>

Das Flüssigkeitsvolumen in einem kugelförmigen Behälter beträgt $V = \pi/6\ h^2\ (3\ D - 2\ h)$. Der Behälterdurchmesser ist D = 2.75 m. Die Höhe der Flüssigkeit wird mit h = 0.720 m ± 0.005 m gemessen. Wie groß ist näherungsweise der damit verbundene absolute und relative Maximalfehler des Volumens?

$V(h, D) := \frac{\pi}{6} \cdot h^2 \cdot (3 \cdot D - 2 \cdot h)$ Funktion

$V_h(h, D) := \frac{d}{dh} V(h, D)$ $\quad V_h(h_0, D)$ vereinfachen $\rightarrow \pi \cdot h_0 \cdot (D - h_0)$ Ableitung

$D := 2.75 \cdot m$ $\quad h_0 := 0.720 \cdot m$ $\quad \Delta h := 0.005 \cdot m$ Durchmesser, Messwert und Messabweichung

$V_0 := V(h_0, D)$ $\quad V_0 = 1.848 \cdot m^3$ berechnetes Volumen

$|\Delta V| \approx \quad |V_h(h_0, D)| \cdot |\Delta h| = 0.023 \cdot m^3$ absoluter Fehler

$\left|\frac{\Delta V}{V_0}\right| \cdot 100\% \quad \approx \left|\frac{V_h(h_0, D)}{V_0}\right| \cdot |\Delta h| \cdot 100\% = 1.24 \cdot \%$ relativer Fehler

$V = V_0 \pm \Delta V = (1.848 \pm 0.023)\ cm^3$

3.6 Näherungsverfahren zum Lösen von Gleichungen

Von besonderer Bedeutung als numerisches Verfahren zur Nullstellenbestimmung bzw. der Lösung einer Gleichung sind die sogenannten Iterationsverfahren (iterum - zum zweiten Mal; Wiederholungs- verfahren). Gemeinsam ist ihnen, dass wir von einem Startwert (oder auch mehreren Startwerten) ausgehend eine Folge von Näherungswerten $x_1, x_2, x_3, \ldots$ berechnen. Dass diese Näherungswerte mehr oder weniger schnell der gesuchten Lösung beliebig nahe kommen, ist nicht von vornherein gesagt. Ist dies der Fall, so heißt die Folge der Näherungswerte $x_1, x_2, x_3, \ldots$ konvergent. Der Grenzwert ist eine gesuchte Nullstelle bzw. Lösung der Gleichung.

3.6.1 Das Newton-Verfahren

Um die Gleichung $f(x) = 0$ lösen zu können, wird zuerst beim Startwert x_1 der Graf der Funktion $y = f(x)$ durch seine Tangente t_1 ersetzt. Deren Schnittstelle mit der x-Achse ist ein Näherungswert x_2 für die gesuchte Nullstelle der Funktion. Auf diese Weise fahren wir fort und errichten an der Stelle x_2 die Tangente t_2. Mit dieser Stelle erhalten wir durch den Schnittpunkt mit der x-Achse den nächsten Näherungswert x_3 der Nullstelle usw.

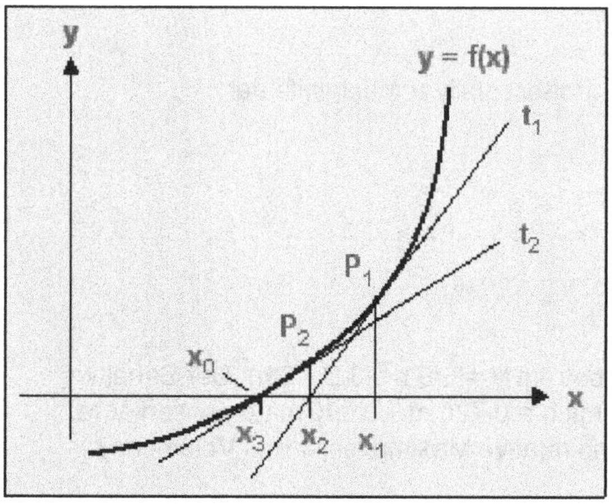

Abb. 3.6.1

Tangente in P_1:

$$y - y_1 = k \cdot (x - x_1)$$

$$y - f(x_1) = f'(x_1) \cdot (x - x_1)$$

Schnittpunkt mit der x-Achse $S(x_2|0)$:

$$0 - f(x_1) = f'(x_1) \cdot (x_2 - x_1)$$

$$0 - f(x_1) = f'(x_1) \cdot (x_2 - x_1) \quad \Rightarrow \quad x_2 = \frac{f'(x_1) \cdot x_1 - f(x_1)}{f'(x_1)} = x_1 - \frac{f(x_1)}{f'(x_1)}$$

Setzen wir dieses Verfahren fort, dann ergibt sich:
Ist x_0 eine Lösung der Gleichung $f(x) = 0$, und ist x_1 ein hinreichend nahe bei x_0 liegender Startwert, so konvergiert die nach

$$x_{n+1} = x_n - \frac{f(x_n)}{f'(x_n)}, \; n = 1, 2, 3, \ldots \qquad \textbf{(3-94)}$$

berechnete Iterationsfolge gegen die Lösung x_0.
Als hinreichende Konvergenzbedingung gilt (die Krümmung $f''(x_1)$ der Kurve darf nicht zu groß sein und die Tangente $f'(x_1)$ sollte nicht zu flach verlaufen):

$$\left| \frac{f(x_1) \cdot f''(x_1)}{f'(x_1)} \right| < 1 \qquad \textbf{(3-95)}$$

Zwei Unterprogramme zur Nullstellensuche:

$$N_{N1}(x, f, f_x, \varepsilon) := \left| \begin{array}{l} n \leftarrow 0 \\ \mathbf{x}_0 \leftarrow x \\ \mathbf{x}_1 \leftarrow \mathbf{x}_n - \dfrac{f(\mathbf{x}_n)}{f_x(\mathbf{x}_n)} \\ \text{while } |\mathbf{x}_{n+1} - \mathbf{x}_n| > \varepsilon \\ \quad \left| \begin{array}{l} n \leftarrow n + 1 \\ \mathbf{x}_{n+1} \leftarrow \mathbf{x}_n - \dfrac{f(\mathbf{x}_n)}{f_x(\mathbf{x}_n)} \end{array} \right. \\ \text{return } \mathbf{x} \end{array} \right.$$

$$N_N(x, f, \varepsilon) := \left| \begin{array}{l} i \leftarrow 0 \\ \text{while } |f(x)| > \varepsilon \\ \quad \left| \begin{array}{l} i \leftarrow i + 1 \\ \text{break if } i > 10 \\ x \leftarrow x - \dfrac{f(x)}{\frac{d}{dx} f(x)} \end{array} \right. \end{array} \right.$$

<u>Beispiel 3.6.1:</u>

Bei einem Schubkurbeltrieb tritt folgende Bestimmungsgleichung auf: $x^3 - x^2 - x + 0.04 = 0$. Bestimmen Sie die kleinste positive Lösung dieser Gleichung.

$f(x) := x^3 - x^2 - x + 0.04$ Funktion

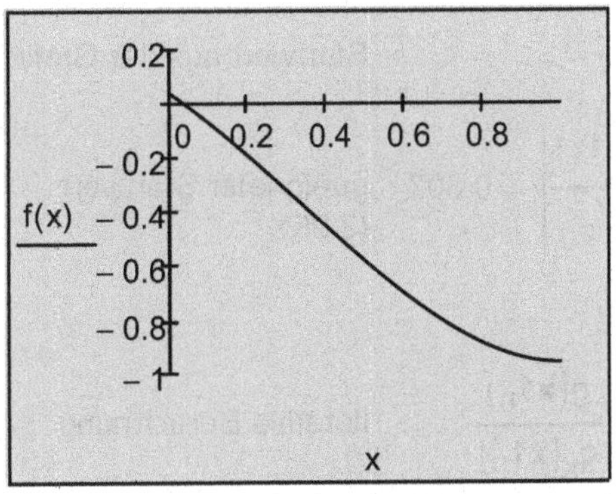

Abb. 3.6.2

ORIGIN := 1 ORIGIN festlegen

$f_x(x) := \frac{d}{dx} f(x)$ $f_{xx}(x) := \frac{d^2}{dx^2} f(x)$

$\mathbf{x}_1 := 0.1$ Startwert

$\left| \frac{f(\mathbf{x}_1) \cdot f_{xx}(\mathbf{x}_1)}{f_x(\mathbf{x}_1)} \right| = 0.083$ x_1 ist ein geeigneter Startwert (3-95)

$n := 1 .. 10$ Bereichsvariable

$\mathbf{x}_{n+1} := \mathbf{x}_n - \frac{f(\mathbf{x}_n)}{f_x(\mathbf{x}_n)}$ iterative Berechnung

$\mathbf{x}^T =$

	1	2	3	4	5	6	7	8
1	0.1	0.04103	0.03857	0.03857	0.03857	0.03857	0.03857	...

Die Folge konvergiert sehr rasch! Hier sind im Ergebnisformatfenster 5 Dezimalstellen eingestellt!

$\varepsilon := 10^{-5}$ Genauigkeit

$N_N(\mathbf{x}_1, f, \varepsilon) = 0.03857$ oder $N_{N1}(\mathbf{x}_1, f, f_x, \varepsilon) = \begin{pmatrix} 0.1 \\ 0.04103 \\ 0.03857 \\ 0.03857 \end{pmatrix}$ Näherungslösung mit einem Unterprogramm

Beispiel 3.6.2:

Ermitteln Sie die Quadrat- und Kubikwurzel einer Zahl a.

$x = \sqrt{a} \quad \Rightarrow \quad x^2 = a \quad \Rightarrow \quad x^2 - a = 0 \quad f(x) = x^2 - a$

$x = \sqrt[3]{a} \quad \Rightarrow \quad x^3 = a \quad \Rightarrow \quad x^3 - a = 0 \quad g(x) = x^3 - a$

$f(x) := x^2 - 2 \qquad g(x) := x^3 - 2$ Funktionen

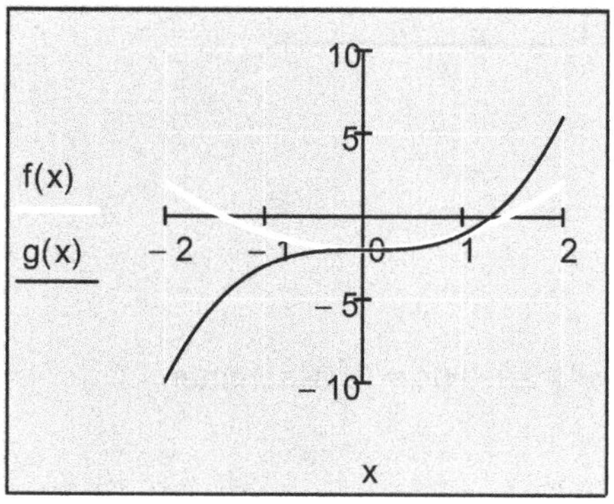

Abb. 3.6.3

$\text{ORIGIN} := 1$ ORIGIN festlegen

$f_x(x) := \frac{d}{dx}f(x) \qquad f_{xx}(x) := \frac{d^2}{dx^2}f(x)$

$g_x(x) := \frac{d}{dx}g(x) \qquad g_{xx}(x) := \frac{d^2}{dx^2}g(x)$ Ableitungen

$\mathbf{x}_1 := 1.3$ Startwert aus der Grafik

$\left|\frac{f(\mathbf{x}_1) \cdot f_{xx}(\mathbf{x}_1)}{f_x(\mathbf{x}_1)}\right| = 0.238$ geeigneter Startwert (3-95)

$n := 1 .. 10$ Bereichsvariable

$\mathbf{x}_{n+1} := \mathbf{x}_n - \frac{f(\mathbf{x}_n)}{f_x(\mathbf{x}_n)}$ iterative Berechnung

$\mathbf{x} =$

	1
1	1.3
2	1.41923
3	1.41422
4	1.41421
5	1.41421
6	1.41421
7	1.41421
8	1.41421
9	1.41421
10	1.41421
11	1.41421

Die Folge konvergiert sehr rasch.

$\varepsilon := 10^{-5}$ Genauigkeit

$N_N(\mathbf{x}_1, f, \varepsilon) = 1.41421 \qquad \sqrt{2} = 1.41421$

$\mathbf{x1}_1 := 1.3$ Startwert aus der Grafik

$\left|\frac{g(\mathbf{x1}_1) \cdot g_{xx}(\mathbf{x1}_1)}{g_x(\mathbf{x1}_1)}\right| = 0.303$ geeigneter Startwert (3-95)

$\mathbf{x1}_{n+1} := \mathbf{x1}_n - \frac{g(\mathbf{x1}_n)}{g_x(\mathbf{x1}_n)}$ iterative Berechnung

$\mathbf{x1} =$

	1
1	1.3
2	1.26114
3	1.25992
4	1.25992
5	1.25992
6	1.25992
7	1.25992
8	1.25992
9	1.25992
10	1.25992
11	1.25992

Die Folge konvergiert sehr rasch.

$\varepsilon := 10^{-5}$ Genauigkeit

$N_N(\mathbf{x1}_1, g, \varepsilon) = 1.25992 \qquad \sqrt[3]{2} = 1.25992$

$$\mathbf{x}_{n+1} = \mathbf{x}_n - \frac{(\mathbf{x}_n)^2 - a}{2\cdot \mathbf{x}_n} = \frac{2\cdot(\mathbf{x}_n)^2 - (\mathbf{x}_n)^2 + a}{2\cdot \mathbf{x}_n} = \frac{1}{2}\left(\mathbf{x}_n + \frac{a}{\mathbf{x}_n}\right)$$

Heronverfahren für die Quadratwurzel

$$\mathbf{x1}_{n+1} = \mathbf{x1}_n - \frac{(\mathbf{x1}_n)^3 - a}{3\cdot(\mathbf{x1}_n)^2} = \frac{3\cdot(\mathbf{x1}_n)^3 - (\mathbf{x1}_n)^3 + a}{3\cdot(\mathbf{x1}_n)^2} = \frac{1}{3}\cdot\left[2\cdot \mathbf{x1}_n + \frac{a}{(\mathbf{x1}_n)^2}\right]$$

Heronverfahren für die kubische Wurzel

$a := 2$ Radikand

$\mathbf{x}_{n+1} := \frac{1}{2}\left(\mathbf{x}_n + \frac{a}{\mathbf{x}_n}\right)$ Heron-Verfahren $\mathbf{x1}_{n+1} := \frac{1}{3}\cdot\left[2\cdot \mathbf{x1}_n + \frac{a}{(\mathbf{x1}_n)^2}\right]$

$\mathbf{x} =$

	1
1	1.3
2	1.41923
3	1.41422
4	1.41421
5	1.41421
6	1.41421
7	1.41421
8	1.41421
9	1.41421
10	1.41421
11	1.41421

$\mathbf{x1} =$

	1
1	1.3
2	1.26114
3	1.25992
4	1.25992
5	1.25992
6	1.25992
7	1.25992
8	1.25992
9	1.25992
10	1.25992
11	1.25992

$x_1 := 1.3$ Startwert

$\text{wurzel}(f(x_1), x_1) = 1.41421$ Näherungslösung $\text{wurzel}(g(x_1), x_1) = 1.25992$ Näherungslösung

$\text{wurzel}(f(x), x, 1, 1.5) = 1.41421$ $\text{wurzel}(g(x), x, 1, 1.5) = 1.25992$

Beispiel 3.6.3:

Bei der Untersuchung der Wärmestrahlung ergibt sich die Gleichung $e^{-x} = 1 - x/5$. Gesucht ist die erste Lösung $x > 0$ auf drei Dezimalstellen genau.

$f(x) := e^{-x} + \frac{x}{5} - 1$ Funktion

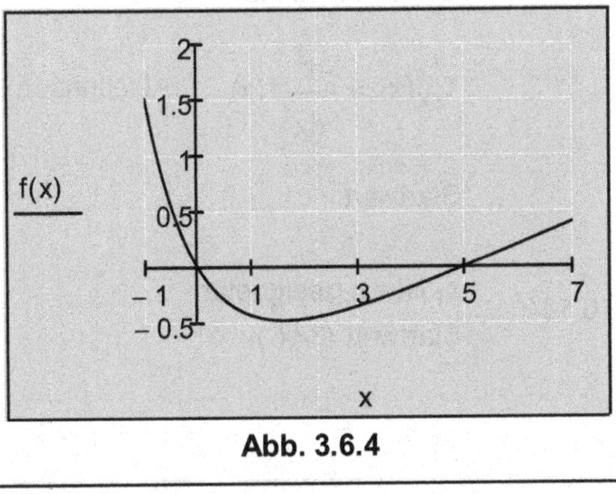

Abb. 3.6.4

$\text{ORIGIN} := 1$ ORIGIN festlegen

$f_x(x) := \frac{d}{dx}f(x)$ $f_{xx}(x) := \frac{d^2}{dx^2}f(x)$ Ableitungen

$\mathbf{x}_1 := 4$ Startwert

$\left|\frac{f(\mathbf{x}_1)\cdot f_{xx}(\mathbf{x}_1)}{f_x(\mathbf{x}_1)}\right| = 0.018$ x_1 ist ein geeigneter Startwert (3-95)

$n := 1..10$ — Bereichsvariable

$x_{n+1} := x_n - \dfrac{f(x_n)}{f_x(x_n)}$ — iterative Berechnung

$x =$

	1
1	4
2	5
3	4.96514
4	4.96511
5	4.96511
6	4.96511
7	4.96511
8	4.96511
9	4.96511
10	4.96511
11	4.96511

Die Folge konvergiert sehr rasch.

$\varepsilon := 10^{-5}$ — Genauigkeit

$N_N(x_1, f, \varepsilon) = 4.96514$ — Näherungslösung mit einem Unterprogramm

$\text{wurzel}(f(x), x, 4, 6) = 4.96511$ — Näherungslösung mithilfe der Mathcad-Funktion "wurzel"

Beispiel 3.6.4:

Für den Einweggleichrichter ist der Stromflusswinkel α $(0 \le \alpha \le \pi/2)$ aus der folgenden Gleichung zu bestimmen:

$\dfrac{R_a}{R_i} = \dfrac{\pi}{\tan(\alpha) - \alpha}$ — gegebene Gleichung

$R_a = 150 \cdot \Omega$ $\quad R_i = 40 \cdot \Omega$ — gegebene Werte

$f(\alpha) := \tan(\alpha) - \alpha - \dfrac{\pi \cdot 40}{150}$ — Funktion

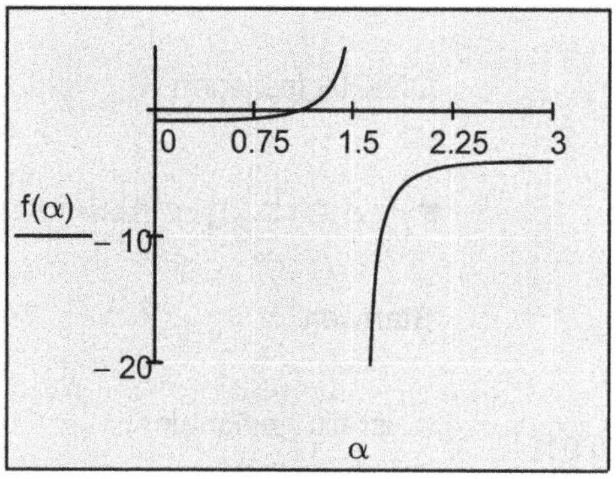

Abb. 3.6.5

ORIGIN := 1 — ORIGIN festlegen

$f_x(x) := \dfrac{d}{dx} f(x)$ $\quad f_{xx}(x) := \dfrac{d^2}{dx^2} f(x)$ — Ableitungen

$x_1 := 1.1$ — Startwert

$\left|\dfrac{f(x_1) \cdot f_{xx}(x_1)}{f_x(x_1)}\right| = 0.134$ — x_1 ist ein geeigneter Startwert (3-95)

$n := 1..10$ Bereichsvariable

$\mathbf{x}_{n+1} := \mathbf{x}_n - \frac{f(\mathbf{x}_n)}{f_x(\mathbf{x}_n)}$ iterative Berechnung

$\mathbf{x} =$

	1
1	1.1
2	1.09301
3	1.09288
4	1.09288
5	1.09288
6	1.09288
7	1.09288
8	1.09288
9	1.09288
10	1.09288
11	1.09288

Die Folge konvergiert sehr rasch.

$\mathbf{x}_3 = 1.093$ Näherungswert in Radiant

$\mathbf{x}_3 = 62.618 \cdot \text{Grad}$ Näherungswert in Grad

$\varepsilon := 10^{-5}$ Genauigkeit

$N_N(\mathbf{x}_1, f, \varepsilon) = 1.09288$ Näherungslösung mit einem Unterprogramm

$\text{wurzel}(f(x), x, 0.5, 1.3) = 1.09288$ Näherungslösung mithilfe der Mathcad-Funktion "wurzel"

3.6.2 Das Sekantenverfahren

Bei diesem Verfahren suchen wir zuerst zwei Stellen x_1 und x_2 auf, an denen die Funktion $y = f(x)$ verschiedene Vorzeichen der Funktionswerte hat (vergleiche Nullstellensatz). Durch den Punkt P_1 und P_2 wird dann eine Sekante gelegt. Damit ergibt sich ein Schnittpunkt an der Stelle x_3 mit der x-Achse. Durch den Punkt P_2 und P_3 wird wieder eine Sekante gelegt usw.

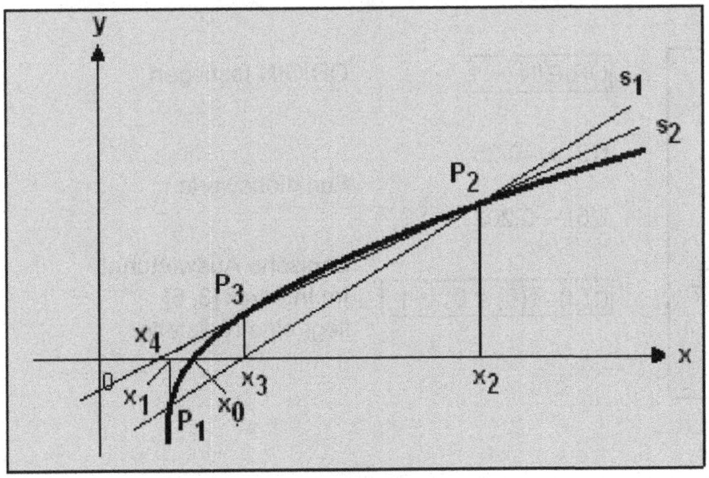

Abb. 3.6.6

Sekante:

$$f(x) = f(x_1) + \frac{f(x_2) - f(x_1)}{x_2 - x_1}(x - x_1)$$

Schnittpunkt $S(x_3|0)$ mit der x-Achse:

$$0 = f(x_1) + \frac{f(x_2) - f(x_1)}{x_2 - x_1}(x_3 - x_1)$$

$$0 = f(x_1) + \frac{f(x_2) - f(x_1)}{x_2 - x_1}(x_3 - x_1) \quad \Rightarrow \quad x_3 = x_1 - f(x_1) \cdot \frac{x_2 - x_1}{f(x_2) - f(x_1)}$$

Setzen wir dieses Verfahren fort, dann ergibt sich:
Ist x_0 eine Lösung der Gleichung $f(x) = 0$ und haben $f(x_1)$ und $f(x_2)$ verschiedene Vorzeichen, also $f(x_1) \cdot f(x_2) < 0$, so konvergiert die nach

$$x_{n+2} = x_n - f(x_n) \cdot \frac{x_{n+1} - x_n}{f(x_{n+1}) - f(x_n)} \text{ , } n = 1, 2, 3, \ldots \qquad \text{(3-96)}$$

berechnete Iterationsfolge gegen die Lösung x_0.
Das Verfahren lässt sich auch aus dem Newton-Verfahren herleiten, indem man die Ableitung f '(x) durch den Differenzenquotienten ersetzt.

```
N_S(f, a, b, ε) := | x1 ← a
                   | x2 ← b
                   | i ← 0
                   | while |x2 − x1| > ε
                   |   | x ← x1 − f(x1) · (x2 − x1) / (f(x2) − f(x1))
                   |   | x2 ← x if f(x) · f(x1) < 0
                   |   | x1 ← x otherwise
                   |   | i ← i + 1
                   |   | break if i ≥ 10
                   | x
```

Ein Unterprogramm zur Nullstellensuche.

<u>**Beispiel 3.6.5:**</u>

Bei der Untersuchung der Wärmestrahlung ergibt sich, wie schon in Beispiel 3.6.3 angegeben, die Gleichung $e^{-x} = 1 - x/5$. Gesucht ist die erste Lösung $x > 0$ auf drei Dezimalstellen genau.

$f(x) := e^{-x} + \frac{x}{5} - 1$ Funktion

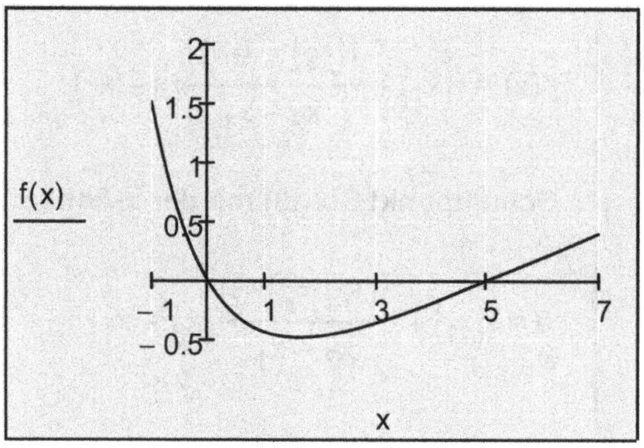

Abb. 3.6.7

$\boxed{ORIGIN := 1}$ ORIGIN festlegen

$f(3) = -0.35$

Funktionswerte

$f(6) = 0.202$

$\boxed{(f(3) \cdot f(6) < 0) = 1}$ Logische Auswertung! Im Intervall [3, 6] liegt eine Nullstelle.

$\mathbf{x_1} := 3 \qquad \mathbf{x_2} := 6$ Startwerte

$n := 1 .. 10$ Bereichsvariable

$x_{n+2} := x_n - f(x_n) \cdot \dfrac{x_{n+1} - x_n}{f(x_{n+1}) - f(x_n)}$ iterative Berechnung

$x =$

	1
1	3
2	6
3	4.9009491651
4	4.9642305688
5	4.9651152804
6	4.9651142317
7	4.9651142317
8	4.9651142317
9	4.9651142317
10	4.9651142317
11	4.9651142317
12	4.9651142317

Die Folge konvergiert ebenfalls sehr rasch.

$\varepsilon := 10^{-10}$ Genauigkeit

$a := 3 \qquad b := 6$ Intervallgrenzen

$N_S(f, a, b, \varepsilon) = 4.9651142317$ Näherungslösung mit einem Unterprogramm

$\text{wurzel}(f(x), x, a, b) = 4.9651142317$ Näherungslösung mithilfe der Mathcad-Funktion "wurzel"

Beispiel 3.6.6:

Eine Bank bietet dem Kunden folgende Sparmöglichkeit: Der Kunde zahlt fünfmal jeweils zu Jahresbeginn je 1000 € ein und er erhält am Ende des fünften Jahres ein Guthaben von 6000 €. Wie groß müsste der Zinssatz p sein, dass ein Kunde bei den gleichen Einzahlungen nach fünf Jahren den gleichen Endstand erzielt?

$q = 1 + p$

$1000 \cdot q^5$ Endwert der ersten Einzahlung

$1000 \cdot q^4$ Endwert der zweiten Einzahlung

$1000 \cdot q$ Endwert der fünften Einzahlung

Wir erhalten damit:

$1000 \cdot q^5 + 1000 \cdot q^4 + 1000 \cdot q^3 + 1000 \cdot q^2 + 1000 \cdot q = 6000$ bzw.

$q^5 + q^4 + q^3 + q^2 + q = 6 \qquad q \cdot (q^4 + q^3 + q^2 + q + 1) = 6 \qquad q \cdot \left(\dfrac{q^5 - 1}{q - 1}\right) = 6$ geometrische Folge

$f(q) := q \cdot \left(\dfrac{q^5 - 1}{q - 1}\right) - 6$ Funktion

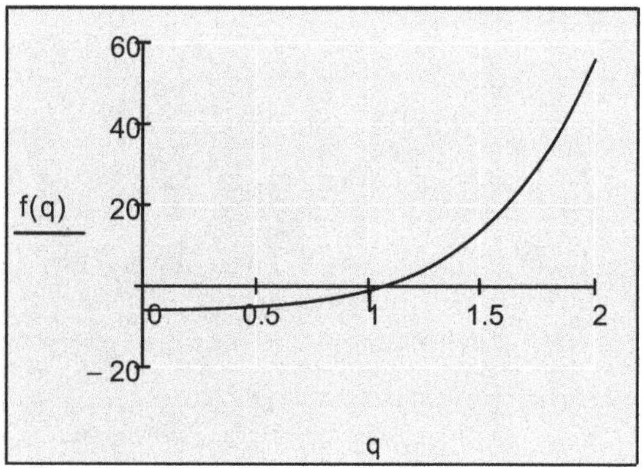

Abb. 3.6.8

$ORIGIN := 1$ ORIGIN festlegen

$f(0.8) = -3.311$

$f(1.5) = 13.781$

Funktionswerte

$(f(0.8) \cdot f(1.5) < 0) = 1$ Logische Auswertung! Im Intervall [0.8, 1.5] liegt eine Nullstelle.

$\mathbf{q}_1 := 0.8 \qquad \mathbf{q}_2 := 1.5$ Startwert

$n := 1..10$ Bereichsvariable

$$\mathbf{q}_{n+2} := \mathbf{q}_n - f(\mathbf{q}_n) \cdot \frac{\mathbf{q}_{n+1} - \mathbf{q}_n}{f(\mathbf{q}_{n+1}) - f(\mathbf{q}_n)}$$ iterative Berechnung

$\mathbf{q} =$

	1
1	0.8
2	1.5
3	0.936
4	1.004
5	1.072
6	1.061
7	1.061
8	1.061
9	1.061
10	1.061
11	1.061
12	1.061

Die Folge konvergiert sehr rasch.

$\varepsilon := 10^{-6}$ Genauigkeit

$q_1 := 0.8 \qquad q_2 := 1.5$ Intervallgrenzen

$N_S(f, q_1, q_2, \varepsilon) = 1.061$ Näherungslösung mit einem Unterprogramm

$q := wurzel(f(q), q, q_1, q_2) \qquad q = 1.061$ Näherungslösung mithilfe der Mathcad-Funktion "wurzel"

$p := q - 1 \qquad p = 6.14 \cdot \%$ gesuchter Zinssatz

3.7 Interpolationskurven

Wir sprechen von einer Interpolation, wenn eine Funktion ermittelt werden soll, die an vorgegebenen n+1 Stützstellen $x_0, x_1, x_2, ..., x_n$ die gegebenen Stützwerte $y_0, y_1, y_2, ..., y_n$ annimmt.
Die gesuchte Funktion soll ein einfaches Interpolieren ermöglichen, wie die Berechnung der Zwischenwerte genannt wird. Dabei soll sie zwischen den Stützstellen von der gegebenen Funktion (falls diese bekannt ist) möglichst wenig abweichen.
Bei allen möglichen Interpolationsfunktionen sind die Polynomfunktionen n-ten Grades von großer Bedeutung:

$$y = P_n(x) = a_n \cdot x^n + a_{n-1} \cdot x^{n-1} + a_{n-2} \cdot x^{n-2} + ... + a_2 \cdot x^2 + a_1 \cdot x + a_0 \quad \textbf{bzw.} \quad (3\text{-}97)$$

$$y = P_n(x) = a_0 + \sum_{k=1}^{n} \left(a_k \cdot x^k\right) \quad (3\text{-}98)$$

Es kann Folgendes ausgesagt werden:
Sind alle n+1 Stützstellen $x_0, x_1, x_2, ..., x_n$ paarweise verschieden, so gibt es dazu genau ein Interpolationspolynom vom Grad n.

Bei zunehmender Stützstellenanzahl wird jedoch bei der Verwendung einer einzigen Polynomfunktion der Graf sehr wellig. Häufig verlangen wir aber bei Anwendungen (z. B. Autokarosserien, Flugzeugtragflächen usw.) eine möglichst glatte Kurve durch die Stützpunkte. Die Lösung sind stückweise aus Polynomfunktionen des gleichen niedrigen Grades zusammengesetzte Splines ("biegsames Lineal"). Der einfachste Spline ist ein linearer Spline, der aber nur einen Streckenzug durch die Stützpunkte darstellt. Die häufig gestellten Forderungen, dass der Graf beim Übergang an der Stelle x_i keinen Sprung im Funktionswert (Sprungstelle), keinen Sprung in der Steigung (Knick) und keinen Sprung in der Krümmung haben soll, erfüllen am besten kubische Polynome, d. h. die erste und die zweite Ableitung der Kurve soll in jedem Punkt stetig sein. Diese Splines werden kubische Splines genannt. Kubische Splines zeichnen sich geometrisch dadurch aus, dass deren Krümmung, über das Interpolationsintervall betrachtet, minimal ist.

Beispiel 3.7.1:

Gegeben ist die Funktion $y = x^2 - 2.5\,x + 1.8$. Ersetzen Sie die Funktion an den Stützstellen $x_0 = 1$ und $x_1 = 2$ durch eine lineare Funktion und Berechnen Sie damit den interpolierten Wert an der Stelle x = 1.6. Wie groß ist dabei der Interpolationsfehler? An welcher Stelle zwischen x_0 und x_1 ist der bei der linearen Interpolation entstehende maximale absolute Fehler am größten?

$f(x) := x^2 - 2.5 \cdot x + 1.8$ gegebene Funktion

ORIGIN := 0 ORIGIN festlegen

$\mathbf{x} := \begin{pmatrix} 1 \\ 2 \end{pmatrix}$ $\mathbf{y} := \begin{pmatrix} f(1) \\ f(2) \end{pmatrix}$ $\mathbf{y} =$

	0
0	0.3
1	0.8

Stützpunkte

$y = k \cdot x + d$ Interpolationskurve

Durch sukzessives Einsetzen der Werte für $\mathbf{x_i}$ und $\mathbf{y_i}$ erhalten wir daraus ein lineares Gleichungssystem aus 2 Gleichungen mit 2 Unbekannten k und d.

$0.3 = d + k \cdot 1$

$0.8 = d + k \cdot 2$ bzw. als Matrixgleichung $\mathbf{y} = \begin{pmatrix} 1 & 1 \\ 1 & 2 \end{pmatrix} \cdot \begin{pmatrix} d \\ k \end{pmatrix} = \mathbf{A} \cdot \mathbf{a}$

$\mathbf{y} = \mathbf{A} \cdot \mathbf{a}$ Wir erhalten daraus den Lösungsvektor **a** durch Multiplikation mit $\mathbf{A}^{-1}$ von links, also $\mathbf{a} = \mathbf{A}^{-1}\,\mathbf{y}$ (wegen $\mathbf{A}^{-1}\,\mathbf{A} = \mathbf{E}$).

Die Koeffizientenmatrix **A** dieses lineares Gleichungssystem:

$i := 0..1$ Bereichsvariable

$\mathbf{A}^{\langle i \rangle} := \vec{\mathbf{x}^i} \quad \Rightarrow \quad \mathbf{A} = \begin{pmatrix} 1 & 1 \\ 1 & 2 \end{pmatrix} \quad |\mathbf{A}| = 1$ Die Matrix A ist regulär, daher existiert die Matrix A^{-1}.

$\mathbf{a} := \mathbf{A}^{-1} \cdot \mathbf{y} \quad \begin{pmatrix} d \\ k \end{pmatrix} := \mathbf{a} \quad \begin{pmatrix} d \\ k \end{pmatrix} =$

	0
0	-0.2
1	0.5

$P(x) := k \cdot x + d$ gesuchtes Interpolationspolynom

$x_1 := 1.6$ Zwischenstelle x_1

$P(x_1) = 0.6$ Näherungswert (Polynomwert)

$f(x_1) = 0.36$ exakter Funktionswert

$z := -0.5, -0.5 + 0.01 .. 3$ Bereichsvariable

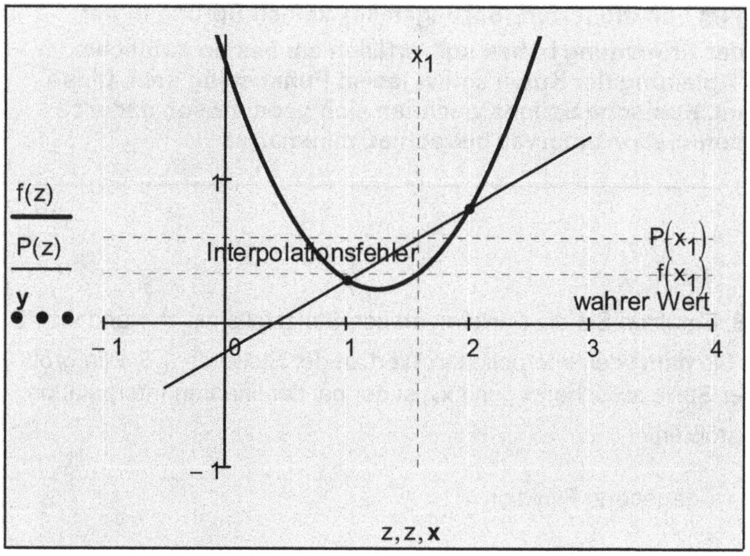

Abb. 3.7.1

Interpolationsfehler (Istwert-Sollwert):

$|P(x_1) - f(x_1)| = 0.24$

Maximaler absoluter Fehler (interpolierter Wert; wahrer Wert)

$F(x) = P(x) - f(x) = 0.5 \cdot x - 0.2 - \left(x^2 - 2.5 \cdot x + 1.8\right)$ vereinfacht auf

$F(x) = P(x) - f(x) = 3. \cdot x - 2. - 1. \cdot x^2$ Fehlerfunktion

$F(x) := 3. \cdot x - 2. - 1. \cdot x^2$ nach unten geöffnete Parabel mit Hochpunkt (Maximum)

$F_x(x) := \frac{d}{dx}F(x)$ $\quad F_{xx}(x) := \frac{d^2}{dx^2}F(x)$ Ableitungen

$x_{max} := F_x(x) = 0 \;\Big|\; \begin{array}{l} \text{auflösen}, x \\ \text{Gleitkommazahl}, 2 \end{array} \rightarrow 1.5$ berechneter x-Wert

$F_{xx}(x_{max}) = -2$ $\quad F_{xx}(x_{max}) < 0$, daher liegt ein Maximum vor

$F_{max} := F(x_{max})$ $\quad \boxed{F_{max} = 0.25}$ maximaler absoluter Fehler

Beispiel 3.7.2:

Durch n gegebene Punkte $P_k(x_k, y_k)$ (k = 1, 2, ... n) ist ein Polynom möglichst niedrigen Grades zu legen. Gesucht sind Zwischenwerte für x = -1, 0.5, 4.

$\mathbf{x} := \begin{pmatrix} -2.8 \\ 0 \\ 1 \\ 3.2 \\ 5.5 \\ 6.1 \end{pmatrix} \quad \mathbf{y} := \begin{pmatrix} 5 \\ 2.2 \\ -2 \\ 4 \\ 12.2 \\ 18.4 \end{pmatrix}$ Koordinaten der Punkte P_k

$\boxed{ORIGIN := 0}$ ORIGIN festlegen

$y = a_0 + a_1 \cdot x + a_2 \cdot x^2 + a_3 \cdot x^3 + a_4 \cdot x^4 + a_5 \cdot x^5$ 6 Punkte, daher Polynom 5. Grades

Durch sukzessives Einsetzen der Werte für $\mathbf{x}_i$ und $\mathbf{y}_i$ erhalten wir daraus ein lineares Gleichungssystem aus 6 Gleichungen mit 6 Unbekannten a_1, ..., a_6.

$n := 6$ Anzahl der Punkte

$i := 0..n-1$ oder $i = 0..(\text{länge}(\mathbf{x}) - 1)$

$j := 0..n-1$ oder $i = 0..(\text{länge}(\mathbf{y}) - 1)$

Bereichsvariable (Indexlaufbereiche)

Koeffizintenmatrix:

$$\mathbf{A} := \begin{bmatrix} 1 & \mathbf{x}_0 & (\mathbf{x}_0)^2 & (\mathbf{x}_0)^3 & (\mathbf{x}_0)^4 & (\mathbf{x}_0)^5 \\ 1 & \mathbf{x}_1 & (\mathbf{x}_1)^2 & (\mathbf{x}_1)^3 & (\mathbf{x}_1)^4 & (\mathbf{x}_1)^5 \\ 1 & \mathbf{x}_2 & (\mathbf{x}_2)^2 & (\mathbf{x}_2)^3 & (\mathbf{x}_2)^4 & (\mathbf{x}_2)^5 \\ 1 & \mathbf{x}_3 & (\mathbf{x}_3)^2 & (\mathbf{x}_3)^3 & (\mathbf{x}_3)^4 & (\mathbf{x}_3)^5 \\ 1 & \mathbf{x}_4 & (\mathbf{x}_4)^2 & (\mathbf{x}_4)^3 & (\mathbf{x}_4)^4 & (\mathbf{x}_4)^5 \\ 1 & \mathbf{x}_5 & (\mathbf{x}_5)^2 & (\mathbf{x}_5)^3 & (\mathbf{x}_5)^4 & (\mathbf{x}_5)^5 \end{bmatrix} \quad \mathbf{A} = \begin{pmatrix} 1 & -2.8 & 7.84 & -21.952 & 61.466 & -172.104 \\ 1 & 0 & 0 & 0 & 0 & 0 \\ 1 & 1 & 1 & 1 & 1 & 1 \\ 1 & 3.2 & 10.24 & 32.768 & 104.858 & 335.544 \\ 1 & 5.5 & 30.25 & 166.375 & 915.063 & 5032.844 \\ 1 & 6.1 & 37.21 & 226.981 & 1384.584 & 8445.963 \end{pmatrix}$$

$|\mathbf{A}| = 1.023 \times 10^8$ reguläre Matrix

oder:

$$\mathbf{A}_{i,j} := (\mathbf{x}_i)^j \qquad \mathbf{A} = \begin{pmatrix} 1 & -2.8 & 7.84 & -21.952 & 61.466 & -172.104 \\ 1 & 0 & 0 & 0 & 0 & 0 \\ 1 & 1 & 1 & 1 & 1 & 1 \\ 1 & 3.2 & 10.24 & 32.768 & 104.858 & 335.544 \\ 1 & 5.5 & 30.25 & 166.375 & 915.063 & 5032.844 \\ 1 & 6.1 & 37.21 & 226.981 & 1384.584 & 8445.963 \end{pmatrix}$$

oder:

$$\mathbf{A}^{\langle i \rangle} := \overrightarrow{\mathbf{x}^i} \qquad \mathbf{A} = \begin{pmatrix} 1 & -2.8 & 7.84 & -21.952 & 61.466 & -172.104 \\ 1 & 0 & 0 & 0 & 0 & 0 \\ 1 & 1 & 1 & 1 & 1 & 1 \\ 1 & 3.2 & 10.24 & 32.768 & 104.858 & 335.544 \\ 1 & 5.5 & 30.25 & 166.375 & 915.063 & 5032.844 \\ 1 & 6.1 & 37.21 & 226.981 & 1384.584 & 8445.963 \end{pmatrix}$$

$\mathbf{a} := \mathbf{A}^{-1} \cdot \mathbf{y}$ Koeffizienten des Polynoms

$\mathbf{a}^T =$

	0	1	2	3	4	5
0	2.2	-6.974	2.407	0.624	-0.283	0.026

$P(x) := \mathbf{a}_0 + \sum_{i=1}^{n-1} \left(\mathbf{a}_i \cdot x^i\right)$ oder $P(x) = \sum_i \left(\mathbf{a}_i \cdot x^i\right)$ **Interpolationspolynom**

$\mathbf{x1} := \begin{pmatrix} -1 \\ 0.5 \\ 4 \end{pmatrix}$ $k := 0..2$ gewählte Zwischenwerte und Bereichsvariable

$\mathbf{y1}_k := P(\mathbf{x1}_k)$ $\mathbf{y1} =$

	0
0	10.647
1	-0.624
2	6.868

oder $P(\mathbf{x1}) =$

	0
0	10.647
1	-0.624
2	6.868

$x := \text{floor}(\min(\mathbf{x})), \text{floor}(\min(\mathbf{x})) + 0.1 .. \text{ceil}(\max(\mathbf{x}))$ Bereichsvariable

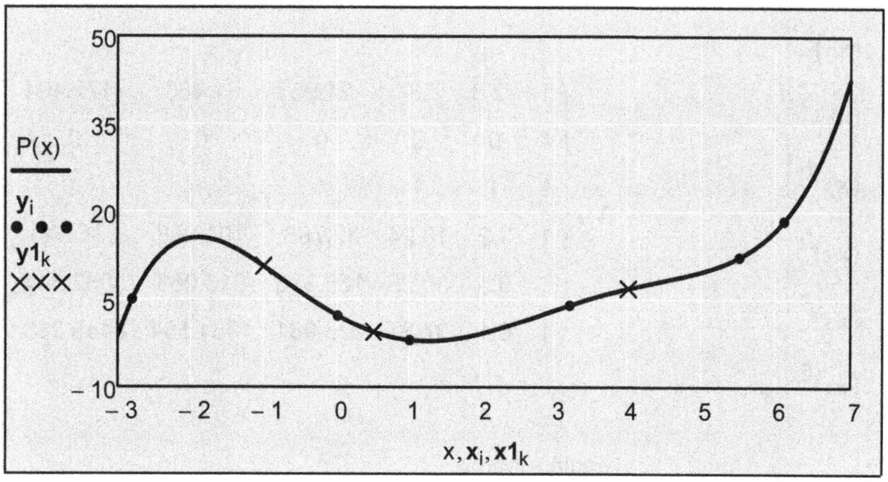

Abb. 3.7.2

Beispiel 3.7.3:

Durch die gegebenen Messdaten soll eine ganzrationale Funktion gelegt werden. Zum Vergleich soll mittels kubischer Spline-Interpolation eine Ausgleichskurve gefunden werden.

$\mathbf{I} := (0.1\ \ 0.2\ \ 0.3\ \ 0.4\ \ 0.5\ \ 0.6)^T$

Messdaten

$\mathbf{U} := (29\ \ 51\ \ 101\ \ 174\ \ 288\ \ 446)^T$

$ORIGIN := 0$ ORIGIN festlegen

$U_p(I) = a_0 + a_1 \cdot I + a_2 \cdot I^2 + a_3 \cdot I^3 + a_4 \cdot I^4 + a_5 \cdot I^5$ Näherungspolynom

Durch Einsetzen der Messdaten in das Näherungspolynom ergibt sich ein lineares Gleichungssystem, das in Matrixform **U = A · a** geschrieben werden kann.

$n := 6$ Anzahl der Messwerte

$i := 0..n-1$ Bereichsvariable

$\mathbf{A}^{\langle i\rangle} := \overrightarrow{\mathbf{I}^i}$ Koeffizientenmatrix

$$\mathbf{A} = \begin{pmatrix} 1 & 0.1 & 0.01 & 0.001 & 0 & 0 \\ 1 & 0.2 & 0.04 & 0.008 & 0.002 & 0 \\ 1 & 0.3 & 0.09 & 0.027 & 0.008 & 0.002 \\ 1 & 0.4 & 0.16 & 0.064 & 0.026 & 0.01 \\ 1 & 0.5 & 0.25 & 0.125 & 0.063 & 0.031 \\ 1 & 0.6 & 0.36 & 0.216 & 0.13 & 0.078 \end{pmatrix}$$

$|\mathbf{A}| = 3.456 \times 10^{-11}$ reguläre Matrix

$\mathbf{a} := \mathbf{A}^{-1} \cdot \mathbf{U}$ gesuchter Koeffizientenvektor

$\mathbf{a}^T = (101\ \ -1638.5\ \ 12379.167\ \ -37333.333\ \ 57083.333\ \ -31666.667)$

$U_p(I) := \mathbf{a}_0 + \sum_{k=1}^{5} \left(\mathbf{a}_k \cdot I^k\right)$ $\quad U_p(0.1) = 29$ Näherungspolynom

$I := 0.1, 0.1 + 0.001 .. 0.7$ Bereichsvariable

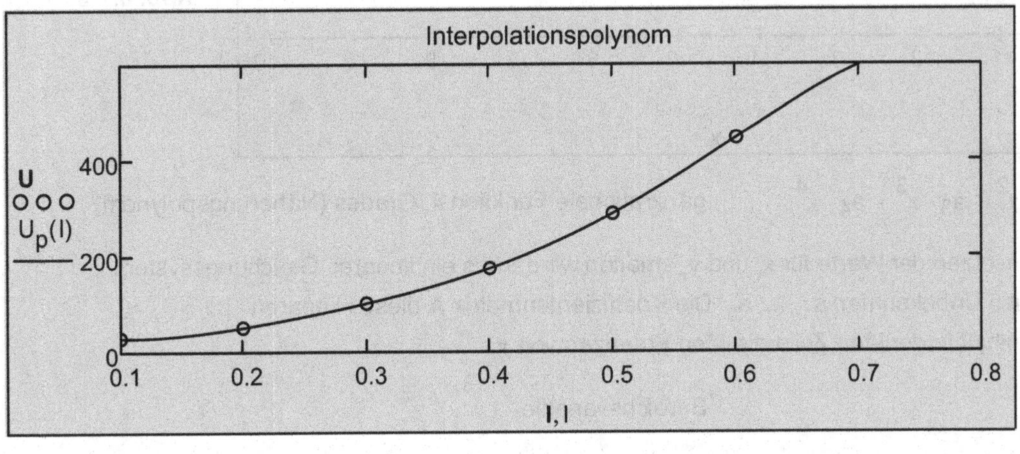

Abb. 3.7.3

Zum Vergleich Interpolation mit kubischer Splinefunktion:

$\mathbf{v_c} := \text{kspline}(\mathbf{I}, \mathbf{U})$

$U_{pk}(I) := \text{interp}(\mathbf{v_c}, \mathbf{I}, \mathbf{U}, I)$

kspline($\mathbf{v_x}$,$\mathbf{v_y}$) gibt einen Vektor aus den zweiten Ableitungen für die Datenvektoren $\mathbf{v_x}$ (**I**) und $\mathbf{v_y}$ (**U**) zurück. Dieser Vektor wird als das erste Argument der Funktion interp verwendet. Die sich dabei ergebende Spline-Kurve ist an den Endpunkten kubisch.
interp($\mathbf{v_c}$,$\mathbf{v_x}$,$\mathbf{v_y}$,x) führt eine Spline-Interpolation von $\mathbf{v_y}$ (**U**) am Punkt x aus und gibt den sich dabei ergebenden Wert zurück.

$I := 0.1, 0.1 + 0.001 .. 0.7$ Bereichsvariable

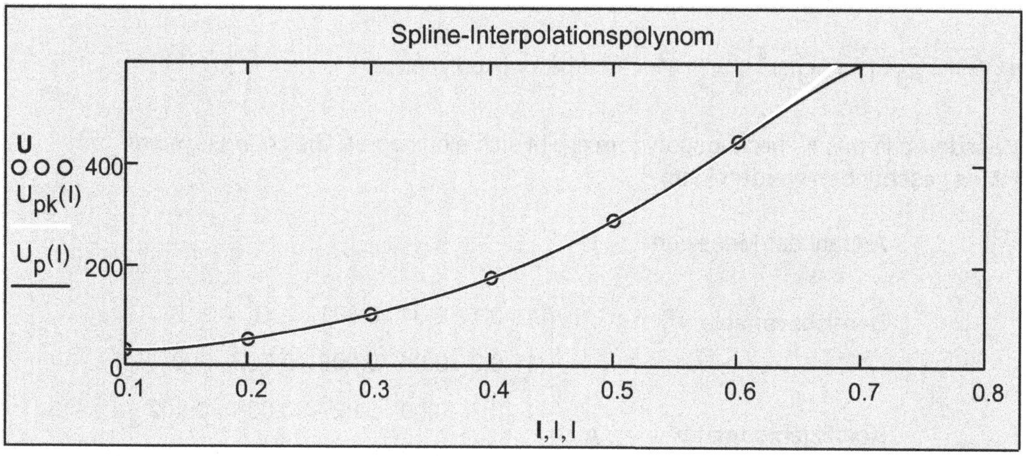

Abb. 3.7.4

Beispiel 3.7.4:

Durch fünf Punkte soll die Kurve einer ganzrationalen Funktion 4. Grades gelegt werden. Zum Vergleich soll mittels kubischer Spline-Interpolation eine Interpolationskurve gefunden werden. Die Ableitungsfunktion soll ebenfalls dargestellt werden.

ORIGIN := 0 ORIGIN festlegen

$\mathbf{x} := (1\ \ 2\ \ 4\ \ 6\ \ 9)^T$

$\mathbf{y} := (1\ \ 2.1\ \ 2.8\ \ 2\ \ 1.8)^T$ Koordinaten der gegebenen Punkte

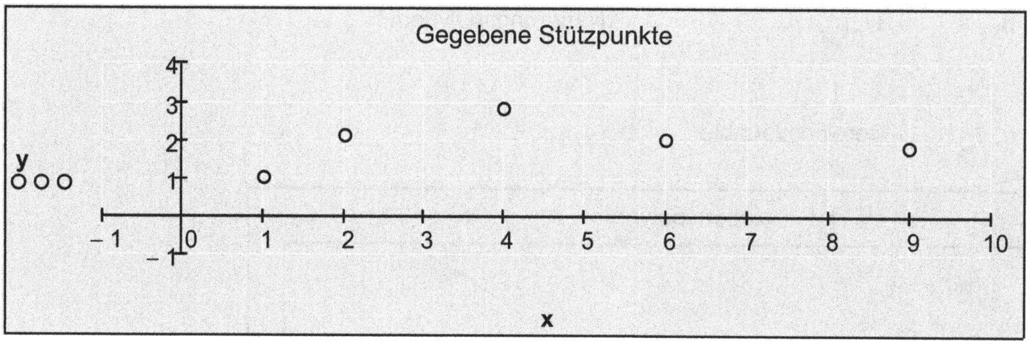

Abb. 3.7.5

$y = a_0 + a_1 \cdot x + a_2 \cdot x^2 + a_3 \cdot x^3 + a_4 \cdot x^4$ ganzrationale Funktion 4. Grades (Näherungspolynom)

Durch sukzessives Einsetzen der Werte für $\mathbf{x}_i$ und $\mathbf{y}_i$ erhalten wir daraus ein lineares Gleichungssystem aus 5 Gleichungen mit 5 Unbekannten a_1, ..., a_5. Die Koeffizientenmatrix **A** dieses linearen Gleichungssystems enthält in der i-ten Zeile die i-ten Potenzen von $\mathbf{x}_i$.

$i := 0 .. 4$ Bereichsvariable

$\mathbf{A1}^{\langle i \rangle} := \overrightarrow{\mathbf{x}^{i}}$

$$\mathbf{A1} = \begin{pmatrix} 1 & 1 & 1 & 1 & 1 \\ 1 & 2 & 4 & 8 & 16 \\ 1 & 4 & 16 & 64 & 256 \\ 1 & 6 & 36 & 216 & 1296 \\ 1 & 9 & 81 & 729 & 6561 \end{pmatrix}$$

$|\mathbf{A1}| = 2.016 \times 10^{5}$ reguläre Matrix

$\mathbf{y} = \mathbf{A1} \cdot \mathbf{a}$ Wir erhalten daraus den Lösungsvektor **a** durch Multiplikation mit $\mathbf{A}^{-1}$ von links.

$\mathbf{a} := \mathbf{A1}^{-1} \cdot \mathbf{y}$ $\mathbf{a}^{T} = (-0.557 \quad 1.751 \quad -0.171 \quad -0.026 \quad 0.003)$

$P(x) := \mathbf{a}_0 + \sum_{i=1}^{4} \left(\mathbf{a}_i \cdot x^{i}\right)$ gesuchtes Interpolationspolynom

Bei der kubischen Spline-Interpolation wird durch drei benachbarte Punkte (in aufsteigender Reihenfolge) jeweils ein kubisches Polynom gelegt. Diese kubischen Polynome werden dann zur eigentlichen Kurve verbunden. Dadurch wird erreicht, dass die erste und zweite Ableitung der Interpolationskurve in jedem Punkt stetig ist.

$\mathbf{v_c} := \mathrm{kspline}(\mathbf{x}, \mathbf{y})$ kubischer Spline-Vektor $\mathbf{v_c}$

$P_s(x) := \mathrm{interp}\left(\mathbf{v_c}, \mathbf{x}, \mathbf{y}, x\right)$ kubische Interpolationskurve

$Psx(x) := \frac{d}{dx}\mathrm{interp}\left(\mathbf{v_c}, \mathbf{x}, \mathbf{y}, x\right)$ Ableitungsfunktion

$x := \mathrm{floor}(\min(\mathbf{x})), \mathrm{floor}(\min(\mathbf{x})) + 0.1 .. \mathrm{ceil}(\max(\mathbf{x}))$ Bereichsvariable

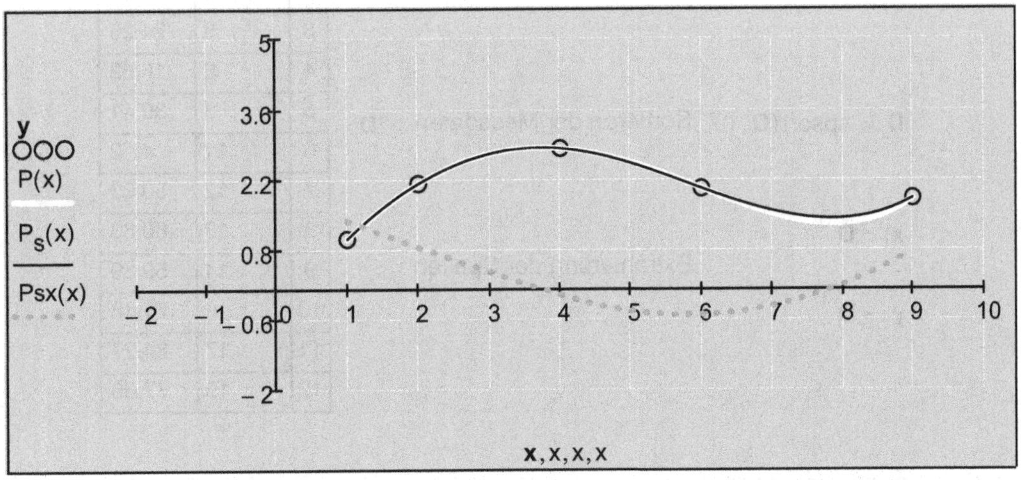

Abb. 3.7.6

Ein Wertevergleich für $t := -2 .. 10$:

$P_s(t) =$	$P(t) =$
-5.678	-4.486
-2.858	-2.45
-0.642	-0.557
1	1
2.1	2.1
2.689	2.693
2.8	2.8
2.499	2.514
2	2
1.551	1.493
1.401	1.3
1.8	1.8
2.996	3.443

Der Vergleich zeigt, dass die Unterschiede der Spline-Kurve von der Kurve des oben gefundenen Polynoms sich in den Randbereichen stärker bemerkbar machen.

Beispiel 3.7.5:

Durch die gegebenen Messdaten soll mittels kubischer Spline-Interpolation eine Ausgleichskurve gefunden werden.

ORIGIN := 0 ORIGIN festlegen

$$\mathbf{D} := \begin{pmatrix} 1 & 2.6 \\ 3 & 23.16 \\ 5 & 24.26 \\ 4 & 27.57 \\ 6 & 16.63 \\ 8 & 30.41 \\ 11 & 47.2 \\ 12 & 50.03 \\ 13 & 60.33 \\ 14 & 59.89 \\ 16 & 71.18 \\ 17 & 84.27 \\ 19 & 77.69 \end{pmatrix}$$

$\mathbf{D} := \text{spsort}(\mathbf{D}, 0)$ Sortieren der Messdaten

$\mathbf{D} =$

	0	1
0	1	2.6
1	3	23.16
2	4	27.57
3	5	24.26
4	6	16.63
5	8	30.41
6	11	47.2
7	12	50.03
8	13	60.33
9	14	59.89
10	16	71.18
11	17	84.27
12	19	77.69

$\mathbf{x} := \mathbf{D}^{\langle 0 \rangle}$

$\mathbf{y} := \mathbf{D}^{\langle 1 \rangle}$

Extrahierung der Spalten

$\mathbf{vc} := \text{kspline}(\mathbf{x}, \mathbf{y})$ **Spline-Koeffizienten**

$f_A(x) := \text{interp}(\mathbf{vc}, \mathbf{x}, \mathbf{y}, x)$ **Anpassungsfunktion (Interpolationsfunktion)**

$i := 0 .. \text{länge}(\mathbf{x}) - 1$ Bereichsvariable

$n := 500$ Anzahl der Punkte

$j := 0 .. n$ Bereichsvariable

$\mathbf{x1}_j := \min(\mathbf{x}) + j \cdot \frac{\max(\mathbf{x}) - \min(\mathbf{x})}{n}$ Bereichsvariable in Vektorform

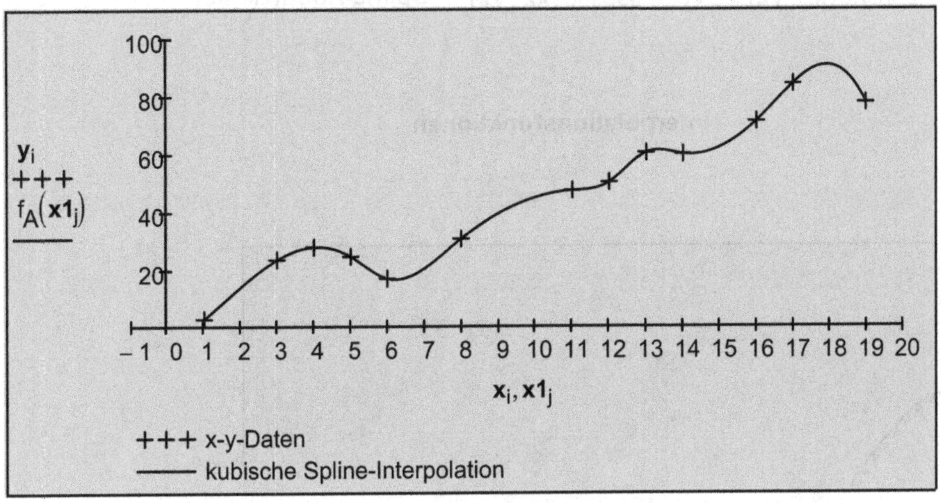

Interpolierte Werte:

$f_A(2) = 13.775$

$f_A(7.71) = 27.299$

Abb. 3.7.7

<u>Beispiel 3.7.6:</u>

Durch die erzeugten Messdaten soll mittels linearer und kubischer Spline-Interpolation eine Ausgleichskurve gefunden werden.

$f(x) := e^{-\frac{x}{4}} \cdot \sin(x)$ gedämpfte Schwingung

$n := 4 \qquad i := 0 .. n$ Bereichsvariable

$\mathbf{x2}_i := i \cdot \frac{2 \cdot \pi}{n} \qquad \mathbf{y2}_i := f(\mathbf{x2}_i)$ erzeugte Messdaten

Lineare Interpolation:

$f_L(x) := \text{linterp}(\mathbf{x2}, \mathbf{y2}, x)$ lineare Interpolationsfunktion

$x := \mathbf{x2}_0, \mathbf{x2}_0 + 0.01 .. \mathbf{x2}_n$ Bereichsvariable für Zwischenwerte

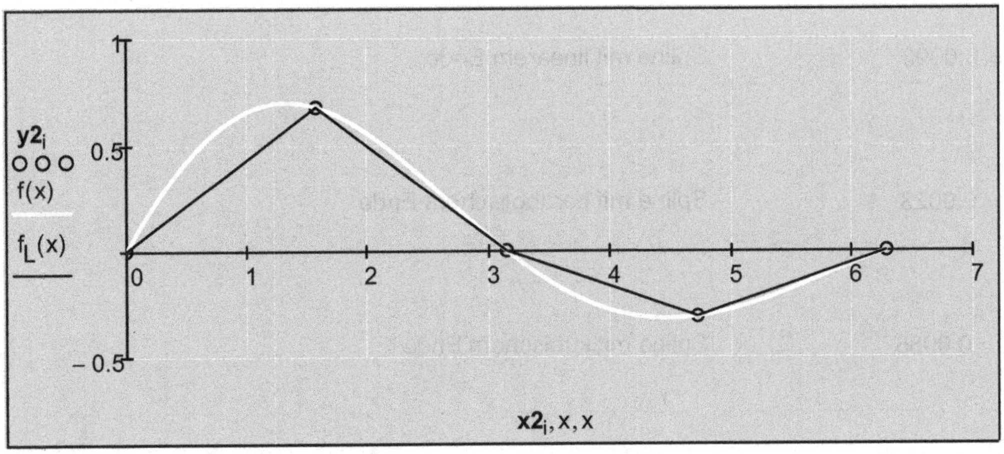

Abb. 3.7.8

Kubische Spline-Interpolation:

Je nachdem, ob das Spline-Ende linear, parabolisch oder kubisch sein soll, verwenden wir **lspline, pspline, oder kspline.**

$\mathbf{vl} := \text{lspline}(\mathbf{x2}, \mathbf{y2})$ $\mathbf{vp} := \text{pspline}(\mathbf{x2}, \mathbf{y2})$ $\mathbf{vc} := \text{kspline}(\mathbf{x2}, \mathbf{y2})$ **Spline-Koeffizienten**

$f_l(x) := \text{interp}(\mathbf{vl}, \mathbf{x2}, \mathbf{y2}, x)$

$f_p(x) := \text{interp}(\mathbf{vp}, \mathbf{x2}, \mathbf{y2}, x)$ **Interpolationsfunktionen**

$f_c(x) := \text{interp}(\mathbf{vc}, \mathbf{x2}, \mathbf{y2}, x)$

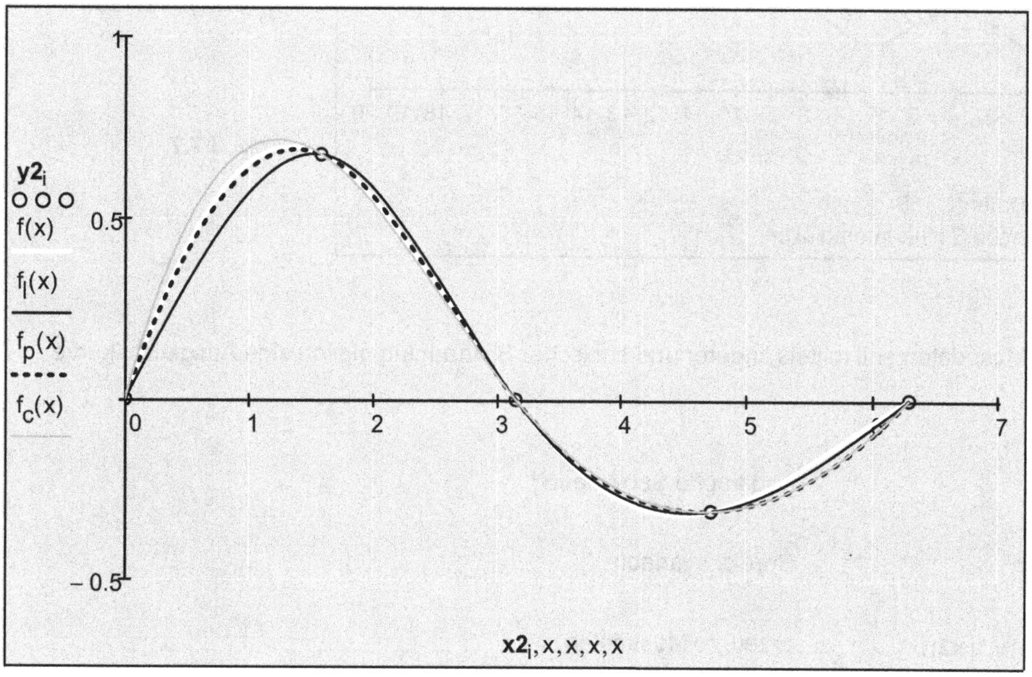

Abb. 3.7.9

Quadratische Fehler im Vergleich:

$$\int_{\mathbf{x2}_0}^{\mathbf{x2}_n} (f(x) - f_L(x))^2 \, dx = 0.0624$$ lineare Interpolation

$$\int_{\mathbf{x2}_0}^{\mathbf{x2}_n} (f(x) - f_l(x))^2 \, dx = 0.0096$$ Spline mit linearem Ende

$$\int_{\mathbf{x2}_0}^{\mathbf{x}_n} (f(x) - f_p(x))^2 \, dx = 0.0023$$ Spline mit parabolischem Ende

$$\int_{\mathbf{x2}_0}^{\mathbf{x2}_n} (f(x) - f_c(x))^2 \, dx = 0.0056$$ Spline mit kubischem Ende

3.8 Funktionen mit mehreren unabhängigen Variablen

3.8.1 Allgemeines

Viele Zusammenhänge lassen sich nicht alleine durch Funktionen y = f(x) mit einer Variablen x beschreiben und in der Ebene $\mathbb{R}^2$ darstellen.

Kurve im Raum $\mathbb{R}^3$ (Parameterdarstellung):

$$f: D \subseteq \mathbb{R} \longrightarrow W \ (\subseteq \mathbb{R} \times \mathbb{R} \times \mathbb{R}) \qquad (3\text{-}99)$$

$$t \ \longmapsto f(x(t), y(t), z(t))$$

Beispiel 3.8.1:

$N := 36$ Anzahl der Parameterwerte

$i := 0 .. N - 1$ Bereichsvariable

$$x_i := \cos\left(\frac{i}{N-1} \cdot 6 \cdot \pi\right)$$

$$y_i := \sin\left(\frac{i}{N-1} \cdot 6 \cdot \pi\right)$$

$$z_i := \frac{i}{N-1} \cdot 3$$

Koordinatenvektoren **x, y, z** definieren, die vom Parameter i abhängen. Die gewählten Koordinatenvektoren beschreiben eine Schraubenlinie.

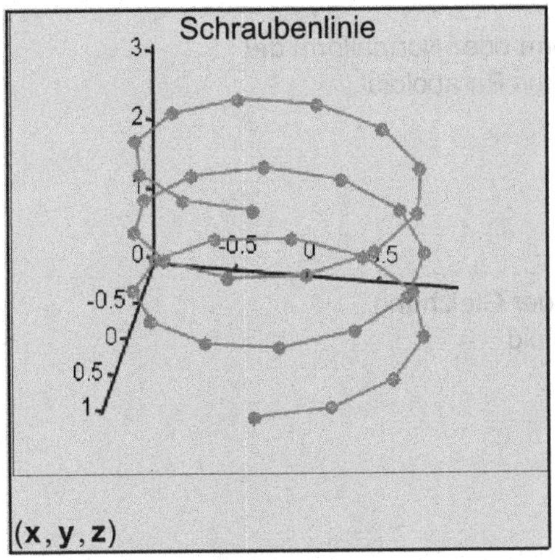

Abb. 3.8.1

Die Raumkurve wird mit dem Befehl "3D-Streuungsdiagramm erstellen" aus dem Grafik-Menü erzeugt. In den Platzhalter sind die Vektoren **x,y,z** einzutragen.

Eine Zuordnung f, die jedem n-Tupel $(x_1, x_2, ..., x_n)$ einer Definitionsmenge D ein Element y einer Wertemenge W zuordnet, heißt Funktion mit n-Variablen.
Wir schreiben für die Funktionsgleichung:
$y = f(x_1, x_2, ..., x_n)$.
Funktionen mit zwei unabhängigen Variablen x und y werden im räumlichen Koordinatensystem (3D) dargestellt.

Flächen im Raum $\mathbb{R}^3$ (explizite Darstellung):

$$f: D \subseteq (\mathbb{R} \times \mathbb{R}) \longrightarrow W \ (\subseteq \mathbb{R}) \qquad (3\text{-}100)$$

$$(x,y) \ \longmapsto f(x,y) = z$$

Beispiel 3.8.2:

Ebene im Raum A x + B y + C z + D = 0 bzw. in kanonischer Form x/a + y/b + z/c = 1.

$z_1(x,y) := -x - 2\cdot y + 8$ $\quad$ $z_2(x,y) := 8$ $\quad$ explizite Ebenengleichungen im Raum

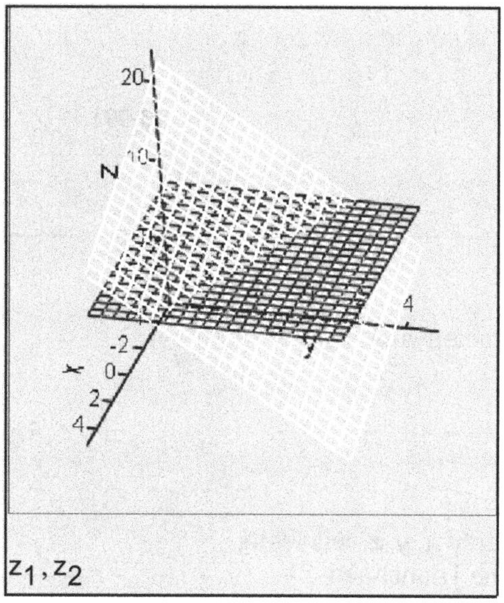

Abb. 3.8.2

Beispiel 3.8.3:

Darstellung eines Paraboloids.

$$\frac{z}{c} = \frac{x^2}{a^2} + \frac{y^2}{b^2}$$

kanonische Form oder Normalform der Gleichung für das Paraboloid

$a := 2$ $\quad$ $b := 2$ $\quad$ $c := 2$ $\quad$ Konstanten

$$z_{Pa}(x,y) := c\cdot\left(\frac{x^2}{a^2} + \frac{y^2}{b^2}\right)$$

explizite Form der Gleichung für das Paraboloid

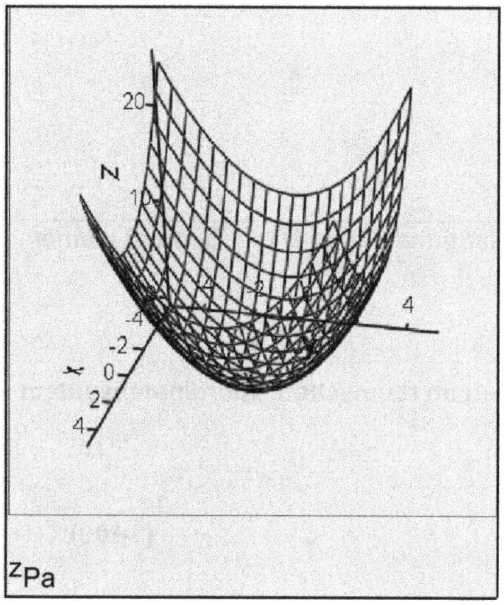

Abb. 3.8.3

Beispiel 3.8.4:

Darstellung eines hyperbolischen Paraboloids.

$$\frac{z}{c} = \frac{x^2}{a^2} - \frac{y^2}{b^2}$$

kanonische Form oder Normalform der Gleichung für das hyperbolische Paraboloid

$a := 2 \qquad b := 2 \qquad c := 2$

Konstanten

$$z_{Pa}(x, y) := c \cdot \left(\frac{x^2}{a^2} - \frac{y^2}{b^2}\right)$$

explizite Form der Gleichung für das hyperbolische Paraboloid

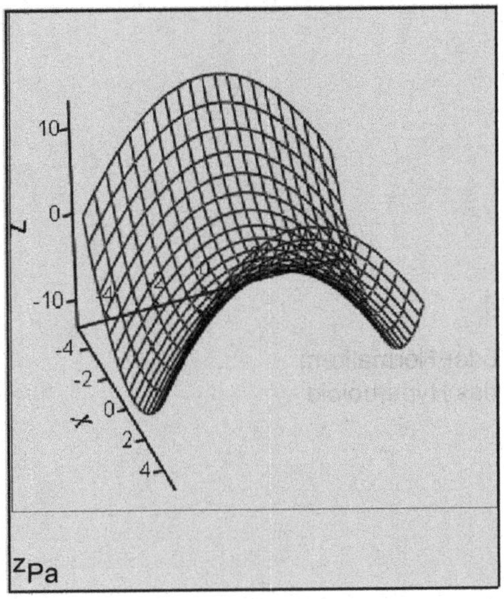

Abb. 3.8.4

Zylinderkoordinaten und rechtwinkelige Koordinaten:

$\varphi \in [0, 2\,\pi[$

$$x = r \cdot \cos(\varphi) \qquad r = \sqrt{x^2 + y^2}$$

$$y = r \cdot \sin(\varphi) \quad \Leftrightarrow \quad \sin(\varphi) = \frac{y}{r} \quad \cos(\varphi) = \frac{x}{r} \qquad \textbf{(3-101)}$$

$$z = z \qquad \tan(\varphi) = \frac{y}{x}$$

Beispiel 3.8.5:

Darstellung eines geraden Zylinders.

$$\frac{x^2}{a^2} + \frac{y^2}{b^2} = 1$$

kanonische Form oder Normalform der Gleichung für den Zylinder

$a := 1 \qquad b := 1$

Konstanten

$$z_{zy}(\varphi, z) := \begin{pmatrix} a \cdot \cos(\varphi) \\ b \cdot \sin(\varphi) \\ z \end{pmatrix}$$

Zylinderkoordinatendarstellung

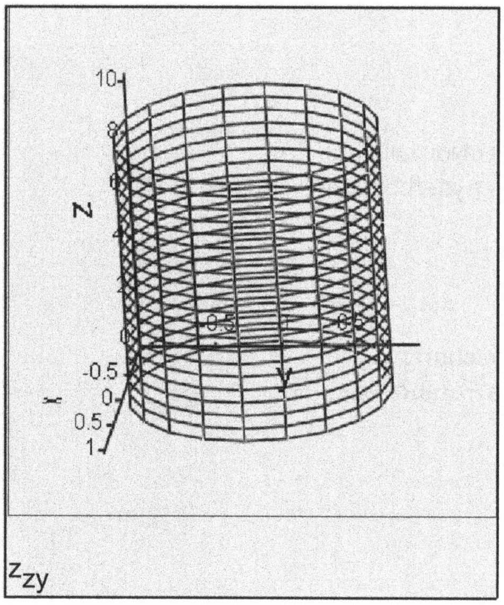

Abb. 3.8.5

<u>Beispiel 3.8.6:</u>

Darstellung eines Hyperpoloids.

$$\frac{x^2}{a^2} + \frac{y^2}{b^2} - \frac{z^2}{c^2} = 1$$

kanonische Form oder Normalform der Gleichung für das Hyperboloid

$a := 2 \qquad b := 2 \qquad c := 1$

Konstanten

$$z_{hy}(\varphi, z) := \begin{pmatrix} \sqrt{a^2 + z^2} \cdot \cos(\varphi) \\ \sqrt{b^2 + z^2} \cdot \sin(\varphi) \\ c \cdot z \end{pmatrix}$$

Zylinderkoordinatendarstellung

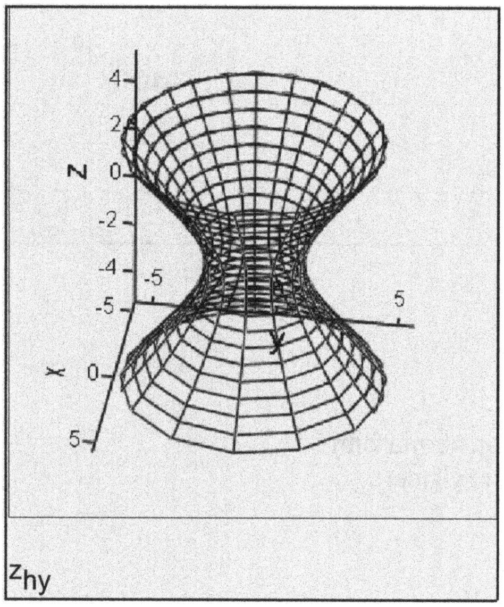

Abb. 3.8.6

Kugelkoordinaten und rechtwinkelige Koordinaten:

$\varphi \in [0, 2\pi[\,,\ \vartheta \in [0, \pi]$

$$x = r \cdot \sin(\vartheta) \cdot \cos(\varphi) \qquad r = \sqrt{x^2 + y^2 + z^2}$$

$$y = r \cdot \sin(\vartheta) \cdot \sin(\varphi) \quad \Leftrightarrow \quad \sin(\varphi) = \frac{y}{\sqrt{x^2 + y^2}} \quad \cos(\varphi) = \frac{x}{\sqrt{x^2 + y^2}} \qquad \textbf{(3-102)}$$

$$z = r \cdot \cos(\vartheta) \qquad \cos(\vartheta) = \frac{z}{r} \quad \tan(\vartheta) = \frac{\sqrt{x^2 + y^2}}{z} \quad \tan(\varphi) = \frac{y}{x}$$

Beispiel 3.8.7:

Darstellung einer Kugel.

$$\frac{x^2}{r^2} + \frac{y^2}{r^2} + \frac{z^2}{r^2} = 1$$

kanonische Form oder Normalform der Gleichung für die Kugel

$r := 1$

Kugelradius

$$z_{Ku}(\varphi, \vartheta) := \begin{pmatrix} r \cdot \sin(\vartheta) \cdot \cos(\varphi) \\ r \cdot \sin(\vartheta) \cdot \sin(\varphi) \\ r \cdot \cos(\vartheta) \end{pmatrix}$$

Kugelkoordinaten

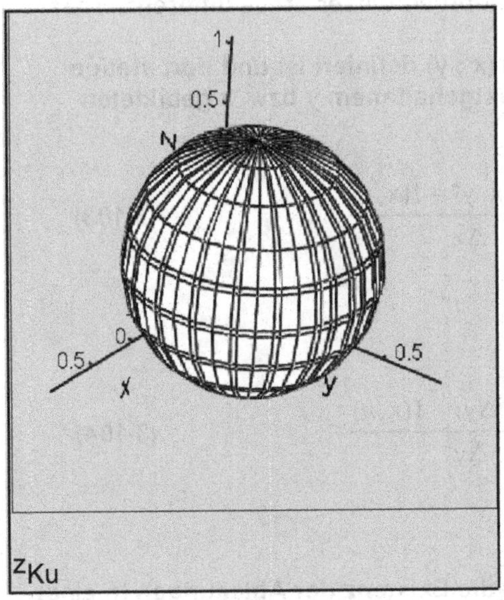

Abb. 3.8.7

Beispiel 3.8.8:

Darstellung eines Ellipsoids.

$$\frac{x^2}{a^2} + \frac{y^2}{b^2} + \frac{z^2}{c^2} = 1$$

kanonische Form oder Normalform der Gleichung für das Ellipsoid

a := 1 b := 1 c := 2 Konstanten

$$z_{Ell}(\varphi, \vartheta) := \begin{pmatrix} a \cdot \sin(\vartheta) \cdot \cos(\varphi) \\ b \cdot \sin(\vartheta) \cdot \sin(\varphi) \\ c \cdot \cos(\vartheta) \end{pmatrix}$$

Parameterdarstellung

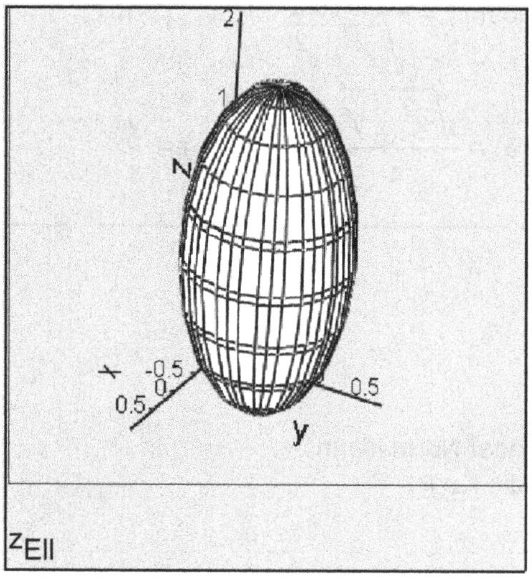

Abb. 3.8.8

3.8.2 Partielle Ableitungen

Gegeben sei eine Funktion in expliziter Form f: z = f(x,y) ($D \subseteq (\mathbb{R} \times \mathbb{R})$ und $W \subseteq \mathbb{R}$).
Da es sich bei der geometrischen Veranschaulichung von Funktionen in zwei Veränderlichen um Flächen handelt, ist es einsichtig, dass die Tangentensteigungen in den verschiedenen Richtungen verschieden sind. Deshalb führen wir sogenannte Richtungsableitungen ein.
Differenzierbar in einer Richtung heißt nicht, dass die Funktion an dieser Stelle differenzierbar ist!
Wir nehmen an, dass f(x,y) in einer offenen Umgebung um (x ; y) definiert ist und dort stetige partielle Ableitungen existieren. Wir bezeichnen den bei festgehaltenem y bzw. x gebildeten Grenzwert

$$z_x = z_x(x, y) = \frac{\partial}{\partial x} f(x, y) = f_x(x, y) = \lim_{\Delta x \to 0} \frac{f(x + \Delta x, y) - f(x, y)}{\Delta x} \quad \textbf{(3-103)}$$

als partielle Ableitung 1. Ordnung nach x

bzw.

$$z_y = z_y(x, y) = \frac{\partial}{\partial y} f(x, y) = f_y(x, y) = \lim_{\Delta x \to 0} \frac{f(x, y + \Delta y) - f(x, y)}{\Delta y} \quad \textbf{(3-104)}$$

als partielle Ableitung 1. Ordnung nach y.

Es ist klar, dass die Existenz der beiden Ableitungen nicht die Existenz der Ableitungen in einer beliebigen Richtung garantiert. Die Fläche könnte z. B. in irgendeiner anderen Richtung geknickt sein.
Eine Funktion mehrerer Variablen wird also nach einer dieser Variablen partiell abgeleitet, indem wir die restlichen Variablen als Konstante betrachten und nach den bekannten Differentiationsregeln differenzieren.

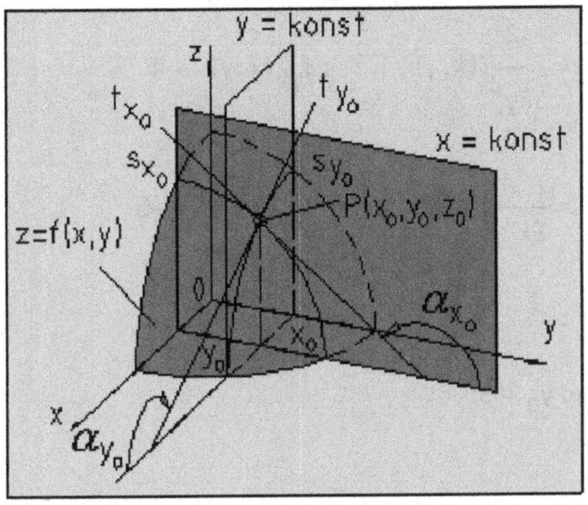

Abb. 3.8.9

$\frac{\partial}{\partial x} f(x_0, y_0)$

bedeutet die Steigung der Tangente t_{y0} der Schnittkurve s_{y0} an der Stelle (x_0, y_0)

$\frac{\partial}{\partial y} f(x_0, y_0)$

bedeutet die Steigung der Tangente t_{x0} der Schnittkurve s_{x0} an der Stelle (x_0, y_0)

Höhere Ableitungen (Ableitungen 2. Ordnung) erhalten wir durch fortgesetzte partielle Differentiation:

$z_{xx} = \frac{\partial}{\partial x}\frac{\partial}{\partial x} f(x, y) = \frac{\partial^2}{\partial x^2} f(x, y) = f_{xx}(x, y)$ **zweite partielle Ableitung nach x** **(3-105)**

$z_{yy} = \frac{\partial}{\partial y}\frac{\partial}{\partial y} f(x, y) = \frac{\partial^2}{\partial y^2} f(x, y) = f_{yy}(x, y)$ **zweite partielle Ableitung nach y** **(3-106)**

$z_{xy} = \frac{\partial}{\partial x}\frac{\partial}{\partial y} f(x, y) = f_{xy}(x, y)$

$z_{yx} = \frac{\partial}{\partial y}\frac{\partial}{\partial x} f(x, y) = f_{yx}(x, y)$ **gemischte partielle Ableitungen** **(3-107)**

Satz von Schwarz:

Ist z = f(x,y) eine stetige Funktion, so stimmen die gemischten Ableitungen zweiter Ordnung überein:

$f_{yx} = f_{xy}$ **bzw.** $\frac{\partial}{\partial y}\frac{\partial}{\partial x} f(x, y) = \frac{\partial}{\partial x}\frac{\partial}{\partial y} f(x, y)$ **(3-108)**

Beispiel 3.8.9:

Bilden Sie die ersten und zweiten partiellen Ableitungen an der Stelle $x_0 = 1$ und $y_0 = 0$:

$f(x, y) := 4 \cdot x^2 - 5 \cdot x \cdot y + 2 \cdot y^2$ gegebene Funktion

$x_0 := 1$ $y_0 := 1$ Koordinaten eines Punktes in der Ebene

$f_x(x, y) := \frac{\partial}{\partial x} f(x, y)$ $f_x(x, y) \rightarrow 8 \cdot x - 5 \cdot y$ $f_x(x_0, y_0) = 3$

$f_y(x, y) := \frac{\partial}{\partial y} f(x, y)$ $f_y(x, y) \rightarrow 4 \cdot y - 5 \cdot x$ $f_y(x_0, y_0) = -1$

$f_{xx}(x,y) := \frac{\partial^2}{\partial x^2} f(x,y)$ $\qquad f_{xx}(x,y) \rightarrow 8$ $\qquad f_{yy}(x,y) := \frac{\partial^2}{\partial y^2} f(x,y)$ $\qquad f_{yy}(x,y) \rightarrow 4$

$f_{yx}(x,y) := \frac{\partial}{\partial y}\frac{\partial}{\partial x} f(x,y)$ $\qquad f_{yx}(x,y) \rightarrow -5$ $\qquad f_{xy}(x,y) := \frac{\partial}{\partial x}\frac{\partial}{\partial y} f(x,y)$ $\qquad f_{xy}(x,y) \rightarrow -5$

Beispiel 3.8.10:

Bilden Sie die ersten partiellen Ableitungen an der Stelle $x_0 = 2$ und $y_0 = 3$:

$f(x,y) := x \cdot y$ gegebene Funktion

$x_0 := 2 \qquad y_0 := 3$ Koordinaten eines Punktes in der Ebene

$f_x(x,y) := \frac{\partial}{\partial x} f(x,y)$ $\qquad f_x(x,y) \rightarrow y$ $\qquad f_x(x_0, y_0) = 3$

$f_y(x,y) := \frac{\partial}{\partial y} f(x,y)$ $\qquad f_y(x,y) \rightarrow x$ $\qquad f_y(x_0, y_0) = 2$

$f_{xx}(x,y) := \frac{\partial^2}{\partial x^2} f(x,y)$ $\qquad f_{xx}(x,y) \rightarrow 0$ $\qquad f_{yy}(x,y) := \frac{\partial^2}{\partial y^2} f(x,y)$ $\qquad f_{yy}(x,y) \rightarrow 0$

$f_{yx}(x,y) := \frac{\partial}{\partial y}\frac{\partial}{\partial x} f(x,y)$ $\qquad f_{yx}(x,y) \rightarrow 1$ $\qquad f_{xy}(x,y) := \frac{\partial}{\partial x}\frac{\partial}{\partial y} f(x,y)$ $\qquad f_{xy}(x,y) \rightarrow 1$

Beispiel 3.8.11:

Bilden Sie alle partiellen Ableitungen:

$f(x,y) := \sqrt{x^2 + y^2}$ gegebene Funktion

$f_x(x,y) := \frac{\partial}{\partial x} f(x,y)$ $\qquad f_x(x,y) \rightarrow \frac{x}{\sqrt{x^2 + y^2}}$

$f_y(x,y) := \frac{\partial}{\partial y} f(x,y)$ $\qquad f_y(x,y) \rightarrow \frac{y}{\sqrt{x^2 + y^2}}$

$f_{xx}(x,y) := \frac{\partial^2}{\partial x^2} f(x,y)$ $\qquad f_{xx}(x,y)$ vereinfachen $\rightarrow \frac{y^2}{\left(x^2 + y^2\right)^{\frac{3}{2}}}$

$f_{yy}(x,y) := \frac{\partial^2}{\partial y^2} f(x,y)$ $\qquad f_{yy}(x,y)$ vereinfachen $\rightarrow \frac{x^2}{\left(x^2+y^2\right)^{\frac{3}{2}}}$

$f_{yx}(x,y) := \frac{\partial}{\partial y}\frac{\partial}{\partial x} f(x,y)$ $\qquad f_{yx}(x,y)$ vereinfachen $\rightarrow -\frac{x \cdot y}{\left(x^2+y^2\right)^{\frac{3}{2}}}$

$f_{xy}(x,y) := \frac{\partial}{\partial x}\frac{\partial}{\partial y} f(x,y)$ $\qquad f_{xy}(x,y)$ vereinfachen $\rightarrow -\frac{x \cdot y}{\left(x^2+y^2\right)^{\frac{3}{2}}}$

Beispiel 3.8.12:

Zeigen Sie, dass $T = f(l,g) = 2 \cdot \pi \cdot \sqrt{\frac{l}{g}}$ die partielle Differentialgleichung $l \cdot \frac{\partial}{\partial l} T + g \cdot \frac{\partial}{\partial g} T = 0$ erfüllt.

$f(l,g) := 2 \cdot \pi \cdot \sqrt{\frac{l}{g}}$ $\qquad$ Funktion

$f_l(l,g) := \frac{\partial}{\partial l} f(l,g)$ $\qquad f_l(l,g) \rightarrow \frac{\pi}{g \cdot \sqrt{\frac{l}{g}}}$

Ableitungen

$f_g(l,g) := \frac{\partial}{\partial g} f(l,g)$ $\qquad f_g(l,g) \rightarrow -\frac{\pi \cdot l}{g^2 \cdot \sqrt{\frac{l}{g}}}$

$l \cdot f_l(l,g) + g \cdot f_g(l,g) \rightarrow 0$ $\qquad$ Die Funktion f(l,g) erfüllt die partielle Differentialgleichung.

Beispiel 3.8.13:

Bilden Sie die ersten partiellen Ableitungen:

$R(R_1,R_2) := \frac{R_1 \cdot R_2}{R_1 + R_2}$ $\qquad$ gegebene Funktion

$R_{R1}(R_1,R_2) := \frac{\partial}{\partial R_1} R(R_1,R_2)$ $\qquad R_{R1}(R_1,R_2)$ vereinfachen $\rightarrow \frac{R_2^{\;2}}{\left(R_1+R_2\right)^2}$

$R_{R2}(R_1,R_2) := \frac{\partial}{\partial R_2} R(R_1,R_2)$ $\qquad R_{R2}(R_1,R_2)$ vereinfachen $\rightarrow \frac{R_1^{\;2}}{\left(R_1+R_2\right)^2}$

Differentiation von impliziten Funktionen:

Wenn für F(x,y) = 0 (bzw. y = f(x)) F stetig und F_x stetig in einer Umgebung von (x_0,y_0) ist, dann gilt:

$$y' = \frac{d}{dx}y = -\frac{\frac{\partial}{\partial x}F}{\frac{\partial}{\partial y}F} \quad \text{mit} \quad \frac{\partial}{\partial y}F \neq 0 \qquad \textbf{(3-109)}$$

Wenn für F(x,y,z) = 0 (bzw. z = f(x,y)) F stetig, F_x und F_y stetig in einer Umgebung von (x_0,y_0) ist, dann gilt:

$$\frac{\partial}{\partial x}z = -\frac{\frac{\partial}{\partial x}F}{\frac{\partial}{\partial z}F} \quad \textbf{und} \quad \frac{\partial}{\partial y}z = -\frac{\frac{\partial}{\partial y}F}{\frac{\partial}{\partial z}F} \quad \textbf{mit} \quad \frac{\partial}{\partial z}F \neq 0 \qquad \textbf{(3-110)}$$

Beispiel 3.8.14:

Bilden Sie die Ableitung y' der gegebenen Relation an der Stelle (2, 3):

$x^2 + y^2 = r^2$ gegebene Relation

$F1(x, y) := x^2 + y^2 - 1$ implizite Darstellung ($F(x, y) = x^2 + y^2 - r^2 = 0$)

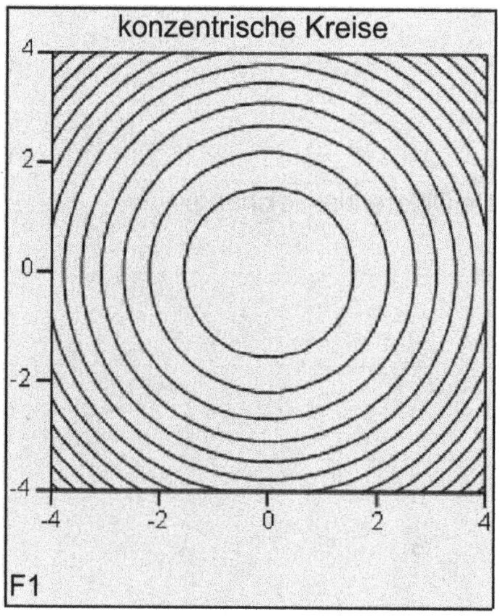

Abb. 3.8.10

$\frac{\partial}{\partial x}F = 2 \cdot x \qquad \frac{\partial}{\partial y}F = 2 \cdot y$ partielle Ableitungen

$$\frac{d}{dx}y = -\frac{\frac{\partial}{\partial x}F}{\frac{\partial}{\partial y}F} = \frac{-2 \cdot x}{2 \cdot y} = \frac{-x}{y}$$ Ableitung der Funktion y = f(x)

$$\frac{d}{dx}y(2, 3) = \frac{-2}{3}$$ Ableitung der Funktion y = f(x)

Beispiel 3.8.15:

Bilden Sie die Ableitung y' der gegebenen impliziten Funktion:

$F(x, y) = y^3 + x \cdot y + 12 = 0$ implizite Darstellung der Funktion

$F1(x, y) := y^3 + x \cdot y + 12$

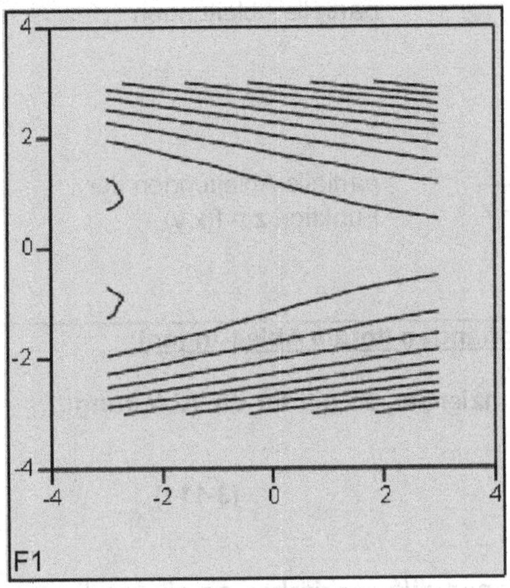

Abb. 3.8.11

$\frac{\partial}{\partial x}F = y$ $\frac{\partial}{\partial y}F = 3 \cdot y^2 + x$ partielle Funktionen

$$\frac{d}{dx}y = -\frac{\frac{\partial}{\partial x}F}{\frac{\partial}{\partial y}F} = -\frac{y}{3 \cdot y^2 + x}$$ Ableitung der Funktion y = f(x)

Beispiel 3.8.16:

Bilden Sie die Ableitung y' der gegebenen impliziten Funktion:

$F(x, y) = e^x \cdot \sin(y) + e^y \cdot \sin(x) - 1 = 0$ implizite Darstellung der Funktion

$F1(x, y) := e^x \cdot \sin(y) + e^y \cdot \sin(x) - 1$

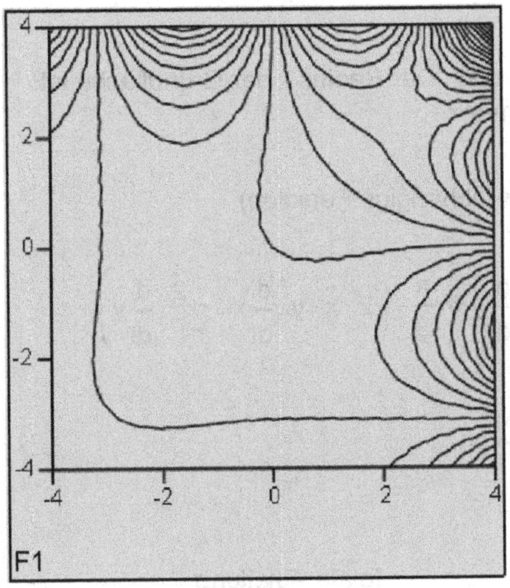

Abb. 3.8.12

$\frac{\partial}{\partial x}F = e^x \cdot \sin(y) + e^y \cdot \cos(x)$

partielle Ableitungen

$\frac{\partial}{\partial y}F = e^x \cdot \cos(y) + e^y \cdot \sin(x)$

$$\frac{d}{dx}y = -\frac{\frac{\partial}{\partial x}F}{\frac{\partial}{\partial y}F} = -\frac{e^x \cdot \sin(y) + e^y \cdot \cos(x)}{e^x \cdot \cos(y) + e^y \cdot \sin(x)}$$ Ableitung der Funktion y = f(x)

Beispiel 3.8.17:

Bilden Sie die partiellen Ableitungen $\frac{\partial}{\partial x}z$ und $\frac{\partial}{\partial y}z$:

$F(x,y,z) = x^2 + 3\cdot x\cdot y - 2\cdot y^2 + 3\cdot x\cdot z + z^2 = 0$ gegebene implizite Funktionsgleichung

$\frac{\partial}{\partial x}F = 2\cdot x + 3\cdot y + 3\cdot z$ $\frac{\partial}{\partial y}F = 3\cdot x - 4\cdot y$ $\frac{\partial}{\partial z}F = 3\cdot x + 2\cdot z$ partielle Ableitungen

$\frac{\partial}{\partial x}z = -\frac{\frac{\partial}{\partial x}F}{\frac{\partial}{\partial z}F} = -\frac{2\cdot x + 3\cdot y + 3\cdot z}{3\cdot x + 2\cdot z}$ $\frac{\partial}{\partial y}z = -\frac{\frac{\partial}{\partial y}F}{\frac{\partial}{\partial z}F} = -\frac{3\cdot x - 4\cdot y}{3\cdot x + 2\cdot z}$ partielle Ableitungen der Funktion z = f(x,y)

Differentiation von Funktionen, die noch von einem Parameter abhängen (totale Ableitungen):

Ist z = f(x,y), x = x(t) und y = y(t) und sind diese Funktionen differenzierbar, so gilt für die Ableitung:

$$\frac{d}{dt}z = \left(\frac{\partial}{\partial x}z\right)\cdot\left(\frac{d}{dt}x\right) + \left(\frac{\partial}{\partial y}z\right)\cdot\left(\frac{d}{dt}y\right) \qquad \textbf{(3-111)}$$

Ist z = f(x,y), wobei x = x(u,v) und y = y(u,v) und sind diese Funktionen differenzierbar, so gilt für die Ableitungen:

$$\frac{d}{du}z = \left(\frac{\partial}{\partial x}z\right)\cdot\left(\frac{\partial}{\partial u}x\right) + \left(\frac{\partial}{\partial y}z\right)\cdot\left(\frac{\partial}{\partial u}y\right), \qquad \textbf{(3-112)}$$

$$\frac{d}{dv}z = \left(\frac{\partial}{\partial x}z\right)\cdot\left(\frac{\partial}{\partial v}x\right) + \left(\frac{\partial}{\partial y}z\right)\cdot\left(\frac{\partial}{\partial v}y\right). \qquad \textbf{(3-113)}$$

Beispiel 3.8.18:

Die Höhe h eines geraden Kreiskegels ist 150 cm und wächst mit 0.2 cm/s. Der Radius x der Grundfläche ist 100 cm und nimmt mit 0.3 cm/s ab. Wie schnell ändert sich sein Volumen?

$V = f(x(t), y(t)) = \frac{1}{3}\cdot\pi\cdot x(t)^2\cdot y(t)$ Volumenfunktion (parameterabhängige Funktion)

$$\frac{d}{dt}V = \left(\frac{\partial}{\partial x}V\right)\cdot\left(\frac{d}{dt}x\right) + \left(\frac{\partial}{\partial y}V\right)\cdot\left(\frac{d}{dt}y\right) = \frac{2}{3}\cdot\pi\cdot x\cdot y\cdot\frac{d}{dt}x + \frac{1}{3}\cdot\pi\cdot x^2\cdot\frac{d}{dt}y = \frac{\pi}{3}\cdot\left(2\cdot x\cdot y\cdot\frac{d}{dt}x + x^2\cdot\frac{d}{dt}y\right)$$

$$\frac{d}{dt}V = \frac{\pi}{3}\cdot\left[2\cdot 100\cdot cm\cdot 150\cdot cm\cdot\left(-0.3\cdot\frac{cm}{s}\right) + 100^2\cdot cm^2\cdot 0.2\cdot\frac{cm}{s}\right]$$

Gleitkommaauswertung ergibt $\frac{d}{dt}V = -\frac{7330.4\cdot cm^3}{s}$ totale Ableitung

Beispiel 3.8.19:

Bilden Sie die totale Ableitung der gegebenen Funktion.

$z = \ln\left(x^2 + y^2\right)$ $\quad x = e^{-t}$ $\quad y = e^t$ Funktion und Parametergleichungen

$\frac{d}{dt}z = \left(\frac{\partial}{\partial x}z\right)\cdot\left(\frac{d}{dt}x\right) + \left(\frac{\partial}{\partial y}z\right)\cdot\left(\frac{d}{dt}y\right)$ totale Ableitung

$\frac{\partial}{\partial x}z = \frac{2\cdot x}{x^2 + y^2}$ $\quad \frac{\partial}{\partial y}z = \frac{2\cdot y}{x^2 + y^2}$ $\quad \frac{d}{dt}x = -e^{-t}$ $\quad \frac{d}{dt}y = e^t$ Ableitungen

$\frac{d}{dt}z = \frac{2\cdot x}{x^2 + y^2}\cdot\left(-e^{-t}\right) + \frac{2\cdot y}{x^2 + y^2}\cdot e^t$ totale Ableitung der gegebenen Funktion

Beispiel 3.8.20:

Bilden Sie die totale Ableitung der gegebenen Funktion:

$z = x^2 + x\cdot y + y^2$ $\quad x = 2\cdot r + s$ $\quad y = r - 2\cdot s$ Funktion und Parametergleichungen

$\frac{d}{dr}z = \left(\frac{\partial}{\partial x}z\right)\cdot\left(\frac{\partial}{\partial r}x\right) + \left(\frac{\partial}{\partial y}z\right)\cdot\left(\frac{\partial}{\partial r}y\right)$ $\quad \frac{d}{ds}z = \left(\frac{\partial}{\partial x}z\right)\cdot\left(\frac{\partial}{\partial s}x\right) + \left(\frac{\partial}{\partial y}z\right)\cdot\left(\frac{\partial}{\partial s}y\right)$ totale Ableitungen

$$\begin{pmatrix}\frac{d}{dr}z \\ \frac{d}{ds}z\end{pmatrix} = \begin{pmatrix}\frac{\partial}{\partial r}x & \frac{\partial}{\partial r}y \\ \frac{\partial}{\partial s}x & \frac{\partial}{\partial s}y\end{pmatrix}\cdot\begin{pmatrix}\frac{\partial}{\partial x}z \\ \frac{\partial}{\partial y}z\end{pmatrix}$$

In Matrixform als Gleichungssystem geschrieben!
Die Matrix wird auch Funktionalmatrix genannt!

$\frac{d}{dr}z = (2\cdot x + y)\cdot 2 + (x + 2\cdot y)\cdot 1$ vereinfacht auf $\frac{d}{dr}z = 5\cdot x + 4\cdot y$

totale Ableitungen

$\frac{d}{ds}z = (2\cdot x + y)\cdot 1 + (x + 2\cdot y)\cdot(-2)$ vereinfacht auf $\frac{d}{ds}z = -3\cdot y$

Das vollständige Differential oder totales Differential:

Die Funktionen

$$dx_z = z_x(x,y)\,dx \text{ und } dy_z = z_y(x,y)\,dy \qquad \text{(3-114)}$$

heißen Differentiale.

Die Funktion

$$dz = z_x(x,y)\,dx + z_y(x,y)\,dy \qquad \text{(3-115)}$$

heißt vollständiges oder totales Differential.

Die Differentiale sind wie im eindimensionalen Fall lineare Näherungen von Funktionswertdifferenzen.

Wenn die bei Messungen auftretenden Ungenauigkeiten Δx und Δy einer Messgröße x und y hinreichend klein sind, können wir das totale Differential benutzen, um den Gesamtfehler zu ermitteln. Jedenfalls erhalten wir den ungünstigsten Fall, also die größte Gesamtungenauigkeit der Funktion $z = f(x,y)$ (Messgrößen x und y mit $x = x_0 \pm \Delta x$ und $y = y_0 \pm \Delta y$), wenn statt dem totalen Differential dz

$$\Delta z = \pm \left\{ \left| z_x(x_0, y_0) \cdot \Delta x \right| + \left| z_y(x_0, y_0) \cdot \Delta y \right| \right\} \tag{3-116}$$

benutzt wird (siehe dazu Abschnitt 3.8.3).

Ein Term $P(x,y) \cdot dx + Q(x,y) \cdot dy$ **ist genau dann ein vollständiges Differential, wenn gilt:**

$$\frac{\partial}{\partial y} P(x,y) = \frac{\partial}{\partial x} Q(x,y) \quad \text{(Integrabilitätsbedingung)} \tag{3-117}$$

Das totale Differential $dz = z_x(x_0,y_0)\,dx + z_y(x_0,y_0)\,dy$ einer Funktion mit zwei Variablen gibt die Höhenänderung auf der Tangentialebene an der Stelle (x_0,y_0) an, wenn wir zur Stelle (x_0+dx,y_0+dy) fortschreiten (siehe Abb. 3.8.13). Das totale Differential gibt daher näherungsweise an, wie sich der Funktionswert z bei kleinen Änderungen der unabhängigen Variablen um $dx = \Delta x$ bzw. $dy = \Delta y$ ändert:

$$\Delta z = f(x_0+dx, y_0+dy) - f(x_0,y_0) \approx dz \tag{3-118}$$

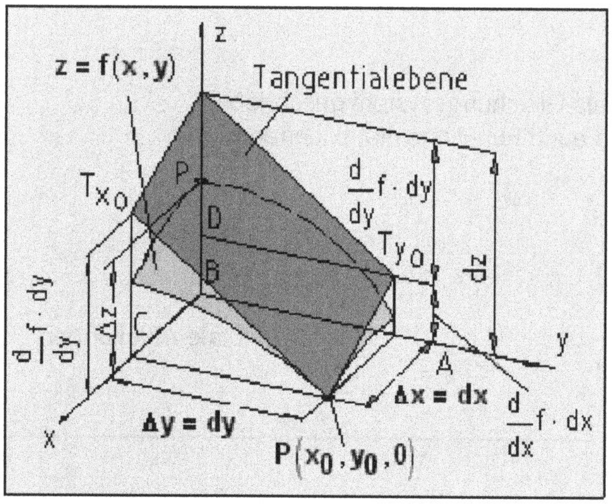

Abb. 3.8.13

Beispiel 3.8.21:

Bilden Sie das totale Differential von folgender Funktion:

$z = a \cdot x + b \cdot y + c$ gegebene Funktion

$dz = \frac{\partial}{\partial x} z \cdot dx + \frac{\partial}{\partial y} z \cdot dy = a \cdot dx + b \cdot dy$ totales Differential

Beispiel 3.8.22:

Bilden Sie das totale Differential von folgender Funktion:

$z = \sqrt{r^2 - x^2 - y^2}$ gegebene Funktion

$\frac{\partial}{\partial x}z = \frac{-x}{\sqrt{r^2 - x^2 - y^2}}$ $\frac{\partial}{\partial y}z = \frac{-y}{\sqrt{r^2 - x^2 - y^2}}$ partielle Ableitungen

$dz = \frac{\partial}{\partial x}z \cdot dx + \frac{\partial}{\partial y}z \cdot dy = \frac{-x}{\sqrt{r^2 - x^2 - y^2}} \cdot dx + \frac{-y}{\sqrt{r^2 - x^2 - y^2}} \cdot dy$ totales Differential

Beispiel 3.8.23:

Zeigen Sie, dass die Entropie ds = dq/T ein vollständiges Differential ist. Für dq gilt:

$dq = c_V \cdot dT + \frac{R1 \cdot T}{v} \cdot dv$ v bedeutet das Volumen/kg des Gases, T die Temperatur und R1 die Gaskonstante für ein ideales Gas

$\frac{dq}{T} = \frac{c_V}{T} \cdot dT + \frac{R1}{v} \cdot dv$ Division durch T

$\frac{\partial}{\partial v}\frac{c_V}{T} \rightarrow 0$ $\frac{\partial}{\partial T}\frac{R1}{v} \rightarrow 0$ ds ist ein vollständiges Differential (Integrabilitätsbedingung)

Extremwerte von Funktionen z = f(x,y):

Eine Funktion z = f(x,y) hat an einer Stelle (x_0,y_0) ein relatives Maximum bzw. ein relatives Minimum, wenn gilt:

Notwendige Bedingungen für ein Extremum:

$$\frac{\partial}{\partial x}f(x_0, y_0) = 0 \text{ und } \frac{\partial}{\partial y}f(x_0, y_0) = 0 \quad \textbf{(3-119)}$$

Gelten diese Gleichungen für (x_0,y_0), so ist das totale Differential dz = 0, d. h. die Tangentialebene ist an der Stelle (x_0,y_0) parallel zur x-y-Ebene.

Hinreichende Bedingung für ein Extremum:

$$\left|\begin{pmatrix} f_{xx} & f_{xy} \\ f_{xy} & f_{yy} \end{pmatrix}\right| = \frac{\partial^2}{\partial x^2}f(x_0, y_0) \cdot \frac{\partial^2}{\partial y^2}f(x_0, y_0) - \left(\frac{\partial}{\partial x}\frac{\partial}{\partial y}f(x_0, y_0)\right)^2 > 0 \quad \textbf{(3-120)}$$

(Gleich null liefert keine Entscheidung für ein Extremum, bei kleiner null liegt sicher kein Extremum , aber ein Sattelpunkt vor).

$$\frac{\partial^2}{\partial x^2}f(x_0, y_0) < 0 \quad \left(\text{oder } \frac{\partial^2}{\partial y^2}f(x_0, y_0) < 0\right) \textbf{ Maximum} \quad \textbf{(3-121)}$$

$$\frac{\partial^2}{\partial x^2}f(x_0, y_0) > 0 \quad \left(\text{oder } \frac{\partial^2}{\partial y^2}f(x_0, y_0) > 0\right) \textbf{ Minimum} \quad \textbf{(3-122)}$$

Beispiel 3.8.24:

Gesucht ist das globale Maximum einer Halbkugel.

$f(x, y) := \sqrt{16 - (x - 3)^2 - (y - 2)^2}$ gegebene Kugelgleichung

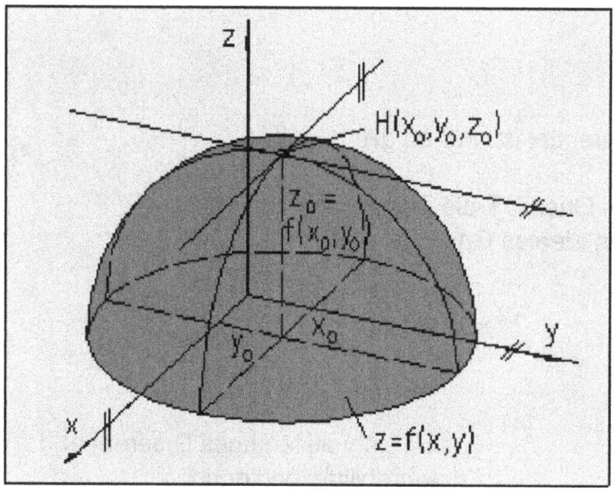

Abb. 3.8.14

Notwendige Bedingungen:

$x_0 := \frac{\partial}{\partial x} f(x, y) = 0$ auflösen, $x \rightarrow 3$ Stelle x_0

$y_0 := \frac{\partial}{\partial y} f(x, y) = 0$ auflösen, $y \rightarrow 2$ Stelle y_0

$z_0 := f(x_0, y_0)$ $z_0 = 4$ Stelle z_0

oder

$\mathbf{x} := \begin{pmatrix} \frac{\partial}{\partial x} f(x, y) = 0 \\ \frac{\partial}{\partial x} f(x, y) = 0 \end{pmatrix}$ auflösen, $\begin{pmatrix} x \\ y \end{pmatrix} \rightarrow (3 \ \ 0)$ $\mathbf{x} = (3 \ \ 0)$

Hinreichende Bedingungen:

$$\Delta(x, y) := \frac{\partial^2}{\partial x^2} f(x, y) \cdot \frac{\partial^2}{\partial y^2} f(x, y) - \left(\frac{\partial}{\partial x} \frac{\partial}{\partial y} f(x, y)\right)^2$$

$\Delta(x_0, y_0) = 0.062$ $(\Delta(x_0, y_0) > 0) = 1$ ist größer null (3-120)

$z_{xx}(x, y) := \frac{\partial^2}{\partial x^2} f(x, y)$ $z_{xx}(x_0, y_0) = -0.25$ $z_{xx}(x_0,y_0) < 0$, d. h., es liegt ein absolutes Maximum vor

$\boxed{\mathbf{H} := (x_0 \ \ y_0 \ \ z_0)}$ $\boxed{\mathbf{H} = (3 \ \ 2 \ \ 4)}$ Hochpunkt

Das Maximum kann hier auch mithilfe der Mathcad-Funktion "Maximieren" bestimmt werden:

$f(x, y) := \sqrt{16 - (x-3)^2 - (y-2)^2}$

$x := 1 \qquad y := 1$ Startwerte

$\begin{pmatrix} x_{max} \\ y_{max} \end{pmatrix} := \text{Maximieren}(f, x, y) \qquad \begin{pmatrix} x_{max} \\ y_{max} \end{pmatrix} = \begin{pmatrix} 3 \\ 2 \end{pmatrix}$

$z_{max} := f(x_{max}, y_{max}) \qquad z_{max} = 4$

$\mathbf{H} := (x_{max} \;\; y_{max} \;\; z_{max}) \qquad \mathbf{H} = (3 \;\; 2 \;\; 4)$

Beispiel 3.8.25:

Gesucht sind die Extremstellen (Abb. 3.8.15) der nachfolgend gegebenen Funktion.

$g(x, y) := \sin(x) \cdot \exp(-x^2 - y^2)$ gegebene Flächenfunktion

$\text{ORIGIN} := 0$ ORIGIN festlegen

$i := 0..20 \qquad j := 0..20$ Bereichsvariable

$\mathbf{x1}_{i,j} := \frac{i-10}{5} \quad \mathbf{y1}_{i,j} := \frac{j-10}{5}$ **x** und **y** Variable als Matrix

$\mathbf{z1} := \overrightarrow{g(\mathbf{x1}, \mathbf{y1})}$ **z** Variable als Matrix

$\mathbf{M} := \begin{pmatrix} \mathbf{x1} \\ \mathbf{y1} \\ \mathbf{z1} \end{pmatrix}$ Gesamtmatrix

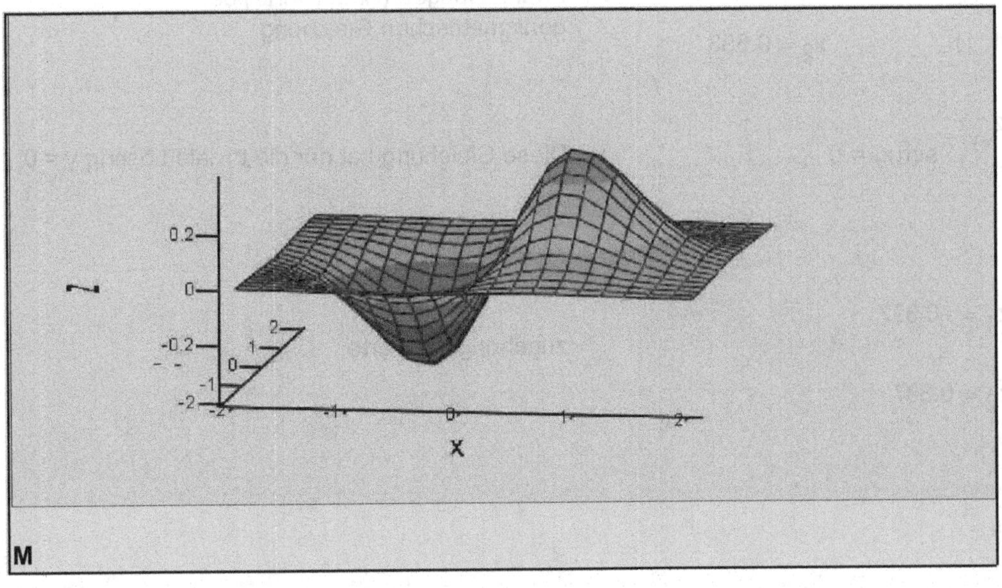

Abb. 3.8.15

$x := x \qquad y := y$ Redefinitionen

$ORIGIN := 1$ ORIGIN festlegen

notwendige Bedingungen:

$\frac{\partial}{\partial x} g(x,y) \rightarrow e^{-x^2-y^2} \cdot \cos(x) - 2 \cdot x \cdot e^{-x^2-y^2} \cdot \sin(x)$

$\frac{\partial}{\partial y} g(x,y) \rightarrow -2 \cdot y \cdot e^{-x^2-y^2} \cdot \sin(x)$ partielle Ableitungen

$\frac{\partial}{\partial x} g(x,y) = e^{-x^2-y^2} \cdot \cos(x) - 2 \cdot x \cdot e^{-x^2-y^2} \cdot \sin(x) = 0$ Die Exponentialfunktion kann nicht null werden!

$\cos(x) - 2 \cdot \sin(x) \cdot x = 0$ goniometrische Gleichung

$f(x) := \cos(x) - 2 \cdot \sin(x) \cdot x$ linker Term der Gleichung als Funktion dargestellt

$x := -1, -0.99 .. 4$ Bereichsvariable

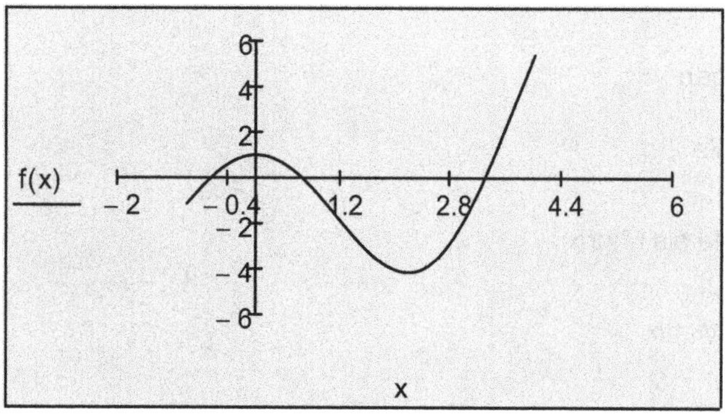

Abb. 3.8.16

Die Lösungen der goniometrischen Gleichung können aus der Grafik näherungsweise gut abgelesen werden. Hier sind nur Hauptwerte der Lösung von Interesse.

$x_1 := wurzel(f(x), x, -0.8, 0) \qquad x_1 = -0.653$

$x_2 := wurzel(f(x), x, 0.4, 1) \qquad x_2 = 0.653$

zwei Lösungen (Hauptwerte) der goniometrischen Gleichung

$\frac{\partial}{\partial y} g(x,y) = -2 \cdot y \cdot e^{-x^2-y^2} \cdot \sin(x) = 0$ Diese Gleichung hat nur die triviale Lösung y = 0!

$y := 0$ y-Wert

$z_1 := g(x_1, y) \qquad z_1 = -0.397$

$z_2 := g(x_2, y) \qquad z_2 = 0.397$

zugehörige z-Werte

hinreichende Bedingungen:

$$\Delta(x,y) := \frac{\partial^2}{\partial x^2}g(x,y) \cdot \frac{\partial^2}{\partial y^2}g(x,y) - \left(\frac{\partial}{\partial x}\frac{\partial}{\partial y}g(x,y)\right)^2$$

$\Delta(x_1, y) = 1.481$ $\quad$ $\Delta(x_2, y) = 1.481$ $\quad$ ist größer null

$(\Delta(x_1, y) > 0) = 1$ $\quad$ $(\Delta(x_2, y) > 0) = 1$ $\quad$ logische Auswertung

$z_{xx}(x,y) := \frac{\partial^2}{\partial x^2}g(x,y)$ $\quad$ zweite partielle Ableitung

$z_{xx}(x_1, y) = 1.867$ $\quad$ es liegt ein Minimum vor

$z_{xx}(x_2, y) = -1.867$ $\quad$ es liegt ein Maximum vor

$T_i := (x_1 \;\; y \;\; z_1)$ $\quad$ $T_i = (-0.653 \;\; 0 \;\; -0.397)$ $\quad$ Tiefpunkt

$H := (x_2 \;\; y \;\; z_2)$ $\quad$ $H = (0.653 \;\; 0 \;\; 0.397)$ $\quad$ Hochpunkt

Das Maximum und Minimum kann auch mithilfe der Mathcad-Funktion "Maximieren" bzw. "Minimieren" bestimmt werden:

$f(x,y) := \sin(x) \cdot e^{\left(-x^2-y^2\right)}$ $\quad$ gegebene Funktion

$x := -1 \qquad y := 0$ $\quad$ Startwerte

$\begin{pmatrix} x_{min} \\ y_{min} \end{pmatrix} := \text{Minimieren}(f, x, y)$ $\quad$ $\begin{pmatrix} x_{min} \\ y_{min} \end{pmatrix} = \begin{pmatrix} -0.653 \\ 0 \end{pmatrix}$

$z_{min} := f(x_{min}, y_{min})$ $\quad$ $z_{min} = -0.397$

$T_i := (x_{min} \;\; y_{min} \;\; z_{min})$ $\quad$ $T_i = (-0.653 \;\; 0 \;\; -0.397)$ $\quad$ Tiefpunkt

$x := 1 \qquad y := 0$ $\quad$ Startwerte

$\begin{pmatrix} x_{max} \\ y_{max} \end{pmatrix} := \text{Maximieren}(f, x, y)$ $\quad$ $\begin{pmatrix} x_{max} \\ y_{max} \end{pmatrix} = \begin{pmatrix} 0.653 \\ 0 \end{pmatrix}$

$z_{max} := f(x_{max}, y_{max})$ $\quad$ $z_{max} = 0.397$

$H := (x_{max} \;\; y_{max} \;\; z_{max})$ $\quad$ $H = (0.653 \;\; 0 \;\; 0.397)$ $\quad$ Hochpunkt

3.9 Fehlerrechnung

Eine Anwendung der partiellen Ableitungen liegt in der Fehlerrechnung. Dabei geht es um die Berechnung von Funktionen, deren Variable selbst Messgrößen und daher nur mit begrenzter Genauigkeit bekannt sind (siehe Abschnitt 3.5.2). Weil die Messfehler dx und dy betragsmäßig höchstens gleich |Δx| bzw. |Δy| sind, gilt:

Für die Funktion $z = f(x,y)$ der Messgrößen x und y, mit $x = x_0 \pm \Delta x$ und $y = y_0 \pm \Delta y$, lässt sich der absolute Maximalfehler Δz_{max} abschätzen durch:

a) Lineares Fehlerfortpflanzungsgesetz (totales Differential):

$$\Delta z_{max} \approx \left|f_x(x_0, y_0)\right| \cdot |\Delta x| + \left|f_y(x_0, y_0)\right| \cdot |\Delta y| \qquad \textbf{(3-123)}$$

b) Fehlerfortpflanzungsgesetz von Gauß:

$$\Delta z_{max} \approx \sqrt{f_x(x_0, y_0)^2 \cdot \Delta x^2 + f_y(x_0, y_0)^2 \cdot \Delta y^2} \qquad \textbf{(3-124)}$$

Die gemessenen Werte x_0 und y_0 sind meistens Mittelwerte und die Messunsicherheiten Δx und Δy sind meistens Standardabweichungen.

Beispiel 3.9.1:

Die Widerstände $R_1 = R_{01} \pm \Delta R_1 = (100 \pm 1)\ \Omega$ und $R_2 = R_{02} \pm \Delta R_2 = (500 \pm 3)\ \Omega$ sind parallel geschaltet. Berechnen Sie den Ersatzwiderstand R unter Angabe des Maximalfehlers a) mittels Differential, b) mittels Fehlerfortpflanzungsgesetz und c) mithilfe der Wertschranken.

$$R(R_1, R_2) := \frac{R_1 \cdot R_2}{R_1 + R_2}$$ Funktion des Ersatzwiderstandes

$R_{01} := 100 \cdot \Omega$ $\quad \Delta R_1 := 1 \cdot \Omega$ gemessener Wert und Messunsicherheit

$R_{02} := 500 \cdot \Omega$ $\quad \Delta R_2 := 3 \cdot \Omega$ gemessener Wert und Messunsicherheit

$R_0 := R(R_{01}, R_{02})$ $\quad R_0 = 83.333\,\Omega$ errechneter Wert

$$R_{R1}(R_1, R_2) := \frac{\partial}{\partial R_1} R(R_1, R_2) \qquad R_{R2}(R_1, R_2) := \frac{\partial}{\partial R_2} R(R_1, R_2)$$ partielle Ableitungen

a) Absoluter Maximalfehler (Abschätzung der Genauigkeit mithilfe des totalen Differentials):

$$\Delta R_{max} := \left|R_{R1}(R_{01}, R_{02}) \cdot \Delta R_1\right| + \left|R_{R2}(R_{01}, R_{02}) \cdot \Delta R_2\right|$$

$\Delta R_{max} = 0.8\,\Omega$ absoluter Maximalfehler

b) Absoluter Maximalfehler (Abschätzung der Genauigkeit mithilfe des Fehlerfortpflanzungsgesetzes):

$$\Delta R_{max} := \sqrt{R_{R1}(R_{01}, R_{02})^2 \cdot \Delta R_1^{\,2} + R_{R2}(R_{01}, R_{02})^2 \cdot \Delta R_2^{\,2}}$$

$\Delta R_{max} = 0.7\,\Omega$

c) Absoluter Maximalfehler (Berechnung mithilfe der Wertschranken):

$R_{un} := R(R_{01} + \Delta R_1, R_{02} + \Delta R_2)$ $\quad R_{un} = 84.111\,\Omega$ Wertschranken

$R_{ob} := R(R_{01} - \Delta R_1, R_{02} - \Delta R_2)$ $\quad R_{ob} = 82.555\,\Omega$

$R_0 := \frac{1}{2}(R_{ob} + R_{un})$ $\quad R_0 = 83.333\,\Omega$ errechneter Wert

$\Delta R := \frac{1}{2}(R_{un} - R_{ob})$ $\quad \Delta R = 0.8\,\Omega$ absoluter Maximalfehler

Damit gilt für den Ersatzwiderstand: **R = (83.3 ± 0.8) Ω**

Beispiel 3.9.2:

Von einem allgemeinen Dreieck wurden die Seitenlängen a = (322.4 ± 0.2) mm und b = (125.3 ± 0.3) mm sowie der eingeschlossene Winkel γ = (42.62 ± 0.09)° gemessen. Bestimmen Sie den absoluten und relativen Fehler für die Fläche des Dreiecks.

$A1(a, b, \gamma) := \frac{a \cdot b}{2} \cdot \sin(\gamma)$ Funktion der Dreiecksfläche

$a_0 := 322.4 \cdot mm \quad b_0 := 125.3 \cdot mm \quad \gamma_0 := \frac{\pi}{180} \cdot 42.62$ gemessene Werte

$\Delta a := 0.2 \cdot mm \quad \Delta b := 0.3 \cdot mm \quad \Delta\gamma := \frac{\pi}{180} \cdot 0.09$ Messunsicherheiten

$A_0 := A1(a_0, b_0, \gamma_0)$ $\quad A_0 = 136.77 \cdot cm^2$ errechneter Wert für die Fläche

$A_a(a, b, \gamma) := \frac{\partial}{\partial a} A1(a, b, \gamma)$ $\quad A_b(a, b, \gamma) := \frac{\partial}{\partial b} A1(a, b, \gamma)$ $\quad A_\gamma(a, b, \gamma) := \frac{\partial}{\partial \gamma} A1(a, b, \gamma)$ Ableitungen

Absoluter Maximalfehler (Abschätzung der Genauigkeit mithilfe des totalen Differentials):

$$\Delta A_{max} := \left|A_a(a_0, b_0, \gamma_0)\right| \cdot |\Delta a| + \left|A_b(a_0, b_0, \gamma_0)\right| \cdot |\Delta b| + \left|A_\gamma(a_0, b_0, \gamma_0)\right| \cdot |\Delta\gamma|$$

$\Delta A_{max} = 0.65 \cdot cm^2$ (positive) Abweichung des maximalen absoluten Fehlers

A = (136.77 ± 0.65) cm² errechneter Wert der Fläche

$\Delta A_{Rel} := \frac{\Delta A_{max}}{A_0}$ relativer Fehler

$\Delta A_{Rel} = 0.5 \cdot \%$ Wert für den relativen Fehler in Prozent

Beispiel 3.9.3:

Das Widerstandsmoment W_t eines Rohres mit einem kreisförmigen Querschnitt gegen Torsion lässt sich berechnen nach:

$$W_t = W_t(d, D) = \frac{\pi}{16} \cdot \frac{D^4 - d^4}{D}$$

d und D sind der Innen- bzw. Außendurchmesser des Rohres. Eine Messung dieser Größen ergab dabei folgende Werte: d = (60.5 ± 0.4) mm, D = (75.2 ± 0.5) mm .
Wie groß ist das Widerstandsmoment des Rohres, und mit welchem absoluten und prozentuellen Maximalfehler ist es behaftet?

$$W_t(d, D) := \frac{\pi}{16} \cdot \frac{D^4 - d^4}{D}$$ Widerstandsmoment

$D_0 := 75.2 \cdot mm \qquad \Delta d := 0.4 \cdot mm$ Mittelwert vom Außendurchmesser und Abweichung

$d_0 := 60.5 \cdot mm \qquad \Delta D := 0.5 \cdot mm$ Mittelwert vom Innendurchmesser und Abweichung

$W_t(d_0, D_0) = 48518.304 \cdot mm^3$ berechnetes Widerstandsmoment

Absoluter Maximalfehler (Abschätzung der Genauigkeit mithilfe des totalen Differentials):

$$\Delta W_{tmax} \le \left| \left(\frac{\partial}{\partial d} W_t(d_0, D_0) \right) \cdot \Delta d \right| + \left| \left(\frac{\partial}{\partial D} W_t(d_0, D_0) \right) \cdot \Delta D \right|$$

$$\frac{\partial}{\partial d} W_t(d, D) = -\frac{\pi \cdot d^3}{4 \cdot D}$$

partielle Ableitungen

$$\frac{\partial}{\partial D} W_t(d, D) \text{ vereinfachen } \rightarrow \frac{\pi \cdot \left(3 \cdot D^4 + d^4\right)}{16 \cdot D^2}$$

$$\Delta W_{tmax} := \left| \frac{-1}{4} \cdot \pi \cdot \frac{d_0^{\,3}}{D_0} \cdot \Delta d \right| + \left| \frac{1}{16} \cdot \pi \cdot \frac{3 \cdot D_0^{\,4} + d_0^{\,4}}{D_0^{\,2}} \cdot \Delta D \right|$$

$\Delta W_{tmax} = 2823.254 \cdot mm^3$ **absoluter Maximalfehler**

$\left| \frac{\Delta W_{tmax}}{W_t(d_0, D_0)} \right| = 5.819 \cdot \%$ **prozentueller Maximalfehler**

Für das Widerstandsmoment ergibt sich dann folgende (indirekte) Messgröße:
W_t = (48.52 ± 2.82) 10^3 mm^3

Beispiel 3.9.4:

Die Wirkleistung eines sinusförmigen Wechselstromes lässt sich berechnen aus: $P = U\,I\,\cos(\varphi)$. Dabei sind U und I Effektivwerte und φ der Phasenwinkel zwischen Strom und Spannung. Berechnen Sie zunächst den Leistungsfaktor $\lambda = \cos(\varphi)$ und dessen absoluten Maximalfehler $\Delta\lambda_{max}$ für einen Wechselstrom, dessen Größen U, I und P wie folgt gemessen wurden:
$U = (200 \pm 2)$ V, $I = (5 \pm 0.1)$ A, $P = (800 \pm 20)$ W.
Bestimmen Sie aus der vorangegangenen Lösung den zugehörigen Phasenwinkel φ und dessen absoluten Maximalfehler $\Delta\varphi_{max}$.

$U_0 := 200 \cdot V \qquad \Delta U := 2 \cdot V \qquad \mathbf{U = U_0 \pm \Delta U}$

$I_0 := 5 \cdot A \qquad \Delta I := 0.1 \cdot A \qquad \mathbf{I = I_0 \pm \Delta I}$ gemessene Werte (Mittelwerte) und Abweichungen

$P_0 := 800 \cdot W \qquad \Delta P := 20 \cdot W \qquad \mathbf{P = P_0 \pm \Delta P}$

$P = U \cdot I \cdot \cos(\varphi) = U \cdot I \cdot \lambda$ Wirkleistung eines sinusförmigen Wechselstromes

$\lambda(U, I, P) := \dfrac{P}{U \cdot I}$ Funktion des Leistungsfaktors

$\lambda_U(U, I, P) := \dfrac{\partial}{\partial U}\lambda(U, I, P) \qquad \lambda_I(U, I, P) := \dfrac{\partial}{\partial I}\lambda(U, I, P) \qquad \lambda_P(U, I, P) := \dfrac{\partial}{\partial P}\lambda(U, I, P)$ partielle Ableitungen

$\lambda_0 := \dfrac{P_0}{U_0 \cdot I_0} \qquad \lambda_0 = 0.8$ Mittelwert des Leistungsfaktors

Absoluter Maximalfehler (Abschätzung der Genauigkeit mithilfe des totalen Differentials):

$$\Delta\lambda_{max} := \left|\lambda_U(U_0, I_0, P_0) \cdot \Delta U\right| + \left|\lambda_I(U_0, I_0, P_0) \cdot \Delta I\right| + \left|\lambda_P(U_0, I_0, P_0) \cdot \Delta P\right|$$

$\Delta\lambda_{max} = 0.044$

Für den Leistungsfaktor ergibt sich dann folgende (indirekte) Messgröße:

$\mathbf{\lambda = 0.8 \pm 0.044}$

Zusammenhang zwischen Leistungsfaktor und Phasenwinkel:

Zum Leistungsfaktor $\lambda_0 = 0.8$ gehört der Phasenwinkel $\varphi_0 = \arccos(0.8)$.

$\lambda = \cos(\varphi) \qquad \Rightarrow \qquad \varphi(\lambda) := \operatorname{acos}(\lambda)$ und $\varphi_\lambda(\lambda) := \dfrac{d}{d\lambda}\varphi(\lambda)$

$\lambda_0 := 0.8$ Leistungsfaktor λ_0

$\varphi_0(\lambda_0) := \operatorname{acos}(\lambda_0) \qquad \varphi_0(\lambda_0) = 36.87 \cdot \text{Grad}$

$\Delta\varphi_{max} := \left|\varphi_\lambda(\lambda_0) \cdot \Delta\lambda_{max}\right|$ absoluter Maximalfehler

$\Delta\varphi_{max} = 4.202 \cdot \text{Grad}$

Für den Phasenwinkel ergibt sich dann folgende (indirekte) Messgröße:

$\mathbf{\varphi = 36.87° \pm 4.20°}$

Beispiel 3.9.5:

Das Massenträgheitsmoment J eines dünnen homogenen Stabes der Länge L und der Masse M bezüglich einer durch den Schwerpunkt S und senkrecht zur Stabachse verlaufenden Bezugsachse errechnet sich aus: $J = 1/12\ m\,L^2$.
In einem Experiment wurden dabei die nachfolgend gegebenen Messwerte (m in g und L in cm) ermittelt (jeweils 10 Einzelmessungen gleicher Genauigkeit).
Bestimmen Sie jeweils den Mittelwert und den zugehörigen Fehler des Mittelwertes. Welcher Mittelwert ergibt sich daraus für das Massenträgheitsmoment J, und wie groß ist der mittlere maximale Fehler dieser Größe?

ORIGIN := 1 ORIGIN festlegen

$$\mathbf{M} := \begin{pmatrix} 119.5 & 20.2 \\ 119.2 & 19.9 \\ 121.0 & 19.7 \\ 119.7 & 19.7 \\ 120.3 & 20.0 \\ 120.4 & 19.6 \\ 119.8 & 20.2 \\ 120.4 & 20.5 \\ 119.2 & 19.8 \\ 120.5 & 20.4 \end{pmatrix}$$

(Spalten: m/g, L/cm) Messwerte

$\mathbf{m} := \mathbf{M}^{\langle 1 \rangle} \cdot gm$ Extrahierung der Massen

$\mathbf{m}^T =$ (· gm)

	1	2	3	4	5	6	7	8	9	10
1	119.5	119.2	121	119.7	120.3	120.4	119.8	120.4	119.2	120.5

$\mathbf{L} := \mathbf{M}^{\langle 2 \rangle} \cdot cm$ Extrahierung der Längen

$\mathbf{L}^T =$ (· cm)

	1	2	3	4	5	6	7	8	9	10
1	20.2	19.9	19.7	19.7	20	19.6	20.2	20.5	19.8	20.4

$n := \text{länge}(\mathbf{m}) \quad n = 10$ Bereichsvariable

$m_0 := \text{mittelwert}(\mathbf{m}) \quad m_0 = 120 \cdot gm$

Mittelwerte

$L_0 := \text{mittelwert}(\mathbf{L}) \quad L_0 = 20 \cdot cm$

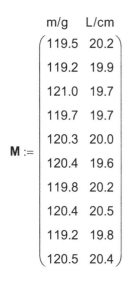

$\Delta m := \text{stdev}(\mathbf{m}) \cdot \sqrt{\frac{n}{n-1}}$ $\Delta m = 0.607 \cdot gm$ $\text{Stdev}(\mathbf{m}) = 0.607\,gm$

mittlere Fehler der Mittelwerte (Standardabweichungen der Mittelwerte)

$\Delta L := \text{stdev}(\mathbf{L}) \cdot \sqrt{\frac{n}{n-1}}$ $\Delta L = 0.313 \cdot cm$ $\text{Stdev}(\mathbf{L}) = 0.313\,cm$

$m = m_0 \pm \Delta m = (120 \pm 0.6)$ g **$L = L_0 \pm \Delta L = (20 \pm 0.3)$ cm** Mittelwert und Messunsicherheit der beiden Größen

$J(m,L) := \frac{1}{12} \cdot m \cdot L^2$ Funktion des Massenträgheitsmomentes

$J_m(m,L) := \frac{\partial}{\partial m} J(m,L)$ $J_L(m,L) := \frac{\partial}{\partial L} J(m,L)$ partielle Ableitungen des Massenträgheitsmomentes

$J_0 := J(m_0, L_0)$ $J_0 = 4 \cdot kg \cdot cm^2$ Mittelwert des Massenträgheitsmomentes

Absoluter Maximalfehler (Abschätzung der Genauigkeit mithilfe des Fehlerfortpflanzungsgesetzes):

$$\Delta J := \sqrt{\left(J_m(m_0, L_0) \cdot \Delta m\right)^2 + \left(J_L(m_0, L_0) \cdot \Delta L\right)^2}$$

$$\Delta J = 0.127 \cdot kg \cdot cm^2$$

$$\left|\frac{\Delta J}{J(m_0, L_0)}\right| = 3.168 \cdot \%$$

prozentueller Maximalfehler

Für das Massenträgheitsmoment ergibt sich dann folgende (indirekte) Messgröße:

$J = J_0 \pm \Delta J = (4 \pm 0.13)\ kg\ cm^2$

3.10 Ausgleichsrechnung

Mit den Methoden der Ausgleichsrechnung soll aus n gemessenen Wertepaaren (Messpunkten) (x_i ; y_i) (i = 1, 2, ..., n) ein möglichst funktionaler Zusammenhang zwischen den Messgrößen X und Y hergeleitet werden.
Als Ergebnis wird eine Funktion y = f(x), die sich den Messpunkten "möglichst optimal" anpasst, erwartet. In diesem Zusammenhang bezeichnen wir die Funktion y = f(x) als Ausgleichs- oder Regressionskurve.
Zuerst ist eine Entscheidung darüber zu treffen, welcher Funktionstyp der Ausgleichsrechnung zugrunde gelegt werden soll (Gerade, Parabel, Potenz- oder Exponentialfunktion usw.). Eine Entscheidungshilfe liefert dabei das Streuungsdiagramm, in dem die n Messpunkte durch eine Punktwolke dargestellt werden.
Als Maß für die Abweichung zwischen Messpunkt und Ausgleichskurve wählen wir die Ordinatendifferenz. Der Abstand des Messpunktes (x_i ; y_i) von der gesuchten, aber noch unbekannten Ausgleichskurve y = f(x) beträgt damit y_i - f(x_i).
Eine objektive Methode zur Bestimmung der "optimalen" Kurve liefert die Gauß'sche Methode der kleinsten Quadrate. Danach passt sich diejenige Kurve mit den enthaltenen Parametern a, b, ... den vorgegebenen Messpunkten am besten an, für die die Summe S der Abstandsquadrate aller n-Messpunkte ein Minimum annimmt:

$$S(a,b,....) = \sum_{i=1}^{n} \left(y_i - f(x_i)\right)^2 \qquad \textbf{(3-125)}$$

Eine notwendige Bedingung (jedoch keinesfalls hinreichend) zur Bestimmung eines Minimums lautet nach den Regeln der Differentialrechnung: Die partiellen Ableitungen 1. Ordnung von S(a, b, ...) müssen verschwinden, also

$$\frac{\partial}{\partial a}S = 0,\ \frac{\partial}{\partial b}S = 0,\ ... \qquad \textbf{(3-126)}$$

Aus diesem Gleichungssystem (von Fall zu Fall muss jedoch entschieden werden, ob tatsächlich ein Minimum vorliegt) lassen sich dann die Parameter a, b, ... und damit die Ausgleichskurve eindeutig bestimmen.

Für Ausgleichskurven (Regressions-, Glättungs- oder Fitfunktionen) stehen in Mathcad zahlreiche Funktionen wie achsenabschn, neigung, regress, loess, linie, linanp, genanp, expanp, potanp, loganp, lgsanp, lnanp, sinanp, medgltt, kgltt, strgltt, stdfehl u. a. m. zur Verfügung.

Beispiel 3.10.1:

Nachfolgend sollen zuerst Messdaten mit Messfehlern simuliert werden, die um eine gegebene Gerade streuen. Für diese Messdaten soll dann mithilfe der Methode der kleinsten Quadrate eine Ausgleichskurve gefunden werden.

ORIGIN := 1	ORIGIN festlegen
$f(x) := \frac{1}{2}\cdot x + 1$	gegebene Gerade
N := 10	Anzahl der Messdaten
i := 1 .. N	Bereichsvariable
$\mathbf{\Delta x}_i := \text{rnd}(0.2)$	Δx_i ... Fehler der x-Werte
$\mathbf{x}_i := i + \mathbf{\Delta x}_i$	fehlerbehaftete x-Werte

$\Delta y_i := (-1)^{floor(rnd(2))} \cdot rnd(0.4)$ — Δy_i Fehler der y-Werte (mit "zufälligem" Vorzeichen)

$y_i := f(x_i)$ — fehlerbehaftete y-Werte

$x := 0, 0.02 .. 11$ — Bereichsvariable

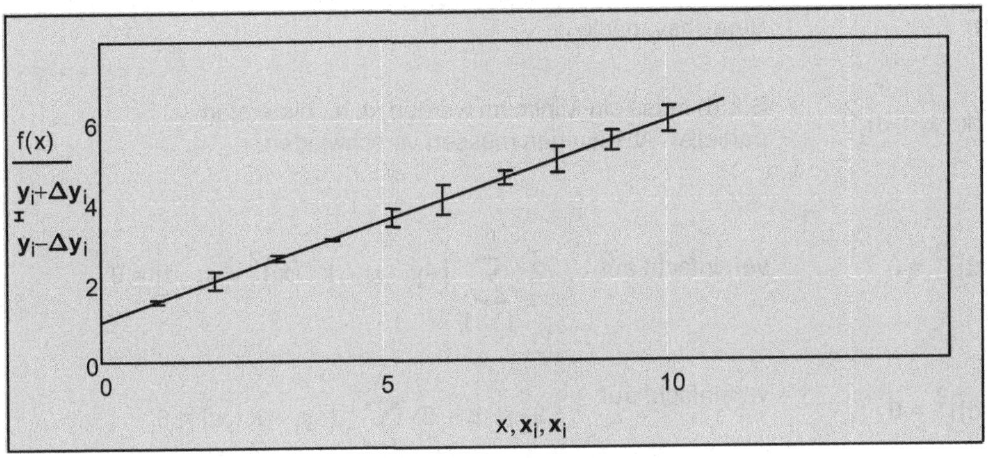

Abb. 3.10.1

$y_i := f(x_i) + \Delta y_i$ — fehlerbehaftete y-Werte

$x_i =$	$f(x_i) =$	$\Delta y_i =$	$y_i =$
1	1.5	-0.048	1.452
2.039	2.019	0.213	2.232
3.117	2.559	-0.066	2.492
4.07	3.035	0.023	3.058
5.165	3.582	-0.208	3.374
6.035	4.017	-0.382	3.635
7.142	4.571	-0.185	4.386
8.061	5.03	-0.312	4.719
9.018	5.509	-0.245	5.265
10.029	6.015	0.336	6.351

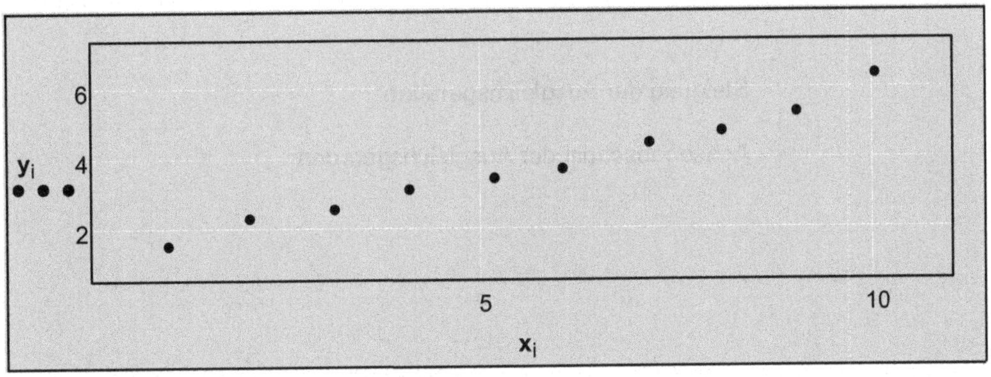

Abb. 3.10.2

Bestimmtheitsmaße für lineare Regression:

Kovarianz:

$$Kov := \frac{\sum_i \left[(y_i - mittelwert(y)) \cdot (x_i - mittelwert(x))\right]}{zeilen(x)}$$

$Kov = 4.031$ bzw. $kvar(x, y) = 4.031$

Pearson' scher Korrelationskoeffizient:

$\frac{\text{kvar}(\mathbf{x},\mathbf{y})}{\text{stdev}(\mathbf{y})\cdot\text{stdev}(\mathbf{x})} = 0.989$ bzw. $\text{korr}(\mathbf{x},\mathbf{y}) = 0.989$

Hohe Korrelation. Der Korrelationskoeffizient ist ein Maß für die Korrektheit der Hypothese, dass ein linearer Zusammenhang vorliegt.

Allgemeine symbolische Lösung:

$n := \text{letzte}(\mathbf{x})$ $n = 10$ Bereichsvariable

$$S(k,d) := \sum_{i=1}^{n} \left[\mathbf{y}_i - (k\cdot\mathbf{x}_i + d)\right]^2$$

S(k,d) muss ein Minimum werden, d. h., die ersten partiellen Ableitungen müssen verschwinden.

$$\frac{\partial}{\partial k}\sum_{i=1}^{n} \left[\mathbf{y}_i - (k\cdot\mathbf{x}_i + d)\right]^2 = 0$$ vereinfacht auf $$2\cdot\sum_{i=1}^{n}\left[-\mathbf{y}_i\cdot\mathbf{x}_i + k\cdot(\mathbf{x}_i)^2 + \mathbf{x}_i\cdot d\right] = 0$$

$$\frac{\partial}{\partial d}\sum_{i=1}^{n} \left[\mathbf{y}_i - (k\cdot\mathbf{x}_i + d)\right]^2 = 0$$ vereinfacht auf $$2\cdot n\cdot d + 2\cdot\sum_{i=1}^{n}\left(-\mathbf{y}_i + k\cdot\mathbf{x}_i\right) = 0$$

Dieses inhomogene lineare Gleichungssystem lässt sich in Mathcad auf verschiedene Art und Weise lösen:

$k := 1$ $d := 1$ Startwerte

Vorgabe

$$2\cdot\sum_{i=1}^{n}\left[-\mathbf{y}_i\cdot\mathbf{x}_i + k\cdot(\mathbf{x}_i)^2 + \mathbf{x}_i\cdot d\right] = 0$$

$$2\cdot n\cdot d + 2\cdot\sum_{i=1}^{n}\left(-\mathbf{y}_i + k\cdot\mathbf{x}_i\right) = 0$$

$$\begin{pmatrix} k \\ d \end{pmatrix} := \text{Suchen}(k,d)$$

$k = 0.4889$ Steigung der Ausgleichsgeraden

$d = 0.9742$ Achsenabschnitt der Ausgleichsgeraden

oder:

Vorgabe

$S(k,d) = 0$

$$\begin{pmatrix} k \\ d \end{pmatrix} := \text{Minfehl}(k,d)$$

$k = 0.4889$ Steigung der Ausgleichsgeraden

$d = 0.9742$ Achsenabschnitt der Ausgleichsgeraden

oder:

$k := \text{neigung}(\mathbf{x}, \mathbf{y})$ $\quad d := \text{achsenabschn}(\mathbf{x}, \mathbf{y})$ Steigung und Achsenabschnitt

$k = 0.4889$ $\quad d = 0.9742$

$f(x) := k \cdot x + d$ lineare Ausgleichskurve

Fehler bei der linearen Regression:

$\Delta_i := \left|\mathbf{y}_i - f(\mathbf{x}_i)\right|$ Abweichungen

$\max(\mathbf{\Delta}) = 0.473$ maximaler Fehler der Einzelwerte

$m := 2$ Anzahl der gesuchten Parameter

$$F_m := \sqrt{\frac{1}{\text{länge}(\mathbf{x}) - m} \cdot \left[\sum_i (\Delta_i)^2\right]} \quad \text{oder} \quad \text{stdfehl}(\mathbf{x}, \mathbf{y}) = 0.24$$

$F_m = 0.24$ mittlerer quadratischer Fehler der Einzelwerte (Standardfehler oder "Reststreuung")

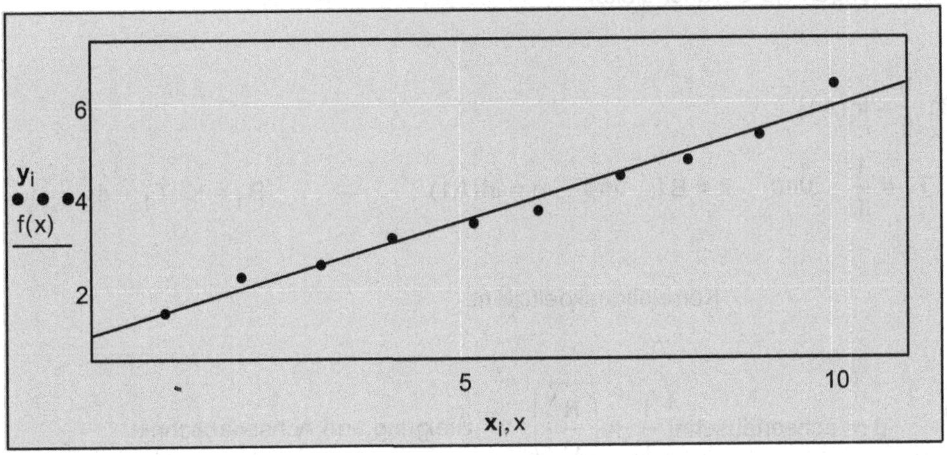

Abb. 3.10.3

<u>Beispiel 3.10.2:</u>

Bei einem Heißleiter (Halbleiter) nimmt der elektrische Widerstand R mit zunehmender absoluter Temperatur T nach der Gleichung $R(T) = A\, e^{B/T}$ stark ab. Bestimmen Sie mit den Methoden der Ausgleichsrechnung die Parameter A und B für einen Heißleiter, bei dem die nachfolgenden Messwerte (Temperatur in °C und Widerstand R in Ω) gefunden wurden. Gesucht ist auch eine Ausgleichskurve im Bereich 10 °C ≤ ϑ ≤ 110 °C.

ORIGIN := 1 ORIGIN festlegen

°C := 1 Einheitendefinition

ϑ/°C R/Ω

$$\mathbf{M} := \begin{pmatrix} 20 & 510 \\ 40 & 290 \\ 60 & 178 \\ 80 & 120 \\ 100 & 80 \end{pmatrix}$$

$\boldsymbol{\vartheta} := \mathbf{M}^{\langle 1 \rangle} \cdot °C$ Temperaturwerte $\quad \mathbf{R} := \mathbf{M}^{\langle 2 \rangle} \cdot \Omega$ Widerstandswerte

$\boldsymbol{\vartheta}^T = (20 \quad 40 \quad 60 \quad 80 \quad 100) \cdot °C \quad \mathbf{R}^T = (510 \quad 290 \quad 178 \quad 120 \quad 80) \cdot \Omega$

$\mathbf{T} := (\boldsymbol{\vartheta} + 273.15) \cdot K \quad \mathbf{T}^T = (293.15 \quad 313.15 \quad 333.15 \quad 353.15 \quad 373.15) \cdot K$ Temperaturwerte in Kelvin

$n := 5 \qquad i := 1..n$ Bereichsvariable

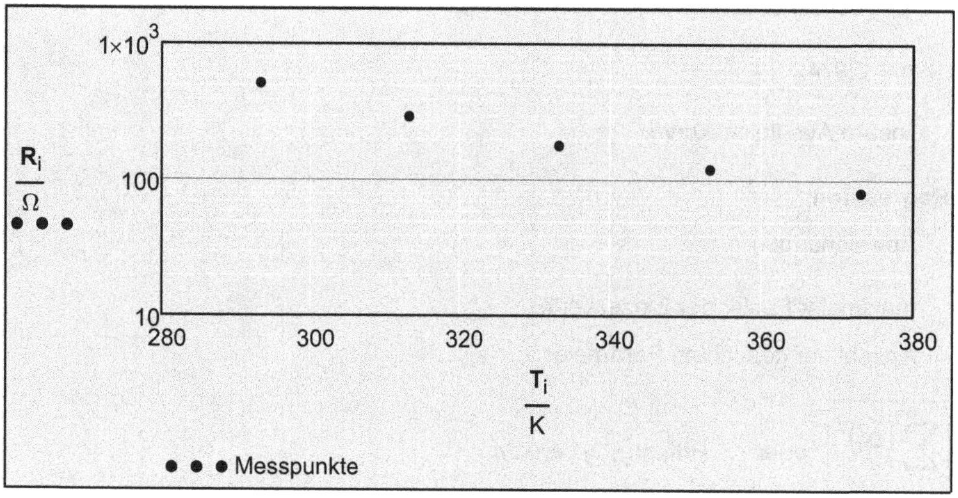

Abb. 3.10.4

Der Punktgraf zeigt bei logarithmierter y-Achse, dass die Punkte auf einer Geraden liegen. Sie sind also Punkte einer Exponentialfunktion. Logarithmieren wir die Exponentialfunktion, dann erhalten wir mit den nachfolgend gegebenen Abkürzungen die Geradengleichung:

$$\ln(R) = \ln\left(A1 \cdot e^{\frac{B1}{T}}\right) = B1\frac{1}{T} + \ln(A1)$$

Mit $R_1 = \ln(R)$ und $T_1 = \frac{1}{T}$ und $k = B1$ und $d = \ln(A1)$ $\Rightarrow$ $R_1 = k \cdot T_1 + d$

$$\text{korr}\left(\frac{1}{\mathbf{T}}, \overrightarrow{\ln\left(\frac{\mathbf{R}}{\Omega}\right)}\right) = 1$$ Korrelationskoeffizient

$$k := \text{neigung}\left(\frac{1}{\mathbf{T}}, \overrightarrow{\ln\left(\frac{\mathbf{R}}{\Omega}\right)}\right) \qquad d := \text{achsenabschn}\left(\frac{1}{\mathbf{T}}, \overrightarrow{\ln\left(\frac{\mathbf{R}}{\Omega}\right)}\right)$$ Steigung und Achsenabschnitt

$k = 2515.3535 \cdot K \qquad d = -2.3542$

$B1 := k \qquad B1 = 2515.3535 \cdot K$

$A1 := e^d \cdot \Omega \qquad A1 = 0.09497 \cdot \Omega$

Konstante bestimmen

$$R(\vartheta) := 0.095 \cdot e^{\frac{2515.4}{\vartheta + 273.15}}$$

Funktionsgleichungen

$$R_a(T_1) := 0.095 \cdot \Omega \cdot e^{\frac{2515.4 \cdot K}{T_1}}$$

$\vartheta := 10 \cdot °C, 10 \cdot °C + 0.1 \cdot °C .. 110 \cdot °C$

Bereichsvariable

$T_1 := 280 \cdot K, 280 \cdot K + 0.1 \cdot K .. 380 \cdot K$

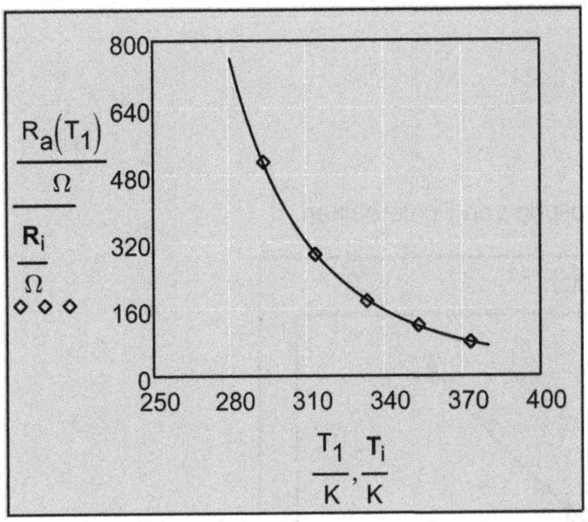

Abb. 3.10.5

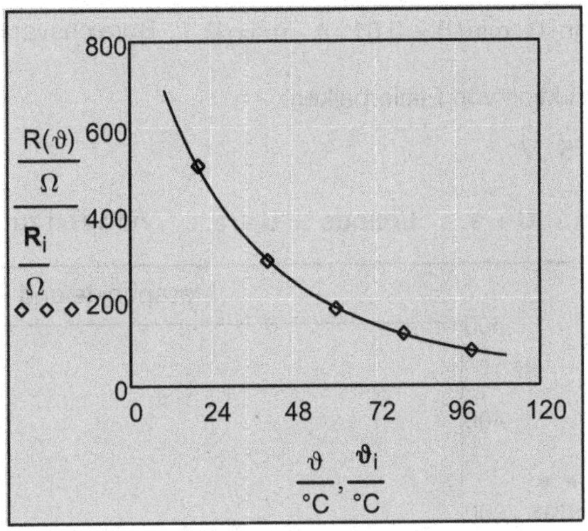

Abb. 3.10.6

Beispiel 3.10.3:

Die Spannungs-Stromkennlinie einer Glühlampe ist in guter Näherung gegeben durch: $U(I) = c_1\, I^3 + c_2\, I$. Bestimmen Sie die Koeffizienten c_1 und c_2 aus n vorliegenden Messpunkten $(I_k\,;\,U_k)$ (k = 1, 2, ..., n) mit einer geeigneten Fitfunktion und stellen Sie die Ausgleichskurve grafisch dar. Für eine spezielle Glühlampe wurden folgende Werte ermittelt:

$ORIGIN := 1$ ORIGIN festlegen

I/A U/V

$$\mathbf{M} := \begin{pmatrix} 0.2 & 53 \\ 0.3 & 100 \\ 0.4 & 170 \\ 0.5 & 285 \\ 0.6 & 442 \end{pmatrix}$$

$\mathbf{I} := \mathbf{M}^{\langle 1 \rangle} \cdot A$ Stromwerte $\mathbf{U} := \mathbf{M}^{\langle 2 \rangle} \cdot V$ Spannungswerte

$\mathbf{I}^T = (0.2 \quad 0.3 \quad 0.4 \quad 0.5 \quad 0.6)\,A$ $\mathbf{U}^T = (53 \quad 100 \quad 170 \quad 285 \quad 442)\,V$

$n := 5$ $i := 1..n$ Bereichsvariable

Geeignete Fitfunktionen $U(I) = c_1\, f_1(I) + c_2\, f_2(I)$ als Vektorfunktion definieren:

$$\mathbf{f}(I) := \begin{pmatrix} I^3 \\ I \end{pmatrix}$$

Die Koeffizienten für den bestmöglichen Fit $U(I) = c_1\, f_1(I) + c_2\, f_2(I)$ werden mittels der Funktion linanp bestimmt:

$$\mathbf{c} := \text{linanp}\left(\frac{\mathbf{I}}{A}, \frac{\mathbf{U}}{V}, \mathbf{f}\right) \qquad \mathbf{c} = \begin{pmatrix} 1508.112 \\ 192.617 \end{pmatrix}$$

$U(I) := \mathbf{c}_1 \cdot \frac{V}{A^3} \cdot I^3 + \mathbf{c}_2 \cdot \frac{V}{A} \cdot I$ **$U(I) = c_1\, f_1(I) + c_2\, f_2(I)$ ... Fitfunktion**

$I := \min(\mathbf{I}), \min(\mathbf{I}) + 0.01 \cdot A .. \max(\mathbf{I})$ Bereichsvariable

Konstruktion von Fehlerbalken:

$\mathbf{a}_i := 15 \cdot V$

$\mathbf{Uplus} := \mathbf{U} + \mathbf{a}$ $\mathbf{Uminus} := \mathbf{U} - \mathbf{a}$ Vektoren zur Darstellung von Fehlerbalken

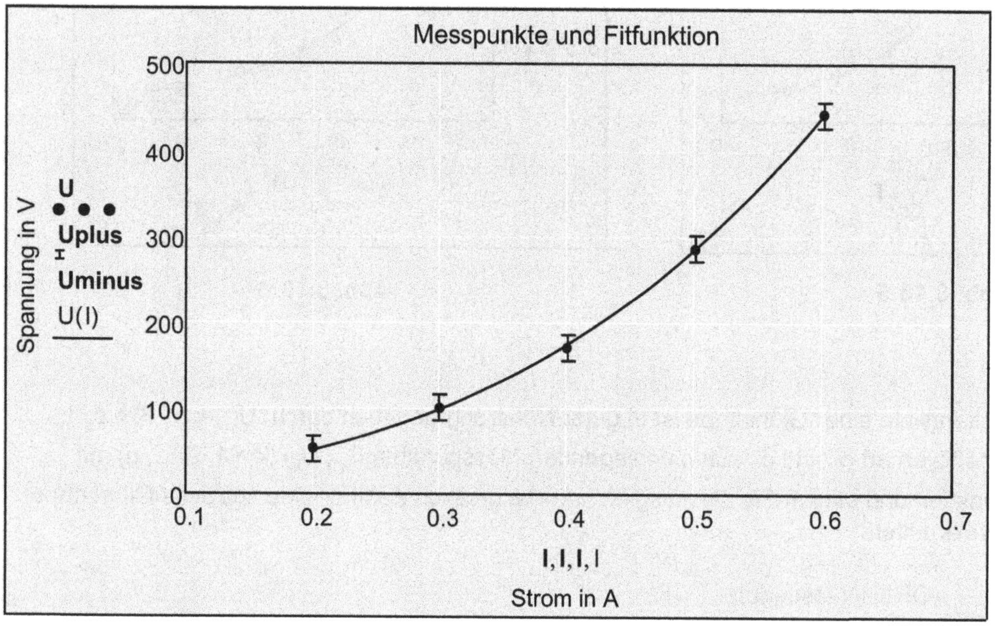

Abb. 3.10.7

Beispiel 3.10.4:

Bestimmen Sie aus n vorliegenden simulierten Messpunkten (t_k ; I_k) (k = 1, 2, ... n) eine geeignete Fitfunktion, und stellen Sie die Ausgleichskurve grafisch dar.

$n := 50$ Anzahl der Daten

$k := 1 .. n$ Bereichsvariable

$\mathbf{t}_k := \frac{k}{20} \cdot s$ Zeitpunkte

$c := 2 \cdot s^{-1}$ Parameter

$\mathbf{I}_k := 100 \cdot A \cdot e^{-c \cdot \mathbf{t}_k} + \text{rnd}(5) \cdot A$ simulierte Funktionswerte

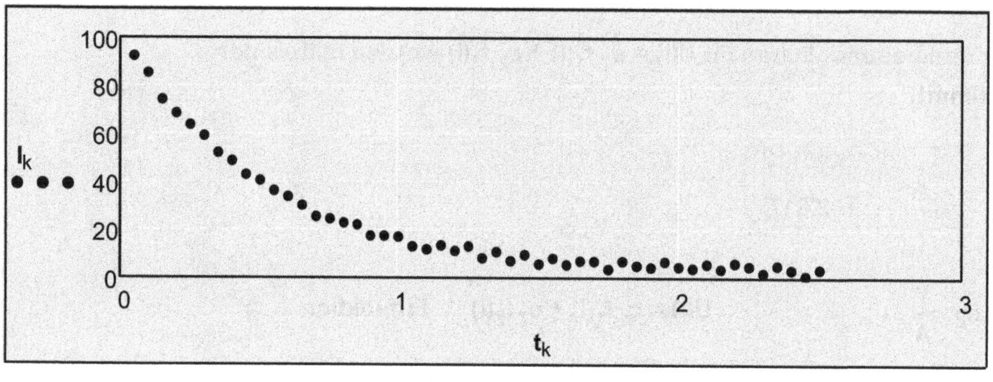

Abb. 3.10.8

$c_1 := 1 \cdot s^{-1}$ Startwert

Vorgabe

$$\sum_k \left(I_k - 100 \cdot A \cdot e^{-c_1 \cdot t_k} \right)^2 = 0$$

Gesucht wird jener Parameter c_1, bei dem die Summe der Abstandsquadrate nach Gauß verschwindet!

$c_{neu} := \text{Minfehl}(c_1)$ $c_{neu} = 1.808 \cdot s^{-1}$

$f(c,t) := 100 \cdot A \cdot e^{-c \cdot t}$ optimale Fitfunktion

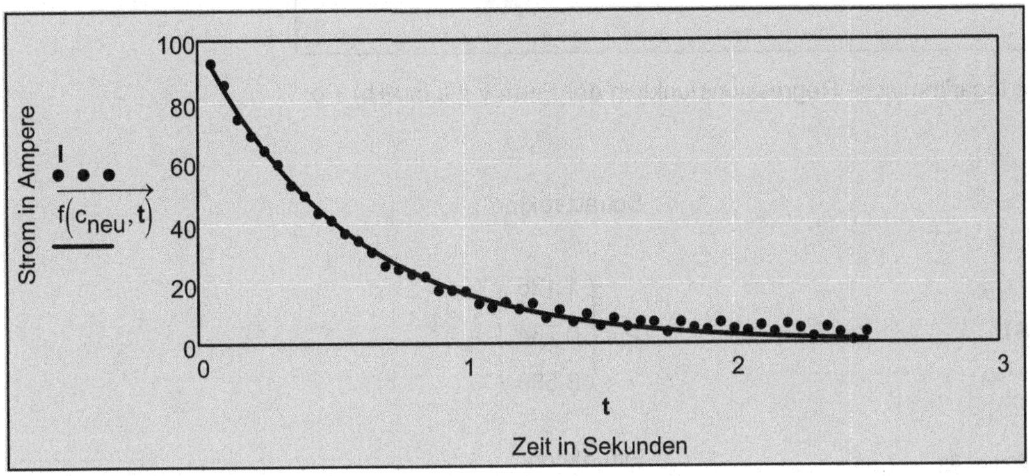

Abb. 3.10.9

Fehler bei der nichtlinearen Regression:

$$\Delta_k := \left| \frac{I_k}{A} - \frac{f(c_{neu}, t_k)}{A} \right|$$

$\max(\Delta) = 4.269$ Abweichungen und maximaler Fehler der Einzelwerte

$$F_m := \sqrt{\frac{1}{\text{länge}(\mathbf{t}) - 1} \cdot \left[\sum_i (\Delta_i)^2 \right]}$$

$F_m = 0.46$ mittlerer quadratischer Fehler der Einzelwerte (Standardfehler oder "Reststreuung")

Beispiel 3.10.5:

ORIGIN := 1 ORIGIN festlegen

Für folgende Daten soll eine optimale Ausgleichskurve gefunden werden.

Daten :=

	1	2
1	1	4.18
2	2	4.67
3	3	5.3
4	4	5.37
5	5	5.45
6	6	5.74
7	7	5.65
8	8	5.84
9	9	6.36
10	10	6.38

$\mathbf{x} := \mathbf{Daten}^{\langle 1 \rangle}$ $\mathbf{y} := \mathbf{Daten}^{\langle 2 \rangle}$

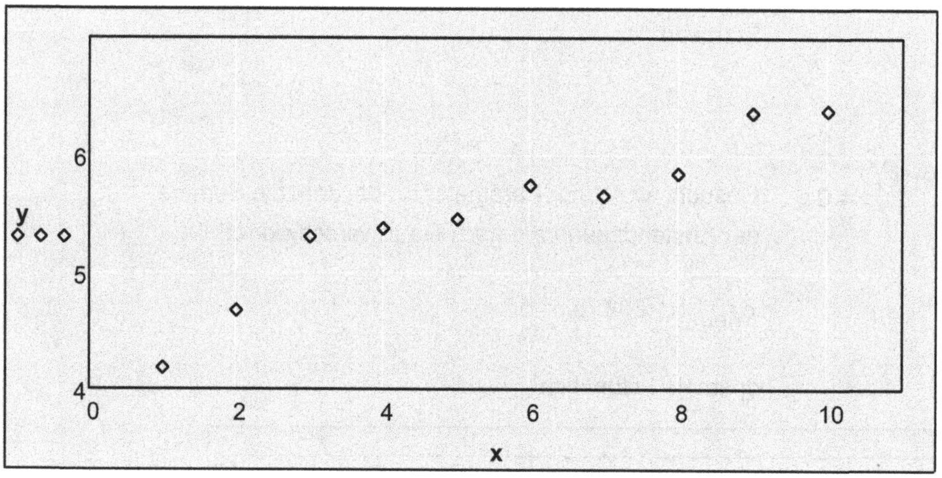

Abb. 3.10.10

Wir versuchen eine logarithmische Regressionsfunktion der Form y = a ln(x+b) + c:

$\mathbf{S} := \begin{pmatrix} 1 \\ 0 \\ 4 \end{pmatrix}$ Schätzvektor

$\mathbf{a} := \text{loganp}(\mathbf{x}, \mathbf{y}, \mathbf{S})$ $\mathbf{a} = \begin{pmatrix} 1.126 \\ 0.734 \\ 3.586 \end{pmatrix}$

$f(x) := \mathbf{a}_1 \cdot \ln\left(x + \mathbf{a}_2\right) + \mathbf{a}_3$ Fitfunktion

$x := 1, 1 + 0.1 .. \text{länge}(\mathbf{x})$ Bereichsvariable

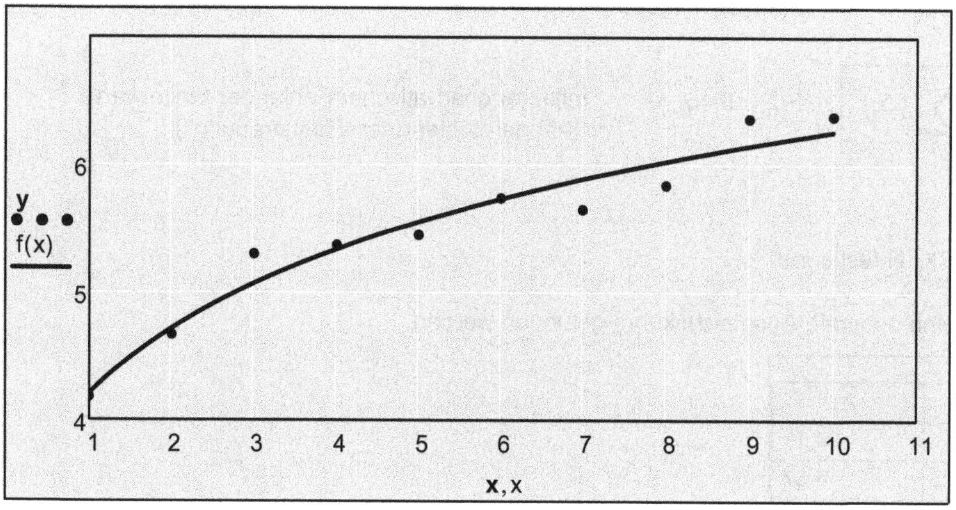

Abb. 3.10.11

Beispiel 3.10.6:

Für folgende Daten soll eine optimale Ausgleichskurve gefunden werden.

$\boxed{\text{ORIGIN} := 0}$ $x := x$ $\mathbf{a} := \mathbf{a}$ ORIGIN festlegen und Redefinitionen

$\mathbf{x} := (100 \quad 250 \quad 300 \quad 360 \quad 450 \quad 500 \quad 550)^T$ $\mathbf{y} := (.03 \quad .34 \quad .67 \quad 1 \quad 0.67 \quad .34 \quad 0.1)^T$

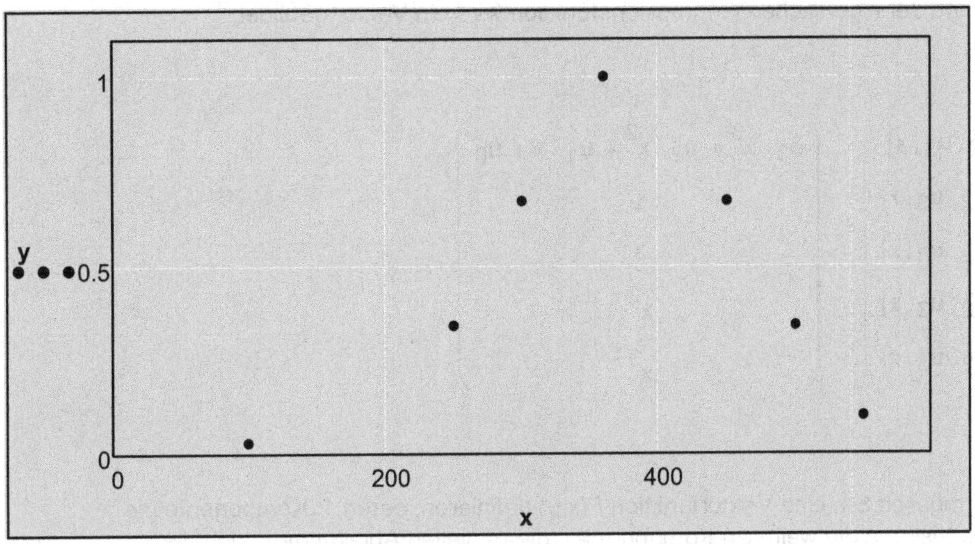

Abb. 3.10.12

Wir versuchen einen Ansatz mit folgenden Regressionsfunktionen:

Fall :=
f(x) = a3 . x^3 + a2 . x^2 + a1 . x + a0
f(x) = (a0 + a1) . e^(a2.(a3-x)^2)

Listenfeld (Funktion durch Doppelklick auf einen Namen auswählbar)

Polynom 3. Grades

Fall

Dieses Textfeld zeigt den Namen der ausgewählten Funktion.

Fall = 1

Funktion zur Auswahl der beiden Regressionsfunktionen:

$$f(a0,a1,a2,a3,x) := \begin{cases} a3\cdot x^3 + a2\cdot x^2 + a1\cdot x + a0 & \text{if } \mathbf{Fall = 1} \\ (a0+a1)\cdot e^{a2\cdot(a3-x)^2} & \text{if } \mathbf{Fall = 2} \end{cases}$$

Partielle Ableitungen der gewählten Regressionsfunktion:

$$f0(a0,a1,a2,a3,x) := \frac{\partial}{\partial a0} f(a0,a1,a2,a3,x) \qquad f1(a0,a1,a2,a3,x) := \frac{\partial}{\partial a1} f(a0,a1,a2,a3,x)$$

$$f2(a0,a1,a2,a3,x) := \frac{\partial}{\partial a2} f(a0,a1,a2,a3,x) \qquad f3(a0,a1,a2,a3,x) := \frac{\partial}{\partial a3} f(a0,a1,a2,a3,x)$$

Aus diesen Ableitungen und der eigentlichen Regressionsfunktion wird ein Vektor gebildet:

$$F(x,\mathbf{u}) := \begin{pmatrix} f(\mathbf{u}_0,\mathbf{u}_1,\mathbf{u}_2,\mathbf{u}_3,x) \\ f0(\mathbf{u}_0,\mathbf{u}_1,\mathbf{u}_2,\mathbf{u}_3,x) \\ f1(\mathbf{u}_0,\mathbf{u}_1,\mathbf{u}_2,\mathbf{u}_3,x) \\ f2(\mathbf{u}_0,\mathbf{u}_1,\mathbf{u}_2,\mathbf{u}_3,x) \\ f3(\mathbf{u}_0,\mathbf{u}_1,\mathbf{u}_2,\mathbf{u}_3,x) \end{pmatrix} \rightarrow \begin{pmatrix} \mathbf{u}_3 \cdot x^3 + \mathbf{u}_2 \cdot x^2 + \mathbf{u}_1 \cdot x + \mathbf{u}_0 \\ 1 \\ x \\ x^2 \\ x^3 \end{pmatrix}$$

Für die genanp-Funktion müssen Sie eine Vektorfunktion F(x,u) definieren, deren 1. Komponente die Regressionsfunktion selbst ist und die weiteren Komponenten die partiellen Ableitungen nach den a0, a1, a2 und a3 darstellen. Die Parameter a0, ..., a3 müssen als Komponenten eines Parametervektors u = (u_1, ..., u_4) = (a0, ..., a3) geschrieben werden.

$\mathbf{S} := (1 \quad 0 \quad -0.0002 \quad 200)^T$ — Schätzvektor **S**

$\mathbf{u} := \text{genanp}(\mathbf{x},\mathbf{y},\mathbf{S},F)$ $\qquad \mathbf{u} = \begin{pmatrix} 0.168 \\ -4.77 \times 10^{-3} \\ 3.702 \times 10^{-5} \\ -5.25 \times 10^{-8} \end{pmatrix}$ — "genanp" übergibt einen Vektor mit den Parametern, mit denen sich eine Funktion f von x und n Parametern u_1, ..., u_n am ehesten den Daten in **x** und **y** annähert.

$\Delta x := \dfrac{\max(\mathbf{x}) - \min(\mathbf{y})}{200}$ — Schrittweite

$x := \min(\mathbf{x}) - 20, \min(\mathbf{x}) - 20 + \Delta x .. \max(\mathbf{x}) + 20$ — Bereichsvariable

$\text{Aus}(f,x) := f(\mathbf{u}_0,\mathbf{u}_1,\mathbf{u}_2,\mathbf{u}_3,x)$ — Ausgleichs- oder Regressionskurve

$m := 4$ — Anzahl der gesuchten Parameter

$F_m := \sqrt{\dfrac{1}{\text{länge}(\mathbf{x}) - m} \cdot \sum_{i=0}^{6} (\mathbf{y}_i - \text{Aus}(f,\mathbf{x}_i))^2}$ $\qquad F_m = 0.172$ — mittlerer quadratischer Fehler der Einzelwerte (Standardfehler oder "Reststreuung")

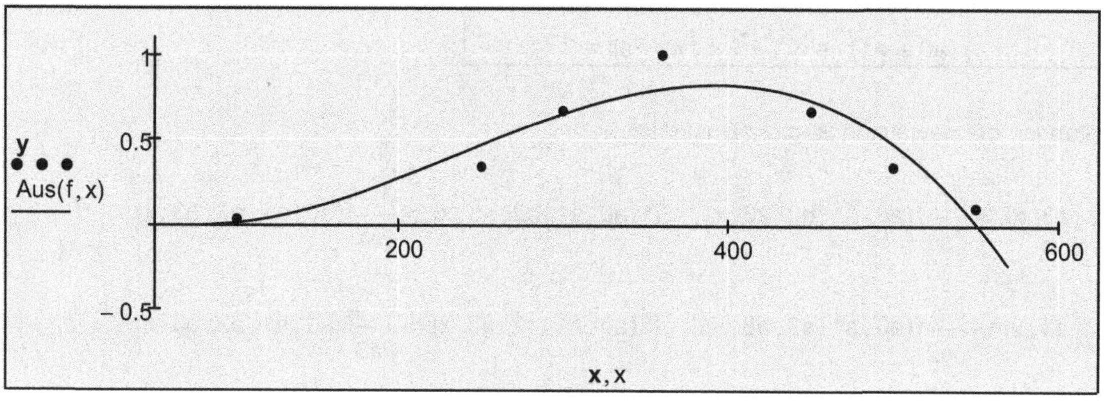

Abb. 3.10.13

4. Integralrechnung

Die Integralrechnung hat zwei völlig verschiedene Ausgangspunkte und daher auch ganz verschiedene Anwendungsgebiete, die aber eng miteinander zusammenhängen.
Die eine Aufgabe ist die:
Die Ableitung einer Funktion sei gegeben. Wie lautet die ursprüngliche Funktion? Das Aufsuchen der ursprünglichen Funktion heißt Integrieren (Wiederherstellen). Das Integrieren in diesem Sinne ist also die Umkehrung des Differenzierens. In diesem Zusammenhang sprechen wir von einem unbestimmten Integral.
Die andere Aufgabe ist folgende:
Eine Funktion sei gegeben. Wie groß ist z. B. der Flächeninhalt eines begrenzten Bereiches zwischen Kurve und x-Achse? In diesem Zusammenhang sprechen wir von einem bestimmten Integral.

4.1 Das unbestimmte Integral

Es sei f mit y = f(x) eine auf einem Intervall I gegebene Funktion. Unter einer Stammfunktion von f mit y = f(x) verstehen wir eine Funktion F mit y = F(x) auf I = [a, b], für die F'(x) = f(x) gilt. Das Aufsuchen einer Stammfunktion heißt Integrieren (lat.: Integer > ganz, unversehrt). Integrieren ist also in diesem Sinne die Umkehraufgabe des Differenzierens.

Beispiel 4.1.1:

Ermitteln Sie die Stammfunktion von $f(x) = 3\,x^2 + 1$.

Gesucht ist also eine Funktion $F_1(x)$, deren Ableitung $F_1'(x) = 3\,x^2 + 1$ ist.

$\frac{d}{dx}\left(x^3 + x\right) = 3 \cdot x^2 + 1$ also $F_1(x) = x^3 + x$ ist eine Stammfunktion von f(x)

$F_2(x) = x^3 + x + 2$ F_2 ist aber auch eine Stammfunktion von f(x), denn die Ableitung ergibt ebenfalls $3\,x^2 + 1$.

$C := -1, 3 .. 15$ verschiedene Konstanten (Bereichsvariable)

$F(x, C) := x^3 + x + C$ Stammfunktionen von f(x)

$x := -3, -3 + 0.01 .. 3$ Bereichsvariable

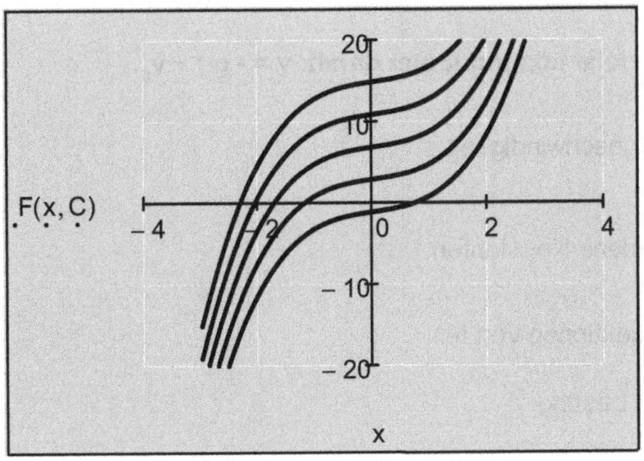

Alle Funktionen F(x) + C sind Stammfunktionen von f(x)!

Format: Punkte

Abb. 4.1.1

Für Stammfunktionen gilt:

Ist F(x) eine Stammfunktion von f(x), so ist jede weitere Stammfunktion G(x) von f(x) in der Form G(x) = F(x) + C darstellbar.

Es gilt nämlich für alle x:

$$(G(x) - F(x))' = G'(x) - F'(x) = f(x) - f(x) = 0 \qquad (4\text{-}1)$$

Die Ableitung einer konstanten Funktion ist null.
Umgekehrt gilt aber auch:

$$(G(x) - F(x))' = 0 \Rightarrow G(x) - F(x) = \text{konstant, also } G(x) = F(x) + C \qquad (4\text{-}2)$$

Eine stetige Funktion f besitzt unendlich viele Stammfunktionen. Unsere Hauptaufgabe besteht in der Suche nach den Stammfunktionen gegebener stetiger Funktionen. Im Gegensatz zur Differenzierbarkeit einer Funktion reicht bei der Integrierbarkeit die Stetigkeit bzw. stückweise Stetigkeit auf I = [a, b] aus.

Wir definieren:
a) Die Menge aller Stammfunktionen F einer stetigen Funktion f heißt unbestimmtes Integral.

Wir schreiben: $\int f(x)\,dx = F(x) + C, \quad C \in \mathbb{R}$.

Das Zeichen $\int \blacksquare\, d\blacksquare$ **(stilisiertes S-Zeichen) heißt Integralzeichen (Integraloperator), f(x) heißt Integrand, x die Integrationsvariable und C die Integrationskonstante.**

b) Das Lösen eines (unbestimmten) Integrals ist das Aufsuchen der Stammfunktionen.

Grafisch wird ein unbestimmtes Integral durch eine Kurvenschar dargestellt. Bei der Wahl eines speziellen Wertes für die Integrationskonstante C, auch Anfangsbedingung genannt, wird daraus eine Kurve als Graf einer speziellen Stammfunktion ausgewählt.

Beispiel 4.1.2:

Ermitteln Sie die Stammfunktion für den Wurf eines Körpers nach oben (ohne Luftwiderstand) mit $a = \frac{d}{dt}v = -g$.

Zum Zeitpunkt t = 0 s soll der Körper eine Anfangsgeschwindigkeit v_0 haben.

$v = \int -g\,dt = -g \cdot t + C$ — **Dies gilt nämlich, weil (- g t + C)' = - g ist ((F(t) +C)' = f(t)).**

$v(0 \cdot s) = -g \cdot 0 \cdot s + C = v_0 \quad \Rightarrow \quad C = v_0$ — **Die spezielle Lösung lautet damit: $v = -g\,t + v_0$.**

$v_0 := 30 \cdot \frac{m}{s}$ — Anfangsgeschwindigkeit

$C := -1 \cdot \frac{m}{s}, 3 \cdot \frac{m}{s} .. 27 \cdot \frac{m}{s}$ — verschiedene Konstanten

$v(t, C) := -g \cdot t + C$ — Stammfunktionen von f(t)

$v_1(t) := -g \cdot t + v_0$ — spezielle Lösung

$t := 0 \cdot s, 0.01 \cdot s .. 3 \cdot s$ — Bereichsvariable

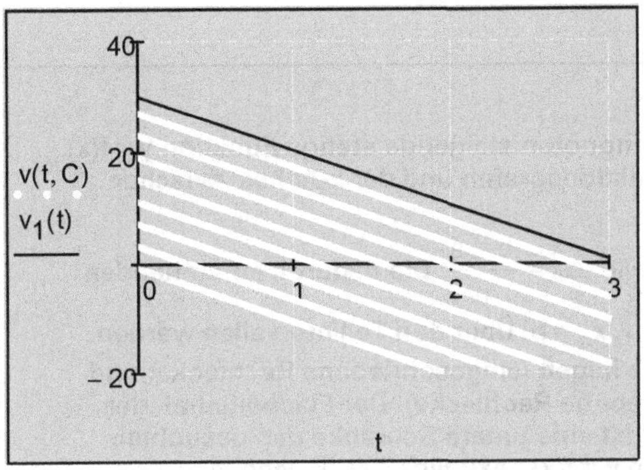

Alle Funktionen v(t) = - g t + C (F(t) + C) sind Stammfunktionen von a(t) = - g (f(t) = - g).

Format: Punkte

Abb. 4.1.2

Für die Umkehrung des Integrierens gilt in diesem Fall:

$$\frac{d}{dt}v(t) = \frac{d}{dt}(-g \cdot t + C) = -g$$

Beispiel 4.1.3:

Ermitteln Sie die Stammfunktion nachfolgender Funktionen.

$C := C \qquad x := x$ Redefinition

a) $f(x) := x + 2$ gegebene Funktion

$x + 2$ durch Integration, ergibt $\frac{(x+2)^2}{2}$

$\int x + 2\, dx + C$ vereinfacht auf $\frac{x^2}{2} + 2 \cdot x + C + 2$

$\int f(x)\, dx + C$ vereinfachen $\rightarrow \frac{x^2}{2} + 2 \cdot x + C + 2$

b) $f(x) := x^3$ gegebene Funktion

x^3 durch Integration, ergibt $\frac{x^4}{4}$

$\int x^3\, dx + C$ ergibt $\frac{x^4}{4} + C$

$\int f(x)\, dx + C \rightarrow \frac{x^4}{4} + C$

4.2 Das bestimmte Integral

Das Riemann-Integral:

Wir betrachten zuerst eine in einem Intervall I = [a, b] monoton steigende stetige Funktion y = f(x). Gesucht ist der Inhalt A der Fläche zwischen dem Funktionsgrafen und der x-Achse zwischen a und b.

Dazu zerlegen wir zuerst das Intervall I in n Teilintervalle $\Delta x = \frac{b-a}{n}$. Die dadurch entstehenden Randpunkte der Teilintervalle sind $a = x_0, x_1, x_2, ..., x_{n-1}, x_n = b$. Über den Teilintervallen werden Rechtecke gebildet, die einerseits unterhalb der Kurve liegen (eingeschriebene Rechtecke) und andererseits über die Kurve hinausgehen (umgeschriebene Rechtecke). Der Flächeninhalt der eingeschriebenen Rechtecke über dem Intervall [a, b] ist eine untere Schranke des gesuchten Flächeninhalts und heißt Untersumme s_u der Funktion y = f(x) bezüglich der gegebenen Intervallzerlegung. Entsprechend ist der Flächeninhalt aller umgeschriebenen Rechtecke eine obere Schranke des gesuchten Flächeninhalts, die Obersumme s_o genannt wird.

Beispiel 4.2.1:

$a := 0$

$b := 1$ — Intervall [a,b]

$n := 5$ — Anzahl der Subintervalle

$\Delta x := \frac{b-a}{n + FRAME}$ — Intervallbreite (mit Animationsparameter)

$f(x) := x^2$ — Funktionsgleichung

$x := a, a + 0.001 .. b$ — Bereichsvariable

Funktionen zur grafischen Veranschaulichung:

$tp := 0 .. 1$

$yp := 0 .. 1$

$Z := 0.001$

$f_u(x) := f(x - mod(x - a, \Delta x))$

$f_o(x) := f(x - mod(x - a, \Delta x) + \Delta x)$

$X := a + Z, (a + \Delta x) + Z .. b + Z$

```
Lv_in_Vektor(a, b, sw) := | k ← 0
                          | for i ∈ a, a + sw .. b
                          |   | v_k ← i
                          |   | k ← k + 1
                          | v
```

Funktion zur Umwandlung einer Bereichsvariablen in einen Vektor

Animation: FRAME von 0 bis 60 mit 5 Bilder/s. In die Animation soll auch die nachfolgende Berechnung einbezogen werden.

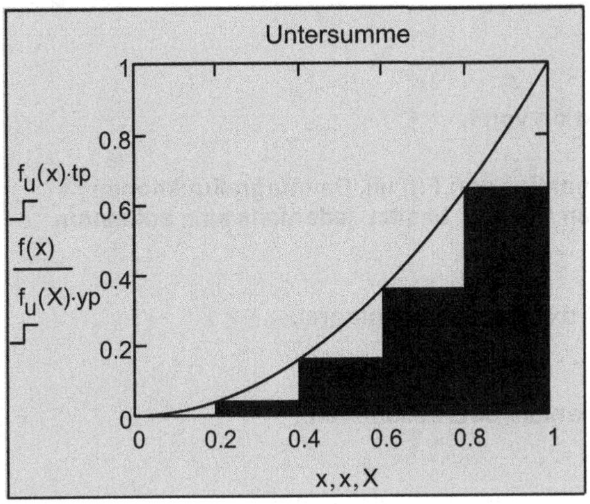

Abb. 4.2.1

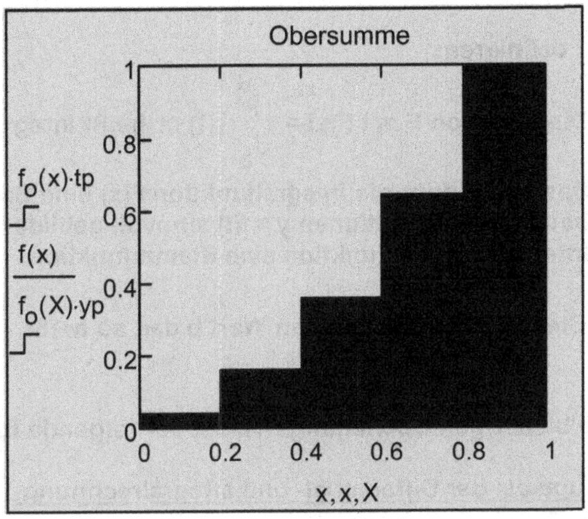

Abb. 4.2.2

$x_u = a, a + \Delta x .. b - \Delta x$ $\quad i := 0 .. \text{länge}(\text{Lv\_in\_Vektor}(a, b - \Delta x, \Delta x)) - 1$ $\quad x_o = a + \Delta x, a + 2 \cdot \Delta x .. b$

$\mathbf{x_u} := \text{Lv\_in\_Vektor}(a, b - \Delta x, \Delta x)$

$s_u := \sum_i \left(f\left(\mathbf{x_u}_i\right) \cdot \Delta x\right)$

$s_u = 0.24$

$\mathbf{x_u}^T = (0 \quad 0.2 \quad 0.4 \quad 0.6 \quad 0.8)$

Exakte Lösung:

$$\int_0^1 x^2 \, dx = 0.333$$

Untersumme und Obersumme

$\mathbf{x_o} := \text{Lv\_in\_Vektor}(a + \Delta x, b, \Delta x)$

$s_o := \sum_i \left(f\left(\mathbf{x_o}_i\right) \cdot \Delta x\right)$

$s_o = 0.44$

$\mathbf{x_o}^T = (0.2 \quad 0.4 \quad 0.6 \quad 0.8 \quad 1)$

Für die Untersumme gilt:
Die Höhen der Rechtecke sind gleich den Funktionswerten am linken Rand der Teilintervalle.

Für die Obersumme gilt:
Die Höhen der Rechtecke sind gleich den Funktionswerten am linken Rand der Teilintervalle.

Es gilt: $s_u \le A \le s_o$

Existiert nun unter den oben genannten Voraussetzungen der Grenzwert der Folgen der Untersummen und der Grenzwert der Obersummen und stimmen diese Grenzwerte überein, so heißt die Funktion integrierbar auf [a, b]. Der gemeinsame Grenzwert wird bestimmtes Integral von y = f(x) auf [a, b] genannt. Wir schreiben:

$$\int_a^b f(x)\,dx = \lim_{n \to \infty} \sum_{i=0}^{n-1} \left(f(x_i) \cdot \Delta x\right) = \lim_{n \to \infty} \sum_{i=0}^{n} \left(f(x_i) \cdot \Delta x\right) \qquad \textbf{(4-3)}$$

f(x) heißt Integrand; x Integrationsvariable; a, b untere bzw. obere Integrationsgrenze und [a, b] wird Integrationsintervall genannt.

Wie schon erwähnt, ist jede "stückweise" stetige Funktion (die Funktionswerte weisen nur endliche Sprünge auf) integrierbar. Für die Integrierbarkeit einer Funktion bestehen also weniger strenge Forderungen als für die Differenzierbarkeit.

Betrachten wir nun das oben besprochene Flächenproblem zwischen a und x bei einer stetigen Funktion, wobei also die obere Grenze variabel sein soll. Die Integrationsvariable bezeichnen wir mit t.

Wir definieren:

a) Die Funktion F mit $F(x) = \int_a^x f(t)\,dt$ **heißt Integralfunktion von f.**

Das heißt, dass die Integralfunktion F(x) eine Stammfunktion von F(t) ist. Da Integralfunktionen bei stetigen Funktionen y = f(t) sinnvoll gebildet werden können, besitzt jedenfalls eine auf einem Intervall stetige Funktion eine Stammfunktion.

b) Stellt x einen bestimmten Wert b dar, so heißt $\int_a^b f(x)\,dx$ **bestimmtes Integral.**

Die bisherigen Überlegungen fasst der folgende fundamentale Satz zusammen:

<u>Hauptsatz der Differential- und Integralrechnung:</u>

Ist $F:[a,b] \longrightarrow \mathbb{R}$, $x \longmapsto F(x)$ **eine beliebige Stammfunktion der stetigen Funktion** $f:[a,b] \longrightarrow \mathbb{R}$, $x \longmapsto f(x)$

dann ist F differenzierbar mit F'(x) = f(x) und es gilt:

$$\int_a^b f(x)\,dx = F(b) - F(a) \qquad \textbf{(4-4)}$$

Der Wert eines bestimmten Integrals ist von der Stammfunktion unabhängig; er errechnet sich als Differenz des Stammfunktionswertes der oberen und der unteren Grenze (siehe dazu (4-2)).

<u>Bemerkung:</u>

Die Integralfunktion F ist diejenige Stammfunktion, für die gilt:

$$F(a) = 0 \qquad \textbf{(4-5)}$$

<u>Beispiel 4.2.2:</u>

Berechnen Sie folgende bestimmte Integrale mit einer Stammfunktion:

$f(x) := x$ Funktionsgleichung

$x := 0, 0.01 .. 5$ Bereichsvariable

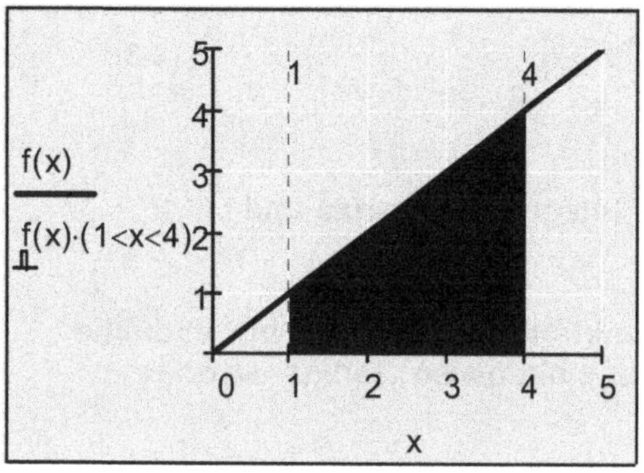

$$\int_1^4 x\,dx = \frac{x^2}{2}\Big|_1^4 = \frac{4^2}{2} - \frac{1^2}{2} \rightarrow \frac{15}{2}$$

Interpretieren wir das bestimmte Integral als Fläche, so stellt das Ergebnis die Maßzahl des Flächeninhalts zwischen Kurve und x-Achse von 1 bis 4 dar.

Abb. 4.2.3

$f(x) := x^2 + 1$ Funktionsgleichung

$x := 0, 0.01 .. 5$ Bereichsvariable

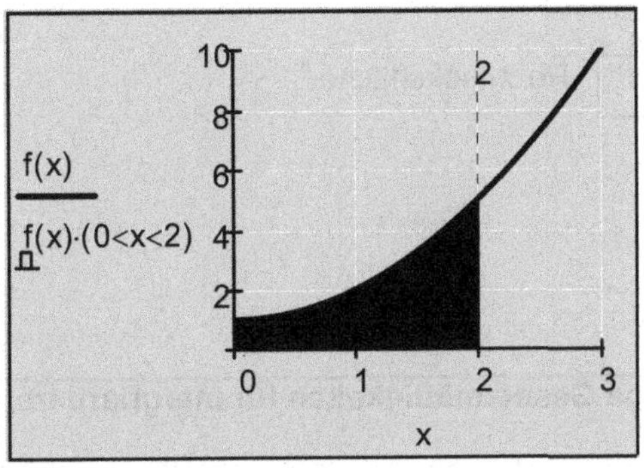

$$\int_0^2 (x^2+1)\,dx = \frac{x^3}{3} + x \;\Big|_0^2 = \frac{2^3}{3} + 2 - \frac{0^3}{3} - 0 \rightarrow \frac{14}{3}$$

Interpretieren wir das bestimmte Integral als Fläche, so stellt das Ergebnis die Maßzahl des Flächeninhalts zwischen Kurve und x-Achse von 0 bis 2 dar.

Abb. 4.2.4

Ein weiterer wichtiger Satz der Integralrechnung:

<u>Mittelwertsatz der Integralrechnung:</u>

Wenn f eine stetige Funktion auf]a, x[ist, dann gibt es mindestens ein $t_0 \in$]a, x[, für das gilt:

$$\int_a^x f(t)\,dt = (x-a)\cdot f(t_0) \qquad \textbf{(4-6)}$$

Der Satz besagt, dass die ebene Figur, begrenzt durch die Funktionskurve y = f(x), der x-Achse und den beiden Grenzen a und x, durch ein flächengleiches Rechteck ersetzt werden kann.

<u>Beispiel 4.2.3:</u>

Berechnen Sie den Mittelwert der Funktion $y = x^2$ zwischen 1 und 4.

$f(x) := x^2$ Funktionsgleichung

$x := 0, 0.01 .. 5$ Bereichsvariable

$a := 1 \quad b := 4$ Grenzen

$$f(x_m) = \frac{1}{b-a}\cdot\int_a^b x^2\,dx = \frac{1}{b-a}\cdot\left(\frac{x^3}{3}\right)\Big|_a^b = \frac{1}{b-a}\cdot\left(\frac{b^3}{3} - \frac{a^3}{3}\right)$$

$y_m := \frac{1}{b-a}\cdot\left(\frac{b^3}{3} - \frac{a^3}{3}\right) \qquad y_m = 7$ Mittelwert (Funktionswert an der Stelle x_m)

$x_m := \sqrt{y_m} \qquad x_m = 2.646$ Stelle x_m

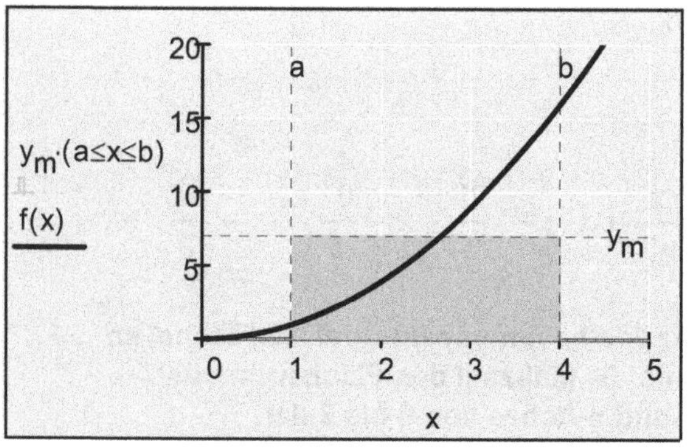

$$\int_a^b f(x)\,dx = 21$$ Fläche zwischen Kurve und x-Achse

$$(b-a)\cdot y_m = 21$$ Rechtecksfläche

Abb. 4.2.5

Mit dem Mittelwertsatz und den Grenzwertsätzen folgen nun einige Gesetzmäßigkeiten für integrierbare Funktionen f und g:

a) Ein konstanter Faktor kann vor das Integral geschrieben werden:

$$\int_a^x k\cdot f(t)\,dt = k\cdot\int_a^x f(t)\,dt\,,\ k \in \mathbb{R} \qquad \textbf{(4-7)}$$

b) Das Integral einer Summe bzw. einer Differenz ist gleich der Summe bzw. Differenz der Integrale.

$$\int_a^x (f(t)+g(t))\,dt = \int_a^x f(t)\,dt + \int_a^x g(t)\,dt \qquad \textbf{(4-8)}$$

c) Gilt für alle t ∈]a, x[: f(t) > g(t) bzw. f(t) = g(t) bzw. f(t) < g(t), dann gilt für die Integrale:

$$\int_a^x f(t)\,dt > \int_a^x g(t)\,dt \ \textbf{bzw.}\ \int_a^x f(t)\,dt = \int_a^x g(t)\,dt \ \textbf{bzw.}\ \int_a^x f(t)\,dt < \int_a^x g(t)\,dt \qquad \textbf{(4-9)}$$

d) Die Umkehrung der Grenzen ändert das Vorzeichen des Integrals:

$$\int_a^x f(t)\,dt = -\int_x^a f(t)\,dt \qquad \textbf{(4-10)}$$

e) Das Integral kann in Teilintervalle (mit gleichen Integranden) zerlegt werden:

$$\int_a^x f(t)\,dt = \int_a^{x_0} f(t)\,dt + \int_{x_0}^x f(t)\,dt\,,\ x_0 \in\,]a, x[\qquad \textbf{(4-11)}$$

<u>Beispiel 4.2.4:</u>

Berechnen Sie folgende bestimmte Integrale unter Ausnützung der vorher genannten Gesetzmäßigkeiten:

$$\int_1^3 3\cdot x^2\,dx \rightarrow 26 \qquad 3\cdot\int_1^3 x^2\,dx \rightarrow 26$$

$\int_1^2 (x+1)\,dx \rightarrow \frac{5}{2}$ $\quad\int_1^2 x\,dx + \int_1^2 1\,dx \rightarrow \frac{5}{2}$

$\int_1^2 (x+2)\,dx \rightarrow \frac{7}{2}$ $\quad -\int_2^1 (x+2)\,dx \rightarrow \frac{7}{2}$

$\int_1^4 x^3\,dx \rightarrow \frac{255}{4}$ $\quad \int_4^1 x^3\,dx \rightarrow -\frac{255}{4}$ Bei vertauschten Grenzen ist das Ergebnis negativ!

$\int_1^4 x^4\,dx \rightarrow \frac{1023}{5}$ $\quad \int_1^2 x^4\,dx + \int_2^4 x^4\,dx \rightarrow \frac{1023}{5}$

Einige weitere Eigenschaften von bestimmten Integralen:

a) Eine Fläche, die oberhalb der x-Achse liegt, ist positiv; eine Fläche, die unterhalb der x-Achse liegt, ist negativ, wenn entlang der positiven x-Achse integriert wird. Über Nullstellen darf daher nicht beliebig hinweg integriert werden!

b) Ist eine Funktion zentralsymmetrisch bzw. achsialsymmetrisch, so kann beim Integrieren diese Eigenschaft genützt werden.

Beispiel 4.2.5:

Bestimmen Sie die Maßzahl der Fläche zwischen Kurve und x-Achse im Bereich von a = 0 und b = 2 π:

$f(x) := \sin(x)$ Funktionsgleichung

$x := 0, 0.01 .. 2\cdot\pi$ Bereichsvariable

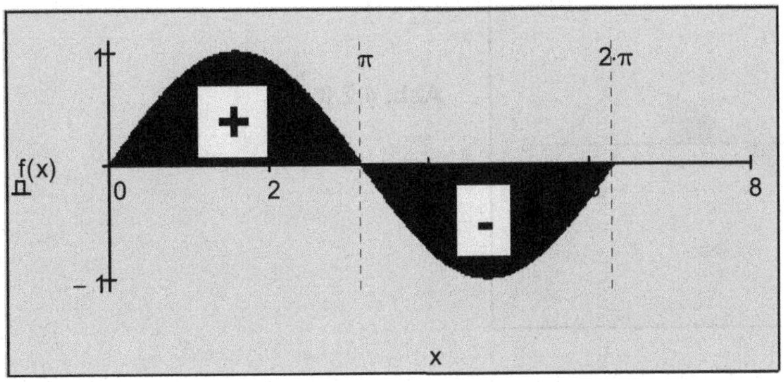

Abb. 4.2.6

$\int_0^{2\cdot\pi} f(x)\,dx \rightarrow 0$ $\quad \int_0^{\pi} f(x)\,dx \rightarrow 2$ $\quad \int_{\pi}^{2\cdot\pi} f(x)\,dx \rightarrow -2$

$A := \left|\int_0^{\pi} f(x)\,dx\right| + \left|\int_{\pi}^{2\cdot\pi} f(x)\,dx\right|$

$A = 4$

Oder durch Austausch der Integrationsgrenzen:

$A_1 := \int_0^{\pi} f(x)\,dx + \int_{2\cdot\pi}^{\pi} f(x)\,dx$

$A_1 = 4$

Beispiel 4.2.6:

Bestimmen Sie die Maßzahl der Fläche zwischen Kurve und x-Achse im Bereich a = - 2 und b = 2:

$f(x) := -x^3 + 3 \cdot x^2 + 3 \cdot x - 5$ Funktionsgleichung

$x := -3, -3 + 0.001 .. 4$ Bereichsvariable

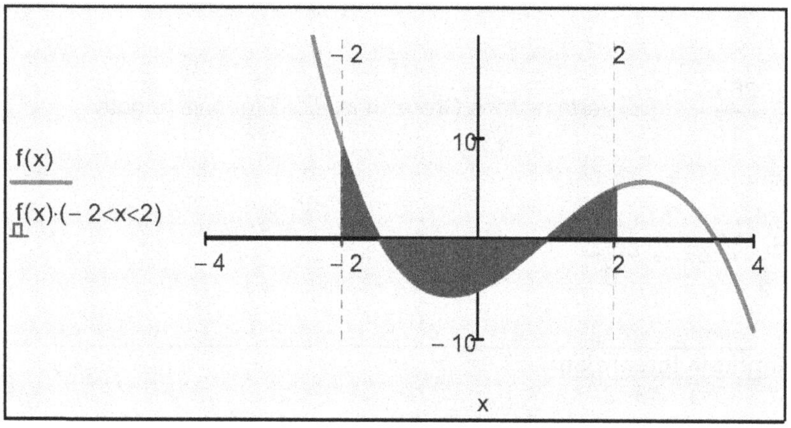

Abb. 4.2.7

$TOL := 10^{-10}$ Toleranzwert für das Näherungsverfahren

$x_1 := -1$ Startwert (Näherungswert)

$x_1 := \text{wurzel}(f(x_1), x_1)$ $x_1 = -1.449$ $f(x_1) = -1.776 \times 10^{-15}$

$x_2 := 1$ Startwert (Näherungswert)

$x_2 := \text{wurzel}(f(x_2), x_2)$ $x_2 = 1$ $f(x_2) = 0$

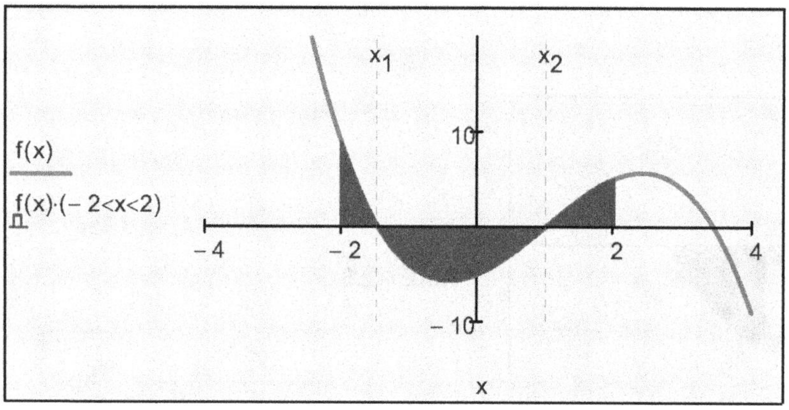

Abb. 4.2.8

$$A := \left|\int_{-2}^{x_1} f(x)\,dx\right| + \left|\int_{x_1}^{x_2} f(x)\,dx\right| + \left|\int_{x_2}^{2} f(x)\,dx\right| \qquad A = 14$$

oder: Maßzahl der Fläche

$$A := \int_{-2}^{x_1} f(x)\,dx + \int_{x_2}^{x_1} f(x)\,dx + \int_{x_2}^{2} f(x)\,dx \qquad A = 14$$

Beispiel 4.2.7:

Berechnen Sie das bestimmte Integral im Bereich von a = - π und b = π unter Ausnützung der Symmetrie:

$f(x) := \sin(x)$ gegebene Funktionsgleichung

$x := -\pi, -\pi + 0.01 .. \pi$ Bereichsvariable

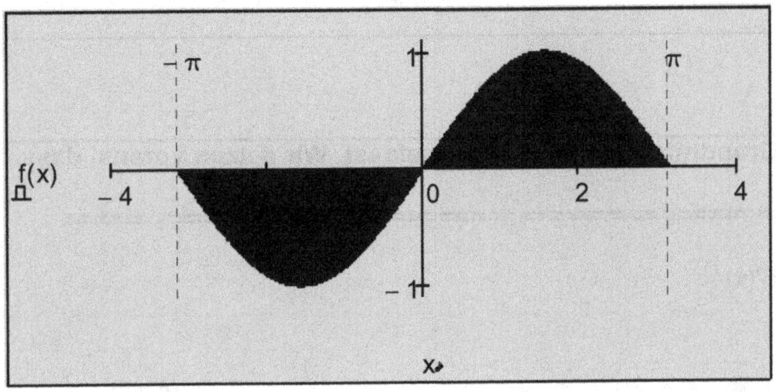

Abb. 4.2.9

$$2 \cdot \int_0^{\pi} f(x)\,dx \rightarrow 4$$ Maßzahl der Fläche

Beispiel 4.2.8:

Berechnen Sie das bestimmte Integral im Bereich a = -2 und b = 2 mit und ohne Ausnützung der Symmetrie.

$f(x) := x^2$ gegebene Funktion

$x := -2, -2 + 0.01 .. 2$ Bereichsvariable

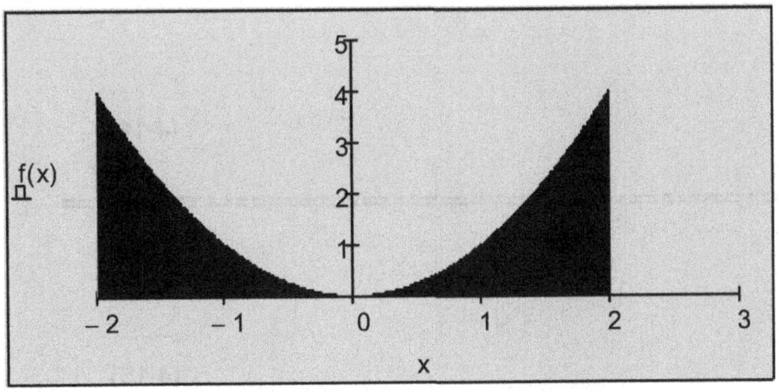

Abb. 4.2.10

$$\int_{-2}^{2} f(x)\,dx \rightarrow \frac{16}{3}$$ Maßzahl der Fläche

Oder unter Ausnützung der Symmetrie:

$$2 \cdot \int_0^{2} f(x)\,dx \rightarrow \frac{16}{3}$$ Maßzahl der Fläche

4.3 Integrationsmethoden

Weil das Integrieren stetiger Funktionen, also das Aufsuchen von Stammfunktionen, die Umkehrung des Differenzierens ist, lassen sich manche Differentiationsregeln unmittelbar in Integrationsregeln umwandeln. Ausgangspunkt seien aber zuerst die sogenannten Grundintegrale, deren Richtigkeit sofort durch Ableitungen bestätigt werden können.
Neben den Grundintegralen sind noch die Substitution (Umkehrung der Kettenregel), die partielle Integration (Umkehrung der Produktregel) und die Partialbruchzerlegung (Umkehrung der Quotientenregel) von Bedeutung.

4.3.1 Grundintegrale

Nachfolgend werden die wichstigsten Grundintegrale zusammengefasst. Wir setzen voraus, dass f und g stetige Funktionen sind.

==

$y = k \cdot f(x) \qquad y' = k \cdot f'(x)$

$$\int k \cdot f(x)\, dx = k \cdot \int f(x)\, dx, \; k \in \mathbb{R} \tag{4-12}$$

Ein konstanter Faktor kann vor das Integral geschrieben werden.

==

$y = f(x) \pm g(x) \qquad y' = f'(x) \pm g'(x)$

$$\int (f(x) + g(x))\, dx = \int f(x)\, dx + \int g(x)\, dx \tag{4-13}$$

Das Integral einer Summe (gilt auch für die Differenz) ist gleich der Summe bzw. Differenz der Integrale.

==

$y = x \qquad y' = 1$

$$\int 1\, dx = x + C \tag{4-14}$$

==

$y = k\,x \qquad y' = k$

$$\int k\, dx = k \cdot x + C \tag{4-15}$$

==

$y = x^r, \; r \in \mathbb{R} \qquad y' = r\,x^{r-1}$

$$\int x^r\, dx = \frac{x^{r+1}}{r+1} + C, \; r \neq -1 \tag{4-16}$$

==

===

$y = e^x$ **$y' = e^x$**

$$\int e^x\,dx = e^x + C \qquad (4\text{-}17)$$

$y = a^x$ **$y' = a^x \ln(a)$**

$$\int a^x\,dx = \frac{a^x}{\ln(a)} + C,\ a > 0,\ a \neq 1 \qquad (4\text{-}18)$$

===

$y = \ln(x)$ **$y' = 1/x$**

$$\int \frac{1}{x}\,dx = \ln(|x|) + C,\ x \neq 0 \qquad (4\text{-}19)$$

===

$y = \sin(x)$ **$y' = \cos(x)$**

$$\int \cos(x)\,dx = \sin(x) + C \qquad (4\text{-}20)$$

$y = \cos(x)$ **$y' = -\sin(x)$**

$$\int \sin(x)\,dx = -\cos(x) + C \qquad (4\text{-}21)$$

$y = \tan(x)$ **$y' = 1/\cos^2(x) = 1 + \tan^2(x)$**

$$\int \frac{1}{\cos(x)^2}\,dx = \int \left(1 + \tan(x)^2\right)dx = \tan(x) + C,\ x \neq (2n+1)\,\pi/2,\ n \in \mathbb{Z} \qquad (4\text{-}22)$$

$y = \cot(x)$ **$y' = -1/\sin^2(x) = -(1 + \cot^2(x))$**

$$\int \frac{1}{\sin(x)^2}\,dx = \int \left(1 + \cot(x)^2\right)dx = -\cot(x) + C,\ x \neq n\,\pi,\ n \in \mathbb{Z} \qquad (4\text{-}23)$$

===

==

$y = \arcsin(x) \qquad y' = \frac{1}{\sqrt{1 - x^2}}, \quad |x| < 1$

$$\int \frac{1}{\sqrt{1 - x^2}}\, dx = \arcsin(x) + C \qquad \textbf{(4-24)}$$

$y = \arccos(x) \qquad y' = -\frac{1}{\sqrt{1 - x^2}}, \quad |x| < 1$

$$\int -\frac{1}{\sqrt{1 - x^2}}\, dx = \arccos(x) + C \qquad \textbf{(4-25)}$$

$y = \arctan(x) \qquad y' = \frac{1}{1 + x^2}$

$$\int \frac{1}{1 + x^2}\, dx = \arctan(x) + C \qquad \textbf{(4-26)}$$

$y = \operatorname{arccot}(x) \qquad y' = -\frac{1}{1 + x^2}$

$$\int -\frac{1}{1 + x^2}\, dx = \operatorname{arccot}(x) + C \qquad \textbf{(4-27)}$$

==

$y = \sinh(x) \qquad y' = \cosh(x)$

$$\int \cosh(x)\, dx = \sinh(x) + C \qquad \textbf{(4-28)}$$

$y = \cosh(x) \qquad y' = \sinh(x)$

$$\int \sinh(x)\, dx = \cosh(x) + C \qquad \textbf{(4-29)}$$

$y = \tanh(x)$ $\qquad y' = \frac{1}{\cosh(x)^2} = 1 - \tanh(x)^2$

$$\int \frac{1}{\cosh(x)^2}\,dx = \int \left(1 - \tanh(x)^2\right) dx = \tanh(x) + C \qquad \textbf{(4-30)}$$

$y = \coth(x)$ $\qquad y' = -\frac{1}{\sinh(x)^2} = 1 - \coth(x)^2$

$$\int -\frac{1}{\sinh(x)^2}\,dx = \int \left(1 - \coth(x)^2\right) dx = \coth(x) + C \qquad \textbf{(4-31)}$$

===

$y = \operatorname{arsinh}(x) = \ln\left(x + \sqrt{x^2 + 1}\right)$ $\qquad y' = \frac{1}{\sqrt{1 + x^2}}$

$$\int \frac{1}{\sqrt{1 + x^2}}\,dx = \operatorname{arsinh}(x) + C = \ln\left(\left|x + \sqrt{x^2 + 1}\right|\right) + C \qquad \textbf{(4-32)}$$

$y = \operatorname{arcosh}(x) = \ln\left(x + \sqrt{x^2 - 1}\right)$ $\qquad y' = \frac{1}{\sqrt{x^2 - 1}}$, $|x| > 1$

$y = -\operatorname{arcosh}(x) = -\ln\left(x + \sqrt{x^2 - 1}\right)$ $\qquad y' = -\frac{1}{\sqrt{x^2 - 1}}$, $|x| > 1$

$$\int \frac{1}{\sqrt{x^2 - 1}}\,dx = \operatorname{arcosh}(x) + C = \ln\left(\left|x + \sqrt{x^2 - 1}\right|\right) + C\ ,\ |x| > 1 \qquad \textbf{(4-33)}$$

$y = \operatorname{artanh}(x) = \frac{1}{2} \cdot \ln\left(\frac{1 + x}{1 - x}\right)$ $\qquad y' = \frac{1}{1 - x^2}$, $|x| < 1$

$$\int \frac{1}{1 - x^2}\,dx = \operatorname{artanh}(x) + C = \frac{1}{2} \cdot \ln\left(\left|\frac{1 + x}{1 - x}\right|\right) + C\ ,\ \mathbf{x \neq 1} \qquad \textbf{(4-34)}$$

$$y = \operatorname{arcoth}(x) = \frac{1}{2} \cdot \ln\left(\frac{x+1}{x-1}\right) \qquad y' = \frac{1}{1-x^2} \quad , \quad |x| > 1$$

$$\int \frac{1}{1-x^2}\, dx = \operatorname{arcoth}(x) + C = \frac{1}{2} \cdot \ln\left(\left|\frac{x+1}{x-1}\right|\right) + C \text{ , } \mathbf{x \neq 1} \qquad \mathbf{(4\text{-}35)}$$

==

Beispiel 4.3.1:

Berechnen Sie folgende Grundintegrale:

(1) $\int x^2\, dx = \frac{x^3}{3} + C$ (4-16)

(2) $\int 12 \cdot x^2\, dx = 12 \cdot \int x^2\, dx = 12 \cdot \frac{x^3}{3} + C = 4 \cdot x^3 + C$ (4-12) und (4-16)

(3) $\int \frac{15}{4} \cdot \sqrt{x}\, dx = \frac{15}{4} \cdot \int x^{\frac{1}{2}}\, dx = \frac{15}{4} \cdot \frac{x^{\frac{3}{2}}}{\frac{3}{2}} + C = \frac{30}{12} \cdot x^{\frac{3}{2}} + C = \frac{5}{2} \cdot x^{\frac{3}{2}} + C$ (4-12) und (4-16)

(4) $\int x^{\frac{-3}{4}}\, dx = \frac{x^{\frac{1}{4}}}{\frac{1}{4}} + C = 4 \cdot x^{\frac{1}{4}} + C$ (4-16)

(5) $\int x^2 + 6 \cdot x - 5\, dx = \int x^2\, dx + 6 \cdot \int x\, dx - \int 5\, dx = \frac{x^3}{3} + 6 \cdot \frac{x^2}{2} - 5 \cdot x + C$ (4-13) bis (4-16)

(6) $\int \frac{1}{x^2}\, dx = \int x^{-2}\, dx = -x^{-1} + C = -\frac{1}{x} + C$ (4-16)

(7) $\int \frac{1}{x^{-2}}\, dx = \int x^2\, dx = \frac{x^3}{3} + C$ (4-16)

(8) $\int \frac{3}{x} + 1 - \frac{1}{\sqrt{x}}\, dx = 3 \cdot \int \frac{1}{x}\, dx + \int 1\, dx - \int x^{-\frac{1}{2}}\, dx = 3 \cdot \ln(|x|) + x - 2 \cdot x^{\frac{1}{2}} + C$ (4-13) (4-19), (4-14), (4-16)

(9) $\int e^x + \sin(x) + 1\, dx = e^x - \cos(x) + x + C$ (4-13), (4-17), (4-21), (4-14)

(10) $\int e^x - e^{-x}\, dx = e^x + e^{-x} + C$ (4-13), (4-17)

(11) $\int \left(\sqrt{x} - 1\right)^2 dx = \int x - 2\cdot\sqrt{x} + 1\, dx = \frac{x^2}{2} - \frac{4}{3}\cdot x^{\frac{3}{2}} + x + C$ (4-13), (4-16), (4-14)

(12) $\int \frac{(1-x)^2}{x}\, dx = \int \frac{1 - 2\cdot x + x^2}{x}\, dx = \int \frac{1}{x} - 2 + x\, dx = \ln(|x|) - 2\cdot x + \frac{x^2}{2} + C$ (4-13), (4-19), (4-14), (4-16)

(13) $\int a\cdot\cos(x) - b\cdot\sin(x)\, dx = a\cdot\sin(x) + b\cdot\cos(x) + C$ (4-13), (4-12), (4-20), (4-21)

(14) $\int \frac{6}{\cos(x)^2} - \frac{5}{\sin(x)^2} + 3\cdot e^x\, dx = 6\cdot\tan(x) + 5\cdot\cot(x) + 3\cdot e^x + C$ (4-13), (4-22), (4-23), (4-17)

(15) $\int 3^x + 10^x\, dx = \frac{3^x}{\ln(3)} + \frac{10^x}{\ln(10)} + C$ (4-13), (4-18)

(16) $\int 3\cdot\left(1 + \tan(x)^2\right) dx = 3\cdot\tan(x) + C$ (4-12), (4-22)

(17) $\int 1 + \cot(x)^2\, dx = -\cot(x) + C$ (4-23)

(18) $\int \cos\left(\frac{x}{2}\right)^2 dx = \frac{1}{2}\cdot\int 1 + \cos(x)\, dx = \frac{1}{2}\cdot(x + \sin(x)) + C$ (3-48), (4-13), (4-14), (4-20)

(19 $\int \sin\left(\frac{x}{2}\right)^2 dx = \frac{1}{2}\cdot\int 1 - \cos(x)\, dx = \frac{1}{2}\cdot(x - \sin(x)) + C$ (3-47), (4-13), (4-14), (4-20)

(20) $\int \frac{1}{2 + 2\cdot x^2}\, dx = \frac{1}{2}\cdot\int \frac{1}{1 + x^2}\, dx = \frac{1}{2}\cdot\arctan(x) + C$ (4-12), (4-26)

(21) $$\int \frac{1}{3-3\cdot x^2}\,dx = \frac{1}{3}\cdot\int \frac{1}{1-x^2}\,dx = \frac{1}{3}\cdot \operatorname{artanh}(x) + C = \frac{1}{3}\cdot\frac{1}{2}\cdot \ln\left(\left|\frac{1+x}{1-x}\right|\right) + C$$ (4-12), (4-34)

(22) $$\int \frac{1}{\sqrt{4-4\cdot x^2}}\,dx = \frac{1}{2}\cdot\int \frac{1}{\sqrt{1-x^2}}\,dx = \frac{1}{2}\cdot \arcsin(x) + C \quad \text{oder:} \quad -\frac{1}{2}\cdot\arccos(x) + C$$ (4-12), (4-24)

(23) $$\int \frac{1}{\sqrt{9+9\cdot x^2}}\,dx = \frac{1}{3}\cdot\int \frac{1}{\sqrt{1+x^2}}\,dx = \frac{1}{3}\cdot \operatorname{arsinh}(x) + C = \frac{1}{3}\cdot \ln\left(x+\sqrt{x^2+1}\right) + C$$ (4-12), (4-32)

Beispiel 4.3.2:

Ein Körper wird mit einer konstanten Anfangsgeschwindigkeit v_0 zum Zeitpunkt t = 0 s nach oben geworfen. Berechnen Sie v und s. Die Reibung wird vernachlässigt.

$v = \frac{d}{dt}s \qquad a = \frac{d}{dt}v$ — Geschwindigkeit und Beschleunigung

$ds = v\cdot dt \qquad dv = a\cdot dt$ — Differentiale

$s = \int 1\,ds = \int v\,dt$ — zurückgelegter Weg $\qquad v = \int 1\,dv = \int a\,dt$ — Geschwindigkeit

$v = \int -g\,dt = -g\cdot t + C_1$ — Geschwindigkeits-Zeit-Gesetz (Stammfunktionen)

$s = \int -g\cdot t + C_1\,dt = -g\cdot\frac{t^2}{2} + C_1\cdot t + C_2$ — Weg-Zeit-Gesetz (Stammfunktionen)

Um zwei unbestimmte Konstanten berechnen zu können, sind 2 Anfangsbedingungen notwendig:

$v(0) = v_0 \qquad v = -g\cdot t + C_1 \qquad v_0 = -g\cdot 0 + C_1 \qquad \Rightarrow \qquad C_1 = v_0$

$s(0) = 0 \qquad s = -g\cdot\frac{t^2}{2} + C_1\cdot t + C_2 \qquad 0 = -g\cdot\frac{0^2}{2} + v_0\cdot 0 + C_2 \qquad \Rightarrow \qquad C_2 = 0$

$$\boxed{s = v_0\cdot t - \frac{g}{2}\cdot t^2}$$ Geschwindigkeits-Zeit-Gesetz

$$\boxed{v = v_0 - g\cdot t}$$ Weg-Zeit-Gesetz

Beispiel 4.3.3:

Die Ableitung einer Funktion ist gegeben durch y' = 2 x + 3. Wie lautet die Funktionsgleichung y = f(x), die den Punkt P(1 | 2) enthält?

$\frac{d}{dx}y = 2 \cdot x + 3 \quad \Rightarrow \quad dy = (2 \cdot x + 3) \cdot dx$ Differential

$\int 1\, dy = \int 2 \cdot x + 3\, dx \qquad y = 2 \cdot \frac{x^2}{2} + 3 \cdot x + C$ auf beiden Seiten integrieren

Koordinaten von P(1 | 2) einsetzen: $2 = 1^2 + 3 \cdot 1 + C \quad \Rightarrow \quad C = -2$

$y = x^2 + 3 \cdot x - 2$ gesuchte Funktion

Beispiel 4.3.4:

Die Steigung einer Kurve ist in jedem Punkte gleich dem Werte der Ordinate. Wie lautet die Funktionsgleichung der Kurve?

Es muss folgende Differentialgleichung gelten: $\frac{d}{dx}y = y$. Der Differentialquotient lässt sich aufspalten in $\frac{dy}{y} = dx$.
Dies wird auch Trennung der Variablen genannt. Nun kann auf beiden Seiten der Gleichung integriert werden:

$\int \frac{1}{y}\, dy = \int 1\, dx \qquad \ln(y) = x + \ln(C)$ oder $\ln(y) = x + C_1$

$e^{\ln(y)} = e^{x+\ln(C)} \quad \Rightarrow \quad y = C \cdot e^x$

$e^{\ln(y)} = e^{x+C_1} \quad \Rightarrow \quad y = e^{C_1} \cdot e^x = C \cdot e^x$

gesuchte Lösungen

Beispiel 4.3.5:

Welche konstante Kraft muss auf einen Eisenbahnwagon von 10 t Masse wirken, damit seine Anfangsgeschwindigkeit v_0 = 2 m/s im Laufe von τ = 40 s umgekehrt wird, d. h. in v_1 = - 2 m/s umgewandelt wird? Die Reibung wird vernachlässigt.

$F = m \cdot \frac{d}{dt}v$ dynamisches Grundgesetz

Nach der Aufspaltung des Differentialquotienten in **F dt = m dv** kann auf beiden Seiten integriert werden.

$\int_0^{\tau} F\, dt = \int_{v_0}^{v_1} m\, dv \quad \Rightarrow \quad F \cdot \tau = m \cdot (v_1 - v_0)$ Kraftstoß = Impulsänderung

$v_0 := 2 \cdot \frac{m}{s} \qquad v_1 := -2 \cdot \frac{m}{s}$ Geschwindigkeiten

$\tau := 40 \cdot s \qquad m_0 := 10 \cdot 10^3 \cdot kg$ Zeit und Masse

$F := \frac{m_0}{\tau} \cdot (v_1 - v_0) \qquad F = -1 \times 10^3 N$ gesuchte Kraft

4.3.2 Integration durch Substitution

Das Ziel der Substitution (Umkehrung der Kettenregel) ist es, das vorgegebene Integral auf ein Grundintegral zurückzuführen.
Wir gehen von einer integrierbaren verketteten Funktion y = f(g(x)) aus. Zuerst führen wir eine neue Integrationsvariable u ein, die mit x über g(x) zusammenhängt, also u = g(x). Das Differential von u ergibt sich dann zu: du = g'(x) dx. Das unbestimmte Integral lässt sich dann wie folgt umformen:

$$\int f(g(x))\,dx = \int \frac{f(u)}{g'(x)}\,du \qquad \textbf{(4-36)}$$

Bei der Substitution am bestimmten Integral müssen auch die Integrationsgrenzen geändert werden:

$$\int_a^b f(g(x))\,dx = \int_{u(a)}^{u(b)} \frac{f(u)}{g'(x)}\,du \qquad \textbf{(4-37)}$$

Spezialfälle der Substitution:

a) Die innere Funktion ist linear.

Für Integrale der Form $\int f(a\cdot x+b)\,dx$ **gilt dann mit u = a x + b und du = a dx:**

$$\int f(a\cdot x+b)\,dx = \frac{1}{a}\cdot\int f(u)\,du = \frac{1}{a}\cdot F(u) + C = \frac{1}{a}\cdot F(a\cdot x+b) + C \qquad \textbf{(4-38)}$$

b) Im Integranden steht die Ableitung der inneren Funktion g(x) als Produkt (u = g(x) und du = g'(x) dx):

$$\int f(g(x))\cdot g'(x)\,dx = \int f(u)\,du = F(u) + C = F(g(x)) + C \qquad \textbf{(4-39)}$$

Für Integrale der Form $\int (g(x))^n\cdot g'(x)\,dx$ **gilt dann mit u = g(x) und du = g '(x) dx:**

$$\int (g(x))^n\cdot g'(x)\,dx = \int u^n\,du = \frac{u^{n+1}}{n+1} + C = \frac{1}{n+1}\cdot(g(x))^{n+1} + C \qquad \textbf{(4-40)}$$

Für Integrale der Form $\int (g(x))^{\frac{1}{2}}\cdot g'(x)\,dx$ **gilt dann mit u = g(x) und du = g '(x) dx:**

$$\int (g(x))^{\frac{1}{2}}\cdot g'(x)\,dx = \int u^{\frac{1}{2}}\,du = \frac{u^{\frac{3}{2}}}{\frac{3}{2}} + C = \frac{2}{3}\cdot(g(x))^{\frac{3}{2}} + C \qquad \textbf{(4-41)}$$

$$\int \frac{g'(x)}{2\cdot\sqrt{g(x)}}\,dx = \int \frac{1}{2\cdot\sqrt{g(x)}}\,d(g(x)) = \frac{1}{2}\cdot\int \left(g(x)^{\frac{-1}{2}}\right) dg(x) = \sqrt{g(x)} + C \qquad \textbf{(4-42)}$$

c) Im Zähler des Integranden steht die Ableitung des Nenners ($u = g(x)$ und $du = g'(x)\,dx$):

$$\int \frac{g'(x)}{g(x)}\,dx = \int \frac{1}{u}\,du = \ln(|u|) + C = \ln(|g(x)|) + C \qquad \textbf{(4-43)}$$

Bemerkung:
Die Umkehrung der Kettenregel kann nicht immer bei Integralen, in denen der Integrand eine verkettete Funktion darstellt, angewendet werden. Hier helfen manchmal spezielle Substitutionen, wie am Ende dieses Abschnittes gezeigt wird.

Beispiel 4.3.6:

(1) $$\int (1+2\cdot x)^{\frac{3}{2}}\,dx = \frac{1}{2}\cdot\int u^{\frac{3}{2}}\,du = \frac{1}{2}\cdot\frac{u^{\frac{5}{2}}}{\frac{5}{2}} + C = \frac{1}{5}\cdot u^{\frac{5}{2}} + C = \frac{1}{5}\cdot(1+2\cdot x)^{\frac{5}{2}} + C \qquad \text{(4-38), (4-16)}$$

$u = 1 + 2\cdot x \qquad du = 2\cdot dx$

(2) $$\int \sin(2\cdot x)\,dx = \frac{1}{2}\cdot\int \sin(u)\,du = \frac{-1}{2}\cdot\cos(u) + C = -\frac{1}{2}\cdot\cos(2\cdot x) + C \qquad \text{(4-38), (4-21)}$$

$u = 2\cdot x \qquad du = 2\cdot dx$

(3) $$\int \cos(3\cdot x - 1)\,dx = \frac{1}{3}\cdot\int \cos(u)\,du = \frac{1}{3}\cdot\sin(u) + C = \frac{1}{3}\cdot\sin(3\cdot x - 1) + C \qquad \text{(4-38), (4-20)}$$

$u = 3\cdot x - 1 \qquad du = 3\cdot dx$

(4) $$\int e^{3\cdot x}\,dx = \frac{1}{3}\cdot\int e^{u}\,du = \frac{1}{3}\cdot e^{u} + C = \frac{1}{3}\cdot e^{3\cdot x} + C \qquad \text{(4-38), (4-17)}$$

$u = 3\cdot x \qquad du = 3\cdot dx$

(5) $$\int e^{-\frac{t}{2}}\,dt = -2\cdot\int e^{u}\,du = -2\cdot e^{u} + C = -2\cdot e^{\frac{-t}{2}} + C \qquad \text{(4-38), (4-17)}$$

$u = \frac{-t}{2} \qquad du = \frac{-1}{2}\cdot dt \qquad dt = -2\cdot du$

(6) $\displaystyle\int \frac{5}{(4-3\cdot x)^2}\,dx = -\frac{5}{3}\cdot\int \frac{1}{u^2}\,du = \frac{-5}{3}\cdot\int u^{-2}\,du = \frac{-5}{3}\cdot\frac{u^{-1}}{-1} + C = \frac{5}{3}\cdot\frac{1}{u} + C = \frac{5}{3}\cdot\frac{1}{4-3\cdot x} + C$

$u = 4 - 3\cdot x \qquad du = -3\cdot dx$ (4-38), (4-16)

(7) $\displaystyle\int \sqrt{2\cdot x+3}\,dx = \int (2\cdot x+3)^{\frac{1}{2}}\,dx = \frac{1}{2}\cdot\frac{(2\cdot x+3)^{\frac{3}{2}}}{\frac{3}{2}} + C = \frac{1}{3}\cdot(2\cdot x+3)^{\frac{3}{2}} + C$ (4-38), (4-16)

(8) $\displaystyle\int (5\cdot x-3)^7\,dx = \frac{1}{5}\cdot\frac{(5\cdot x-3)^8}{8} + C = \frac{1}{40}\cdot(5\cdot x-3)^8 + C$ (4-38), (4-16)

(9) $\displaystyle\int_0^5 \sqrt{3\cdot x+1}\,dx = \frac{1}{3}\cdot\int_1^{16} u^{\frac{1}{2}}\,du = \frac{2}{9}\cdot u^{\frac{3}{2}}\ \Big|_1^{16} = \frac{2}{9}\cdot\left(16^{\frac{3}{2}} - 1^{\frac{3}{2}}\right) = \frac{2}{9}\cdot(64-1) = 14$ (4-37), (4-41)

$u = 3\cdot x + 1 \qquad du = 3\cdot dx \qquad u(0) = 1 \qquad u(5) = 16$

Wir könnten aber auch zuerst unbestimmt integrieren und hinterher erst das bestimmte Integral auswerten. Damit müssen die Grenzen nicht geändert werden!

(10) $\displaystyle\int \frac{1}{a^2+x^2}\,dx = \frac{1}{a^2}\cdot\int \frac{1}{1+\left(\frac{x}{a}\right)^2}\,dx = \frac{1}{a}\cdot\int \frac{1}{1+u^2}\,du = \frac{1}{a}\cdot\arctan(u) + C = \frac{1}{a}\cdot\arctan\left(\frac{x}{a}\right) + C$

$u = \frac{x}{a} \qquad du = \frac{1}{a}\cdot dx$ (4-38), (4-26)

(11) $\displaystyle\int \frac{1}{\sqrt{a^2-x^2}}\,dx = \frac{1}{a}\cdot\int \frac{1}{\sqrt{1-\left(\frac{x}{a}\right)^2}}\,dx = \int \frac{1}{\sqrt{1-u^2}}\,du + C = \arcsin(u) + C = \arcsin\left(\frac{x}{a}\right) + C$

$u = \frac{x}{a} \qquad du = \frac{1}{a}\cdot dx$ (4-38), (4-24)

(12) $\displaystyle\int \sin(x)^4\cdot\cos(x)\,dx = \int \sin(x)^4\,d\sin(x) = \frac{\sin(x)^5}{5} + C$ (4-40)

$u = \sin(x) \qquad du = d(\sin(x)) = \cos(x)\cdot dx$

(13) $\displaystyle\int \frac{1}{\cos(x)^4}\,dx = \int \frac{1}{\cos(x)^2}\cdot\frac{1}{\cos(x)^2}\,dx = \int 1+\tan(x)^2\,d\tan(x) = \tan(x) + \frac{1}{3}\cdot\tan(x)^3 + C$

$$\int \frac{1}{\cos(x)^4}\,dx = \int \left(1+\tan(x)^2\right)\cdot\frac{1}{\cos(x)^2}\,dx = \int 1+u^2\,du = u+\frac{u^3}{3}+C$$ (4-39), (4-14), (4-16)

$u = \tan(x)$ $du = d(\tan(x)) = \frac{1}{\cos(x)^2}\cdot dx$

(14) $\int \sin(x)^3\,dx = \int \sin(x)^2\cdot\sin(x)\,dx = \int 1-\cos(x)^2\,d{-\cos(x)} = -\left(\cos(x)-\frac{\cos(x)^3}{3}\right)+C$

$u = \cos(x)$ $du = -\sin(x)\cdot dx$ $-du = d(-\cos(x)) = \sin(x)\cdot dx$ (4-39), (4-14), (4-16)

(15) $\int x\cdot\sqrt{x^2+1}\,dx = \frac{1}{2}\cdot\int\sqrt{x^2+1}\cdot(2\cdot x)\,dx = \frac{1}{2}\cdot\int \left(x^2+1\right)^{\frac{1}{2}}\,dx^2+1 = \frac{1}{2}\cdot\frac{\left(x^2+1\right)^{\frac{3}{2}}}{\frac{3}{2}}+C$

$u = x^2+1$ $du = d\left(x^2+1\right) = 2\cdot x\cdot dx$ (4-41)

(16) $\int \frac{3}{2\cdot\sqrt{3\cdot x+2}}\,dx = \int\frac{1}{2\cdot\sqrt{3\cdot x+2}}\,d3\cdot x+2 = \sqrt{3\cdot x+2}+C$ (4-42)

(17) $\int \frac{1}{x+2}\,dx = \ln(|x+2|)+C$ $u = x+2$ $du = dx$ (4-43), (4-19)

(18) $\int\frac{1}{2\cdot x-3}\,dx = \frac{1}{2}\cdot\int\frac{2}{2\cdot x-3}\,dx = \frac{1}{2}\cdot\ln(|2\cdot x-3|)+C$ (4-43), (4-19)

(19) $\int\frac{x^2}{1-2\cdot x^3}\,dx = \frac{-1}{6}\cdot\int\frac{-6\cdot x^2}{1-2\cdot x^3}\,dx = \frac{-1}{6}\cdot\ln\left(\left|1-2\cdot x^3\right|\right)+C$ (4-43), (4-19)

(20) $\int\cot(x)\,dx = \int\frac{\cos(x)}{\sin(x)}\,dx = \ln(|\sin(x)|)+C$ (4-43), (4-19)

(21) $\int\frac{1}{x\cdot\ln(x)}\,dx = \int\frac{\frac{1}{x}}{\ln(x)}\,dx = \ln(|\ln(x)|)+C$ (4-43), (4-19)

(22) $\int\tanh(x)\,dx = \int\frac{\sinh(x)}{\cosh(x)}\,dx = \ln(|\cosh(x)|)+C$ (4-43), (4-19)

Spezielle Substitutionen:

(23) $\int \sqrt{a^2 - x^2}\, dx$ **Substitution:** $x = a \cdot \sin(t)$ **oder:** $x = a \cdot \tanh(t)$

$a := 3$ Konstante

$$\int \sqrt{a^2 - x^2}\, dx + C \rightarrow C + \frac{9 \cdot \operatorname{asin}\left(\frac{x}{3}\right)}{2} + \frac{x \cdot \sqrt{9 - x^2}}{2}$$

(24) $$\int x^2 \cdot \sqrt{a^2 - x^2}\, dx + C \rightarrow C + \frac{81 \cdot \operatorname{asin}\left(\frac{x}{3}\right)}{8} - \frac{x \cdot \sqrt{-\left(x^2 - 9\right)^3}}{4} + \frac{9 \cdot x \cdot \sqrt{9 - x^2}}{8}$$

$$\int_0^a x^2 \cdot \sqrt{a^2 - x^2}\, dx \rightarrow \frac{81 \cdot \pi}{16}$$

(25) $\int \sqrt{x^2 - a^2}\, dx$ **Substitution:** $x = \frac{a}{\cos(t)}$ **oder:** $x = a \cdot \cosh(t)$

$a := 3$ Konstante

$$\int \sqrt{x^2 - a^2}\, dx + C \rightarrow C - \frac{9 \cdot \ln\left(x + \sqrt{x^2 - 9}\right)}{2} + \frac{x \cdot \sqrt{x^2 - 9}}{2}$$

(26) $$\int \sqrt{x^2 - 4 \cdot x + 3}\, dx = \int \sqrt{(x-2)^2 - 1}\, dx$$

$$\int \sqrt{x^2 - 4 \cdot x + 3}\, dx + C \rightarrow C - \frac{\ln\left(x + \sqrt{x^2 - 4 \cdot x + 3} - 2\right)}{2} + \left(\frac{x}{2} - 1\right) \cdot \sqrt{x^2 - 4 \cdot x + 3}$$

(27) $\int \sqrt{x^2 + a^2}\, dx$ **Substitution:** $x = a \cdot \tanh(t)$ **oder:** $x = a \cdot \sinh(t)$

$a := a$ Redefinition

$$\int \sqrt{x^2 + a^2}\, dx + C \rightarrow C + \frac{x \cdot \sqrt{a^2 + x^2}}{2} + \frac{a^2 \cdot \ln\left(x + \sqrt{a^2 + x^2}\right)}{2}$$

4.3.3 Partielle Integration

Partielle (teilweise) Integration oder Produktintegration (Umkehrung der Produktregel).
Gegeben seien zwei differenzierbare Funktionen u(x) und v(x).

Aus der Produktregel (u(x) . v(x)) ' = u'(x) . v(x) + v'(x) . u(x) folgt durch Umformung:

$$u(x) \cdot v'(x) = (u(x) \cdot v(x))' - v(x) \cdot u'(x) \qquad \textbf{(4-44)}$$

Durch Multiplikation der Gleichung (4-44) mit dx und anschließender Integration erhalten wir die Regel für die partielle Integration:

$$\int u(x) \cdot v'(x)\, dx = u(x) \cdot v(x) - \int v(x) \cdot u'(x)\, dx \qquad \textbf{(4-45)}$$

bzw. mit dv = v'(x) dx und du = u'(x) dx

$$\int u\, dv = u \cdot v - \int v\, du \qquad \textbf{(4-46)}$$

Beispiel 4.3.7:

(1) $$\int x \cdot e^x\, dx = x \cdot e^x - \int e^x\, dx = x \cdot e^x - e^x + C = e^x \cdot (x-1) + C$$

$u = x \quad \Rightarrow \quad du = dx \qquad dv = e^x \cdot dx \quad \Rightarrow \quad v = e^x$ **(keine Integrationskonstante!)**

Bei falschem Ansatz kann sich ein schwierigeres Integral als zuvor ergeben (z. B. $u = e^x$)

(2) $$\int x^2 \cdot e^x\, dx = x^2 \cdot e^x - 2 \cdot \int x \cdot e^x\, dx = x^2 \cdot e^x - 2 \cdot e^x(x-1) + C = e^x \cdot \left(x^2 - 2 \cdot x + 2\right) + C$$

$u = x^2 \quad \Rightarrow \quad du = 2 \cdot x \cdot dx \qquad dv = e^x \cdot dx \quad \Rightarrow \quad v = \int 1\, dv = \int e^x\, dx = e^x$

(3) $$\int x^2 \cdot \cos(x)\, dx = x^2 \cdot \sin(x) - \int \sin(x) \cdot 2 \cdot x\, dx = x^2 \cdot \sin(x) - 2 \cdot \int x \cdot \sin(x)\, dx$$

$u = x^2 \quad \Rightarrow \quad du = 2 \cdot x \cdot dx \qquad dv = \cos(x) \cdot dx \quad \Rightarrow \quad v = \sin(x)$

Für das letzte Integral muss noch einmal partiell integriert werden:

$$\int x \cdot \sin(x)\, dx = -x \cdot \cos(x) - \int -\cos(x)\, dx = -x \cdot \cos(x) + \sin(x)$$

$u = x \quad \Rightarrow \quad du = 1 \cdot dx \qquad dv = \sin(x) \cdot dx \quad \Rightarrow \quad v = -\cos(x)$

$$\int x^2 \cdot \cos(x)\,dx = x^2 \cdot \sin(x) - 2 \cdot (-x \cdot \cos(x) + \sin(x)) + C = x^2 \cdot \sin(x) + 2 \cdot x \cdot \cos(x) - 2 \cdot \sin(x) + C$$

(4) $$\int \ln(x) \cdot 1\,dx = x \cdot \ln(x) - \int x \cdot \frac{1}{x}\,dx = x \cdot \ln(x) - x + C = x \cdot (\ln(x) - 1) + C$$

$u = \ln(x) \quad \Rightarrow \quad du = \frac{1}{x} \cdot dx \qquad dv = 1 \cdot dx \quad \Rightarrow \quad v = x$

(5) $$\int \arctan(x)\,dx = x \cdot \arctan(x) - \int x \cdot \frac{1}{1+x^2}\,dx = x \cdot \arctan(x) - \frac{1}{2} \cdot \int \frac{2 \cdot x}{1+x^2}\,dx$$

$u = \arctan(x) \quad \Rightarrow \quad du = \frac{1}{1+x^2} \cdot dx \qquad dv = 1 \cdot dx \quad \Rightarrow \quad v = x$

$$\int \arctan(x)\,dx = x \cdot \arctan(x) - \frac{1}{2} \cdot \ln\left(1+x^2\right) + C$$

(6) $$\int x^2 \cdot \ln(x)\,dx = \frac{1}{3} \cdot x^3 \cdot \ln(x) - \int \frac{x^3}{3} \cdot \frac{1}{x}\,dx = \frac{1}{3} \cdot x^3 \cdot \ln(x) - \frac{1}{3} \cdot \frac{x^3}{3} + C = \frac{1}{3} \cdot x^3 \cdot \left(\ln(x) - \frac{1}{3}\right) + C$$

$u = \ln(x) \quad \Rightarrow \quad du = \frac{1}{x} \cdot dx \qquad dv = x^2 \cdot dx \quad \Rightarrow \quad v = \frac{x^3}{3}$

(7) $$\int x^n \cdot \ln(x)\,dx = \frac{1}{n+1} \cdot x^{n+1} \cdot \ln(x) - \int \frac{x^{n+1}}{n+1} \cdot \frac{1}{x}\,dx = \frac{1}{n+1} \cdot x^{n+1} \cdot \ln(x) - \frac{1}{n+1} \cdot \frac{x^{n+1}}{n+1} + C$$

$u = \ln(x) \quad \Rightarrow \quad du = \frac{1}{x} \cdot dx \qquad dv = x^n \cdot dx \quad \Rightarrow \quad v = \frac{x^{n+1}}{n+1}$

$$I_n = \int x^n \cdot \ln(x)\,dx = \frac{x^{n+1}}{n+1} \cdot \left(\ln(x) - \frac{1}{n+1}\right) + C$$

(8) $$I_n = \int \sin(x)^n\,dx = \int \sin(x)^{n-1} \cdot \sin(x)\,dx$$

$u = \sin(x)^{n-1} \quad \Rightarrow \quad du = (n-1) \cdot \sin(x)^{n-2} \cdot \cos(x) \cdot dx \qquad dv = \sin(x) \cdot dx \quad \Rightarrow \quad v = -\cos(x)$

$$I_n = \int \sin(x)^n\, dx = -\sin(x)^{n-1}\cdot\cos(x) + (n-1)\cdot\int \sin(x)^{n-2}\cdot\cos(x)^2\, dx$$

$$I_n = \int \sin(x)^n\, dx = -\sin(x)^{n-1}\cdot\cos(x) + (n-1)\cdot\int \sin(x)^{n-2}\cdot\left(1-\sin(x)^2\right) dx$$

$$I_n = -\sin(x)^{n-1}\cdot\cos(x) + (n-1)\cdot\left(\int \sin(x)^{n-2}\, dx - \int \sin(x)^n\, dx\right)$$

Die letzte Gleichung kann wie folgt vereinfacht werden:

$$I_n = -\sin(x)^{n-1}\cdot\cos(x) + (n-1)\cdot I_{n-2} - (n-1)\cdot I_n$$

$$I_n + (n-1)\cdot I_n = -\sin(x)^{n-1}\cdot\cos(x) + (n-1)\cdot I_{n-2}$$

$$n\cdot I_n = -\sin(x)^{n-1}\cdot\cos(x) + (n-1)\cdot I_{n-2}$$

Daraus ergibt sich die Rekursionsformel für $n \ge 2$:

$$I_n = \frac{-1}{n}\cdot\sin(x)^{n-1}\cdot\cos(x) + \frac{n-1}{n}\cdot I_{n-2}$$

(9) $I_1 = \int e^{k\cdot t}\cdot\cos(\omega\cdot t)\, dt \qquad I_2 = \int e^{k\cdot t}\cdot\sin(\omega\cdot t)\, dt$

Diese Integrale lösen wir einfacher mithilfe der Komplexrechnung (siehe dazu Band 2 und Literatur über Funktionalanalysis) durch folgenden Ansatz:

$$I_1 + j\cdot I_2 = \int e^{k\cdot t}\cdot\cos(\omega\cdot t)\, dt + j\cdot\int e^{k\cdot t}\cdot\sin(\omega\cdot t)\, dt$$

$$I_1 + j\cdot I_2 = \int e^{k\cdot t}\cdot(\cos(\omega\cdot t) + j\cdot\sin(\omega\cdot t))\, dt$$ Kann nach Euler vereinfacht werden!

$$I_1 + j\cdot I_2 = \int e^{k\cdot t}\cdot e^{j\cdot\omega\cdot t}\, dt = \int e^{(k+j\cdot\omega)\cdot t}\, dt = \frac{1}{k+j\cdot\omega}\cdot e^{(k+j\cdot\omega)\cdot t} = \frac{1}{k+j\cdot\omega}\cdot e^{k\cdot t}(\cos(\omega\cdot t) + j\cdot\sin(\omega\cdot t))$$

$$I_1 + j\cdot I_2 = \frac{k-j\cdot\omega}{k^2+\omega^2}\cdot e^{k\cdot t}\cdot(\cos(\omega\cdot t) + j\cdot\sin(\omega\cdot t))$$

$$I_1 + j\cdot I_2 = \frac{e^{k\cdot t}}{k^2+\omega^2}\cdot(k\cdot\cos(\omega\cdot t) + \omega\cdot\sin(\omega\cdot t)) + j\cdot\frac{e^{k\cdot t}}{k^2+\omega^2}\cdot(k\cdot\sin(\omega\cdot t) - \omega\cdot\cos(\omega\cdot t))$$

Aus dem Realteil ergibt sich I_1 und aus dem Imaginärteil I_2.

4.3.4 Integration durch Partialbruchzerlegung

Das Ziel dieses Abschnittes ist, gebrochenrationale Funktionen in eine Summe von Brüchen (Partialbrüche oder Teilbrüche) zu zerlegen, damit sie integriert werden können.

$$y = \frac{P_m(x)}{P_n(x)} = \frac{\sum_{i=0}^{m} \left(a_i \cdot x^i\right)}{\sum_{i=0}^{n} \left(b_i \cdot x^i\right)} \qquad (a_i,\ b_i,\ x \in \mathbb{R};\ m,\ n \in \mathbb{N}) \qquad \textbf{(4-47)}$$

Wir beschränken uns auf echt gebrochenrationale Funktionen (m < n), weil jede unecht gebrochenrationale Funktion in die Summe eines ganzrationalen Terms und eines echt gebrochenrationalen Terms (durch Division der Polynome) zerlegt werden kann.

Zur Erinnerung sei hier noch der Fundamentalsatz der Algebra (von C. F. Gauß) angeführt:

Jedes Polynom $y = b_n x^n + b_{n-1} x^{n-1} + ... + b_2 x^2 + b_1 x + b_0$ hat genau n-Nullstellen, die einfach oder mehrfach, reell oder komplex sein können.

Sind $x_1, x_2, ..., x_n$ reelle Nullstellen mit der Vielfachheit $\alpha_1, \alpha_2, ..., \alpha_r$ sowie $x_{r+1}, x_{r+2}, ..., x_s$ komplexe Nullstellen, zu denen jeweils noch eine konjugiert komplexe gehört, mit den Vielfachheiten $\beta_{r+1}, \beta_{r+2}, ..., \beta_s$, so gilt:

$$y = b_n (x - x_1)^{\alpha 1} (x - x_2)^{\alpha 2} ... (x - x_r)^{\alpha r} (x^2 + p_{r+1} x + q_{r+1})^{\beta r+1} ... (x^2 + p_s x + q_s)^{\beta s}$$

mit $\alpha_1 + \alpha_2 + ... + \alpha_r + 2\,\beta_{r+1} + 2\,\beta_{r+2} + ... + 2\,\beta_s = n$

a) Das Nennerpolynom $Q_n(x)$ hat nur einfache reelle Nullstellen:

$$\int \frac{P_m(x)}{P_n(x)}\,dx = \int \frac{P_m(x)}{(x - x_1)\cdot(x - x_2)...(x - x_n)}\,dx \qquad \textbf{(4-48)}$$

$$= \int \frac{A_1}{x - x_1}\,dx + \int \frac{A_2}{x - x_2}\,dx + ... + \int \frac{A_n}{x - x_n}\,dx$$

Die Koeffizienten $A_1, A_2, ..., A_n$ erhalten wir mit unterschiedlichen Methoden:

α) durch Koeffizientenvergleich

β) durch Einsetzen bestimmter Werte

γ) durch die Ableitung des Nenners und $A_i = \dfrac{P(x_i)}{Q'(x_i)}$, mit $Q'(x_i) \neq 0$.

Beispiel 4.3.8:

$$\int \frac{1}{x^2-4}\,dx = \int \frac{A_1}{x-2}\,dx + \int \frac{A_2}{x+2}\,dx$$ gegebenes Integral, zerlegt in zwei Teilbrüche

$P(x) = 1 \qquad Q(x) = x^2 - 4$ Zähler- und Nennerpolynom

Nullstellen des Nennerpolynoms: $x_1 = 2$, $x_2 = -2$

Koeffizientenvergleich (Methode α):

$$\frac{1}{x^2-4} = \frac{A_1}{x-2} + \frac{A_2}{x+2}$$ Integrand, zerlegt in drei Partialbrüche

$1 = A_1 \cdot (x+2) + A_2 \cdot (x-2)$ bruchfrei gemachte Gleichung ausmultiplizieren und x herausheben

$1 = A_1 \cdot x + 2 \cdot A_1 + A_2 \cdot x - 2 \cdot A_2$

$1 = x \cdot (A_1 + A_2) + 2 \cdot (A_1 - A_2)$ Koeffizientenvergleich auf beiden Seiten der Gleichung

$A_1 + A_2 = 0 \quad \Rightarrow \quad A_2 = -A_1$

$2 \cdot (A_1 - A_2) = 1 \quad \Rightarrow \quad 2 \cdot (A_1 + A_1) = 1 \quad \Rightarrow \quad \boxed{A_1 = \frac{1}{4}}$ und $\boxed{A_2 = \frac{-1}{4}}$

Einsetzen bestimmter Werte für x (Methode β):

$1 = A_1 \cdot (x+2) + A_2 \cdot (x-2)$

Wir wählen x = 2 und x = -2:

$1 = A_1 \cdot (2+2) + A_2 \cdot (2-2) \quad \Rightarrow \quad \boxed{A_1 = \frac{1}{4}}$

$1 = A_1 \cdot (-2+2) + A_2 \cdot (-2-2) \quad \Rightarrow \quad \boxed{A_2 = -\frac{1}{4}}$

Durch die Ableitung des Nenners (Methode γ):

$P(x) = 1$ Zählerpolynom

$Q(x) = x^2 - 4 = (x-2) \cdot (x+2)$ Nennerpolynom mit den reellen Wurzeln $x_1 = 2$ und $x_2 = -2$

$Q'(x) = 2 \cdot x$ Ableitung des Nennerpolynoms

$$\boxed{A_1 = \frac{P(x_1)}{Q'(x_1)} = \frac{1}{2 \cdot x_1} = \frac{1}{2 \cdot 2} = \frac{1}{4}} \qquad \boxed{A_2 = \frac{P(x_2)}{Q'(x_2)} = \frac{1}{2 \cdot x_2} = \frac{1}{2 \cdot (-2)} = \frac{-1}{4}}$$

$$\int \frac{1}{x^2-4}\,dx = \int \frac{\frac{1}{4}}{x-2}\,dx + \int \frac{\frac{-1}{4}}{x+2}\,dx = \frac{1}{4} \cdot \ln(|x-2|) - \frac{1}{4} \cdot \ln(|x+2|) + C = \frac{1}{4} \cdot \ln\left(\left|\frac{x-2}{x+2}\right|\right) + C$$

Beispiel 4.3.9:

$$\int \frac{x+1}{x^3+x^2-6\cdot x}\,dx$$ gegebenes Integral

$P(x) = x + 1$ $\quad Q(x) = x^3 + x^2 - 6\cdot x = x\cdot\left(x^2 + x - 6\right)$ Zähler- und Nennerpolynom

$x^3 + x^2 - 6\cdot x = 0$ hat als Lösung(en) $\begin{pmatrix} 0 \\ -3 \\ 2 \end{pmatrix}$ drei reelle Nullstellen: $x_1 = 0, x_2 = 2, x_3 = -3$

Koeffizientenvergleich (Methode α):

$$\frac{x+1}{x\cdot(x-2)\cdot(x+3)} = \frac{A_1}{x} + \frac{A_2}{x-2} + \frac{A_3}{x+3}$$ Integrand, zerlegt in drei Partialbrüche

$x + 1 = A_1\cdot(x-2)\cdot(x+3) + A_2\cdot x\cdot(x+3) + A_3\cdot x\cdot(x-2)$ bruchfrei gemachte Gleichung

vereinfacht auf

$$x + 1 = A_1\cdot x^2 + A_1\cdot x - 6\cdot A_1 + A_2\cdot x^2 + 3\cdot A_2\cdot x + A_3\cdot x^2 - 2\cdot A_3\cdot x$$

durch Zusammenfassen von Termen, ergibt

$$x + 1 = \left(A_2 + A_1 + A_3\right)\cdot x^2 + \left(3\cdot A_2 + A_1 - 2\cdot A_3\right)\cdot x - 6\cdot A_1$$

$A_1 + A_2 + A_3 = 0$

$A_1 + 3\cdot A_2 - 2\cdot A_3 = 1$ zu lösendes Gleichungssystem

$-6\cdot A_1 = 1$

Vorgabe

$A_1 + A_2 + A_3 = 0$

$A_1 + 3\cdot A_2 - 2\cdot A_3 = 1$

$-6\cdot A_1 = 1$

$\mathbf{A} := \text{Suchen}\left(A_1, A_2, A_3\right) \rightarrow \begin{pmatrix} -\frac{1}{6} \\ \frac{3}{10} \\ -\frac{2}{15} \end{pmatrix}$ $\quad \begin{pmatrix} A_1 \\ A_2 \\ A_3 \end{pmatrix} := \mathbf{A}$ Lösungen des Gleichungssystems

$A_1 \rightarrow -\frac{1}{6}$ $A_2 \rightarrow \frac{3}{10}$ $A_3 \rightarrow -\frac{2}{15}$ gesuchte Koeffizienten

Einsetzen bestimmter Werte für x (Methode β):

$x + 1 = A_1 \cdot (x-2) \cdot (x+3) + A_2 \cdot x \cdot (x+3) + A_3 \cdot x \cdot (x-2)$

Wir wählen die Polstellen: x = 0 und x = 2 und x = - 3

$0 + 1 = A_1 \cdot (0-2) \cdot (0+3) + A_2 \cdot 0 \cdot (0+3) + A_3 \cdot 0 \cdot (0-2)$ ⇒ $A_1 = \frac{-1}{6}$

$2 + 1 = A_1 \cdot (2-2) \cdot (2+3) + A_2 \cdot 2 \cdot (2+3) + A_3 \cdot 2 \cdot (2-2)$ ⇒ $A_2 = \frac{3}{10}$

$-3 + 1 = A_1 \cdot (-3-2) \cdot (-3+3) + A_2 \cdot (-3) \cdot (-3+3) + A_3 \cdot (-3) \cdot (-3-2)$ ⇒ $A_3 = -\frac{2}{15}$

Durch die Ableitung des Nenners (Methode γ):

$P(x) = x + 1$ $Q(x) = x^3 + x^2 - 6 \cdot x$ $Q'(x) = 3 \cdot x^2 + 2 \cdot x - 6$ Zähler- und Nennerpolynom und Ableitung des Nennerpolynoms

$$A_1 = \frac{P(x_1)}{Q'(x_1)} = \frac{x_1 + 1}{3 \cdot x_1^2 + 2 \cdot x_1 - 6} = -\frac{1}{6} \qquad x_1 = 0$$

$$A_2 = \frac{P(x_2)}{Q'(x_2)} = \frac{x_2 + 1}{3 \cdot x_2^2 + 2 \cdot x_2 - 6} = \frac{2+1}{3 \cdot 2^2 + 2 \cdot 2 - 6} = \frac{3}{10} \qquad x_2 = 2$$

$$A_3 = \frac{P(x_3)}{Q'(x_3)} = \frac{x_3 + 1}{3 \cdot x_3^2 + 2 \cdot x_3 - 6} = \frac{-3+1}{3 \cdot (-3)^2 + 2 \cdot (-3) - 6} = -\frac{2}{15} \qquad x_3 = -3$$

$$\int \frac{x+1}{x^3 + x^2 - 6 \cdot x} dx = \int \frac{\frac{-1}{6}}{x} dx + \int \frac{\frac{3}{10}}{x-2} dx + \int \frac{-\frac{2}{15}}{x+3} dx$$

$$= \frac{-1}{6} \cdot \ln(|x|) + \frac{3}{10} \cdot \ln(|x-2|) - \frac{2}{15} \cdot \ln(|x+3|) + C$$

$$= \frac{-5}{30} \cdot \ln(|x|) + \frac{9}{30} \cdot \ln(|x-2|) - \frac{4}{30} \cdot \ln(|x+3|) + C$$

$$= \frac{1}{30} \cdot \ln\left[\frac{(x-2)^9}{(x+3)^4 \cdot x^5}\right] + C$$

b) Das Nennerpolynom $Q_n(x)$ hat mehrfache reelle Nullstellen:

$$\int \frac{P_m(x)}{P_n(x)}\,dx = \int \frac{P_m(x)}{(x-x_1)^{\alpha_1}\cdot(x-x_2)^{\alpha_2}\ldots(x-x_n)^{\alpha_r}}\,dx \qquad \textbf{(4-49)}$$

$$= \int \frac{A_{1,1}}{x-x_1}\,dx + \int \frac{A_{1,2}}{(x-x_1)^2}\,dx + \ldots + \int \frac{A_{1,\alpha_1}}{(x-x_1)\alpha_1}\,dx + \ldots +$$

$$+ \int \frac{A_{r,1}}{x-x_r}\,dx + \int \frac{A_{r,2}}{(x-x_r)^2}\,dx + \ldots + \int \frac{A_{r,\alpha 1}}{(x-x_r)\alpha_r}\,dx$$

Für Vielfachheiten gilt: $\alpha_1 + \alpha_2 + \ldots + \alpha_r = n$.

Beispiel 4.3.10:

$$\int \frac{3\cdot x-2}{(x-1)^2}\,dx$$ gegebenes Integral

$P(x) = 3\cdot x - 2 \qquad Q(x) = (x-1)^2 = (x-1)\cdot(x-1)$ Zähler- und Nennerpolynome

Zweifache Nullstelle des Nennerpolynoms: $x_1 = x_2 = 1$

$$\frac{3\cdot x-2}{(x-1)^2} = \frac{A}{x-1} + \frac{B}{(x-1)^2}$$ Integrand, zerlegt in zwei Partialbrüche

Einsetzen bestimmter Werte für x (Methode β):

$3\cdot x - 2 = A\cdot(x-1) + B$ bruchfrei gemachte Gleichung

Wir wählen x = 1 und x = 0:

$3\cdot 1 - 2 = A\cdot(1-1) + B \quad\Rightarrow\quad \boxed{B = 1}$

$3\cdot 0 - 2 = A\cdot(0-1) + 1 \quad\Rightarrow\quad \boxed{A = 3}$

$$\int \frac{3\cdot x-2}{(x-1)^2}\,dx = \int \frac{3}{x-1}\,dx + \int \frac{1}{(x-1)^2}\,dx = 3\cdot\ln(|x-1|) + \frac{(x-1)^{-1}}{-1} + C$$ Lösung des gegebenen Integrals

Beispiel 4.3.11:

$$\int \frac{1}{x^3 - x^2}\,dx$$ gegebenes Integral

$P(x) = 1$ Zähler- und Nennerpolynom

$Q(x) = x^3 - x^2 = x^2 \cdot (x-1)$

Nullstellen des Nennerpolynoms: $x_{1,2} = 0,\ x_3 = 1$

$$\frac{1}{x^3 - x^2} = \frac{A}{x} + \frac{B}{x^2} + \frac{C}{x-1}$$ Integrand, zerlegt in drei Partialbrüche

Einsetzen bestimmter Werte für x (Methode β);
(Methode γ ist hier wegen Q'(0) = 0 nicht anwendbar!)

$1 = A \cdot x \cdot (x-1) + B \cdot (x-1) + C \cdot x^2$ bruchfrei gemachte Gleichung

Wir wählen x = 0 und x = 1 und x = 2:

$1 = A \cdot 0 \cdot (0-1) + B \cdot (0-1) + C \cdot 0^2 \quad \Rightarrow \quad \boxed{B = -1}$

$1 = A \cdot 1 \cdot (1-1) + B \cdot (1-1) + C \cdot 1^2 \quad \Rightarrow \quad \boxed{C = 1}$

$1 = A \cdot 2 \cdot (2-1) + (-1) \cdot (2-1) + 1 \cdot 2^2 \quad \Rightarrow \quad \boxed{A = -1}$

$$\int \frac{1}{x^3 - x^2}\,dx = \int \frac{-1}{x}\,dx + \int \frac{-1}{x^2}\,dx + \int \frac{1}{x-1}\,dx = -\ln(|x|) - \frac{x^{-1}}{-1} + \ln(|x-1|) + C$$

$$= \ln\left(\left|\frac{x-1}{x}\right|\right) + \frac{1}{x} + C$$ Lösung des gegebenen Integrals

c) Das Nennerpolynom Qn(x) hat mehrfache reelle und komplexe Nullstellen:

$$\int \frac{P_m(x)}{P_n(x)}\,dx = \int \frac{P_m(x)}{(x-x_1)^{\alpha_1} \ldots (x-x_n)^{\alpha_r} \cdot \left(x^2 + p_{r+1} \cdot x + q_{r+1}\right)^{\beta_{r+1}} \cdot \ldots \cdot \left(x^2 + p_s \cdot x + q_s\right)^{\beta_s}}\,dx \qquad \textbf{(4-50)}$$

Für Vielfachheiten gilt: a1 +a2 + ... + ar + 2 br+1 + 2 br+2 + ... + 2 bs = n.

Zum Beispiel der Integrand besitzt folgende Funktion mit einfachen konjugiert komplexen Polstellen s1 und s2:

$$\frac{1}{s^2 + \omega^2} = \frac{A_1}{s - s_1} + \frac{A_2}{s - s_2} = \frac{A \cdot s + B}{s^2 + \omega^2} = \frac{A \cdot s}{s^2 + \omega^2} + \frac{B}{s^2 + \omega^2}$$

Beispiel 4.3.12:

$$\int \frac{x^2}{a^4 - x^4}\,dx$$ gegebenes Integral

$P(x) = x^2$ $\quad Q(x) = a^4 - x^4 = (a - x) \cdot (a + x) \cdot \left(a^2 + x^2\right)$ Zähler- und Nennerpolynom

Nullstellen des Nennerpolynoms: $x_1 = a$, $x_2 = -a$, $x_3 = \sqrt{a^2} \cdot j = a \cdot j$, $x_4 = -\sqrt{a^2} \cdot j = -a \cdot j$

$$\frac{x^2}{a^4 - x^4} = \frac{A}{a - x} + \frac{B}{a + x} + \frac{C \cdot x + D}{a^2 + x^2}$$ Integrand, zerlegt in drei Partialbrüche

Methode β) Einsetzen bestimmter Werte:

$$x^2 = A \cdot (a + x) \cdot \left(a^2 + x^2\right) + B \cdot (a - x) \cdot \left(a^2 + x^2\right) + (C \cdot x + D) \cdot (a - x) \cdot (a + x)$$ bruchfrei gemachte Gleichung

Wählen: x = a und x = -a und x = 0 und x = 2 a

$$a^2 = A \cdot (a + a) \cdot \left(a^2 + a^2\right) + B \cdot (a - a) \cdot \left(a^2 + a^2\right) + (C \cdot a + D) \cdot (a - a) \cdot (a + a)$$

$$a^2 = 2 \cdot a \cdot 2 \cdot a^2 \cdot A \quad \Rightarrow \quad \boxed{A = \frac{1}{4 \cdot a}}$$

$$a^2 = A \cdot (a - a) \cdot \left(a^2 + a^2\right) + B \cdot (a + a) \cdot \left(a^2 + a^2\right) + [C \cdot (-a) + D] \cdot (a + a) \cdot (a - a)$$

$$a^2 = 2 \cdot a \cdot 2 \cdot a^2 \cdot B \quad \Rightarrow \quad \boxed{B = \frac{1}{4 \cdot a}}$$

$$0^2 = \frac{1}{4 \cdot a} \cdot (a + 0) \cdot \left(a^2 + 0^2\right) + \frac{1}{4 \cdot a} \cdot (a - 0) \cdot \left(a^2 + 0^2\right) + (C \cdot 0 + D) \cdot (a - 0) \cdot (a + 0)$$

$$\Rightarrow \quad \boxed{D = \frac{-1}{2}}$$

$$4 \cdot a^2 = \frac{1}{4 \cdot a} \cdot (a + 2 \cdot a) \cdot \left(a^2 + 4 \cdot a^2\right) + \frac{1}{4 \cdot a} \cdot (a - 2 \cdot a) \cdot \left(a^2 + 4 \cdot a^2\right) + \left(C \cdot 2 \cdot a - \frac{1}{2}\right) \cdot (a - 2 \cdot a) \cdot (a + 2 \cdot a)$$

$$\Rightarrow \quad \boxed{C = 0}$$

$$\int \frac{x^2}{a^4 - x^4}\, dx = \int \frac{\frac{1}{4 \cdot a}}{a - x}\, dx + \int \frac{\frac{1}{4 \cdot a}}{a + x}\, dx + \int \frac{\frac{-1}{2}}{a^2 + x^2}\, dx$$

$$\int \frac{\frac{-1}{2}}{a^2 + x^2}\, dx = \frac{-1}{2 \cdot a^2} \cdot \int \frac{1}{1 + \left(\frac{x}{a}\right)^2}\, dx = \frac{-1}{2 \cdot a^2} \cdot a \cdot \arctan\left(\frac{x}{a}\right)$$ letztes Teilintegral

$$\int \frac{x^2}{a^4 - x^4}\, dx = -\frac{1}{4 \cdot a} \cdot \ln(|a - x|) + \frac{1}{4 \cdot a} \cdot \ln(|a + x|) - \frac{1}{2 \cdot a} \cdot \arctan\left(\frac{x}{a}\right) + C$$ Lösung des gegebenen Integrals

4.4 Uneigentliche Integrale

Die Voraussetzungen der Integration waren bisher, dass das Integrationsintervall und auch der Integrand beschränkt sind. Die Integration kann aber auch auf unbeschränkte Intervalle oder unbeschränkte Funktionen ausgedehnt werden. Die Integrationsaufgabe mit unbeschränktem Integrationsintervall oder unbeschränktem Integranden kann als Grenzwertaufgabe angesehen werden.
Das bestimmte Integral heißt uneigentliches Integral, wenn mindestens eine der Integrationsgrenzen unendlich ist oder der Integrand f(x) im Intervall [a , b] nicht beschränkt ist, d. h. eine oder mehrere Polstellen hat.

4.4.1 Uneigentliche Integrale 1. Art

Uneigentliche Integrale 1. Art (unendliche Integrationsgrenzen):

Ist f(x) im Intervall [a , ∞[stetig, so definieren wir

$$\int_a^{+\infty} f(x)\,dx = \lim_{x_1 \to \infty} \int_a^{x_1} f(x)\,dx\,, \qquad \textbf{(4-51)}$$

falls der Grenzwert existiert.

Ist f(x) im Intervall]∞ , b] stetig, so definieren wir

$$\int_{-\infty}^{b} f(x)\,dx = \lim_{x_0 \to -\infty} \int_{x_0}^{b} f(x)\,dx\,, \qquad \textbf{(4-52)}$$

falls der Grenzwert existiert.

Ist f(x) im Intervall]- ∞ , ∞[stetig, so definieren wir

$$\int_{-\infty}^{+\infty} f(x)\,dx = \lim_{x_0 \to -\infty} \int_{x_0}^{a} f(x)\,dx + \lim_{x_1 \to \infty} \int_a^{x_1} f(x)\,dx\,, \qquad \textbf{(4-53)}$$

falls beide Grenzwerte existieren.

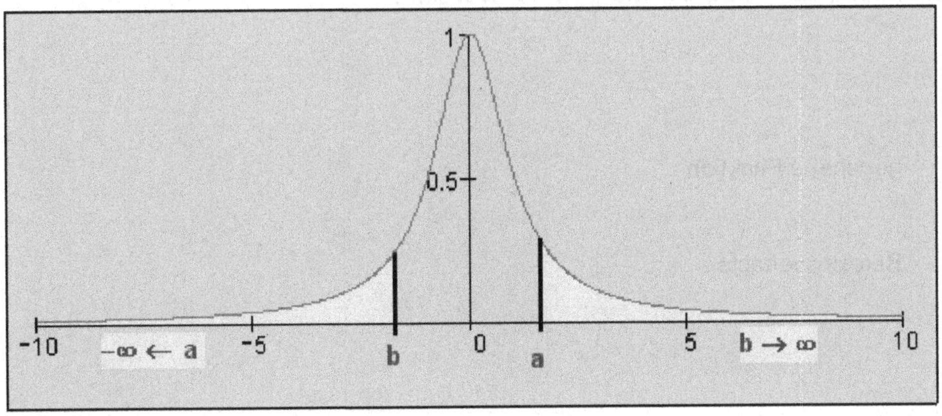

Abb. 4.4.1

Beispiel 4.4.1:

$f(x) := \frac{1}{x^2}$ gegebene Funktion

$x := 1, 1 + 0.01 .. 10$ Bereichsvariable

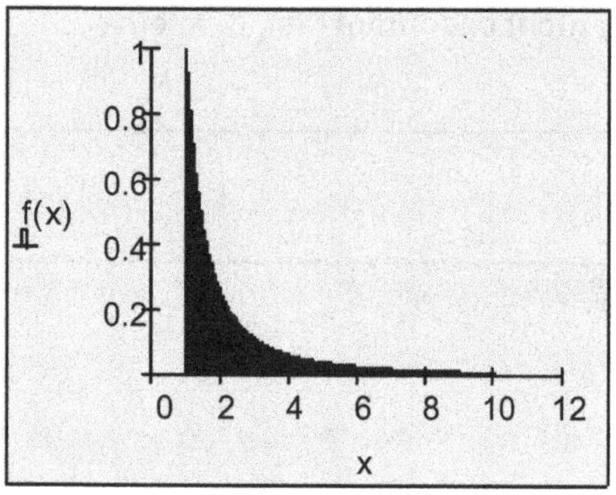

Abb. 4.4.2

$\int_1^\infty f(x)\,dx = \lim_{b \to \infty} \int_1^b f(x)\,dx$ nach (4-51)

$\lim_{b \to \infty} \int_1^b \frac{1}{x^2}\,dx = \lim_{b \to \infty} \left(1 - \frac{1}{b}\right) = 1$ Maßzahl der Fläche

$\lim_{b \to \infty} \int_1^b f(x)\,dx \to 1$ $\int_1^\infty f(x)\,dx \to 1$

Beispiel 4.4.2:

$f(x) := \frac{1}{x}$ gegebene Funktion

$x := 1, 1 + 0.01 .. 10$ Bereichsvariable

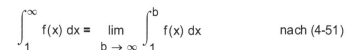

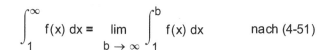

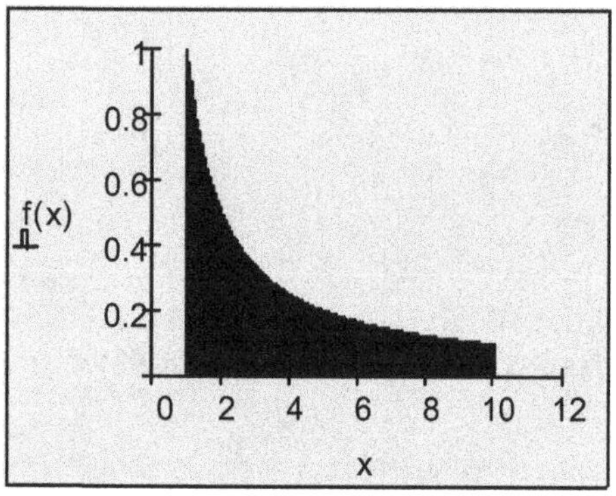

Abb. 4.4.3

$\int_1^\infty f(x)\,dx = \lim_{b \to \infty} \int_1^b f(x)\,dx$ nach (4-51)

$\lim_{b \to \infty} \int_1^b \frac{1}{x}\,dx = \lim_{b \to \infty} (\ln(b) - \ln(1)) = \infty$

$\lim_{b \to \infty} \int_1^b f(x)\,dx \to \infty$ $\int_1^\infty f(x)\,dx \to \infty$

Der Grenzwert existiert nicht, das heißt, das Integral ist divergent.

Beispiel 4.4.3:

$f(x) := \frac{1}{x^2 + 4}$ gegebene Funktion

$x := 0, 0.01 .. 10$ Bereichsvariable

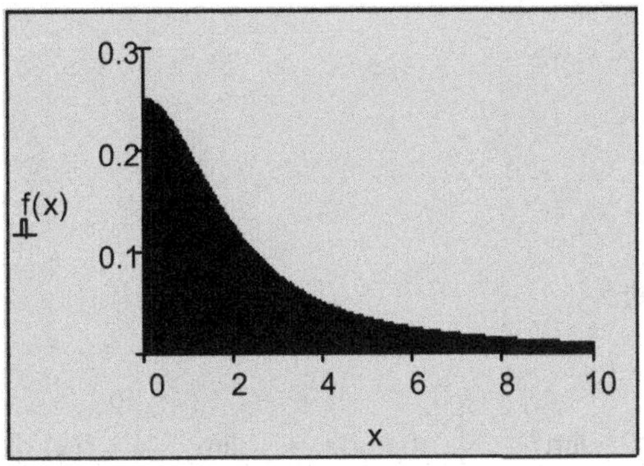

Abb. 4.4.4

$$\int_0^{\infty} f(x)\,dx = \lim_{b \to \infty} \int_0^b f(x)\,dx \qquad \text{nach (4-51)}$$

$$\lim_{b \to \infty} \int_0^b \frac{1}{x^2+4}\,dx = \frac{1}{4} \cdot \int_0^b \frac{1}{1+\left(\frac{x}{2}\right)^2}\,dx$$

$$\lim_{b \to \infty} \int_0^b \frac{1}{x^2+4}\,dx = \lim_{b \to \infty} \left(\frac{1}{4} \cdot 2 \cdot \arctan\left(\frac{x}{2}\right)\right) \Big|_0^b = \frac{1}{2} \cdot \lim_{b \to \infty} \left(\arctan\left(\frac{b}{2}\right) - \arctan(0)\right)$$

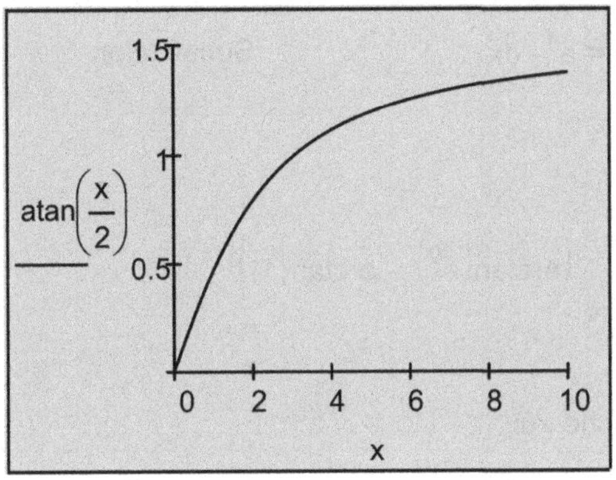

Abb. 4.4.5

= 1/2 (π/2 - 0) = π/4 Maßzahl der Fläche

Auswertung mit Mathcad:

$$\lim_{b \to \infty} \int_0^b f(x)\,dx \to \frac{\pi}{4}$$

$$\int_0^{\infty} f(x)\,dx \to \frac{\pi}{4}$$

Beispiel 4.4.4:

$f(x) := e^{2 \cdot x}$ gegebene Funktion

$x := -3, -3 + 0.01 .. 0$ Bereichsvariable

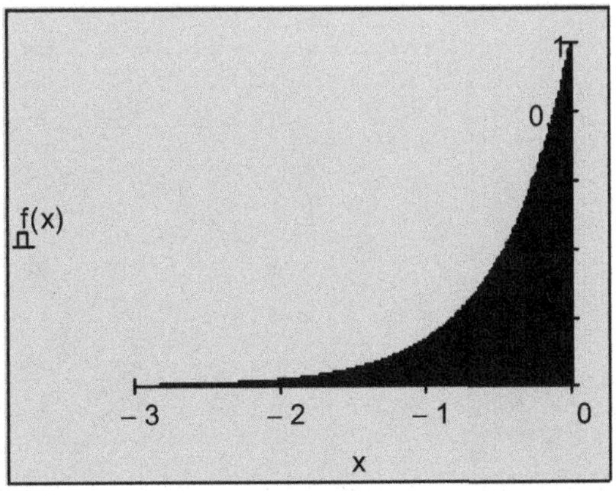

Abb. 4.4.6

$$\int_{-\infty}^{0} f(x)\,dx = \lim_{a \to -\infty} \int_a^0 f(x)\,dx \qquad \text{nach (4-52)}$$

Maßzahl der Fläche:

$$\lim_{a \to -\infty} \int_a^0 e^{2 \cdot x}\,dx = \lim_{a \to -\infty} \left[\frac{1}{2}\left(e^0 - e^{2 \cdot a}\right)\right] = \frac{1}{2}$$

Maßzahl der Fläche mit Mathcad ausgewertet:

$$\lim_{a \to -\infty} \int_a^0 f(x)\,dx \to \frac{1}{2} \qquad \int_{-\infty}^{0} f(x)\,dx \to \frac{1}{2}$$

Beispiel 4.4.5:

$f(x) := \dfrac{1}{e^{x} + e^{-x}}$ gegebene Funktion

$x := -5, -5 + 0.01 .. 5$ Bereichsvariable

Nach (4-53) gilt:

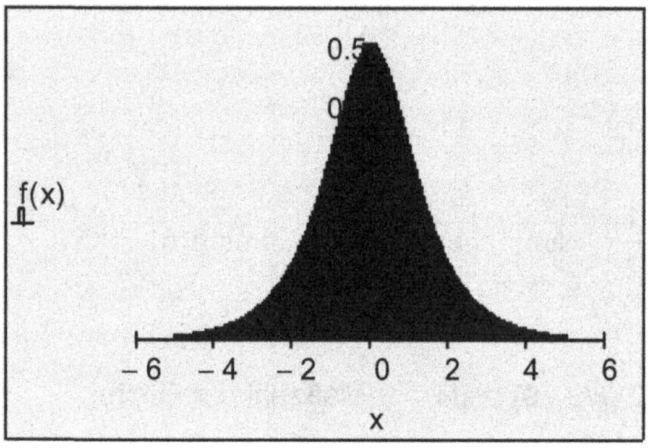

Abb. 4.4.7

$$\int_{-\infty}^{\infty} f(x)\,dx = \lim_{a \to -\infty} \int_{a}^{0} f(x)\,dx + \lim_{b \to \infty} \int_{0}^{b} f(x)\,dx$$

$$\int_{-\infty}^{\infty} \frac{1}{e^{x} + e^{-x}}\,dx = \int_{-\infty}^{\infty} \frac{e^{x}}{e^{2x} + 1}\,dx$$ Zähler und Nenner erweitern mit e^x

$u = e^{x} \qquad du = e^{x} \cdot dx$ Substitution

$$\int_{-\infty}^{\infty} \frac{1}{e^{x} + e^{-x}}\,dx = \lim_{a \to -\infty} \left(\arctan(1) - \arctan\left(e^{a}\right)\right) + \lim_{b \to \infty} \left(\arctan\left(e^{b}\right) - \arctan(1)\right)$$

Nach Auswertung der Grenzwerte ergibt sich die Maßzahl der Fläche zu:

$$\int_{-\infty}^{\infty} \frac{1}{e^{x} + e^{-x}}\,dx = (\arctan(1) - 0) + \left(\frac{\pi}{2} - \arctan(1)\right) = \frac{\pi}{2}$$

Mit Mathcad ausgewertet:

$$\int_{-\infty}^{\infty} \frac{1}{e^{x} + e^{-x}}\,dx \to \frac{\pi}{2}$$

$x := x$ Redefinition

$$\int \frac{1}{e^{x} + e^{-x}}\,dx \to \operatorname{atan}\left(e^{x}\right)$$

4.4.2 Uneigentliche Integrale 2. Art

Uneigentliche Integrale 2. Art (Polstellen von f(x)):

Ist f(x) im Intervall [a, b[stetig, aber in x = b nicht beschränkt, so definieren wir

$$\int_a^b f(x)\,dx = \lim_{\varepsilon \to 0} \int_a^{b-\varepsilon} f(x)\,dx\,, \qquad \textbf{(4-54)}$$

falls der Grenzwert existiert (ε > 0).

Ist f(x) im Intervall]a, b] stetig, aber in x = a nicht beschränkt, so definieren wir

$$\int_a^b f(x)\,dx = \lim_{\delta \to 0} \int_{a+\delta}^{b} f(x)\,dx\,, \qquad \textbf{(4-55)}$$

falls der Grenzwert existiert (δ > 0).

Ist f(x) im Intervall [a, b] bis auf x = c, a < c < b, stetig, aber in c nicht beschränkt, so definieren wir

$$\int_a^b f(x)\,dx = \lim_{\varepsilon \to 0} \int_a^{c-\varepsilon} f(x)\,dx + \lim_{\delta \to 0} \int_{c+\delta}^{b} f(x)\,dx\,, \qquad \textbf{(4-56)}$$

falls beide Grenzwerte existieren.

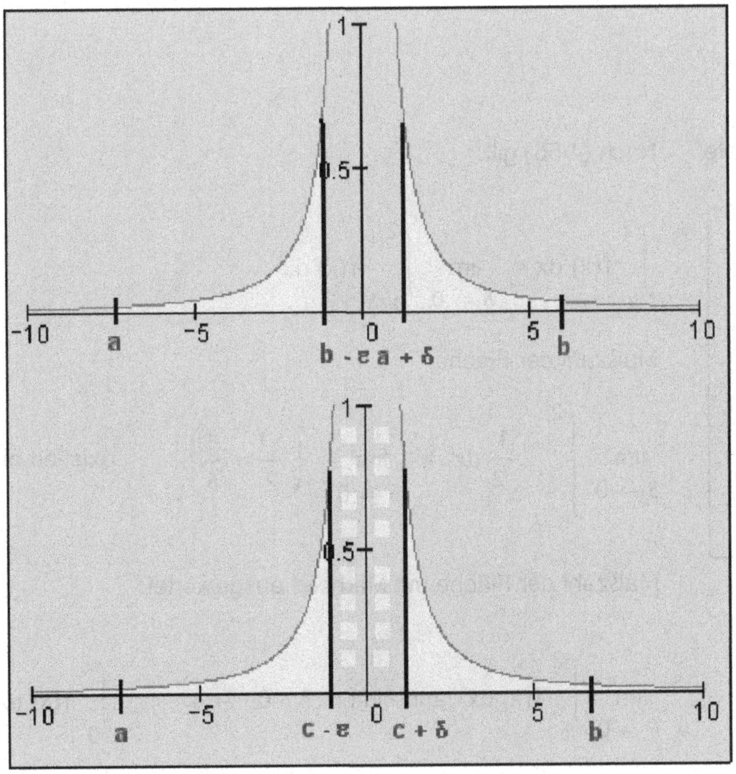

Abb. 4.4.8

Beispiel 4.4.6:

$f(x) := \frac{1}{\sqrt{1-x^2}}$ gegebene Funktion

$b := 1$ Polstelle

$x := 0, 0.001 .. 1$ Bereichsvariable

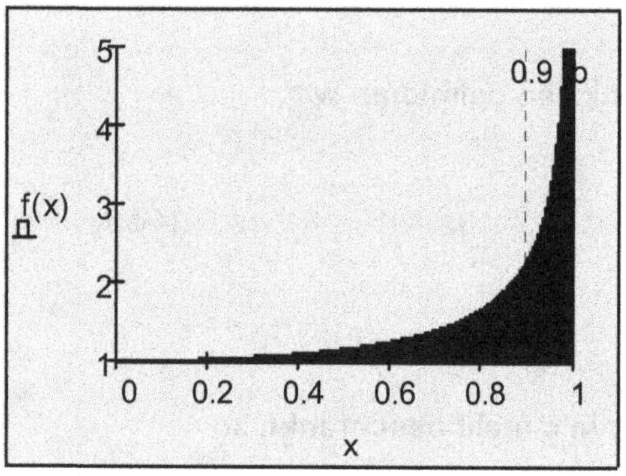

Abb. 4.4.9

Nach (4-54) gilt:

$$\int_0^b f(x)\,dx = \lim_{\varepsilon \to 0} \int_0^{b-\varepsilon} f(x)\,dx$$

Maßzahl der Fläche:

$$\lim_{\varepsilon \to 0} \int_0^{1-\varepsilon} \frac{1}{\sqrt{1-x^2}}\,dx = \lim_{\varepsilon \to 0} (\arcsin(1-\varepsilon) - \arcsin(0))$$

Maßzahl der Fläche mit Mathcad ausgewertet:

$$\lim_{\varepsilon \to 0} \int_0^{1-\varepsilon} f(x)\,dx \to \frac{\pi}{2} \qquad \int_0^1 f(x)\,dx \to \frac{\pi}{2}$$

Beispiel 4.4.7:

$f(x) := \frac{1}{x^2}$ gegebene Funktion

$a := 0$ Polstelle

$x := 0.1, 0.1 + 0.01 .. 3$ Bereichsvariable

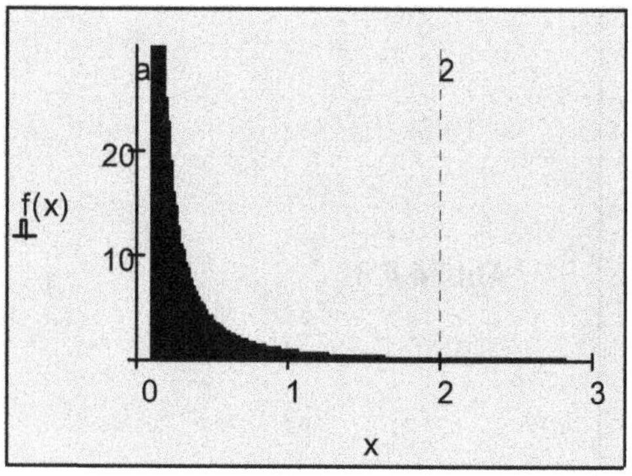

Abb. 4.4.10

Nach (4-55) gilt:

$$\int_a^2 f(x)\,dx = \lim_{\delta \to 0} \int_{a+\delta}^2 f(x)\,dx$$

Maßzahl der Fläche:

$$\lim_{\delta \to 0} \int_{0+\delta}^2 \frac{1}{x^2}\,dx = \lim_{\delta \to 0^+} \left(\frac{-1}{2} + \frac{1}{\delta}\right)$$ existiert nicht

Maßzahl der Fläche mit Mathcad ausgewertet:

$$\lim_{\delta \to 0} \int_\delta^2 f(x)\,dx \text{ annehmen}, \delta > 0 \to \infty \qquad \int_0^2 f(x)\,dx \to \infty$$

Beispiel 4.4.8:

$f(x) := \frac{1}{\sqrt[3]{x-1}}$ gegebene Funktion

$c := 1$ Polstelle

$x := 0, 0.01 .. 4$ Bereichsvariable

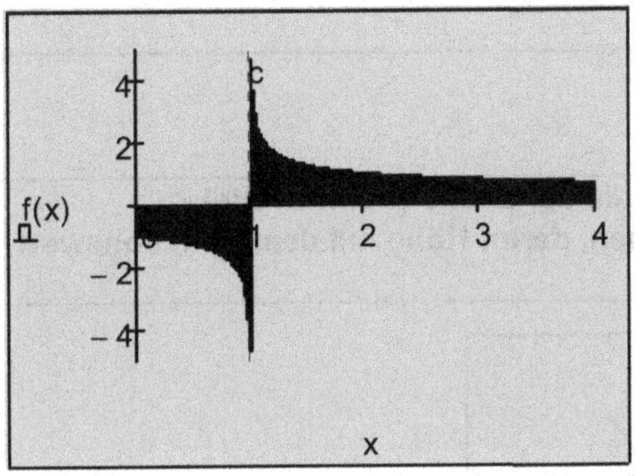

Abb. 4.4.11

Nach (4-56) gilt:

$$\int_0^4 f(x)\,dx = \lim_{\varepsilon \to 0} \int_a^{c-\varepsilon} f(x)\,dx + \lim_{\delta \to 0} \int_{c+\delta}^{b} f(x)\,dx$$

$$\left| \lim_{\varepsilon \to 0} \int_0^{1-\varepsilon} (x-1)^{\frac{-1}{3}}\,dx \right| + \lim_{\delta \to 0} \int_{1+\delta}^{4} (x-1)^{\frac{-1}{3}}\,dx$$

Auswertung der Grenzwerte:

$$\left| \lim_{\varepsilon \to 0} \left[\frac{3}{2} \cdot (x-1)^{\frac{2}{3}} \right] \right| \Big|_0^{1-\varepsilon} + \lim_{\delta \to 0} \left[\frac{3}{2} \cdot (x-1)^{\frac{2}{3}} \right] \Big|_{1+\delta}^{4}$$

$$\left| \lim_{\varepsilon \to 0} \left[\frac{3}{2} \cdot \left[(1-\varepsilon-1)^{\frac{2}{3}} - (-1)^{\frac{2}{3}} \right] \right] \right| + \lim_{\delta \to 0} \left[\frac{3}{2} \cdot \left[(4-1)^{\frac{2}{3}} - (1+\delta-1)^{\frac{2}{3}} \right] \right] = \frac{3}{2} \cdot \left(\sqrt[3]{9} + 1 \right)$$

Maßzahl der Fläche:

$$\int_0^4 \frac{1}{\sqrt[3]{x-1}}\,dx = \frac{3}{2} \cdot \left(\sqrt[3]{9} + 1 \right) = 4.62$$

$$\left| \int_0^1 \frac{1}{\sqrt[3]{x-1}}\,dx \right| + \int_1^4 \frac{1}{\sqrt[3]{x-1}}\,dx \to \frac{3 \cdot 9^{\frac{1}{3}}}{2} + \frac{3}{2} = 4.62$$

Auswertung mit Mathcad

$$\int_0^4 \frac{1}{\sqrt[3]{x-1}}\,dx \to \frac{3 \cdot 9^{\frac{1}{3}}}{2} - \frac{3}{2}$$

Achtung, nicht über Polstellen hinwegintegrieren!

4.5 Numerische Integration

Numerische Methoden sind im Allgemeinen Näherungsverfahren. Im Gegensatz zu den bisher besprochenen bestimmten Integralen gibt es aber viele Integrale, die nicht geschlossen darstellbar sind, d. h., sie besitzen Stammfunktionen, die nicht durch elementare Funktionen darstellbar sind. Oft ist die Integration zwar in geschlossener Form möglich, aber zu aufwendig. In diesen Fällen verwenden wir numerische Integrationsverfahren. Führen wir das jeweilige Verfahren hinreichend weit und rechnen mit hinreichend vielen Stellen, um Rundungsfehler klein zu halten oder gar auszuschließen, so können Fehler der Lösung unter eine gewünschte Grenze gebracht werden. Nachfolgend werden einige dieser Näherungsverfahren besprochen.

4.5.1 Mittelpunkts- und Trapezregel

Wir zerlegen das Integrationsintervall [a, b] in n Teilintervalle der Breite (Schrittweite) $\Delta x = h = (b - a)/n$ und summieren dann die Rechtecksflächen, deren Höhe mit dem Funktionswert in der Mitte der Teilintervalle übereinstimmt.

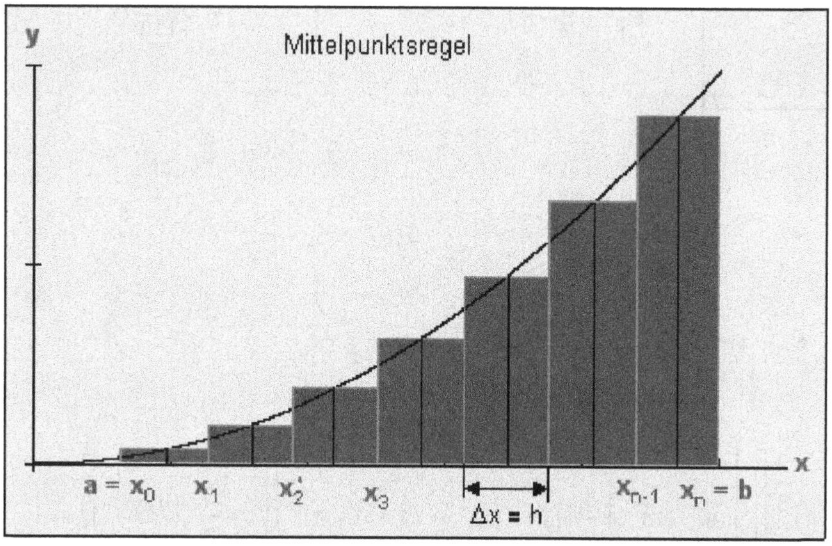

Abb. 4.5.1

Als Näherung gilt dann für die Maßzahl der Fläche zwischen Kurve und x-Achse:

$$\int_a^b f(x)\,dx \approx M_n = h \cdot \left(f\left(a + \frac{h}{2}\right) + f\left(a + \frac{3 \cdot h}{2}\right) + \ldots \right) \quad (4\text{-}57)$$

$$M_n = h \cdot \sum_{i=1}^{n} f\left[a + \left(i - \frac{1}{2}\right) \cdot h\right] \quad \textbf{Mittelpunktsregel bei n-Rechtecken} \quad (4\text{-}58)$$

Wählen wir die Schrittweite $2 \cdot h = \frac{b - a}{n}$**, also 2n-Rechtecksflächen, so gilt:**

$$\int_a^b f(x)\,dx \approx M_{2n} = 2 \cdot h \cdot \left(f\left(a + \frac{h}{2}\right) + f\left(a + \frac{3 \cdot h}{2}\right) + \ldots \right) \quad (4\text{-}59)$$

$$M_{2n} = 2 \cdot h \cdot \sum_{i=1}^{2 \cdot n} f\left[a + \left(i - \frac{1}{2}\right) \cdot 2 \cdot h\right] \quad \textbf{Mittelpunktsregel bei 2n-Rechtecken} \quad (4\text{-}60)$$

Wir zerlegen das Integrationsintervall [a, b] in n Teilintervalle der Breite (Schrittweite) $\Delta x = h = (b - a)/n$ und summieren dann die Trapezflächen, deren Höhe jeweils $\Delta x = h$ ist. Die Parallelseiten sind die Funktionswerte an der linken und rechten Grenze der Teilintervalle.

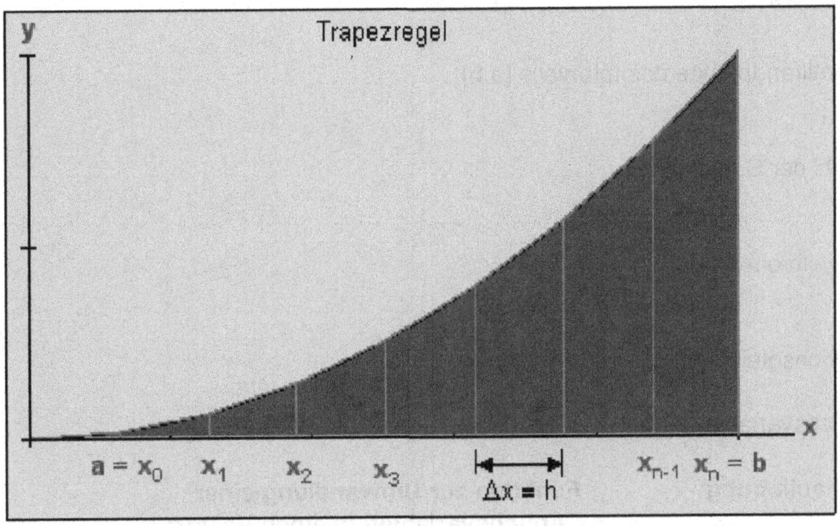

Abb. 4.5.2

Als Näherung gilt dann für die Maßzahl der Fläche zwischen Kurve und x-Achse:

$$\int_a^b f(x)\,dx \approx T_n = \frac{h}{2} \cdot [(f(a) + f(a+h)) + (f(a+h) + f(a+2\cdot h)) + ...] \qquad (4\text{-}61)$$

$$T_n = \frac{h}{2} \cdot \sum_{i=1}^{n} [f[a + (i-1)\cdot h] + f(a + i\cdot h)] \qquad \textbf{Trapezregel bei n-Trapezen} \qquad (4\text{-}62)$$

Die Trapezsumme ist gerade der Mittelwert von der unteren und oberen Riemann-Summe.

Wählen wir die Schrittweite $2 \cdot h = \frac{b-a}{n}$ **, also 2n-Trapeze, so gilt:**

$$\int_a^b f(x)\,dx \approx T_{2n} = h \cdot [[(f(a) + f(a+2\cdot h)) + (f(a+2\cdot h) + f(a+4\cdot h)) + ...]] \qquad (4\text{-}63)$$

$$T_{2n} = h \cdot \sum_{i=1}^{2\cdot n} [f[a + (i-1)\cdot 2\cdot h] + f(a + i\cdot 2\cdot h)] \qquad \textbf{Trapezregel bei 2n-Trapezen} \qquad (4\text{-}64)$$

Die Trapezregel T_n (4-62) erhalten wir auch aus dem Mittelwert von T_{2n} und M_{2n}:

$$T_n = \frac{T_{2n} + M_{2n}}{2} \qquad (4\text{-}65)$$

Beispiel 4.5.1:

Berechnen Sie die Fläche zwischen x-Achse und der Funktion $y = f(x) = x^2$ im Bereich a = 0 und b = 1 exakt und mithilfe der Mittelpunkts- und Trapezregel.

$a := 0$

$b := 1$

Intervallrandpunkte des Intervalls [a,b]

$n := 2$ Anzahl der Subintervalle

$\Delta x := \frac{b-a}{n + FRAME}$ Intervallbreite

$f(x) := x^2$ Funktionsgleichung

$x := a, a + 0.0001 .. b$ Bereichsvariable

Funktionen zur grafischen Veranschaulichung:

$tp := 0 .. 1$

$yp := 0 .. 1$ Bereichsvariablen

$v := 0, 0.001 .. 1$

$Z := 0.0001$ Konstante

Funktion zur Umwandlung einer Bereichsvariablen in einen Vektor:

$$\text{Lv\_in\_Vektor}(a, b, sw) := \begin{array}{|l} k \leftarrow 0 \\ \text{for } i \in a, a + sw .. b \\ \quad \begin{array}{|l} v_k \leftarrow i \\ k \leftarrow k + 1 \end{array} \\ v \end{array}$$

$f_m(x) := f\left[(x - \text{mod}(x - a, \Delta x)) + \frac{\Delta x}{2}\right]$ Linearisierung der Kurve (Rechtecke)

$f_u(x) := f(x - \text{mod}(x - a, \Delta x))$

Hilfsfunktionen

$f_o(x) := f(x - \text{mod}(x - a, \Delta x) + \Delta x)$

$f_t(x) := f_u(x) + (f_o(x) - f_u(x)) \cdot \frac{\text{mod}(x - a, \Delta x)}{\Delta x}$ Linearisierung der Kurve (Trapeze)

$X := a + Z, (a + \Delta x) + Z .. b + Z$ Bereichsvariable

$i := 0 .. \text{länge}\left(\text{Lv\_in\_Vektor}\left(a + \frac{\Delta x}{2}, b, \Delta x\right)\right) - 1$ Summationsvariable

$x_m = a + \frac{\Delta x}{2}, a + 3 \cdot \frac{\Delta x}{2} .. b$ Bereichsvariable

$\mathbf{x_m} := \text{Lv\_in\_Vektor}\left(a + \frac{\Delta x}{2}, b, \Delta x\right)$

$\mathbf{x_m}^T = (0.25 \quad 0.75)$ Vektor der Mittelpunkte der Rechtecke

$x_u = a, a + \Delta x .. b - \Delta x$ Bereichsvariable

$\mathbf{x_u} := \text{Lv\_in\_Vektor}(a, b - \Delta x, \Delta x)$

$\mathbf{x_u}^T = (0 \quad 0.5)$ Vektor der Anfangspunkte der Trapeze

Animation: FRAME von 0 bis 10 mit 1 Bild/s

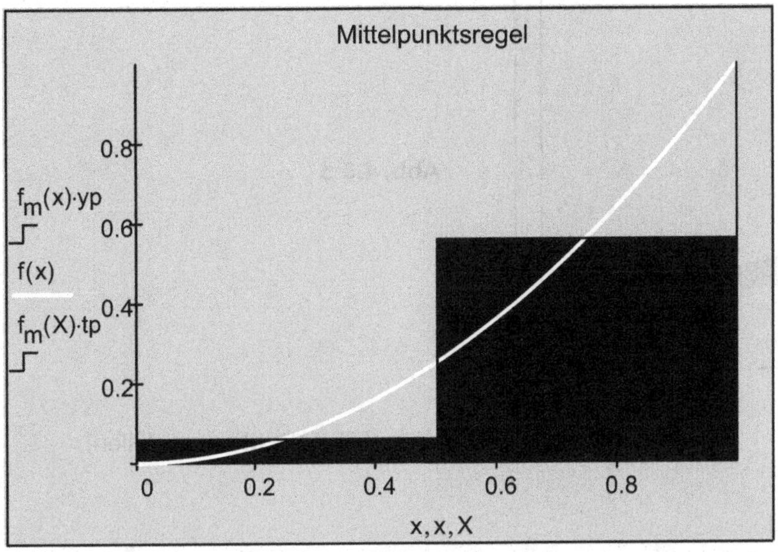

$n + FRAME = 2$

$$M_n := \sum_i \left(f\left(\mathbf{x}_{\mathbf{m}_i}\right) \cdot \Delta x \right)$$

$M_n = 0.3125$

Abb. 4.5.3

$$\int_0^1 x^2\,dx = 0.33333$$

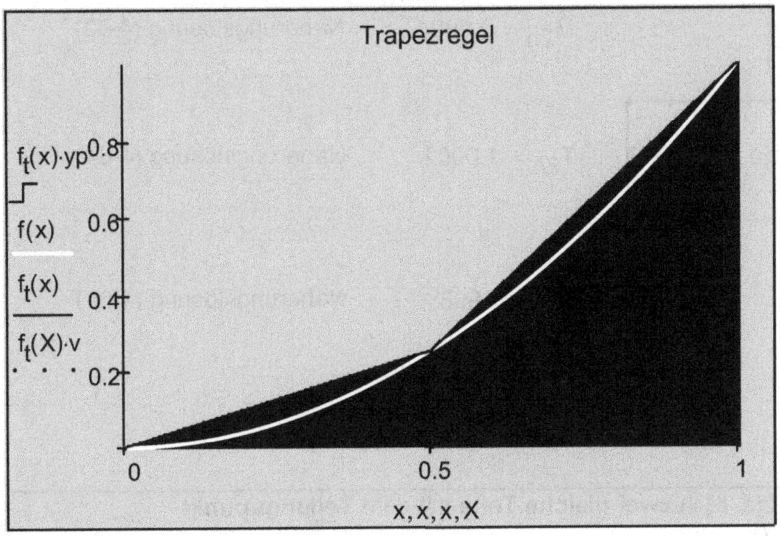

$$T_n := \sum_i \left(\frac{f\left(\mathbf{x}_{\mathbf{u}_i}\right) + f\left(\mathbf{x}_{\mathbf{u}_i} + \Delta x\right)}{2} \cdot \Delta x \right)$$

$T_n = 0.375$

Abb. 4.5.4

Beispiel 4.5.2:

Berechnen Sie die Fläche zwischen x-Achse und der Funktion $y = f(x) = e^{-x}$ im Bereich $a = 0$ und $b = 4$ exakt und mithilfe der Mittelpunkts- und Trapezregel.

$a := 0$

Intervallrandpunkte des Intervalls [a,b]

$b := 4$

$n := 50$ Anzahl der Subintervalle

$h := \frac{b - a}{2 \cdot n}$ Intervallbreite

$f(x) := e^{-x}$ Funktionsgleichung

$x := a, a + 0.0001 .. b$ Bereichsvariable

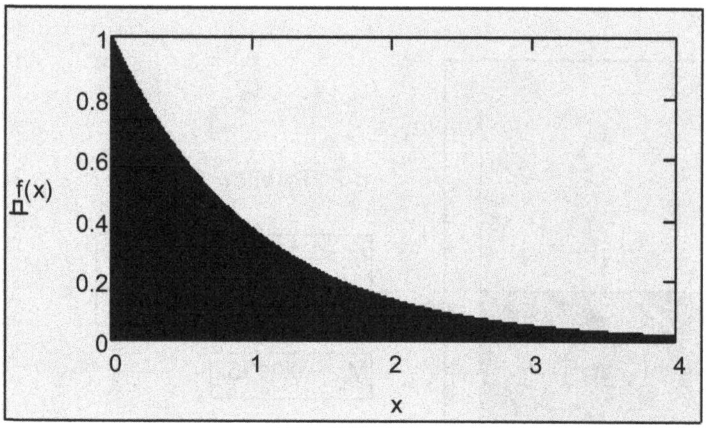

Abb. 4.5.5

$\int_a^b f(x)\,dx = 0.98168$ exakte Lösung (auf fünf Nachkommastellen)

$M_{2n} := 2 \cdot h \cdot \sum_{i=1}^{2 \cdot n} f\left[a + \left(i - \frac{1}{2}\right) \cdot 2 \cdot h\right]$ $M_{2n} = 0.9994$ Näherungslösung (4-60)

$T_{2n} := h \cdot \sum_{i=1}^{2 \cdot n} [f[a + (i-1) \cdot 2 \cdot h] + f(a + i \cdot 2 \cdot h)]$ $T_{2n} = 1.0002$ Näherungslösung (4-64)

$T_n := \frac{T_{2n} + M_{2n}}{2}$ $T_n = 0.9998$ Näherungslösung (4-65)

4.5.2 Kepler- und Simpsonregel

Wir zerlegen das **Integrationsintervall [a, b]** in **zwei gleiche Teile** mit dem **Teilungspunkt** $\mathbf{x_m = (a + b)/2}$ und der **Länge $\Delta x = h = (b - a)/2$**.

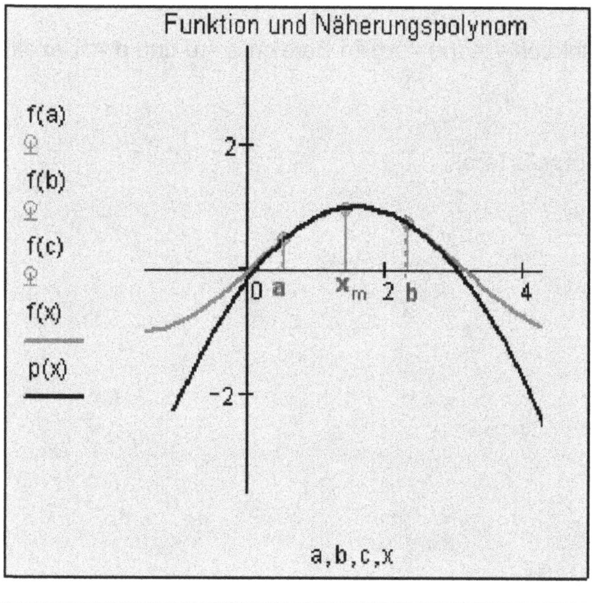

Abb. 4.5.6

Die Näherungsformel, die wir für das bestimmte Integral erhalten, wenn wir die Funktion y = f(x) durch eine Parabel $p(x) = a_0 + a_1 x + a_2 x^2$ ersetzen, welche durch die Punkte $P_0(a \mid f(a))$, $P_1(x_m \mid f(x_m))$ und $P_2(b \mid f(b))$ hindurchgeht, lautet:

$$\int_a^b f(x)\,dx \approx K_n = \int_a^b p(x)\,dx = \frac{b-a}{6}\cdot\left[\left(f(a) + 4\cdot f\left(x_m\right)\right) + f(b)\right] \quad \textbf{Keplerregel} \qquad (4\text{-}66)$$

Es ist leicht einzusehen, dass der ermittelte Näherungswert umso besser sein wird, je näher die Stellen a und b auf der x-Achse beieinander liegen. Demnach ist es naheliegend, größere Intervalle [a , b] in eine Summe kleinerer Intervalle zu zerlegen und über jedem Teilintervall die Näherungswerte zu berechnen. Eine methodische Zusammenfassung dieses Gedankens führt zur Näherungsformel von Simpson.
Wird das Integrationsintervall [a , b] in 2n gleich breite Teilintervalle zerlegt, dann lässt sich n-mal die Keplerregel anwenden, indem immer zwei Teilintervalle zu einem Doppelintervall (n Doppelstreifen) zusammengefasst werden.
Für das bestimmte Integral gilt dann folgende Näherungsformel (Simpsonregel):

$$\int_a^b f(x)\,dx \approx S_{2n}$$

$$S_{2n} = \frac{b-a}{6\cdot n}\cdot\left[\begin{array}{l} f(a) + 4\cdot\left(f\left(x_1\right) + f\left(x_3\right) + \ldots + f\left(x_{2\cdot n-1}\right)\right) \ldots \\ + 2\cdot\left(f\left(x_2\right) + f\left(x_4\right) + \ldots + f\left(x_{2\cdot n-2}\right)\right) + f(b) \end{array}\right] \qquad (4\text{-}67)$$

Mit der Schrittweite $2\cdot h = \frac{b-a}{n}$ kann dann die Simpsonregel wie folgt geschrieben werden:

$$S_{2n} = \frac{h}{3}\cdot\left[\begin{array}{l} f(a) + 4\cdot[f(a+h) + f(a+3\cdot h) + \ldots + f[a+(n-1)\cdot h]] \ldots \\ + [2\cdot[f(a+2\cdot h) + f(a+4\cdot h) + \ldots + f[a+(n-2)\cdot h]] + f(a+n\cdot h)] \end{array}\right] \qquad (4\text{-}68)$$

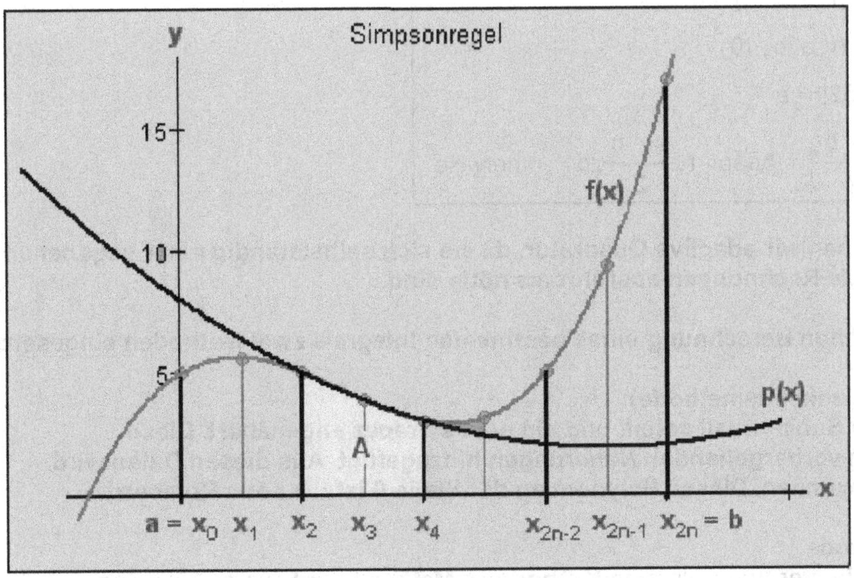

Abb. 4.5.7

Mit n = 1 Doppelstreifen und

$$2\cdot h = \frac{b-a}{n}$$

erhalten wir aus der Simpsonregel die Keplerregel:

$$A = \frac{h}{3}\cdot\left(y_0 + 4\cdot y_1 + y_2\right)$$

Die Simpsonregel kann für n/2 Doppelstreifen

$h = \frac{b-a}{n}$, $m = 1, 3 .. n-1$ **und** $k = 2, 4 .. n-2$ **(n ≥ 4)**

in folgender Form geschrieben werden:

$$S_{2n} = \frac{h}{3} \cdot \left(f(a) + 4 \cdot \sum_{m} f(a + m \cdot h) + 2 \cdot \sum_{k} f(a + k \cdot h) + f(a + n \cdot h) \right) \qquad \text{(4-69)}$$

Die Simpsonregel kann für n Doppelstreifen auch als Unterprogramm ausgeführt werden:

```
Simpson(f, a, b, n) := | h ← (b − a)/n
                       | S ← f(a) + f(b)
                       | for i ∈ 0 .. n − 1
                       |    S ← S + 4 · f(a + i · h + h/2)
                       | for i ∈ 1 .. n − 1
                       |    S ← S + 2 · f(a + i · h)
                       | h/6 · S
```
(4-70)

In vielen Fällen liefert die Simpsonregel recht gute Ergebnisse. Bei manchen Fällen kann dies jedoch auch zu Problemen führen. Es sei daher nachfolgend noch eine bessere Methode angeführt. Die Funktion Adapt(f,a,b) benutzt die Simpsonregel in einer rekursiven Form zur Berechnung eines Näherungswertes für das bestimmte Integral:

```
Adapt(f, a, b) := | ε ← 10^−8
                  | S1 ← Simpson(f, a, b, 5)
                  | S2 ← Simpson(f, a, b, 10)
                  | S2  if  |S1 − S2| < ε
                  | Adapt(f, a, (a + b)/2) + Adapt(f, (a + b)/2, b)  otherwise
```
(4-71)

Die Arbeitsweise von Adapt nennen wir adaptive Quadratur, da sie sich selbstständig einer gegebenen Situation anpasst und nur so viele Rechnungen ausführt als nötig sind.

In Mathcad können zur numerischen Berechnung eines bestimmten Integrals zwei Methoden eingesetzt werden:

1. **Romberg-Methode (Intervall-Bisektionsmethode):**
   Nach jedem Schritt wird jedes Subintervall geteilt und ein neues Trapez angenähert. Diese Näherung wird einer Liste von vorhergehenden Näherungen hinzugefügt. Aus diesen Daten wird ein Polynom als Näherung gewonnen. Dieses Polynom an der Stelle 0 ist die neue Romberg-Näherung.
2. **Eine Adaptive-Quadratur-Methode.**
   Adaptive Methoden benutzen immer mehr als eine Methode. In Mathcad wird zuerst für jedes Subintervall eine Gauß-Methode mit 10 Punkten und eine Methode von Konrad mit 21 Punkten verwendet. Wenn die Näherung nicht gut genug ist, wird jedes Subintervall weiter unterteilt.

Beispiel 4.5.3:

Berechnen Sie die Fläche zwischen x-Achse und der Funktion y = f(x) im Bereich a und b exakt, mithilfe der Keplerregel, der Simpsonregel und der adaptiven Methode.

$a := 0.5$

Randpunkte des Integrationsintervalls

$b := 2.5$

$x_m := \frac{a+b}{2}$ Teilungspunkt

$\Delta x := \frac{b-a}{100}$ Schrittweite

$x := a-2, a-2+\Delta x .. b+2$ Bereichsvariable

$f(x) := \sin(x)$ Funktion

Zur Illustration des Verfahrens bestimmen wir auch das quadratische Polynom $\mathbf{p(x) = a_0 + a_1\, x + a_2\, x^2}$ durch die Punkte $P_0(a \mid f(a))$, $P_1(b \mid f(b))$, $P_2(x_m \mid f(x_m))$. Aus den drei Bestimmungsgleichungen für die Koeffizienten von p(x) erhalten wir mit der Koeffizientenmatrix **K** und dem Vektor **y** den Lösungsvektor **a**:

$a_0 + a_1 \cdot a + a_2 \cdot a^2 = f(a)$

$a_0 + a_1 \cdot b + a_2 \cdot b^2 = f(b)$

$a_0 + a_1 \cdot x_m + a_2 \cdot x_m^2 = f(x_m)$

lineares Gleichungssystem zur Bestimmung der Polynomkoeffizienten (in Matrizenform: **K a = y** mit dem Lösungsvektor $\mathbf{a = K^{-1}\, y}$)

$$\mathbf{K} := \begin{pmatrix} 1 & a & a^2 \\ 1 & b & b^2 \\ 1 & x_m & x_m^2 \end{pmatrix} \qquad \mathbf{y} := \begin{pmatrix} f(a) \\ f(b) \\ f(x_m) \end{pmatrix} \qquad \mathbf{a} := \mathbf{K}^{-1} \cdot \mathbf{y} \qquad \mathbf{a} = \begin{pmatrix} -0.124 \\ 1.435 \\ -0.459 \end{pmatrix}$$

$p(x) := \mathbf{a}_0 + \mathbf{a}_1 \cdot x + \mathbf{a}_2 \cdot x^2$ Näherungspolynom

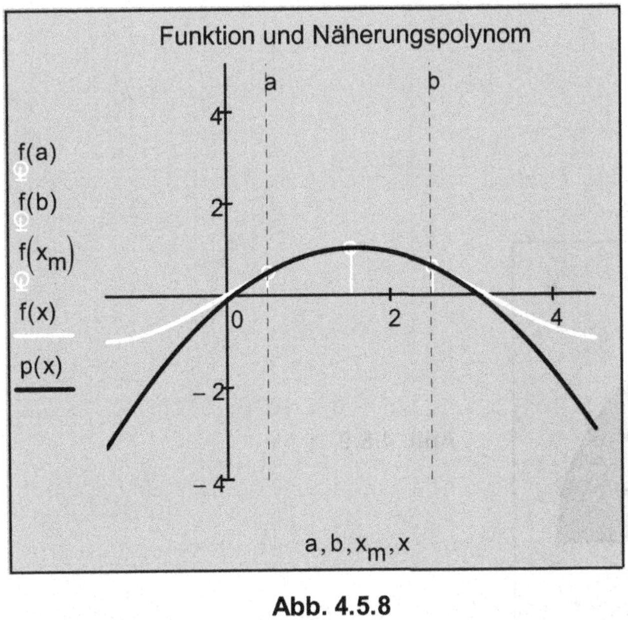

Abb. 4.5.8

Exakter Wert des Integrals (5 Gleitkommastellen):

$$\int_a^b f(x)\, dx \text{ Gleitkommazahl}, 5 \rightarrow 1.6787$$

Kepler-Näherung:

$$K_n := \frac{b-a}{6} \cdot \left(p(a) + 4 \cdot p\left(\frac{a+b}{2}\right) + p(b) \right)$$

$K_n = 1.6893$

Direkt berechnetes Integral über p(x):

$$\int_a^b p(x)\, dx \rightarrow 1.6892925430414590727$$

$n := 4$ n/2 Doppelstreifen

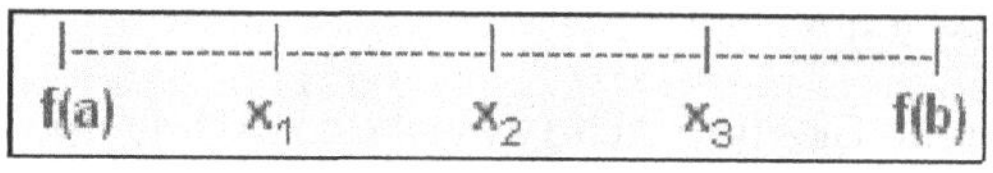

$h := \frac{b - a}{n}$ Schrittweite

$m := 1, 3 .. n - 1$ $k := 2, 4 .. n - 2$ Bereichsvariablen

$S_{2n} := \frac{h}{3} \cdot \left(f(a) + 4 \cdot \sum_m f(a + m \cdot h) + 2 \cdot \sum_k f(a + k \cdot h) + f(a + n \cdot h) \right)$ Simpsonformel

$S_{2n} = 1.6793$ Simpsonnäherung

$n := 2, 6 .. 30$ Bereichsvariable für die Doppelstreifen 2, 6, 10, ..., 30

$\text{Simpson}(f, a, b, n) =$ $\text{Adapt}(f, a, b) = 1.6787$ Simpson- und adaptiven Methode

1.6793
1.6787
1.6787
1.6787
1.6787
1.6787
1.6787
1.6787

Beispiel 4.5.4:

Berechnen Sie die Fläche zwischen x-Achse und der Funktion y = f(x) im Bereich a und b exakt, mithilfe der numerischen Berechnung von Mathcad, der Simpsonregel und der adaptiven Methode.

$a := -1$

Randpunkte des Integrationsintervalls

$b := 1$

$\Delta x := \frac{b - a}{400}$ Schrittweite

$x := a - 2, a - 2 + \Delta x .. b + 2$ Bereichsvariable

$f(x) := \sqrt{1 - x^2}$ Funktion

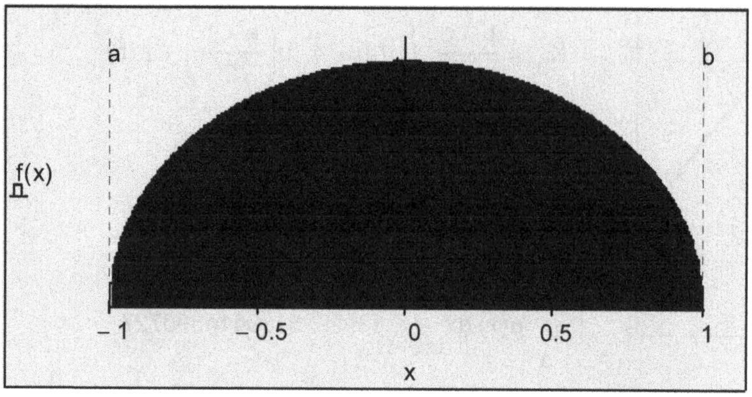

Abb. 4.5.9

$TOL := 10^{-10}$ Berechnungstoleranz für das bestimmte Integral

$A := \frac{\pi}{2}$ $A = 1.570796$ exakter Wert und auf 6 Nachkommastellen ausgewertet

$A_{RA} := \int_a^b f(x)\,dx$ $A_{RA} = 1.570796$ Romberg- und adaptive Methode (mit rechter Maustaste auf das Integral klicken)

$A_S := \text{Simpson}(f, a, b, 4)$ $A_S = 1.541798$ Simpson mit 4 Doppelstreifen (4-70)

$A_A := \text{Adapt}(f, a, b)$ $A_A = 1.570796$ Adaptive Methode (4-71)

Relativer Fehler:

$$\left|\frac{A - A_S}{A}\right| = 1.846 \cdot \%$$

Beispiel 4.5.5:

Berechnen Sie die Fläche zwischen x-Achse und der Funktion y = f(x) im Bereich a und b exakt, mithilfe der numerischen Berechnung von Mathcad, der Simpsonregel und der adaptiven Methode.

$a := 0$

Randpunkte des Integrationsintervalls

$b := 2 \cdot \pi$

$\Delta x := \frac{b - a}{1000}$ Schrittweite

$x := 0, \Delta x .. 2 \cdot \pi$ Bereichsvariable

$f(x) := \sin(4 \cdot x)^2$ Funktion

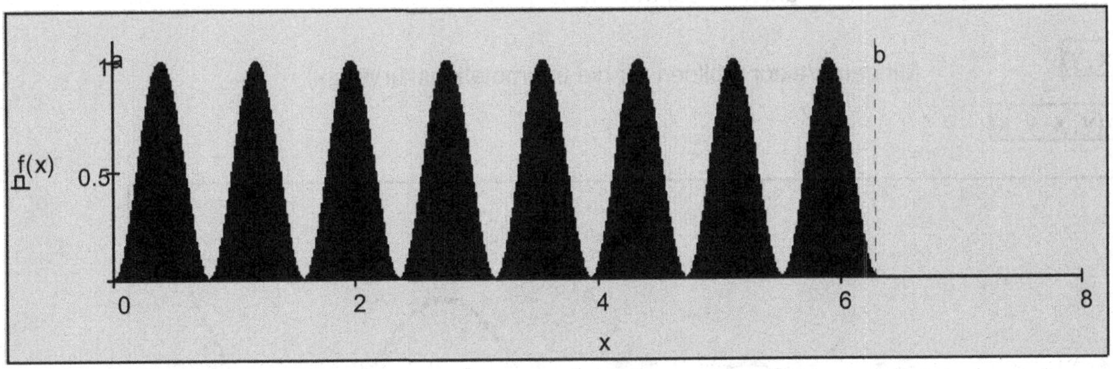

Abb. 4.5.10

$A_{RA} := \int_a^b f(x)\,dx$ $A_{RA} = 3.141593$ Romberg- und adaptive Methode $A_{RA} \to \pi$ exakter Wert

$A_S := \text{Simpson}(f, a, b, 5)$ $A_S = 3.141593$ Simpson mit 5 Doppelstreifen (4-70)

$A_A := \text{Adapt}(f, a, b)$ $A_A = 3.141593$ Adaptive Methode (4-71)

Beispiel 4.5.6:

Berechnen Sie die Fläche zwischen x-Achse und der Folge von diskreten Punkten im Bereich a und b exakt, mithilfe der numerischen Berechnung von Mathcad, der Simpsonregel und der adaptiven Methode.

$a := 0$

Randpunkte des Integrationsintervalls

$b := 20$

$\Delta x := \frac{b-a}{300}$ Schrittweite

$x := 0, \Delta x .. 21$ Bereichsvariable

$f(x) := x \cdot \sin(x) + x$ Funktion

$i := 0 .. 20$ Bereichsvariable für die Punkte

$\mathbf{x}_i := i \qquad \mathbf{y}_i := f(\mathbf{x}_i)$ Folge diskreter Punkte

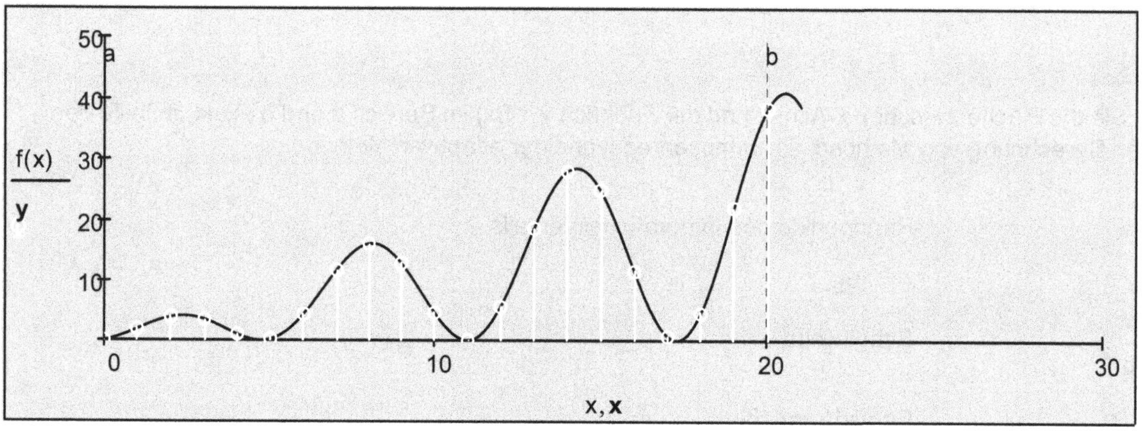

Abb. 4.5.11

Wir lösen die Aufgabe, indem wir durch die Punktfolge mithilfe einer kubischen Spline-Interpolation eine Interpolationskurve legen und die Fläche unter dieser bestimmen:

$\mathbf{v} := \text{kspline}(\mathbf{x}, \mathbf{y})$

Mit dem Vektor **v** bilden wir die Interpolationskurve g(x).

$g(x) := \text{interp}(\mathbf{v}, \mathbf{x}, \mathbf{y}, x)$

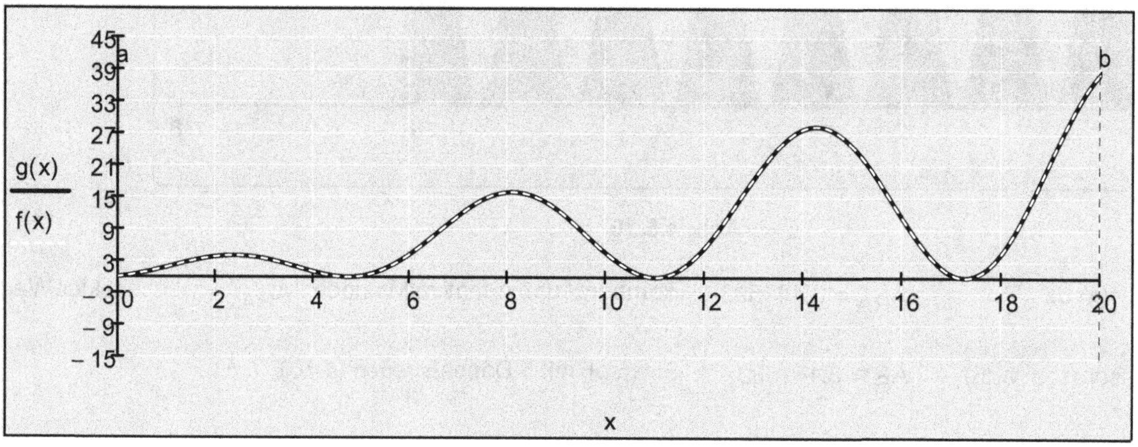

Abb. 4.5.12

Die Grafik zeigt, dass die interpolierte Kurve und die Kurve von f(x) im betrachteten Bereich recht gut übereinstimmen.

$A_{RA} := \int_a^b g(x)\,dx$ $\quad A_{RA} = 192.737549$ Romberg- und adaptive Methode (die gesuchte Fläche)

$A := \int_a^b f(x)\,dx$ $\quad A \rightarrow \sin(20) + 40 \cdot \sin(10)^2 + 180 = 192.751304$ Vergleich mit der Fläche unter der Kurve f(x)

$A_S := \text{Simpson}(g, a, b, 4)$ $\quad A_S = 183.301808$ Simpson mit 4 Doppelstreifen (4-70)

$A_A := \text{Adapt}(g, a, b)$ $\quad A_A = 192.737549$ Adaptive Methode (4-71)

Relativer Fehler:

$$\left| \frac{A - A_A}{A} \right| = 0.007 \cdot \%$$

4.6 Anwendungen der Integralrechnung

4.6.1 Bogenlänge einer ebenen Kurve

Wir denken uns die Länge eines beliebig herausgegriffenen Kurvenstückes zwischen P_1 und P_2 durch das differentiell kleine Linienelemente ds ersetzt. Die Integration über alle Linienelemente bedeutet, dass wir für unbegrenzt feiner werdende Zerlegungen den Grenzwert der Summe aller Linienelemente bilden. Wir setzen voraus, dass die Funktion y = f(x) und deren Ableitung im Intervall [a, b] stetig sind.

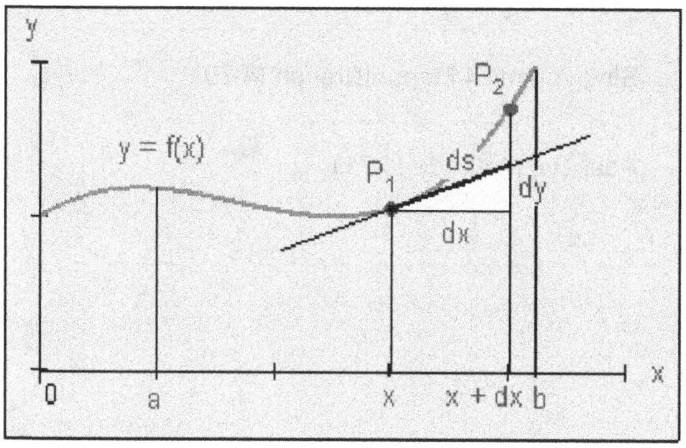

Abb. 4.6.1.1

Nach dem pythagoräischen Lehrsatz gilt:

$$ds^2 = dx^2 + dy^2 = \left[1 + \left(\frac{dy}{dx}\right)^2\right] \cdot dx^2 \qquad \textbf{(4-72)}$$

Damit gilt für das Linienelement:

$$ds = \sqrt{1 + (y')^2} \cdot dx \qquad \textbf{(4-73)}$$

Für die Summe aller Linienelemente zwischen a und b, also für die Bogenlänge s, gilt dann:

$$s = \int_a^b 1\, ds = \int_a^b \sqrt{1 + (y')^2}\, dx \quad \text{für} \quad a \le x \le b \qquad \textbf{(4-74)}$$

Liegt die Funktion in Parameterdarstellung x = x(t), y = y(t) vor und ist diese im Intervall $[t_1, t_2]$ differenzierbar, so gilt mit

$$a = x(t_1),\ \ b = x(t_2),\ \ dx = x_t \cdot dt \ \ \text{und}\ \ y' = \frac{y_t}{x_t}\ (x_t \ne 0):$$

$$s = \int_{t_1}^{t_2} \sqrt{1 + \left(\frac{y_t}{x_t}\right)^2} \cdot x_t\, dt = \int_{t_1}^{t_2} \sqrt{x_t^2 + y_t^2}\, dt \quad \text{für} \quad t_1 \le t \le t_2 \qquad \textbf{(4-75)}$$

Liegt die Funktion in Polarkoordinatendarstellung r = r(φ) vor, so hat diese Funktion eine Parameterdarstellung der Form x = r(φ) cos(φ) und y = r(φ) sin(φ):

$$ds^2 = dx^2 + dy^2 = (x_\varphi\, d\varphi)^2 + (y_\varphi\, d\varphi)^2 = [(r' \cos(\varphi) - r \sin(\varphi))^2 + (r' \sin(\varphi) + r \cos(\varphi))^2]\, d\varphi^2 =$$

$$= [r'^2 \cos(\varphi)^2 - 2 r' r \sin(\varphi) \cos(\varphi) + r^2 \sin(\varphi)^2 + r'^2 \sin(\varphi)^2 + 2 r' r \sin(\varphi) \cos(\varphi) + r^2 \cos(\varphi)^2]\, d\varphi^2 =$$

$$= [r^2 (\sin(\varphi)^2 + \cos(\varphi)^2) + r'^2 (\sin(\varphi)^2 + \cos(\varphi)^2]\, d\varphi^2 = [r^2 + r'^2]\, d\varphi^2$$

$$s = \int_{\varphi_1}^{\varphi_2} \sqrt{r(\varphi)^2 + r'(\varphi)^2}\, d\varphi \quad \text{für} \quad \varphi_1 \le \varphi \le \varphi_2 \qquad \textbf{(4-76)}$$

Beispiel 4.6.1.1:

Sekantenannäherung der Bogenlänge.

$a := 1$

Intervall

$b := 2 + \sqrt{3}$

$f(x) := \sqrt{4 \cdot x - x^2}$ gegebene Funktion

$n := 1 + FRAME$ Anzahl der Intervalle
(FRAME von 0 bis 10, 1 Bild/s)

$\Delta x := \frac{b - a}{n}$ Intervalllänge

$x := 0, 0.01 .. 4$ Bereichsvariable

$x_1 := a, a + \Delta x .. b$ Bereichsvariable

Funktion zur Umwandlung einer Bereichsvariablen in einen Vektor:

```
Lv_in_Vektor(a, b, sw) := | k ← 0
                          | for  i ∈ a, a + sw .. b
                          |    | v_k ← i
                          |    | k ← k + 1
                          | v
```

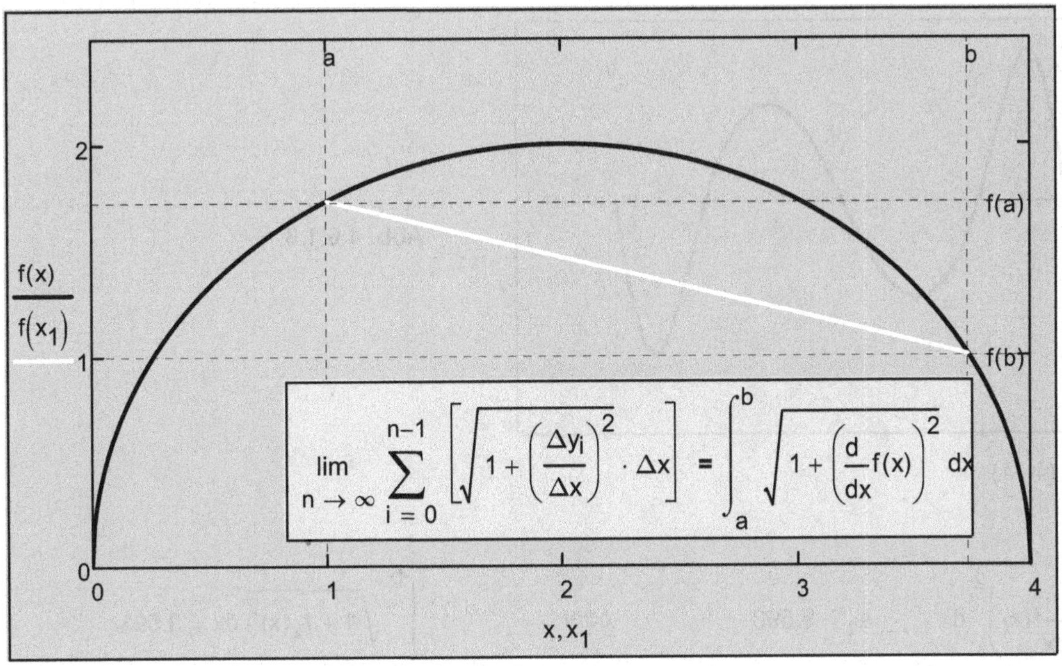

Abb. 4.6.1.2

$x_b = a, a + \Delta x .. b - \Delta x$ $\quad \mathbf{x_b} := \text{Lv\_in\_Vektor}(a, b - \Delta x, \Delta x)$ Bereichsvariable in einem Vektor umwandeln

$i := 0 .. \text{länge}(\text{Lv\_in\_Vektor}(a, b - \Delta x, \Delta x)) - 1$ Bereichsvariable

$s_b := \sum_i \sqrt{\Delta x^2 + \left(f\left(\mathbf{x_b}_i + \Delta x\right) - f\left(\mathbf{x_b}_i\right)\right)^2}$ $\quad s_b = 2.8284271247$ Näherung der Bogenlänge

$\int_a^b \sqrt{1 + \left(\frac{d}{dx} f(x)\right)^2} \, dx = 3.1415926536$ exakte Lösung der Bogenlänge (auf 10 Dezimalstellen)

Beispiel 4.6.1.2:

Berechnen Sie die Bogenlänge der Funktion $y = \sin(x + 2\sin(x))$ zwischen $a = 0$ und $b = 2\pi$.

$f(x) := \sin(x + 2 \cdot \sin(x))$ gegebene Funktion

$f_x(x) := \frac{d}{dx} f(x)$ Ableitung

$a := 0$

Randpunkte des Integrationsintervalls

$b := 2 \cdot \pi$

$n := 200$ Anzahl der Punkte

$\Delta x := \frac{b - a}{n}$ Schrittweite

$x := a, a + \Delta x .. b$ Bereichsvariable

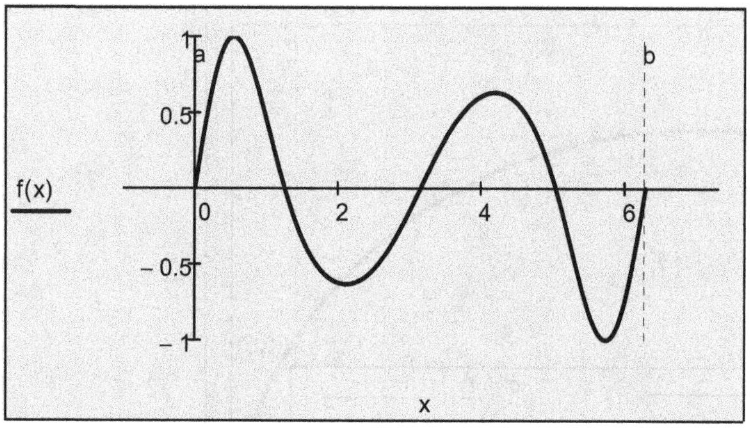

Abb. 4.6.1.3

Bogenlänge nach (4-74):

$$s_1 := \int_a^b \sqrt{1 + \left(\frac{d}{dx} f(x)\right)^2}\, dx \qquad s_1 = 9.593 \qquad \text{oder} \qquad \int_a^b \sqrt{1 + f_x(x)^2}\, dx = 9.593$$

Beispiel 4.6.1.3:

Berechnen Sie die Länge der Durchhängekurve einer Freileitung (Kettenlinie) und den Durchhang f_b. Dabei wird die Form der Kettenlinie von der horizontalen Spannkraft S_h = 1000 kN, dem Gewicht der Leitung pro Längeneinheit G_L = 2 kN/m, der Mastenhöhe h = 20 m und dem Mastenabstand b = 200 m beeinflusst:

$x := x \qquad b := b \qquad h := h$ Redefinitionen

$$f(x, S_h, G_L, b, h) := \frac{S_h}{G_L} \cdot \left(\cosh\left(\frac{G_L}{S_h} \cdot x\right) - \cosh\left(\frac{G_L}{S_h} \cdot \frac{b}{2}\right)\right) + h$$ Kettenlinie

Integrand und Integral zur Berechnung der Seillänge nach (4-74):

$$g(x, S_h, G_L, b, h) := \sqrt{1 + \left(\frac{d}{dx} f(x, S_h, G_L, b, h)\right)^2}$$

$$g(x, S_h, G_L, b, h) \rightarrow \sqrt{\sinh\left(\frac{G_L \cdot x}{S_h}\right)^2 + 1}$$ **$\cosh^2 x - \sinh^2 x = 1$**

$$s_F(S_h, G_L, b, h) = 2 \cdot \int_0^{\frac{b}{2}} \cosh\left(\frac{G_L \cdot x}{S_h}\right) dx \rightarrow s_F(S_h, G_L, b, h) = \frac{2 \cdot S_h \cdot \sinh\left(\frac{G_L \cdot b}{2 \cdot S_h}\right)}{G_L}$$

Spezielle Werte für die Freileitung:

$b := 200 \cdot m$ Mastabstand

$h := 20 \cdot m$ Masthöhe

$S_h := 1000 \cdot kN$ Spannkraft

$G_L := 2 \cdot \frac{kN}{m}$ Gewicht pro Länge

$x := -\frac{b}{2}, -\frac{b}{2} + \frac{b}{800} .. \frac{b}{2}$ Bereichsvariable

$f_d := h - f(0 \cdot m, S_h, G_L, b, h)$ $f_d = 10.033\,m$ Durchhang f_d

$$s_F(S_h, G_L, b, h) := \frac{2 \cdot S_h \cdot \sinh\left(\frac{G_L \cdot b}{2 \cdot S_h}\right)}{G_L}$$ Berechnung der Seillänge der Freileitung

$s_F(S_h, G_L, b, h) = 201.336\,m$ Freileitungslänge

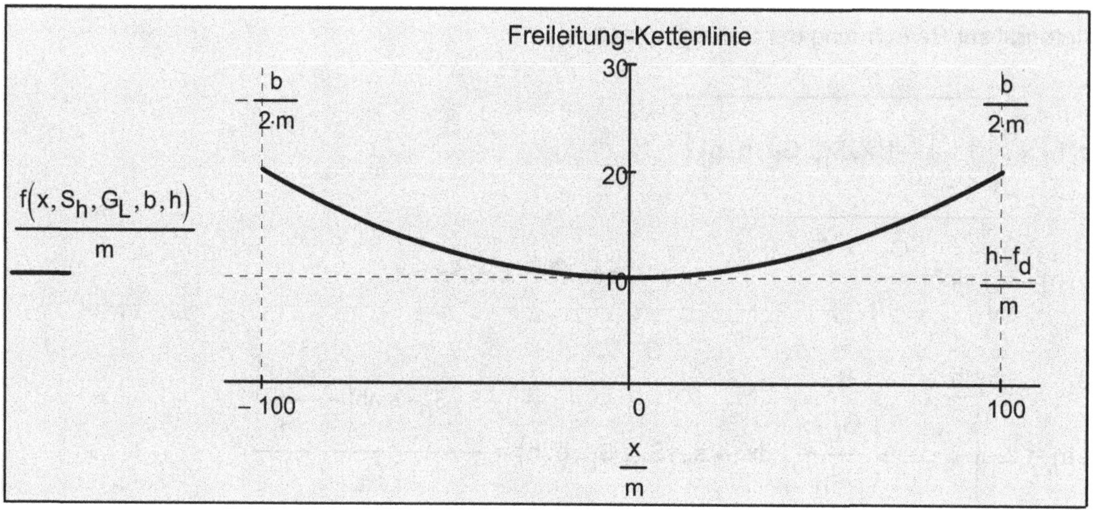

Abb. 4.6.1.4

Beispiel 4.6.1.4:

Berechnen Sie den Kreisumfang.

$y(x,r) := \sqrt{r^2 - x^2}$ kartesische Darstellung der Funktionsgleichung (oberer Halbkreis)

$r := 2$ Kreisradius

$x := -r, -r + 0.01 .. r$ Bereichsvariable

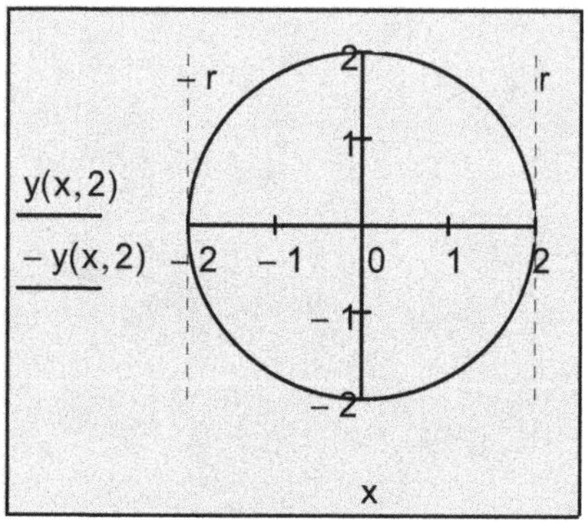

Abb. 4.6.1.5

$y' = \frac{-x}{\sqrt{r^2 - x^2}}$ Ableitung der Funktion (oberer Halbkreis)

$1 + y'^2 = 1 + \frac{x^2}{r^2 - x^2} = \frac{r^2}{r^2 - x^2}$ Ausdruck unter der Wurzel

Berechnung in kartesischen Koordinanten nach (4-74):

$$u = 2 \cdot \int_{-r}^{r} \sqrt{1 + y'^2}\, dx = 2 \cdot 2 \cdot \int_0^r \frac{r}{\sqrt{r^2 - x^2}}\, dx = 4 \cdot \int_0^r \frac{1}{\sqrt{1 - \left(\frac{x}{r}\right)^2}}\, dx = 4 \cdot r \cdot \int_0^1 \frac{1}{\sqrt{1 - u1^2}}\, du1$$

Substitution: $u1 = \frac{x}{r}$ Differential du: $du1 = \frac{1}{r} \cdot dx$ Austausch der Grenzen: $x = 0 \Rightarrow u1 = 0$

$x = r \Rightarrow u1 = 1$

$$u = 4 \cdot r \cdot \arcsin(u1) \Big|_0^1 = 4 \cdot r \cdot (\arcsin(1) - \arcsin(0)) = 4 \cdot r \cdot \left(\frac{\pi}{2} - 0\right) = 2 \cdot r \cdot \pi$$ Kreisumfang

$x := x \qquad r := r$ Redefinitionen

$u = 4 \cdot \int_0^r \sqrt{1 + \left(\frac{d}{dx} y(x,r)\right)^2}\, dx$ | annehmen, $r > 0$ | annehmen, x = ReellerBereich$(-r, r)$ | vereinfachen $\rightarrow u = 2 \cdot \pi \cdot r$ Kreisumfang

$$u = 4 \cdot \int_0^r \sqrt{1 + \left(\frac{d}{dx} y(x,r)\right)^2}\, dx = 4 \cdot r \cdot \int_0^1 \frac{1}{\sqrt{1-u^2}}\, du$$

$$u = 4 \cdot r \cdot \int_0^1 \frac{1}{\sqrt{1-u^2}}\, du \rightarrow u = 2 \cdot \pi \cdot r$$

Berechnung in Parameterdarstellung nach (4-75):

$x(\varphi, r) := r \cdot \cos(\varphi)$

$y(\varphi, r) := r \cdot \sin(\varphi)$

Parameterdarstellung des Kreises

$x_\phi(\varphi, r) := -r \cdot \sin(\varphi)$

$y_\phi(\varphi, r) := r \cdot \cos(\varphi)$

Ableitungen

$$u = \int_{\varphi_1}^{\varphi_2} \sqrt{{x_\phi}^2 + {y_\phi}^2}\, d\varphi = 4 \cdot \int_0^{\frac{\pi}{2}} \sqrt{r^2 \cdot \sin(\varphi)^2 + r^2 \cdot \cos(\varphi)^2}\, d\varphi = 4 \cdot \int_0^{\frac{\pi}{2}} r\, d\varphi = 4 \cdot r \cdot \varphi \Big|_0^{\pi/2} = 2 \cdot r \cdot \pi$$

$u = 2 \cdot \int_0^{\pi} \sqrt{\left(\frac{d}{d\varphi} x(\varphi, r)\right)^2 + \left(\frac{d}{d\varphi} y(\varphi, r)\right)^2}\, d\varphi$ | annehmen, $r > 0$ | vereinfachen $\rightarrow u = 2 \cdot \pi \cdot r$ Kreisumfang

Berechnung in Polarkoordinatendarstellung (r = konstant) nach (4-76):

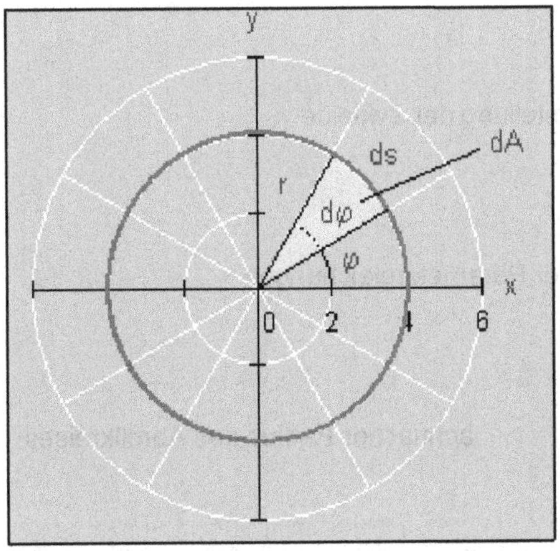

Abb. 4.6.1.6

$$u = 4 \cdot \int_0^{\frac{\pi}{2}} \sqrt{r^2 + r'^2}\, d\varphi = 4 \cdot \int_0^{\frac{\pi}{2}} r\, d\varphi = 4 \cdot r \cdot \varphi \Big|_0^{\pi/2} = 2 \cdot r \cdot \pi$$

oder:

$ds = r \cdot d\varphi$

$$u = \int_0^{2\pi} 1\, ds = \int_0^{2 \cdot \pi} r\, d\varphi = r \cdot \varphi \Big|_0^{2\pi} = 2 \cdot r \cdot \pi$$

$u = \int_0^{2 \cdot \pi} r\, d\varphi$ vereinfachen $\rightarrow u = 2 \cdot \pi \cdot r$ Kreisumfang

Beispiel 4.6.1.5:

Berechnen Sie die Länge des ersten spitzen Zykloidenbogens.

$r := 1$ angenommener Radius des Abrollkreises

$x(t,r) := r \cdot (t - \sin(t))$

$y(t,r) := r \cdot (1 - \cos(t))$

Parameterdarstellung der spitzen Zykloide

$x1(t) := r \cdot \sin(t)$

$y1(t) := r \cdot \cos(t) + 1$

Parameterdarstellung des Abrollkreises

$t1 := 0, 0.01 .. 2\pi$ Bereichsvariable für den Parameter

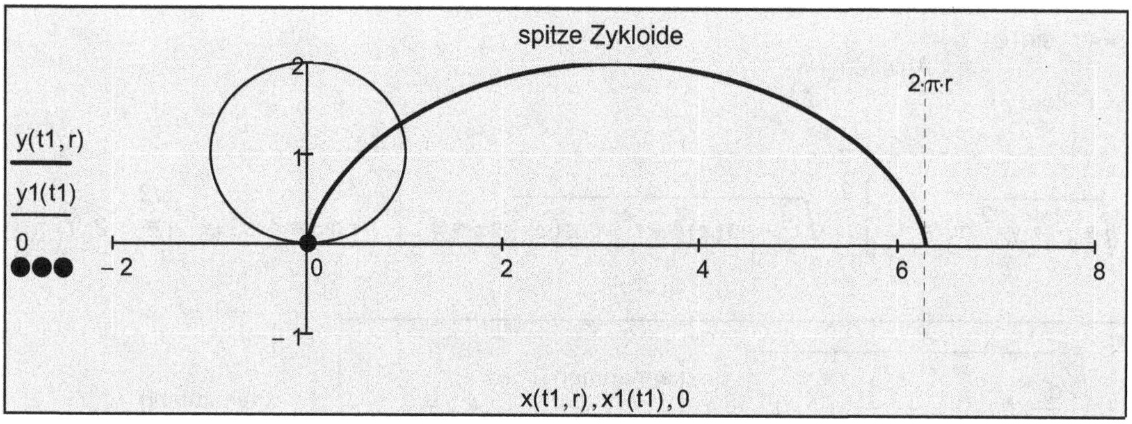

Abb. 4.6.1.7

$x := x$ $y := y$ $t := t$ $r := r$ Redefinitionen

$x(t,r) := r \cdot (t - \sin(t))$

$y(t,r) := r \cdot (1 - \cos(t))$

Parameterdarstellung der Zykloide

$x_t(t,r) := \frac{d}{dt} x(t,r)$ $y_t(t,r) := \frac{d}{dt} y(t,r)$ Ableitungen der Parametergleichungen

$$s1 = \int_0^{2\pi} \sqrt{x_t(t,r)^2 + y_t(t,r)^2}\, dt \;\begin{vmatrix} \text{annehmen}, r > 0 \\ \text{vereinfachen} \end{vmatrix} \rightarrow s1 = 8 \cdot r$$

achtfacher Radius des Abrollkreises

Beispiel 4.6.1.6:

Berechnen Sie den Umfang der Ellipse mit den Ellipsenhalbachsen a = 10 und b = 5.

$a := 10 \qquad b := 5$ — Ellipsenhalbachsen

$x(t) := a \cdot \cos(t) \qquad y(t) := b \cdot \sin(t)$ — Parameterdarstellung der Ellipse

$x_t(t) := -a \cdot \sin(t) \qquad y_t(t) := b \cdot \cos(t)$ — Ableitungen

$t := 0, 0.01 .. 2 \cdot \pi$ — Bereichsvariable für den Parameter

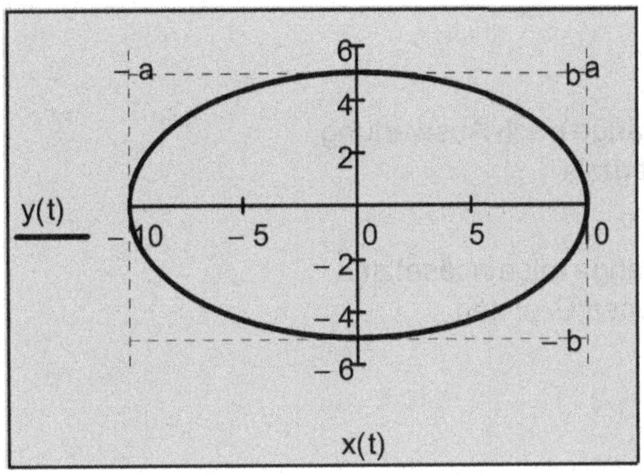

Abb. 4.6.1.8

Die Berechnung des Umfanges führt auf ein elliptisches Integral:

$$u := \int_0^{2\cdot\pi} \sqrt{x_t(t)^2 + y_t(t)^2}\, dt$$

$u = 48.442$

Beispiel 4.6.1.7:

Berechnen Sie die Bogenlänge der logarithmischen Spirale $r = c\, e^{k\,\varphi}$ mit c = 1 und k = 0.5 im Bereich $\varphi_1 = 0$ und $\varphi_2 = \pi/2$.

$c := 1 \qquad k := 0.5$ — Konstanten

$r(\varphi, c, k) := c \cdot e^{k\cdot\varphi}$ — Polarkoordinatengleichung

$\varphi := 0, 0.01 .. \pi$ — Bereichsvariable für den Winkel

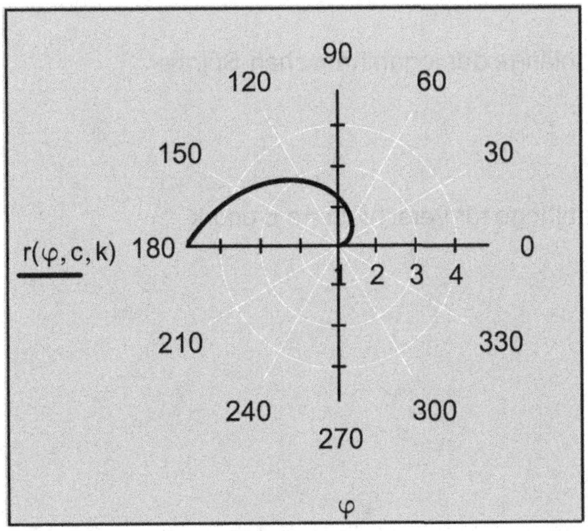

Abb. 4.6.1.9

$$r' = c \cdot k \cdot e^{k \cdot \varphi} = k \cdot r$$

$$s1 = \int_{\varphi_1}^{\varphi_2} \sqrt{r^2 + r'^2}\, d\varphi = \int_{\varphi_1}^{\varphi_2} \sqrt{r^2 + k^2 \cdot r^2}\, d\varphi$$ Bogenlänge in Polarkoordinaten nach (4-76)

$$s1 = \int_{\varphi_1}^{\varphi_2} r \cdot \sqrt{1 + k^2}\, d\varphi = c \cdot \sqrt{1 + k^2} \cdot \int_{\varphi_1}^{\varphi_2} e^{k \cdot \varphi}\, d\varphi$$ vereinfachtes Integral

$$s1 = c \cdot \sqrt{1 + k^2} \cdot \frac{1}{k} \cdot e^{k \cdot \varphi} \Big|_{\varphi_1}^{\varphi_2}$$

$$s1 = \frac{c}{k} \cdot \sqrt{1 + k^2} \cdot \left(e^{k \cdot \varphi_2} - e^{k \cdot \varphi_1}\right)$$ Bogenlänge nach Auswertung des Integrals

$$s1 = \frac{c}{k} \cdot \sqrt{1 + k^2} \cdot \left(e^{k \cdot \frac{\pi}{2}} - 1\right)$$ Bogenlänge mit eingesetzten gegebenen Grenzen

Berechnung mit Mathcad:

$c := c \qquad k := k$ Redefinitionen

$$f(\varphi, c, k) := \sqrt{r(\varphi, c, k)^2 + \left(\frac{d}{d\varphi} r(\varphi, c, k)\right)^2}$$ Integrand

$$s1 = \int_0^{\frac{\pi}{2}} f(\varphi, c, k)\, d\varphi \;\Big|\; \begin{array}{l} \text{annehmen}, c > 0, k > 0 \\ \text{vereinfachen} \end{array} \rightarrow s1 = \frac{c \cdot \left(e^{\frac{\pi \cdot k}{2}} - 1\right) \cdot \sqrt{k^2 + 1}}{k}$$

$$s1(c, k) := \frac{c \cdot \left(e^{\frac{\pi \cdot k}{2}} - 1\right) \cdot \sqrt{k^2 + 1}}{k}$$ Bogenlänge der logarithmischen Spirale

$s1(c, k) = 2.668$ Bogenlänge für verschiedene c und k

$s1(5, 3) = 581.426$

4.6.2 Berechnung von Flächeninhalten

4.6.2.1 Berechnung von Flächeninhalten unter einer Kurve

Wir setzen voraus, dass die Funktion $y = f(x)$, $x \in [a, b]$ und deren Ableitung im Intervall $[a, b]$ stetig sind.

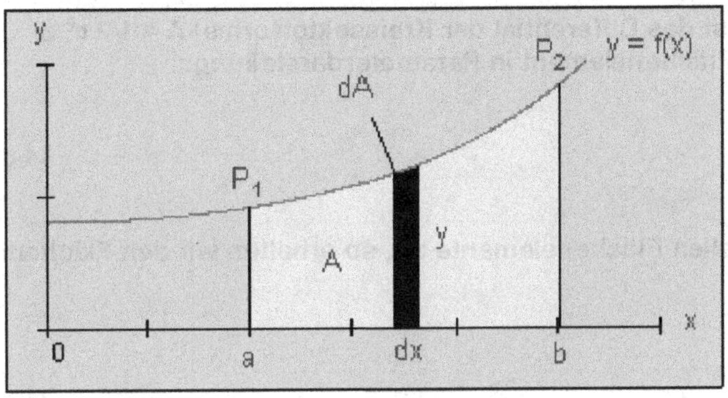

Abb. 4.6.2.1

Summieren wir über alle differentiellen Flächenelemente $dA = y\,dx$, so erhalten wir den Flächeninhalt aus:

$$A = \int_{P_1}^{P_2} 1\,dA = \int_a^b y\,dx \qquad \textbf{(4-77)}$$

Liegt die Funktion in Parameterdarstellung $x = x(t)$, $y = y(t)$ vor und ist diese im Intervall $[t_1, t_2]$ differenzierbar, so erhält man den Flächeninhalt A mit $a = x(t_1)$, $b = x(t_2)$ und $dx = x_t \cdot dt$ durch Aufsummieren der Flächenelemente $dA = y\,dx = y\,x_t\,dt$:

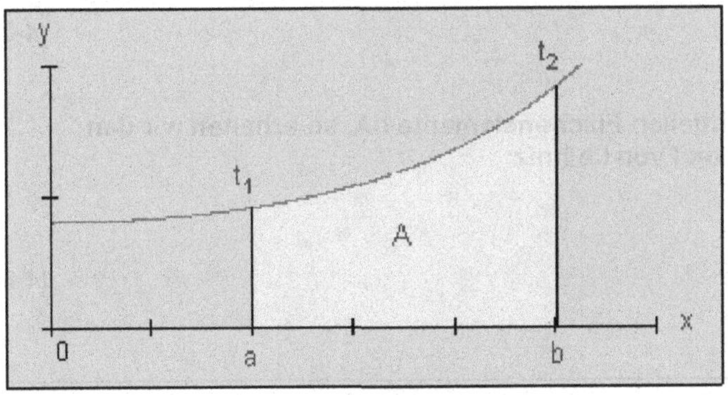

Abb. 4.6.2.2

$$A = \int_{t_1}^{t_2} y(t) \cdot x_t(t)\,dt \qquad \textbf{(4-78)}$$

Sektorformel von Leibniz, wenn die Funktion in Parameterdarstellung gegeben ist. Es gilt:

$$\tan(\varphi(t)) = \frac{y(t)}{x(t)} \quad (x(t) \neq 0) \qquad \textbf{(4-79)}$$

Differenzieren wir diese Gleichung auf beiden Seiten nach dem Parameter t, so erhalten wir:

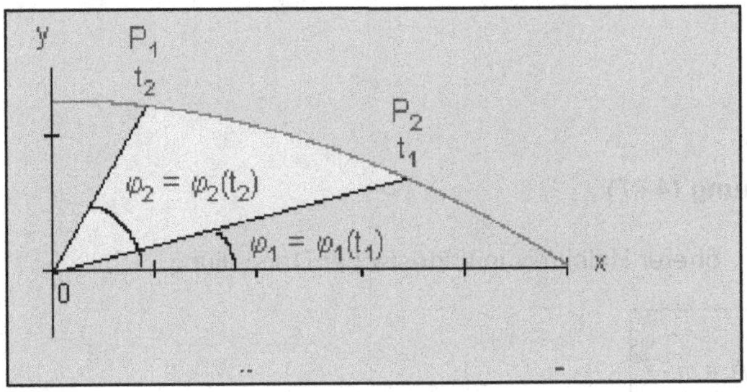

Abb. 4.6.2.3

$$\frac{1}{\cos(\varphi)^2} \cdot \frac{d}{dt}\varphi = \frac{x \cdot y_t - x_t \cdot y}{x^2} \qquad \textbf{(4-80)}$$

Im Nenner auf der rechten Seite der Gleichung (4-80) kann die Parametergleichung eingesetzt werden:

$$\frac{1}{\cos(\varphi)^2} \cdot \frac{d}{dt}\varphi = \frac{x \cdot y_t - x_t \cdot y}{r^2 \cos(\varphi)^2} \qquad \textbf{(4-81)}$$

Durch Multiplikation der Gleichung (4-81) mit dem Faktor 1/2 und durch Aufspaltung des Differentialquotienten erhalten wir schließlich aus (4-81):

$$\frac{r^2 \cdot d\varphi}{2} = \frac{1}{2}\left(x \cdot y_t - x_t \cdot y\right) \cdot dt \tag{4-82}$$

Auf der linken Seite der Gleichung (4-82) ist das Differential der Kreissektorformel A = 1/2 r^2 φ erkennbar. Damit lautet das differentielle Flächenelement in Parameterdarstellung:

$$dA = \frac{1}{2}\left(x \cdot y_t - x_t \cdot y\right) \cdot dt \tag{4-83}$$

Summieren wir wieder über alle differentiellen Flächenelemente dA, so erhalten wir den Flächeninhalt mit der Sektorformel von Leibniz:

$$A = \int_{t_1}^{t_2} 1\, dA = \frac{1}{2} \cdot \int_{t_1}^{t_2} \left(x \cdot y_t - x_t \cdot y\right) dt \tag{4-84}$$

Sektorformel von Leibniz, wenn die Funktion in Polarkoordinatendarstellung ($r = r(\varphi)$, $\varphi \in [\varphi_1, \varphi_2]$) gegeben ist. Nach (4-82) gilt für das differentielle Flächenelement:

$$dA = \frac{1}{2} \cdot r(\varphi)^2 \cdot d\varphi \tag{4-85}$$

Summieren wir auch hier über alle differentiellen Flächenelemente dA, so erhalten wir den Flächeninhalt mit der folgenden Sektorformel von Leibniz:

$$A = \int_{OP_1}^{OP_2} 1\, dA = \frac{1}{2} \cdot \int_{\varphi_1}^{\varphi_2} r(\varphi)^2\, d\varphi \tag{4-86}$$

__Beispiel 4.6.2.1:__

Wie groß ist der Flächeninhalt der Kreisfläche?

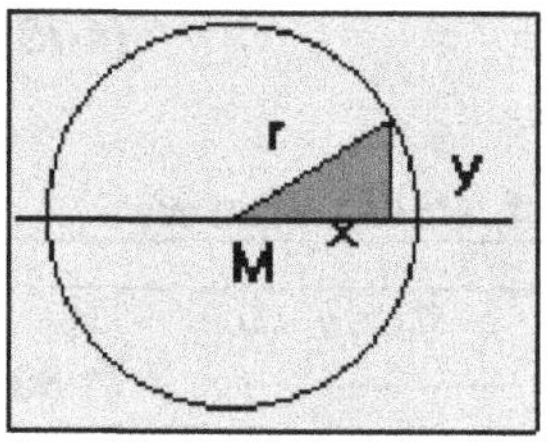

$x^2 + y^2 = r^2$ Kreisgleichung

Abb. 4.6.2.4

a) Kartesische Darstellung der Kreisgleichung (4-77):

$y(x, r) := \sqrt{r^2 - x^2}$ oberer Halbkreis in kartesischer Darstellung

$$A = 4 \cdot \int_0^r y(x, r)\, dx \;\Big|\; \begin{matrix} \text{annehmen}, r > 0 \\ \text{vereinfachen} \end{matrix} \;\rightarrow A = \pi \cdot r^2$$

b) Parameterdarstellung des Kreises (4-78):

$x(\varphi, r) := r \cdot \cos(\varphi)$

Parametergleichungen

$y(\varphi, r) := r \cdot \sin(\varphi)$

$$A = 4 \cdot \int_{\frac{\pi}{2}}^{0} y(\varphi, r) \cdot \frac{d}{d\varphi} x(\varphi, r)\, d\varphi \text{ vereinfachen } \rightarrow A = \pi \cdot r^2$$

Sektorfläche von Leibniz (4-84):

$$A = \frac{1}{2} \cdot \int_{0}^{2\pi} \left(x(\varphi, r) \cdot \frac{d}{d\varphi} y(\varphi, r) - y(\varphi, r) \cdot \frac{d}{d\varphi} x(\varphi, r) \right) d\varphi \;\Big|\; \begin{matrix} \text{annehmen}, r > 0 \\ \text{vereinfachen} \end{matrix} \rightarrow A = \pi \cdot r^2$$

c) Polarkoordinatendarstellung (4-86)

$r(\varphi, r) := r$ Polarkoordinatengleichung

$$A = \frac{1}{2} \cdot \int_{0}^{2 \cdot \pi} r(\varphi, r1)^2\, d\varphi \rightarrow A = \pi \cdot r1^2$$

Beispiel 4.6.2.2:

Wie groß ist der Flächeninhalt zwischen x-Achse und der Funktion $y = \sin^2(x)$ zwischen 0 und π?

$f(x) := \sin(x)^2$ gegebene Funktion

$x := 0, 0.01 .. \pi$ Bereichsvariable

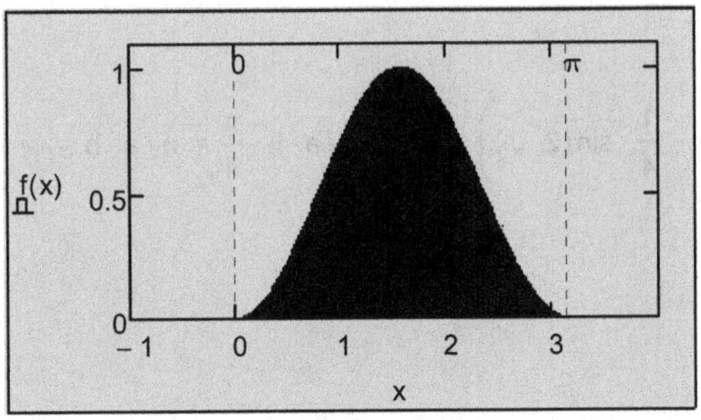

Abb. 4.6.2.5

$$A = \int_{0}^{\pi} \sin(x)^2\, dx = \frac{1}{2} \cdot \int_{0}^{\pi} (1 - \cos(2 \cdot x))\, dx$$

$$A = \frac{x}{2} - \frac{1}{4} \cdot \sin(2 \cdot x) \Big|_{0}^{\pi} = \frac{\pi}{2} \text{ Flächeneinheiten}$$

$$A = \int_{0}^{\pi} \sin(x)^2\, dx \rightarrow A = \frac{\pi}{2}$$

Mit $T = \frac{1}{f} = \frac{2 \cdot \pi}{\omega}$ und $L = k \cdot \frac{T}{2}$ bzw. $L = k \cdot \frac{\pi}{\omega}$ ($k \in \mathbb{Z}$) gilt nämlich:

$$\int_{0}^{L} \sin(\omega \cdot t)^2\, dt = \int_{0}^{L} \cos(\omega \cdot t)^2\, dt = \frac{L}{2} \quad \textbf{(4-87)}$$

Beispiel 4.6.2.3:

Wie groß ist der Flächeninhalt der Ellipse und des Ellipsensektors zwischen φ_1 und φ_2 ?

$x(\varphi, a) := a \cdot \cos(\varphi)$

$y(\varphi, b) := b \cdot \sin(\varphi)$

Parameterdarstellung der Ellipse in Hauptlage

$x_\phi(\varphi, a) := -a \cdot \sin(\varphi)$

$y_\phi(\varphi, b) := b \cdot \cos(\varphi)$

Ableitungen

$a := 4 \qquad b := 2$ Halbachsen

$\varphi := 0, 0.001 .. 2 \cdot \pi$ Bereichsvariable

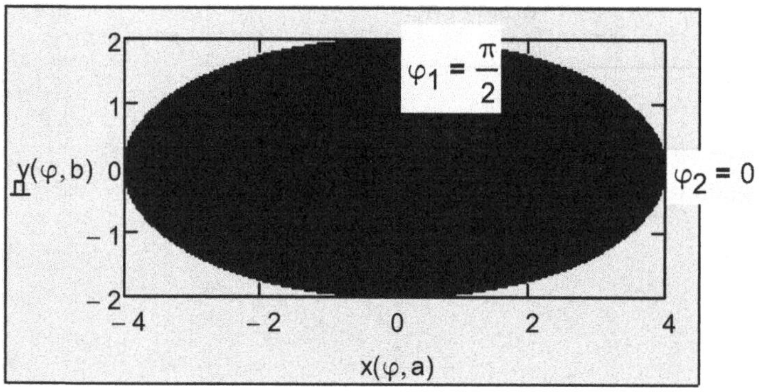

Abb. 4.6.2.6

$$A = 4 \cdot \int_{\varphi_1}^{\varphi_2} y \cdot x_\phi \, d\varphi = 4 \cdot \int_{\frac{\pi}{2}}^{0} b \cdot \sin(\varphi) \cdot (-1) \cdot a \cdot \sin(\varphi) \, d\varphi = 4 \cdot a \cdot b \cdot \int_{0}^{\frac{\pi}{2}} \sin(\varphi)^2 \, d\varphi$$

Beim Vertauschen der Grenzen ändert sich das Vorzeichen!

$$A = 4 \cdot a \cdot b \cdot \frac{1}{2} \cdot \int_{0}^{\frac{\pi}{2}} (1 - \cos(2 \cdot \varphi)) \, d\varphi = 4 \cdot a \cdot b \cdot \left(\frac{\varphi}{2} - \frac{1}{4} \cdot \sin(2 \cdot \varphi)\right) \Big|_0^{\pi/2} = \quad 4 \cdot a \cdot b \cdot \frac{\pi}{4} = \pi \cdot a \cdot b$$

$a := a \qquad b := b$ Redefinitionen

$$A = 4 \cdot \int_{\frac{\pi}{2}}^{0} \left(y(\varphi, b) \cdot x_\phi(\varphi, a)\right) d\varphi \rightarrow A = \pi \cdot a \cdot b$$

Sektorformel (Ellipsensektor):

$$A = \frac{1}{2} \cdot \int_{\varphi_1}^{\varphi_2} (a \cdot \cos(\varphi) \cdot b \cdot \cos(\varphi) + b \cdot \sin(\varphi) \cdot a \cdot \sin(\varphi)) \, d\varphi \rightarrow A = -\frac{a \cdot b \cdot \left(\varphi_1 - \varphi_2\right)}{2}$$

Mit $\varphi_1 = 0$ und $\varphi_2 = 2\,\pi$ ist $A = \pi\, a\, b$!

Beispiel 4.6.2.4:

Flächeninhalt unter einem Zykloidenbogen.

$r := 1$ angenommener Abrollradius

$x(t) := r \cdot (t - \sin(t))$

$y(t) := r \cdot (1 - \cos(t))$

Parameterdarstellung der spitzen Zykloide

$x_1(t) := r \cdot \sin(t)$

$y_1(t) := r \cdot \cos(t) + 1$

Parameterdarstellung des Abrollkreises

$t_1 := 0, 0.001 .. 2\pi$ Bereichsvariable für den Parameter

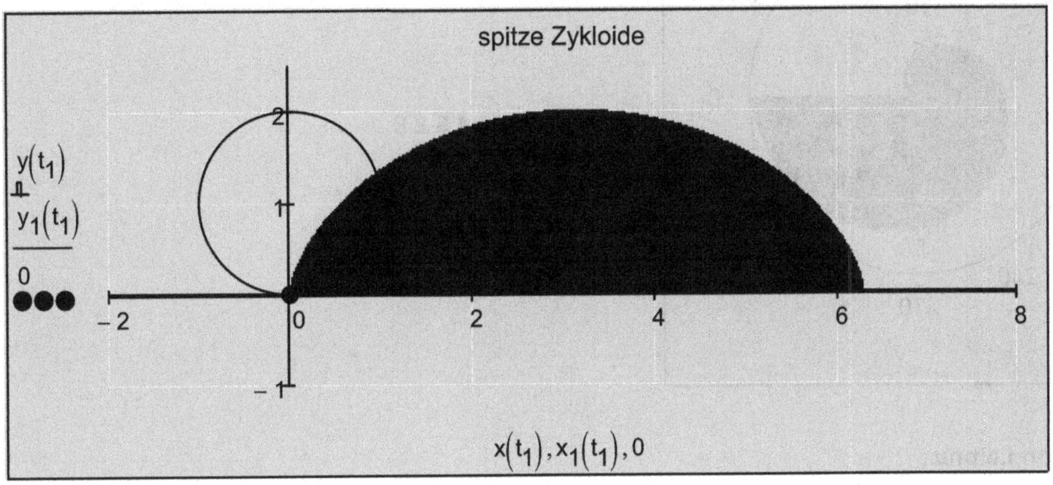

Abb. 4.6.2.7

$a := a$ $b := b$ $r := r$ Redefinitionen $\varphi := \varphi$

$x(t, r) := r \cdot (t - \sin(t))$

$y(t, r) := r \cdot (1 - \cos(t))$

Parametergleichungen

$$A = \int_{2\cdot\pi}^{0} y(\varphi, r) \cdot \frac{d}{d\varphi} x(\varphi, r)\, d\varphi \; \begin{vmatrix} \text{annehmen}, r > 0 \\ \text{vereinfachen} \end{vmatrix} \rightarrow A = 3 \cdot \pi \cdot r^2$$

$$A = \frac{1}{2} \cdot \int_{2\pi}^{0} \left(x(\varphi, r) \cdot \frac{d}{d\varphi} y(\varphi, r) - y(\varphi, r) \cdot \frac{d}{d\varphi} x(\varphi, r) \right) d\varphi \; \begin{vmatrix} \text{annehmen}, r > 0 \\ \text{vereinfachen} \end{vmatrix} \rightarrow A = 3 \cdot \pi \cdot r^2$$

Beispiel 4.6.2.5:

Sektorfläche einer archimedischen Spirale.

$a := 3$ gewählte Konstante

$r(\varphi) := a \cdot \varphi$ Polarkoordinatendarstellung einer archimedischen Spirale

$\varphi := 0, 0.002 .. 2 \cdot \pi$ Bereichsvariable

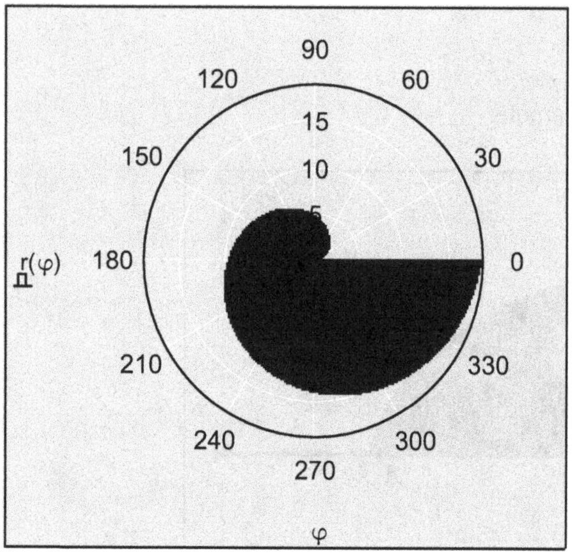

Abb. 4.6.2.8

Sektorformel von Leibniz:

$$A(\varphi_1, \varphi_2, a_1) := \frac{1}{2} \cdot \int_{\varphi_1}^{\varphi_2} (a_1 \cdot \varphi)^2 \, d\varphi \; \left| \begin{array}{l} \text{vereinfachen} \\ \text{sammeln}, a_1 \end{array} \right. \rightarrow \left(\frac{\varphi_2^{\,3}}{6} - \frac{\varphi_1^{\,3}}{6} \right) \cdot a_1^{\,2}$$

$a := 3 \quad \varphi_1 := 0 \quad \varphi_2 := 2 \cdot \pi$

$A(\varphi_1, \varphi_2, a) = 372.075$ Flächeneinheiten

Beispiel 4.6.2.6:

Flächeninhalt zwischen Kurve und x-Achse im Bereich von a = -2 bis b = 1.

$f(x) := x^3 + 2 \cdot x^2 - x - 2$ Funktionsgleichung

$a := -3$ Intervallanfang

$b := 2$ Intervallende

$N := 800$ Anzahl der Schritte

$\Delta x := \frac{b - a}{N}$ Schrittweite

$x := a, a + \Delta x .. b$ Bereichsvariable

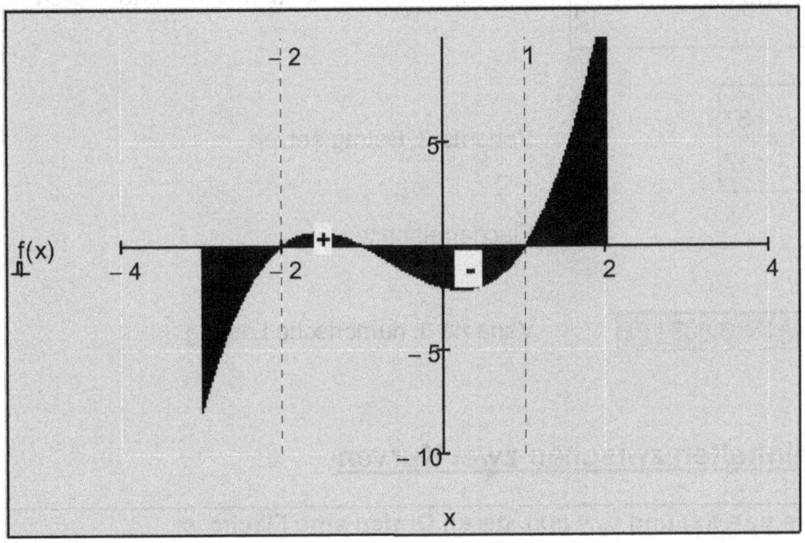

Abb. 4.6.2.9

Nullstellenbestimmung:

a) Durch Faktorisierung:

$x := x$ Redefinition

$x^3 + 2 \cdot x^2 - x - 2$ Faktor $\rightarrow (x - 1) \cdot (x + 2) \cdot (x + 1)$

b) Symbolische Lösung der Gleichung:

$x^3 + 2 \cdot x^2 - x - 2 = 0$ hat als Lösung(en) $\begin{pmatrix} -2 \\ 1 \\ -1 \end{pmatrix}$

$x^3 + 2x^2 - x - 2 = 0$ auflösen, x $\rightarrow \begin{pmatrix} 1 \\ -1 \\ -2 \end{pmatrix}$

c) Mit der Funktion **nullstellen** (nur für Polynome):

ORIGIN = 0 gesetzter ORIGIN

$$\mathbf{a} := f(x) \text{ Koeffizienten}, x \rightarrow \begin{pmatrix} -2 \\ -1 \\ 2 \\ 1 \end{pmatrix}$$

$$\mathbf{x} := \text{nullstellen}(\mathbf{a}) \qquad \mathbf{x} = \begin{pmatrix} -2 \\ -1 \\ 1 \end{pmatrix} \qquad \mathbf{x}_0 = -2$$

(1) $A1 = \int_{-2}^{1} f(x)\,dx \rightarrow A1 = -\frac{9}{4}$

Nicht über Nullstellen hinweg Integrieren!

(2) $A1 = \int_{-2}^{-1} f(x)\,dx + \int_{1}^{-1} f(x)\,dx \rightarrow A1 = \frac{37}{12}$

Variante 1: Integrationsgrenzen vertauschen

(3) $A1 = \int_{-2}^{1} |f(x)|\,dx \rightarrow A1 = \frac{37}{12}$

Variante 2: Betrag setzen

$FE := 1$

Flächeneinheiten

(4) $A1 := \int_{\mathbf{x}_0}^{\mathbf{x}_2} |f(x)|\,dx$ $\quad A1 = 3.083 \cdot FE$

Variante 3: numerische Lösung

4.6.2.2 Berechnung von Flächeninhalten zwischen zwei Kurven

Wir betrachten zwei Funktionen $y_1 = f(x)$ und $y_2 = g(x)$, deren Grafen eine Fläche im Integrationsintervall [a, b] einschließen.

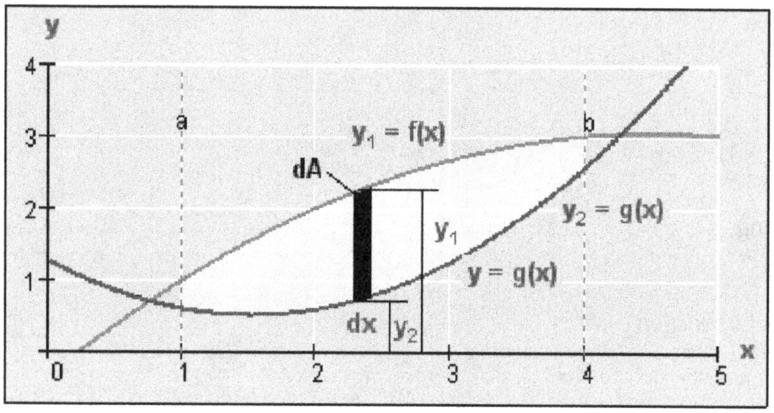

Abb. 4.6.2.10

Für die Fläche zwischen den beiden Kurven gilt nach Abbildung 4.54:

$$A = \int_a^b 1\,dA = \int_a^b (f(x) - g(x))\,dx \qquad \textbf{(4-88)}$$

Beispiel 4.6.2.7:

Gesucht ist die Fläche zwischen den Schnittpunkten der Kurvenbögen y = f(x) und y = g(x).

$f(x) := -\frac{x^2}{6} + 3 \cdot \frac{x}{2} - \frac{1}{3}$ obere Kurve

$g(x) := \frac{x^2}{3} - x + \frac{5}{4}$ untere Kurve

$a := 0 \qquad b := 5$ Intervallanfang und Intervallende

$x := a, a + 0.01 .. b$ Bereichsvariable

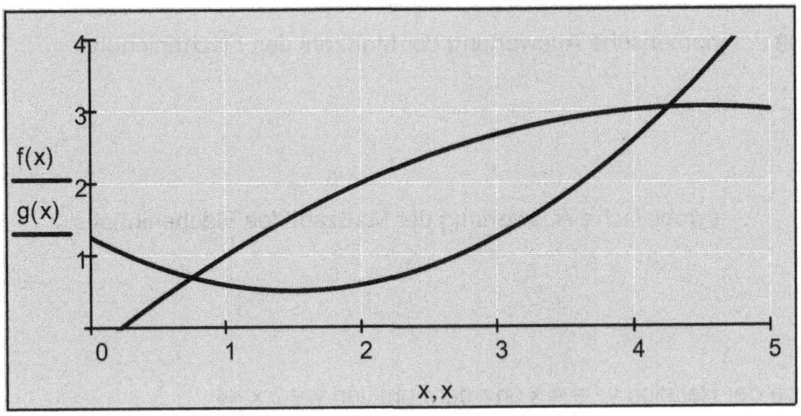

Abb. 4.6.2.11

Bestimmung der Schnittpunkte von f(x) und g(x):

$$\mathbf{x} := f(x1) = g(x1) \text{ auflösen}, x1 \rightarrow \begin{pmatrix} \frac{\sqrt{111}}{6} + \frac{5}{2} \\ \frac{5}{2} - \frac{\sqrt{111}}{6} \end{pmatrix}$$

$\mathbf{x} = \begin{pmatrix} 4.256 \\ 0.744 \end{pmatrix} \qquad \mathbf{x}_0 = 4.256 \qquad \mathbf{x}_1 = 0.744$ x-Werte der Schnittpunkte

Eingeschlossene Fläche schattieren:

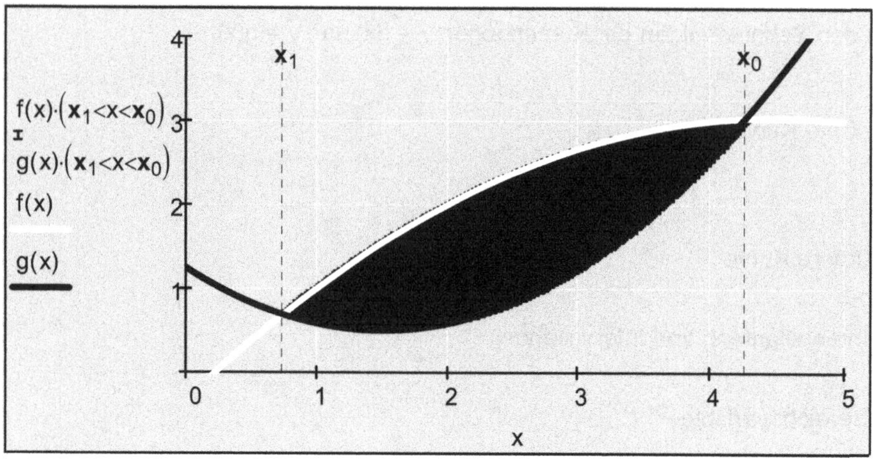

Abb. 4.6.2.12

$A := \int_{x_1}^{x_0} (f(x) - g(x))\,dx$ $\quad A = 3.609$ numerische Auswertung der Maßzahl des Flächeninhalts

$A \rightarrow \frac{37 \cdot \sqrt{111}}{108}$ symbolische Auswertung der Maßzahl des Flächeninhalts

Beispiel 4.6.2.8:

Berechnen Sie den Flächeninhalt der von der Relation $y^2 = 4\,x$ und der Funktion $y = 2\,x - 4$ eingeschlossen wird.

$a := 0$ Intervallanfang

$b := 5$ Intervallende

$N := 400$ Anzahl der Schritte

$\Delta x := \frac{b - a}{N}$ Schrittweite

$x := a, a + \Delta x .. b$ Bereichsvariable

$f_1(x) := 2 \cdot \sqrt{x}$

$f_2(x) := -2 \cdot \sqrt{x}$ Funktionsgleichungen

$g(x) := 2 \cdot x - 4$

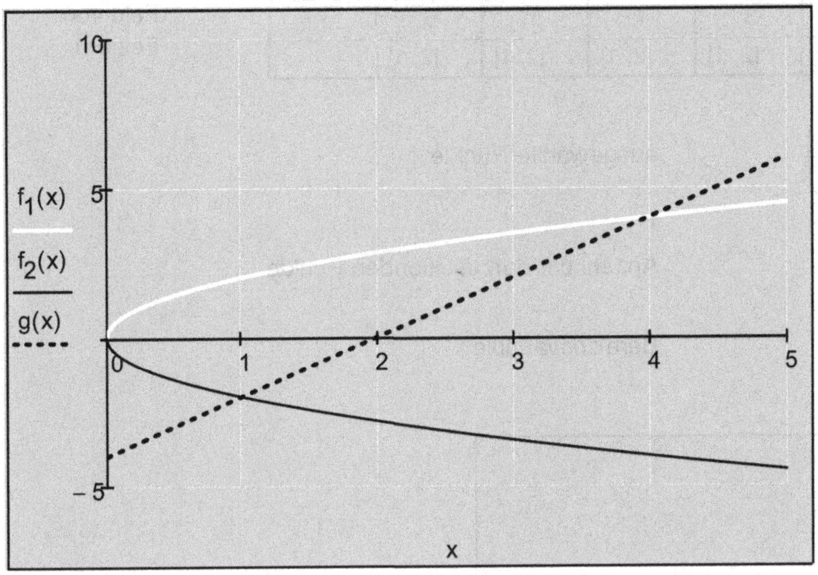

Abb. 4.6.2.13

Bestimmung der Schnittpunkte:

$x_1 := f_2(x2) = g(x2)$ auflösen, x2 $\rightarrow 1$

$x_2 := f_1(x2) = g(x2)$ auflösen, x2 $\rightarrow 4$

$y_1 := g(x_1)$ $\quad y_1 = -2$ $\quad$ $P_1(1 \mid -2)$

$y_2 := g(x_2)$ $\quad y_2 = 4$ $\quad$ $P_2(4 \mid 4)$

Schnittpunkte

Eingeschlossene Fläche mit Punkten schattieren:

$l := 20000$ Anzahl der zu erzeugenden Zufallszahlen

$x_1 = 1$ $\quad y_1 = -2$

$x_2 = 4$ $\quad y_2 = 4$

Schnittpunkte

$\mathbf{u} := \text{runif}(l, 0, x_2)$

$\mathbf{v} := \text{runif}(l, y_1, y_2)$

gleichmäßig verteilte Zufallszahlen für x- und y-Werte

$$\mathbf{w} := \left| \begin{array}{l} j \leftarrow 0 \\ \text{for } i \in 0..l-1 \\ \quad \text{if } (g(\mathbf{u}_i) < \mathbf{v}_i) \cdot (\mathbf{v}_i < f_1(\mathbf{u}_i)) \cdot (f_2(\mathbf{u}_i) < \mathbf{v}_i) \\ \quad\quad \left| \begin{array}{l} \mathbf{w}_j \leftarrow \begin{pmatrix} \mathbf{u}_i \\ \mathbf{v}_i \end{pmatrix} \\ j \leftarrow j + 1 \end{array} \right. \\ \mathbf{w} \end{array} \right.$$

Auswahl der Punkte, die in den Begrenzungslinien liegen.

$w^T =$

	0	1	2	3	4	5	6	7
0	[2, 1]	[2, 1]	[2, 1]	[2, 1]	[2, 1]	[2, 1]	[2, 1]	...

Feld von Feldern

$w_0 = \begin{pmatrix} 0.773 \\ 1.285 \end{pmatrix}$ $\quad w_1 = \begin{pmatrix} 1.401 \\ -0.698 \end{pmatrix}$ ausgewählte Punkte

$\text{zeilen}(\mathbf{w}) = 7406$ Anzahl der darzustellenden Punkte

$j := 0 .. \text{zeilen}(\mathbf{w}) - 1$ Bereichsvariable

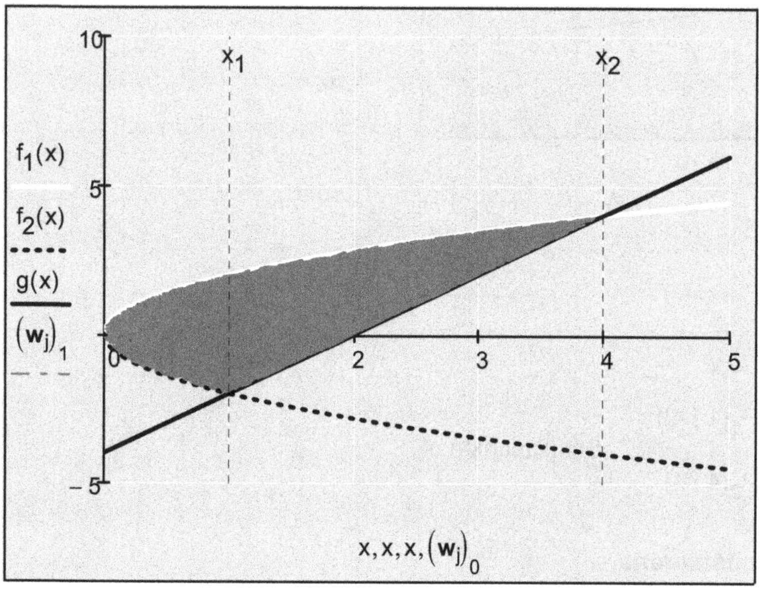

Abb. 4.6.2.14

$FE := 1$ Einheitendefinition

$$A := 2 \cdot \int_0^{x_1} f_1(x)\,dx + \int_{x_1}^{x_2} \left(f_1(x) - g(x)\right) dx \qquad A = 9 \cdot FE$$

Variante: Integration entlang der y-Achse:

$x = \frac{y^2}{4}$ $\quad x = \frac{y}{2} - 2$ Nach x aufgelöste Funktionsgleichungen

$y_1 = -2$ $\quad y_2 = 4$ neue Grenzen

$$A := \int_{y_1}^{y_2} \left[\left(\frac{y}{2} + 2\right) - \frac{y^2}{4}\right] dy \qquad A = 9 \cdot FE$$

Beispiel 4.6.2.9:

Berechnen Sie die Teilkreisfläche unter der Kurve $(x + m)^2 + (y + n)^2 = r^2$ sowie den Flächeninhalt zwischen den Kurven $(x - m)^2 + (y - n)^2 = r^2$ und $(x + m)^2 + (y + n)^2 = r^2$ im 1. Quadranten mit r = 1, m = 0.6 und n = 0.

$r := 1$ Radius der Kreise

$m := 0.6$ Mittelpunktverschiebung

$f_1(x) := \sqrt{r^2 - (x - m)^2}$ oberer Halbkreis

$f_2(x) := -\sqrt{r^2 - (x - m)^2}$ unterer Halbkreis

$g_1(x) := \sqrt{r^2 - (x + m)^2}$ oberer Halbkreis

$g_2(x) := -\sqrt{r^2 - (x + m)^2}$ unterer Halbkreis

$x := -2 \cdot r, -2 \cdot r + 0.001 .. 2 \cdot r$ Bereichsvariable

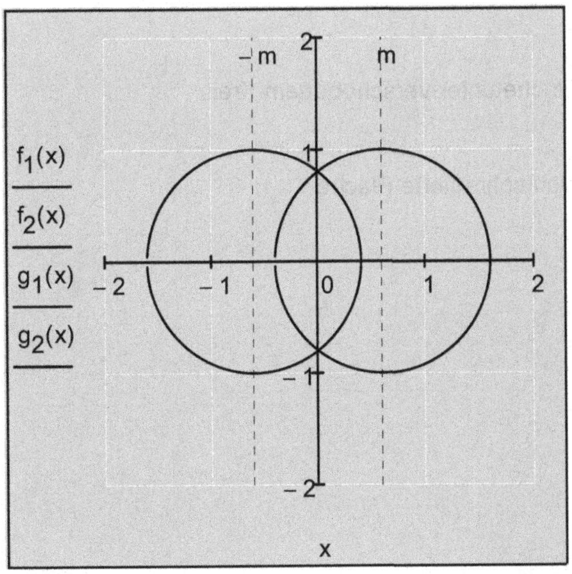

Abb. 4.6.2.15

$X := m - r, m - 0.95 .. r - m$ Bereichsvariable für die X-Werte

$h(x, y) := g_1(x) - y$ Funktion zur Markierung der Fläche

$y := 0, 0.05 .. 1$ Bereichsvariable für die y-Werte

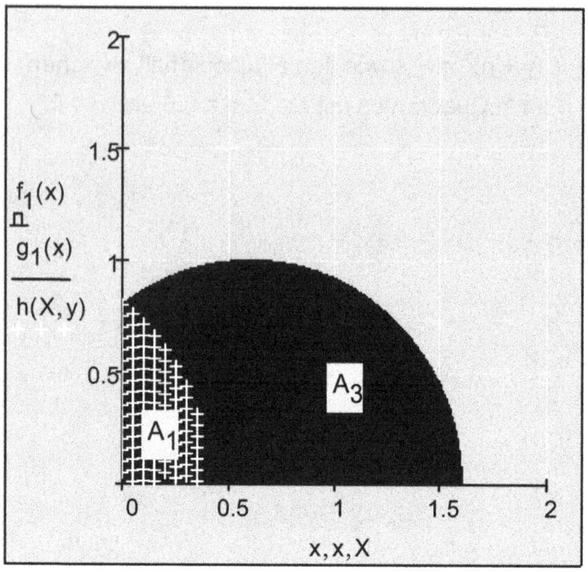

Abb. 4.6.2.16

Berechnung der schraffierten Fläche und der nichtschraffierten Fläche im 1. Quadranten:

$A_1 := \int_0^{r-m} \sqrt{r - (x+m)^2}\, dx$ $\qquad A_1 = 0.224$ schraffierte Fläche

$A_2 := \int_0^{r+m} \sqrt{r - (x-m)^2}\, dx$ $\qquad A_2 = 1.347$ Fläche unter verschobenem Kreis

$A_3 := A_2 - A_1$ $\qquad A_3 = 1.124$ nichtschraffierte Fläche

4.6.2.3 Mantelflächen von Rotationskörpern

Das Kurvenstück y = f(x) zwischen A(a | c) und B(b | d) überstreicht bei Drehung um die x-Achse bzw. y-Achse den Mantel des Rotationskörpers. Summieren wir hier alle differentiellen Kegelstumpfmantelflächen dA = 2 π y ds, so erhalten wir die Mantelfläche des Rotationskörpers.

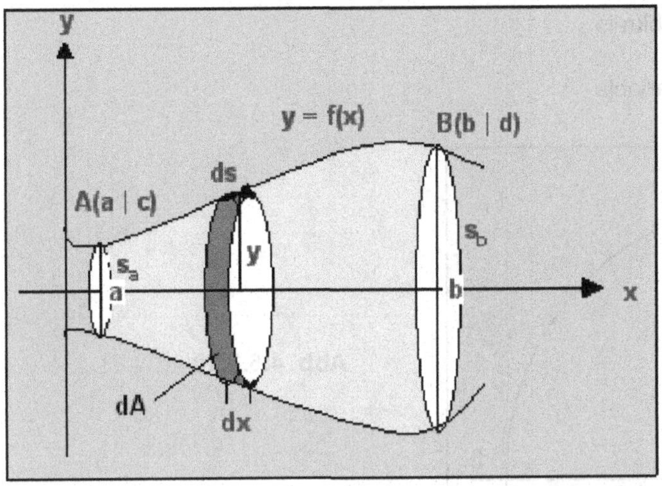

Abb. 4.6.2.17

Rotation der Funktion y = f(x) um die x-Achse mit $ds = \sqrt{1 + y'^2} \cdot dx$:

$$A_M = \int_{s_A}^{s_B} 1\, dA = \int_A^B 2 \cdot \pi \cdot y\, ds = 2 \cdot \pi \cdot \int_a^b y\, ds = 2 \cdot \pi \cdot \int_a^b y \cdot \sqrt{1 + y'^2}\, dx \qquad \text{(4-89)}$$

Rotation der Funktion in Parameterdarstellung um die x-Achse mit $ds = \sqrt{\dot{x}_t^2 + \dot{y}_t^2} \cdot dt$:

$$A_M = 2 \cdot \pi \cdot \int_{t_A}^{t_B} y \cdot \sqrt{x_t^2 + y_t^2}\, dt \qquad \text{(4-90)}$$

Rotation der Funktion y = f(x) um die y-Achse mit $ds = \sqrt{1 + x'^2} \cdot dx$:

$$A_M = \int_A^B 2 \cdot \pi \cdot x\, ds = 2 \cdot \pi \cdot \int_c^d x\, ds = 2 \cdot \pi \cdot \int_c^d x \cdot \sqrt{1 + x'^2}\, dx \qquad \text{(4-91)}$$

Rotation der Funktion in Parameterdarstellung um die x-Achse mit $ds = \sqrt{x_t^2 + y_t^2} \cdot dt$:

$$A_M = 2 \cdot \pi \cdot \int_{t_A}^{t_B} x \cdot \sqrt{x_t^2 + y_t^2}\, dt \qquad \text{(4-92)}$$

Beispiel 4.6.2.10:

Berechnen Sie die Oberfläche einer Kugel, die durch Rotation des Halbkreises um die x-Achse bzw. y-Achse entsteht.

$r := 1$ Radius des Kreises

$f(x) := \sqrt{r^2 - x^2}$ oberer Halbkreis

$x := -2 \cdot r, -2 \cdot r + 0.001 .. 2 \cdot r$ Bereichsvariable

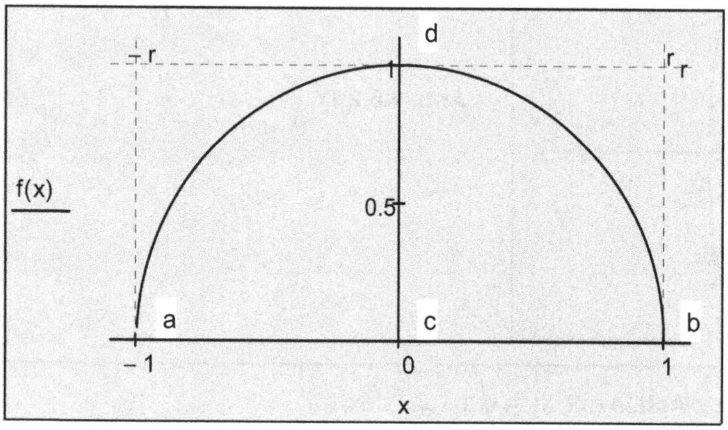

Abb. 4.6.2.18

$r := r$ $x := x$ Redefinitionen

$f(x) := \sqrt{r^2 - x^2}$ Funktionsgleichung des oberen Halbkreises

$$A_M = 2 \cdot \pi \cdot 2 \cdot \int_0^r f(x) \cdot \sqrt{1 + \left(\frac{d}{dx} f(x)\right)^2}\, dx \ \Bigg|\ \begin{matrix} \text{annehmen}, r > 0 \\ \text{vereinfachen} \end{matrix} \rightarrow A_M = 4 \cdot \pi \cdot r^2$$

Rotation um die x-Achse (4-89)

$g(y) := \sqrt{r^2 - y^2}$ Umkehrfunktion des oberen Halbkreises

$$A_M = 2 \cdot \pi \cdot 2 \cdot \int_0^r g(y) \cdot \sqrt{1 + \left(\frac{d}{dy} g(y)\right)^2}\, dy \ \Bigg|\ \begin{matrix} \text{annehmen}, r > 0 \\ \text{vereinfachen} \end{matrix} \rightarrow A_M = 4 \cdot \pi \cdot r^2$$

Rotation um die y-Achse (4-91)

3D-Darstellung der Kugel (oder Ellipsoid)

$$\frac{x^2}{a^2} + \frac{y^2}{b^2} + \frac{z^2}{c^2} = 1$$ Kugelgleichung mit Radius 1 (implizite Darstellung)

$a := 1$ $b := 1$ $c := 1$ Parameter (Kugel: a = b = c = 1)

$$\text{Kugel}(\varphi, \vartheta) := \begin{pmatrix} a \cdot \sin(\varphi) \cdot \cos(\vartheta) \\ b \cdot \sin(\varphi) \cdot \sin(\vartheta) \\ c \cdot \cos(\varphi) \end{pmatrix}$$ Parametergleichungen der Kugel (Vektorfunktion)

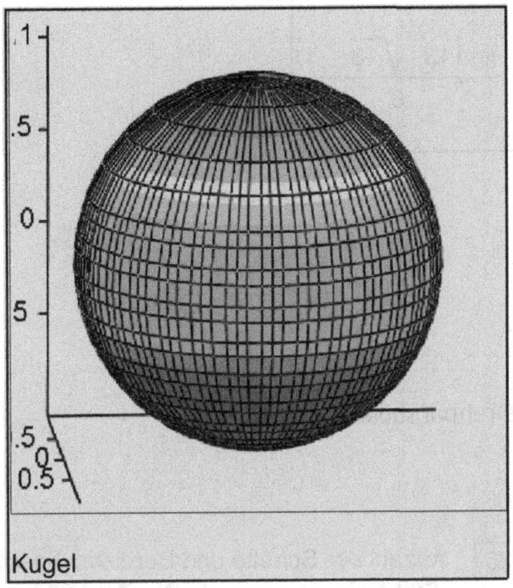

Abb. 4.6.2.19

Beispiel 4.6.2.11:

Berechnen Sie die Mantelfläche der durch Rotation der Parabel $y^2 = x$ um die x-Achse entstehenden Drehparaboloids im Bereich x = 0 und x = 3.

$f(x) := \sqrt{x}$

$f_1(x) := -\sqrt{x}$ Parabelbögen

$f_x(x) := \frac{1}{2 \cdot \sqrt{x}}$ Ableitungsfunktion

$x := 0, 0.01 .. 3$ Bereichsvariable

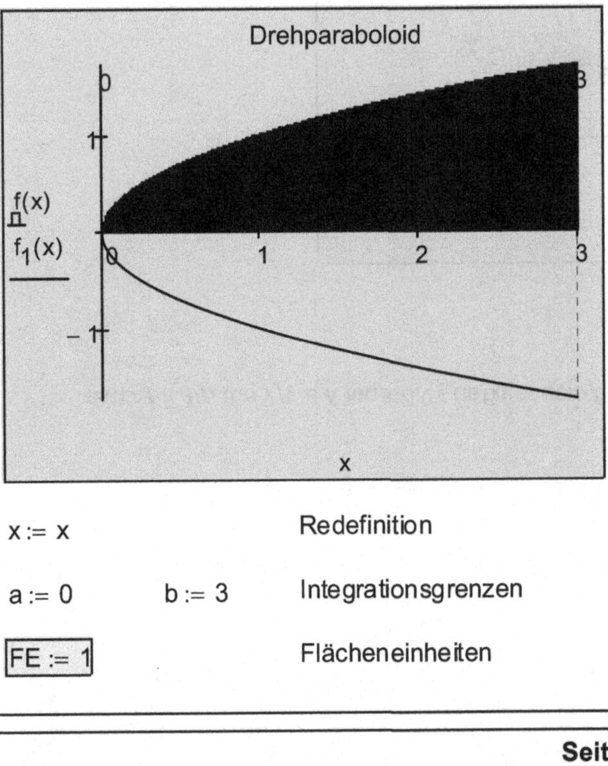

Abb. 4.6.2.20

$x := x$ Redefinition

$a := 0$ $b := 3$ Integrationsgrenzen

$FE := 1$ Flächeneinheiten

$$A_M = 2\cdot\pi\cdot\int_a^b f(x)\cdot\sqrt{1+\left(\frac{d}{dx}f(x)\right)^2}\,dx \text{ vereinfachen } \rightarrow A_M = \frac{\pi\cdot\left(13\cdot\sqrt{13}-1\right)}{6}$$

$$A_M(a,b) := 2\cdot\pi\cdot\int_a^b f(x)\cdot\sqrt{1+f_x(x)^2}\,dx$$

$A_M(a,b) = 24.019\cdot FE$ Mantelfläche des Drehparaboloids

3D-Darstellung:

$rn := 40$ $n := 25$ $i := 0..rn$ $j := 0..(FRAME + 25)$ Anzahl der Schritte und Bereichsvariable (**FRAME von 0 bis 25. Die Zahl 25 bei der Bereichsvariable j löschen!**)

$\mathbf{r}_i := a + \frac{b-a}{rn}\cdot i$ $\varphi_j := \frac{2\cdot\pi}{n}\cdot j$ Bereichsvariable (Vektoren)

tationsfläche: $\mathbf{Y1}_{i,j} := f_1(\mathbf{r}_i)\cdot\cos(\varphi_j)$ $\mathbf{Z1}_{i,j} := f_1(\mathbf{r}_i)\cdot\sin(\varphi_j)$ Matrizen der x-, y- und z-Werte

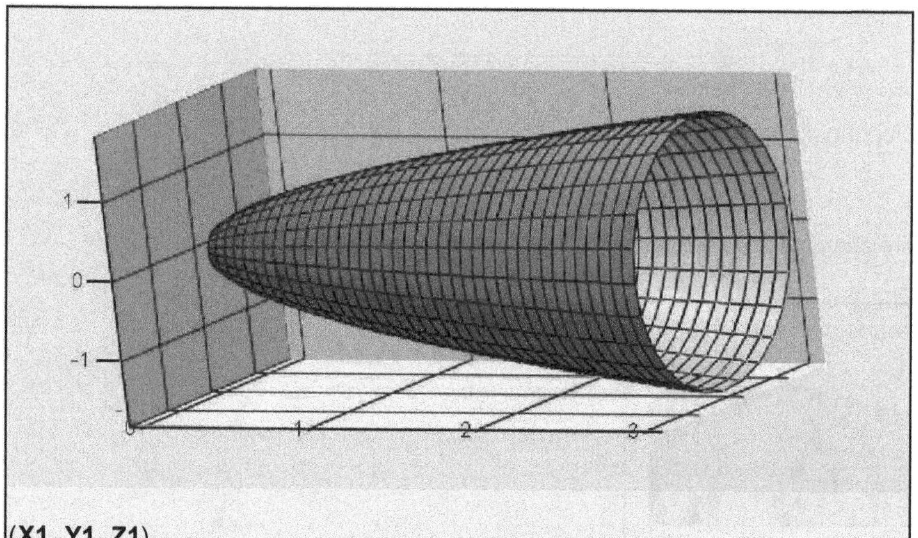

Abb. 4.6.2.21

Beispiel 4.6.2.12:

Berechnen Sie die Mantelfläche der durch Rotation der gleichseitigen Hyperbel y = 1/x um die y-Achse entstehenden Drehfläche im Bereich y = 1 und y = 3.

$f(x) := \frac{1}{x}$ Funktion

$x := 0.1, 0.1 + 0.01..4$ Bereichsvariable

$c := 1$ $d := 3$ y-Bereichsgrenzen

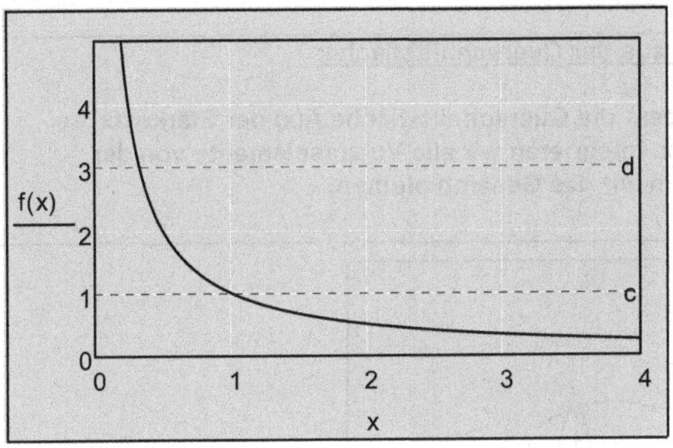

Abb. 4.6.2.22

$f_1(y) := \frac{1}{y}$ Umkehrfunktion

$$A_{M1} = 2 \cdot \pi \cdot \int_c^d f_1(y) \cdot \sqrt{1 + \left(\frac{d}{dy} f_1(y)\right)^2}\, dy \;\Big|\; \begin{array}{l} \text{vereinfachen} \\ \text{Gleitkommazahl}, 5 \end{array} \rightarrow A_{M1} = 7.6031$$

gesuchte Maßzahl der Mantelfläche

3D-Darstellung:

$a := \frac{1}{3}$ $b := 1$ **x-Bereichsgrenzen (x = 1/y)**

$m := 40$ $n := 25$ $i := 0..m$ $k := 0..(FRAME + 25)$ Anzahl der Schritte und Bereichsvariable (**FRAME von 0 bis 25. Die Zahl 25 bei der Bereichsvariable k löschen!**)

$\mathbf{r}_i := a + \frac{b-a}{m} \cdot i$ $\varphi_k := -\pi + \frac{2 \cdot \pi}{n} \cdot k$ Bereichsvariable (Vektoren)

$\mathbf{X11}_{i,k} := \mathbf{r}_i \cdot \sin(\varphi_k)$ $\mathbf{Y11}_{i,k} := \mathbf{r}_i \cdot \cos(\varphi_k)$ $\mathbf{Z11}_{i,k} := f(\mathbf{r}_i)$ Matrizen der x-, y- und z-Werte

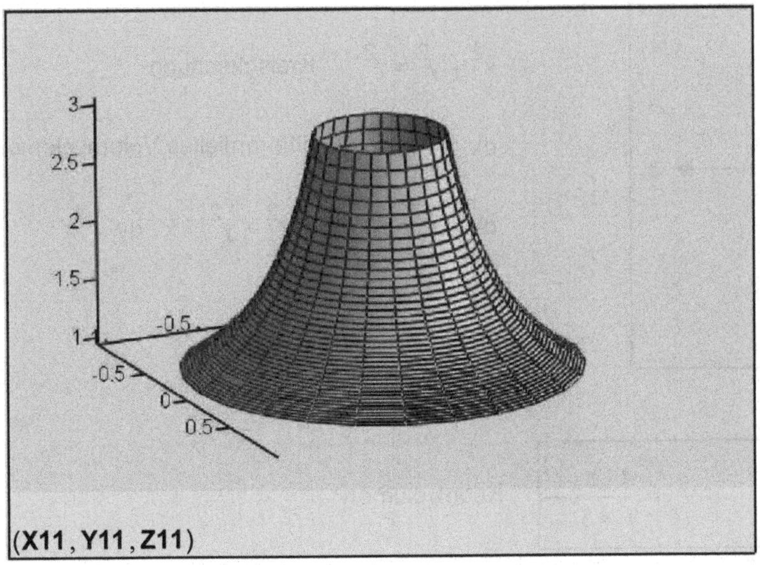

Abb. 4.6.2.23

4.6.3 Volumsberechnung

a) Berechnung des Volumens eines Körpers aus der Querschnittsfläche:

Betrachten wir an einer Stelle x eines Körpers die Querschnittsfläche A(x) der Stärke dx, so ergibt sich ein Volumselement dV = A(x) dx. Integrieren wir alle Volumselemente von der Querschnittsfläche A_a bis A_b, dann erhalten wir das Gesamtvolumen.

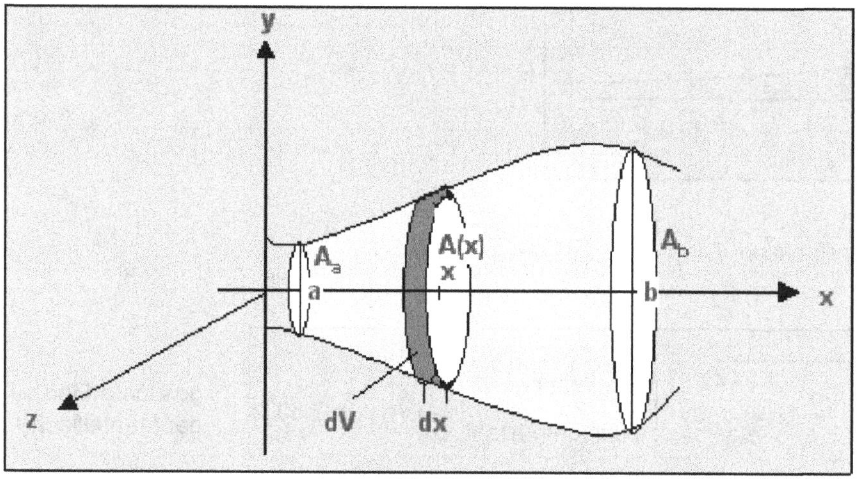

Abb. 4.6.3.1

$$V_x = \int_{A_a}^{A_b} 1\,dV = \int_a^b A(x)\,dx$$ **A(x) ... Querschnittsfläche zur x-Achse (4-93)**

$$V_y = \int_c^d A(y)\,dy$$ **A(y) ... Querschnittsfläche zur y-Achse (4-94)**

Beispiel 4.6.3.1:

Berechnen Sie das Kugelvolumen.

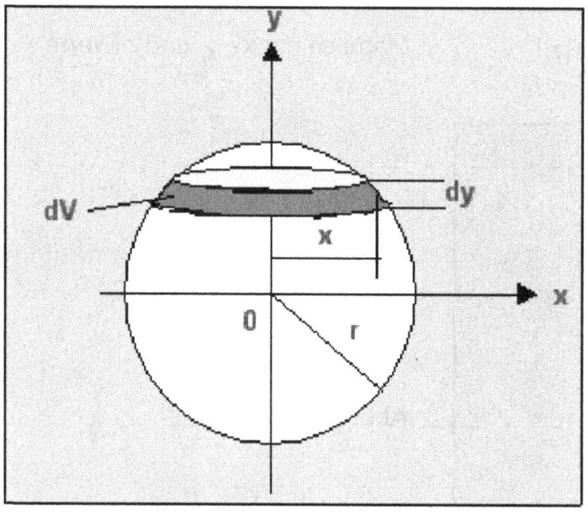

Abb. 4.6.3.2

$x^2 + y^2 = r^2$ Kreisgleichung

$dV = A(y) \cdot dy$ differentielles Volumselement

$dV = x^2 \cdot \pi \cdot dy = \left(r^2 - y^2\right) \cdot \pi \cdot dy$

$$V_y = \pi \cdot \int_{-r}^{r} \left(r^2 - y^2\right) dy \text{ vereinfachen } \rightarrow V_y = \frac{4 \cdot \pi \cdot r^3}{3}$$ Kugelvolumen

Beispiel 4.6.3.2:

Berechnen Sie das Volumen eines Ellipsoids (Rotation der Ellipse um die x-Achse).

$\frac{x^2}{a^2} + \frac{y^2}{b^2} = 1 \qquad y^2 = \frac{b^2}{a^2} \cdot \left(a^2 - x^2\right)$ Ellipsengleichung

$dV = y^2 \cdot \pi \cdot dx$ differentielles Volumselement

$$V_x = \pi \cdot \int_{-a}^{a} \left[\frac{b^2}{a^2} \cdot \left(a^2 - x^2\right)\right] dx \text{ vereinfachen } \rightarrow V_x = \frac{4 \cdot \pi \cdot a \cdot b^2}{3}$$

Volumen des Ellipsoids

Beispiel 4.6.3.3:

Berechnen Sie das Volumen einer quadratischen Pyramide.

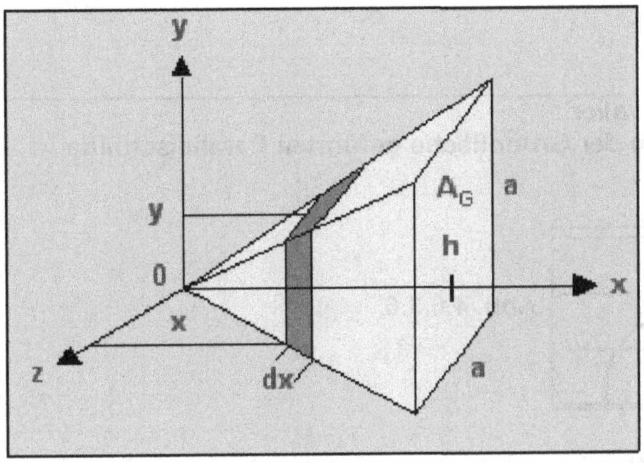

Abb. 4.6.3.3

Ähnliche Figuren:

$\frac{A(x)}{A_G} = \frac{x^2}{h^2} \quad \Rightarrow \quad A(x) = \frac{a^2}{h^2} \cdot x^2$

$dV = A(x) \cdot dx$ differentielles Volumselement

$$V_x = \frac{a^2}{h^2} \cdot \int_0^h x^2 \, dx \text{ vereinfachen } \rightarrow V_x = \frac{a^2 \cdot h}{3}$$

Beispiel 4.6.3.4:

Berechnen Sie das Volumen eines Zylinderhufes.

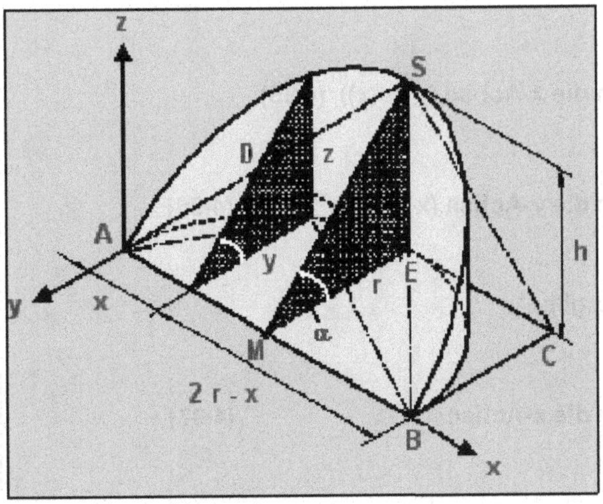

Abb. 4.6.3.4

Für die schraffierte Dreiecksfläche gilt:

$A = \frac{1}{2} \cdot y \cdot z = \frac{1}{2} \cdot y \cdot y \cdot \tan(\alpha)$

$\tan(\alpha) = \frac{h}{r}$ damit ist $A = \frac{h}{2 \cdot r} \cdot y^2$

Mit dem Höhensatz folgt für die Fläche A:

$y^2 = x \cdot (2 \cdot r - x)$

$A(x) = \frac{h}{2 \cdot r} \cdot x \cdot (2 \cdot r - x)$ Querschnittsfläche

$dV = A(x) \cdot dx$ differentielles Volumenelement

$$V = \frac{h}{2 \cdot r} \cdot \int_0^{2 \cdot r} x \cdot (2 \cdot r - x) \, dx \text{ vereinfachen } \rightarrow V = \frac{2 \cdot h \cdot r^2}{3}$$

Ist gleich groß wie das Volumen der Pyramide ABCDS (A = G . h /3)!

Beispiel 4.6.3.5:

Berechnen Sie das Volumen einer Pyramide mit beliebiger Grundfläche.

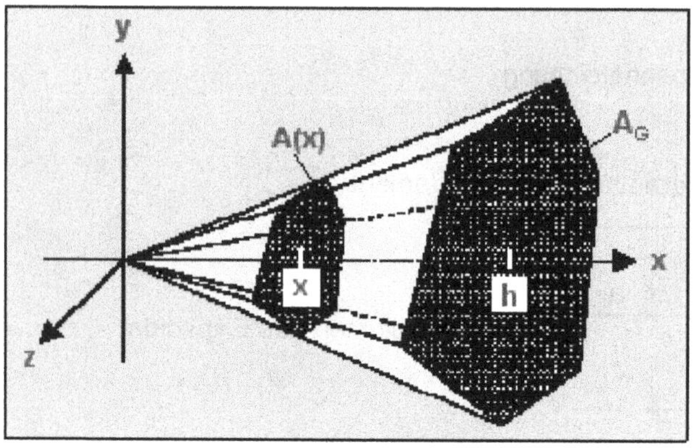

Abb. 4.6.3.5

$$\frac{A(x)}{A_G} = \frac{x^2}{h^2}$$ Ähnliche Figuren

$$A(x) = \frac{A_G}{h^2} \cdot x^2$$ Querschnittsfläche

$$dV = A(x) \cdot dx$$ differentielles Volumenelement

$$V = \frac{A_G}{h^2} \cdot \int_0^h x^2\, dx \text{ vereinfachen } \rightarrow V = \frac{A_G \cdot h}{3}$$

Mithilfe dieser Integration zeigt man den Satz von Cavalieri:
Alle Körper, bei denen alle in gleichen Abständen von der Grundfläche geführten Parallelschnitte gleiche Flächeninhalte haben, sind raumgleich.

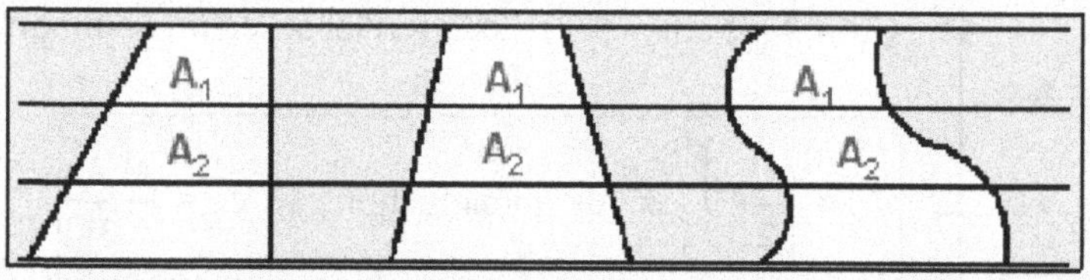

Abb. 4.6.3.6

(z. B. Pyramide, Kegel, Kugel, Zylinderhuf, Ellipsoid, Paraboloid, Hyperboloid usw.)

b) Berechnung des Volumens eines Drehkörpers:

Die Querschnittsflächen A(x) bzw. A(y) sind Kreise mit dem Radius y = f(x) bzw. x = f(y). Daher folgt aus a):

$$V_x = \pi \cdot \int_a^b y^2\, dx$$ **Rotation einer Kurve um die x-Achse (y = f(x)) (4-95)**

$$V_y = \pi \cdot \int_c^d x^2\, dy$$ **Rotation einer Kurve um die y-Achse (x = f(y)) (4-96)**

Liegt die Funktion in Parameterform (x(t), y(t)) vor, so gilt:

$$V_x = \pi \cdot \int_{t_1}^{t_2} y^2 \cdot x_t\, dt$$ **Rotation einer Kurve um die x-Achse (4-97)**

$$V_y = \pi \cdot \int_{t_1}^{t_2} x^2 \cdot y_t\, dt$$ **Rotation einer Kurve um die y-Achse (4-98)**

Beispiel 4.6.3.6:

Berechnen Sie das Volumen eines Drehkegels.

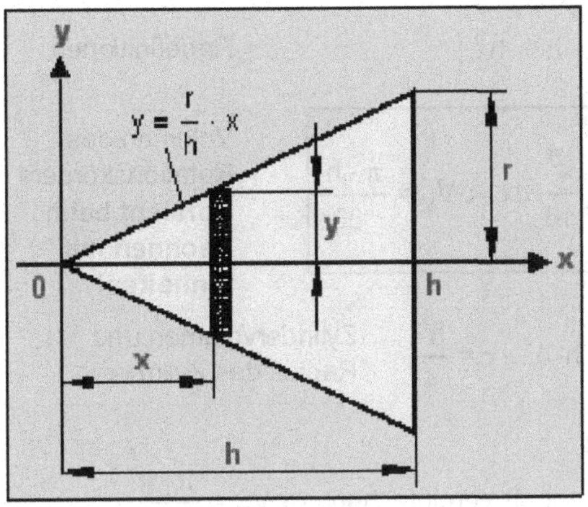

Abb. 4.6.3.7

$$V_x(r,h) := \pi \cdot \int_0^h \left(\frac{r}{h} \cdot x\right)^2 dx$$

$$V_x(r,h) \rightarrow \frac{\pi \cdot h \cdot r^2}{3}$$

$r := 1 \cdot m$ $\qquad h := 1 \cdot m$ $\qquad$ gewählte Größen

$$V_x(r,h) = 1.047 \cdot m^3 \qquad V_x(r,h) \rightarrow \frac{\pi \cdot m^3}{3}$$

Beispiel 4.6.3.7:

Berechnen Sie das Volumen eines Kugelabschnittes.

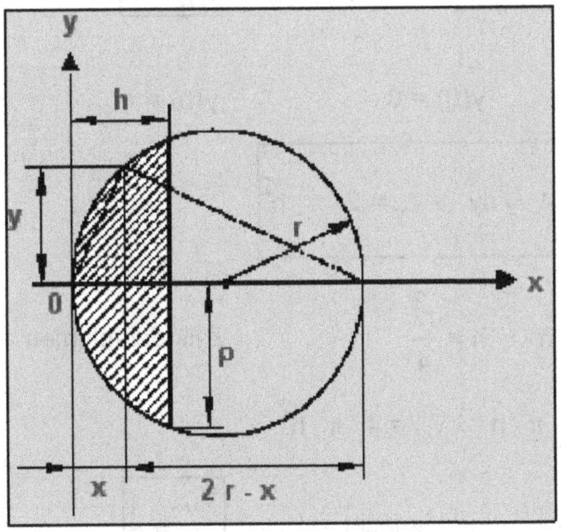

Abb. 4.6.3.8

Mit dem Höhensatz gilt:

$$y^2 = x \cdot (2 \cdot r - x)$$

$$V_x(r,h) := \pi \cdot \int_0^h x \cdot (2 \cdot r - x)\, dx \text{ Faktor } \rightarrow -\frac{\pi \cdot h^2 \cdot (h - 3 \cdot r)}{3}$$

Mit dem Pythagoras gilt:

$$r^2 = \rho^2 + (r - h)^2 \qquad \Rightarrow \qquad r = \frac{\rho^2}{2 \cdot h} + \frac{h}{2}$$

$$V_x(\rho,h) := \pi \cdot \int_0^h x \cdot \left[2 \cdot \left(\frac{\rho^2}{2 \cdot h} + \frac{h}{2}\right) - x\right] dx \text{ Faktor } \rightarrow \frac{\pi \cdot h \cdot \left(3 \cdot \rho^2 + h^2\right)}{6}$$

$$V_x(\rho,h) := \pi \cdot \int_0^h x \cdot (2 \cdot r - x)\, dx \;\Big|\; \begin{array}{l}\text{ersetzen}, r = \dfrac{\rho^2}{2 \cdot h} + \dfrac{h}{2} \\ \text{Faktor}\end{array} \rightarrow \frac{\pi \cdot h \cdot \left(3 \cdot \rho^2 + h^2\right)}{6}$$

Beispiel 4.6.3.8:

Eine Parabel $y = 1/4\ x^2$ rotiert um die x-Achse bzw. y-Achse. Wie groß sind die Volumina der Drehkörper, wenn a = 0 und b = h ist? Vergleichen Sie diese Volumina mit dem Zylindervolumen.

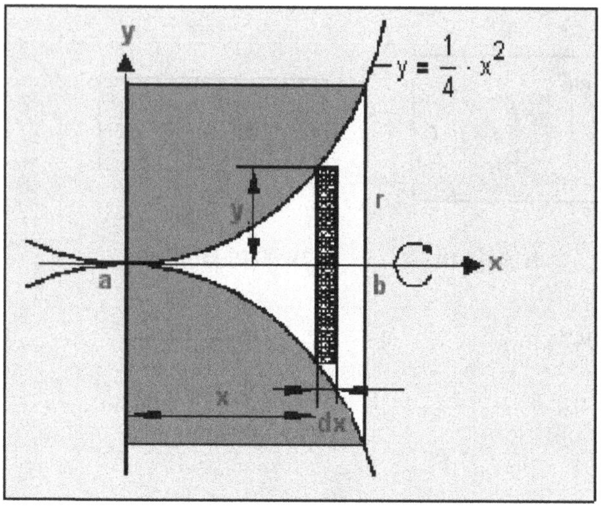

Abb. 4.6.3.9

$V_x := V_x \qquad h := h$ Redefinitionen

$$V_x = \pi \cdot \int_0^h \frac{x^4}{16}\, dx \rightarrow V_x = \frac{\pi \cdot h^5}{80}$$

Volumen des Rotationskörpers **Vorsicht beim Rechnen mit Einheiten!**

$V_z = r^2 \cdot \pi \cdot h \qquad r = \frac{h^2}{4}$ Zylindervolumen und Radius des Zylinders

$$V_z = \left(\frac{h^2}{4}\right)^2 \cdot \pi \cdot h \text{ vereinfachen } \rightarrow V_z = \frac{\pi \cdot h^5}{16}$$

$$\frac{V_x}{V_z} = \frac{\frac{1}{80} \cdot \pi \cdot h^5}{\frac{1}{16} \cdot h^5 \cdot \pi} \text{ vereinfacht auf } \boxed{\frac{V_x}{V_z} = \frac{1}{5}}$$

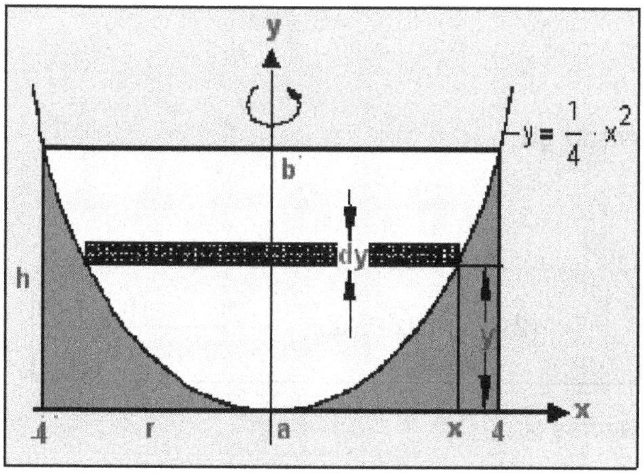

Abb. 4.6.3.10

$x^2 = 4 \cdot y \qquad y(0) = 0 \qquad y(b) = h$

$$V_y = \pi \cdot \int_0^h 4 \cdot y\, dy \rightarrow V_y = 2 \cdot \pi \cdot h^2$$

$V_z = r^2 \cdot \pi \cdot h \qquad h = \frac{r^2}{4}$ Zylindervolumen

$$V_z = (4 \cdot h) \cdot \pi \cdot h \rightarrow V_z = 4 \cdot \pi \cdot h^2$$

$$\frac{V_y}{V_z} = \frac{2 \cdot h^2 \cdot \pi}{4 \cdot h^2 \cdot \pi} \text{ vereinfacht auf } \boxed{\frac{V_y}{V_z} = \frac{1}{2}}$$

Beispiel 4.6.3.9:

Berechnen Sie das Volumen eines Drehellipsoids.

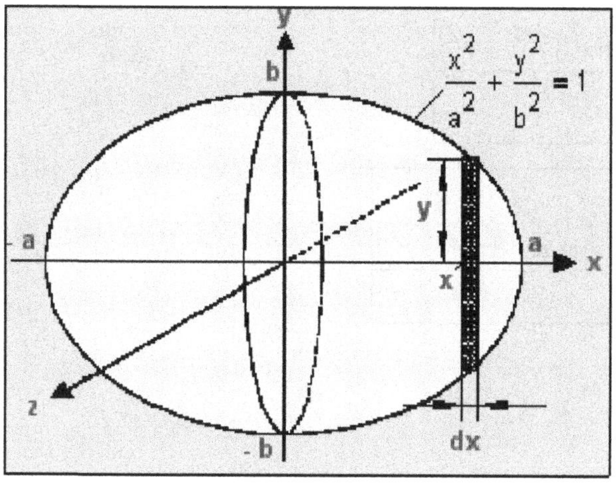

Abb. 4.6.3.11

$y^2 = \frac{b^2}{a^2} \cdot \left(a^2 - x^2\right)$ Ellipsengleichung

$dV = y^2 \cdot \pi \cdot dx$ Volumenelement

$$V_x = \pi \cdot \int_{-a}^{a} \frac{b^2}{a^2} \cdot \left(a^2 - x^2\right) dx \rightarrow V_x = \frac{4 \cdot \pi \cdot a \cdot b^2}{3}$$

Mit a = b = r erhalten wir das Kugelvolumen

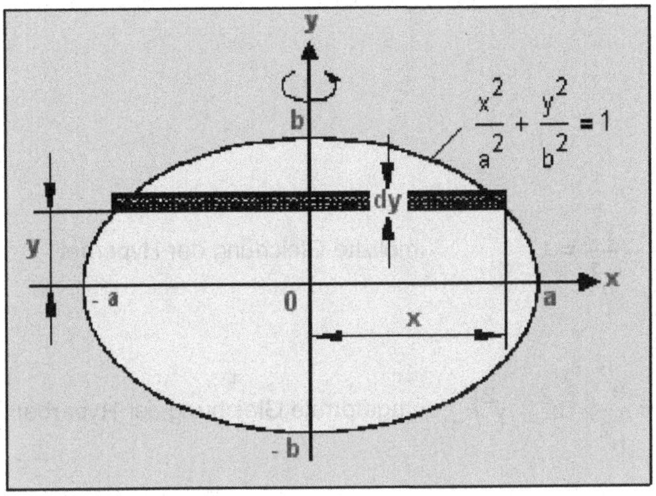

Abb. 4.6.3.12

$x^2 = \frac{a^2}{b^2} \cdot \left(b^2 - y^2\right)$ Ellipsengleichung

$dV = x^2 \cdot \pi \cdot dy$ Volumenelement

$$V_y = \pi \cdot \int_{-b}^{b} \frac{a^2}{b^2} \cdot \left(b^2 - y^2\right) dy \rightarrow V_y = \frac{4 \cdot \pi \cdot a^2 \cdot b}{3}$$

__Beispiel 4.6.3.10:__

Die Funktion y = cosh(x) rotiert um die x-Achse. Wie groß ist das Volumen des Drehkörpers zwischen 0 und 2?

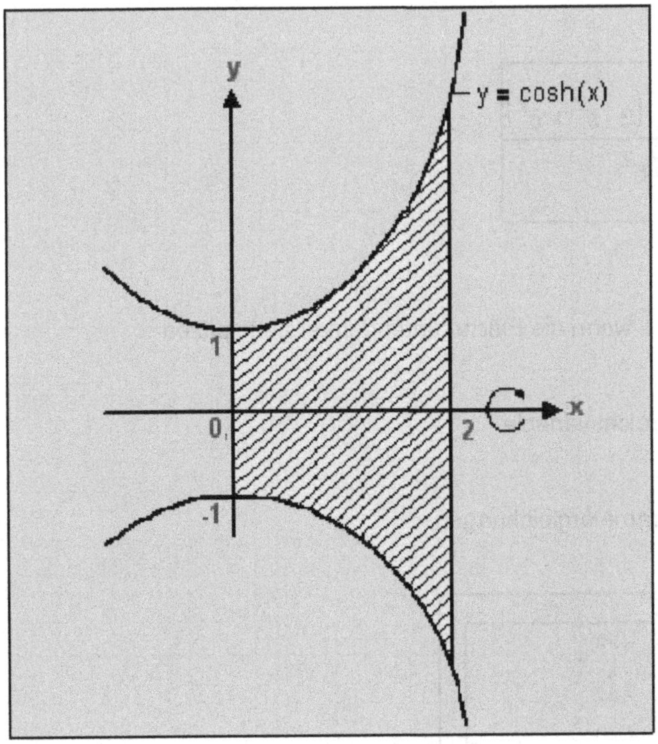

Abb. 4.6.3.13

$$V_x = \pi \int_a^b \cosh(x)^2 \, dx = \frac{\pi}{2} \cdot \int_0^2 (\cosh(2 \cdot x) + 1) \, dx$$

$$V_x = \frac{\pi}{2} \cdot \left(\sinh(2 \cdot x) \cdot \frac{1}{2} + x\right) \Big|_0^2$$

$$V_x = \frac{\pi}{2} \cdot \left(\sinh(4) \cdot \frac{1}{2} + 2\right)$$

$$V_x(a, b) := \pi \cdot \int_a^b \cosh(x)^2 \, dx$$

$V_x(0, 2) = 24.575$ Maßzahl des Volumens

Beispiel 4.6.3.11:

Bestimmen Sie das Volumen des Drehhyperboloids.

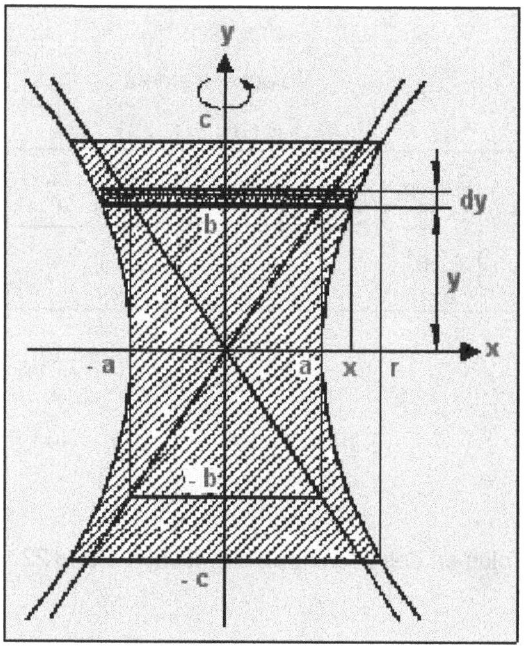

$\frac{x^2}{a^2} - \frac{y^2}{b^2} = 1$ implizite Gleichung der Hyperbel

$x^2 = \frac{a^2}{b^2} \cdot \left(b^2 + y^2\right)$ umgeformte Gleichung der Hyperbel

$dV = x^2 \cdot \pi \cdot dy$ differentielles Volumenelement

Abb. 4.6.3.14

$$V_y = 2 \cdot \pi \cdot \int_0^c \frac{a^2}{b^2} \cdot \left(b^2 + y^2\right) dy \rightarrow V_y = \frac{2 \cdot \pi \cdot a^2 \cdot c \cdot \left(3 \cdot b^2 + c^2\right)}{3 \cdot b^2}$$

Beispiel 4.6.3.12:

Bestimmen Sie das Volumen des Körpers, der entsteht, wenn die Fläche unter dem ersten spitzen Zykloidenbogen um die x-Achse gedreht wird.

$t := 0, 0.001 .. 2 \cdot \pi$ Bereichsvariable

$x(t) := t - \sin(t)$

Parametergleichungen

$y(t) := 1 - \cos(t)$

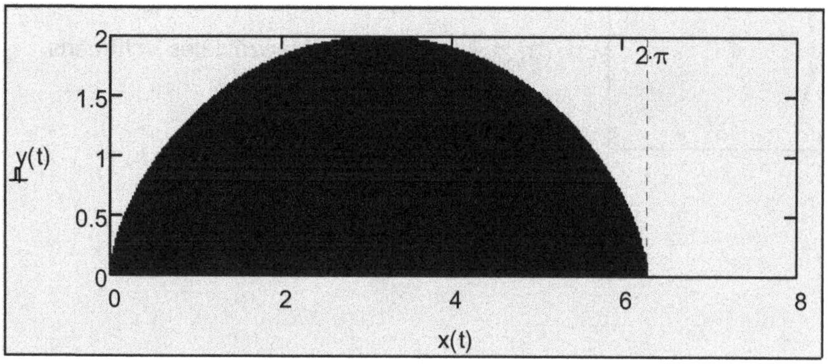

Abb. 4.6.3.15

$$V = \pi \cdot \int_0^{2 \cdot \pi} y(t)^2 \cdot \frac{d}{dt}x(t)\, dt \rightarrow V = 5 \cdot \pi^2$$

Maßzahl des Volumens

Beispiel 4.6.3.13:

Bestimmen Sie das Volumen des Körpers, der entsteht, wenn die Kurve $y = x\sin(x)^2$ im Bereich -2π und 2π um die x-Achse rotiert.

$f(x) := x \cdot \sin(x)^2$ Funktion

$a := -2 \cdot \pi \qquad b := 2 \cdot \pi$ obere und untere Intervallgrenze

$n := 60 \qquad m := 35 \qquad i := 0..n \qquad j := 0..m$ Anzahl der Schritte und Bereichsvariable

$\mathbf{r}_i := a + \frac{b-a}{n} \cdot i \qquad \varphi_j := \frac{2 \cdot \pi \cdot j}{m}$ Vektoren der Radien und Winkeln

$\mathbf{X}_{i,j} := \mathbf{r}_i \qquad \mathbf{Y}_{i,j} := f(\mathbf{r}_i) \cdot \cos(\varphi_j) \qquad \mathbf{Z}_{i,j} := f(\mathbf{r}_i) \cdot \sin(\varphi_j)$ Matrizen der **X-**, **Y-** und **Z**-Werte

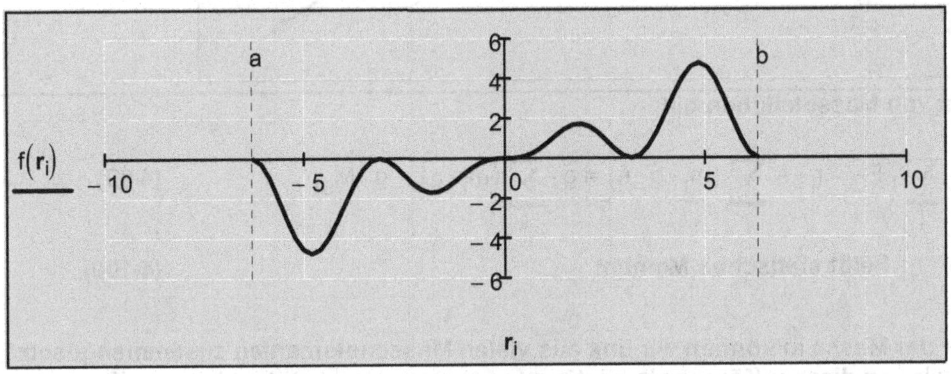

Abb. 4.6.3.16

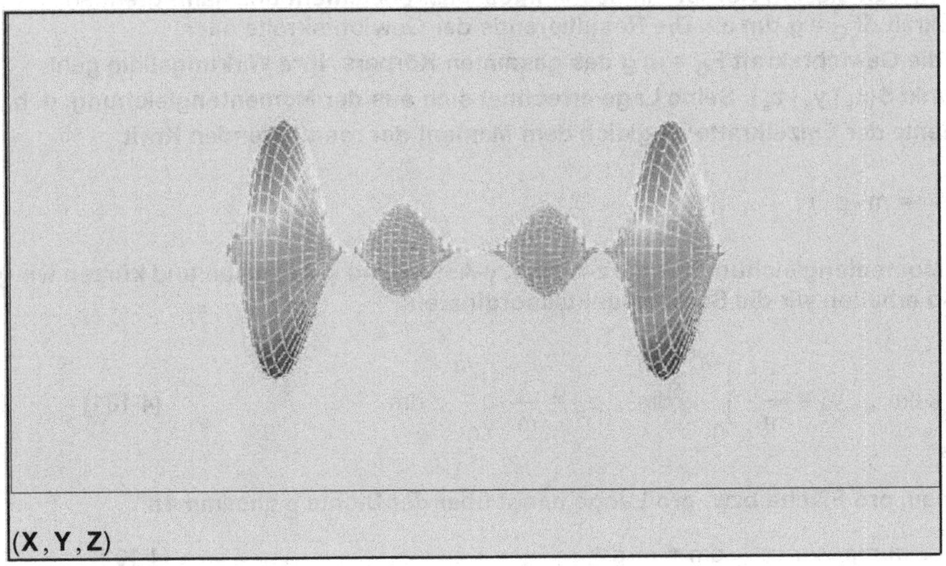

Abb. 4.6.3.17

$V := \pi \cdot \int_a^b x^2 \cdot \sin(x)^4 \, dx \qquad V = 185.565$ Maßzahl des Volumens

4.6.4 Berechnung von Schwerpunkten

Der Schwerpunkt S eines Körpers ist der Schnittpunkt aller Achsen, für die das resultierende Drehmoment aller Massenteilchen (in einem homogenen Schwerefeld) null ist, d. h., wir können uns die Masse in diesem Punkt konzentriert denken. Die Achsen heißen Schwereachsen.
Für den Schwerpunkt einer Fläche bzw. eines Kurvenstückes denken wir uns die Fläche bzw. das Kurvenstück mit Masse belegt.

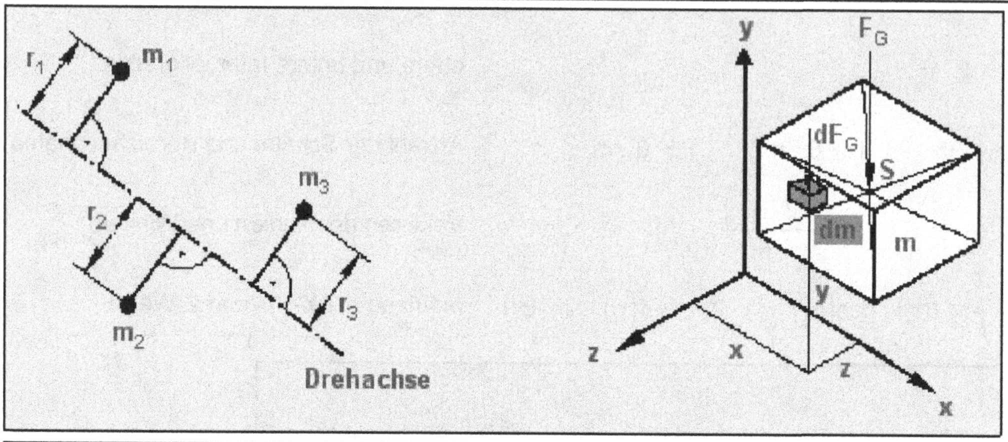

Abb. 4.6.4.1

Für das Drehmoment von Masseteilchen gilt:

$$M = \sum_i M_i = \sum_i \left(F_{G_i} \cdot r_i\right) = \sum_i \left(m_i \cdot g \cdot r_i\right) = g \cdot \sum_i \left(m_i \cdot r_i\right) = g \cdot M_{st} \qquad \textbf{(4-99)}$$

$$M_{st} = \sum_i \left(m_i \cdot r_i\right) \text{ heißt statisches Moment} \qquad \textbf{(4-100)}$$

Einen starren Körper der Masse m können wir uns aus vielen Massenelementen zusammengesetzt denken. Betrachten wir von diesem Körper ein bestimmtes Massenelement dm, dann greift an diesem die Gewichtskraft $dF_G = g\,dm$ an. Die Resultierende der Gewichtskräfte aller Massenelemente ist die Gewichtskraft $F_G = m\,g$ des gesamten Körpers. Ihre Wirkungslinie geht durch den Schwerpunkt $S(x_s \mid y_s \mid z_s)$. Seine Lage errechnet sich aus der Momentengleichung, d. h., die Summe der Momente der Einzelkräfte ist gleich dem Moment der resultierenden Kraft:

$$\int_0^m r(m) \cdot g\,dm = F_G \cdot r = m \cdot g \cdot r.$$

Wenden wir nun die Momentengleichung für die z-Achse, y-Achse und x-Achse an und kürzen wir g aus der Gleichung, so erhalten wir die Schwerpunktskoordinaten:

$$x_S = \frac{1}{m} \cdot \int_0^m x\,dm\,, \quad y_S = \frac{1}{m} \cdot \int_0^m y\,dm\,, \quad z_S = \frac{1}{m} \cdot \int_0^m z\,dm \qquad \textbf{(4-101)}$$

Die Masse pro Volumen, pro Fläche bzw. pro Länge hängt über der Dichte ρ zusammen:

$$\rho = \frac{m}{V}\,, \qquad m = \rho \cdot V\,, \qquad dm = \rho \cdot dV \qquad \textbf{(4-102)}$$

$$\rho = \frac{m}{A}\,, \qquad m = \rho \cdot A\,, \qquad dm = \rho \cdot dA \qquad \textbf{(4-103)}$$

$$\rho = \frac{m}{s}\,, \qquad m = \rho \cdot s\,, \qquad dm = \rho \cdot ds \qquad \textbf{(4-104)}$$

Ist ein Körper homogen, d. h. ρ konstant, so kann in den Gleichungen ρ gekürzt werden.

4.6.4.1 Schwerpunkt eines Kurvenstückes

Die Koordinaten für den Schwerpunkt eines Kurvenstückes zwischen dem Punkt A und B der Kurve erhalten wir aus den oben angeführten Gleichungen:

$$x_S = \frac{1}{s_{AB}} \cdot \int_a^b x\,ds = \frac{1}{s_{AB}} \cdot \int_a^b x \cdot \sqrt{1 + y'^2}\,dx = \frac{1}{s_{AB}} \cdot M_{sty} \qquad \textbf{(4-105)}$$

M_{sty} ... statisches Moment bezüglich der y-Achse.

$$y_S = \frac{1}{s_{AB}} \cdot \int_a^b y\,ds = \frac{1}{s_{AB}} \cdot \int_a^b y \cdot \sqrt{1 + y'^2}\,dx = \frac{1}{s_{AB}} \cdot M_{stx} \qquad \textbf{(4-106)}$$

M_{stx} ... statisches Moment bezüglich der y-Achse.

Beispiel 4.6.4.1:

Bestimmen Sie die Schwerpunktskoordinanten der Kettenlinie y = cosh(x) zwischen a = 0 und b = 2.

$a := 0$

Integrationsgrenzen

$b := 2$

$f(x) := \cosh(x)$ Kettenlinie

$x := a, a + 0.01 .. b$ Bereichsvariable

$$x_S(a,b) := \frac{\int_a^b x \cdot \sqrt{1 + \left(\frac{d}{dx}f(x)\right)^2}\,dx}{\int_a^b \sqrt{1 + \left(\frac{d}{dx}f(x)\right)^2}\,dx} \qquad y_S(a,b) := \frac{\int_a^b f(x) \cdot \sqrt{1 + \left(\frac{d}{dx}f(x)\right)^2}\,dx}{\int_a^b \sqrt{1 + \left(\frac{d}{dx}f(x)\right)^2}\,dx}$$

$x_S(a,b) = 1.238$ $y_S(a,b) = 2.157$

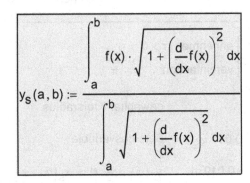

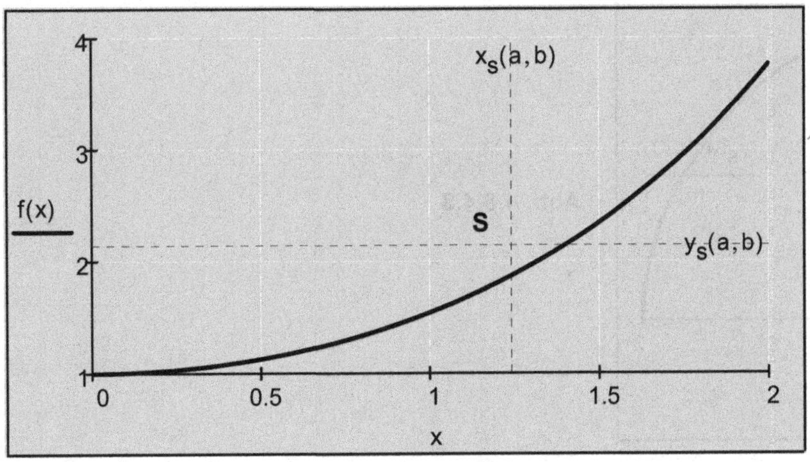

Abb. 4.6.4.2

Beispiel 4.6.4.2:

Bestimmen Sie die Schwerpunktskoordinanten eines Viertelkreisbogens mit Radius r.

$\varphi_1 := 0$

$\varphi_2 := \frac{\pi}{2}$

Integrationsgrenzen

$x(\varphi, r) := r \cdot \cos(\varphi)$

$y(\varphi, r) := r \cdot \sin(\varphi)$

Parameterdarstellung des Kreises

$x_\phi(\varphi, r) := \frac{d}{d\varphi} x(\varphi, r)$

$y_\phi(\varphi, r) := \frac{d}{d\varphi} y(\varphi, r)$

Ableitungen

$$x_s(\varphi_1, \varphi_2, r) := \frac{\int_{\varphi_1}^{\varphi_2} x(\varphi, r) \cdot r \, d\varphi}{\int_{\varphi_1}^{\varphi_2} \sqrt{x_\phi(\varphi, r)^2 + y_\phi(\varphi, r)^2} \, d\varphi}$$

Wegen der Symmetrie ist $x_s = y_s$!

$$\int_{\varphi_1}^{\varphi_2} \sqrt{x_\phi(\varphi, r)^2 + y_\phi(\varphi, r)^2} \, d\varphi \ \Big| \begin{array}{l} \text{annehmen}, r > 0 \\ \text{vereinfachen} \end{array} \rightarrow \frac{\pi \cdot r}{2}$$

Viertelkreis

$$x_s(\varphi_1, \varphi_2, r) \ \Big| \begin{array}{l} \text{annehmen}, r > 0 \\ \text{vereinfachen} \end{array} \rightarrow \frac{2 \cdot r}{\pi}$$

$r := 3 \cdot cm$ gewählter Kreisradius

$\varphi := \varphi_1, \varphi_1 + 0.01 .. \varphi_2$ Bereichsvariable

$x_s(\varphi_1, \varphi_2, r) = 0.019\,m$ $y_s(\varphi_1, \varphi_2, r) := x_s(\varphi_1, \varphi_2, r)$ Schwerpunktskoordinaten

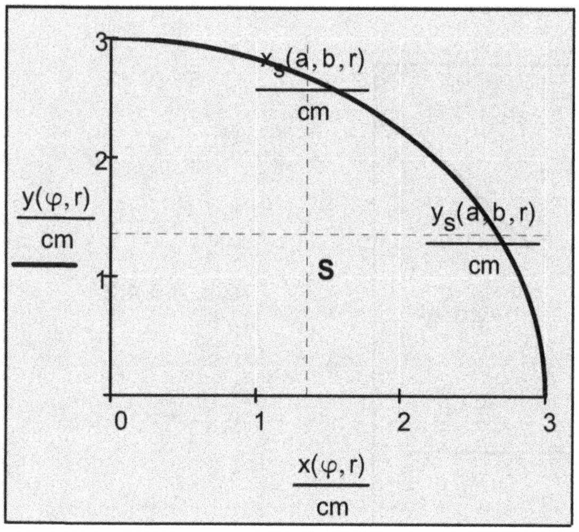

Abb. 4.6.4.3

Vergleichen wir die statischen Momente $M_{stx} = \int_A^B y\,ds$ **und** $M_{sty} = \int_A^B x\,ds$ **mit der Mantelfläche**

$A_{Mx} = 2 \cdot \pi \cdot \int_A^B y\,ds$ **und** $A_{My} = 2 \cdot \pi \cdot \int_A^B x\,ds$ **des Drehkörpers, der durch Rotation von** s_{AB} **entsteht, so erhalten wir die <u>2. Guldin-Regel</u>:**

Der Inhalt einer Drehfläche ist gleich dem Produkt aus der Länge s_{AB} des erzeugenden Bogenstücks (das die Drehachse nicht schneiden darf) und dem Weg seines Schwerpunktes bei einer Umdrehung.

$$A_{Mx} = 2 \cdot \pi \cdot M_{stx} = 2 \cdot \pi \cdot y_S \cdot s_{AB} \qquad \textbf{Drehung um die x-Achse} \qquad \textbf{(4-107)}$$

$$A_{My} = 2 \cdot \pi \cdot M_{sty} = 2 \cdot \pi \cdot x_S \cdot s_{AB} \qquad \textbf{Drehung um die y-Achse} \qquad \textbf{(4-108)}$$

<u>Beispiel 4.6.4.3:</u>

Bestimmen Sie die Schwerpunktskoordinanten eines Viertelkreisbogens mithilfe der Guldin-Regel.

$$y_S = \frac{A_{Mx}}{2 \cdot \pi \cdot s_{AB}} = \frac{\frac{4 \cdot \pi \cdot r^2}{2}}{2 \cdot \pi \cdot \frac{\pi \cdot r}{2}}$$ vereinfacht auf $$y_S = \frac{A_{Mx}}{2 \cdot \pi \cdot s_{AB}} = 2 \cdot \frac{r}{\pi}$$ **Es gilt: $x_s = y_s$**

4.6.4.2 <u>Schwerpunkt einer Fläche</u>

Wir betrachten zuerst den Schwerpunkt eines differentiellen Flächenstücks dA:

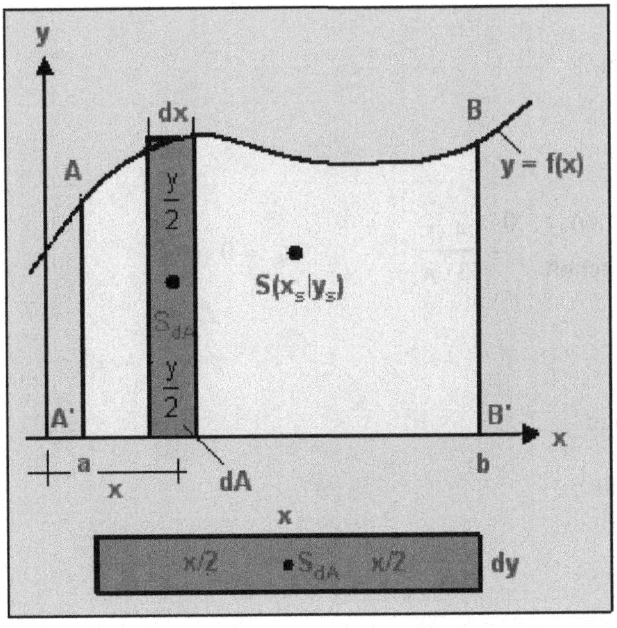

Abb. 4.6.4.4

Die Koordinaten für den Schwerpunkt eines Kurvenstückes zwischen dem Punkt A und B der Kurve erhalten wir hier auch aus den oben angeführten Gleichungen:

$$x_S = \frac{1}{A} \cdot \int_c^d \frac{x}{2} \, dA = \frac{1}{A} \cdot \int_c^d \frac{x}{2} \cdot x \, dy = \frac{1}{A} \cdot \int_a^b x \cdot y \, dx = \frac{1}{A} \cdot M_{sty} \qquad \textbf{(4-109)}$$

M_{sty} ... statisches Moment bezüglich der y-Achse.

$$y_S = \frac{1}{A} \cdot \int_a^b \frac{y}{2} \, dA = \frac{1}{A} \cdot \int_a^b \frac{y}{2} \cdot y \, dx = \frac{1}{A} \cdot \frac{1}{2} \cdot \int_a^b y^2 \, dx = \frac{1}{A} \cdot M_{stx} \qquad \textbf{(4-110)}$$

M_{stx} ... statisches Moment bezüglich der y-Achse.

Wird eine Figur oben durch eine Kurve $y_1 = f_1(x)$ und unten durch eine Kurve mit $y_2 = f_2(x)$ begrenzt, so gilt wegen der Additivität der Momente:

$$x_S = \frac{1}{A} \cdot \int_a^b x \cdot (y_1 - y_2) \, dx \qquad \textbf{(4-111)}$$

$$y_S = \frac{1}{A} \cdot \frac{1}{2} \cdot \int_a^b \left(y_1^2 - y_2^2\right) dx \qquad \textbf{(4-112)}$$

<u>Beispiel 4.6.4.4:</u>

Bestimmen Sie die Schwerpunktskoordinanten der oberen Halbkreisfläche mit Radius r.

$r := r \qquad x := x$

$f(x,r) := \sqrt{r^2 - x^2}$ oberer Halbkreis

$$y_S(r) := \frac{\frac{1}{2} \cdot 2 \cdot \int_0^r f(x,r)^2 \, dx}{2 \cdot \int_0^r f(x,r) \, dx}$$

$y_S(r)$ | annehmen, $r > 0$ / vereinfachen $\rightarrow \frac{4 \cdot r}{3 \cdot \pi}$ $\qquad x_S := 0 \cdot cm$

$r := 30 \cdot cm$ gewählter Radius

$x := -r, -r + 0.001 \cdot cm .. r$ Bereichsvariable

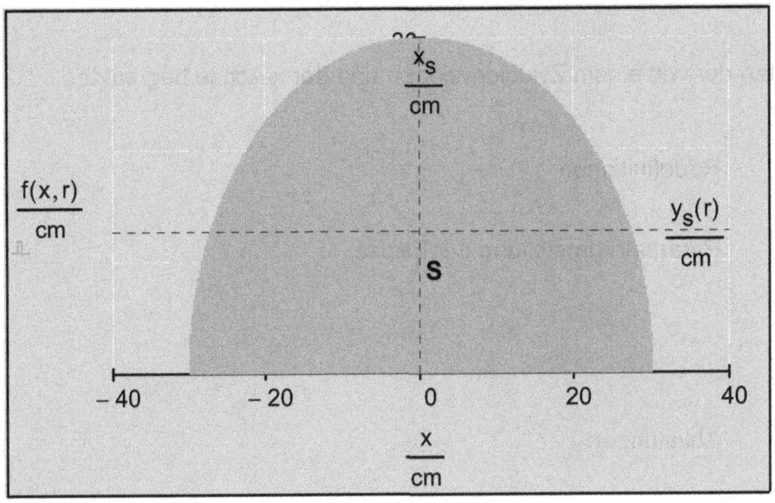

$x_S = 0 \cdot cm$

$y_S(r) = 12.732 \cdot cm$

Abb. 4.6.4.5

Beispiel 4.6.4.5:

Bestimmen Sie die Schwerpunktskoordinanten der halben Ellipse mit den Halbachsen a und b.

$a := a \qquad b := b \qquad x := x$

$f(x,a,b) := \sqrt{\frac{b^2}{a^2} \cdot \left(a^2 - x^2\right)}$ obere Ellipse

$$y_S(a,b) := \frac{\frac{1}{2} \cdot 2 \cdot \int_0^a f(x,a,b)^2 \, dx}{2 \cdot \int_0^a f(x,a,b) \, dx}$$

$y_S(a,b) \left| \begin{array}{l} \text{annehmen}, a > 0, b > 0 \\ \text{vereinfachen} \end{array} \right. \rightarrow \frac{4 \cdot b}{3 \cdot \pi} \qquad x_S := 0$

Vergleiche a = b = r!

$a := 3 \qquad b := 2$ gewählte Halbachsen

$x := -a, -a + 0.01 .. a$ Bereichsvariable

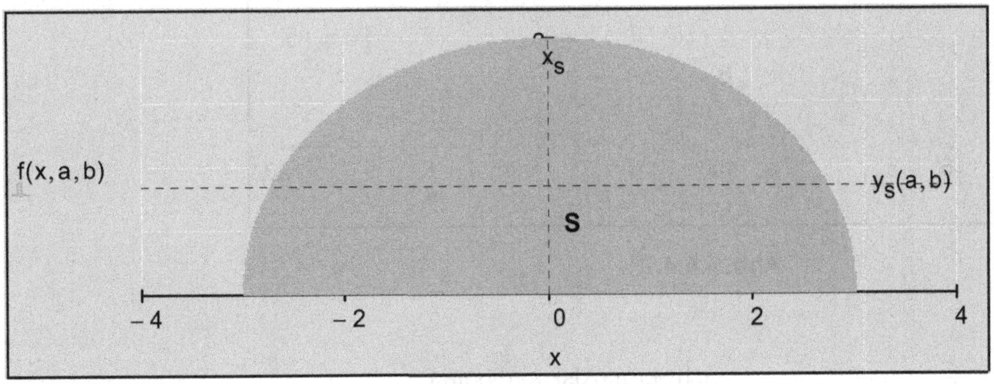

$x_S = 0$

$y_S(a,b) = 0.849$

Abb. 4.6.4.6

Beispiel 4.6.4.6:

Bestimmen Sie die Schwerpunktskoordinanten der von einem Zykloidenbogen und der x-Achse begrenzten Fläche.

$r := r \quad x := x$ Redefinitionen

$x(t,r) := r \cdot (t - \sin(t))$

$y(t,r) := r \cdot (1 - \cos(t))$

Parameterdarstellung der Ellipse

$x_t(t,r) := \frac{d}{dt} x(t,r)$

$y_t(t,r) := \frac{d}{dt} y(t,r)$

Ableitungen

$$x_S(r) := \frac{\int_{2\cdot\pi}^{0} x(t,r) \cdot y(t,r) \cdot x_t(t,r)\,dt}{\int_{0}^{2\cdot\pi} x(t,r) \cdot y_t(t,r)\,dt}$$

$$y_S(r) := \frac{\frac{1}{2} \cdot \int_{2\cdot\pi}^{0} y(t,r)^2 \cdot x_t(t,r)\,dt}{\int_{0}^{2\cdot\pi} x(t,r) \cdot y_t(t,r)\,dt}$$

$x_S(r) \;\Big|\; \text{annehmen}, r > 0 \;\; \text{vereinfachen} \rightarrow \pi \cdot r$

$y_S(r) \;\Big|\; \text{annehmen}, r > 0 \;\; \text{vereinfachen} \rightarrow -\frac{5 \cdot r}{6}$

$r := 3$ Radius des Abrollkeises

$t := 0, 0.001 .. 2 \cdot \pi$ Bereichsvariable

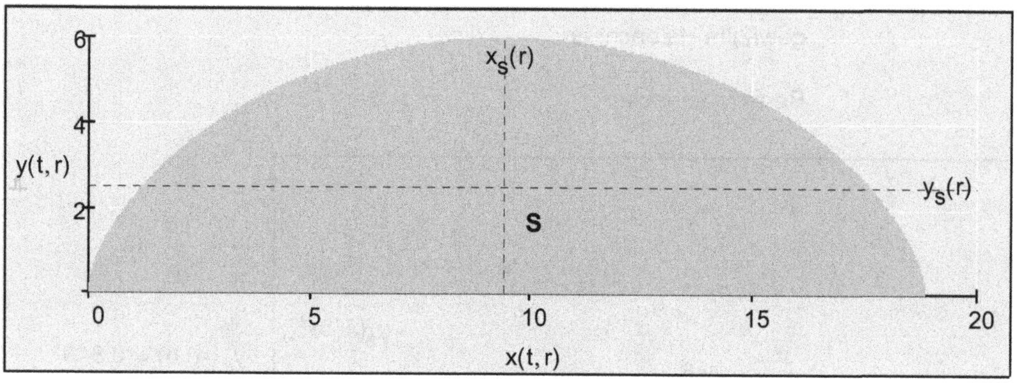

Abb. 4.6.4.7

$x_S(r) = 9.425$

$y_S(r) = 2.5$

Schwerpunktskoordinaten

Beispiel 4.6.4.7:

Bestimmen Sie die Schwerpunktskoordinanten der Fläche, die durch den Viertelkreis im 1.Quadranten, der Kurve $y_1 = r$ und $x = r$ begrenzt wird.

$r := r \qquad x := x$ Redefinitionen

$f(x, r) := \sqrt{r^2 - x^2}$ oberer Halbkreis

$f_1(r) := r$ Gerade

$$x_s(r) := \frac{\int_0^r x \cdot \left(r - \sqrt{r^2 - x^2}\right) dx}{r^2 - \int_0^r f(x, r)\, dx}$$

$x_s(r)$ | annehmen , $r > 0$ | vereinfachen | Gleitkommazahl , 3 $\rightarrow 0.777 \cdot r$ $\qquad y_s(r) := x_s(r)$

$r := 3$ gewählter Radius

$x := 0, 0.001 .. r$ Bereichsvariable

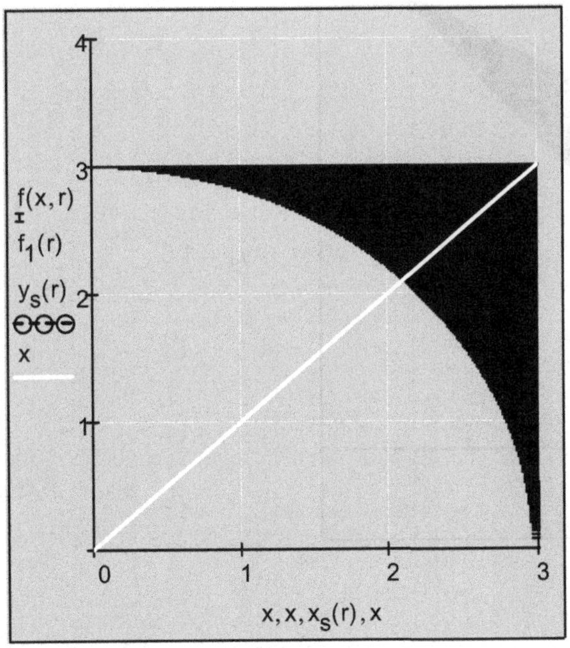

Abb. 4.6.4.8

$x_s(r) = 2.33$

$y_s(r) = 2.33$

Beispiel 4.6.4.8:

Bestimmen Sie die Schwerpunktskoordinanten der Fläche, die durch $y = x^2/2 + 2$ und $y = x^2$ im Bereich $a = 0$ und dem positiven Schnittpunkt der beiden Kurven eingeschlossen wird.

$x := x$

$f(x) := \frac{x^2}{2} + 2$

gegebene Funktionen

$f_1(x) := x^2$

$\mathbf{x1} := f(x) = f_1(x)$ auflösen, $x \rightarrow \begin{pmatrix} 2 \\ -2 \end{pmatrix}$ Schnittpunktberechnung

$$x_S := \frac{\displaystyle\int_0^{\mathbf{x1}_0} x \cdot \left(\frac{x^2}{2} + 2 - x^2\right) dx}{\displaystyle\int_0^{\mathbf{x1}_0} (f(x) - f_1(x))\, dx}$$

$$y_S := \frac{\displaystyle\frac{1}{2} \cdot \int_0^{\mathbf{x1}_0} \left[\left(\frac{x^2}{2} + 2\right)^2 - \left(x^2\right)^2\right] dx}{\displaystyle\int_0^{\mathbf{x1}_0} (f(x) - f_1(x))\, dx}$$

x_S vereinfachen $\rightarrow \frac{3}{4}$

y_S vereinfachen $\rightarrow \frac{8}{5}$

$x := 0, 0.001 .. \mathbf{x1}_0$ Bereichsvariable

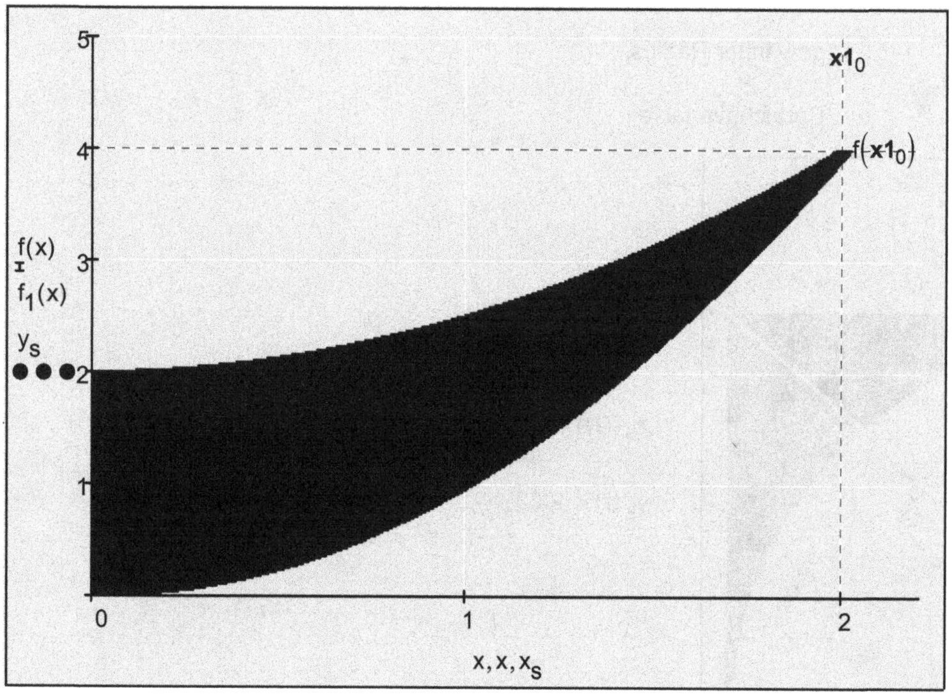

$x_S = 0.75$

$y_S = 1.6$

Abb. 4.6.4.9

Vergleichen wir auch hier die statischen Momente $M_{stx} = \frac{1}{2} \cdot \int_a^b y^2 \, dx$ **und**

$M_{sty} = \int_a^b x \cdot y \, dx = \frac{1}{2} \cdot \int_c^d x^2 \, dy$ **mit dem Rauminhalt eines Drehkörpers**

$V_x = \pi \cdot \int_a^b y^2 \, dx$ **und** $V_y = \pi \cdot \int_a^b x^2 \, dy$**, so erhalten wir die <u>1. Guldin-Regel</u>:**

Der Rauminhalt V eines Drehkörpers ist gleich dem Produkt aus dem Inhalt A der erzeugenden Fläche (die die Drehachse nicht schneiden darf) und dem Weg seines Schwerpunktes $S(x_s \mid y_s)$ bei einer Umdrehung.

$$V_x = 2 \cdot \pi \cdot M_{stx} = 2 \cdot \pi \cdot y_s \cdot A \qquad \textbf{Drehung um die x-Achse} \qquad \textbf{(4-113)}$$

$$V_y = 2 \cdot \pi \cdot M_{sty} = 2 \cdot \pi \cdot x_s \cdot A \qquad \textbf{Drehung um die y-Achse} \qquad \textbf{(4-114)}$$

<u>Beispiel 4.6.4.9:</u>

Bestimmen Sie den Schwerpunkt einer Viertelkreisfläche mithilfe der 1. Guldin-Regel.

$$y_s = \frac{V_x}{2 \cdot \pi \cdot A} = \frac{\frac{4 \cdot \pi \cdot r^3}{3 \cdot 2}}{2 \cdot \pi \cdot \frac{r^2 \cdot \pi}{4}}$$ vereinfacht auf $$y_s = \frac{V_x}{2 \cdot \pi \cdot A} = \frac{4}{3} \cdot \frac{r}{\pi} \qquad x_s = y_s$$

<u>Beispiel 4.6.4.10:</u>

Bestimmen Sie das Volumen und die Oberfläche eines Torus (Kreisringkörpers) mithilfe der 1. und 2. Guldin-Regel.

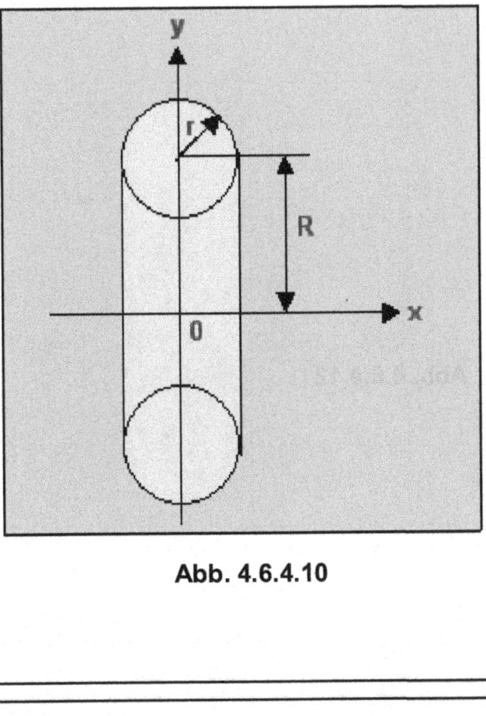

Abb. 4.6.4.10

1. Guldin-Regel:

$$V_x = 2 \cdot \pi \cdot y_s \cdot A$$

$$V_x = 2 \cdot \pi \cdot R \cdot r^2 \cdot \pi = 2 \cdot \pi^2 \cdot r^2 \cdot R$$

2. Guldin-Regel:

$$A_{Mx} = 2 \cdot \pi \cdot y_s \cdot s_{AB}$$

$$A_{Mx} = 2 \cdot \pi \cdot R \cdot 2 \cdot r \cdot \pi \cdot \pi = 4 \cdot \pi^2 \cdot r \cdot R$$

4.6.4.3 Schwerpunkt einer Drehfläche

Für die Schwerpunktbestimmung von Drehflächen (und Drehkörpern) betrachten wir nicht axiale (auf eine Achse bezogene), sondern planare statische Momente (auf eine Ebene bezogene).

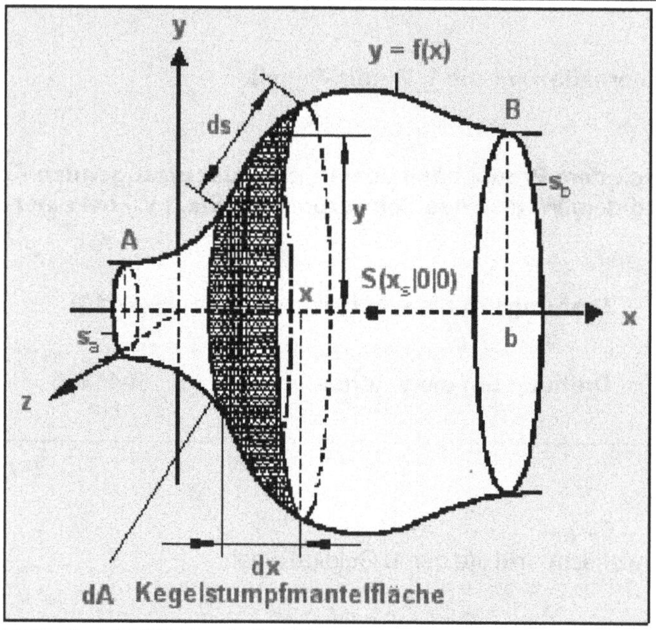

Abb. 4.6.4.11

Der Schwerpunkt liegt auf der Drehachse x:

$$x_S = \frac{1}{A_M} \cdot \int_{s_a}^{s_b} x\, dA = \frac{1}{A_M} \cdot \int_A^B x \cdot 2 \cdot \pi \cdot y\, ds = \frac{1}{A_M} \cdot \int_a^b 2 \cdot \pi \cdot x \cdot y \cdot \sqrt{1 + y'^2}\, dx = \frac{1}{A_M} \cdot M_{yz} \quad \textbf{(4-115)}$$

$M_{xy} = 0$, $M_{xz} = 0$. **Das statische Moment bezüglich der Schwerachse ist immer null.**

Beispiel 4.6.4.11:

Bestimmen Sie den Schwerpunkt einer Halbkugelschale.

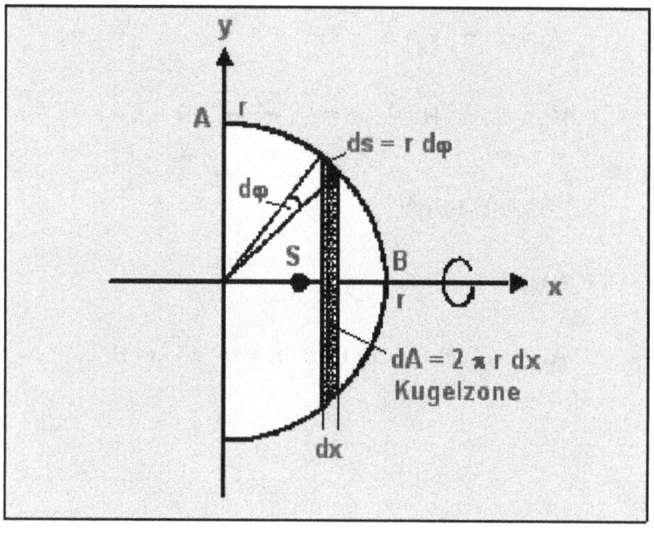

Abb. 4.6.4.12

M_{yz} kann auf drei verschiedene Arten berechnet werden:

$$M_{yz} = \int_A^B x\, dA = \int_0^R x \cdot 2 \cdot \pi \cdot r\, dx \qquad \text{vereinfacht auf} \qquad M_{yz} = \int_A^B x\, dA = r^3 \cdot \pi$$

$$M_{yz} = 2 \cdot \pi \cdot \int_A^B x \cdot y\, ds = 2 \cdot \pi \cdot \int_0^{\frac{\pi}{2}} r \cdot \cos(\varphi) \cdot r \cdot \sin(\varphi) \cdot r\, d\varphi$$

vereinfacht auf

$$M_{yz} = 2 \cdot \pi \cdot \int_A^B x \cdot y\, ds = 2 \cdot \pi \cdot \left(\frac{1}{2} \cdot r^3\right)$$

$$M_{yz} = 2 \cdot \pi \cdot \int_A^B x \cdot y\, ds = 2 \cdot \pi \cdot \int_0^r x \cdot \sqrt{r^2 - x^2} \cdot \frac{r}{\sqrt{r^2 - x^2}}\, dx$$

vereinfacht auf

$$M_{yz} = 2 \cdot \pi \cdot \int_A^B x \cdot y\, dx = \pi \cdot r^3$$

$$x_S = \frac{M_{yz}}{A_M} = \frac{\pi \cdot r^3}{\frac{4 \cdot \pi \cdot r^2}{2}} \qquad \text{vereinfacht auf} \qquad x_S = \frac{M_{yz}}{A_M} = \frac{r}{2} \qquad \mathbf{S(r/2 \mid 0 \mid 0)}$$

4.6.4.4 Schwerpunkt eines Drehkörpers

Für die Schwerpunktbestimmung von Drehkörpern betrachten wir auch hier nicht axiale (auf eine Achse bezogene), sondern planare statische Momente (auf eine Ebene bezogene).

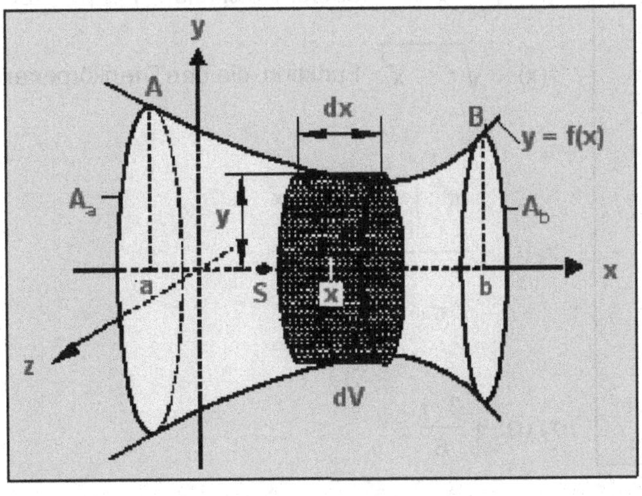

Abb. 4.6.4.13

Der Schwerpunkt liegt auf der Drehachse x:

$$x_S = \frac{1}{V}\cdot\int_{A_a}^{A_b} x\,dV = \frac{1}{V}\cdot\int_a^b x\cdot y^2\cdot\pi\,dx = \frac{1}{V}\cdot M_{yz} \qquad \textbf{(4-116)}$$

$M_{xy} = 0$, $M_{xz} = 0$. **Das statische Moment bezüglich der Schwerachse ist immer null.**

Beispiel 4.6.4.12:

Bestimmen Sie den Schwerpunkt eines Drehkegelkörpers.

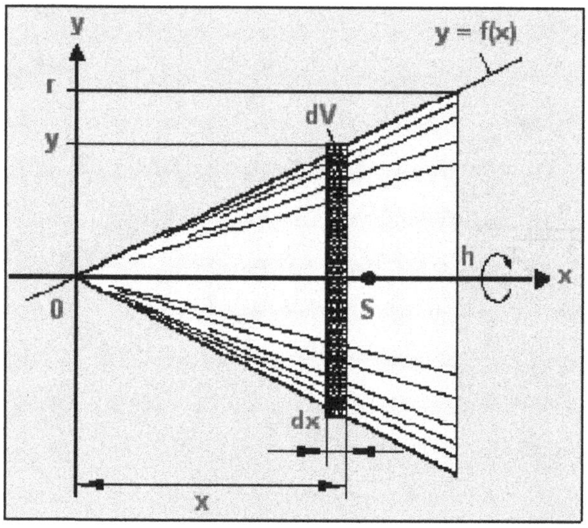

Abb. 4.6.4.14

$\frac{y}{x} = \frac{r}{h}$ Strahlensatz

$f(x) := \frac{r}{h}\cdot x$ Funktion, die den Drehkörper erzeugt

$$x_S(h) := \frac{\pi\cdot\int_0^h x\cdot f(x)^2\,dx}{\pi\cdot\int_0^h f(x)^2\,dx}$$

$x_S(h) \rightarrow \frac{3\cdot h}{4}$ von der Spitze gemessen

$x_S(h) := x_S(h) - \frac{1}{2}\cdot h$ $\quad x_S(h) \rightarrow \frac{h}{4}$ von der Grundfläche gemessen

$h := 2\cdot m$

$x_S(h) = 0.5\,m$

Beispiel 4.6.4.13:

Bestimmen Sie den Schwerpunkt eines Halbkugelkörpers.

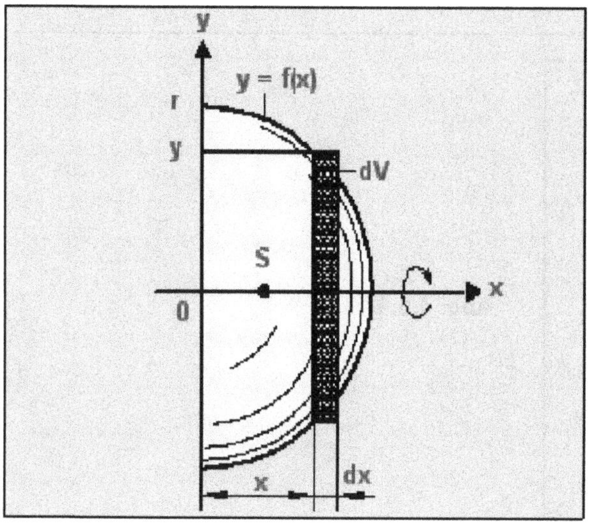

Abb. 4.6.4.15

$y^2 = r^2 - x^2$ oberer Halbkreis $\quad r := r$ Redefinition

$f(x) := \sqrt{r^2 - x^2}$ Funktion, die den Drehkörper erzeugt

$$x_S(r) := \frac{\pi\cdot\int_0^r x\cdot f(x)^2\,dx}{\pi\cdot\int_0^r f(x)^2\,dx}$$

$x_S(r) \rightarrow \frac{3\cdot r}{8}$

Beispiel 4.6.4.14:

Bestimmen Sie den Schwerpunkt eines zylindrisch durchbohrten Halbkugelkörpers.

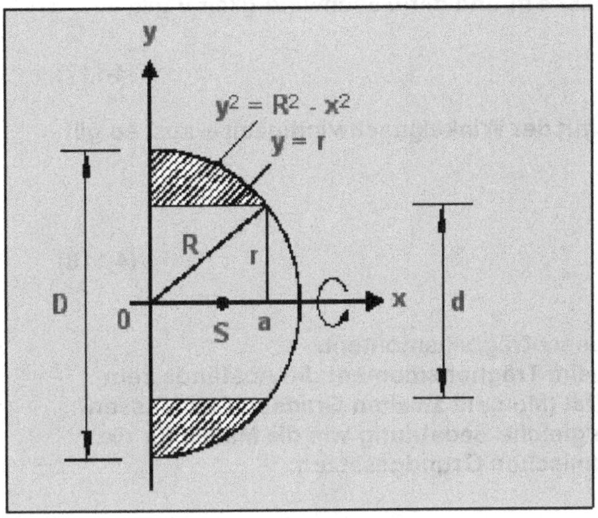

Abb. 4.6.4.16

$y^2 = R^2 - x^2$ oberer Halbkreis

$r := r$ Redefinition

$$x_S(r, R) := \frac{\pi \cdot \int_0^{\sqrt{R^2 - r^2}} x \cdot \left(R^2 - x^2 - r^2\right) dx}{\pi \cdot \int_0^{\sqrt{R^2 - r^2}} \left(R^2 - x^2 - r^2\right) dx}$$

Momente sind additiv!

$$x_S\left(\frac{d}{2}, \frac{D}{2}\right) \text{ vereinfachen } \rightarrow \frac{3 \cdot \sqrt{D^2 - d^2}}{16}$$

Beispiel 4.6.4.15:

Bestimmen Sie den Schwerpunkt eines Drehparaboloids.

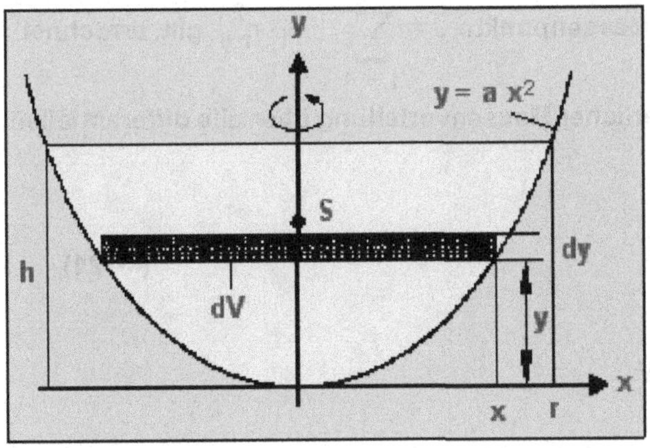

Abb. 4.6.4.17

$h := h$ Redefinition

$y = a \cdot x^2 \qquad x^2 = \frac{y}{a}$ Funktionsgleichung

$$y_S = \frac{1}{V} \cdot \int y \, dV = \pi \cdot \int_0^h y \cdot x^2 \, dy$$

$$y_S(h) := \frac{\frac{\pi}{a} \cdot \int_0^h y^2 \, dy}{\pi \cdot \int_0^h \frac{y}{a} \, dy} \qquad y_S(h) \rightarrow \frac{2 \cdot h}{3}$$ Schwerpunktskoordinate

$$y_S(1 \cdot m) \rightarrow \frac{2 \cdot m}{3}$$ Schwerpunktskoordinate für h = 1 m

4.6.5 Berechnung von Trägheitsmomenten

4.6.5.1 Das Massenträgheitsmoment

Für die kinetische Energie eines Körpers der Masse m und der Geschwindigkeit v gilt:

$$E_k = \frac{m \cdot v^2}{2} \quad \textbf{(4-117)}$$

Führt dieser Körper dabei eine Drehbewegung mit der Winkelgeschwindigkeit ω aus, so gilt wegen v = r ω:

$$E_R = \frac{m \cdot r^2 \cdot \omega^2}{2} = \frac{J \cdot \omega^2}{2} \quad \textbf{mit } J = m \cdot r^2 \quad \textbf{(4-118)}$$

J heißt dynamisches Trägheitsmoment oder Massenträgheitsmoment.
Im Gegensatz zum statischen Moment stehen beim Trägheitsmoment die Abstände zum Bezugspol bzw. von der Bezugsachse im Quadrat (Moment zweiten Grades). Das Massenträgheitsmoment hat für die Drehbewegung die gleiche Bedeutung wie die Masse für die geradlinige Bewegung, entsprechend den dynamischen Grundgesetzen:

$$F = m \cdot \frac{d}{dt} v(t) = m \cdot \frac{d^2}{dt^2} s(t) \quad \textbf{Translation} \quad \textbf{(4-119)}$$

$$M = J \cdot \frac{d}{dt} \omega(t) = J \cdot \frac{d^2}{dt^2} \varphi(t) \quad \textbf{Rotation} \quad \textbf{(4-120)}$$

Da für einen Massenpunkt $J = m \cdot r^2$ **und für n Massenpunkte** $J = \sum_{i=1}^{n} \left(m_i \cdot r_i^2\right)$ **gilt, errechnet sich das Massenträgheitsmoment bei kontinuierlicher Massenverteilung über alle differentiellen Masseteilchen integriert durch:**

$$J = \int r^2(m)\, dm \quad \textbf{(4-121)}$$

Ist der Körper homogen, dann gilt mit dm = ρ dV:

$$J = \rho \cdot \int r^2(V)\, dV \quad \textbf{(4-122)}$$

Aus $dE_R = \frac{1}{2} \omega^2 \cdot r^2 \cdot dm$ **folgt auch:**

$$E_R = \frac{1}{2} \cdot \omega^2 \cdot \int r^2\, dm = \frac{1}{2} \cdot \omega^2 \cdot J \quad \textbf{(4-123)}$$

Beispiel 4.6.5.1:

Berechnen Sie das Massenträgheitsmoment eines Zylinders, der um die x-Achse rotiert.

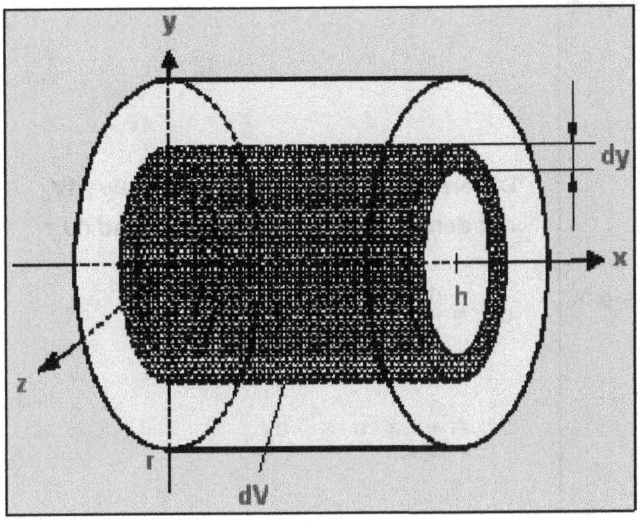

Abb. 4.6.5.1

$dV = 2 \cdot \pi \cdot y \cdot h \cdot dy$ Volumselement

$$J_x = \rho \cdot \int y^2 \, dV = 2 \cdot \pi \cdot h \cdot \rho \cdot \int_0^r y^3 \, dy$$

$$J_x(r, h, \rho) := 2 \cdot \pi \cdot h \cdot \rho \cdot \int_0^r y^3 \, dy$$

$$J_x(r, h, \rho) \rightarrow \frac{\pi \cdot \rho \cdot h \cdot r^4}{2}$$

$$m = r^2 \cdot \pi \cdot h \cdot \rho \qquad \Rightarrow \qquad h = \frac{m}{r^2 \cdot \pi \cdot \rho}$$

$$J = J_x(r, h, \rho) \text{ ersetzen}, h = \frac{m}{r^2 \cdot \pi \cdot \rho} \rightarrow J = \frac{m \cdot r^2}{2}$$

Beispiel 4.6.5.2:

Berechnen Sie das Massenträgheitsmoment eines Hohlzylinders, der um die x-Achse rotiert.

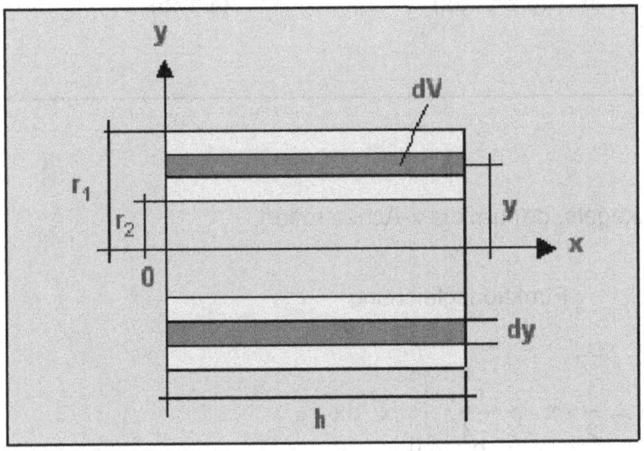

Abb. 4.6.5.2

$dV = h \cdot dA = h \cdot 2 \cdot \pi \cdot y \cdot dy$ Volumselement

$$J_x = \rho \cdot \int y^2 \, dV = 2 \cdot \pi \cdot h \cdot \rho \cdot \int_{r_2}^{r_1} y^3 \, dy$$

$$J_x\left(r, h, \rho, r_1, r_2\right) := 2 \cdot \pi \cdot h \cdot \rho \cdot \int_{r_2}^{r_1} y^3 \, dy$$

$$J_x\left(r, h, \rho, r_1, r_2\right) \rightarrow 2 \cdot \pi \cdot \rho \cdot h \cdot \left(\frac{r_1^4}{4} - \frac{r_2^4}{4}\right)$$

$$m = m_1 - m_2 = \pi \cdot h \cdot \rho \cdot \left(r_1^2 - r_2^2\right) \qquad \Rightarrow \qquad h = \frac{m}{\pi \cdot \rho \cdot \left(r_1^2 - r_2^2\right)}$$

$J = J_x\left(r, h, \rho, r_1, r_2\right)$	ersetzen, $h = \frac{m}{\pi \cdot \rho \cdot \left(r_1^2 - r_2^2\right)} \rightarrow J = \frac{m \cdot \left(r_1^2 + r_2^2\right)}{2}$ vereinfachen

Mit den oben angeführten Beispielen lässt sich nun eine allgemeine Beziehung zur Berechnung des Massenträgheitsmoments eines Drehkörpers bezüglich seiner Symmetrieachse (Schwerachse) aufstellen:

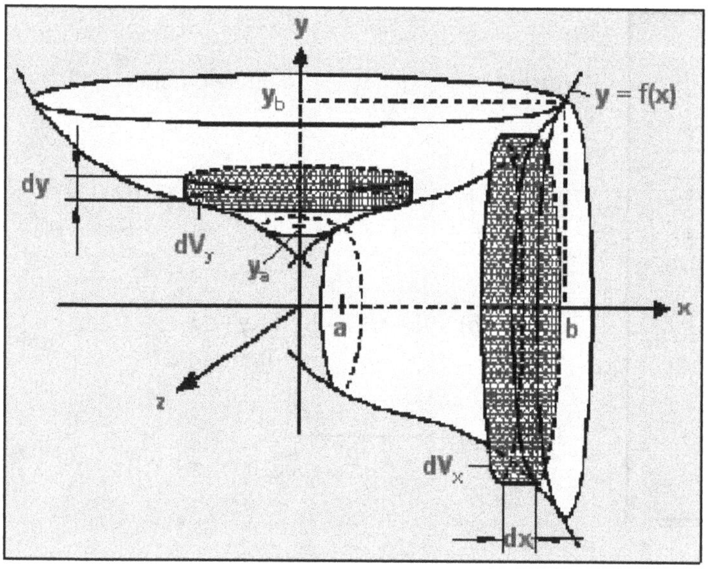

Abb. 4.6.5.3

Differentieller Vollzylinder dV_x bzw. dV_y mit dem Trägheitsmoment dJ_x und dJ_y:

$$dJ_x = \frac{1}{2} \cdot \pi \cdot \rho \cdot y^4 \cdot dx$$

$$dJ_y = \frac{1}{2} \cdot \pi \cdot \rho \cdot x^4 \cdot dy$$

Mit ρ = m/V und den differentiellen Trägheitsmomenten erhalten wir dann:

$$J_x = \frac{1}{2} \cdot \pi \cdot \rho \cdot \int_a^b y^4 \, dx = \frac{1}{2} \cdot \pi \cdot \frac{m}{V_x} \cdot \int_a^b y^4 \, dx \qquad \textbf{(4-124)}$$

$$J_y = \frac{1}{2} \cdot \pi \cdot \rho \cdot \int_{y_a}^{y_b} x^4 \, dy = \frac{1}{2} \cdot \pi \cdot \frac{m}{V_y} \cdot \int_a^b x^4 \cdot y' \, dx \quad \mathbf{(dy = y'\,dx)} \qquad \textbf{(4-125)}$$

Beispiel 4.6.5.3:

Berechnen Sie das Massenträgheitsmoment eines Drehkegels, der um die x-Achse rotiert.

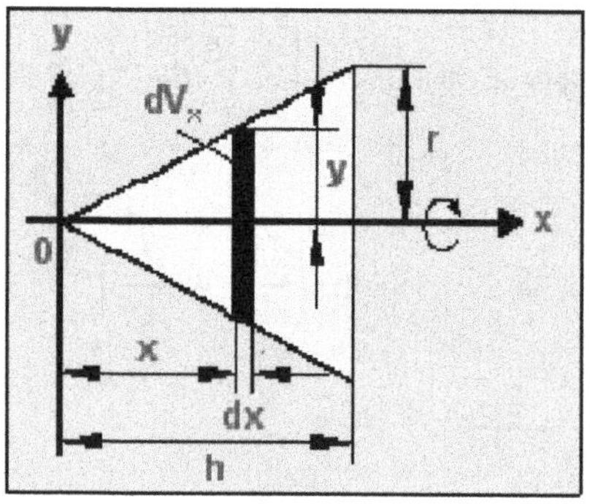

Abb. 4.6.5.4

$y = \frac{r}{h} \cdot x$ Funktionsgleichung

$$J_x(r, h, \rho) := \frac{1}{2} \cdot \pi \cdot \rho \cdot \frac{r^4}{h^4} \cdot \int_0^h x^4 \, dx$$

$$J_x(r, h, \rho) \rightarrow \frac{\pi \cdot \rho \cdot h \cdot r^4}{10}$$

$$m = \rho \cdot V_x = \rho \cdot \frac{r^2 \cdot \pi \cdot h}{3} \quad \Rightarrow \quad h = \frac{3 \cdot m}{r^2 \cdot \pi \cdot \rho}$$

$$J = J_x(r, h, \rho) \text{ ersetzen}, h = \frac{3 \cdot m}{r^2 \cdot \pi \cdot \rho} \rightarrow J = \frac{3 \cdot m \cdot r^2}{10}$$

Beispiel 4.6.5.4:

Berechnen Sie das Massenträgheitsmoment eines Kreisringkörpers (Torus), der um die x-Achse rotiert.

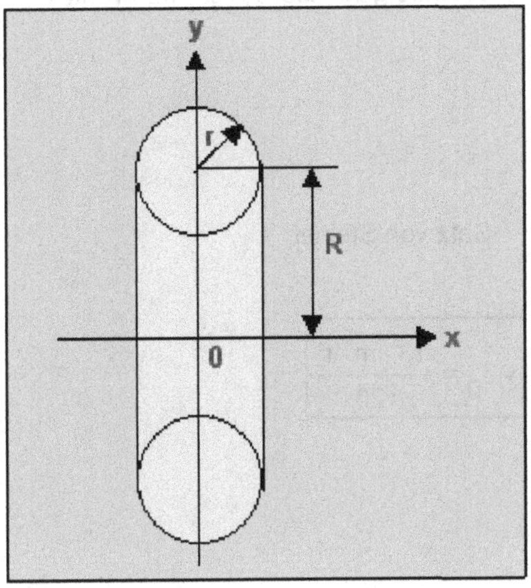

$x^2 + (y - R)^2 = r^2$ Kreisgleichung des oberen Kreises

$y_o(x, R, r) := R + \sqrt{r^2 - x^2}$ oberer Halbkreis

$y_u(x, R, r) := R - \sqrt{r^2 - x^2}$ unterer Halbkreis

$J_x := J_x$ Redefinition

Abb. 4.6.5.5

$\left(R + \sqrt{r^2 - x^2}\right)^4 - \left(R - \sqrt{r^2 - x^2}\right)^4$ vereinfachen $\rightarrow 8 \cdot R \cdot \sqrt{r^2 - x^2} \cdot \left(R^2 + r^2 - x^2\right)$

$\left(R + \sqrt{r^2 - x^2}\right)^2 - \left(R - \sqrt{r^2 - x^2}\right)^2$ vereinfachen $\rightarrow 4 \cdot R \cdot \sqrt{r^2 - x^2}$

$$J_x = \frac{\pi \cdot m \cdot \int_0^r \left[8 \cdot R \cdot \sqrt{r^2 - x^2} \cdot \left(R^2 + r^2 - x^2\right)\right] dx}{2 \cdot \pi \cdot \int_0^r \left(4 \cdot R \cdot \sqrt{r^2 - x^2}\right) dx} \Bigg| \begin{array}{l} \text{annehmen}, R > 0, r > 0 \\ \text{vereinfachen} \end{array} \rightarrow J_x = \frac{m \cdot \left(4 \cdot R^2 + 3 \cdot r^2\right)}{4}$$

Ist die Drehachse keine Schwerachse, so lässt sich mittels Satz von Steiner das Massenträgheitsmoment berechnen:
Das Massenträgheitsmoment J_g eines Körpers bezüglich irgendeiner Achse g ist gleich der Summe aus dem Trägheitsmoment J_s bezüglich der zu g parallelen Schwerachse s und dem Produkt Masse mal dem Quadrat des Abstandes a der beiden Achsen.

$$J_g = J_s + m \cdot a^2 \qquad \textbf{(4-126)}$$

Beweis:

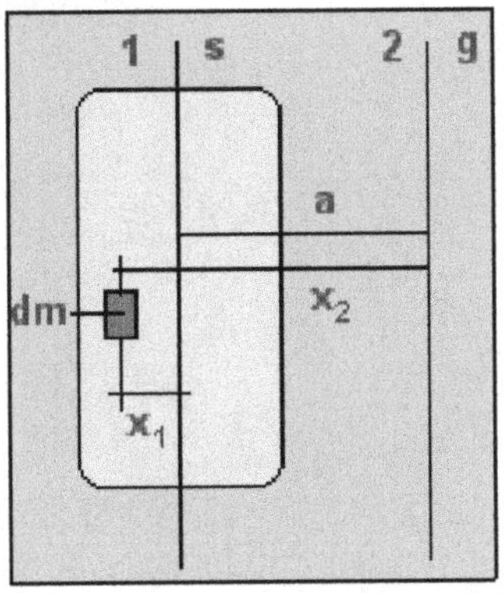

Abb. 4.6.5.6

$J_1 = \int x_1^2 \, dm$

$J_2 = \int (x_1 + a)^2 \, dm = \int x_1^2 \, dm + 2 \cdot a \cdot \int x_1 \, dm + a^2 \cdot \int 1 \, dm$

Statisches Moment $M_1 = 0$ bezüglich der Schwerachse

$J_2 = J_1 + a^2 \cdot m$ w. z. b. w.

Beispiel 4.6.5.5:

Berechnen Sie das Massenträgheitsmoment einer Kugel, die sich um die Achse g im Abstand a = r/2 dreht.

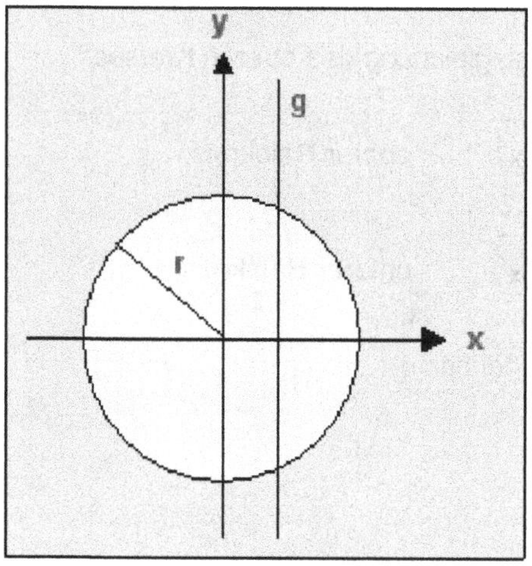

Abb. 4.6.5.7

$$J_g = J_s + m \cdot a^2 \qquad \text{Satz von Steiner}$$

$$\boxed{J_g = \frac{2}{5} \cdot m \cdot r^2 + m \cdot \frac{r^2}{4} \rightarrow J_g = \frac{13 \cdot m \cdot r^2}{20}}$$

Beispiel 4.6.5.6:

Berechnen Sie das Massenträgheitsmoment eines stabförmigen Körpers, der sich um die Achse s und g dreht.

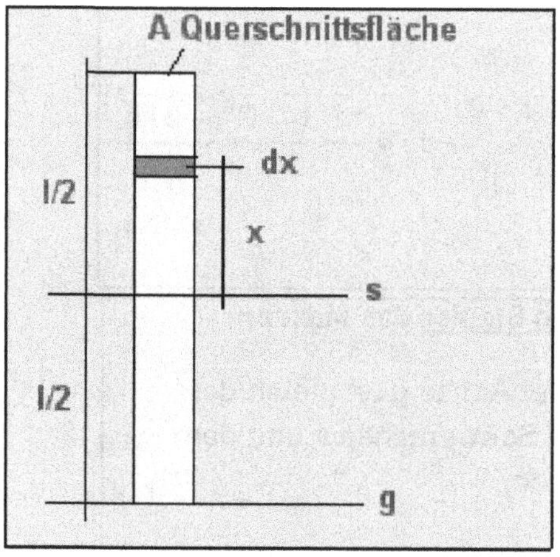

Abb. 4.6.5.8

$$J_s = \rho \cdot \int x^2 \, dV$$

$$J_s = 2 \cdot \rho \cdot \int_0^{\frac{l}{2}} x^2 \cdot A \, dx$$

$$J_{s1}(A, l, \rho) := 2 \cdot \rho \cdot \int_0^{\frac{l}{2}} x^2 \cdot A \, dx \qquad J_{s1}(A, l, \rho) \rightarrow \frac{A \cdot \rho \cdot l^3}{12}$$

$$m = \rho \cdot A \cdot l \qquad \Rightarrow \qquad A = \frac{m}{l \cdot \rho}$$

$$\boxed{J_s = J_{s1}(A, l, \rho) \text{ ersetzen}, A = \frac{m}{l \cdot \rho} \rightarrow J_s = \frac{l^2 \cdot m}{12}}$$

$$J_g = J_s + m \cdot a^2 \qquad \text{Satz von Steiner}$$

$$\boxed{J_g = \frac{1}{12} \cdot l^2 \cdot m + m \cdot \frac{l^2}{4} \rightarrow J_g = \frac{l^2 \cdot m}{3}}$$

4.6.5.2 Das Flächenträgheitsmoment

Die Flächenträgheitsmomente I (auch als Flächenmomente bezeichnet) einer Querschnittsfläche A und das von diesem hergeleitete Widerstandsmoment W und der Trägheitsradius i sind bei Untersuchungen der Festigkeitslehre erforderlich (bei der Biegebeanspruchung gerader Balken kommt es nicht nur auf die Querschnittsgröße, sondern auch auf die Gestalt des Querschnittes an). Flächenträgheitsmomente sind auch Momente zweiten Grades. Sie sind eigentlich geometrische Größen. Mathematisch gelangen wir jedoch von einem Massenträgheitsmoment in ähnlicher Weise zu einem (axialen) Flächenträgheitsmoment wie vom Massenpunkt zum Flächenschwerpunkt.
Bei einer in der x-y-Ebene liegenden Fläche A sprechen wir von einem axialen oder äquatorialen Flächenträgheitsmoment, wenn die Bezugsachse in der Ebene der Fläche liegt.

Analog zu den Massenträgheitsmomenten definieren wir die Flächenträgheitsmomente:

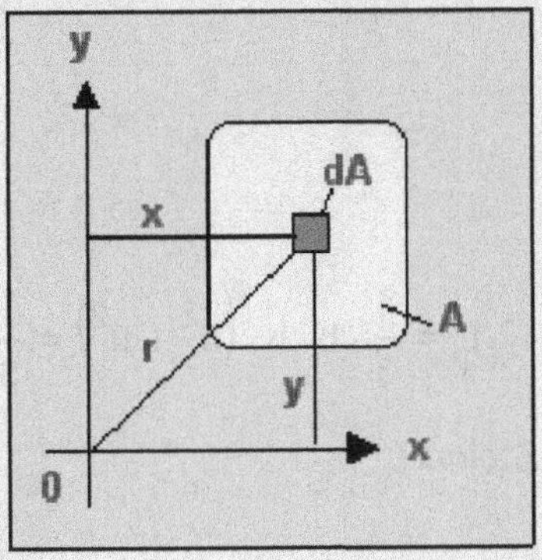

$$I = \int r(A)^2 \, dA \qquad (4\text{-}127)$$

Abb. 4.6.5.9

$$I_x = \int y^2 \, dA$$ heißt axiales Flächenträgheitsmoment bez. der x-Achse (4-128)

$$I_y = \int x^2 \, dA$$ heißt axiales Flächenträgheitsmoment bez. der y-Achse (4-129)

Die Summe der beiden Flächenträgheitsmomente

$$I_p = \int r^2 \, dA = \int \left(y^2 + x^2\right) dA = \int y^2 \, dA + \int x^2 \, dA = I_x + I_y \qquad (4\text{-}130)$$

heißt polares Trägheitsmoment.
Die Bezugsachse, hier die z-Achse, steht senkrecht zur Flächenebene.

Ähnlich wie beim Massenträgheitsmoment lässt sich ein analoger Zusammenhang zwischen Flächenträgheitsmoment bezüglich einer Schwerachse und einer dazu parallelen Achse angeben.

<u>Satz von Steiner:</u>
Das Flächenträgheitsmoment I_g einer Fläche bezüglich einer Achse g ist gleich der Summe aus dem Flächenträgheitsmoment I_s bezüglich der zu g parallelen Schwerachse s und dem Produkt Flächeninhalt mal dem Quadrat des Abstandes a der beiden Achsen:

$$I_g = I_s + A \cdot a^2 \qquad (4\text{-}131)$$

Beispiel 4.6.5.7:

Berechnen Sie die axialen Flächenträgheitsmomente bezüglich der x- und y-Achse sowie der Schwerachsen und das polare Flächenträgheitsmoment einer Rechteckfläche.

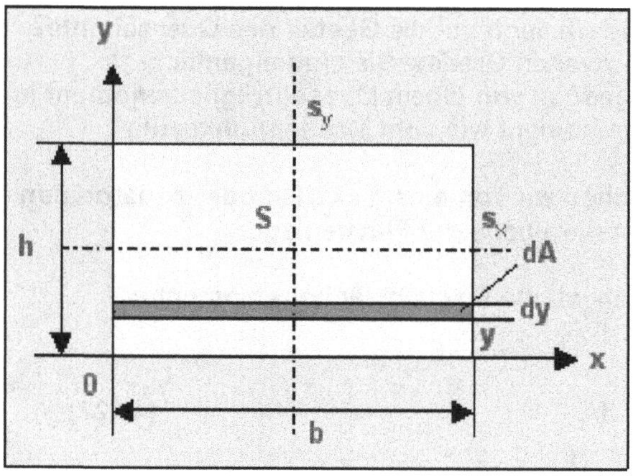

Abb. 4.6.5.10

$$I_x = \int_0^h y^2 \cdot b\,dy \rightarrow I_x = \frac{b \cdot h^3}{3}$$

$$I_y = \int_0^b x^2 \cdot h\,dx \rightarrow I_y = \frac{b^3 \cdot h}{3}$$

$$I_p = \frac{1}{3} \cdot h^3 \cdot b + \frac{1}{3} \cdot b^3 \cdot h \text{ Faktor } \rightarrow I_p = \frac{b^3 \cdot h}{3} + \frac{b \cdot h^3}{3} \qquad I_p = \frac{1}{3} \cdot b \cdot h \cdot \left(h^2 + b^2\right) = \frac{1}{3} \cdot A \cdot d^2$$

Flächenträgheitsmoment bezüglich der Schwerachsen (Satz von Steiner):

$$I_x = I_{sx} + A \cdot a^2 \qquad I_{sx} = I_x - A \cdot a^2 = \frac{b \cdot h^3}{3} - b \cdot h \cdot \frac{h^2}{4} \quad \text{vereinfacht auf} \quad I_{sx} = I_x - A \cdot a^2 = \frac{b \cdot h^3}{12}$$

$$I_y = I_{sy} + A \cdot a^2 \qquad I_{sy} = I_y - A \cdot a^2 = \frac{b^3 \cdot h}{3} - b \cdot h \cdot \frac{b^2}{4} \quad \text{vereinfacht auf} \quad I_{sy} = I_y - A \cdot a^2 = \frac{b^3 \cdot h}{12}$$

$$I_{pSp} = I_{sx} + I_{sy} \qquad I_{ppS} = \frac{1}{12} \cdot h^3 \cdot b + \frac{1}{12} \cdot b^3 \cdot h \text{ Faktor } \rightarrow I_{ppS} = \frac{b^3 \cdot h}{12} + \frac{b \cdot h^3}{12} \qquad I_{pSp} = \frac{1}{12} \cdot A \cdot d^2$$

Beispiel 4.6.5.8:

Berechnen Sie die axialen Flächenträgheitsmomente bezüglich der x- und y-Achse sowie der Schwerachse s_x und einer parallelen Achse zur Schwerachse im Abstand a einer Dreiecksfläche.

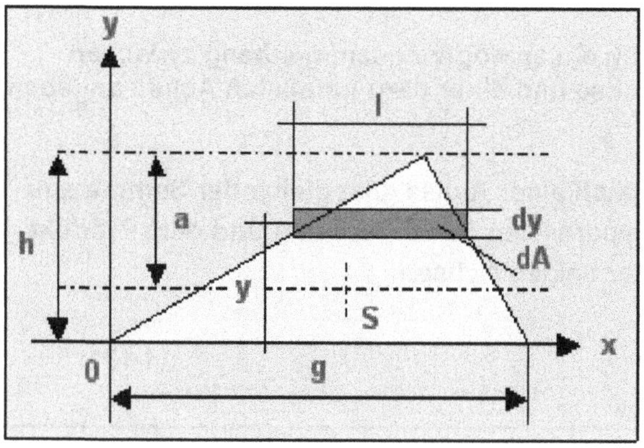

Abb. 4.6.5.11

$$\frac{g}{h} = \frac{l}{h - y} \quad \Rightarrow \quad l = \frac{g}{h} \cdot (h - y)$$

$$dA = l \cdot dy = \frac{g}{h} \cdot (h - y) \cdot dy$$

$$I_x = \frac{g}{h} \cdot \int_0^h y^2 \cdot (h - y)\,dy \rightarrow I_x = \frac{g \cdot h^3}{12}$$

$$I_{sx} = I_x - A \cdot a^2 = \frac{g \cdot h^3}{12} - \frac{g \cdot h}{2} \cdot \left(\frac{h}{3}\right)^2$$

$$I_{sx} = \frac{g \cdot h^3}{12} - \frac{g \cdot h}{2} \cdot \left(\frac{h}{3}\right)^2 \rightarrow I_{sx} = \frac{g \cdot h^3}{36}$$

$$I_a = I_{sx} + A \cdot a^2 \qquad I_a = \frac{1}{36} \cdot g \cdot h^3 + \frac{g \cdot h}{2} \cdot \left(\frac{2 \cdot h}{3}\right)^2 \rightarrow I_a = \frac{g \cdot h^3}{4}$$

Beispiel 4.6.5.9:

Berechnen Sie die axialen Flächenträgheitsmomente bezüglich der x- und y-Achse und das polare Flächenträgheitsmoment einer Kreisringfläche und einer Kreisfläche mit Radius r.

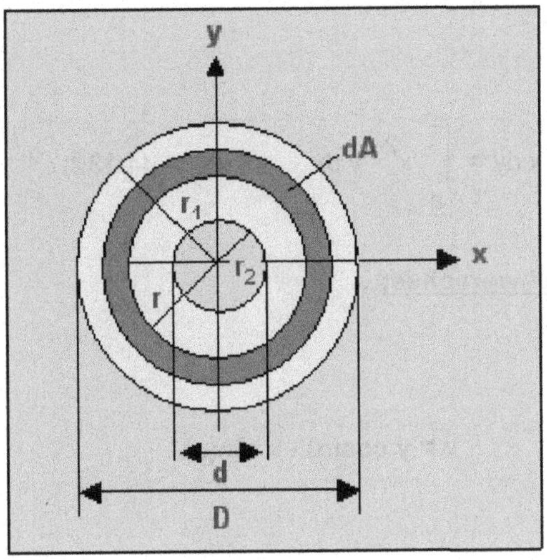

Abb. 4.6.5.12

$$dA = 2 \cdot \pi \cdot r \cdot dr$$

$$I_p = \int_{r_2}^{r_1} r^2 \cdot 2 \cdot \pi \cdot r \, dr \rightarrow I_p = \frac{\pi \cdot \left(r_1^4 - r_2^4\right)}{2}$$

Kreisring:

$$I_p = \int_{r_2}^{r_1} r^2 \cdot 2 \cdot \pi \cdot r \, dr \text{ ersetzen}, r_2 = \frac{d}{2}, r_1 = \frac{D}{2} \rightarrow I_p = \frac{\pi \cdot D^4}{32} - \frac{\pi \cdot d^4}{32}$$

Kreis (r_1 =r D/2, r_1 = 0):

$$I_p = \int_{r_2}^{r_1} r^2 \cdot 2 \cdot \pi \cdot r \, dr \;\left|\; \begin{array}{l} \text{ersetzen}, r_2 = 0, r_1 = \frac{D}{2} \\ \text{Faktor} \end{array} \right. \rightarrow I_p = \frac{\pi \cdot D^4}{32}$$

Wegen der Symmetrie des Kreises ergibt sich:

$$I_x = I_y = \frac{I_p}{2} = \frac{1}{64} \cdot D^4 \cdot \pi$$

Axiales Flächenträgheitsmoment einer Fläche zwischen einer Funktion y = f(x) und der x-Achse:

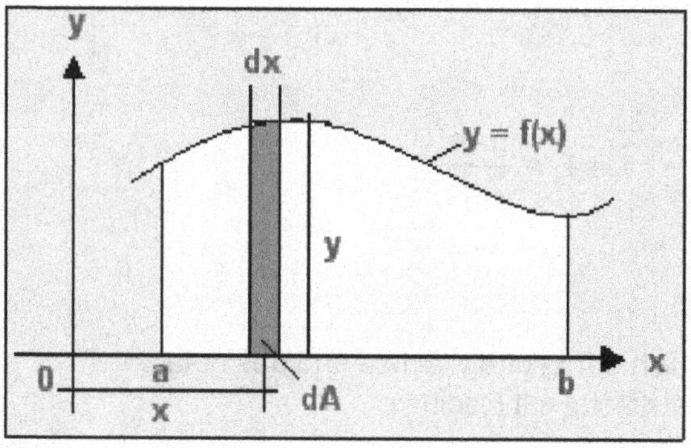

Abb. 4.6.5.13

Für die Rechtecksfläche gilt:

$$dI_x = \frac{1}{3} \cdot y^3 \cdot dx = \frac{1}{3} \cdot y^2 \cdot y \cdot dx = \frac{1}{3} \cdot y^2 \cdot dA$$

$$dI_y = \frac{1}{3} \cdot x^3 \cdot dy = \frac{1}{3} \cdot x^2 \cdot x \cdot dy = \frac{1}{3} \cdot x^2 \cdot dA$$

$$I_x = \frac{1}{3} \cdot \int_a^b y^3 \, dx \qquad I_y = \frac{1}{3} \cdot \int_{y_1}^{y_2} x^3 \, dy = \frac{1}{3} \cdot \int_{y_1}^{y_2} x^2 \cdot x \, dy = \int_a^b x^2 \cdot y \, dx \tag{4-132}$$

Axiales Flächenträgheitsmoment bezüglich einer beliebigen Schwerachse:

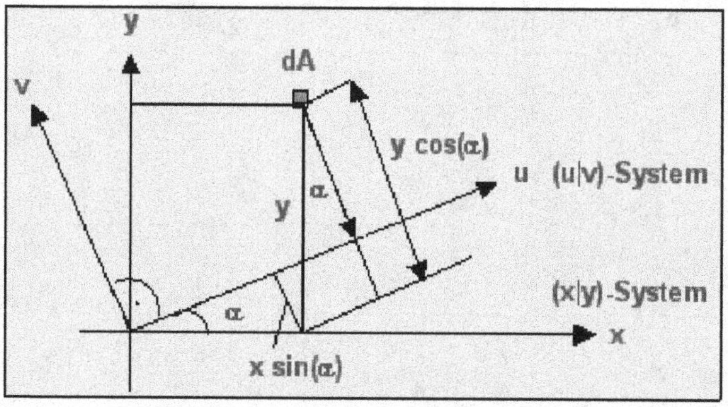

Abb. 4.6.5.14

v = y cos(α) - x sin(α)

$$I_u = \int v^2 \, dA \tag{4-133}$$

$$I_u = \int \left(\sin(\alpha)^2 y^2 \cdot \cos(\alpha)^2 - 2 \cdot x \cdot y \cdot \sin(\alpha) \cdot \cos(\alpha) + x^2 \cdot \sin(\alpha)^2\right) dA \tag{4-134}$$

$$I_u = \cos(\alpha)^2 \cdot \int y^2 \, dA - \sin(2 \cdot \alpha) \cdot \int x \cdot y \, dA + \sin(\alpha)^2 \cdot \int x^2 \, dA \tag{4-135}$$

$$I_u = I_x \cdot \cos(\alpha)^2 - I_{xy} \cdot \sin(2 \cdot \alpha) + I_y \cdot \sin(\alpha)^2 \tag{4-136}$$

$$I_{xy} = \int x \cdot y \, dA \tag{4-137}$$

I_{xy} heißt Deviationsmoment (Zentrifugal- oder Fliehmoment) und bezieht sich auf zwei zueinander senkrecht stehende Achsen. Ist die x- oder y-Achse eine Symmetrieachse, so ist $I_{xy} = 0$ und es gilt:

$$I_u = I_x \cdot \cos(\alpha)^2 + I_y \cdot \sin(\alpha)^2 \tag{4-138}$$

Beispiel 4.6.5.10:

Berechnen Sie die axialen Flächenträgheitsmomente bezüglich der x- und y-Achse und die axialen Flächenträgheitsmomente bezüglich der Schwerachsen eines Parabelsegments ($y^2 = 4\,x$) im ersten Quadranten im Bereich a = 0 und b = 4.

$a := 0 \qquad b := 4$ Integrationsbereich

$x := a, a + 0.01 .. b$ Bereichsvariable

$f(x) := \sqrt{4 \cdot x}$ Funktion

$A := \int_a^b f(x)\,dx$ $\qquad A = 10.667$

$I_x := \frac{1}{3} \cdot \int_a^b f(x)^3\,dx$ $\qquad I_x = 34.133$ $\qquad I_y := \int_a^b x^2 \cdot f(x)\,dx$ $\qquad I_y = 73.143$

$x_S := \frac{1}{A} \cdot \int_a^b x \cdot f(x)\,dx$ $\qquad x_S = 2.4$ $\qquad y_S := \frac{1}{A} \cdot \frac{1}{2} \cdot \int_a^b f(x)^2\,dx$ $\qquad y_S = 1.5$

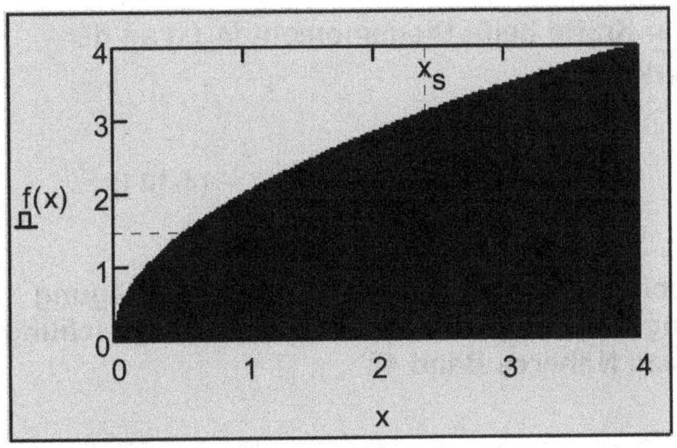

Abb. 4.6.5.15

$I_x = I_{sx} + A \cdot y_S^2$ $\qquad \Rightarrow \qquad$ $I_{sx} := I_x - A \cdot y_S^2$

$I_y = I_{sy} + A \cdot x_S^2$ $\qquad\qquad I_{sy} := I_y - A \cdot x_S^2$

$I_{sx} = 10.133$

$I_{sy} = 11.703$

Beispiel 4.6.5.11:

Berechnen Sie das axiale Flächenträgheitsmoment eines Quadrates bezüglich der Diagonale.

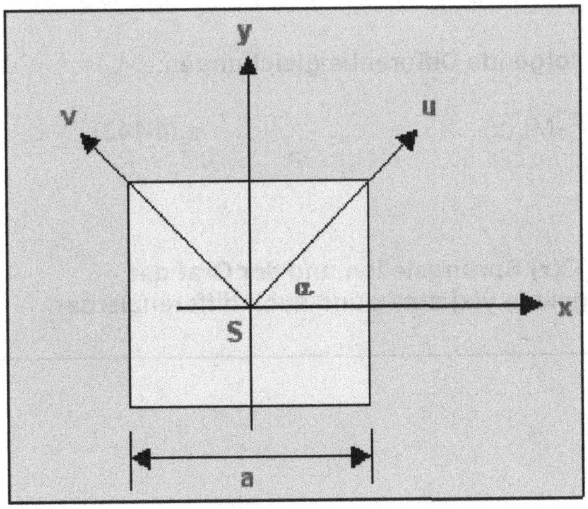

Abb. 4.6.5.16

$I_x = I_y = \frac{a^4}{12}$ Vergleichen Sie das Flächenträgheitsmoment eines Rechtecks!

Wegen der Symmetrie gilt:

$I_u = I_x \cdot \cos\left(\frac{\pi}{4}\right)^2 + I_y \cdot \sin\left(\frac{\pi}{4}\right)^2$

$I_u(a) := \frac{a^4}{12} \cdot \cos\left(\frac{\pi}{4}\right)^2 + \frac{a^4}{12} \cdot \sin\left(\frac{\pi}{4}\right)^2$

$a := a$ Redefinition

$I_u(a) \rightarrow \frac{a^4}{12}$ $\qquad I_x = I_y = I_u$

4.6.6 Berechnung von Biegelinien

Für die Berechnung von Trägern betrachten wir zuerst eine dem Träger belastende Streckenlast q(x) in kN/m. Die Gesamtlast ergibt sich als Inhalt der Fläche unter dem Grafen q(x):

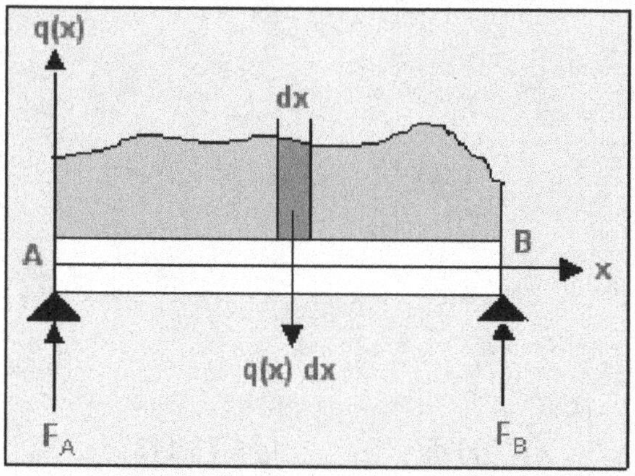

Die Querkraft Q(x) im Abstand x vom Festlager F_A berechnet sich aus allen senkrechten Kräften von A bis zur betrachteten Stelle x:

$$Q(x) = F_A - \int_0^x q(x)\,dx \qquad \textbf{(4-139)}$$

Abb. 4.6.6.1

Mithilfe des Hauptsatzes der Differential- und Integralrechnung folgt:

$$Q'(x) = \frac{d}{dx}Q(x) = -q(x) \qquad \textbf{(4-140)}$$

Die Summe der Momente aller links von x angreifenden Kräfte heißt Biegemoment $M_b(x)$ an der Stelle x. Es gilt folgender Zusammenhang mit der Querkraft:

$$M'_b(x) = \frac{d}{dx}M_b(x) = Q(x) \qquad \textbf{(4-141)}$$

Die Linie, welche die im unbelasteten Zustand waagrecht liegenden Trägerachse bei der Biegung annimmt, heißt Biegelinie y(x). Für kleine Durchbiegungen kann diese aus der Differentialgleichung 2. Ordnung der Biegelinie hergeleitet werden (siehe dazu Näheres Band 4):

$$y'' = \frac{d^2}{dx^2}y(x) = -\frac{M_b(x)}{E \cdot I} \qquad \textbf{(4-142)}$$

E ist der Elastizitätsmodul des Trägermaterials und I das Flächenträgheitsmoment bezogen auf die y-Achse. Es ist üblich, positive Werte von $M_b(x)$ und y(x) nach unten aufzutragen (auf der negativen y-Achse).

Damit gelten mit den oben angeführten Beziehungen folgende Differentialgleichungen:

$$E \cdot I \cdot y'''' = q(x) \;;\; E \cdot I \cdot y''' = -Q(x) \;;\; E \cdot I \cdot y'' = -M_b(x) \qquad \textbf{(4-143)}$$

Bemerkung:

Treten Einzelkräfte auf, so hat der Graf der Querkraft Q(x) Sprungstellen und der Graf des Biegemoments $M_b(x)$ Knicke. Trotzdem bleibt die Biegelinie y(x) stetig und auch differenzierbar.

Beispiel 4.6.6.1:

Ein zweifach gestützter Träger der Länge L = 4 m besitzt eine konstante Trägerlast q_0 = 10.0 kN/m und eine Biegesteifigkeit E . I = 7.10^6 Nm^2. Berechnen Sie die Biegelinie y(x). Stellen Sie die Streckenlast q(x), die Querkraft Q(x), das Biegemoment $M_b(x)$ und die Biegelinie y(x) grafisch dar. Es gelten die Randbedingungen $M_b(0) = M_b(L) = 0$ und $y(0) = y(L) = 0$.

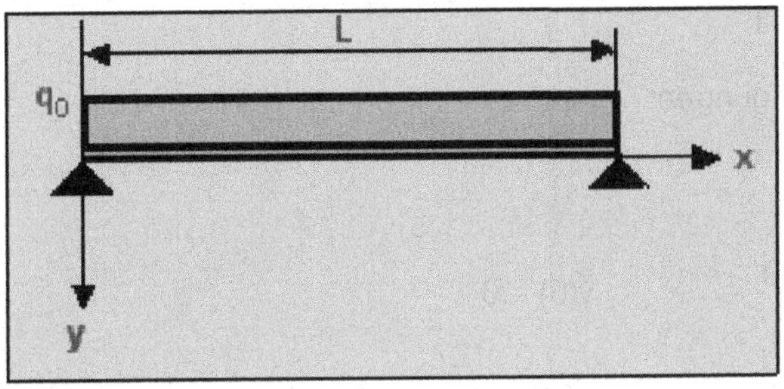

Abb. 4.6.6.2

$Q'(x) = q(x) = q_0$ Streckenlast

$Q(x) = -\int q_0 \, dx + C_1 \rightarrow Q(x) = C_1 - q_0 \cdot x$ Querkraft

Aus $M'_b(x) = Q(x) = -q_0 \cdot x + C_1$ folgt:

$$M_b(x) = \int (-q_0 \cdot x + C_1) \, dx + C_2 = \frac{-1}{2} \cdot q_0 \cdot x^2 + C_1 \cdot x + C_2$$

Die Konstanten C_1 und C_2 bestimmen wir aus den Randbedingungen:

$M_b(0) = C_2 = 0$

$M_b(L) = \frac{-1}{2} \cdot q_0 \cdot L^2 + C_1 \cdot L = 0$ $\qquad C_1 = \frac{q_0}{2} \cdot L$

Damit lautet die Querkraft und der Biegemomentenverlauf:

$$Q(x) = -q_0 \cdot x + \frac{q_0}{2} \cdot L = q_0 \cdot \left(\frac{L}{2} - x\right)$$

$$M_b(x) = \frac{-1}{2} \cdot q_0 \cdot x^2 + \frac{q_0}{2} \cdot L \cdot x = \frac{q_0}{2} \cdot \left(L \cdot x - x^2\right)$$

Aus der Differentialgleichung der Biegelinie folgt durch zweimaliges Integrieren von y:

$$y''(x) = \frac{-M_b(x)}{E \cdot I} = -\frac{\frac{q_0}{2} \cdot \left(L \cdot x - x^2\right)}{E \cdot I}$$

$$y''(x) := -\frac{\frac{q_0}{2} \cdot \left(L \cdot x - x^2\right)}{E \cdot I}$$ die zweite Ableitung als Funktion definiert

$$y'(x) := \int y''(x)\,dx + C_3 \rightarrow C_3 + \frac{q_0 \cdot x^3}{6 \cdot E \cdot I} - \frac{L \cdot q_0 \cdot x^2}{4 \cdot E \cdot I}$$

$$y(x) := \int y'(x)\,dx + C_4 \rightarrow C_4 + C_3 \cdot x + \frac{q_0 \cdot x^4}{24 \cdot E \cdot I} - \frac{L \cdot q_0 \cdot x^3}{12 \cdot E \cdot I}$$

Die Konstanten C_3 und C_4 bestimmen wir aus den Randbedingungen:

Vorgabe

$$\frac{-1}{2} \cdot \frac{q_0}{E \cdot I} \cdot \left(\frac{1}{6} \cdot L \cdot 0^3 - \frac{1}{12} \cdot 0^4\right) + C_3 \cdot 0 + C_4 = 0 \qquad y(0) = 0$$

$$\frac{-1}{2} \cdot \frac{q_0}{E \cdot I} \cdot \left(\frac{1}{6} \cdot L \cdot L^3 - \frac{1}{12} \cdot L^4\right) + C_3 \cdot L + C_4 = 0 \qquad y(L) = 0$$

$$\text{Suchen}(C_3, C_4) \rightarrow \begin{pmatrix} \dfrac{L^3 \cdot q_0}{24 \cdot E \cdot I} \\ 0 \end{pmatrix}$$

$$\boxed{y(x) = \frac{q_0}{24 \cdot E \cdot I} \cdot \left(L^3 \cdot x - 2 \cdot L \cdot x^3 + x^4\right)}$$

$q_0 := 10 \cdot \dfrac{kN}{m}$ Streckenlast

$L := 4 \cdot m$ Länge des Trägers

$B := 8 \cdot 10^6 \cdot N \cdot m^2$ E * I ... Biegesteifigkeit

$Q(x) := q_0 \cdot \left(\dfrac{L}{2} - x\right)$ Querkraft

$M_b(x) := \dfrac{q_0}{2} \cdot \left(L \cdot x - x^2\right)$ Biegemoment

$y(x) := \dfrac{q_0}{24 \cdot B} \cdot \left(L^3 \cdot x - 2 \cdot L \cdot x^3 + x^4\right)$ Biegelinie

$x_0 := 0 \cdot m$ $\quad x_L := L$ Randpunkte

$Q(x_0) = 20 \cdot kN$ $\quad Q(x_L) = -20 \cdot kN$ maximale Querkraft

$x_{sb} := 150 \cdot mm$ Startwert

$x_b := \text{Maximieren}(M_b, x_{sb})$ $\quad x_b = 2000 \cdot mm$ $\quad M_b(x_b) = 20000 \cdot N \cdot m$ maximales Biegemoment

$x_{sy} := 150 \cdot mm$ Startwert

$x_y := \text{Maximieren}(y, x_{sy})$ $\quad x_y = 2000 \cdot mm$ $\quad y(x_y) = 4.167 \cdot mm$ maximale Biegung

$\Delta x := 0.2 \cdot mm$ Schrittweite

$x := 0 \cdot mm, 0 \cdot mm + \Delta x .. L$ Bereichsvariable

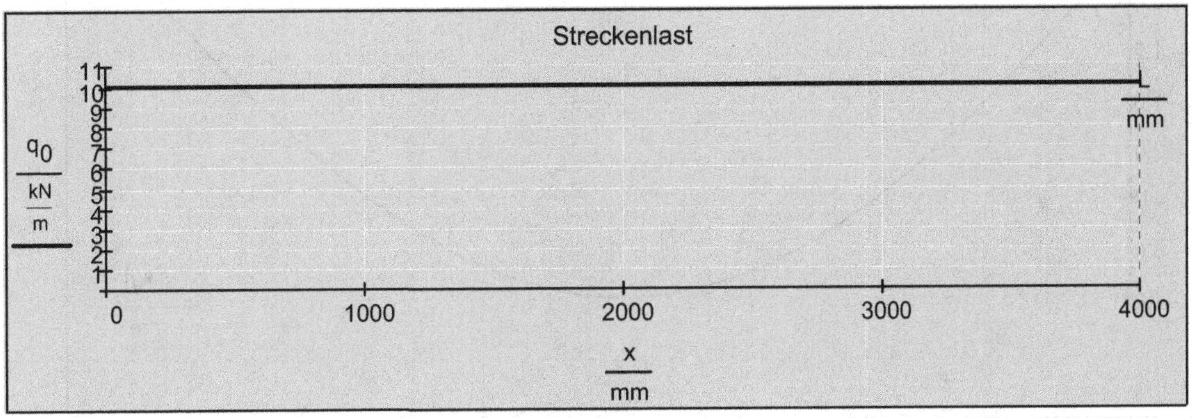

Abb. 4.6.6.3

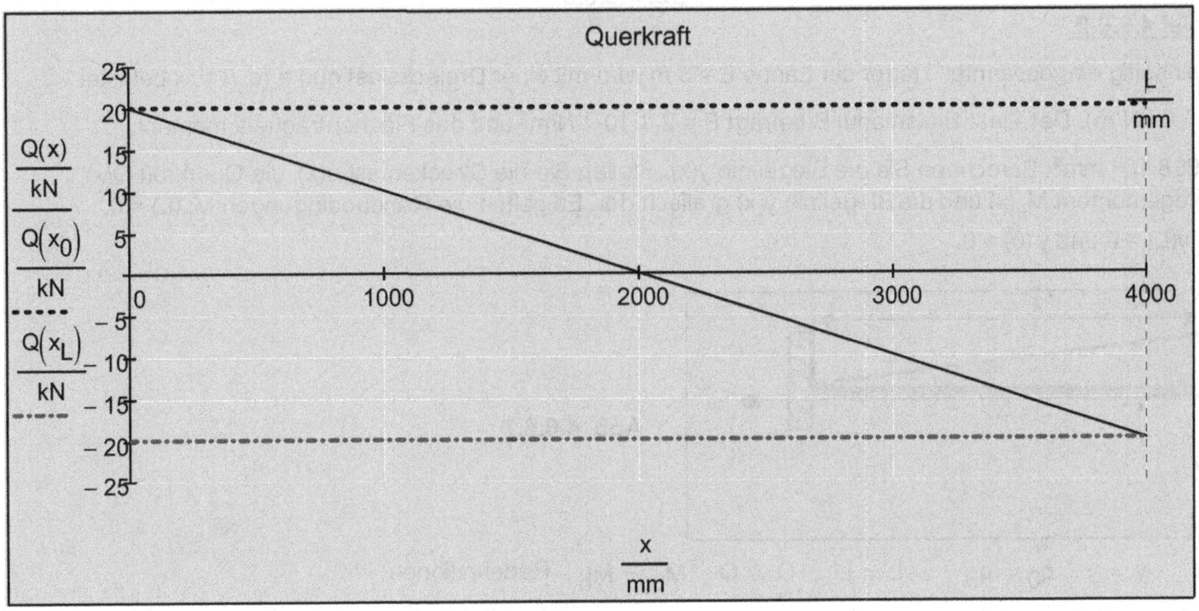

Abb. 4.6.6.4

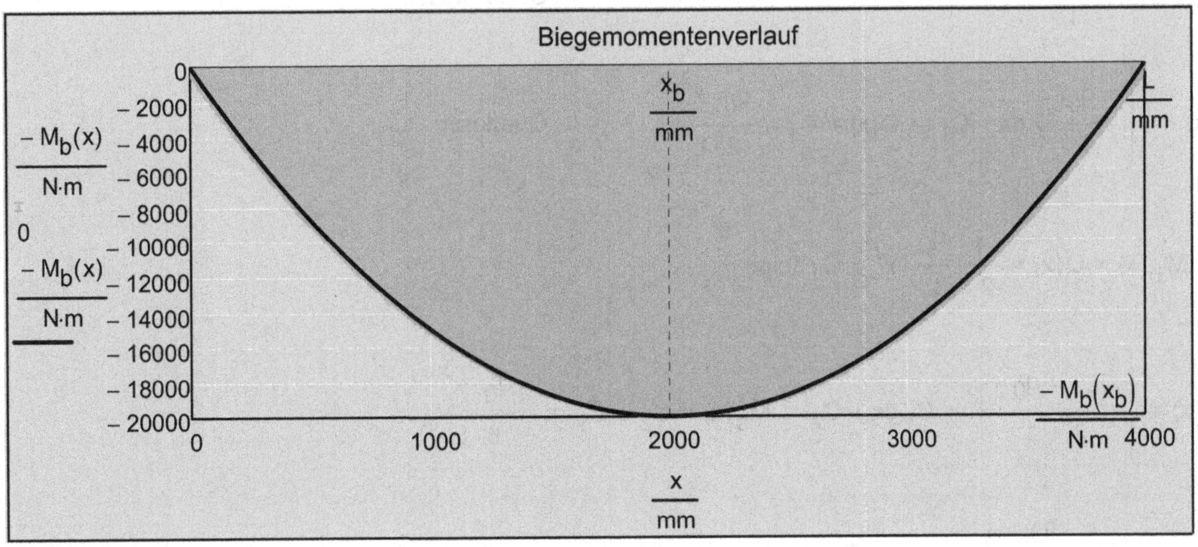

Abb. 4.6.6.5

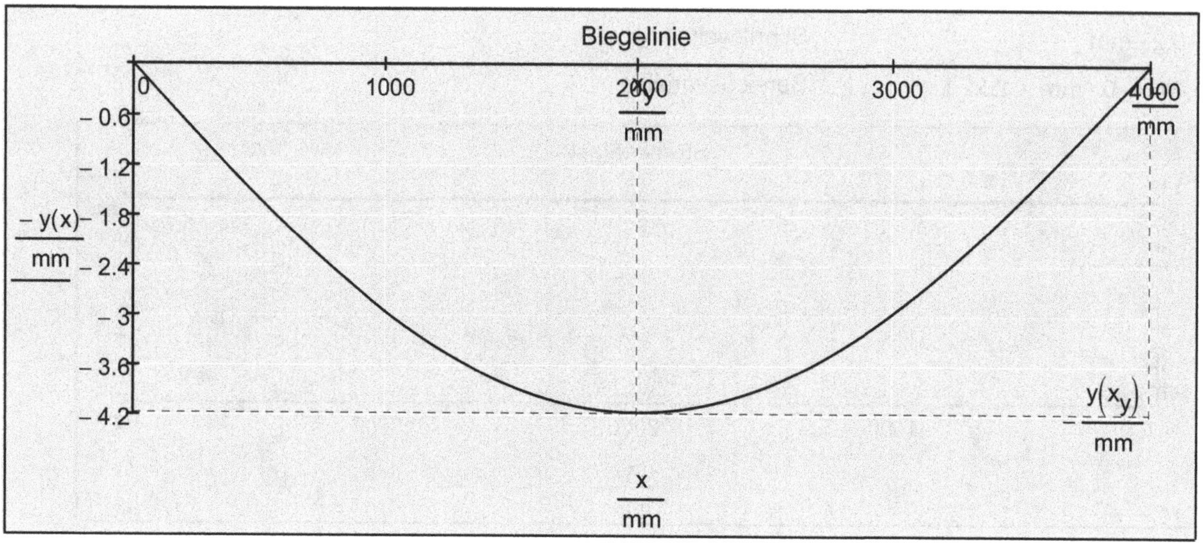

Abb. 4.6.6.6

Beispiel 4.6.6.2:

Ein halbseitig eingespannter Träger der Länge L = 3 m wird mit einer Dreieckslast $q(x) = (q_0/L) \cdot x$ belastet (q_0 = 5.0 kN/m). Der Elastizitätsmodul E beträgt $E = 2.1\ 10^{11}\ N/m^2$ und das Flächenträgheitsmoment $I = 1.688\ 10^6\ mm^4$. Berechnen Sie die Biegelinie y(x). Stellen Sie die Streckenlast q(x), die Querkraft Q(x), das Biegemoment $M_b(x)$ und die Biegelinie y(x) grafisch dar. Es gelten die Randbedingungen $M_b(L) = 0$, $y(0) = y(L) = 0$ und $y'(0) = 0$.

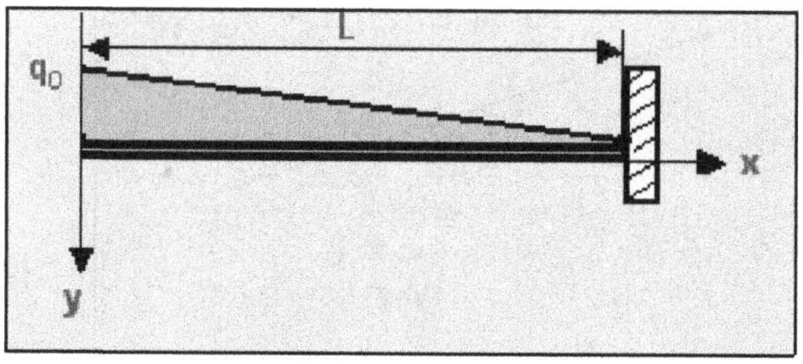

Abb. 4.6.6.7

$x := x \quad y := y \quad q_0 := q_0 \quad L := L \quad Q := Q \quad M_b := M_b$ Redefinitionen

$$Q'(x) = q(x) = \frac{q_0}{L} \cdot x$$ Streckenlast

$$Q(x) = -\int \frac{q_0}{L} \cdot x\, dx + C_1 \rightarrow Q(x) = C_1 - \frac{q_0 \cdot x^2}{2 \cdot L}$$ Querkraft

Aus $M'_b(x) = Q(x) = \frac{-1}{2} \cdot \frac{q_0}{L} \cdot x^2 + C_1$ folgt:

$$M_b(x) = \int \frac{-1}{2} \cdot \frac{q_0}{L} \cdot x^2 + C_1\, dx + C_2 \rightarrow M_b(x) = C_2 + C_1 \cdot x - \frac{q_0 \cdot x^3}{6 \cdot L}$$

$$M_{bC}(x) := \frac{-1}{6} \cdot \frac{q_0}{L} \cdot x^3 + C_1 \cdot x + C_2$$

Aus der Differentialgleichung der Biegelinie folgt durch zweimaliges Integrieren y:

$$y'' = \frac{-M_b}{E \cdot I}$$

$$y'_C(x) = -\frac{1}{E \cdot I} \cdot \int M_{bC}(x)\,dx + C_3 \rightarrow y'_C(x) = C_3 - \frac{\frac{C_1 \cdot x^2}{2} + C_2 \cdot x - \frac{q_0 \cdot x^4}{24 \cdot L}}{E \cdot I}$$

$$y'_C(x) := -\frac{1}{E \cdot I} \cdot \left(\frac{-1}{24} \cdot \frac{q_0}{L} \cdot x^4 + \frac{1}{2} \cdot C_1 \cdot x^2 + C_2 \cdot x\right) + C_3$$

$$y = \int y'_C(x)\,dx + C_4 \rightarrow y = C_4 + C_3 \cdot x - \frac{C_1 \cdot x^3}{6 \cdot E \cdot I} - \frac{C_2 \cdot x^2}{2 \cdot E \cdot I} + \frac{q_0 \cdot x^5}{120 \cdot E \cdot L \cdot I}$$

Damit ist die Funktion der Biegelinie bis auf die Konstanten bestimmt.

$$y_C(x) := \frac{-1}{E \cdot I} \cdot \left(\frac{-1}{120} \cdot \frac{q_0}{L} \cdot x^5 + \frac{1}{6} \cdot C_1 \cdot x^3 + \frac{1}{2} \cdot C_2 \cdot x^2\right) + C_3 \cdot x + C_4$$

Wenn x = 0 ist, so gilt $y_C(0) = 0$:

$y_C(0) = 0$ auflösen, $C_4 \rightarrow 0$

$C_4 = 0$

Wenn x = 0 ist, so gilt $y'_C(0) = 0$:

$y'_C(0) = 0$ auflösen, $C_3 \rightarrow 0$

$C_3 = 0$

Wenn x = L ist, dann ist das Moment $M_b(L) = 0$:

$$\frac{-1}{6} \cdot q_0 \cdot L^2 + C_1 \cdot L + C_2 = 0$$

Wenn x = L ist, so gilt für die Durchbiegung y(L) = 0 (unter Berücksichtigung $C_3 = 0$ und $C_4 = 0$):

$$\frac{-1}{E \cdot I} \cdot \left(\frac{-1}{120} \cdot q_0 \cdot L^4 + \frac{1}{6} \cdot C_1 \cdot L^3 + \frac{1}{2} \cdot C_2 \cdot L^2\right) = 0$$

Berechnen von C_1 und C_2:

Vorgabe

$$\frac{-1}{6} \cdot q_0 \cdot L^2 + C_1 \cdot L + C_2 = 0$$

$$\frac{-1}{E \cdot I} \cdot \left(\frac{-1}{120} \cdot q_0 \cdot L^4 + \frac{1}{6} \cdot C_1 \cdot L^3 + \frac{1}{2} \cdot C_2 \cdot L^2 \right) = 0$$

$$\text{Suchen}(C_1, C_2) \rightarrow \begin{pmatrix} \dfrac{9 \cdot L \cdot q_0}{40} \\ -\dfrac{7 \cdot L^2 \cdot q_0}{120} \end{pmatrix}$$

Nun können die Funktionen Q(x), M(x) und y(x) angegeben werden.

$kN := 10^3 \cdot N$

$q_0 := 5 \cdot \frac{kN}{m}$ Streckenlast

$L := 3 \cdot m$ Länge des Trägers

$E := 2.1 \cdot 10^{11} \cdot \frac{N}{m^2}$ Elastizitätsmodul

$I := 1.688 \times 10^6 \cdot mm^4$ Flächenträgheitsmoment

$q(x) := \frac{q_0}{L} \cdot x$ Streckenlast

$Q(x) := \frac{-1}{2} \cdot \frac{q_0}{L} \cdot x^2 + \frac{9}{40} \cdot q_0 \cdot L$ Querkraft

$M_b(x) := -\frac{1}{6} \cdot \frac{q_0}{L} \cdot x^3 + \frac{9}{40} \cdot q_0 \cdot L \cdot x - \frac{7}{120} \cdot q_0 \cdot L^2$ Biegemoment

$y(x) := -\frac{1}{E \cdot I} \cdot \left[-\frac{1}{120} \cdot \frac{q_0}{L} \cdot x^5 + \frac{1}{6} \cdot \left(\frac{9}{40} \cdot q_0 \cdot L \right) \cdot x^3 - \frac{1}{2} \cdot \frac{7}{120} \cdot q_0 \cdot L^2 \cdot x^2 \right]$ Biegelinie

$x_0 := 0 \cdot m$ $x_L := L$ Randpunkte

$Q(x_0) = 3.375 \cdot kN$ $Q(x_L) = -4.125 \cdot kN$ maximale Querkraft

$x_{sb} := 150 \cdot mm$ Startwert

$x_b := \text{Maximieren}(M_b, x_{sb})$ $x_b = 2012.461 \cdot mm$ $M_b(x_b) = 1903.038 \cdot N \cdot m$ maximales Biegemoment

$x_{sy} := 150 \cdot mm$ Startwert

$x_y := \text{Maximieren}(y, x_{sy})$ $x_y = 1792.613 \cdot mm$ $y(x_y) = 3.483 \cdot mm$ maximale Biegung

$\Delta x := 0.2 \cdot mm$ Schrittweite

$x := 0 \cdot mm, 0 \cdot mm + \Delta x .. L$ Bereichsvariable

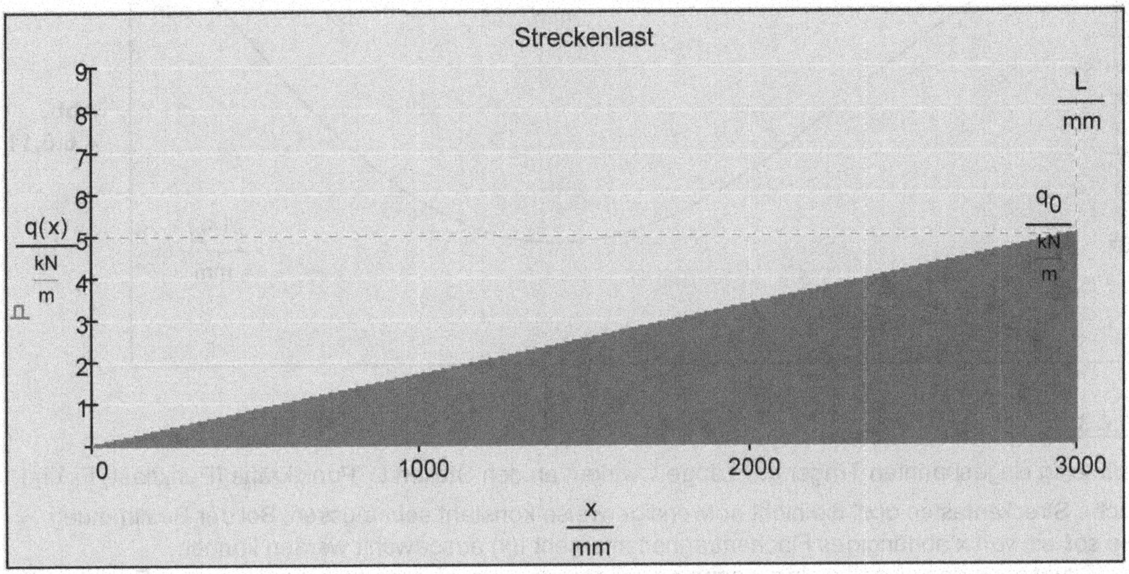

Abb. 4.6.6.8

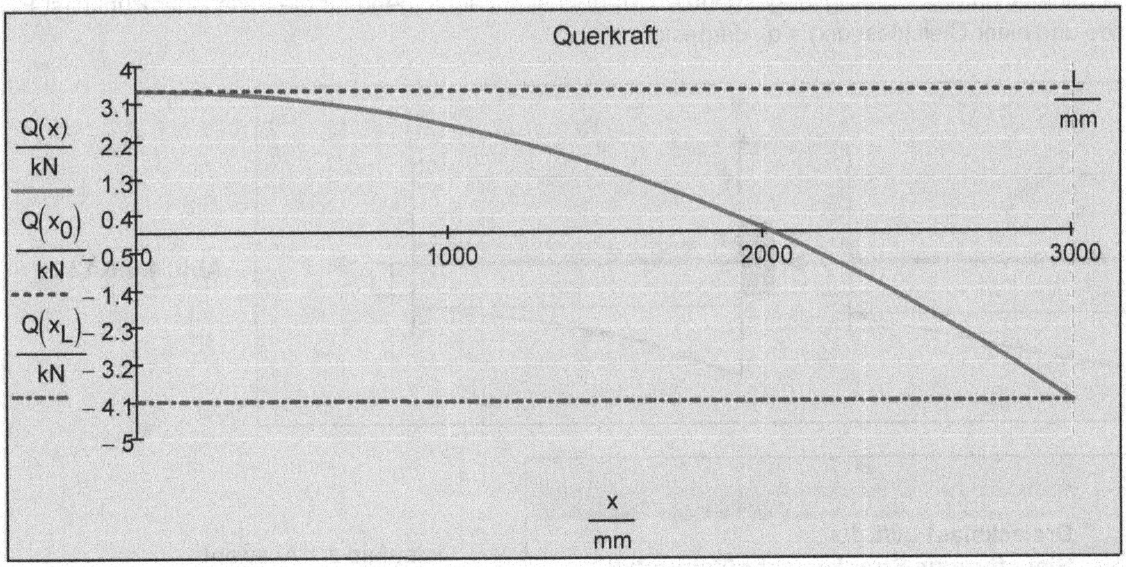

Abb. 4.6.6.9

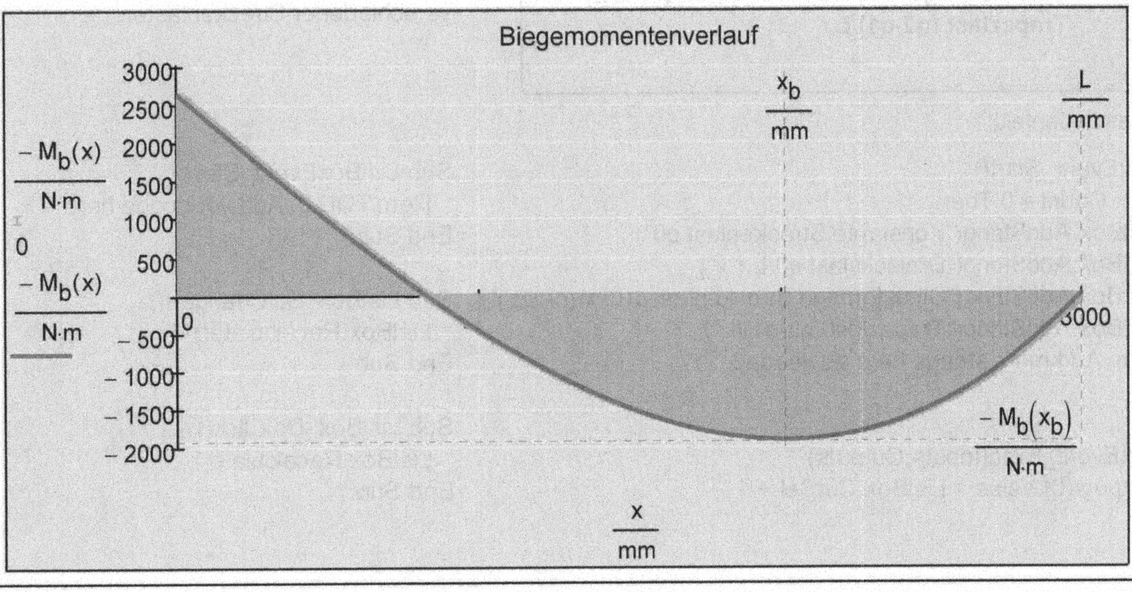

Abb. 4.6.6.10

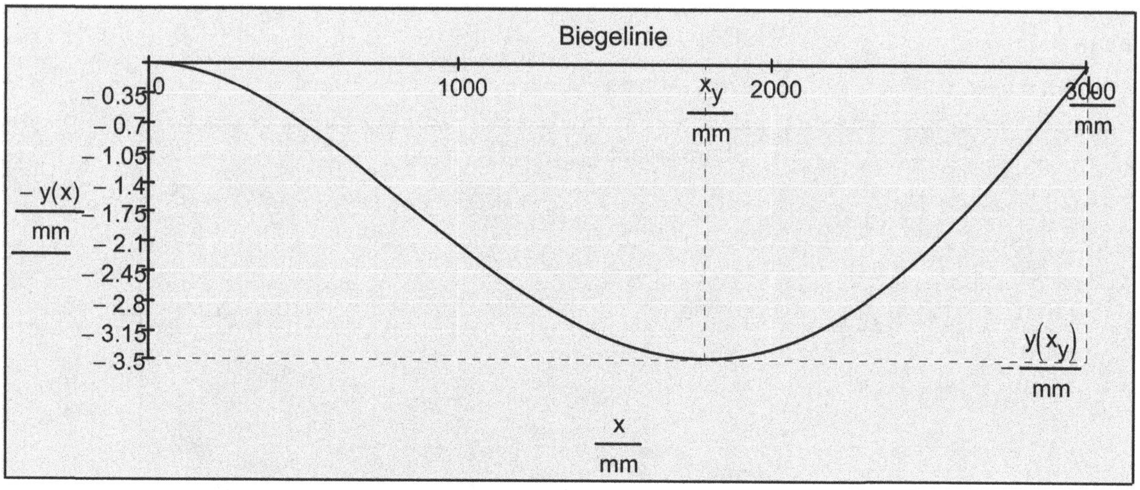

Abb. 4.6.6.11

<u>**Beispiel 4.6.6.3:**</u>

Auf einen halbseitig eingespannten Träger der Länge L wirken an den Stellen L_k Punktkräfte (Punktlast) F_k und unterschiedliche Streckenlasten q(x), die nicht notwendigerweise konstant sein müssen. Bei der Bestimmung der Biegelinie soll ein von x abhängiges Flächenträgheitsmoment I(x) ausgewählt werden können.
Zwei einfache Situationen des einseitig eingespannten Trägers sind nachfolgend für die Fälle einer Punktlast F am Trägerende und einer Gleichlast $q(x) = q_0$ dargestellt.

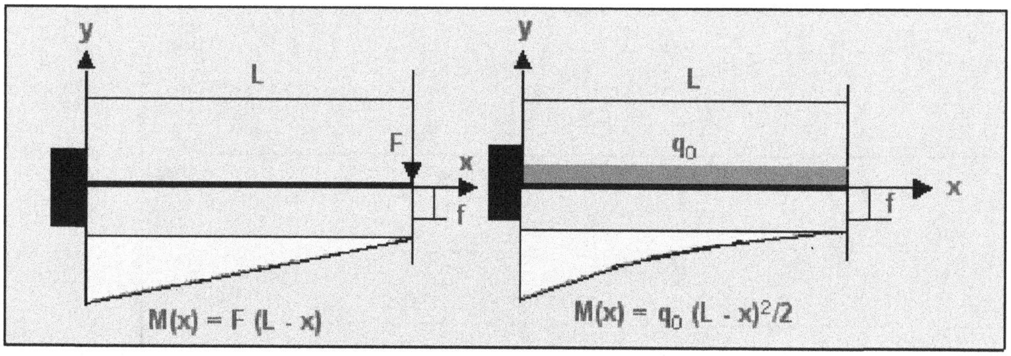

Abb. 4.6.6.12

Streckenlast :=

Konstante Streckenlast q0
Dreieckslast q0/L * x
Sinusförmige Streckenlast q0*sin(pi*x/L)
Trapezlast (q2-q1)/L

Listenfeld zur Auswahl verschiedener Streckenlasten

Skript für das Listenfeld:

```
Sub ListBoxEvent_Start()
   If ListBox.Count = 0 Then
         ListBox.AddString("Konstante Streckenlast q0")
         ListBox.AddString("Dreieckslast q0/L * x")
         ListBox.AddString("Sinusförmige Streckenlast q0*sin(pi*x/L)")
         ListBox.AddString("Trapezlast (q2-q1)/L")
         Rem Add more strings here as needed
   End If
End Sub
Sub ListBoxEvent_Exec(Inputs,Outputs)
         Outputs(0).Value = ListBox.CurSel + 1
End Sub
```

```
Sub ListBoxEvent_Stop()
  Rem TODO: Add your code here
End Sub

Sub ListBox_SelChanged()
  ListBox.Recalculate()
End Sub

Sub ListBox_DblClick()
  ListBox.Recalculate()
End Sub
```

Streckenlast:

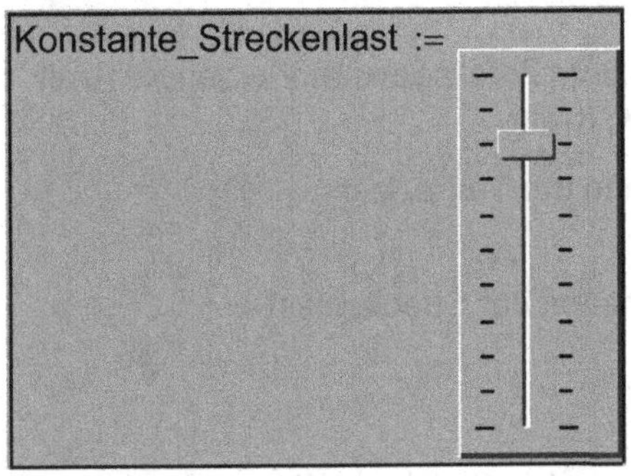

Mathsoft Slider Control-Objekt Eigenschaften:
Minimum 0, Maximum 10, Teilstrichfähigkeit 1

Trägerlänge:

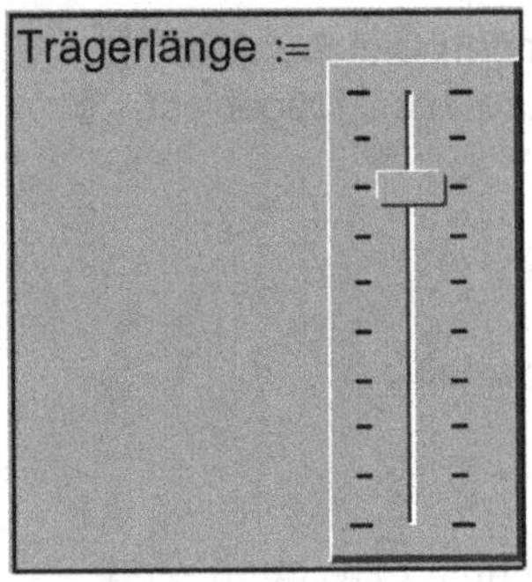

Kräfteanzahl:

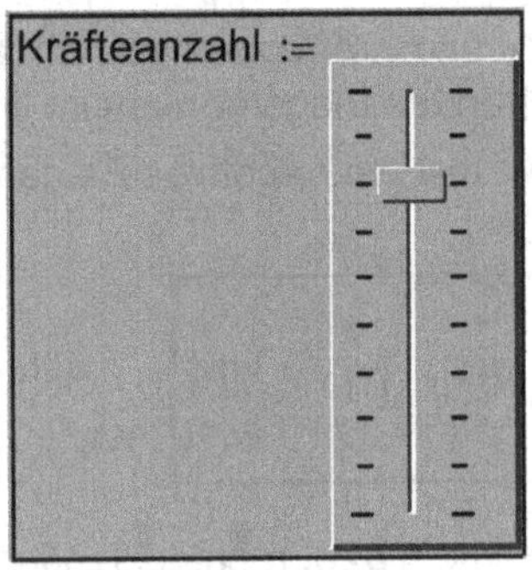

Maximalkraft:

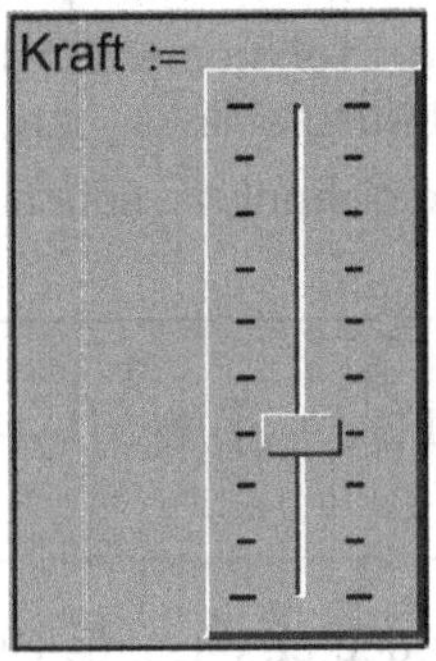

Mathsoft Slider Control-Objekt Eigenschaften:
Minimum 1, Maximum 10, Teilstrichfähigkeit 1

$q_0 := \text{Konstante\_Streckenlast} \cdot \frac{kN}{m}$ $\quad L := \text{Trägerlänge} \cdot m$ $\quad K := \text{Kräfteanzahl}$ $\quad F_{max} := \text{Kraft} \cdot kN$

$q_0 = 2\frac{1}{m} \cdot kN$ $\quad L = 3\,m$ $\quad K = 3$ $\quad F_{max} = 6 \cdot kN$

$$q(x, q_0, L, q_1, q_2) := \begin{cases} q_0 \text{ if Streckenlast} = 1 & \text{Konstante Streckenlast} \\ \frac{q_0}{L} \cdot x \text{ if Streckenlast} = 2 & \text{Dreieckslast} \\ q_0 \cdot \sin\left(\pi \cdot \frac{x}{L}\right) \text{ if Streckenlast} = 3 & \text{sinusförmige Steckenlast} \\ \frac{q_2 - q_1}{L} \cdot x + q_1 \text{ if Streckenlast} = 4 & \text{Trapezlast} \end{cases}$$

$$\text{Kraft\_Angriffspunkte}(K, L) := \left| \begin{array}{l} \text{for } k \in 0..K-1 \\ \quad \mathbf{L}_k \leftarrow \frac{k+1}{K} \cdot L \\ \text{return } \mathbf{L} \end{array} \right.$$

$$\text{Kraft}(F_{max}) := \left| \begin{array}{l} \text{for } k \in 0..K-1 \\ \quad \mathbf{F}_k \leftarrow F_{max} \cdot \text{rnd}(1) \\ \text{return } \mathbf{F} \end{array} \right.$$

$\mathbf{L} := \text{Kraft\_Angriffspunkte}(K, L)$ $\quad \mathbf{L}^T = (1 \;\; 2 \;\; 3)\,m$ $\quad$ Angriffspunkte der Kräfte

$\mathbf{F} := \text{Kraft}(F_{max})$ $\quad \mathbf{F}^T = (2.102 \;\; 4.937 \;\; 1.045)\cdot kN$ $\quad$ mit dem Zufallsgenerator erzeugte Kraft bzw. Kräfte

$q_1 := 8 \cdot \frac{kN}{m}$ $\quad q_2 := 5 \cdot \frac{kN}{m}$ $\quad$ Kräfte der Trapezlast

$q(x) := q(x, q_0, L, q_1, q_2)$ $\quad$ Funktion der Streckenlast

Biegemomentenverlauf und Querkraftverlauf:

Wenn ein Träger an der Stelle x freigemacht werden soll, muss zur Erhaltung des Gleichgewichts ein links-/rechtsdrehendes Biegemoment $M_b(x)$ und eine nach unten bzw. oben wirkende Querkraft Q(x) im linken bzw. rechten Trägerrest angesetzt werden. Weil im rechten Trägerrest nur Kräfte mit $\mathbf{L}_k > x$ (wir verwenden zur Auswahl die Heavisidefunktion $\Phi(\mathbf{L}_k - x)$) bzw. Streckenlasten $q(x_i)$ mit $x_i > x$ wirksam sind (Integration von x bis L), ergibt sich das Drehmomentengleichgewicht und Kräftegleichgewicht aus folgenden Gleichungen.
Ein positives $M_b(x)$ bedeutet links- bzw. rechtsdrehendes Biegemoment im linken bzw. rechten Trägerrest. Aufgrund dieser Vorzeichenkonvention erhalten wir hier ein negatives Biegemoment:

$$M_b(x) := -\left[\sum_{k=0}^{K-1} \left[\Phi(\mathbf{L}_k - x)\cdot \mathbf{F}_k \cdot (\mathbf{L}_k - x)\right] + \int_x^L q(x_i)\cdot(x_i - x)\,dx_i\right]$$

x_i Integrationsvariable

Ein positives Q(x) bedeutet, dass die Querkraft im linken bzw. rechten Trägerteil nach unten bzw. oben wirkt:

$$Q(x) := \sum_{k=0}^{K-1} \left(\Phi(\mathbf{L}_k - x)\cdot \mathbf{F}_k\right) + \int_x^L q(x_i)\,dx_i$$

$x := 0\cdot m, \frac{L}{200} .. L$ $\quad$ Bereichsvariable

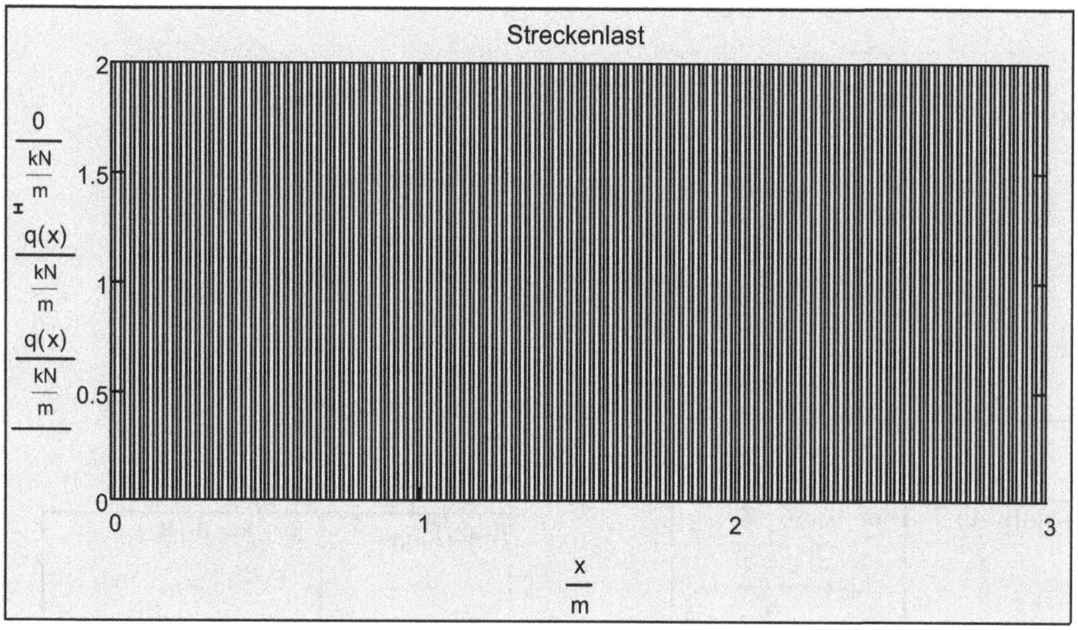

Abb. 4.6.6.13

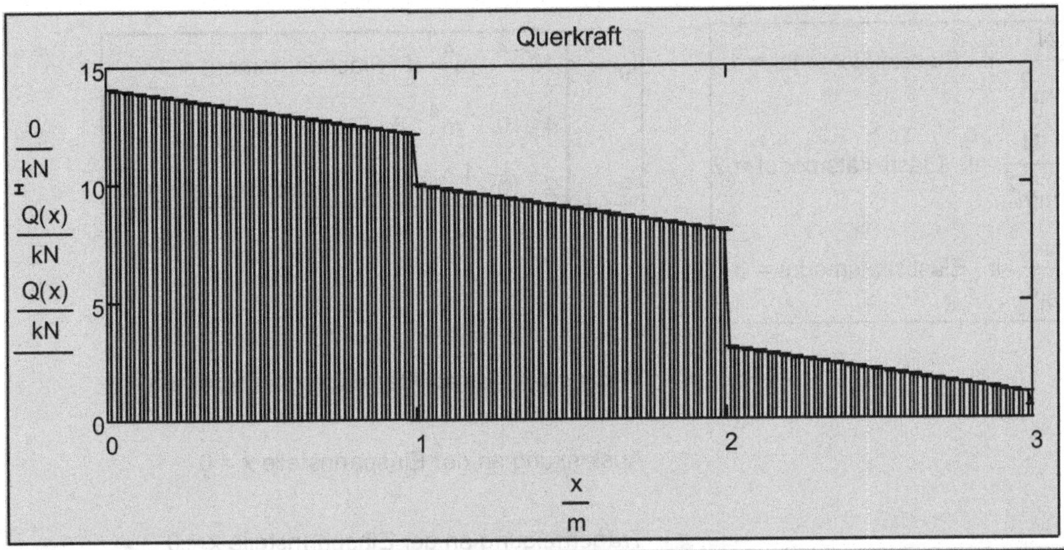

Abb. 4.6.6.14

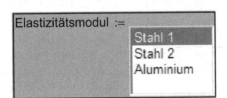

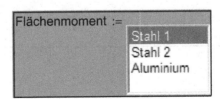

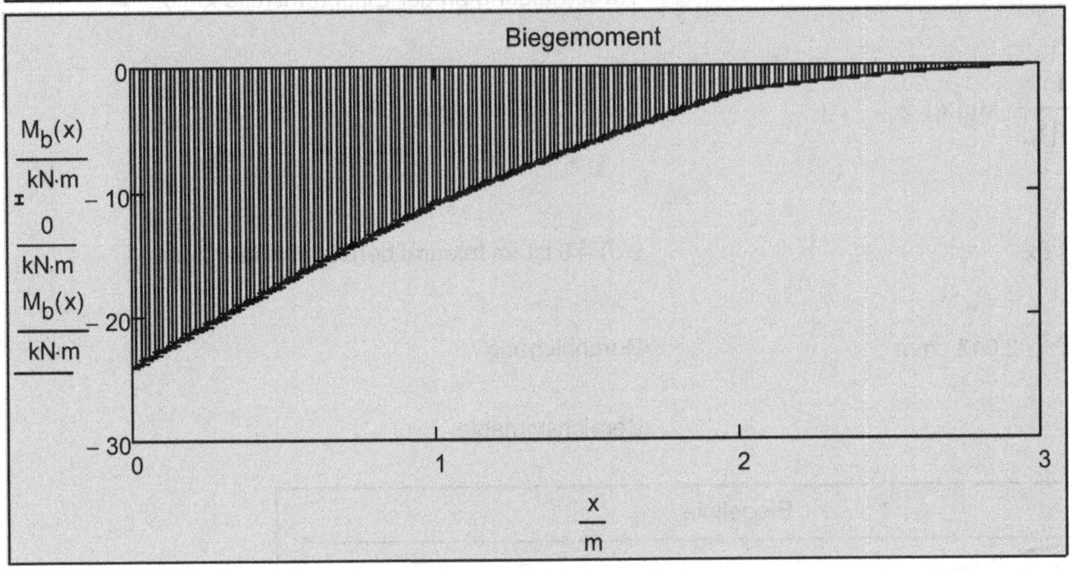

Abb. 4.6.6.15

Numerische Lösung der Differentialgleichung der Biegelinie:

$$\frac{d^2}{dx^2}y = \frac{1}{E \cdot I(x)} \cdot M_b(x)$$

Differentialgleichung der Biegelinie

Das axiale Flächenträgheitsmoment I(x) kann von x abhängig angenommen werden, z. B., wenn sich der Trägerquerschnitt ändert. Wir beschränken uns auf konstante Querschnitte und somit auf konstante axiale Flächenträgheitsmomente.

Elastizitätsmodul := Stahl 1 / Stahl 2 / Aluminium

Flächenmoment := Stahl 1 / Stahl 2 / Aluminium

Websteuerelement (Kombinationsfeld)

$$E := \begin{cases} 2.1 \cdot 10^5 \dfrac{N}{mm^2} & \text{if Elastizitätsmodul} = 1 \\ 1.2 \cdot 10^5 \cdot \dfrac{N}{mm^2} & \text{if Elastizitätsmodul} = 2 \\ 2 \cdot 10^4 \cdot \dfrac{N}{mm^2} & \text{if Elastizitätsmodul} = 3 \end{cases}$$

$$I_0 := \begin{cases} 10^{-4} \cdot m^4 & \text{if Flächenmoment} = 1 \\ 4 \cdot 10^{-4} m^4 & \text{if Flächenmoment} = 2 \\ 2 \cdot 10^{-4} \cdot m^4 & \text{if Flächenmoment} = 3 \end{cases}$$

$I(x) := I_0$ Verlauf des axialen Flächenträgheitsmoments

$y(0) = 0$ Auslenkung an der Einspannstelle $x = 0$

$y'(0) = 0$ Trägerneigung an der Einspannstelle $x = 0$

$$y'(x) := \int_{0 \cdot m}^{x} \frac{1}{E \cdot I(x_i)} \cdot M_b(x_i)\, dx_i$$

$y'(0) = 0$ ist im Integral bereits berücksichtigt

$$y(x) := \int_{0 \cdot m}^{x} y'(x_i)\, dx_i$$

$y(0) = 0$ ist im Integral bereits berücksichtigt

$f := y(L)$ $f = -2.643 \cdot mm$ Durchbiegung

$x := 0 \cdot m, \frac{L}{20} .. L$ Bereichsvariable

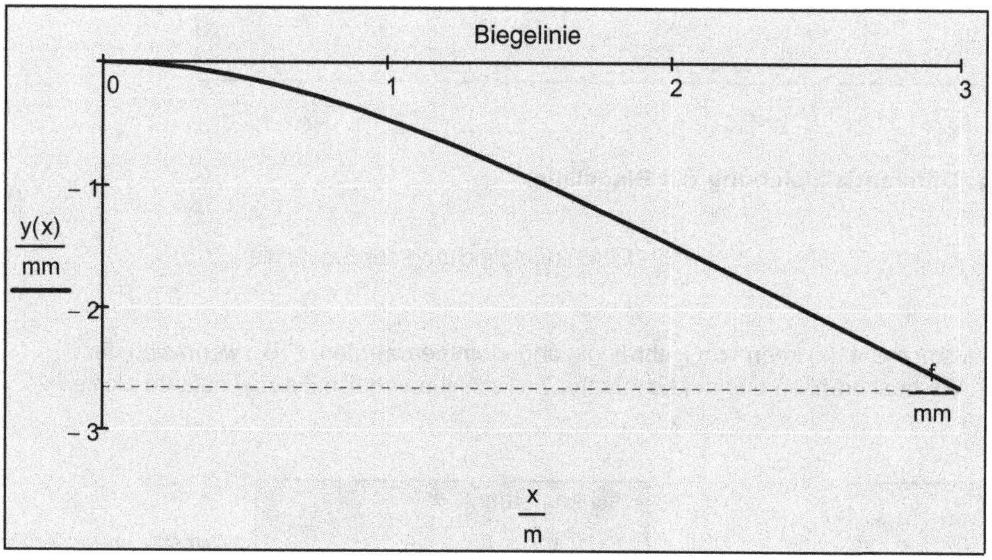

Abb. 4.6.6.16

4.6.7 Berechnung von Arbeitsintegralen

Eine physikalische Größe u = f(x, y, z) (stetig differenzierbare Funktion der Raumkoordinaten) heißt ein skalares Feld. Die Flächen im Raum, auf denen u = konstant ist, heißen Niveauflächen. Zur grafischen Darstellung eines skalaren Feldes werden oft Schnittkurven der Niveauflächen mit einer geeigneten Ebene gezeichnet (z. B. Isobaren oder Isothermen auf einer Wetterkarte; Höhenschnittlinie auf einer Landkarte). Siehe Näheres dazu Band 2, Vektoranalysis.
Beispiel:
Gravitationskraft eines Massenpunktes oder elektrostatische Anziehungskraft:

$$F(x,y,z) = \frac{c}{r^2} = \frac{c}{x^2+y^2+z^2} \quad (c = \gamma\, m\, M \;\text{ bzw. }\; c = k\, q\, Q) \qquad (4\text{-}144)$$

Potentialfunktion:

$$u(x,y,z) = \frac{1}{F(x,y,z)} = \frac{x^2+y^2+z^2}{c} \qquad (4\text{-}145)$$

Ist eine beliebige vektorielle Größe $\vec{v}(r)$ **eine Funktion der Raumkoordinaten (z. B. Gravitationskraft eines Massenpunktes; Stromdichte in einer Strömung; elektrische oder magnetische Feldstärke etc.), so sprechen wir von einem vektoriellen Feld.**
Beispiel:
Gravitationskraft eines Massenpunktes oder elektrostatische Anziehungskraft:

$$\vec{F}(\vec{r}) = \begin{pmatrix} F_x \\ F_y \\ F_z \end{pmatrix} = \frac{c}{r^3}\cdot\vec{r} = \begin{bmatrix} \dfrac{c\cdot x}{\left(x^2+y^2+z^2\right)^{\frac{3}{2}}} \\ \dfrac{c\cdot y}{\left(x^2+y^2+z^2\right)^{\frac{3}{2}}} \\ \dfrac{c\cdot y}{\left(x^2+y^2+z^2\right)^{\frac{3}{2}}} \end{bmatrix} \;;\; \left|\vec{F}\right| = F = \sqrt{F_x{}^2+F_y{}^2+F_z{}^2} = \frac{c}{r^2} \qquad (4\text{-}146)$$

In einem **Vektorfeld** $\vec{F}(\vec{r})$ können **verschiedene Integraloperationen** definiert werden. Wir unterscheiden zwischen **Linien- (oder Kurven-), Flächen- und Volumsintegralen.**
Die **mechanische Arbeit** lässt sich damit **als Kurvenintegral entlang einer Kurve C** definieren:

$$W = \int_C \vec{F}(\vec{r})\, d\vec{r} = \int_C F_x(x,y,z)\cdot dx + F_y(x,y,z)\cdot dy + F_z(x,y,z)\, dz \qquad (4\text{-}147)$$

Gilt $F_x = \frac{\partial}{\partial x}u$, $F_y = \frac{\partial}{\partial y}u$, $F_z = \frac{\partial}{\partial z}u$, **so ist das Kurvenintegral unabhängig vom Integrationsweg.**

u(x,y,z) ist die Potentialfunktion und $\vec{F}(\vec{r})$ **das Potentialfeld.**

Für die Ebene gilt:

$\vec{F} = \begin{pmatrix} F_x \\ F_y \end{pmatrix}$, $\vec{dr} = \begin{pmatrix} dx \\ dy \end{pmatrix}$, $u(x, y)$.

$$W = \int_C F_x \cdot dx + F_y\, dy = \int_C \frac{\partial}{\partial x} u \cdot dx + \frac{\partial}{\partial y} u\, dy = \int_C P(x, y) \cdot dx + Q(x, y)\, dy \qquad \textbf{(4-148)}$$

Ist dz = P(x,y) dx + Q(x,y) dy ein vollständiges Differential, so gilt: $\frac{\partial}{\partial y} P(x, y) = \frac{\partial}{\partial x} Q(x, y)$.

Diese Bedingung heißt Integrabilitätsbedingung. Die Integrabilitätsbedingung ist eine notwendige und hinreichende Bedingung zur Prüfung eines Feldes auf Potentialeigenschaft.

Ist die Kraft F = konstant und wirkt sie entlang des Weges s, so gilt:

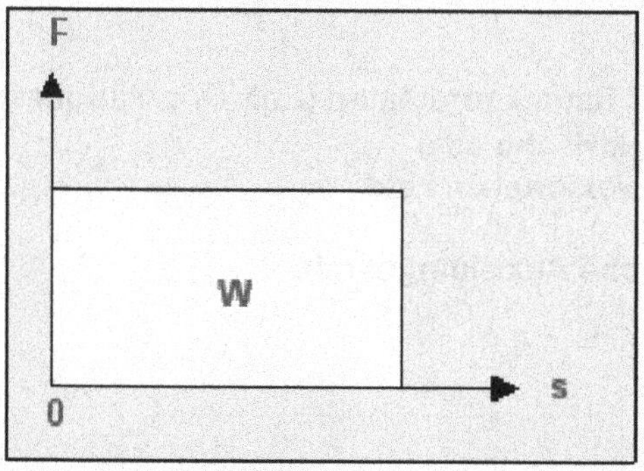

$$W = F \cdot s \qquad \textbf{(4-149)}$$

Abb. 4.6.7.1

Ist die Kraft F = konstant und haben F und s verschiedene Richtungen, so gilt:

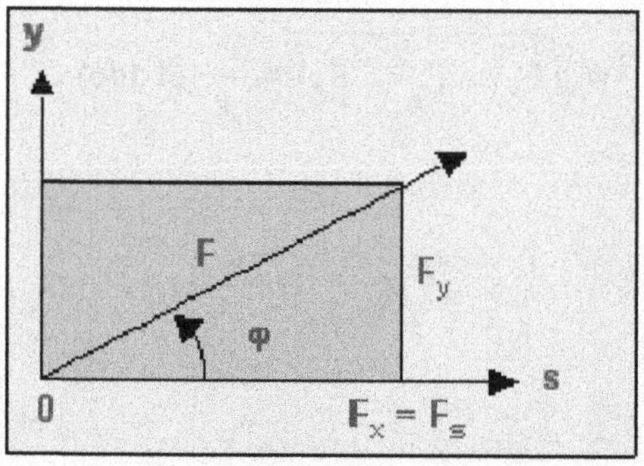

$$W = F_S \cdot s = F \cdot s \cdot \cos(\varphi) \qquad \textbf{(4-150)}$$

Abb. 4.6.7.2

Ist die Kraft entlang des Weges abgängig von s, so gilt:

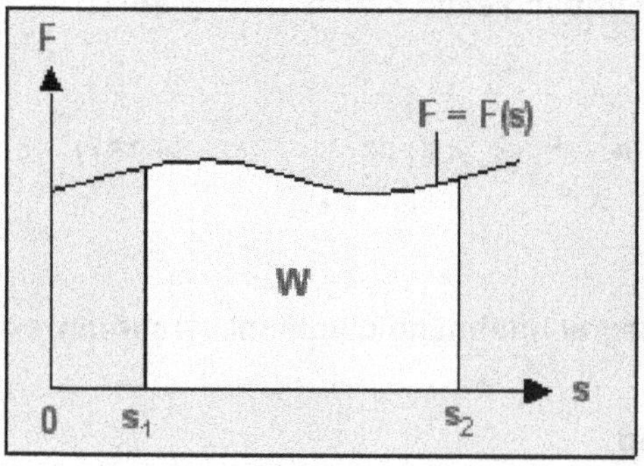

$$W = \int_{s_1}^{s_2} F(s) \cdot \cos(\varphi)\, ds \qquad \textbf{(4-151)}$$

$$W = \int_{s_1}^{s_2} F(s)\, ds \ \ \textbf{(für } \varphi = 0\textbf{)} \qquad \textbf{(4-152)}$$

Abb. 4.6.7.3

Beispiel 4.6.7.1:

Innerhalb gewisser Grenzen ist die Kraft, die benötigt wird, um eine Feder zu dehnen, zur Dehnung proportional, wobei die Proportionalitätskonstante die Federkonstante k genannt wird. Um eine gegebene Feder der Normallänge von 25 cm um 0.5 cm zu dehnen, wird eine Kraft von 100 N benötigt. Wie groß ist die Arbeit, die verrichtet werden muss, wenn wir die Feder von 27 cm auf 30 cm dehnen?

$F(x) = k \cdot x$ Hooke'sches Gesetz

Die Federkonstante ergibt sich aus:

$F(0.5 \cdot cm) = k \cdot 0.5 \cdot cm = 100 \cdot N$ $k = 200 \cdot \frac{N}{cm}$ Federkonstante

$W := \int_{2 \cdot cm}^{5 \cdot cm} 200 \cdot \frac{N}{cm} \cdot x \, dx$ $W = 21 \, J$ verrichtete Arbeit

Beispiel 4.6.7.2:

Die Federkonstante der Feder an einem Prellbock beträgt 4 MN/m. Wie groß ist die Arbeit, die verrichtet werden muss, wenn wir die Feder um 0.025 m zusammendrücken?

$F(x) = k \cdot x$ Hooke'sches Gesetz

$MN := 10^6 \cdot N$ Einheitendefinition

$k := 4 \cdot \frac{MN}{m}$ Federkonstante

$W := \int_{0 \cdot cm}^{0.025 \cdot m} k \cdot x \, dx$ $W = 1250 \, J$ verrichtete Arbeit

Beispiel 4.6.7.3:

Wie in der Mechanik gezeigt wird, ist die partielle Ableitung der Formänderungsarbeit W eines linearen elastischen Systems nach der Kraft gleich der Durchbiegung (Verschiebung) f des Kraftangriffspunktes in Richtung der Kraft. Damit können Verformungen mithilfe der Formänderungsarbeit berechnet werden. Mit dem Biegemoment M_b, der konstanten Biegesteifigkeit E I und der Trägerlänge L erhalten wir:

$$W = \frac{1}{2 \cdot E \cdot I} \cdot \int_0^L M_b(F, x)^2 \, dx$$

$$f = \frac{\partial}{\partial F} W = \frac{1}{E \cdot I} \cdot \int_0^L M_b(F, x) \cdot \frac{\partial}{\partial F} M_b(F, x) \, dx$$

Für einen einseitig eingespannten Träger mit einer Einzelkraft am Trägerende ist $M_b = F\,x$. Berechnen Sie die Formänderungsarbeit W und die Durchbiegung f.

$W := W$ Redefinition

$$W(F, L) = \frac{1}{2 \cdot E \cdot I} \cdot \int_0^L F^2 x^2 \, dx \rightarrow W(F, L) = \frac{F^2 \cdot L^3}{6 \cdot E \cdot I}$$ Formänderungsarbeit

$\frac{\partial}{\partial F}(F \cdot x) \rightarrow x$ Ableitung des Biegemoments M_b

$$f = \frac{1}{E \cdot I} \cdot \int_0^L F \cdot x \cdot x \, dx \rightarrow f = \frac{F \cdot L^3}{3 \cdot E \cdot I}$$

oder: $f = \frac{\partial}{\partial F} W(F, L)$ Durchbiegung

Beispiel 4.6.7.4:

Wie groß ist die aufgewendete Arbeit W, um einen Körper der Masse m von der Geschwindigkeit v_1 auf v_2 zu beschleunigen?

$$F = m \cdot \frac{d}{dt}v(t) = m \cdot \frac{d^2}{dt^2}s(t)$$ dynamisches Kraftgesetz

$$W = \int_{s_1}^{s_2} F\, ds = \int_{s_1}^{s_2} m \cdot \frac{d}{dt}v\, ds = \int_{v_1}^{v_2} m \cdot \frac{d}{dt}s\, dv = \int_{v_1}^{v_2} m \cdot v\, dv$$

$$W = \int_{v_1}^{v_2} m \cdot v\, dv \rightarrow W = -\frac{m \cdot \left(v_1^{\,2} - v_2^{\,2}\right)}{2}$$

Die aufgewendete Arbeit entspricht der Änderung der kinetischen Energie!

Beispiel 4.6.7.5:

Welche Arbeit W gegen die Erdanziehungskraft muss aufgebracht werden, um einen Nachrichtensatelliten der Masse m_2 = 1400 kg auf eine geostationäre Bahn in der Höhe h = 36 000 km über der Erdoberfläche zu bringen?
Die Gravitationskonstante beträgt $\gamma = 6.67\ 10^{-11}$ Nm²/kg², die Erdmasse $m_1 = 5.98\ 10^{24}$ kg und der Erdradius $r_E = 6.37\ 10^6$ m. Wie groß ist die Arbeit, wenn der Satellit für eine Planetenerkundungsmission das Gravitationsfeld der Erde völlig verlässt? Stellen Sie die Arbeit (das Gravitationspotential) $u(R) = -W_\infty/m_1$ als Funktion von R vom Erdmittelpunkt grafisch dar.

$$F(r) = \gamma \cdot \frac{m_1 \cdot m_2}{r^2}$$ Gravitationsgesetz

$$W_p = \int_{r_E}^{r_E+h} F(r)\, dr = \gamma \cdot m_1 \cdot m_2 \cdot \int_{r_E}^{r_E+h} \frac{1}{r^2}\, dr$$

Die verrichtete Arbeit oder potentielle Energie, um den Satelliten auf die geostationäre Bahn zu bringen.

$$W_p(r_E, h, \gamma, m_1, m_2) := \gamma \cdot m_1 \cdot m_2 \cdot \int_{r_E}^{r_E+h} \frac{1}{r^2}\, dr$$

$$W_p(r_E, h, \gamma, m_1, m_2) \text{ annehmen}, r > 0, r_E > 0, h > 0 \ \rightarrow \frac{\gamma \cdot h \cdot m_1 \cdot m_2}{r_E \cdot (h + r_E)}$$

$$W1(r_E, \gamma, m_1, m_2) := \gamma \cdot m_1 \cdot m_2 \cdot \int_{r_E}^{\infty} \frac{1}{r^2}\, dr$$

Die verrichtete Arbeit oder potentielle Energie, um den Satelliten aus dem Gravitationsfeld der Erde zu bringen.

$$W1(r_E, \gamma, m_1, m_2) \text{ annehmen}, r > 0, r_E > 0 \ \rightarrow \frac{\gamma \cdot m_1 \cdot m_2}{r_E}$$

$\gamma := 6.67 \cdot 10^{-11} \cdot \frac{N \cdot m^2}{kg^2}$ Gravitationskonstante

$m_1 := 5.98 \cdot 10^{24} \cdot kg$ Erdmasse

$m_2 := 1400 \cdot kg$ Satellitenmasse

$r_E := 6.37 \cdot 10^6 \cdot m$ Erdradius

$h := 36000 \cdot km$ Höhe der geostationären Bahn

$MJ := 10^6 \cdot J$ Einheitendefinition

$W_p(r_E, h, \gamma, m_1, m_2) = 74483.428 \cdot MJ$ Die verrichtete Arbeit oder potentielle Energie, um den Satelliten auf die geostationäre Bahn zu bringen.

$W1(r_E, \gamma, m_1, m_2) := \gamma \cdot m_1 \cdot \frac{m_2}{r_E}$

$W1(r_E, \gamma, m_1, m_2) = 87662.857 \cdot MJ$ Die verrichtete Arbeit oder potentielle Energie, um den Satelliten aus dem Gravitationsfeld der Erde zu bringen.

$u(R, \gamma, m_1, m_2) := -\frac{W1(R, \gamma, m_1, m_2)}{m_1}$ Gravitationspotential

$R := 1 \cdot km, 2 \cdot km .. 10^2 \cdot km$ Bereichsvariable (für den Abstand vom Erdmittelpunkt)

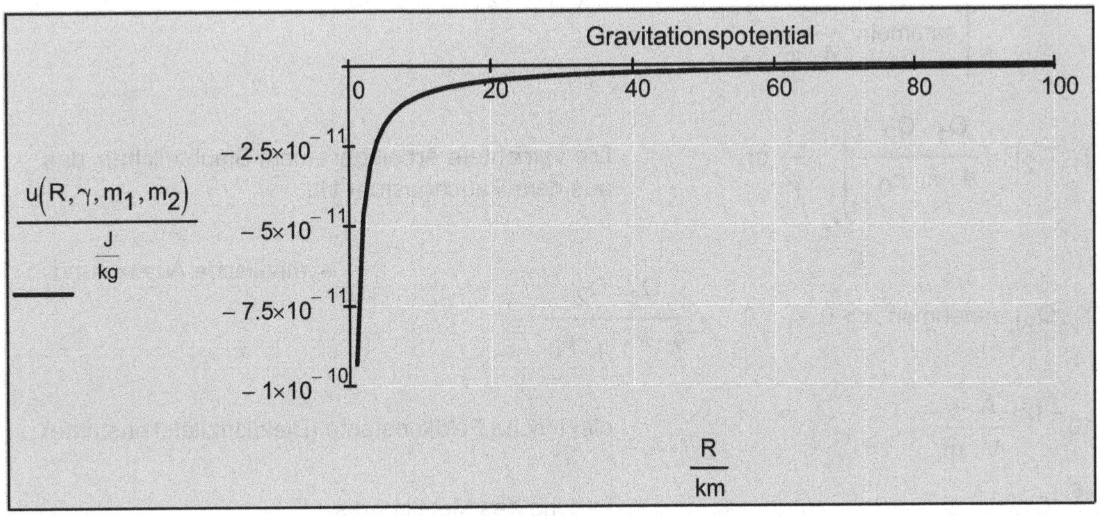

Abb. 4.6.7.4

Beispiel 4.6.7.6:

Industrieabgase werden heute häufig mittels elektrostatischer Filter gereinigt. Das verunreinigte Gas tritt in einen Behälter ein, in dem ein elektrostatisches Feld mit hoher Spannung aufgebaut wird. Die Staubteilchen werden durch die Spitzenwirkung und Influenz entsprechend hoch aufgeladen und lagern sich an der Behälterwand ab. Der Abstand von der zylindrischen Behälterwand zu einem in der Mitte angebrachten Metallrohr beträgt r = 2 m und die Ladung am Metallrohr $Q_2 = 1.3\ 10^{-6}$ C. Das Metallrohr hat einen Durchmesser von 20 cm. Die Dielektrizitätskonstante beträgt $\varepsilon_0 = 8.8542\ 10^{-12}$ As/(V m).

Berechnen Sie mithilfe des Coulomb'schen Gesetzes das Potential $u(r) = W_{El}/Q_1$ der Behälterwand gegenüber dem r entfernten Metallrohr. Wie würde das Potential lauten, wenn das Staubteilchen in großer Entfernung (gegen die Größe des Staubteilchens kann die Wegstrecke aus dem Rauchgasrohr als unendlich angenommen werden) von der Behälterwand aufgeladen wird?

$$F(r) = \frac{1}{4 \cdot \pi \cdot \varepsilon_0} \cdot \frac{Q_1 \cdot Q_2}{r^2}$$ Coulomb'sches Gesetz

$$W_{El} = \int_{r_1}^{r_2} F(r)\, dr = \frac{Q_1 \cdot Q_2}{4 \cdot \pi \cdot \varepsilon_0} \cdot \int_{r_1}^{r_2} \frac{1}{r^2}\, dr$$ Die verrichtete elektrische Arbeit zwischen Metallrohr und Behälterwand.

$$W_{El}(r_1, r_2, \varepsilon_0, Q_1, Q_2) := \frac{Q_1 \cdot Q_2}{4 \cdot \pi \cdot \varepsilon_0} \cdot \int_{r_1}^{r_2} \frac{1}{r^2}\, dr$$ Die verrichtete elektrische Arbeit als Funktion definiert.

$$W_{El}(r_1, r_2, \varepsilon_0, Q_1, Q_2) \left| \begin{array}{l} \text{annehmen}, r > 0, r_1 > 0, r_2 > 0 \\ \text{erweitern} \\ \text{sammeln}, \dfrac{Q_1 \cdot Q_2}{4 \cdot \pi \cdot \varepsilon_0} \end{array} \right. \rightarrow \left(\frac{1}{r_1} - \frac{1}{r_2}\right) \cdot \frac{Q_1 \cdot Q_2}{4 \cdot \pi \cdot \varepsilon_0}$$ symbolische Auswertung

$$W_{El1}(r_1, \varepsilon_0, Q_1, Q_2) := \frac{Q_1 \cdot Q_2}{4 \cdot \pi \cdot \varepsilon_0} \cdot \int_{r_1}^{\infty} \frac{1}{r^2}\, dr$$ Die verrichtete Arbeit bei einem Staubteilchen, das aus dem Rauchgasrohr tritt.

symbolische Auswertung

$$W_{El1}(r_1, \varepsilon_0, Q_1, Q_2) \text{ annehmen}, r > 0, r_1 > 0 \rightarrow \frac{Q_1 \cdot Q_2}{4 \cdot \pi \cdot r_1 \cdot \varepsilon_0}$$

$$\varepsilon_0 := 8.8542 \cdot 10^{-12} \cdot \frac{A \cdot s}{V \cdot m}$$ elektrische Feldkonstante (Dielektrizitätskonstante)

$$Q_2 := 1.3 \cdot 10^{-6} \cdot C$$ Ladung des Metallrohres

$$r := 2 \cdot m$$ Entfernung der Behälterwand zum Metallrohr

$$r_1 := 0.2 \cdot m$$ Radius des Metallrohres

$$r_2 := r$$ Entfernung der Behälterwand zum Metallrohr

$$W_{El}(r_1, r_2, \varepsilon_0, Q_1, Q_2) := \left(\frac{Q_1 \cdot Q_2}{4 \cdot \pi \cdot \varepsilon_0}\right) \cdot \left(\frac{1}{r_1} - \frac{1}{r_2}\right)$$ Die verrichtete elektrische Arbeit zwischen Metallrohr und Behälterwand.

$u(r_1, r_2, \varepsilon_0, Q_2) := \left(\frac{Q_2}{4 \cdot \pi \cdot \varepsilon_0}\right) \cdot \left(\frac{1}{r_1} - \frac{1}{r_2}\right)$

Das elektrische Potential (Potentialdifferenz oder Spannung) der Behälterwand gegenüber dem r entfernten Metallrohr.

$u(r_1, r_2, \varepsilon_0, Q_2) = 52.577 \cdot kV$

$W_{El1}(r_1, \varepsilon_0, Q_1, Q_2) := Q_1 \cdot \frac{Q_2}{4 \cdot \pi \cdot \varepsilon_0 \cdot r_1}$

Die verrichtete Arbeit bei einem Staubteilchen, das aus dem Rauchgasrohr tritt.

$u1(r_1, \varepsilon_0, Q_2) := \frac{Q_2}{4 \cdot \pi \cdot \varepsilon_0 \cdot r_1}$

Das elektrische Potential bei einem Staubteilchen, das von der Behälterwand aufgeladen wird.

$u1(r_2, \varepsilon_0, Q_2) = 5.842 \cdot kV$

Das elektrische Potential bei einem Staubteilchen, das von der Behälterwand im Abstand r_2 aufgeladen wird.

Beispiel 4.6.7.7:

Berechnen Sie die Arbeit W eines idealen Gases bei isothermer (T = konstant) Expansion (Expansionsarbeit) von Volumen V_1 auf V_2. Es gilt das Boyle-Mariotte-Gesetz p V = konstant. Die Gasarbeit W ist die Fläche gegen die Abszisse, die technische Arbeit W_t (entspricht besser der Arbeitsweise der technischen Maschine) die Fläche gegen die Ordinate.

$k := k$

$p \cdot V = k$ oder $p_1 \cdot V_1 = p_2 \cdot V_2$ — Boyle-Mariotte-Gesetz

$p(V) = \frac{k}{V} = f(V)$ bzw. $V(p) = \frac{k}{p} = f_u(p)$ — Funktionsgleichungen

$dW = p \cdot dV$ $dW_t = V \cdot dp$ — differentielle Arbeit

$$W = \int_{V_1}^{V_2} p \, dV = k \cdot \int_{V_1}^{V_2} \frac{1}{V} \, dV \qquad W_t = \int_{p_1}^{p_2} V \, dp = k \cdot \int_{p_1}^{p_2} \frac{1}{p} \, dp$$

$$W = k \cdot \int_{V_1}^{V_2} \frac{1}{V} \, dV \;\Bigg|\; \begin{array}{l} \text{annehmen}, V > 0, V_1 > 0, V_2 > 0 \\ \text{ersetzen}, k = p_1 \cdot V_1 \end{array} \rightarrow W = -V_1 \cdot p_1 \cdot (\ln(V_1) - \ln(V_2))$$

$$W_t = k \cdot \int_{p_2}^{p_1} \frac{1}{p} \, dp \;\Bigg|\; \begin{array}{l} \text{annehmen}, p > 0, p_1 > 0, p_2 > 0 \\ \text{ersetzen}, k = p_1 \cdot V_1 \end{array} \rightarrow W_t = V_1 \cdot p_1 \cdot (\ln(p_1) - \ln(p_2))$$

Für diesen Fall gilt: $W = W_t$

Beispiel 4.6.7.8:

Wird bei einem abgeschlossenen System keine Wärme zugeführt oder entzogen, so heißen die Zustandsänderungen eines idealen Gases adiabatisch (z. B. näherungsweise bei sehr rascher Kompression). Bestimmen Sie die Arbeit W und W_t der adiabatischen Expansion (Expansionsarbeit) eines idealen Gases, wenn p_1 = 12.07 bar, p_2 = 2.06 bar, V_1 = 9.4 cm^3 und der Adiabatenexponent κ = 1.3 ist. Es gelten die Adiabatengleichungen $p V^\kappa = k$ bzw. $p_1 V_1^\kappa = p_2 V_2^\kappa$.

$p \cdot V^\kappa = k$ oder $p_1 \cdot V_1^\kappa = p_2 \cdot V_2^\kappa$ — Adiabatengleichungen

$$W = p_1 \cdot V_1^{\kappa} \cdot \int_{V_1}^{V_2} \frac{1}{V^{\kappa}}\,dV \;\left|\begin{array}{l} \text{annehmen}, V>0, \kappa>1 \\ \text{annehmen}, V_1>0 \\ \text{vereinfachen}\end{array}\right. \rightarrow W = \frac{V_1 \cdot V_2^{\kappa} \cdot p_1 - V_1^{\kappa} \cdot V_2 \cdot p_1}{V_2^{\kappa} \cdot (\kappa - 1)}$$

$$W_t = \left(p_1 \cdot V_1^{\kappa}\right)^{\frac{1}{\kappa}} \cdot \int_{p_2}^{p_1} \frac{1}{p^{\frac{1}{\kappa}}}\,dp \;\left|\begin{array}{l} \text{annehmen}, p>0, \kappa>1 \\ \text{vereinfachen}\end{array}\right. \rightarrow W_t = \frac{\kappa \cdot \left[p_1^{\frac{\kappa-1}{\kappa}} - p_2^{\frac{1}{\kappa}\cdot(\kappa-1)}\right] \cdot \left(V_1^{\kappa} \cdot p_1\right)^{\frac{1}{\kappa}}}{\kappa - 1}$$

$\kappa := 1.3$ Adiabatenexponent

$p_1 := 12.07 \cdot 10^5 \cdot \frac{N}{m^2}$ Anfangsdruck

$p_2 := 2.06 \cdot 10^5 \cdot \frac{N}{m^2}$ Enddruck

$V_1 := 9.4 \cdot cm^3$ Anfangsvolumen

$V_2 := V_1 \cdot \left(\frac{p_1}{p_2}\right)^{\frac{1}{\kappa}}$ $\quad V_2 = 36.625 \cdot cm^3$ Endvolumen

$W(V_1, V_2, p_1, p_2) := \frac{V_1 \cdot V_2^{\kappa} \cdot p_1 - V_1^{\kappa} \cdot V_2 \cdot p_1}{V_2^{\kappa} \cdot (\kappa - 1)}$ Expansionsarbeit

$$W\left(\frac{V_1}{cm^3}, \frac{V_2}{cm^3}, \frac{p_1}{Pa}, \frac{p_2}{Pa}\right) \cdot J = 12.67 \cdot MJ$$

$W_t(V_1, V_2, p_1, p_2) := \kappa \cdot W(V_1, V_2, p_1, p_2)$ technische Expansionsarbeit

$$W_t\left(\frac{V_1}{cm^3}, \frac{V_2}{cm^3}, \frac{p_1}{Pa}, \frac{p_2}{Pa}\right) \cdot J = 16.471 \cdot MJ$$

$p(V) := p_1 \cdot \left(\frac{V_1}{V}\right)^{\kappa}$ Funktionsgleichung

$V := 5 \cdot cm^3, 5.01 \cdot cm^3 .. 50 \cdot cm^3$ Bereichsvariable

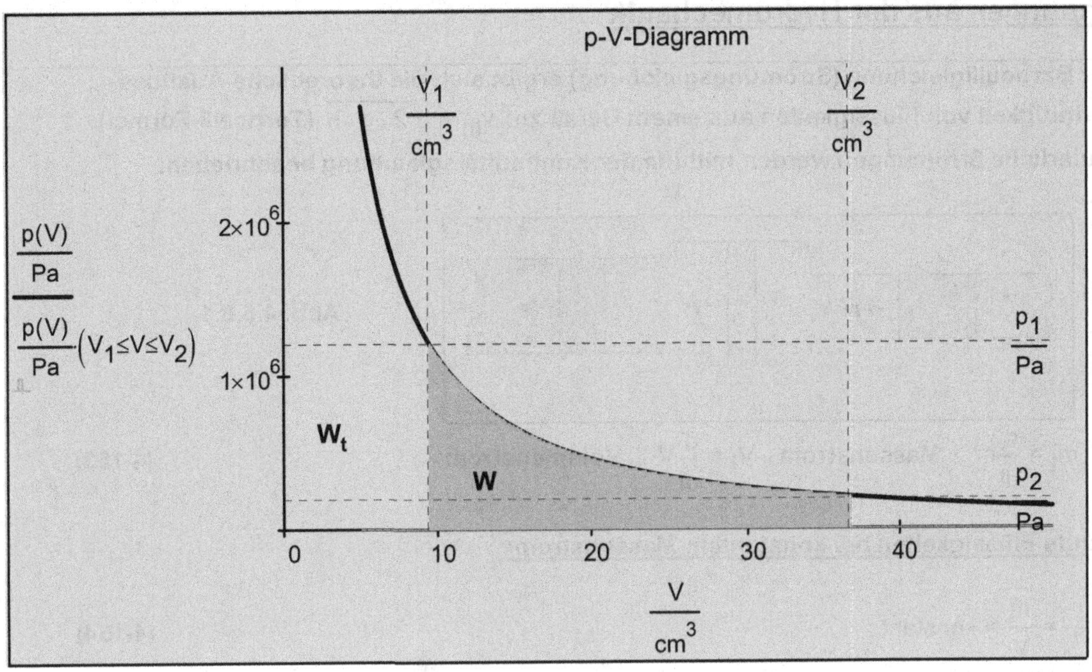

Abb. 4.6.7.5

Beispiel 4.6.7.9:

Wie groß ist der Energieinhalt W einer Spule ohne Eisenkern der Induktivität L = konstant, die von einem Gleichstrom I durchflossen wird?

$W := W$ Redefinition

$u = L \cdot \frac{d}{dt} i(t)$ Induktionsgesetz

$dW = p(t) \cdot dt = u(t) \cdot i(t) \cdot dt = L \cdot \frac{d}{dt} i(t) \cdot i(t) \cdot dt = L \cdot i(t) \cdot di$ differentielle Arbeit bzw. Energie

$W = \int_0^W 1 \, dW_1$

$W = L \cdot \int_0^I i \, di \rightarrow W = \frac{I^2 \cdot L}{2}$

Beispiel 4.6.7.10:

Wie groß ist der Energieinhalt W eines Kondensators der Kapazität C, der an einer konstanten Spannung U angeschlossen ist?

$W := W$ Redefinition

$i = \frac{d}{dt} q$ und $C = \frac{d}{du} q$ $\Rightarrow$ $i \cdot dt = C \cdot du$

$dW = p(t) \cdot dt = u(t) \cdot i(t) \cdot dt = u \cdot C \cdot du$ differentielle Arbeit bzw. Energie

$W = C \cdot \int_0^U u \, du \rightarrow W = \frac{C \cdot U^2}{2}$ oder $W = \frac{1}{2} \cdot C \cdot U^2$ ersetzen, $U = \frac{Q}{C} \rightarrow W = \frac{Q^2}{2 \cdot C}$

bzw. $W = \frac{1}{2} \cdot C \cdot U^2$ ersetzen, $C = \frac{Q}{U} \rightarrow W = \frac{Q \cdot U}{2}$

4.6.8 Berechnungen aus der Hydromechanik

Aus der Bernoulligleichung (Strömungsgleichung) ergibt sich die theoretische Ausflussgeschwindigkeit von Flüssigkeiten aus einem Gefäß zu: $v_{th} = \sqrt{2 \cdot g \cdot h}$ (Torricelli-Formel). Kontinuierliche Strömungen werden mithilfe der Kontinuitätsgleichung beschrieben:

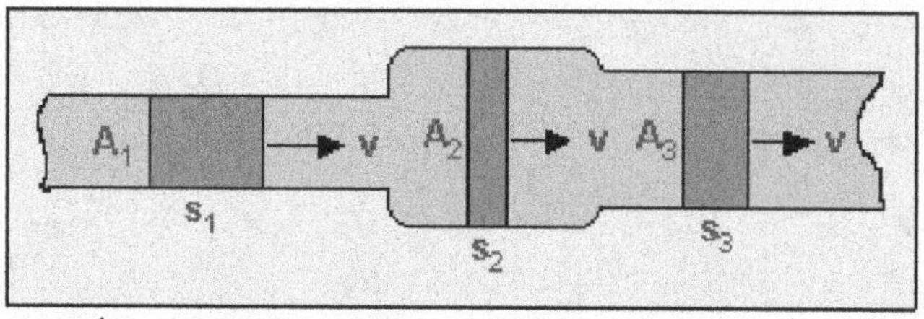

Abb. 4.6.8.1

$$m_t = \frac{d}{dt} m \text{ ... Massenstrom} \quad V_t = \frac{d}{dt} V \text{ ... Volumenstrom} \qquad \textbf{(4-153)}$$

Strömende Flüssigkeiten bei konstantem Massenstrom:

$$\rho = \frac{m}{V} = \text{konstant} \qquad \textbf{(4-154)}$$

$$m_t = \rho \cdot V_t = \rho \cdot \frac{A_1 \cdot s_1}{t} = \rho \cdot \frac{A_2 \cdot s_2}{t} = \rho \cdot \frac{A_3 \cdot s_3}{t} = \text{konstant} \qquad \textbf{(4-155)}$$

$$m_t = \rho \cdot A_1 \cdot v_1 = \rho \cdot A_2 \cdot v_2 = \rho \cdot A_3 \cdot v_3 = \text{konstant} \qquad \textbf{(4-156)}$$

$$V_t = \frac{m_t}{\rho} = A \cdot v = \text{konstant} \qquad \textbf{(4-157)}$$

Strömende Gase:

ρ ist nicht konstant.

$$m_t = \rho_1 \cdot A_1 \cdot v_1 = \rho_2 \cdot A_2 \cdot v_2 = \rho_2 \cdot A_3 \cdot v_3 = ... = \text{konstant} \qquad \textbf{(4-158)}$$

$$m_t = \rho \cdot A \cdot v = \text{konstant} \qquad \textbf{(4-159)}$$

Beispiel 4.6.8.1:

Ein mit Wasser gefüllter Behälter besitze im Abstand h von der Wasseroberfläche einen horizontalen rechteckigen Spalt. Ermitteln Sie das pro Sekunde ausströmende Volumen, wenn der Flüssigkeitsstand im Behälter gleich bleibt.

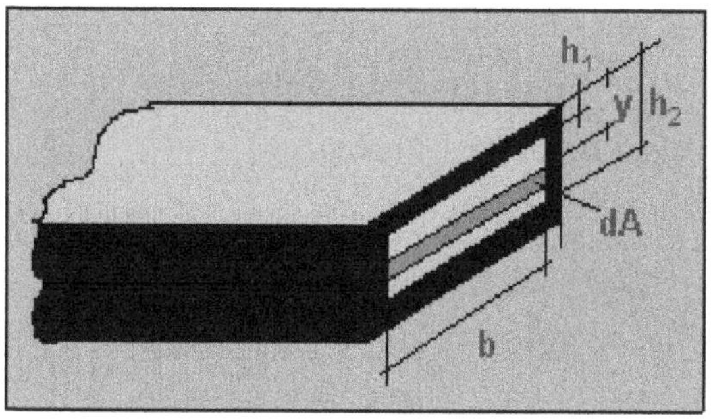

Abb. 4.6.8.2

$dA = b \cdot dy$ differentielles Flächenelement

theoretischer differentieller Volumenstrom:

$$dV_{tth} = v_{th} \cdot dA = v_{th} \cdot b \cdot dy = \sqrt{2 \cdot g \cdot y} \cdot b \cdot dy$$

$$V_{tth} = \sqrt{2 \cdot g} \cdot b \cdot \int_{h_1}^{h_2} \sqrt{y}\, dy \text{ vereinfachen } \rightarrow V_{tth} = -\frac{2 \cdot b \cdot \left(h_1^{\frac{3}{2}} - h_2^{\frac{3}{2}}\right) \cdot \sqrt{2 \cdot g}}{3}$$

Die wirkliche Ausflussmenge ist wegen der Reibung und der Zusammenschnürung des Flüssigkeitsstrahls kleiner.
$\mu < 1$ ... Kontraktionszahl, $\varphi < 1$ ... Geschwindigkeitszahl, $\alpha = \mu\ \varphi < 1$ ... Ausflusszahl

$$V_t = \alpha \cdot V_{tth} = \frac{2}{3} \cdot \alpha \cdot \sqrt{2 \cdot g} \cdot b \cdot \left(h_2^{\frac{3}{2}} - h_1^{\frac{3}{2}}\right)$$ tatsächlicher Volumenstrom

Beispiel 4.6.8.2:

Ein zylindrischer Behälter mit dem Querschnitt A_1 sei bis zur Höhe h_0 mit Flüssigkeit gefüllt und oben offen. Eine Öffnung auf dem Boden des Behälters habe den Querschnitt A_2. Berechnen Sie die theoretische Auslaufzeit T bei abnehmendem Flüssigkeitsstand.

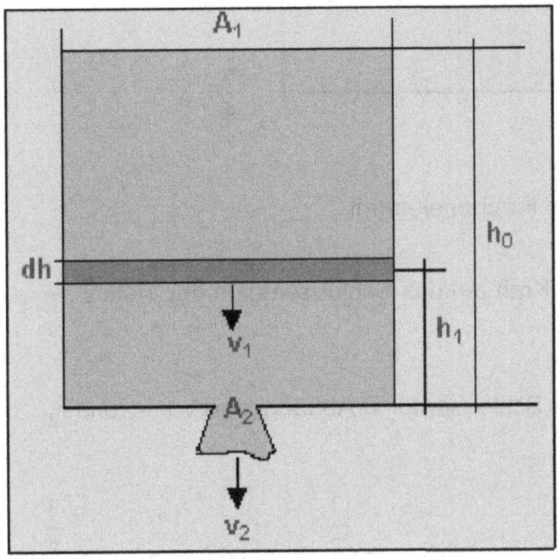

Abb. 4.6.8.3

v_1 ... Sinkgeschwindigkeit
v_2 ... Ausflussgeschwindigkeit

$v_{2th} = \sqrt{2 \cdot g \cdot h}$ ... theoretische Ausflussgeschwindigkeit

$$\rho \cdot A_1 \cdot v_1 = \rho \cdot A_2 \cdot v_2$$ Kontinuitätsgleichung

$$v_1 = \frac{A_2}{A_1} \cdot v_2$$

$$v_1(h) = \frac{A_2}{A_1} \cdot \sqrt{2 \cdot g \cdot h} \quad \text{und} \quad v_1(h) = \frac{d}{dt} h$$

$$\frac{d}{dt} h = \frac{A_2}{A_1} \cdot \sqrt{2 \cdot g \cdot h} \quad \text{bzw.} \quad dt = \frac{-A_1}{A_2} \cdot \frac{1}{\sqrt{2 \cdot g \cdot h}} \cdot dh$$ Differentialgleichung 1. Ordnung

Nach der Integration auf beiden Seiten erhalten wir die theoretische Ausflusszeit von h_0 bis h_1:

$$T = \int_0^T 1\, dt = -\frac{A_1}{A_2} \cdot \int_{h_0}^{h_1} \frac{1}{\sqrt{2 \cdot g \cdot h}}\, dh$$

$$T(h_0, h_1, A_1, A_2, g) := -\frac{A_1}{A_2} \cdot \int_{h_0}^{h_1} \frac{1}{\sqrt{2 \cdot g \cdot h}}\, dh$$ theoretische Ausflusszeit von h_0 bis h_1 als Funktion definiert

$$T(h_0, h_1, A_1, A_2, g) \rightarrow \frac{A_1 \cdot \left(\sqrt{2 \cdot g \cdot h_0} - \sqrt{2 \cdot g \cdot h_1}\right)}{A_2 \cdot g}$$ symbolische Auswertung

$T(h_0, 0, A_1, A_2, g) \rightarrow \frac{A_1 \cdot \sqrt{2 \cdot g \cdot h_0}}{A_2 \cdot g}$ symbolische Auswertung für die theoretische Ausflusszeit des Gesamtbehälters

$T(5 \cdot m, 0 \cdot m, 3 \cdot m^2, 0.2 \cdot m^2, g) = 15.147\,s$ numerische Auswertung für die theoretische Ausflusszeit des Gesamtbehälters mit gewählten Daten

Beispiel 4.6.8.3:

Berechnen Sie die Gesamtkraft und die Kraft, die auf die obere und untere Hälfte eines halbkreisförmigen Schleusentors wirken. Der Durchmesser an der Wasseroberfläche beträgt d = 2 r = 20 m.

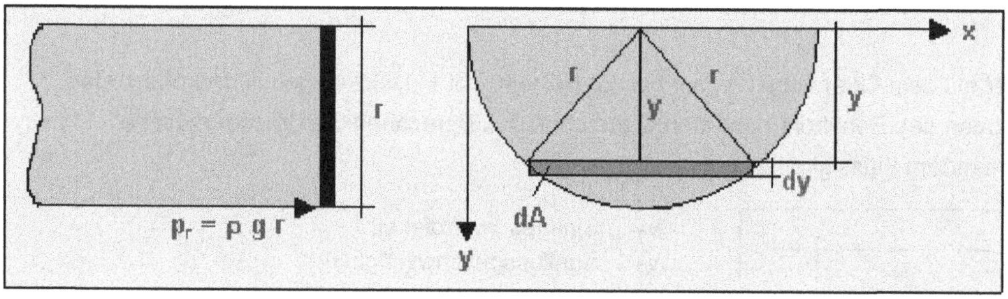

Abb. 4.6.8.4

$dA = 2 \cdot \sqrt{r^2 - y^2} \cdot dy$ differentielles Flächenelement

$dF_y = p_y \cdot dA = 2 \cdot \rho \cdot g \cdot y \cdot \sqrt{r^2 - y^2} \cdot dy$ differentielle Kraft auf das Schleusentor in der Tiefe y

$F(\rho, g, r_1, r_2, r) := \int_{r_1}^{r_2} 2 \cdot \rho \cdot g \cdot y \cdot \sqrt{r^2 - y^2}\, dy$ Kraft auf das Schleusentor in Abhängigkeit von r_1 und r_2

$$F(\rho, g, r_1, r_2, r) \text{ annehmen}, r_1 < r < r_2, r > 0, r_1 > 0, r_2 > 0 \rightarrow \frac{2 \cdot \rho \cdot g \cdot \left(r^2 - r_1^2\right)^{\frac{3}{2}}}{3} - \frac{2 \cdot \rho \cdot g \cdot \left(r^2 - r_2^2\right)^{\frac{3}{2}}}{3}$$

$\rho := 1000 \cdot \frac{kg}{m^3}$ Dichte des Wassers

$r := 10 \cdot m$ Radius des Tors

$kN := 10^3 \cdot N$ Einheitendefinition

$F(\rho, g, 0 \cdot m, 10 \cdot m, r) = 6537.769 \cdot kN$ Gesamtkraft in 10 m Tiefe

$F(\rho, g, 0 \cdot m, 5 \cdot m, r) = 2291.363 \cdot kN$ Gesamtkraft in der Mitte des Schleusentors

$F(\rho, g, 5 \cdot m, 10 \cdot m, r) = 4246.406 \cdot kN$ Gesamtkraft auf die untere Hälfte des Schleusentors

4.6.9 Berechnung von Mittelwerten

Die Mittelwertbildung von Funktionen mithilfe des bestimmten Integrals gehört beispielsweise in der Elektrotechnik, Nachrichtentechnik und Mechanik ebenfalls zu den Standardaufgaben. Wir unterscheiden mehrere Arten von Mittelwerten.

a) arithmetischer Mittelwert (linearer Mittelwert oder Gleichwert):

Für eine Funktion f: y = f(x) ist im Intervall [a, b] wegen

$$\int_a^b f(x)\,dx = f(x_m)\cdot(b-a) \qquad \textbf{(4-160)}$$

der Inhalt der Fläche zwischen dem Grafen von y = f(x) und der x-Achse im Intervall [a, b] gleich dem Flächeninhalt eines Rechtecks mit den Seiten $f(x_m)$ und (b - a). Siehe dazu Abschnitt 4.2, Mittelwertsatz der Integralrechnung. Die Integrationsgrenzen können auch unendlich sein.

Beispiel 4.6.9.1:

Eine Kraft F, die längs eines Weges x_1 = 1 m bis x_2 = 8 m wirkt, sei in der Form $F = x^2/2\ N/m^2$ wegabhängig. Wie groß ist die mittlere Kraft, also jene konstante Kraft, die längs des Weges die gleiche Arbeit verrichtet?

$$F(x) := \frac{x^2}{2}\cdot\frac{N}{m^2}$$ Kraft

$$F_m(x_1, x_2) := \frac{1}{x_2 - x_1}\cdot\int_{x_1}^{x_2} F(x)\,dx$$ arithmetischer Mittelwert der Kraft

$$F_m(x_1, x_2) \rightarrow \frac{N\cdot\left(x_1^3 - x_2^3\right)}{6\cdot m^2\cdot(x_1 - x_2)}$$ $b^3 - a^3 = (b-a)\cdot\left(b^2 + a\cdot b + a^2\right)$

$$F_m(x_1, x_2) \text{ vereinfachen } \rightarrow \frac{N\cdot\left(x_1^2 + x_1\cdot x_2 + x_2^2\right)}{6\cdot m^2}$$ mittlere Kraft

$x_1 := 1\cdot m$

$x_2 := 8\cdot m$

Wegbereich

$F_m(x_1, x_2) = 12.167\,N$ mittlere Kraft

$$x_m := \sqrt{2\cdot F_m(x_1, x_2)\cdot\frac{m^2}{N}} \qquad x_m = 4.933\,m$$ zum Mittelwert F_m gehöriger x_m-Wert

$x := 0\cdot m, 0.1\cdot m .. 10\cdot m$

$x_m := 0\cdot m, 0.001\cdot m .. 10\cdot m$

Bereichsvariablen

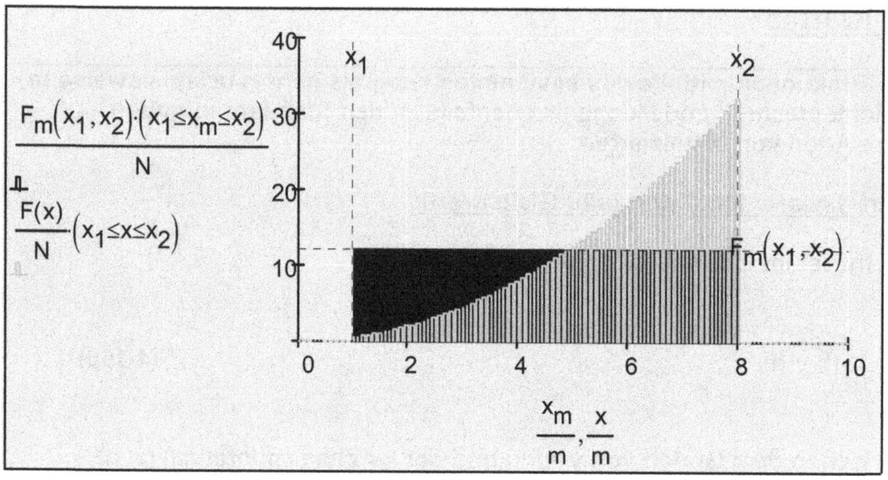

Die Fläche zwischen Kurve und x-Achse ist gleich der Rechtecksfläche $F_m \cdot (x_2 - x_1)$

Abb. 4.6.9.1

Beispiel 4.6.9.2:

Ein Gleichstrom wird von einem Wechselstrom überlagert und ist gegeben durch i(t) = 15 mA + 4 mA sin(ω t). Die Frequenz des Wechselstromes beträgt 50 Hz. Bestimmen Sie den arithmetischen Mittelwert des Stromes über eine Periode T.

$i(t, \omega) := 15 \cdot mA + 4 \cdot mA \cdot \sin(\omega \cdot t)$ Mischstrom

$i_m(T, \omega) := \frac{1}{T} \cdot \int_0^T i(t, \omega)\, dt$ arithmetischer Mittelwert des Stromes

$i_m(T, \omega)$ vereinfachen $\rightarrow 15 \cdot mA + \frac{8 \cdot mA \cdot \sin\left(\frac{T \cdot \omega}{2}\right)^2}{T \cdot \omega}$

$i_m\left(T, \frac{2 \cdot \pi}{T}\right)$ vereinfachen $\rightarrow 15 \cdot mA$ Gleichanteil des Mischstromes

$f := 50 \cdot Hz$ Frequenz des Wechselstromes

$T := \frac{1}{f}$ $T = 0.02 s$ Periodendauer

$\omega := 2 \cdot \pi \cdot f$ $\omega = 314.159 \cdot s^{-1}$ Kreisfrequenz des Wechselstromes

$t := 0 \cdot s, 0.00001 \cdot s .. T$ $t_1 := 0 \cdot s, 0.0001 \cdot s .. T$ Bereichsvariable n

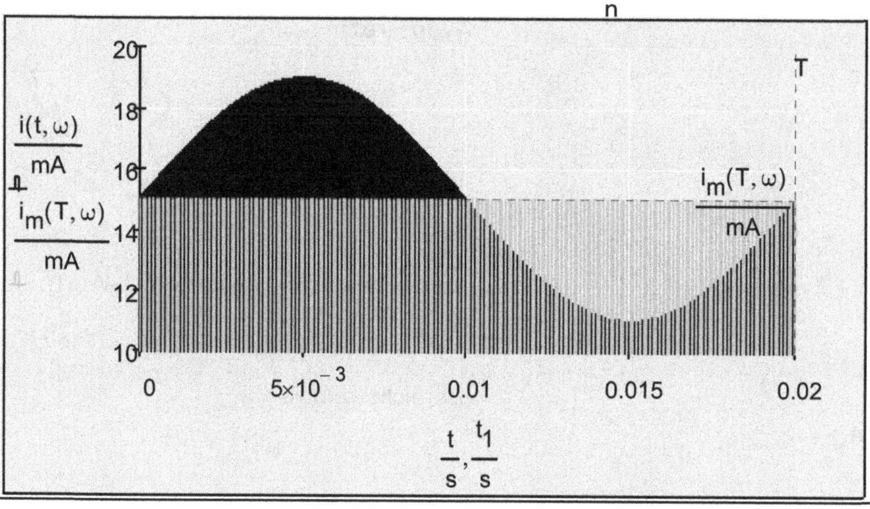

Die Fläche zwischen Kurve und 15 mA-Achse wird null. Es bleibt nur der Gleichanteil übrig.

Abb. 4.6.9.2

Beispiel 4.6.9.3:

Ein Strom i = f(t) transportiert in der Zeit dt die Ladungsmenge dq = i dt.

$q = \int_{t_1}^{t_2} i(t)\, dt$ ist dann die in der Zeit $(t_2 - t_1)$ beförderte Ladungsmenge. Welche gedachte Stromstärke i_m ist erforderlich, um in der gleichen Zeit die gleiche Ladungsmenge zu transportieren? Sei $i = I_{max} \sin(\omega\, t)$ und $t_2 - t_1 = T/2$.

$$i_m(I_{max}) := \frac{1}{\frac{T}{2}} \cdot \int_0^{\frac{T}{2}} I_{max} \cdot \sin\left(\frac{2 \cdot \pi}{T} \cdot t\right) dt$$ mittlere Stromstärke

$$i_m(I_{max}) \rightarrow \frac{2 \cdot I_{max}}{\pi}$$

Beispiel 4.6.9.4:

Bei einem idealen Wechselstrom sind Spannung und Strom in Phase. Bestimmen Sie die Wirkleistung P über eine Periode T.

$$u(t, \omega, U_{max}) := U_{max} \cdot \sin(\omega \cdot t)$$ Wechselspannung

$$i(t, \omega, I_{max}) := I_{max} \cdot \sin(\omega \cdot t)$$ Wechselstrom

$$P = \frac{1}{T} \cdot \int_0^T p(t)\, dt = \frac{1}{T} \cdot \int_0^T u(t) \cdot i(t)\, dt$$ Wirkleistung (Mittelwert über die Momentanleistung p(t))

$$P(U_{max}, I_{max}) := \frac{1}{T} \cdot \int_0^T u\left(t, \frac{2 \cdot \pi}{T}, U_{max}\right) \cdot i\left(t, \frac{2 \cdot \pi}{T}, I_{max}\right) dt$$

$$P(U_{max}, I_{max}) \rightarrow \frac{I_{max} \cdot U_{max}}{2}$$ $U_{max} = \sqrt{2} \cdot U_{eff}$ $\quad I_{max} = \sqrt{2} \cdot I_{eff}$

$$P(\sqrt{2} \cdot U_{eff}, \sqrt{2} \cdot I_{eff}) \rightarrow I_{eff} \cdot U_{eff}$$ Wirkleistung, ausgedrückt durch die Effektivwerte

Beispiel 4.6.9.5:

Bei einem Wechselstrom sind Spannung $u = U_{max} \sin(\omega\, t)$ und Strom $i = I_{max} \sin(\omega\, t - \varphi)$ phasenverschoben. Bestimmen Sie die Leistung P über eine Periode T. Bestimmen Sie auch die Wirkleistung bei einer Phasenverschiebung zwischen U und I von $\varphi = \pi / 2$ über eine Periode.
Hier liegt eine reine induktive Belastung vor. Stellen Sie weiters dieses Problem grafisch dar, wenn $U_{max} = 6$ V, $I_{max} = 4$ A und $f = 1/2\pi$ Hz gegeben sind.

$$P(U_{max}, I_{max}, \varphi) := \frac{1}{2 \cdot \pi} \cdot \int_0^{2\pi} U_{max} \cdot \sin(\alpha) \cdot I_{max} \cdot \sin(\alpha - \varphi)\, d\alpha$$

Substitution:

$\alpha = \omega \cdot t \quad \Rightarrow \quad d\alpha = \omega \cdot dt$

$t = 0 \quad \Rightarrow \quad \alpha = \omega \cdot 0 = 0$

$t = T \quad \Rightarrow \quad \alpha = \omega \cdot T = 2 \cdot \pi$

$$P(U_{max}, I_{max}, \varphi) \rightarrow \frac{I_{max} \cdot U_{max} \cdot \cos(\varphi)}{2}$$

$$\boxed{P(\sqrt{2} \cdot U_{eff}, \sqrt{2} \cdot I_{eff}, \varphi) \rightarrow I_{eff} \cdot U_{eff} \cdot \cos(\varphi)}$$

Wirkleistung (bei Phasenverschiebung)

$P = \frac{1}{2} \cdot U_{max} \cdot I_{max} \cdot \cos(\varphi)$	ersetzen, $U_{max} = U_{eff} \cdot \sqrt{2}$ ersetzen, $I_{max} = I_{eff} \cdot \sqrt{2}$ $\rightarrow P = I_{eff} \cdot U_{eff} \cdot \cos(\varphi)$

Herleitung der Wirkleistung:

$$P = \frac{1}{2\pi} \cdot U_{max} \cdot I_{max} \cdot \int_0^{2\pi} \sin(\alpha) \cdot \sin(\alpha - \varphi)\, d\alpha$$

$$P = \frac{1}{2\pi} \cdot U_{max} \cdot I_{max} \cdot \int_0^{2\pi} \sin(\alpha) \cdot (\sin(\alpha) \cdot \cos(\varphi) - \cos(\alpha) \cdot \sin(\varphi))\, d\alpha$$

Anwendung Summensatz 1. Art

$$P = \frac{1}{2\pi} \cdot U_{max} \cdot I_{max} \cdot \cos(\varphi) \cdot \int_0^{2\pi} \sin(\alpha)^2\, d\alpha - \frac{1}{2 \cdot \pi} \cdot U_{max} \cdot I_{max} \cdot \sin(\varphi) \cdot \int_0^{2\pi} \sin(\alpha) \cdot \cos(\alpha)\, d\alpha$$

$$P = \frac{1}{2 \cdot \pi} \cdot U_{max} \cdot I_{max} \cdot \cos(\varphi) \cdot \pi - \frac{1}{2\pi} \cdot U_{max} \cdot I_{max} \cdot \sin(\varphi) \cdot 0$$

$$P = \frac{1}{2} \cdot U_{max} \cdot I_{max} \cdot \cos(\varphi)$$

$U_{max} := 6V$ Scheitelspannung

$I_{max} := 4A$ Scheitelstrom

$f := \frac{1}{2\pi} Hz$ Frequenz

$\omega := 2 \cdot \pi \cdot f \qquad \omega = 1 \frac{1}{s}$ Kreisfrequenz

$T := \frac{1}{f} \qquad T = 6.283\, s$ Periodendauer

$\varphi := \frac{\pi}{3}$ Phasenverschiebung zwischen u und i

$\varphi = \varphi_u - \varphi_i$ Phasenverschiebung zwischen Spannung und Strom

$\varphi_u = 0$ Phasenverschiebung der Spannung bei t = 0 s

$\varphi_i := -\varphi$ Phasenverschiebung des Stromes bei t = 0 s

$u(t) := U_{max} \cdot \sin(\omega \cdot t)$ Momentanwert der Spannung

$i(t) := I_{max} \cdot \sin(\omega \cdot t + \varphi_i)$ Momentanwert des Stromes

$p(t) := u(t) \cdot i(t)$ Momentanwert der Leistung

$t := 0 \cdot s, 0.001 \cdot s .. 2\pi \cdot s$ Bereichsvariable

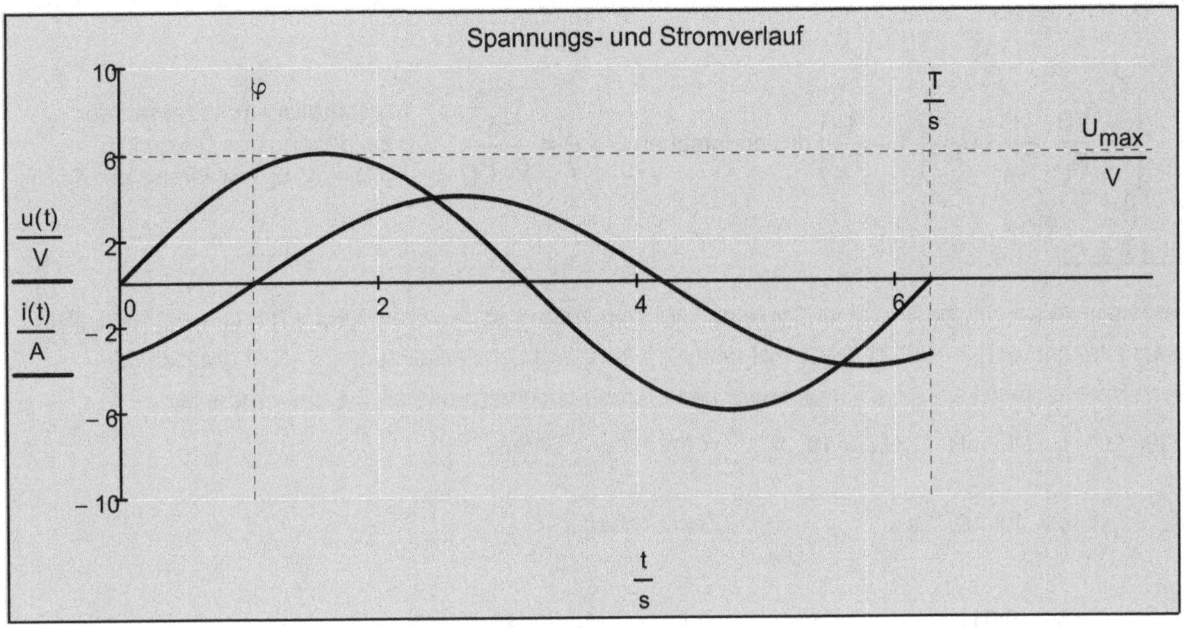

Abb. 4.6.9.3

$P(U_{max}, I_{max}, \varphi) \rightarrow 6 \cdot A \cdot V$ $P(U_{max}, I_{max}, \varphi) = 6W$ Die Leistung über die Periode gesehen ist 6 W.

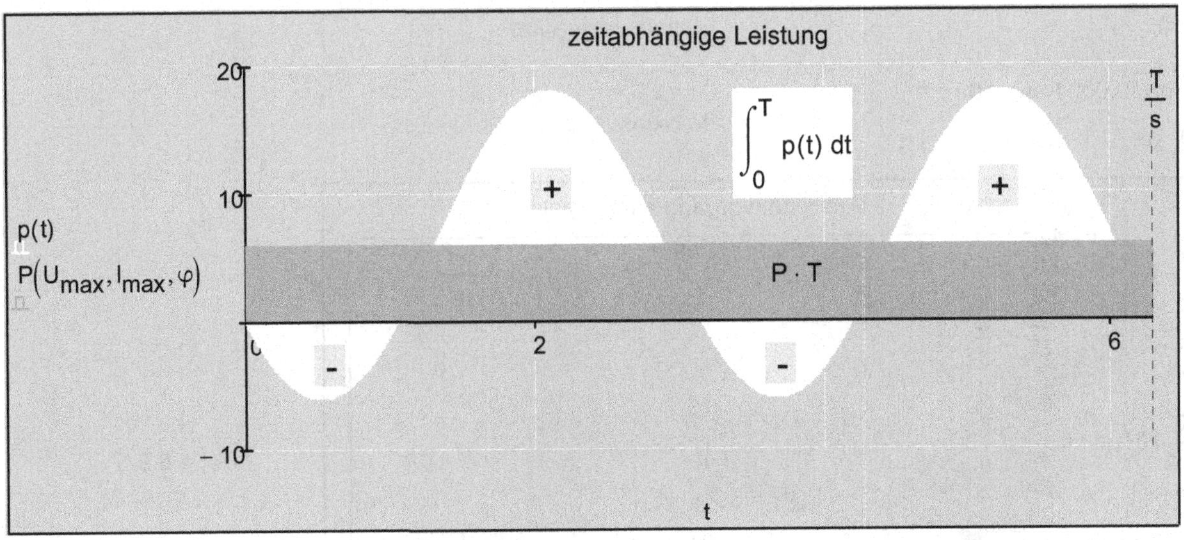

Abb. 4.6.9.4

Beispiel 4.6.9.6:

Bestimmen Sie die Leistung eines Transistors bei Belastung, wenn folgende Größen gegeben sind:

$$i(t) = I_{max} \cdot \frac{t}{T_s} = \frac{U_B}{R_L} \cdot \frac{t}{T_s}$$

T_s ... Schaltzeit
R_L ... Lastwiderstand
U_B ... Betriebsspannung

$$u_S(t) = U_B \cdot \left(1 - \frac{t}{T_s}\right)$$

Schaltspannung

$$P = \frac{1}{T_s} \cdot \int_0^{T_s} \frac{U_B}{R_L} \cdot \frac{t}{T_s} \cdot U_B \cdot \left(1 - \frac{t}{T_s}\right) dt \text{ vereinfachen } \rightarrow P = \frac{U_B^2}{6 \cdot R_L}$$

arithmetischer Mittelwert der zeitabhängigen Leistung $p(t) = i(t)\, u_s(t)$ während der Zeit T_s

Beispiel 4.6.9.7:

Der Strom beim Ausschaltvorgang einer Spule an Gleichspannung ist gegeben durch $i(t) = I_0\, e^{-t/\tau}$. Stellen Sie den Ausschaltstrom für $R = 1000\ \Omega$, $L = 1$ mH und $U_0 = 10$ V und der Zeitkonstante $\tau = L/R$ grafisch dar. Berechnen Sie die Fläche zwischen Stromkurve und t-Achse und interpretieren Sie das Ergebnis.

$R := 1000 \cdot \Omega \quad L := 1 \cdot mH \quad U_0 := 10 \cdot V$ vorgegebene Daten

$\tau := \frac{L}{R} \quad \tau = 1 \times 10^{-6} s$ Zeitkonstante

$I_0 := \frac{U_0}{R} \quad I_0 = 0.01\,A$ Strom vor dem Ausschalten

$i(t) := I_0 \cdot e^{\frac{-t}{\tau}}$ Ausschaltstrom

$\mu s := 10^{-6} s$ Einheitendefinition

$t := 0 \cdot \mu s, 0.0001 \cdot \mu s .. 6 \cdot \tau$

$t_1 := 0 \cdot \mu s, 0.1 \cdot \mu s .. 6 \cdot \tau$

Bereichsvariablen für die Zeit

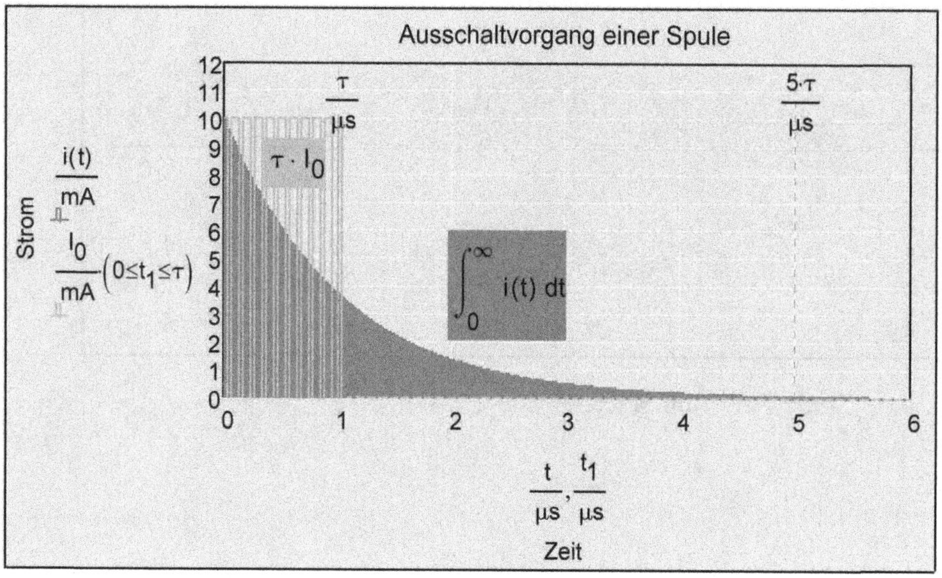

Abb. 4.6.9.5

$t := t \qquad \tau := \tau \qquad I_0 := I_0$ Redefinitionen

$$\int_0^{\infty} I_0 \cdot e^{\frac{-t}{\tau}} \, dt \; \begin{vmatrix} \text{annehmen}, \tau > 0 \\ \text{vereinfachen} \end{vmatrix} \rightarrow I_0 \cdot \tau$$

$$\int_0^{\infty} I_0 \cdot e^{\frac{-t}{\tau}} \, dt = \tau \cdot I_0$$

$I_0\, \tau$ ist die gespeicherte Ladung in der Spule. Die Fläche zwischen Kurve und t-Achse ist genauso groß wie die Rechtecksfläche $I_0\, \tau$.

$$I_0 = \frac{1}{\tau} \cdot \int_0^{\infty} I_0 \cdot e^{\frac{-t}{\tau}} \, dt$$

bedeutet den Mittelwert des konstanten Anfangsstromes

b) arithmetischer Mittelwert - Gleichrichtwert:

Für eine Funktion f: y = f(x) ist im Intervall [a, b] wegen

$$\int_a^b |f(x)| \, dx = |y_m| \cdot (b - a) \qquad \textbf{(4-161)}$$

der Inhalt der Fläche zwischen dem Grafen von y = | f(x) | und der x-Achse im Intervall [a, b] gleich dem Flächeninhalt eines Rechtecks mit den Seiten $|y_m|$ und (b - a).

Beispiel 4.6.9.8:

Bestimmen Sie den Gleichrichtwert eines sinusförmigen Wechselstroms $i = I_{max} \sin(\omega\, t)$ bei Zweiweg-gleichrichtung über eine Periode T. Stellen Sie das Problem grafisch für $I_{max} = 2$ A und $\omega = 2\,\pi\, s^{-1}$ dar.

$$\bar{I} = I_m = |i| = \frac{1}{T} \cdot \int_0^T |i(t)| \, dt$$

Gleichrichtwert des Stromes

$I_{max} := I_{max}$ Redefinition

$\alpha = \omega \cdot t = \frac{2 \cdot \pi}{T} \cdot t \qquad d\alpha = \frac{2 \cdot \pi}{T} \cdot dt$

Grenzen: für t = 0 ist $\alpha = 0$ und
für t = T ist $\alpha = 2\,\pi$

$$\bar{I} = \frac{2}{2 \cdot \pi} \cdot \int_0^{\pi} I_{max} \cdot \sin(\alpha) \, d\alpha \text{ vereinfachen } \rightarrow \bar{I} = \frac{2 \cdot I_{max}}{\pi}$$

Der Gleichrichtwert ist gleich dem linearen Mittelwert über eine halbe Periode!

Wir erhalten als Gleichrichtwert des Wechselstromes einen Wert, der über eine halbe Periode gleichmäßig wirkend dieselbe Ladungsmenge durch den Leiter treibt wie der Wechselstrom.

$I_{max} := 2 \cdot A$ maximale Amplitude

$\omega := 2 \cdot \pi \cdot s^{-1}$ Kreisfrequenz

$T := \frac{2 \cdot \pi}{\omega}$ $T = 1s$ Periodendauer

$i(t) := I_{max} \cdot \sin(\omega \cdot t)$ gegebener Strom

$\bar{I} := \frac{2}{\pi} \cdot I_{max}$ Gleichrichtwert

$t := 0 \cdot s, 0.001 \cdot s .. T$

$t_1 := 0 \cdot s, 0.01 \cdot s .. T$ Bereichsvariablen

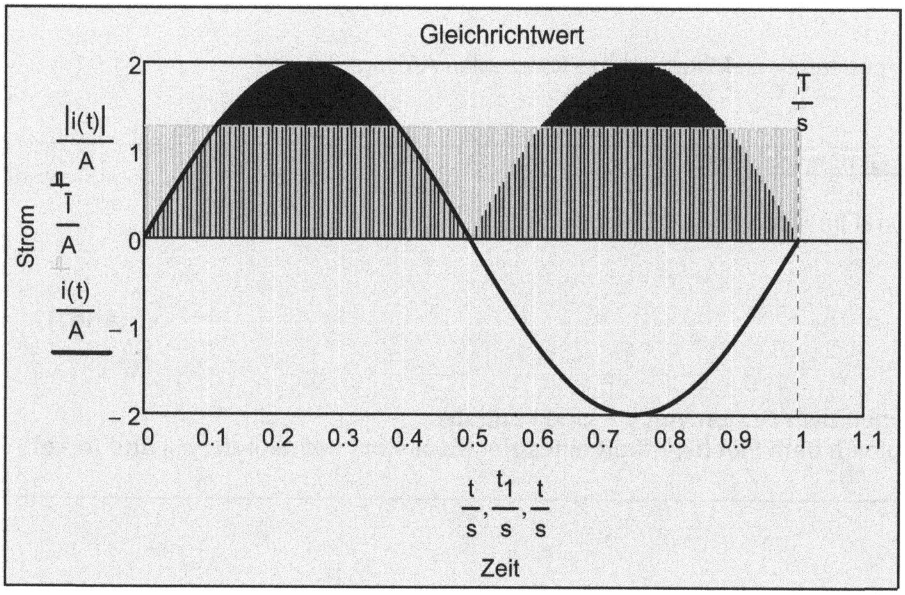

Abb. 4.6.9.6

Beispiel 4.6.9.9:

Bestimmen Sie den Gleichrichtwert eines sinusförmigen Wechselstroms $i = I_{max} \sin(\omega\ t)$ für $0 \le t \le T/2$ und $i = 0$ für $T/2 < t \le T$ bei Einweggleichrichtung über eine Periode T. Stellen Sie das Problem grafisch für $I_{max} = 2$ A und $\omega = 2\ \pi\ s^{-1}$ dar.

$I_{max} := I_{max}$ $\bar{I} := \bar{I}$ Redefinitionen

$\alpha = \omega \cdot t = \frac{2 \cdot \pi}{T} \cdot t$ $d\alpha = \frac{2 \cdot \pi}{T} \cdot dt$ Grenzen: mit $t = 0$ ist $\alpha = 0$ und mit $t = T/2$ ist $\alpha = \pi$

$\bar{I} = \frac{1}{2 \cdot \pi} \cdot \int_0^{\pi} I_{max} \cdot \sin(\alpha)\, d\alpha$ vereinfachen $\rightarrow \bar{I} = \frac{I_{max}}{\pi}$

Der Gleichrichtwert ist gleich dem linearen Mittelwert über eine halbe Periode!

$\bar{I} = \frac{1}{T} \cdot \int_0^{\frac{T}{2}} I_{max} \cdot \sin(\omega \cdot t)\, dt \rightarrow \bar{I} = \frac{I_{max}}{2 \cdot \pi}$

$I_{max} := 2 \cdot A$ maximale Amplitude

$\omega := 2 \cdot \pi \cdot s^{-1}$ Kreisfrequenz

$T := \frac{2 \cdot \pi}{\omega}$ $T = 1 s$ Periodendauer

$i(t) := \begin{cases} I_{max} \cdot \sin(\omega \cdot t) & \text{if } 0 \le t \le \frac{T}{2} \\ 0 & \text{otherwise} \end{cases}$ gegebener Strom

$\bar{I} := \frac{1}{\pi} \cdot I_{max}$ Gleichrichtwert

$t := 0 \cdot s, 0.001 \cdot s .. T$ $t_1 := 0 \cdot s, 0.01 \cdot s .. T$ Bereichsvariablen

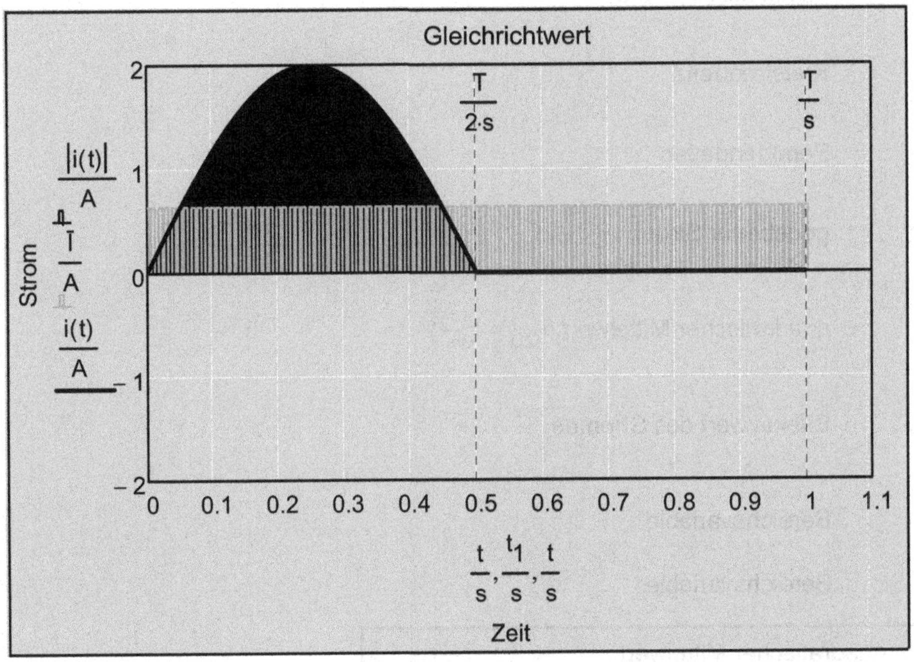

Abb. 4.6.9.7

c) quadratischer Mittelwert (Effektivwert):

Für eine Funktion f: y = f(x) ist im Intervall [a, b] wegen

$$\int_a^b (f(x))^2 \, dx = y_m^2 \cdot (b - a) \qquad \textbf{(4-162)}$$

der Inhalt der Fläche zwischen dem Grafen von $y = (f(x))^2$ und der x-Achse im Intervall [a, b] gleich dem Flächeninhalt eines Rechtecks mit den Seiten y_m^2 und (b - a).

Beispiel 4.6.9.10:

Bestimmen Sie den Effektivwert eines sinusförmigen Wechselstroms $i = I_{max} \sin(\omega\, t)$ über eine Periode T. Stellen Sie das Problem grafisch für $I_{max} = 1$ A und $\omega = 2\,\pi\, s^{-1}$ dar.

$I_{eff}^2 = \frac{1}{T} \cdot \int_0^T i(t)^2\, dt$ quadratischer Mittelwert

$I_{max} := I_{max}$ Redefinition

$\alpha = \omega \cdot t = \frac{2 \cdot \pi}{T} \cdot t$ $\quad d\alpha = \frac{2 \cdot \pi}{T} \cdot dt$ $\quad dt = \frac{T}{2 \cdot \pi} \cdot d\alpha$ Grenzen: mit t = 0 ist $\alpha = 0$ und mit t = T ist $\alpha = 2\,\pi$

$I_{eff}^2 = \frac{1}{2 \cdot \pi} \cdot \int_0^{2 \cdot \pi} I_{max}^2 \cdot \sin(\alpha)^2\, d\alpha$ vereinfachen $\rightarrow I_{eff}^2 = \frac{I_{max}^2}{2}$ quadratischer Mittelwert

$I_{max} := 1 \cdot A$ maximale Amplitude

$\omega := 2 \cdot \pi \cdot s^{-1}$ Kreisfrequenz

$T := \frac{2 \cdot \pi}{\omega}$ $\quad T = 1\,s$ Periodendauer

$i(t) := I_{max} \cdot \sin(\omega \cdot t)$ gegebener Strom

$I_{Qu} := \frac{1}{2} \cdot I_{max}^2$ quadratischer Mittelwert ($I_{QU} = I_{eff}^2$)

$I_{eff} := \frac{I_{max}}{\sqrt{2}}$ $\quad I_{eff} = 0.707\,A$ Effektivwert des Stromes

$t := 0 \cdot s, 0.001 \cdot s .. T$ Bereichsvariable

$t_1 := 0 \cdot s, 0.01 \cdot s .. T$ Bereichsvariable

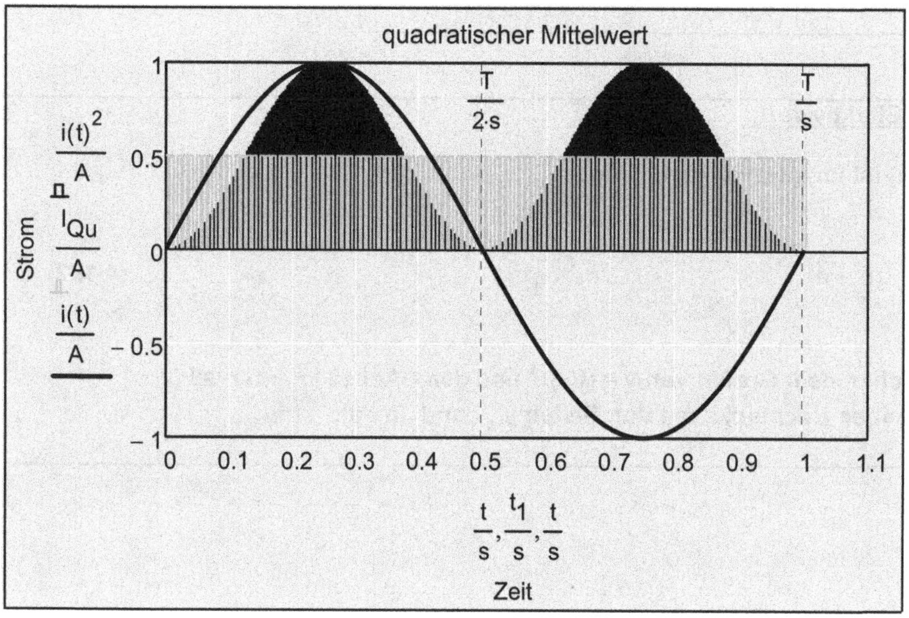

Abb. 4.6.9.8

Beispiel 4.6.9.11:

Bestimmen Sie den Effektivwert der nachfolgend angegebenen Dreieckspannung u über eine Periode T. Stellen Sie das Problem grafisch für U_{max} = 5 V und T = 8 s dar.

$$u(t, T, U_{max}) := \begin{cases} \dfrac{U_{max}}{\frac{T}{4}} \cdot t & \text{if } 0 \cdot s \le t \le \dfrac{T}{4} \\ U_{max} \cdot \left(2 - \dfrac{1}{\frac{T}{4}} \cdot t\right) & \text{if } \dfrac{T}{4} < t \le 3 \cdot \dfrac{T}{4} \\ U_{max} \cdot \left(\dfrac{1}{\frac{T}{4}} \cdot t - 4\right) & \text{if } 3 \cdot \dfrac{T}{4} < t \le T \end{cases}$$

Dreieckspannung

$U_{max} := U_{max}$ Redefinition

$$U_{eff}^2 = \frac{U_{max}^2}{T} \cdot \left[\int_0^{\frac{T}{4}} \left(\frac{1}{\frac{T}{4}} \cdot t\right)^2 dt + \int_{\frac{T}{4}}^{3\frac{T}{4}} \left(2 - \frac{1}{\frac{T}{4}} \cdot t\right)^2 dt + \int_{3\frac{T}{4}}^{T} \left(\frac{1}{\frac{T}{4}} \cdot t - 4\right)^2 dt\right] \rightarrow U_{eff}^2 = \frac{U_{max}^2}{3}$$

$U_{max} := 5 \cdot V$ $\quad T := 8 \cdot s$ $\quad T = 8\,s$ maximale Amplitude und Periodendauer

$U_{eff} := \dfrac{U_{max}}{\sqrt{3}}$ $\quad U_{eff} = 2.887\,V$ Effektivwert der Spannung

$U_{eff}^2 = 8.333\,V^2$ quadratischer Mittelwert

$t := 0 \cdot s, 0.001 \cdot s .. T$ $\quad t_1 := 0 \cdot s, 0.1 \cdot s .. T$ Bereichsvariablen

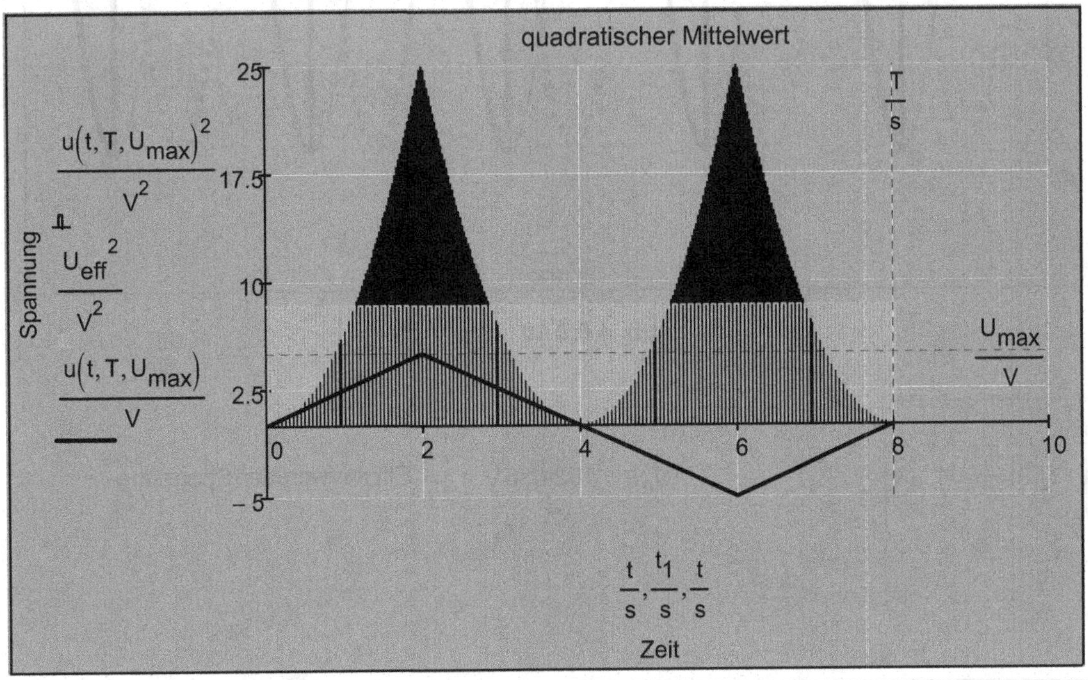

Abb. 4.6.9.9

Beispiel 4.6.9.12:

Bestimmen Sie den Effektivwert der nachfolgend angegebenen Spannung u über eine Periode T. Stellen Sie das Problem grafisch für $U_{max} = 230\sqrt{2}$ V und T = 1/50 s dar.

$U_{max} := 230 \cdot \sqrt{2}V$ maximale Amplitude

$T := \frac{1}{50} \cdot s$ Periodendauer

$\omega := \frac{2 \cdot \pi}{T}$ $\omega \rightarrow \frac{100 \cdot \pi}{s}$ Kreisfrequenz

$$u(t, p, \varphi) := \begin{vmatrix} z \leftarrow \text{floor}\left(\frac{t}{\frac{T}{2}}\right) \\ 0 \cdot V \ \ \text{if} \ \left(z \cdot \frac{T}{2}\right) < t < \left(z \cdot \frac{T}{2} + p\right) \\ U_{max} \cdot \sin(\omega \cdot t + \varphi) \ \ \text{otherwise} \end{vmatrix}$$

gegebene Funktion

$t := 0 \cdot s, 0.0001 \cdot s .. 0.1 \cdot s$ Bereichsvariable

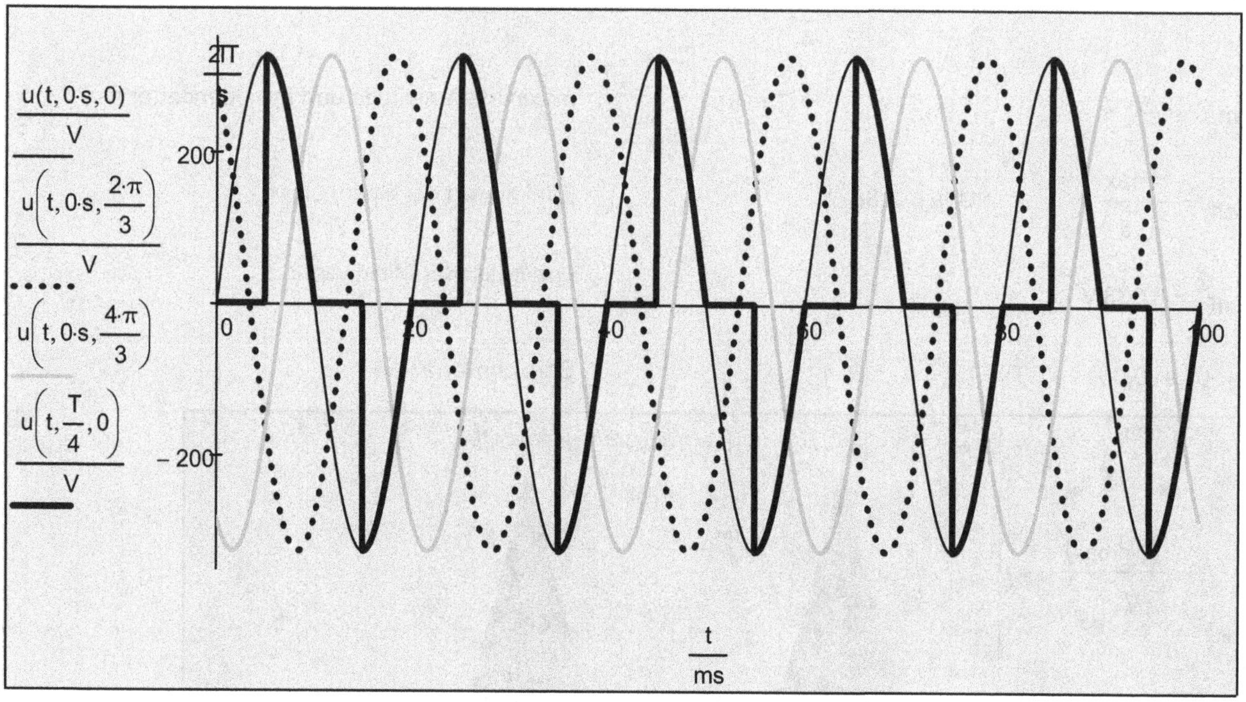

Abb. 4.6.9.10

$$U_{eff} := \sqrt{\frac{1}{T} \cdot \left(\int_0^T u\left(t, \frac{T}{4}, 0\right)^2 dt\right)}$$

$U_{eff} = 162.635\,V$ Effektivwert der Spannung

4.7 Mehrfachintegrale

Bisher wurde ausführlich auf die Integration einer Funktion von einer unabhängigen Variablen eingegangen. Wir sprechen in diesem Zusammenhang von einem gewöhnlichen Integral. Hier soll noch kurz auf die Integration einer Funktion mit zwei bzw. drei Variablen eingegangen werden. Diese Erweiterung des Integrationsbegriffes führt auf Doppel- und Dreifachintegrale, die bei vielen Anwendungen, wie z. B. Flächeninhalt, Schwerpunkt einer Fläche, Flächenträgheitsmomenten, Volumen und Masse eines Körpers, Schwerpunkt eines Körpers und Massenträgheitsmomenten, auftreten. Im vorhergehenden Abschnitt wurden diese Themen bereits behandelt. Hier wurden Mehrfachintegrale unter Berücksichtigung von gewissen Symmetrieeigenschaften auf gewöhnliche Integrale zurückgeführt.

4.7.1 Doppelintegrale

Doppelintegrale (auch zweifaches Integral oder Gebietsintegral genannt) werden von Funktionen zweier Veränderlicher in kartesischen Koordinaten $z = f(x,y)$ bzw. in Polarkoordinaten $z = F(r,\varphi)$, erstreckt über einen Bereich A in der x-y-Ebene bzw. r-φ-Ebene, gebildet. Dazu betrachten wir anschaulicherweise zuerst einen zylindrischen Körper, also ein geometrisches Problem. $z = f(x,y)$ sei eine im Bereich A definierte und stetige Funktion mit $f(x,y) \geq 0$.

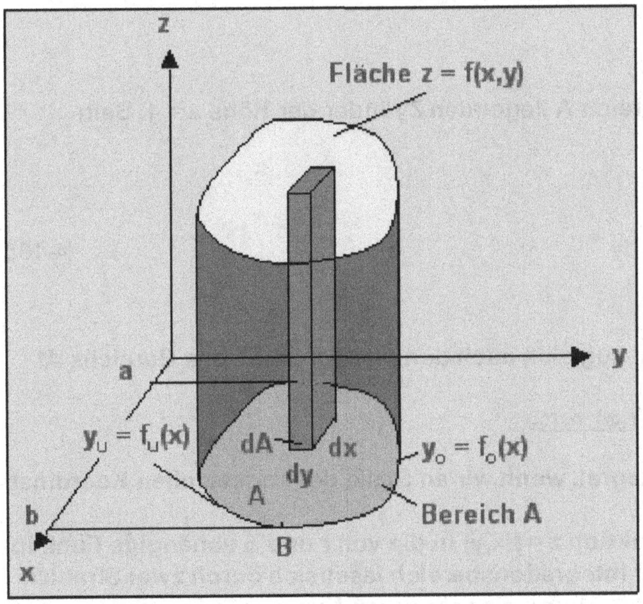

Abb. 4.7.1

**Das Doppelintegral ist die Maßzahl des Rauminhaltes für den zylindrischen Körper, der vom Bereich A in der x-y-Ebene, den auf dem Rand von A errichteten Loten und einem Teil der Fläche $z = f(x,y)$ begrenzt wird.
Der Integrationsbereich lässt sich durch die Ungleichungen $f_u(x) \leq y \leq f_o(x)$ und $a \leq x \leq b$ beschreiben, wobei $y_u = f_u(x)$ die untere und $y_o = f_o(x)$ die obere Randkurve ist und die seitlichen Begrenzungen aus zwei Parallelen zur y-Achse mit den Funktionsgleichungen $x = a$ und $x = b$ bestehen.
Das infinitesimale Flächenelement dA mit $dA = dx\,dy$ ist ein Rechteck. Über diesem Rechteck liegt eine quaderförmige Säule mit dem infinitesimalen Rauminhalt $dV = z\,dA = f(x,y)\,dx\,dy = f(x,y)\,dy\,dx$.**

1. Fall (Abb. 4.7.1):

$$\int_A z\,dA = \int_A f(x,y)\,dA = \int_{x=a}^{x=b}\int_{f_u(x)}^{f_o(x)} f(x,y)\,dy\,dx \quad \textbf{Doppelintegral} \qquad (4\text{-}163)$$

Bei diesem Doppelintegral wird von innen nach außen integriert, d. h. zuerst bezüglich der Variablen y (x wird dabei zunächst als Konstante angesehen) und dann erst nach der Variablen x. Die Integrationsgrenzen des inneren Integrals sind dabei von x abhängige Funktionen, die Grenzen des äußeren Integrals dagegen Konstanten.

2. Fall:

Der Integrationsbereich lässt sich durch die Ungleichungen $f_u(y) \le x \le f_o(y)$ und $a \le y \le b$ beschreiben, wobei $x_u = f_u(y)$ die untere und $x_o = f_o(y)$ die obere Randkurve ist und die seitlichen Begrenzungen aus zwei Parallelen zur x-Achse mit den Funktionsgleichungen $y = a$ und $y = b$ bestehen.

$$\int\limits_A z\,dA = \int\limits_A f(x,y)\,dA = \int_{y=a}^{y=b}\int_{x_u=f_u(y)}^{x_o=f_o(y)} f(x,y)\,dx\,dy \quad \textbf{Doppelintegral} \qquad \textbf{(4-164)}$$

Bei diesem Doppelintegral wird ebenfalls von innen nach außen integriert, d. h. zuerst bezüglich der Variablen x (y wird dabei zunächst als Konstante angesehen) und dann erst nach der Variablen y. Die Integrationsgrenzen des inneren Integrals sind dabei von y abhängige Funktionen, die Grenzen des äußeren Integrals dagegen Konstanten.

3. Vertauschbarkeit der Reihenfolge der Integration:

Die Reihenfolge der Integration ist eindeutig durch die Reihenfolge der Differentiale dy und dx im Doppelintegral festgelegt! Sie ist nur dann vertauschbar, wenn sämtliche Integrationsgrenzen konstant sind, d. h., wenn ein rechteckiger Integrationsbereich A vorliegt!

4. Die Funktion $f(x,y) = 1$:

In diesem Fall erhalten wir einen über dem Bereich A liegenden Zylinder der Höhe $z = 1$. Sein Volumen ist gegeben durch:

$$\int_{x=a}^{x=b}\int_{f_u(x)}^{f_o(x)} 1\,dy\,dx = \int_{x=a}^{x=b}\int_{f_u(x)}^{f_o(x)} 1\,dx\,dy \qquad \textbf{(4-165)}$$

Zahlenmäßig beschreibt dieses Doppelintegral zugleich auch den Flächeninhalt des Bereichs A!

5. Die Funktion liegt in Polarkoordinaten $z = F(r,\varphi)$ vor:

In vielen Fällen vereinfacht sich das Doppelintegral, wenn wir an Stelle der kartesischen Koordinaten x und y Polarkoordinaten r und φ verwenden.
Durch Koordinatentransformation geht die Funktion $z = f(x,y)$ in die von r und φ abhängige Funktion über: $z = f(x,y) = f(r\cos(\varphi), r\sin(\varphi)) = F(r,\varphi)$. Der Integrationsbereich lässt sich durch zwei Strahlen $\varphi = \varphi_1$ und $\varphi = \varphi_2$ sowie einer inneren Kurve $r = r_i(\varphi)$ und einer äußeren Kurve $r = r_a(\varphi)$ begrenzen und durch die Ungleichungen $r_i(\varphi) \le r \le r_a(\varphi)$ und $\varphi_1 \le \varphi \le \varphi_2$ beschreiben. Das Flächenelement dA ist gegeben durch $dA = (r\,d\varphi)\,dr = r\,dr\,d\varphi$.

$$\int_{\varphi_1}^{\varphi_2}\int_{r_i(\varphi)}^{r_a(\varphi)} f(r\cdot\cos(\varphi), r\cdot\sin(\varphi))\cdot r\,dr\,d\varphi \quad \textbf{(Doppelintegral in Polarkoordinaten)} \qquad \textbf{(4-166)}$$

Die Integralberechnung erfolgt wieder von innen nach außen, d. h., es wird zuerst nach der Variablen r zwischen den beiden Kurven $r = r_i(\varphi)$ und $r = r_a(\varphi)$ integriert und anschließend nach der Winkelkoordinate φ zwischen den Strahlen $\varphi = \varphi_1$ und $\varphi = \varphi_2$.

Beispiel 4.7.1:

Berechnen Sie den Flächeninhalt einer Ellipse in Mittelpunktslage mithilfe eines Doppelintegrals. Stellen Sie das Problem grafisch dar.

$a := 3 \qquad b := 2$ angenommene Halbachsen

$y(x) := \frac{b}{a} \cdot \sqrt{a^2 - x^2}$ obere Ellipsenkurve

$x := 0, 0.001 .. a$ Bereichsvariable

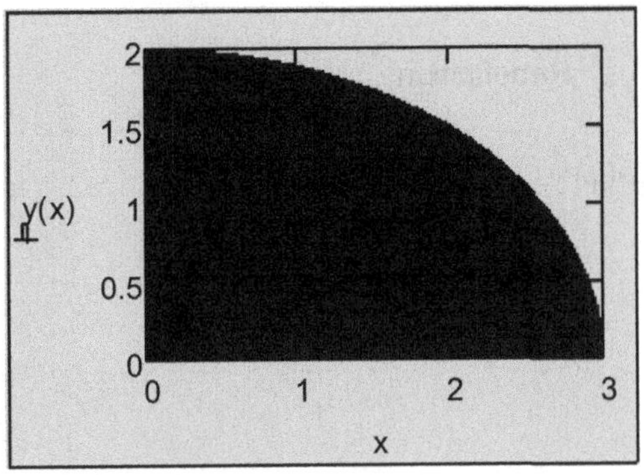

Abb. 4.7.2

$a := a \qquad b := b$ Redefinitionen

$$A(a,b) := 4 \cdot \int_0^a \int_0^{\frac{b}{a}\sqrt{a^2-x^2}} 1\, dy\, dx$$

$A(a,b)$ annehmen, $a > 0 \;\rightarrow \pi \cdot a \cdot b$

$A(2 \cdot m, 1 \cdot m) = 6.283\, m^2$ Flächeninhalt der Ellipse

Beispiel 4.7.2:

Berechnen Sie den Flächeninhalt zwischen der Kreislinie $x^2 + y^2 = 25$ und der Geraden $y = -x + 5$ mithilfe eines Doppelintegrals. Stellen Sie das Problem grafisch dar.

$r := 5$ Kreisradius

$y1(x) := -x + 5$ Gerade

$y2(x) := \sqrt{r^2 - x^2}$ oberer Halbkreis

$x := 0, 0.001 .. r$ Bereichsvariable

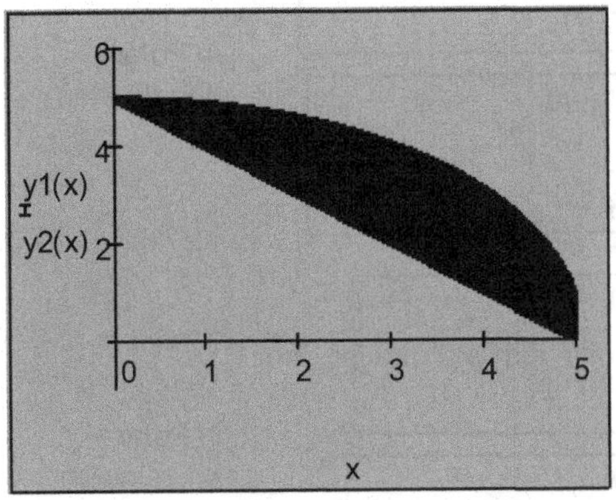

Abb. 4.7.3

$$\int_0^5 \int_{y1(x)}^{y2(x)} 1\, dy\, dx \text{ vereinfachen } \rightarrow \frac{25 \cdot \pi}{4} - \frac{25}{2} = 7.135$$

$$\int_0^5 (y2(x) - y1(x))\, dx \text{ vereinfachen } \rightarrow \frac{25 \cdot \pi}{4} - \frac{25}{2} = 7.135$$

$$A := \int_0^5 \int_{y1(x)}^{y2(x)} 1\, dy\, dx$$

$A = 7.135$ Maßzahl der Fläche

Beispiel 4.7.3:

Berechnen Sie den Flächeninhalt einer Kardioide $r(\varphi) = 1 + \cos(\varphi)$ im Intervall $0 \le \varphi < 2\pi$ mithilfe eines Doppelintegrals. Stellen Sie das Problem grafisch dar.

$r(\varphi) := 1 + \cos(\varphi)$ Polarkoordinatendarstellung der Kardioide

$\varphi := 0, 0.001 .. 2 \cdot \pi$ Bereichsvariable

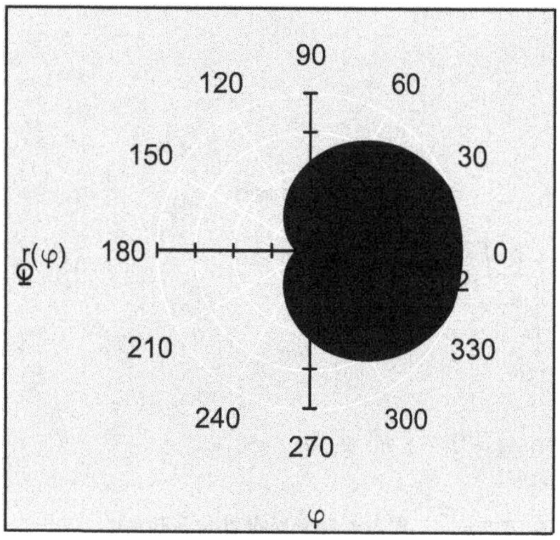

Abb. 4.7.4

$r_i(\varphi) = 0$ $r_a(\varphi) = 1 + \cos(\varphi)$ Randkurven

$A := A$ Redefinition

$$A = \int_0^{2\cdot\pi} \int_0^{1+\cos(\varphi)} r \, dr \, d\varphi \rightarrow A = \frac{3 \cdot \pi}{2}$$

Beispiel 4.7.4:

Berechnen Sie die Schwerpunktskoordinaten eines Halbkreises und das Flächenträgheitsmoment bezüglich der Schwerachse s mithilfe eines Doppelintegrals. Stellen Sie das Problem grafisch dar.

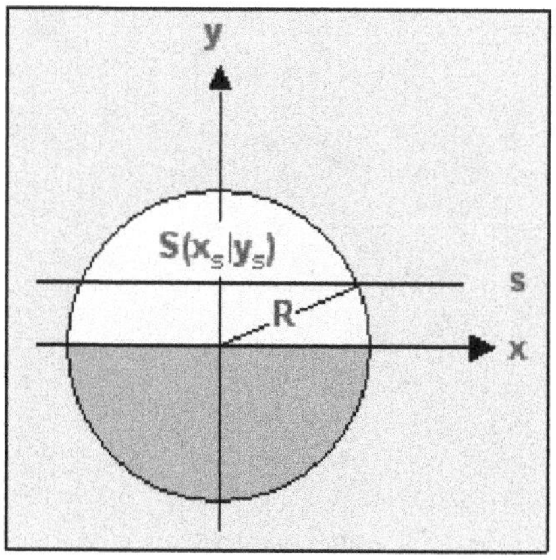

Abb. 4.7.5

in kartesischen Koordinaten:

$$x_S = \frac{1}{A} \cdot \int x \, dA = \frac{1}{A} \cdot \int_a^b \int_{f_u(x)}^{f_o(x)} x \, dy \, dx$$

$$y_S = \frac{1}{A} \cdot \int y \, dA = \frac{1}{A} \cdot \int_a^b \int_{f_u(x)}^{f_o(x)} y \, dy \, dx$$

in Polarkoordinaten:

$$x_S = \frac{1}{A} \cdot \int_{\varphi_1}^{\varphi_2} \int_{r_i(\varphi)}^{r_a(\varphi)} r^2 \cdot \cos(\varphi) \, dr \, d\varphi$$

$$y_S = \frac{1}{A} \cdot \int_{\varphi_1}^{\varphi_2} \int_{r_i(\varphi)}^{r_a(\varphi)} r^2 \cdot \sin(\varphi) \, dr \, d\varphi$$

kartesische Koordinaten:

$$I_x = \int y^2 \, dA = \int_a^b \int_{f_u(x)}^{f_o(x)} y^2 \, dy \, dx$$

$$I_y = \int x^2 \, dA = \int_a^b \int_{f_u(x)}^{f_o(x)} x^2 \, dy \, dx$$

in Polarkoordinaten:

$$I_x = \int_{\varphi_1}^{\varphi_2} \int_{r_i(\varphi)}^{r_a(\varphi)} r^3 \cdot \sin(\varphi)^2 \, dr \, d\varphi$$

$$I_y = \int_{\varphi_1}^{\varphi_2} \int_{r_i(\varphi)}^{r_a(\varphi)} r^3 \cdot \cos(\varphi)^2 \, dr \, d\varphi$$

$0 \le r \le R \qquad 0 \le \varphi \le \pi$ — Bereich

$A = \frac{R^2 \cdot \pi}{2}$ — Halbkreisfläche

$x_S = 0 \qquad y_S = \frac{2}{R^2 \cdot \pi} \cdot \int_0^{\pi} \int_0^{R} r^2 \cdot \sin(\varphi)\, dr\, d\varphi \rightarrow y_S = \frac{4 \cdot R}{3 \cdot \pi}$ — Schwerpunktskoordinaten (Die Integrationsreihenfolge kann hier vertauscht werden!)

$I_x = \int_0^{\pi} \int_0^{R} r^3 \cdot \sin(\varphi)^2\, dr\, d\varphi \rightarrow I_x = \frac{\pi \cdot R^4}{8}$ — Flächenträgheitsmoment bezüglich der x-Achse

$I_s = I_x - A \cdot y_S^2$ — nach Satz von Steiner

$I_s = \frac{1}{8} \cdot \pi \cdot R^4 - \frac{R^2 \cdot \pi}{2} \cdot \left(\frac{4}{3} \cdot \frac{R}{\pi}\right)^2 \rightarrow I_s = \frac{\pi \cdot R^4}{8} - \frac{8 \cdot R^4}{9 \cdot \pi}$ — Flächenträgheitsmoment bezüglich der Schwerachse

Beispiel 4.7.5:

Berechnen Sie die Oberfläche der Funktion $f(x,y) = 6 - x^2 - y^2$ über einem kreisförmigen Integralbereich $x^2 + y^2 \le r^2$ mithilfe eines Doppelintegrals. Stellen Sie das Problem grafisch dar.

$f(x, y) := 6 - x^2 - y^2$ — Flächenfunktion

$i := 1, 2 .. 20 \qquad j := 1, 2 .. 20$ — Bereichsvariablen

$\mathbf{z}_{i,j} := f\left(\frac{i-10}{5}, \frac{j-10}{5}\right)$ — Matrix der Funktionswerte

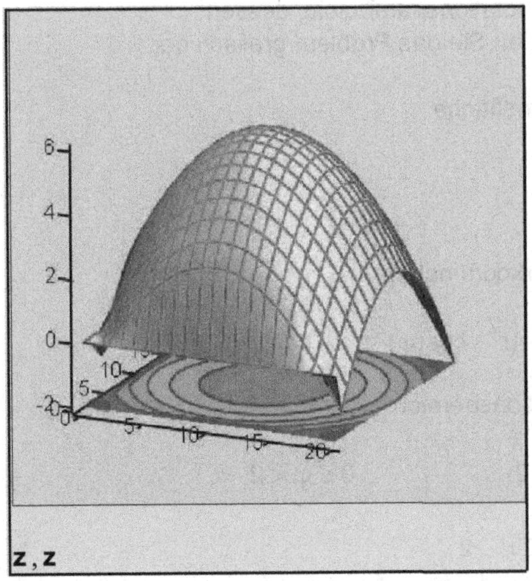

Abb. 4.7.6

$r := 2$ — Radius des kreisförmigen Integralbereichs

$$A_O := \int_{-r}^{r} \int_{-\sqrt{r^2-x^2}}^{\sqrt{r^2-x^2}} \sqrt{1 + \left(\frac{d}{dx} f(x,y)\right)^2 + \left(\frac{d}{dy} f(x,y)\right)^2}\, dy\, dx$$

$A_O = 36.177$ — Maßzahl der Oberfläche

$$A_O := \int_0^{2 \cdot \pi} \int_0^{r} \sqrt{1 + 4 \cdot \rho^2} \cdot \rho\, d\rho\, d\varphi$$ Polarkoordinaten

$A_O = 36.177$ — Maßzahl der Oberfläche

Beispiel 4.7.6:

Über dem durch die Gleichung $x^2 + y^2 = 16$ gegebenen Kreis der x-y-Ebene steht ein gerader Zylinder. Er wird durch die Ebene $z = f(x,y) = x + y + 2$ schief abgeschnitten. Wie groß ist das Volumen zwischen den Ebenen $z = 0$ und $z = x + y + 2$? Stellen Sie das Problem grafisch dar.

$$f(z,\varphi) := \begin{pmatrix} 4 \cdot \cos(\varphi) \\ 4 \cdot \sin(\varphi) \\ z \end{pmatrix}$$ Zylinder in Zylinderkoordinaten

$g(x,y) := x + y + 2$ Ebene

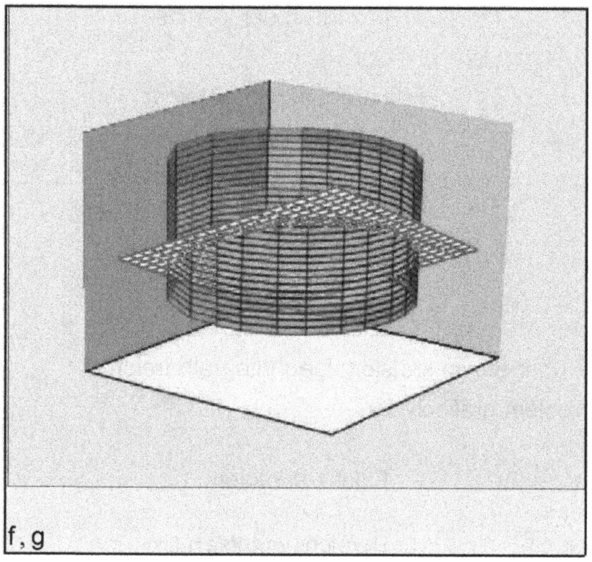

Abb. 4.7.7

$r := 4$ Radius

$$V := \int_0^r \int_0^{\sqrt{r^2 - x^2}} (x + y + 2)\, dy\, dx$$

$V \to 8 \cdot \pi + \dfrac{128}{3}$ Maßzahl des Volumens

Beispiel 4.7.7:

Durch Rotation der Parabel $z = 4 - x^2$ um die z-Achse entsteht ein Rotationsparaboloid, dessen Bodenfläche in die x-y-Ebene fällt. Wie groß ist sein Volumen? Stellen Sie das Problem grafisch dar.

$f(x,y) := 4 - \left(x^2 + y^2\right)$ Rotationsfläche

$g(x,y) := 0$ Ebene

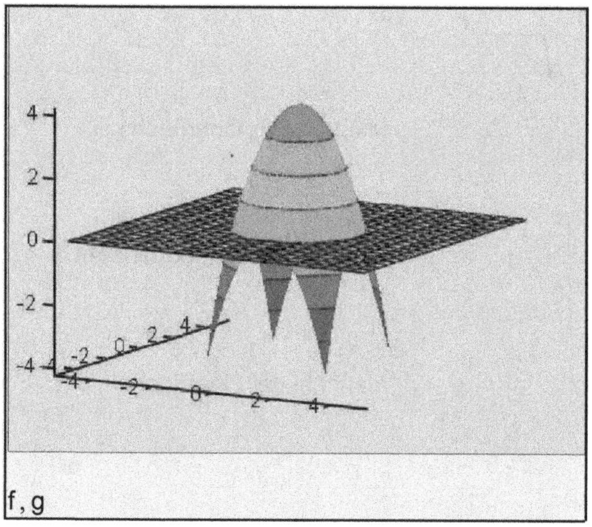

Abb. 4.7.8

In Polarkoordinaten:

$$z = 4 - \left(r^2 \cdot \cos(\varphi)^2 + r^2 \cdot \sin(\varphi)^2 = 4 - r^2\right.$$

Integrationsbereich:

$0 \le r \le 2$ $0 \le \varphi < 2 \cdot \pi$

$$V := \int_0^{2\cdot\pi} \int_0^2 \left(4 - r^2\right) \cdot r\, dr\, d\varphi$$

$V \to 8 \cdot \pi$ Maßzahl des Volumens

4.7.2 Dreifachintegrale

Dreifachintegrale (auch dreifaches Integral, 3-dimensionales Bereichs- oder Gebietsintegral genannt) werden von Funktionen dreier Veränderlicher in kartesischen Koordinaten $u = f(x,y,z)$ bzw. in Zylinderkoordinaten $u = F(r,\varphi,z)$ bzw. in Kugelkoordinaten $u = f(r,\varphi,\theta)$ gebildet, über einen räumlichen Bereich V. Hier sei jedoch im Gegensatz zu Zweifachintegralen darauf hingewiesen, dass Dreifachintegrale nur im Speziellen eine geometrische Interpretation zulassen.
Dazu betrachten wir anschaulicherweise zuerst einen zylindrischen Körper, also ein geometrisches Problem. $u = f(x,y,z)$ sei eine in einem zylindrischen Integrationsbereich V definierte und stetige Funktion, die durch eine Bodenfläche und eine Deckfläche begrenzt wird. Die Projektion dieser Begrenzungsflächen in die x-y-Ebene führt zu einem Bereich A, der durch die Kurven $y = f_u(x)$ und $y = f_o(x)$ sowie die Parallelen $x = a$ und $x = b$ berandet wird. Der zylindrische Integrationsbereich V kann dann durch die Ungleichungen $z_u(x,y) \le z \le z_o(x,y)$, $f_u(x) \le y \le f_0(x)$ und $a \le x \le b$ beschrieben werden. Das infinitesimale Volumselement dV hat die Form eines Quaders und ist damit gegeben durch $dV = dx\,dy\,dz = dz\,dy\,dx$.

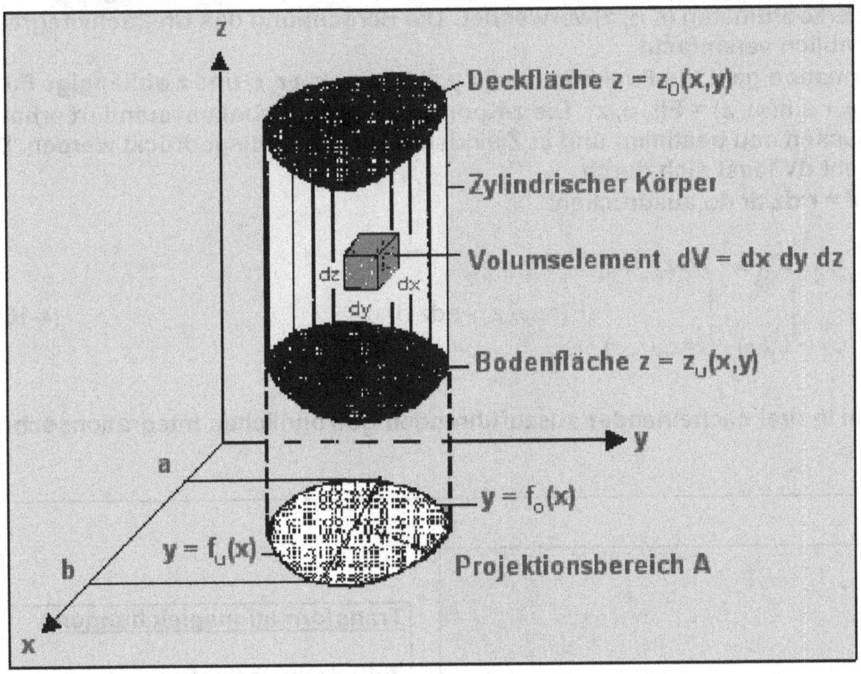

Abb. 4.7.9

1. Das Dreifachintegral kann dann über einem zylindrischen Integrationsbereich V beschrieben werden durch:

$$\int_V f(x,y,y)\,dV = \int_{x=a}^{x=b} \int_{f_u(x)}^{f_o(x)} \int_{z=z_u(x,y)}^{z=z_o(x,y)} f(x,y,z)\,dz\,dy\,dx \qquad (4\text{-}167)$$

Bei diesem Dreifachintegral wird auch von innen nach außen integriert, d. h. zuerst bezüglich der Variablen z (x und y werden dabei zunächst als Konstante angesehen), dann nach der Variablen y (x wird dabei zunächst als Konstante angesehen) und dann erst nach x.
Nach der Ausführung des ersten Integrationsschrittes, der z-Integration, ist aus dem Dreifachintegral ein Doppelintegral geworden. Der Integrationsbereich ist jetzt der flächenhafte Bereich A, der durch die Projektion des zylindrischen Körpers in die x-y-Ebene entsteht.

2. Vertauschbarkeit der Reihenfolge der Integration:

Die Reihenfolge der Integration ist nur dann vertauschbar, wenn sämtliche Integrationsgrenzen konstant sind. Bei einer Vertauschung der Integrationsreihenfolge in einem Dreifachintegral müssen die Integrationsgrenzen jeweils neu berechnet werden.

3. Die Funktion f(x,y,z) = 1:

In diesem Fall beschreibt das Dreifachintegral das Volumen V des zylindrischen Körpers:

$$V = \int_{x=a}^{x=b} \int_{f_u(x)}^{f_o(x)} \int_{z=z_u(x,y)}^{z=z_o(x,y)} 1\, dz\, dy\, dx \qquad \textbf{(4-168)}$$

4. Die Funktion liegt in Zylinderkoordinaten u = F(r,φ,z) vor:

In vielen Anwendungen treten Körper mit Rotationssymmetrie auf. Zu ihrer Beschreibung werden zweckmäßigerweise Zylinderkoordinaten (r, φ, z) verwendet. Die Berechnung des Dreifachintegrals wird dadurch ebenfalls erheblich vereinfacht.
Durch Koordinatentransformation geht die Funktion u = f(x,y,z) in die von r, φ und z abhängige Funktion über: u = f(x,y,z) = f(r cos(φ), r sin(φ), z) = F(r, φ, z). Die z-Koordinate bleibt dabei unverändert erhalten. Die Integrationsgrenzen müssen neu bestimmt und in Zylinderkoordinaten ausgedrückt werden. Das infinitesimale Volumselement dV lässt sich durch (siehe Abbildung 4.7.10) dV = r dz dr dφ ausdrücken.

$$\int_V F(r,\varphi,z)\, dV = \int_{\varphi_1}^{\varphi_2} \int_{f_u(\varphi)}^{f_o(\varphi)} \int_{z=z_u(r,\varphi)}^{z=z_o(r,\varphi)} F(r,\varphi,z)\cdot r\, dz\, dr\, d\varphi \qquad \textbf{(4-169)}$$

Die Integration erfolgt dabei in drei nacheinander auszuführenden gewöhnlichen Integrationsschritten in der Reihenfolge z, r und φ.

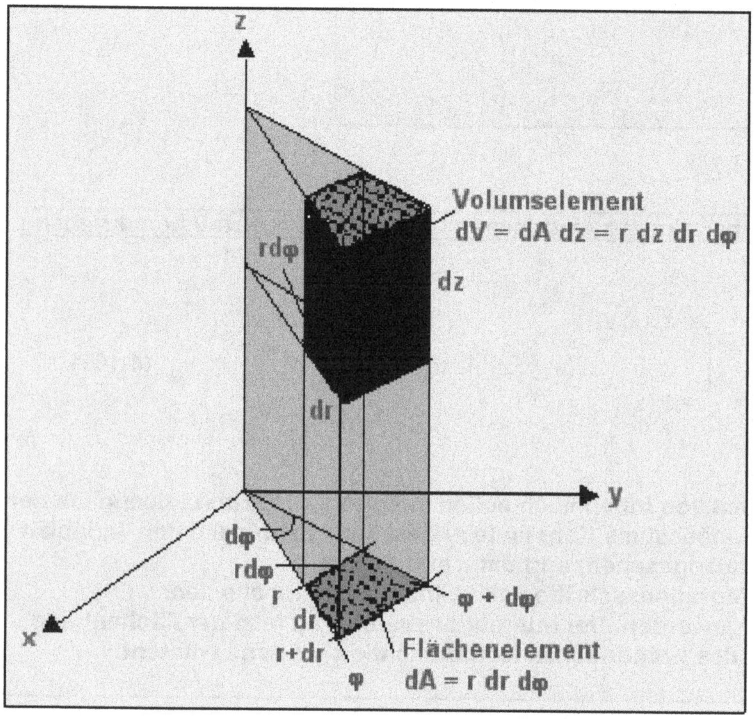

Transformationsgleichungen:

Zylinderkoordinaten und rechtwinkelige Koordinaten

$$x = r\cdot\cos(\varphi) \qquad \textbf{(4-170)}$$
$$y = r\cdot\cos(\varphi)$$
$$z = z$$

$$r = \sqrt{x^2 + y^2} \qquad \textbf{(4-171)}$$
$$\tan(\varphi) = \frac{y}{x}$$
$$z = z$$

Abb. 4.7.10

5. Die Funktion liegt in Kugelkoordinaten u = F(r,ϑ,φ) vor:

Für kugelsymmetrische Probleme werden zweckmäßigerweise Kugelkoordinaten (r, θ, φ) verwendet. Die Berechnung des Dreifachintegrals wird dadurch ebenfalls erheblich vereinfacht. Durch Koordinatentransformation geht die Funktion u = f(x,y,z) in die von r, ϑ und φ abhängige Funktion über: u = f(x,y,z) = f(r sin(ϑ) cos(φ), r sin(ϑ) sin(φ), r cos(ϑ)) = F(r, ϑ, φ). Die Integrationsgrenzen müssen neu bestimmt und in Kugelkoordinaten ausgedrückt werden. Das infinitesimale Volumselement dV lässt sich durch (siehe Abbildung 4.7.11) $dV = r^2 \sin(\vartheta)\, dr\, d\vartheta\, d\varphi$ ausdrücken.

$$\int_V F(r,\vartheta,\varphi)\, dV = \int_{\varphi_1}^{\varphi_2} \int_{f_u(\varphi)}^{f_o(\varphi)} \int_{z=z_u(\vartheta,\varphi)}^{z=z_o(\vartheta,\varphi)} F(r,\vartheta,\varphi)\cdot r^2 \cdot \sin(\vartheta)\, dr\, d\vartheta\, d\varphi \qquad \textbf{(4-172)}$$

Die Integration erfolgt dabei in drei nacheinander auszuführenden gewöhnlichen Integrationsschritten in der Reihenfolge r, ϑ und φ.

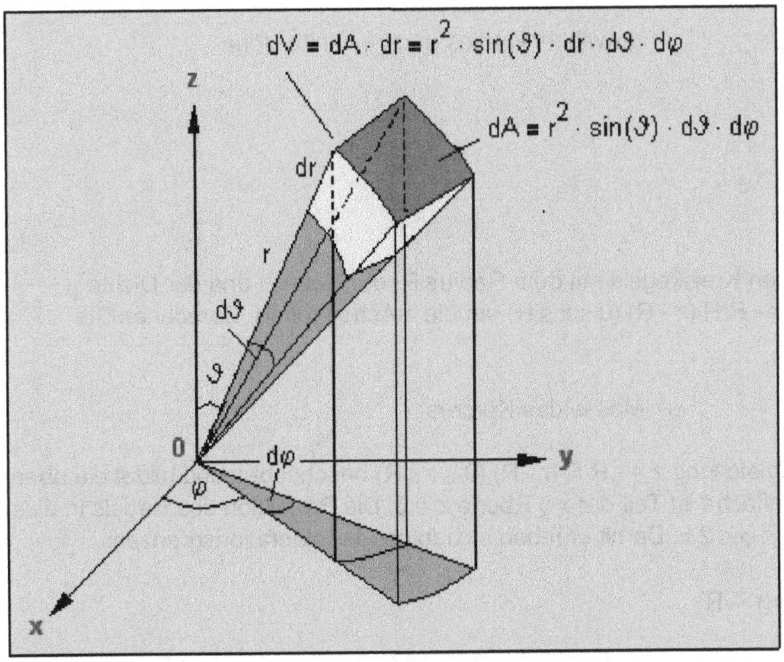

Abb. 4.7.11

Transformationsgleichungen:
Kugelkoordinaten und rechtwinkelige Koordinaten

$\varphi \in [0, 2\pi[$, $\vartheta \in [0, \pi]$

$$x = r\cdot\sin(\vartheta)\cdot\cos(\varphi)\,;\; y = r\cdot\sin(\vartheta)\cdot\sin(\varphi)\,;\; z = r\cdot\cos(\vartheta) \qquad \textbf{(4-173)}$$

$$r = \sqrt{x^2 + y^2 + z^2}$$

$$\sin(\varphi) = \frac{y}{\sqrt{x^2+y^2}} \qquad \cos(\varphi) = \frac{x}{\sqrt{x^2+y^2}} \qquad \tan(\varphi) = \frac{y}{x} \qquad \textbf{(4-174)}$$

$$\cos(\vartheta) = \frac{z}{r} \qquad \tan(\vartheta) = \frac{\sqrt{x^2+y^2}}{z}$$

Beispiel 4.7.8:

Bestimmen Sie das Volumen eines Drehzylinders mit dem Radius r und der Höhe h, der entsteht, wenn eine Gerade x = r parallel zur z-Achse um die z-Achse rotiert. Berechnen Sie das Volumen in kartesischen Koordinaten und Zylinderkoordinaten.

$r := r$ Redefinition

Die Projektion des Zylinders in die x-y-Ebene ist ein kreisförmiger Bereich A mit Radius r

$$V_Z(r,h) := \int_{-r}^{r}\int_{-\sqrt{r^2-x^2}}^{\sqrt{r^2-x^2}}\int_0^h 1\,dz\,dy\,dx \qquad V_Z(r,h) \text{ annehmen}, r>0, h>0 \rightarrow \pi\cdot h\cdot r^2$$

$$V_Z(r,h) := \int_0^{2\cdot\pi}\int_0^r\int_0^h r1\,dz\,dr1\,d\varphi \qquad V_Z(r,h) \rightarrow \pi\cdot h\cdot r^2$$

$r := 30\cdot cm$ $h := 200\cdot cm$ gewählter Radius und gewählte Höhe

$V_Z(r,h) = 565.487\,L$

Beispiel 4.7.9:

Bestimmen Sie die Masse eines homogenen Kreiskegels mit dem Radius R, der Höhe H und der Dichte ρ, der dadurch entsteht, wenn die Gerade z = - R/H (x - R) ($0 \le x \le R$) um die z-Achse rotiert. Berechnen Sie das Volumen in Zylinderkoordinaten.

$m = \rho\cdot V$ Masse des Körpers

Die Mantelfläche wird durch die Funktionsgleichung z = - R/H (r - R) ($0 \le r \le R$) beschrieben und bildet die obere Begrenzungsfläche des Kegels. Die Bodenfläche ist Teil der x-y-Ebene z = 0. Die Projektion des Kegels in diese Ebene führt zu der Kreisfläche $0 \le r \le R$, $0 \le \varphi \le 2\,\pi$. Damit ergeben sich folgende Integrationsgrenzen:

$z = 0$ bis $z = -\frac{H}{R}\cdot(r-R)$

$r = 0$ bis $r = R$

$\varphi = 0$ bis $\varphi = 2\cdot\pi$

$r := r$ Redefinition

$$V_K(R,H) := \int_0^{2\cdot\pi}\int_0^R\int_0^{-\frac{H}{R}\cdot(r-R)} r\,dz\,dr\,d\varphi \qquad V_K(R,H) \rightarrow \frac{\pi\cdot H\cdot R^2}{3}$$

$R := 30\cdot cm$ $H := 100\cdot cm$ $\rho := 1000\cdot\frac{kg}{m^3}$ gewählte Daten

$m := \rho\cdot V_K(R,H)$ Masse des Körpers

$V_K(R,H) = 94.248\,L$ $m = 94.248\,kg$ Volumen und Masse

Beispiel 4.7.10:

Eine Parabel mit der Gleichung $z = y^2$ rotiere um die z-Achse. Das Volumen des entstehenden Paraboloides soll berechnet werden, wenn die Höhe des Paraboloides h ist. Dieser parabolische Behälter soll von einem Wasserreservoire aus, das sich in der x-y-Ebene befindet, bis zur Höhe z = h mit Wasser gefüllt werden. Welche Arbeit ist dabei mindestens aufzuwenden?

$h := h$ Redefinition

$$V_P(h) := \int_{-\sqrt{h}}^{\sqrt{h}} \int_{-\sqrt{h-x^2}}^{\sqrt{h-x^2}} \int_{x^2+y^2}^{h} 1\, dz\, dy\, dx \qquad V_P(h) \text{ annehmen}, h > 0 \;\rightarrow \int_{-\sqrt{h}}^{\sqrt{h}} \frac{4\cdot\left(h-x^2\right)^{\frac{3}{2}}}{3}\, dx$$

In Zylinderkoordinaten:

$$V_P(h) := \int_0^{2\cdot\pi} \int_0^{\sqrt{h}} \int_{r^2}^{h} r\, dz\, dr\, d\varphi \qquad V_P(h) \rightarrow \frac{\pi\cdot h^2}{2}$$

$W = m\cdot g\cdot h = m\cdot g\cdot z_s$ Die Wassermenge wird von z = 0 um die Stecke $h = z_s$ angehoben.

Für den Schwerpunkt eines homogenen Rotationskörpers gilt unter Verwendung von Zylinderkoordinaten (Rotation um die z-Achse):

$$x_s = 0,\; y_s = 0,\; z_s = \frac{1}{V}\cdot \iiint_V z\cdot r\, dz\, dr\, d\varphi \qquad \textbf{(4-175)}$$

V ist das Rotationsvolumen.

$$z_s(h) := \frac{1}{V_P(h)}\cdot \int_0^{2\cdot\pi} \int_0^{\sqrt{h}} \int_{r^2}^{h} z\cdot r\, dz\, dr\, d\varphi \qquad z_s(h) \rightarrow \frac{2\cdot h}{3}$$

$m = \rho\cdot V_P(h)$ Masse des Körpers

$\rho := \rho \qquad g := g$ Redefinitionen

$$W_{min}(\rho, g, h) := \rho\cdot V_P(h)\cdot g\cdot z_s(h) \qquad W_{min}(\rho, g, h) \rightarrow \frac{\pi\cdot\rho\cdot g\cdot h^3}{3}$$

Beispiel 4.7.11:

Berechnen Sie das Volumen einer Kugel ($x^2 + y^2 + z^2 = r^2$) mithilfe eines Dreifachintegrals in kartesischen Koordinaten und in Kugelkoordinaten.

$x := x \qquad y := y \qquad z := z \qquad r := r \qquad \vartheta := \vartheta \qquad \varphi := \varphi$ Redefinitionen

$$V_K(r) := \int_{-r}^{r} \int_{-\sqrt{r^2-x^2}}^{\sqrt{r^2-x^2}} \int_{-\sqrt{r^2-x^2-y^2}}^{\sqrt{r^2-x^2-y^2}} 1\, dz\, dy\, dx \qquad V_K(2) \rightarrow \frac{32\cdot\pi}{3}$$

$x(r,\vartheta,\varphi) := r\cdot\sin(\vartheta)\cos(\varphi) \qquad y(r,\vartheta,\varphi) := r\cdot\sin(\vartheta)\cdot\sin(\varphi) \qquad z(r,\vartheta,\varphi) := r\cdot\cos(\vartheta)$ Kugelkoordinaten

$$D(r,\vartheta,\varphi) := \left|\begin{pmatrix} \frac{\partial}{\partial r}x(r,\vartheta,\varphi) & \frac{\partial}{\partial \vartheta}x(r,\vartheta,\varphi) & \frac{\partial}{\partial \varphi}x(r,\vartheta,\varphi) \\ \frac{\partial}{\partial r}y(r,\vartheta,\varphi) & \frac{\partial}{\partial \vartheta}y(r,\vartheta,\varphi) & \frac{\partial}{\partial \varphi}y(r,\vartheta,\varphi) \\ \frac{\partial}{\partial r}z(r,\vartheta,\varphi) & \frac{\partial}{\partial \vartheta}z(r,\vartheta,\varphi) & \frac{\partial}{\partial \varphi}z(r,\vartheta,\varphi) \end{pmatrix}\right|$$

Funktionaldeterminante

$D(r,\vartheta,\varphi)$ vereinfachen $\rightarrow r^2 \cdot \sin(\vartheta)$

$dV = D(r,\vartheta,\varphi) \cdot dr \cdot d\vartheta \cdot d\varphi$ vereinfachen $\rightarrow dV = dr \cdot r^2 \cdot d\vartheta \cdot d\varphi \cdot \sin(\vartheta)$ Volumselement

$$V_K(r) = \int 1\, dV \qquad V_K(r) := \int_0^{2\cdot\pi}\int_0^{\pi}\int_0^{r} \rho^2 \cdot \sin(\vartheta)\, d\rho\, d\vartheta\, d\varphi \qquad V_K(r) \rightarrow \frac{4\cdot\pi\cdot r^3}{3}$$

Beispiel 4.7.12:

Berechnen Sie das Massenträgheitsmoment J_z eines homogenen Würfels der Kantenlänge a ($0 \le x \le a$, $0 \le y \le a$, $0 \le z \le a$) und der konstanten Dichte ρ bezüglich einer Kante und bezüglich einer kantenparallelen Schwerpunktachse.

Massenträgheitsmoment eines homogenen Körpers in kartesischen Koordinaten:

$$J_z = \rho \cdot \int_V r_g^{\,2}\, dV = \rho \cdot \int_a^b \int_{f_u(x)}^{f_o(x)} \int_{z_u(x,y)}^{z_o(x,y)} \left(x^2 + y^2\right) dz\, dy\, dx \qquad \textbf{(4-176)}$$

r_g ist der Abstand des Volumselementes dV von der Bezugsachse g parallel zur Schwerachse, und ρ ist die konstante Dichte des Körpers. Die Bezugsachse ist die z-Achse.

Massenträgheitsmoment eines homogenen Körpers in Zylinderkoordinaten:

$$J_z = \rho \cdot \iiint_V r^3\, dz\, dr\, d\varphi \qquad \textbf{(4-177)}$$

$$J_z = \rho \cdot \int_0^a\int_0^a\int_0^a \left(x^2 + y^2\right) dz\, dy\, dx \rightarrow J_z = \frac{2\cdot a^5 \cdot \rho}{3}$$ Massenträgheitsmoment bezogen auf eine Kante

$m := m$ Redefinition

$$J_z = \rho \cdot \int_0^a\int_0^a\int_0^a \left(x^2 + y^2\right) dz\, dy\, dx \text{ ersetzen}, \rho = \frac{m}{a^3} \rightarrow J_z = \frac{2\cdot a^2 \cdot m}{3}$$

Die Schwerpunktachse ist von der z-Achse $d = \frac{a}{2}\cdot\sqrt{2}$ entfernt:

$J_s = J_z - m \cdot d^2$ nach dem Satz von Steiner

$$J_s = \frac{2}{3}\cdot m \cdot a^2 - m \cdot \left(\frac{a}{2}\cdot\sqrt{2}\right)^2 \rightarrow J_s = \frac{a^2 \cdot m}{6}$$

1. Folgen, Reihen und Grenzwerte

1.1 Folgen

Beispiel 1:

Geben Sie das allgemeine Bildungsgesetz für die nachfolgenden Folgen an, und stellen Sie die ersten 10 Folgeglieder grafisch dar.

a) $< 1; 1/3; 1/5; 1/7, \ldots >$

b) $< 1; 1/4; 1/9; 1/16, \ldots >$

c) $< 1; 4; 9; 16, \ldots >$

Beispiel 2:

Zeigen Sie, dass die Folge

a) $< 2^n >$ streng monoton steigt,

b) $< 1/2^n >$ streng monoton fällt,

c) $< (3\,n - 2)/(2\,n - 1) >$ streng monoton steigt.

Beispiel 3:

Untersuchen Sie, ob 1 bzw. 2 eine obere Schranke der Folge $< (3\,n - 2)/(2\,n - 1) >$ ist.

Beispiel 4:

Ermitteln Sie eine obere und eine untere Schranke für die Folge $< (4\,n + 1)/(2\,n - 1) >$.

Beispiel 5:

Geben Sie für die nachfolgenden Folgen die ersten 10 Glieder an, und stellen Sie die ersten 10 Folgeglieder grafisch dar. Untersuchen Sie die Folgen auch auf Monotonie und Beschränktheit.

a) $< y_n > = < (-1)^n (1/n) >$

b) $< x_n > = < \sin(n\,\pi/2) >$

c) $< z_n > = < 2 . 2^{-n} >$

d) $< h_n > = < 1 - 1/n >$

Beispiel 6:

Geben Sie für die nachfolgenden rekursiv dargestellten Folgen die ersten 10 Glieder an, und stellen Sie die ersten 10 Folgeglieder grafisch dar.

a) $x_{n+1} = 1/2 \,.\, (1 - x_n)$, $x_1 = 1$

b) $x_n = x_{n-1}{}^2 + 1$, $x_1 = 1$

c) $u_{n+1} = u_n + 1$, u1 = 0,2

d) $a_{n+2} = 1/2 \,.\, (a_{n+1} + a_n)$, $a_0 = 0$, $a_1 = 1$

1.1.1 Arithmetische Folgen

Beispiel 1:

Wie heißen die ersten 5 Glieder der folgenden arithmetischen Folgen:
a) $a_1 = -7$, $d = 2$
b) $a_3 = 17$, $d = -4$

Beispiel 2:

Am Beginn eines Geschäftsjahres (einer Rechnungsperiode) kauft eine Firma einen PKW um 15 000 Euro (Anschaffungspreis). Am Ende eines jeden Jahres wird für die Buchhaltung der Buchwert des Wagens ermittelt, indem wir jedesmal 20 % des Anschaffungspreises abziehen (Abschreibung mit gleichbleibender Quote). Auf Grund welcher Funktion kann der Buchwert zu Beginn jedes beliebigen Jahres berechnet werden?
Nach wie viel Jahren ist der Buchwert null? Stellen Sie die Abschreibung grafisch dar.

Beispiel 3:

Messungen ergeben, dass die Temperatur zum Erdinneren hin um ca. 3 °C je 100 m zunimmt, wobei in unseren Breiten eine Temperatur von 10 °C in 25 m Tiefe zugrunde zu legen ist.
Welche Temperatur herrscht in 2300 m Tiefe (78,3 °C).

1.1.2 Geometrische Folgen

Beispiel 1:

Wie heißen die ersten 5 Glieder der folgenden geometrischen Folge:
a) $a_1 = -7$, $q = 3$
b) $a_1 = -1$, $q = 2$
c) $a_1 = 4$, $q = -1/2$

Beispiel 2:

Bei einer Torsionsschwingung zeigen die Amplituden $A_4 = 12{,}8\,°$ und $A_6 = 9{,}8\,°$. Bestimmen Sie die geometrische Amplitudenfolge, und geben Sie die Glieder bis $n = 6$ an.

Beispiel 3:

Es sollen 6 Rohre mit den Durchmessern von $d_1 = 50$ mm bis $d_6 = 500$ mm hergestellt werden. Wie sind d_2, d_3, d_4 und d_5 zu wählen, damit sich eine geometrische Stufung ergibt? Stellen Sie die Folge der Durchmesser grafisch dar.

Beispiel 4:

Ein Lichtstrahl verliert beim Durchgang durch eine planparallele Glasplatte 1/10 seiner Intensität I. Wie groß ist die Restlichtstärke beim Durchgang durch sechs gleich beschaffene Glasplatten?
($I = 0.53\ I_0$)

Beispiel 5:

An dem Saugstutzen einer Rotationskapselpumpe wird der Rezipient mit einem Volumen von 3000 cm^3 angeschlossen. Durch den exzentrischen Vollzylinder können je Drehung 200 cm^3 Luft zum Druckstutzen befördert werden.

a) Wie groß ist der Druck im Rezipienten nach 5 und nach 10 Umdrehungen, wenn der ursprüngliche Druck 1000 mbar beträgt ($p_1\ V_1 = p_2\ V_2$ Boyle-Mariotte'sche Gesetz bei konstanter Temperatur)? ($p_5 = 724$ mbar; $p_{10} = 525$ mbar)
b) Wie viel Minuten muss die Pumpe bei 50 Umdrehungen je Minute laufen, um einen Druck von 10^{-6} mbar zu erreichen? ($t = n/50 = 6{,}4$ min)

Beispiel 6:

Ein Körper beginnt zum Zeitpunkt t = 0 s ohne Luftwiderstand frei zu fallen. Für den Fallweg gilt daher näherungsweise $s = 1/2 \,.\, 10 \,.\, m/s^2 \,.\, t^2$.

a) Zeigen Sie, dass der zurückgelegte Weg nach 1 s, 2 s, 3 s usw., also s_1, s_2, s_3 usw. eine arithmetische Folge bildet.

b) Berechnen Sie den zurückgelegten Weg nach 10 s.

c) Addieren Sie die Teilwege bis zum Ende der 10. Sekunde, und zeigen Sie, dass die Summe gleich dem Ergebnis von b) ist.

Beispiel 7:

Ermitteln Sie jene Zahlenfolge $< a_1, a_2, ..., a_{21} >$ mit $a_1 = 1$ und $a_{21} = 10$, aus der die Hauptwerte der Normzahlen E20 bestimmt werden.

Beispiel 8:

Gesucht ist die geometrische Folge $< a_1, a_2, ..., a_9 >$ mit $a_1 = 1$, bei der jedes 2. Glied eine Verdoppelung ergibt. Vergleichen Sie auch die Zahlenreihe < 1 ; 1,4 ; 2 ; 2,8 ; 4 ; 5,6 ; 8 ; 11 ; 16 > der Blendenzahlen eines Kameraobjektivs.

1.2 Reihen

1.2.1 Arithmetische endliche Reihen

Beispiel 1:

Berechnen Sie die Summe folgender Reihen:

a) $\sum_{k=1}^{20} k$ b) $\sum_{k=1}^{20} (2 \cdot k + 1)$ c) $\sum_{i=1}^{20} \frac{i}{2}$ d) $\sum_{n=-10}^{20} \left(1 + \frac{n}{2}\right)$

Beispiel 2:

220 m Papier der Stärke 0,2 mm werden auf eine Rolle mit dem Radius 7,5 cm gewickelt.

a) Wie viele Lagen ergeben sich?

b) Wie groß ist der Durchmesser der Rolle zum Schluss?

(Umfang der 1. Schicht $u_1 = 2\,\pi\,(r_1 + d/2)$ usw., n = 325 Lagen und d = 28 cm)

Beispiel 3:

Für eine Tiefensonde soll ein 100 m tiefes Loch gebohrt werden. Der erste Bohrmeter kostet € 40. Wie groß sind die Bohrkosten, wenn die Kosten pro Bohrmeter um € 5 linear steigen?

1.2.2 Geometrische endliche Reihen

Beispiel 1:

Berechnen Sie die Summe folgender Reihen:

a) $\sum_{k=0}^{n} \frac{1}{2^k}$ b) $\sum_{k=1}^{n} \left[(-1)^{k+1} \cdot \frac{1}{2^k}\right]$ c) $x^4 + x^6 + x^8 + ... + x^{16}$ mit x = 1.3 und x = - 0.5.

Beispiel 2:

In einer "idealen Atmosphäre" fällt der Luftdruck von 0 m Höhe auf 1000 m Höhe von 1013 mbar auf 890 mbar. Bestimmen Sie den Luftdruck in 2000 m, 3000 m, 4000 m und 5000 m, wenn dieser exponentiell abklingt.

Beispiel 3:

Sie schreiben einen Brief an 5 Personen mit der Aufforderung, innerhalb einer Woche einen Brief gleichen Inhalts an weitere 5 Personen zu schreiben usw. (Kettenbrief!). Wie viele Personen bekommen in 8 Wochen einen Brief dieser Art, wenn jede angeschriebene Person mitmacht und keine Person zweimal angeschrieben wird? Wie groß sind die Portokosten, wenn eine Briefmarke € 0,6 kostet?

Beispiel 4:

Zu jedem Monatsbeginn wird ein Betrag R = € 100 auf ein Rentenkonto eingezahlt (vorschüssige Monatsrente) und dort mit p_{12} = 3 % verzinst. Wie groß ist der Wert der unterjährigen Rente am Ende des 15. Jahres?
Hinweis: Häufig wird in der Praxis statt mit dem Jahreszinssatz p mit dem Monatszinssatz p_{12} gearbeitet, der bei monatlicher Kapitalisierung nach einem Jahr die gleichen Zinsen erbringt wie der Jahreseinsatz. Wir sprechen vom äquivalenten monatlichen Zinssatz p_{12}.

Beispiel 5:

Zu jedem Monatsende wird ein Betrag R = € 100 auf ein Rentenkonto eingezahlt (nachschüssige Monatsrente) und dort mit p_{12} = 3 % verzinst. Wie groß ist der Wert der unterjährigen Rente am Ende des 15. Jahres?
Hinweis: Häufig wird in der Praxis statt mit dem Jahreszinssatz p mit dem Monatszinssatz p_{12} gearbeitet, der bei monatlicher Kapitalisierung nach einem Jahr die gleichen Zinsen erbringt wie der Jahreseinsatz. Wir sprechen vom äquivalenten monatlichen Zinssatz p_{12}.

Beispiel 6:

Eine Schuld von € 50 000 soll bei 6 % in 10 Jahren durch gleich bleibende Annuität getilgt werden. Erstellen Sie einen Tilgungsplan.

Beispiel 7:

Kann eine Schuld von € 1000 bei 7,5 % mit einer Annuität A = € 50 jemals getilgt werden? Wie groß muss die Annuität mindestens sein, damit wir wenigstens die in jedem Jahr anfallenden Zinsen abdecken können?

1.3 Grenzwerte von unendlichen Folgen

Beispiel 1:

Berechnen Sie folgende Grenzwerte der gegebenen Folgen mit n gegen unendlich:

a) $\lim\limits_{n \to \infty} \dfrac{4 \cdot n - 1}{5 \cdot n + 2}$ b) $\lim\limits_{n \to \infty} \left(\dfrac{1}{n} + \dfrac{n+1}{2 \cdot n + 3}\right)$ c) $\lim\limits_{n \to \infty} \dfrac{n^2 - 5 \cdot n + 3}{3 \cdot n^2 + 7 \cdot n - 2}$

d) $\lim\limits_{n \to \infty} \dfrac{3 \cdot n + 1}{5 \cdot n - 2}$ e) $\lim\limits_{n \to \infty} \left(\dfrac{1}{7}\right)^n$ f) $\lim\limits_{n \to \infty} \sqrt[n]{2}$

Beispiel 2:

Werten Sie für die Fallgeschwindigkeit mit Luftwiderstand folgenden Grenzwert mit k gegen 0 aus:

$$\lim_{k \to 0} \left(\sqrt{m \cdot g} \cdot \sqrt{\frac{1 - e^{\frac{-2 \cdot k \cdot s}{m}}}{k}} \right)$$

Beispiel 3:

Für die erzwungene Schwingung ist für den Resonanzfall folgender Grenzwert mit δ gegen 0 auszuwerten:

$$\lim_{\delta \to 0} \left[\frac{-e^{-\delta \cdot t}}{\omega^2} \cdot \left(\omega \cdot t + \sin(\omega \cdot t) + \delta \cdot t \cdot \cos(\omega \cdot t) - \frac{\delta}{\omega} \cdot \sin(\omega \cdot t) \right) \right]$$

1.4 Grenzwerte von unendlichen Reihen

Beispiel 1:

Bestimmen Sie den Summenwert folgender Reihen:

a) $\sum_{k=1}^{\infty} \left(0.3 \cdot 0.1^{k-1}\right)$ **b)** $\sum_{k=1}^{\infty} \left(0.35 \cdot 0.01^{k-1}\right)$ **c)** $\sum_{k=1}^{\infty} \frac{1}{5^k}$

Beispiel 2:

Prüfen Sie mithilfe von Satz 6 für unendliche Reihen die folgenden Reihen auf Konvergenz:

a) $\sum_{n=1}^{\infty} \frac{n}{2 \cdot n + 1}$ **b)** $\sum_{k=1}^{\infty} \frac{2^k - 1}{2^k}$

Beispiel 3:

Bestimmen Sie die Summe der folgenden Reihen und gegebenenfalls die Werte der Variablen, für die die Reihe konvergiert:

a) $1 + \frac{3}{5} + \frac{9}{25} + \frac{27}{125} + \ldots$ **(5/2)**

b) $1 - \frac{2}{5} + \frac{4}{25} - \frac{6}{125} + \ldots$ **(5/7)**

c) $a - \frac{a^2}{3} + \frac{a^3}{9} + \frac{a^4}{27} - \ldots$ **(3a/(a+3) für |a| < 3)**

d) $1 + 3 \cdot x + 9 \cdot x^2 + 27 \cdot x^3 + \ldots$ **(1/(1-3x) für |x| < 1/3)**

2. Grenzwerte einer reellen Funktion und Stetigkeit

2.1 Grenzwerte einer reellen Funktion

Beispiel 1:

Bestimmen Sie folgende Grenzwerte, falls sie existieren:

a) $\lim\limits_{x \to 2} (2 \cdot x)$ **b)** $\lim\limits_{x \to 2} (2 \cdot x + 3)$ **c)** $\lim\limits_{x \to 2} \left(x^2 - 4 \cdot x + 1\right)$

d) $\lim\limits_{x \to 3} \dfrac{x-2}{x+2}$ **e)** $\lim\limits_{x \to 4} \sqrt{25 - x^2}$

Beispiel 2:

Berechnen Sie folgende Grenzwerte nach geeigneter Umformung, falls sie existieren:

a) $\lim\limits_{x \to 4} \dfrac{x-4}{x^2 - x - 12}$ **b)** $\lim\limits_{x \to 3} \dfrac{x^3 - 27}{x^2 - 9}$ **c)** $\lim\limits_{h \to 0} \dfrac{(x+h)^2 - x^2}{h}$

d) $\lim\limits_{x \to 2} \dfrac{4 - x^2}{3 - \sqrt{x^2 + 5}}$ **e)** $\lim\limits_{x \to 1} \dfrac{x^2 + x - 2}{(x-1)^2}$ **f)** $\lim\limits_{x \to -2} \dfrac{x^2 - 4}{x^2 + 4}$

Beispiel 3:

Die folgenden Funktionen besitzen eine Definitionslücke. Stellen Sie anhand einer Skizze des Grafen fest, von welcher Art die Definitionslücke (Lücke im Funktionsgrafen, Sprungstelle, Polstelle) ist. Geben Sie dort auch, falls vorhanden, den Grenzwert bzw. die einseitigen Grenzwerte an.

a) $y = \dfrac{|x|}{x}$ **b)** $y = \dfrac{x^2 - 2}{x - 2}$ **c)** $y = \dfrac{x^3 - x^2}{x - 1}$ **d)** $y = \dfrac{x^2 - 2 \cdot x}{x}$

e) $y = e^{-\frac{1}{x^2}}$ **f)** $y = \dfrac{\sin(x)}{x}$ **g)** $y = \arctan\left(\dfrac{1}{1-x}\right)$ **h)** $y = \dfrac{1}{x-1}$

Beispiel 4:

Zeichnen Sie die Signumfunktion sign(x) = -1 für x < 0 und 0 für x = 0 und +1 für x > 0 und geben Sie die beiden einseitigen Grenzwerte an der Stelle $x_0 = 0$ an:

a) $y = \text{sign}(x)$ **b)** $y = \text{sign}\left[(x-1)^2\right]$

2.2. Stetigkeit von reellen Funktionen

Beispiel 1:

Skizzieren Sie den Funktionsgrafen und stellen Sie etwaige Unstetigkeitsstellen der Funktion fest. Existieren die Grenzwerte an den Unstetigkeitsstellen?

a) $y = x + 1$ **für $x \le 1$** **und** $y = x$ **für $x > 0$**

b) $y = \sin(x)$ **für $x \le \pi/2$** **und** $y = \cos(x)$ **für $x > \pi/2$**

c) $y = \left|4 - x^2\right|$

d) $y = x \cdot \operatorname{sign}(x - 1)$

e) $y = (1 + x) \cdot \Phi(x)$

Beispiel 2:

Bestimmen Sie die Konstante c so, dass die folgenden Funktionen stetig sind:

a) $y = x + c$ **für $x \le 1$** **und** $y = -x$ **für $x > 1$**

b) $y = 2x + c$ **für $x \le 0$** **und** $y = e^{-x}$ **für $x > 0$**

2.2.1 Eigenschaften stetiger Funktionen

Beispiel 1:

Bestimmen Sie alle Nullstellen der Funktion $y = x^3 - 4x^2 + x + 6$ im Intervall [- 5 , 5].

Beispiel 2:

Bestimmen Sie alle Extremwerte der Funktion $y = x^4 - 2x - 2$ (absolute und relative) im Intervall [-10 , 10].

Beispiel 3:

Suchen Sie jeweils ein Intervall [a , b] auf, in dem mindestens eine Nullstelle liegt, und bestimmen Sie die Nullstellen.

2.2.2 Verhalten von reellen Funktionen im Unendlichen

Beispiel 1:

Skizzieren Sie folgende Funktionen und geben Sie an, ob und an welchen Stellen Unstetigkeiten vorliegen und von welcher Art diese sind. Geben Sie ferner an, an welchen Stellen Asymptoten auftreten.

a) $y = \dfrac{1}{x - 2}$ b) $y = \dfrac{1}{1 - x^2}$ c) $y = \dfrac{x^2 - 4}{x - 2}$ d) $y = \dfrac{x^3 - 27}{x - 3}$

e) $y = 2^x$ f) $y = \dfrac{1}{\cos(x)}$ **im Intervall [-π/2 , 3 π/2]**   g) $y = \dfrac{4 \cdot x^3 - x^2}{x^2 + 1}$

h) $y = \frac{x + \sin(x)}{x}$ i) $y = \frac{e^{x} - e^{-x}}{e^{x} + e^{-x}}$ j) $y = \frac{50}{1 + e^{\frac{-1}{10}\cdot(t-40)}}$

Beispiel 2:

Die Kapazität C eines aus zwei konzentrischen Kugelschalen mit den Radien r und r+x bestehenden Kugelkondensators beträgt:

$$C = 4 \cdot \pi \cdot \varepsilon_0 \cdot \frac{r \cdot (r + x)}{x}$$

Daraus wird im Grenzfall $x \to \infty$ eine einzige Kugelschale. Berechnen Sie die Kapazität.

Beispiel 3:

Wird eine Masse m von der Erdoberfläche in eine Höhe h gehoben, so beträgt die Hubarbeit $W = \gamma M m\ (1/r - 1/h)$. $\gamma = 6.67\ 10^{-11}\ m^3\ kg^{-1}s^{-1}$ ist die Gravitationskonstante, $M = 5.97\ 10^{24}$ kg die Erdmasse und r = 6370 km der Erdradius.

a) Berechnen Sie die Arbeit, um eine Masse von m = 10 kg ins "Unendliche" zu heben ($h \to \infty$).

b) Berechnen Sie aus $W = m\ v^2/2$ die dazu nötige Abschussgeschwindigkeit von der Erde (Fluchtgeschwindigkeit):

Beispiel 4:

Für den Einschaltstrom eines Gleichstromkreises gilt für den Strom $i = 5\ A\ (1 - e^{-t/\tau})$ mit der Zeitkonstante $\tau = 7.5$ ms. Welcher Endwert wird sich für $t \to \infty$ einstellen

Beispiel 5:

Für die Erwärmung einer zum Zeitpunkt t = 0 s in Betrieb gesetzten Maschine gilt: $\vartheta = 5\ \vartheta_0\ (1 - 0.8\ e^{-t/\tau})$. ϑ_0 ist die Anfangstemperatur, τ die Zeitkonstante und ϑ die Temperatur zum Zeitpunkt t. Auf welche Betriebstemperatur wird sich die Maschine schließlich erwärmen?

---

3. Differentialrechnung

3.1 Die Steigung der Tangente - Der Differentialquotient

Beispiel 1:

Untersuchen Sie, ob der Graf der Funktion $y = |x^2 - 1|$ an der Stelle $x_0 = -1$ bzw. $x_0 = 1$ eine Tangente besitzt. Stellen Sie die Funktion grafisch dar.

Beispiel 2:

Untersuchen Sie, ob der Graf der Funktion $y = |x|$ an der Stelle $x_0 = 0$ eine Tangente besitzt. Stellen Sie die Funktion grafisch dar.

Beispiel 3:

Berechnen Sie die Ableitung als Grenzwert des Differenzenquotienten der Funktion $y = -x^2 + 2x + 1$ an der Stelle x_0. Ermitteln Sie die Gleichung der Tangente an der Stelle $x_0 = 2$. Gibt es einen Punkt am Grafen mit waagrechter Tangente? Stellen Sie die Funktion und die Tangente an der Stelle x_0 grafisch dar.

Beispiel 4:

Berechnen Sie die Ableitung als Grenzwert des Differenzenquotienten sowie die Gleichung der Tangente an der Stelle x_0:

a) $f(x) = x^2 + 2 \qquad x_0 = 2$

b) $f(x) = 2 \cdot x^3 - 1 \qquad x_0 = -1$

c) $f(x) = (2 \cdot x + 1)^2 \qquad x_0 = -1$

d) $f(x) = \frac{1}{x} \qquad x_0 = 2$

Beispiel 5:

Untersuchen Sie, ob der Graf der gegebenen Funktionen eine waagrechte Tangente besitzt. Ermitteln Sie bei vorhandener waagrechter Tangente die Koordinaten dieses Punktes und stellen Sie die Tangentengleichung auf.

a) $y(x) = (x + 2)^2$

b) $f(x) = -x^2 + x - 4$

c) $f(x) = x^3 + x^2 - 1$

Beispiel 6:

Besitzt bei den nachfolgenden Funktionen der Funktionsgraph eine Tangente mit der Steigung k? Ermitteln Sie bei vorhandener Tangente die Koordinaten dieses Punktes, und stellen Sie die Tangentengleichung auf.

a) $f(x) = \left(\frac{3}{4} \cdot x - 1\right)^2 \qquad k = \frac{-1}{2}$

b) $f(x) = 2 \cdot x^3 + x^2 + \frac{1}{2} \qquad x_0 = 2$

Beispiel 7:

Untersuchen Sie die nachfolgenden Funktionen auf Stellen, wo sie nicht differenzierbar sind. Stellen Sie die Funktion grafisch dar, und geben Sie die Stellen in der grafischen Darstellung an.

a) $f(x) = x + 1$ **für** $x \le 1$ **und** $f(x) = -x + 3$ **für** $x > 1$

b) $f(x) = |x - 1|$ **für** $x \le 2$ **und** $f(x) = 2 \cdot x - 3$ **für** $x > 2$

c) $f(x) = -x^2 + 3$ **für** $x \le 1$ **und** $f(x) = x^2 + 1$ **für** $x > 1$

3.1.1 Die physikalische Bedeutung des Differentialquotienten

Beispiel 1:

Ein Körper hat gerade den Weg s = 2 m im freien Fall zurückgelegt. Berechnen Sie die mittlere Änderungsrate der Fallgeschwindigkeit, wenn der Fallweg a) um 0.5 m und b) um 0.1 m zunimmt.

$v = \sqrt{2 \cdot g \cdot s}$

Beispiel 2:

Ein Körper wird zur Zeit t = 0 s aus einer Höhe s_0 = 2 m mit der Geschwindigkeit v_0 = 30 m/s senkrecht nach oben geworfen. Für den zurückgelegten Weg gilt: $s(t) = s_0 + v_0\, t - 1/2\, g\, t^2$. Berechnen Sie die mittlere Geschwindigkeit (mittlere Änderungsrate des Weges nach der Zeit) für die Zeitintervalle [2s, 2.5s], [2s, 2.01s] und die Momentangeschwindigkeit zur Zeit t = 2 s nach dem Abwurf. Wann erreicht der Körper seine maximale Höhe? Der Luftwiderstand wird vernachlässigt.

Beispiel 3:

Das Volumen eines Würfels nimmt mit einer Rate von 1 dm^3 pro Minute zu (Volumenstrom). Wie groß ist die mittlere Änderungsrate der Seitenkante, wenn diese gerade 10 dm beträgt?

3.2 Ableitungsregeln für Funktionen

3.2.1 Ableitung der linearen Funktion

Beispiel 1:

Bilden Sie die 1. Ableitung der Funktion an der Stelle x_0. Stellen Sie die Funktion und die Ableitungsfunktion grafisch dar.

a) $y = \frac{1}{2} \cdot x - 2$ **b)** $f(x) = -x + 1$ **c)** $f(x) = 2 - 6 \cdot x$

Beispiel 2:

Bilden Sie die 1. Ableitung der Funktion an der Stelle t_0. Stellen Sie die Funktion und die Ableitungsfunktion grafisch dar.

d) $s(t) = v_0 \cdot t$ **e)** $v(t) = v_0 - g \cdot t$ **f)** $\omega(t) = \omega_0 + \alpha \cdot t$

3.2.2 Potenzregel

Beispiel 1:

Bilden Sie die 1. Ableitung der folgenden Funktionen:

a) $y = x^{3 \cdot a}$ **b)** $f(x) = x^{2 \cdot r}$ **c)** $f(t) = t^{4 \cdot a + 3}$ **d)** $h(z) = \sqrt[3]{z} \cdot \sqrt[4]{z}$

e) $y = x^2 \cdot \sqrt{x}$ **f)** $f(x) = \frac{x}{\sqrt[3]{x}}$ **g)** $g(x) = \left(\frac{1}{x^{-3}} \right)^2$ **h)** $h(z) = \sqrt{z \cdot \sqrt[3]{z}}$

Beispiel 2:

Ermitteln Sie an der Stelle x_0 die Steigung und den Steigungswinkel der Tangente an den Grafen der Funktion.

a) $y = \sqrt[3]{x}$ $x_0 = 2$ **b)** $f(x) = \frac{1}{x}$ $x_0 = 1$ **c)** $f(x) = x^5$ $x_0 = -3$

Beispiel 3:

An welcher Stelle besitzt der Steigungswinkel der Tangente an den Funktionsgrafen den Wert α?

a) $y = x^2$ $\alpha = 30°$ **b)** $f(x) = \sqrt[4]{x}$ $\alpha = 20°$ **c)** $f(x) = \frac{1}{x^2}$ $\alpha = -30°$

Beispiel 4:

Ermitteln Sie den Schnittwinkel zwischen den Grafen von:

a) $y = x^2 \quad y = \sqrt{x}$ **b)** $f(x) = \frac{1}{x} \quad y = \sqrt{x}$ **c)** $g(x) = x \quad h(x) = \frac{1}{x^2}$

Beispiel 5:

An welcher Stelle besitzt der Graf von y = 1/x eine Tangente, die parallel zur Geraden y = - x/2 + 2 verläuft?

3.2.3 Konstanter Faktor und Summenregel

Beispiel 1:

Bilden Sie die 1. Ableitung der folgenden Funktionen:

a) $y = x^2 \cdot \ln(10)$ **b)** $f(x) = \sqrt{2 \cdot p \cdot x}$ **c)** $g(t) = \pi \cdot t^2$ **d)** $h(s) = \frac{1}{5} \cdot \sqrt[3]{s}$

Beispiel 2:

Bilden Sie die 1. Ableitung der folgenden Funktionen:

a) $y = x^3 + x^2 + x$ **b)** $f(x) = \frac{5}{x^4} - \frac{6}{x^3} - \frac{4}{x^2} + 2 \cdot x$ **c)** $f(t) = \frac{x^{-2} + x^{\frac{2}{3}}}{3}$

Beispiel 3:

Ermitteln Sie an der Stelle x_0 die Normale auf den Grafen und stellen Sie den Grafen, die Tangente und die Normale grafisch dar.

a) $y = x^2 + x \quad x_0 = 1$ **b)** $y = \frac{2}{10} \cdot x^2 + \frac{1}{2} \cdot x + 1 \quad x_0 = 2$

Beispiel 4:

An welchen Stellen und unter welchen Winkeln schneidet der Graf mit $y = x^2 - 4x + 1$ die x-Achse?

3.2.4 Produktregel

Beispiel 1:

Bilden Sie die 1. Ableitung der folgenden Funktionen:

a) $y = (x^3 - 1) \cdot (x^3 - 1)$ **b)** $f(x) = \sqrt{x} \cdot (x^2 + 2)$ **c)** $g(x) = (x^2 + x + 1) \cdot (x - 1)$

d) $y = x^{\frac{-1}{3}} \cdot (x^2 - x)$ **e)** $f(x) = \frac{x^{-5} - x^{\frac{.4}{3}}}{x^5}$ **f)** $g(x) = (x^2 - 2)^2$

3.2.5 Quotientenregel

Beispiel 1:

Bilden Sie die 1. Ableitung der folgenden Funktionen:

a) $y = \frac{x+1}{x}$ b) $f(x) = \frac{x^2+1}{2 \cdot x}$ c) $g(x) = \frac{x + \sqrt{x}}{\sqrt[3]{x}}$

d) $y = \frac{1}{1+x}$ e) $f(t) = \frac{1+t}{1-t}$ f) $g(s) = \frac{1-s^3}{1+s^3}$

3.2.6 Kettenregel

Beispiel 1:

Bilden Sie die 1. Ableitung der folgenden Funktionen:

a) $y = \left(x^5 - x\right)^3$ b) $f(x) = \sqrt{x^2 \cdot (x-2)}$ c) $g(x) = \sqrt{\frac{2-x}{2+x}}$

d) $y = -\left(x^{-1} + \frac{2}{x^2}\right)^{-3}$ e) $f(t) = \sqrt{\left(t^2 - 4\right)^3}$ f) $g(s) = \sqrt{2 \cdot g \cdot s}$

Beispiel 2:

Wird Sand von einem Förderband geschüttet, so entsteht ein konischer Sandhaufen (Kegel), dessen Höhe h immer gleich 4/3 des Radius r der Grundfläche ist. a) Wie schnell wächst das Volumen, wenn der Radius r der Basis 1 m ist und mit einer Geschwindigkeit von 1/8 cm/s wächst? b) Wie schnell wächst der Radius, wenn er 2 m ist und das Volumen mit einer Geschwindigkeit von 10^4 cm^3/s wächst?

3.2.7 Ableitungen von Funktionen und Relationen in impliziter Darstellung

Beispiel 1:

Differenzieren Sie implizit und bestimmen Sie die Ableitung an der Stelle x_0:

a) $x^2 + 2 \cdot x - y^3 = 1 \quad x_0 = 3$ b) $x \cdot y^3 = x + 2 \quad x_0 = \frac{1}{2}$

c) $\sqrt[3]{2 \cdot y - 1} - x = 1 \quad x_0 = 0$ d) $\frac{x}{y^3} - x = 1 \quad x_0 = 1$

Beispiel 2:

Geben Sie Gleichung der Tangente im Punkt $P(x_0|y_0>0)$ an:

a) $x^2 + y^2 = 36$ $\quad x_0 = -2$ b) $\frac{x^2}{9} + \frac{y^2}{4} = 1$ $\quad x_0 = 2$

c) $y^2 = x^3$ $\quad x_0 = 1$ d) $x^{\frac{2}{3}} + y^{\frac{2}{3}} = 1$ $\quad x_0 = \frac{1}{2}$

Beispiel 3:

Berechnen Sie die Steigung der Tangente im Punkt P_1:

a) $y^2 - 2 \cdot x = 0$ $\quad$ **$P_1(3.12 \mid -2.498)$** b) $(y-3)^2 - 8 \cdot (x-2) = 0$ $\quad$ **$P_1(6 \mid -2.657)$**

Beispiel 4:

Bilden Sie die 1. Ableitung der gegebenen Funktion über die Umkehrfunktion:

a) $y = \sqrt[3]{x}$ b) $y = x^{\frac{1}{2}}$ c) $s(t) = \frac{g}{2} \cdot t^2$

3.2.8 Ableitung der Exponential- und Logarithmusfunktion

Beispiel 1:

Bilden Sie die 1. Ableitung der folgenden Funktionen:

a) $y = e^{3 \cdot x}$ b) $f(x) = 4 \cdot e^{-4 \cdot x}$ c) $g(x) = e^{\frac{-x^2}{2}}$ d) $h(x) = 2^{x^2 - 1}$

e) $y = \frac{e^t - e^{-t}}{2}$ f) $f(u) = \frac{e^u}{e^u + e^{-u}}$ g) $g(t) = 4^{\frac{2 \cdot t - 1}{3}}$ h) $h(x) = e^{\frac{x-1}{x}}$

Beispiel 2:

Bilden Sie die 1. Ableitung der folgenden Funktionen:

a) $y = \ln(2 \cdot x + 1)$ b) $f(x) = \ln\left(\sqrt{x}\right)$ c) $g(x) = \ln\left(x^2 - 1\right)$ d) $h(x) = \lg\left(x^2 + 1\right)$

e) $y = \lg\left(\frac{10}{x}\right)$ f) $f(u) = \ln(\ln(u))$ g) $g(t) = \ln\left(\frac{1+t}{1-t}\right)$ h) $h(x) = \ln(3 \cdot x - 4)^2$

i) $y = x^2 \cdot e^{-x}$ j) $f(u) = \dfrac{\ln(u^2)}{e^u}$ k) $g(z) = z \cdot (z-3) \cdot e^{-2 \cdot z}$ l) $h(t) = (3-t) \cdot e^{2 \cdot t}$

m) $y = A \cdot e^{-B \cdot t}$ n) $f(t) = A \cdot e^{-B \cdot t} + C$ o) $g(t) = A \cdot \left(1 - e^{-B \cdot t}\right)$ p) $h(t) = (A + B \cdot t) \cdot e^{-C \cdot t}$

q) $y = A \cdot e^{-B \cdot (x-C)^2}$ r) $I(x) = I_0 \cdot e^{-\mu \cdot x}$ s) $g(r) = \dfrac{t^2 \cdot 3^{r \cdot s}}{1 + r \cdot s \cdot t}$ t) $R(t) = e^{-\left(\frac{t}{T}\right)^b}$

u) $\varphi(t) = \dfrac{1}{k} \cdot \ln(k \cdot \omega \cdot t + 1)$ v) $v(s) = v_S \cdot \sqrt{1 - e^{-2 \cdot k \cdot \frac{s}{m}}}$ w) $y = \ln\left(x^2 + \sqrt{x^2 + 1}\right)$

Beispiel 3:

Bilden Sie die 1. Ableitung an der Stelle $x_0 = 2$:

a) $y = x^{2 \cdot x}$ b) $f(x) = x^{-x}$ c) $g(x) = (1 + 3 \cdot x)^x$ d) $h(x) = x^{2 \cdot x + 1}$

Beispiel 4:

Zeigen Sie durch Logarithmusbildung und Differenzieren, dass für die Funktion $y = x^n$ gilt: $y' = n\, x^{n-1}$.

3.2.9 Ableitung von Kreis- und Arkusfunktionen

Beispiel 1:

Bilden Sie die 1. Ableitung der folgenden Funktionen:

a) $y = \sin(5 \cdot x)$ b) $f(x) = 2 \cdot \cos\left(\dfrac{x}{2}\right)$ c) $f(t) = \sin(t)^2$ d) $h(z) = \tan(z)^2$

e) $y = t^2 \cdot \sin(t)$ f) $f(x) = e^x \cdot \sin(x)$ g) $g(x) = \dfrac{\sin(x + \cos(x))}{2 \cdot e^x}$ h) $h(x) = x + \sin(x)$

i) $y = -\cos(x) + 3 \cdot \tan(x)$ j) $f(x) = \dfrac{\sin(x)}{2 \cdot \cos(x)}$ k) $g(x) = \dfrac{\sin(x)}{x}$ l) $x(t) = \sin\left(\dfrac{t}{2} + \dfrac{\pi}{4}\right)$

m) $y = \cos(x) \cdot \sin(x)$ n) $y = x^3 \cdot \tan(x)$ o) $y = \cos(x)^2 - \sin(x)^2$ p) $y = \dfrac{1}{\sin(x)}$

q) $y = \dfrac{1}{\tan(x)} + \tan(x)$ r) $y = \dfrac{x}{1 - \cos(x)}$ s) $y = \dfrac{\sin(x) \cdot \cos(x)}{\sin(x) + \cos(x)}$ t) $y = \dfrac{\cos(x) \cdot \cos(x)}{\tan(x)}$

u) $y = \dfrac{2 \cdot \tan(x)}{1 + \tan(x)^2}$ v) $y = \dfrac{\cot(3 \cdot x)}{\tan(x)}$ w) $y = \left(\dfrac{1}{2}\right)^x \cdot \sin(x)$ x) $y = 3 \cdot e^{\frac{-t}{2}} \cdot \sin(2 \cdot t)$

y) $y = x^3 \cdot \sin(x)^2$ **z)** $y(t) = r \cdot \sin(\omega \cdot t)$ **α)** $i(t) = I_0 \cdot \sin(\omega \cdot t + \varphi)$

β) $y = 3 \cdot e^{\frac{-t}{2}} \cdot \sin(2 \cdot t)$ **γ)** $y = \cot(t)^2 - 2 \cdot \tan(t)^2$

Beispiel 2:

Bilden Sie die 1. Ableitung der Funktion an der Stelle x_0. Stellen Sie die Funktion und die Ableitungsfunktion grafisch dar.

a) $y = -\sin(x)$ $x_0 = \frac{\pi}{2}$ **b)** $f(x) = \sin(2 \cdot t)$ $x_0 = \pi$ **c)** $f(x) = 3 \cdot \sin\left(\frac{x}{2}\right)$ $x_0 = \frac{-\pi}{4}$

Beispiel 3:

In welchem Punkt bzw. in welchen Punkten des Grafen hat in [0, 2 π] die Tangente die Steigung k?

a) $y = \sin(x)$ $k = \frac{1}{2}$ **b)** $f(x) = \sin(2 \cdot t)$ $k = 0.8$ **c)** $f(x) = 2 \cdot x + \cos(x)$ $k = 1$

Beispiel 4:

Beim schrägen Wurf gelten folgende Beziehungen:

$x = v_0 \cdot \cos(\alpha) \cdot t + x_0$ $y = v_0 \cdot \sin(\alpha) \cdot t - \frac{g}{2} \cdot t^2 + y_0$

Wie groß sind die Geschwindigkeiten in der x- und y-Richtung?

Beispiel 5:

Ermitteln Sie an der Stelle x_0 die Steigung und den Steigungswinkel der Tangente an den Grafen der Funktion.

a) $y = \cos(x)$ $x_0 = 0$ **b)** $f(x) = \tan(x)$ $x_0 = 0$ **c)** $f(x) = \cot(x)$ $x_0 = 1$

Beispiel 6:

An welcher Stelle besitzt der Steigungswinkel der Tangente an den Funktionsgrafen den Wert α?

a) $y = \sin(2 \cdot x)$ $\alpha = 30°$ **b)** $f(x) = \tan(2 \cdot x)$ $\alpha = 20°$ **c)** $f(x) = \cot\left(\frac{x}{2}\right)$ $\alpha = 10°$

Beispiel 7:

Ermitteln Sie den Schnittwinkel zwischen den Grafen von:

a) $y = \sin(x)$ $y = \cos(x)$ **für $0 < x\ \pi$**

b) $f(x) = \cos(x)$ $y = \tan(x)$ **für $0 < x\ \pi/2$**

Beispiel 8:

Ermitteln Sie an der Stelle x_0 die Normale auf den Grafen und stellen Sie die Funktion, die Tangente in x_0 und die Normale in x_0 grafisch dar.

a) $y = \sin(x) \qquad x_0 = \pi$

b) $y = \cos(x) \qquad x_0 = \frac{\pi}{2}$

Beispiel 9:

Bilden Sie die 1. Ableitung der folgenden Funktionen:

a) $y = \arcsin(2 \cdot x)$

b) $f(x) = \arccos\left(x^2\right)$

c) $g(x) = \arctan\left(x^2 - x\right)$

d) $y = \frac{\arctan(x)}{x}$

e) $f(x) = \frac{\arcsin(x)}{e^x}$

f) $g(x) = \frac{1}{x} \cdot \arctan\left(\frac{x^3}{2}\right)$

g) $y = x \cdot \operatorname{arccot}(x)$

h) $f(x) = \tan(x) \cdot \arcsin(x)$

i) $g(x) = \arctan\left(\sqrt{x^2 - 1}\right)$

Beispiel 10:

Ermitteln Sie die Steigung im Punkt P_1:

a) $\sin(x \cdot y) - 1 = 0 \qquad$ **$P_1(1/2 \mid \pi)$**

b) $y = x^{x \cdot \sin(x)} \qquad$ **$P_1(3 \mid y_1)$**

3.2.10 Ableitung von Hyperbel- und Areafunktionen

Beispiel 1:

Bilden Sie die 1. Ableitung der folgenden Funktionen:

a) $y = \sinh(2 \cdot x)$

b) $f(x) = 3 \cdot \cosh(5 \cdot x)$

c) $g(x) = \tanh\left(\frac{x}{2}\right)$

d) $y = \tanh\left(e^{k \cdot x}\right)$

e) $f(x) = \frac{\sinh(4 \cdot x)}{2 \cdot x}$

f) $g(x) = \cosh(x)^2 - \sinh(x)^2$

g) $y = x \cdot \coth\left(x^2\right)$

h) $f(x) = \ln(x) \cdot \cosh\left(\frac{x}{x - 1}\right)$

i) $g(x) = \cos\left(\sinh\left(\frac{x}{2}\right)\right)$

Beispiel 2:

Bilden Sie die 1. Ableitung der folgenden Funktionen:

a) $y = \operatorname{arsinh}\left(\frac{x}{4}\right)$

b) $f(x) = \frac{\operatorname{arcosh}\left(x^3\right)}{x^2}$

c) $g(x) = \operatorname{artanh}\left(\sqrt{\frac{2 - x}{2 + x}}\right)$

d) $y = \operatorname{arcoth}(3 \cdot x)$ e) $f(t) = \operatorname{arcosh}\left(\frac{1}{1-t^2}\right)$ f) $g(s) = \operatorname{artanh}\left(\frac{s}{\sqrt{1+s^2}}\right)$

g) $y = x^2 + e^x \cdot \operatorname{arsinh}(x)$ h) $f(x) = \ln\left(\frac{x}{2}\right) \cdot \operatorname{artanh}\left(x^4\right)$ i) $g(x) = \frac{\operatorname{arcoth}(x-2)}{\sin(x)}$

3.2.11 Höhere Ableitungen

Beispiel 1:

Berechnen Sie alle Ableitungen bis zu jener, die identisch null ist:

a) $y = x^2 + 6 \cdot x - 3$ b) $y = x^4 - 3 \cdot x^3 + 2 \cdot x - 2$ c) $y = -3 \cdot x^5 + 4 \cdot x^3 - x + 1$

Beispiel 2:

Geben Sie die 2. Ableitung an der Stelle $x_0 = 2$ an:

a) $y = \frac{1}{x^2}$ b) $y = \sqrt{2 \cdot x + 1}$ c) $y = e^{-3 \cdot x}$ d) $y = \frac{1 + 2 \cdot x}{1 + x}$

e) $y = \frac{x \cdot \sin(x)}{\sqrt{x}}$ f) $y = \frac{1}{2 \cdot x} \cdot \cos(3 \cdot x)$ g) $y = \sin(x)^3$ h) $y = e^{-0.5 \cdot x} \cdot \sin(4 \cdot x)$

Beispiel 3:

Für welche Polynomfunktion 3. Grades ist f(a) = - 1, f '(a) = 0, f "(a) = 2 und f '''(a) = 6?

Beispiel 4:

Die Steigung der Tangente einer Polynomfunktion 2. Grades ist an der Stelle x = 2 gleich 5. Der Punkt P(2|4) liegt auf dem Grafen und die zweite Ableitung ist identisch gleich 4. Wie lautet die Gleichung der Polynomfunktion? An welcher Stelle besitzt der Graf eine waagrechte Tangente?

Beispiel 5:

Zeigen Sie, dass $y = e^{-3x} \sin(4\,x)$ und $y = e^{-3x} \cos(4\,x)$ die Differentialgleichung y" + 6 y' + 25 y = 0 erfüllen?

Beispiel 6:

Untersuchen Sie, ob y = sin(x), y = cos(x), y = sinh(x) bzw. y = cosh(x) die Differentialgleichung y" - y = 0 erfüllt?

Beispiel 7:

Das Weg-Zeit-Gesetz während des Abbremsens eines Kraftfahrzeuges lautet:

$$s = 40 \cdot \frac{m}{s} \cdot t - 1.5 \cdot \frac{m}{s^2} \cdot t^2$$

a) Wie lautet das Geschwindigkeits-Zeit-Gesetz?
b) Wie groß sind Geschwindigkeit und Beschleunigung bei Bremsbeginn?
c) Wie lang ist der Bremsweg bis zum Stillstand?

3.2.12 Ableitungen von Funktionen in Parameterdarstellung

Beispiel 1:

Bilden Sie die Ableitungen y' und y" der folgenden gegebenen Funktionen in Parameterdarstellung. Führen Sie auch die Parametergleichungen in eine kartesische Form über. Stellen Sie diese Funktionen grafisch dar.

a) $x(t) = t + 1$ $\quad y(t) = t^2 - 1$ $\qquad$ **b)** $x(t) = \frac{1}{2 - t}$ $\quad y(t) = t^2$

c) $x(t) = e^t$ $\quad y(t) = 1 + t^2$ $\qquad$ **d)** $x(t) = \cos(t)$ $\quad y(t) = \sin(t)^2$

e) $x(t) = e^{-a \cdot t}$ $\quad y(t) = e^{a \cdot t}$ $\qquad$ **f)** $x(t) = \ln(t)$ $\quad y(t) = \frac{1}{2} \cdot \left(t + \frac{1}{t}\right)$

g) $x(t) = e^t - e^{-t}$ $\quad y(t) = e^t + e^{-t}$ $\qquad$ **h)** $x(t) = 2 + t$ $\quad y(t) = t \cdot e^{-t}$

Beispiel 2:

Stellen Sie die Gleichung der Tangente im Kurvenpunkt P mit dem Parameter t auf. Stellen Sie diese Funktionen und Tangenten grafisch dar.

a) $x(t) = 2 \cdot e^t$ $\quad y(t) = e^{-t}$ $\quad t = 0$ $\qquad$ **b)** $x(t) = 2 \cdot \cosh(t)$ $\quad y(t) = \sinh(t)$ $\quad t = 2$

Beispiel 3:

Bestimmen Sie die waagrechten und senkrechten Tangenten der gegebenen Funktion. Stellen Sie diese Funktionen und Tangenten grafisch dar.

a) $x(t) = 2 \cdot \cos(t)$ $\quad y(t) = 2 \cdot \sin(t)$ $\qquad$ **b)** $x(t) = 2 + 5 \cdot \cos(t)$ $\quad y(t) = 1 + 3 \cdot \sin(t)$

Beispiel 4:

Bestimmen Sie die Tangenten und die Steigungswinkel der gegebenen Funktion im Ursprung des Koordinatensystems. Stellen Sie diese Funktionen und Tangenten grafisch dar.

$x(t) = \sin(t)$ $\quad y(t) = \sin(2 \cdot t)$ $\quad 0 \le t < 2\pi$

Beispiel 5:

Bestimmen Sie die Punkte mit waagrechten Tangenten der gegebenen Funktion (Kardioide). Stellen Sie diese Funktionen und Tangenten grafisch dar.

$x(t) = 2 \cdot \sin(t) - \sin(2 \cdot t)$ $\quad$ $y(t) = 2 \cdot \cos(t) - \cos(2 \cdot t)$ $\quad$ $\mathbf{0 \le t < 2\pi}$

Beispiel 6:

Ein Körper wird in einer Höhe h = 10 m zum Zeitpunkt t = 0 s mit einer Geschwindigkeit v_0 = 20 m/s unter einem Winkel von α = 35° abgeschossen. Der Luftwiderstand wird vernachlässigt. Für die Bahnkurve gilt:

$x(t) = v_0 \cdot t \cdot \cos(\alpha)$ $\quad$ $y(t) = h + v_0 \cdot t \cdot \sin(\alpha) - \frac{1}{2} \cdot g \cdot t^2$

a) Bestimmen Sie die Geschwindigkeit in horizontaler und vertikaler Richtung.
b) Wie groß ist die Geschwindigkeit, wenn der Körper am Boden auftrifft?
c) Bestimmen Sie die Koordinaten des Scheitels der Bahnkurve.

3.2.13 Ableitungen von Funktionen in Polarkoordinatendarstellung

Beispiel 1:

Wie lautet die Kurvengleichung in kartesischen Koordinaten? Stellen Sie diese Funktionen grafisch dar.

a) $r(\varphi) = \frac{2}{\sqrt{\cos(2 \cdot \varphi)}}$ $\quad$ **b)** $r(\varphi) = 4 \cdot \cos(\varphi)$ $\quad$ **c)** $r(\varphi) = \frac{2}{1 - \cos(\varphi)}$

Beispiel 2:

Wie lautet die Kurvengleichung in Polarkoordinaten? Stellen Sie diese Funktionen im kartesischen und im Polarkoordinatensystem dar.

a) $y = 3 \cdot x + 2$ $\quad$ **b)** $x^2 + y^2 - 4 \cdot x = 0$ $\quad$ **c)** $y = x^{\frac{3}{2}}$

Beispiel 3:

Berechnen Sie r' und bestimmen Sie den Steigungswinkel Ψ. Stellen Sie diese Funktionen grafisch dar.

a) $r(\varphi) = 5 \cdot \varphi^2$ $\quad$ **b)** $r(\varphi) = \frac{2}{\sin(\varphi)}$

3.2.14 Krümmung ebener Kurven

Beispiel 1:

Bestimmen Sie den Krümmungsmittelpunkt und den Krümmungsradius der gegebenen Funktionen:

a) $x^{\frac{2}{3}} + y^{\frac{2}{3}} = a^{\frac{2}{3}}$ **im Punkt $P_1(a/2 \mid y_1 > 0)$**

b) $x(t) = a \cdot \frac{t^2 - 1}{t^2 + 1}$

im Punkt $P_1(a/2 \mid y_1 < 0)$

$y(t) = a \cdot t \cdot \frac{t^2 - 1}{t^2 + 1}$

Beispiel 2:

Wie groß sind die Krümmung und Krümmungsmittelpunkte in einem beliebigen Punkt der gegebenen Funktion? Stellen Sie die Funktion, die Krümmung und die Krümmungsmittelpunkte in einem Koordinatensystem dar.

a) $y = e^x$ **b)** $x(\varphi) = 2 \cdot \cos(\varphi)$ $y(\varphi) = 2 \cdot \sin(\varphi)$

Beispiel 3:

Wie groß sind Krümmung und Krümmungsradius in einem beliebigen Punkt der gegebenen Funktion $r(\varphi) = 4\ \varphi$? Stellen Sie die Funktion, die Krümmung und die Krümmungsradien in einem Koordinatensystem dar.

3.2.15 Grenzwerte von unbestimmten Ausdrücken

Beispiel 1:

Bestimmen Sie folgende Grenzwerte:

a) $\lim_{x \to 1} \frac{x^2 - 1}{x - 1}$ b) $\lim_{x \to 2} \frac{x^2 - 3 \cdot x + 2}{x^2 + 3 \cdot x - 10}$ c) $\lim_{x \to \infty} \frac{x + 2}{x - 5}$

d) $\lim_{x \to 0} \frac{\sin(2 \cdot x)}{x}$ e) $\lim_{x \to \infty} \frac{x}{e^x}$ f) $\lim_{x \to \infty} \left(x \cdot e^{-x}\right)$

g) $\lim_{x \to 0^+} (x \cdot \ln(2 \cdot x))$ h) $\lim_{x \to \infty} \left(x^2 - x\right)$ i) $\lim_{x \to \infty} \left(x - \sqrt{x}\right)$

j) $\lim_{x \to \infty} \frac{e^x}{x}$ k) $\lim_{x \to \infty} \frac{e^x}{\cosh(x)}$ l) $\lim_{x \to \infty} \frac{\ln(a \cdot x)}{\sqrt{x^2 + b}}$

Beispiel 2:

Für die Auslenkung eines gedämpften Federpendels gilt:

$y(t) = \frac{v_0}{\omega} \cdot e^{-\delta \cdot t} \cdot \sin(\omega \cdot t)$ **ω ... Kreisfrequenz, v_0 ... Anfangsgeschwindigkeit, δ ... Dämpfungsfaktor**

Bei größer werdender Dämpfung δ geht ω gegen null oder die Schwingungsdauer T gegen unendlich. Ermitteln Sie für diesen aperiodischen Grenzfall y(t).

Beispiel 3:

Für den freien Fall eines Körpers gilt unter Berücksichtigung des Luftwiderstandes für die Fallgeschwindigkeit und den Fallweg:

$$v(s) = \sqrt{\frac{m \cdot g}{k} \cdot \left(1 - e^{\frac{-2 \cdot k \cdot s}{m}}\right)} \qquad s(t) = \frac{m}{k} \cdot \ln\left(\cosh\left(t \cdot \sqrt{\frac{k \cdot g}{m}}\right)\right)$$

Leiten Sie durch den Grenzübergang von k → 0 das entsprechende Gesetz für den freien Fall ohne Luftwiderstand her.

3.3 Kurvenuntersuchungen

Beispiel 1:

Untersuchen Sie folgende Funktionen auf Nullstellen, Extremstellen und Wendepunkte, und stellen Sie die Funktionen grafisch dar.

a) $f(x) = x^2 + 3 \cdot x + 2$ **b)** $y = x^3 - 5 \cdot x^2 - 8 \cdot x + 12$

c) $g(x) = x^3 + 2 \cdot x^2 + 5 \cdot x - 8$ **d)** $y = x^4 - 2 \cdot x^3$

Beispiel 2:

Untersuchen Sie folgende Funktionen auf Nullstellen, Extremstellen und Wendepunkte, und stellen Sie die Funktionen grafisch dar.

a) $y = |x - 1|$

b) $f(x) = |x^2 - 2|$

Beispiel 3:

Ermitteln Sie die Gleichung $y = a\,x^2 + b\,x + c$ einer Polynomfunktion 2. Grades mit Scheitel S(x | 2). Die Ableitungsfunktion dieser Funktion lautet: $y' = 2\,x + 1$.

Beispiel 4:

Der Graf einer Polynomfunktion 3. Grades besitzt den Hochpunkt H(1 | 7) und den Wendepunkt W(2 | 4). Wie lautet die Funktion?

Beispiel 5:

Der Graf einer Polynomfunktion 3. Grades besitzt einen Wendepunkt W(2 | 1) mit einer zur x-Achse parallelen Tangente und einen Punkt P(3 | 2). Wie lautet die Funktion?

Beispiel 6:

Gegeben ist die Gleichung der elastischen Linie eines beidseitig eingespannten Trägers mit einer Gleichlast q und einer Länge L. Bestimmen Sie die größte Durchbiegung, die Lage des Wendepunktes und die Steigung der Wendetangente. Stellen Sie das Problem grafisch dar.

$$y(x) = \frac{q \cdot L^3}{24 \cdot E \cdot I} \cdot \left(\frac{x}{L}\right)^2 \cdot \left(1 - \frac{x}{L}\right)^2$$

Annahme: $L = 3 \cdot m$ $\quad \frac{q}{E \cdot I} = 0.007 \cdot m^{-4}$

Beispiel 7:

Ein einseitig eingespannter Träger in A mit einfachem Auflager in B, gleichmäßig verteilter Belastung q und einer Länge L erfährt ein Biegemoment M(x). Gesucht ist die Lage und Größe des maximalen Biegemoments zwischen den Auflagern. Stellen Sie das Problem grafisch dar.

$$M(x) = \frac{-1}{8} \cdot q \cdot L^2 + \frac{5}{8} \cdot q \cdot L \cdot x - \frac{1}{2} \cdot q \cdot x^2$$

Annahme: $L = 4 \cdot m$ $\quad q = 5 \cdot kN$

Beispiel 8:

Untersuchen Sie folgende Funktion auf Symmetrie, Nullstellen, Polstellen, Asymptoten, Lücken, Extremstellen und Wendepunkte und stellen Sie die Funktion grafisch dar.

a) $y = \frac{x^2}{x-1}$ b) $y = \frac{x^3+1}{x}$ c) $y = \frac{x^3 - 5 \cdot x^2 + 8 \cdot x - 16}{x^2 - 5 \cdot x + 4}$

d) $y = \frac{x \cdot (x+4)}{x-2}$ e) $y = \frac{1-x^2}{1+x^2}$ f) $y = \frac{x^3+8}{2 \cdot x^2}$

Beispiel 9:

Untersuchen Sie folgende Funktion auf Symmetrie, Nullstellen, Polstellen, Asymptoten, Lücken, Extremstellen und Wendepunkte und stellen Sie die Funktion grafisch dar.

a) $y = \frac{\ln(2 \cdot x)}{x}$ b) $y = (x-1) \cdot e^{\frac{-x}{2}}$ c) $y = x + \frac{1}{2 \cdot x}$ $\quad x > 0$

d) $y = \frac{x}{2} \cdot e^{\frac{-x}{2}}$ e) $y = \frac{e^x}{2-x}$ f) $y = x \cdot \ln\left(\frac{4}{x}\right)$

g) $y = x \cdot \sqrt{4 \cdot x - x^2}$ h) $y = \sqrt{x^2+4} - \sqrt{x^2-4}$ i) $y = \sqrt{\frac{x}{x-2}}$

j) $y = 5 \cdot e^{-t} - 2 \cdot e^{-4 \cdot t}$ k) $y = 7 \cdot e^{-t} - e^{-4 \cdot t}$ l) $y = -e^{-t} + 4 \cdot e^{-4 \cdot t}$

Beispiel 10:

Berechnen Sie die Krümmung und den Krümmungsradius in x_0. Stellen Sie den Krümmungskreis und die Funktion grafisch dar.

a) $y = x^2 \quad x_0 = 0$ b) $y = \frac{1}{x} \quad x_0 = 1$ c) $y = \sqrt{x} \quad x_0 = 1$

d) $y = \sin(x) \quad x_0 = \frac{\pi}{2}$ e) $y = \cosh(x) \quad x_0 = 0$ f) $y = \tanh(x) \quad x_0 = 1$

Beispiel 11:

Diskutieren Sie die standardisierte Normalverteilung im Intervall [- 3, 3]:

$$\varphi(u) = \frac{1}{\sqrt{2\pi}} \cdot e^{-\frac{u^2}{2}}$$

Beispiel 12:

Die Kosten für die Herstellung eines bestimmten elektrischen Bauteils betragen in €:
$K(x) = 0.00001\,x^3 - 0.023\,x^2 + 24\,x + 3300, \quad 0 \le x \le 2000$ Stück.

a) Wie groß sind die Kosten für 1600 Bauteilen? Wie groß sind in diesem Fall die durchschnittlichen Kosten pro Einheit?

b) Stellen Sie über die Grenzkosten fest, wie viel bei einer gegebenen Produktion von 200, 800 sowie 1500 Bauteilen die nächste produzierte Einheit kosten würde.

Beispiel 13:

Eine Firma stellt PKW-Anhänger her. Sie könnte wöchentlich bis zu 20 Anhänger herstellen. Die Kosten betragen (Geldeinheit = 100 €): $K(x) = 0.1\,x^3 - 2.5\,x^2 + 25\,x + 10, \quad 0 \le x \le 20$ Stück.

a) Wie groß sind die durchschnittlichen Kosten bei der Herstellung von 8 Anhängern ?

b) Stellen Sie mithilfe der Grenzkosten fest, was es der Firma zusätzlich kostet, wenn es die wöchentliche Produktion von 10 Anhängern auf 11 erhöht.

Beispiel 14:

Bestimmen Sie aus der Kostenfunktion K(x) die Gewinnschwellen und den optimalen Erfolg (max. Gewinn bzw. min. Verlust) für einen Verkaufspreis von a) 40 GE/ME, b) 20 GE/ME, c) 10 GE/ME.

$$K(x) = x^3 - 10 \cdot x^2 + 40 \cdot x + 50$$

Beispiel 15:

Geg.: $K(x) = 0.2 \cdot x^3 - 31 \cdot x^2 + 2250 \cdot x + 40000$ **Kostenfunktion**

$n(x) = 2550 - x$ **Nachfragefunktion**

a) Bestimmen Sie die Funktionsgleichung für den Erlös und Erfolg.

b) Wo liegen die Gewinnschwellen und der maximale Gewinn?

c) Wo liegt die langfristige und die kurzfristige Preisuntergrenze?

Beispiel 16:

Gegeben ist ein gedämpftes Feder-Masse-System. Das System beginne zur Zeit t = 0 s mit einer Geschwindigkeit v_0 = 20 cm/s zu schwingen. Die Eigenfrequenz betrage $\omega_0 = 2\ s^{-1}$. Untersuchen Sie den Schwingungsverlauf:

a) $\delta = 2 \cdot s^{-1} = \omega_0$ $\quad y(t) = v_0 \cdot t \cdot e^{-\delta \cdot t}$ aperiodischer Grenzfall

b) $\delta = 2.5 \cdot s^{-1}$ $\quad y(t) = \frac{v_0}{\sqrt{\delta^2 - \omega_0^2}} \cdot e^{-\delta \cdot t} \cdot \sinh\left(t \cdot \sqrt{\delta^2 - \omega_0^2}\right)$ Kriechfall (aperiodischer Fall)

Beispiel 17:

Die augenblickliche Wechselstromleistung ist gegeben durch: p(t) = u(t) i(t). Untersuchen Sie für $u(t) = U_0 \sin(\omega\, t)$ und $i(t) = I_0 \sin(\omega\, t + \varphi)$ den zeitlichen Verlauf von p(t) innerhalb einer Periode, wenn U_0 = 5 V, I_0 = 1 A, $\omega = 1\ s^{-1}$ und $\varphi = 60°$ sind.

Beispiel 18:

Untersuchen Sie den Stromverlauf für R = 50 Ω, R = 200 Ω sowie für R = 250 Ω eines elektrischen Reihenschwingkreises mit L = 1 H und C = 100 μF. Zum Zeitpunkt t = 0 s beginnt sich der mit U_0 = 100 V aufgeladene Kondensator zu entladen.

$\delta = \frac{R}{2 \cdot L}$ Dämpfungskonstante $\quad \omega_0 = \frac{1}{\sqrt{L \cdot C}}$ Eigenfrequenz

$\delta < \omega_0$: Schwingfall $\quad i(t) = \frac{U_0}{L \cdot \omega} \cdot e^{-\delta \cdot t} \cdot \sin(\omega \cdot t) \qquad \omega = \sqrt{\omega_0^2 - \delta^2}$

$\delta = \omega_0$: Aperiodischer Grenzfall $\quad i(t) = \frac{U_0}{L} \cdot t \cdot e^{-\delta \cdot t}$

$\delta > \omega_0$: Kriechfall (aperiodischer Fall) $\quad i(t) = \frac{U_0}{L \cdot \sqrt{\delta^2 - \omega_0^2}} \cdot e^{-\delta \cdot t} \cdot \sin\left(\sqrt{\delta^2 - \omega_0^2} \cdot t\right)$

Beispiel 19:

Untersuchen Sie den Stromverlauf für R = 50 Ω, R = 200 Ω sowie für R = 250 Ω eines elektrischen Reihenschwingkreises mit L = 1 H und C = 100 μF. Zum Zeitpunkt t = 0 s beginnt sich der mit U_0 = 100 V aufgeladene Kondensator zu entladen.

Beispiel 20:

Die Festigkeit eines Stoffes ist durch seinen kristallinen Aufbau bedingt, wobei bei einem idealen Festkörper die Atome an genau definierten Punkten des Kristallgitters sitzen. Diese regelmäßige Anordnung verleiht dem Festkörper die charakteristischen Eigenschaften wie Härte und Festigkeit. Laborversuche zur Ermittlung der Materialeigenschaften sind bei der Prüfung eines Werkstoffes und bei der Qualitätskontrolle unerlässlich. Mit der Beugung von Röntgenstrahlen an Kristallgittern (1912 Max von Laue) kann der Werkstoff zerstörungsfrei geprüft werden. Dabei lässt sich die Strahlungsintensität nach der Formel $I(\Phi) = I_{max} (\sin(\Phi))^2/\Phi^2$ berechnen. Zur Abschätzung der Werkstoffgüte (Auffinden etwaiger Störstellen) ist die Kenntnis des genauen Kurvenverlaufes unumgänglich.

a) Zeigen Sie $I(0) = I_{max}$

b) Nullstellen

c) Beugungsmaxima

d) Wie groß ist die Halbwertsbreite β, d. h. der Abstand der Wendepunkte

e) Stellen Sie die Intensität im Bereich [- 4 π, 4 π] grafisch dar.

3.4 Extremwertaufgaben

Beispiel 1:

Ein Rechteck hat einen Umfang von 20 cm. Welches dieser Rechtecke ergibt bei Rotation um die Seite b = x einen Zylinder mit maximalem Volumen?

Beispiel 2:

Einer Kugel mit Radius r soll axial ein Zylinder mit maximalem Volumen eingeschrieben werden. Wie lauten die Maße dieses Zylinders?

Beispiel 3:

Welcher Punkt P_0 des Funktionsgrafen $y = x^2 - 9/2$ hat vom Ursprung minimalen Abstand d?

Beispiel 4:

Einem Kegel mit der kreisförmigen Grundfläche (r = 5 dm und H = 12 dm) soll ein Zylinder mit maximalem Volumen (Radius x und Höhe y) eingeschrieben werden. Welche Maße hat der Zylinder, und in welchem Verhältnis stehen Kegelvolumen und Zylindervolumen?

Beispiel 5:

Ein Potentiometer mit $R = R_1 + R_2$ ist an eine konstante Spannung U angeschlossen.

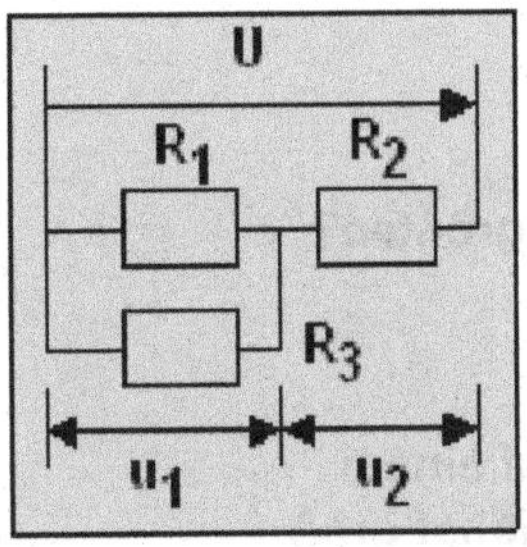

Wie ist R_3 zu wählen, sodass die von R_3 aufgenommene Leistung P_3 ein Maximum wird ?

$$P_3(R_3) = \frac{u_1^2}{R_3} = \frac{p^2 \cdot R_3 \cdot U}{R_3 + (R_1 + R_2) \cdot (p - p^2)} \qquad p = \frac{R_1}{R_1 + R_2}$$

$R_1 = 120 \cdot \Omega$ $\quad R_2 = 480 \cdot \Omega$ $\quad U = 300 \cdot V$

Beispiel 6:

Gegeben ist ein Spannungsteiler. Wie ist der Widerstand Ra zu wählen, sodass die von R_a aufgenommene Leistung P ein Maximum wird?

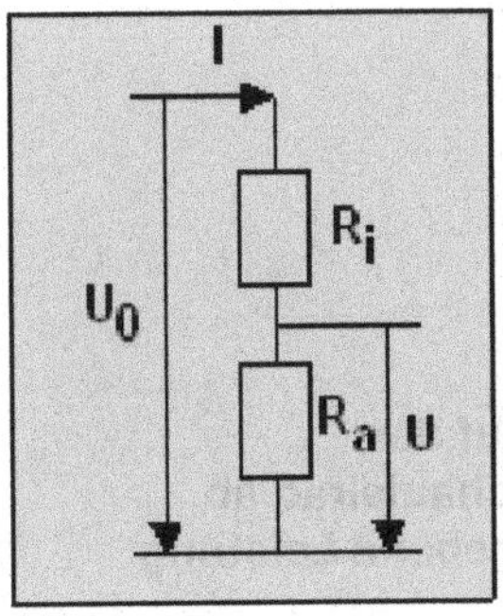

$$P(R_a) = U \cdot I = I^2 \cdot R_a = \frac{U_0^2 \cdot R_a}{(R_a + R_i)^2}$$

$U_0 = 6 \cdot V$ $\quad R_i = 1 \cdot \Omega$

Beispiel 7:

Durch zwei parallele Drähte im Abstand a = 5 cm fließen die gegensinnigen Ströme $I_1 = 2$ A und $I_2 = 2.5$ A. In welchem Punkt ist die magnetische Feldstärke $H = H_1 + H_2$ minimal?

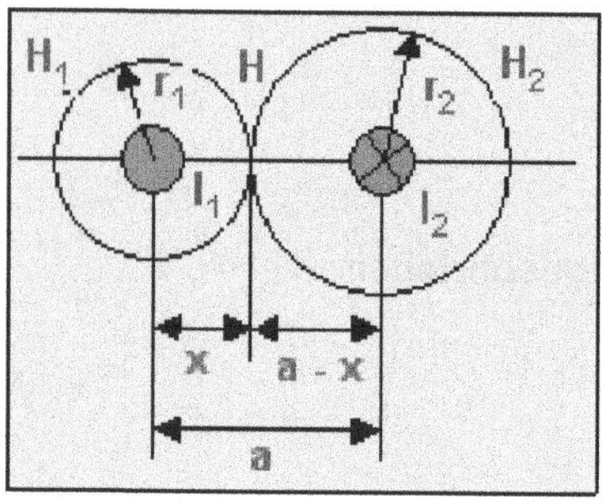

$H = \frac{I}{2 \cdot \pi \cdot r}$ magnetische Feldstärke für einen Leiter

Beispiel 8:

In einem Wechselstromkreis sind ein Ohm'scher Widerstand R, eine Induktivität L und eine Kapazität C in Serie geschaltet. Beim Anlegen einer Wechselspannung mit dem Effektivwert U und der Kreisfrequenz ω fließt ein Wechselstrom mit dem Effektivwert

$I = \frac{U}{\sqrt{R^2 + \left(\omega \cdot L - \frac{1}{\omega \cdot C}\right)}}$. Bei welcher Kreisfrequenz ω ist I am größten?

Beispiel 9:

Der Wirkungsgrad eines Transformators ist gegeben durch:

$\varphi(P) = \frac{P}{250 \cdot W + P + 6 \cdot 10^{-5} \cdot W^{-1} \cdot P^2}$ $(P \geq 0\,W)$.

Bei welcher vom Transformator abgegebenen Leistung P ist der Wirkungsgrad am größten?

Beispiel 10:

Eine Lampe mit der Lichtstärke I befindet sich in einer Höhe h über dem Punkt A auf einem Schreibtisch. Die Beleuchtungsstärke E im Punkt P auf dem Schreibtisch soll möglichst groß sein. Bestimmen Sie die optimale Höhe h, für die die Beleuchtungsstärke möglichst groß ist.

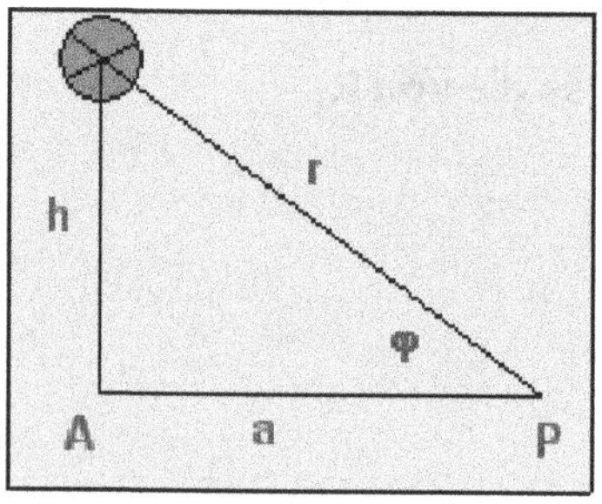

$E = I \cdot \frac{\sin(\varphi)}{r^2}$ $a = 50 \cdot cm$

Beispiel 11:

Ein durch eine Düse austretender Wasserstrahl trifft mit einer Geschwindigkeit w auf das Schaufelrad einer Pelton-Turbine und gibt dabei seine kinetische Energie an das Schaufelrad ab. Das Laufrad hat im Schaufelbereich eine Umfangsgeschwindigkeit u. Für die abgegebene Leistung des Wasserstrahls gilt:

$P(u) = \rho \cdot A \cdot (1 - \cos(\alpha)) \cdot w \cdot (w - u) \cdot u$.

Dabei ist ρ die Dichte des Wassers, A der Austrittsquerschnitt der Düse und α der Umlenkungswinkel des Wasserstrahls. Für welche Umfangsgeschwindigkeit u ist P am größten?

Beispiel 12:

Für die Dimensionierung eines Heißwasserspeichers ist die Temperaturabhängigkeit der spezifischen Wärme c(t) von Wasser erforderlich:

$$c(\vartheta) = 4212.5 \cdot \frac{J}{kg \cdot °C} - 2.117 \cdot \frac{J}{kg \cdot °C^2} \cdot \vartheta + 0.0311 \cdot \frac{J}{kg \cdot °C^3} \cdot \vartheta^2 \text{, } 0\,°C \le \vartheta \le 50\,°C.$$

Wo hat c(t) einen Extremwert?

Beispiel 13:

Für den Bau von Sonnenkollektoren ist die Kenntnis der Energieverteilung E der Sonnenstrahlung in Abhängigkeit der Wellenlänge λ des Sonnenlichts von Bedeutung. Den Zusammenhang zwischen der Wellenlänge intensivster Sonnenstrahlung λ_{max} und der dazugehörigen Temperatur T beschreibt das sogenannte Wien'sche Verschiebungsgesetz: λ_{max} T = b. Die Konstante b ist zu bestimmen.
Das Emissionsvermögen E(λ) eines schwarzen Körpers ergibt sich aus dem Planck'schen Strahlungsgesetz:

$$E(\lambda) = \frac{c^2 \cdot h}{\lambda^5} \cdot \left(e^{\frac{c \cdot h}{k \cdot \lambda \cdot T}} - 1 \right)^{-1} .$$

$c = 3.10^8$ m/s ... Vakuumlichtgeschwindigkeit ; $h = 6.626 . 10^{-34}$ Js ... Planck'sches Wirkungsquantum
$k = 1.387 . 10^{-23}$ JK^{-1} ... Boltzmann-Konstante.

a) Bestimmen Sie λ_{max}, d. h. jenes λ für das E maximal wird;

Hinweis: eventuell Substitution $x = \frac{c \cdot h}{k \cdot \lambda \cdot T}$.

b) Berechnen Sie die Konstante b im Wien'schen Verschiebungsgesetz.
c) Berechnen Sie die Wellenlänge intensivster Sonnenstrahlung (T = 6000 K).
d) Stellen Sie E(λ) für T = 3000K, 4000K, 5000K und 6000K in einem Koordinatensystem dar (λ = 0 nm ... 2000 nm).

Beispiel 14:

Eine Eisenschraube mit der Reibungszahl $\mu = \tan(\varphi) = 0.2$ und dem Steigungswinkel α besitzt den Wirkungsgrad

$$\eta = \frac{\tan(\alpha)}{\tan(\alpha + \varphi)} .$$

Bestimmen Sie den Steigungswinkel, bei dem der Wirkungsgrad maximal wird. Stellen Sie das Problem im Bereich $0° \le \alpha \le 60°$ grafisch dar.

Beispiel 15:

Wie muss ein Balken mit rechtwinkeligem Querschnitt der Länge L und dem Durchmesser d sein, damit seine Tragfähigkeit F ein Maximum wird?

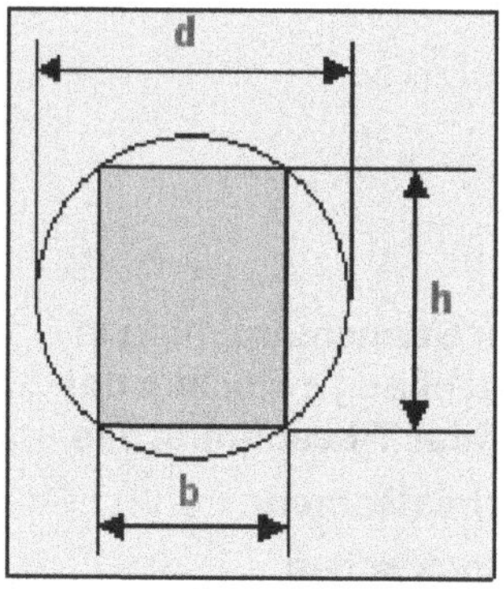

Die Tragkraft ist vom Widerstandsmoment W abhängig:

$$F \cdot L = W \cdot \sigma_b \qquad \text{und} \qquad W = \frac{b \cdot h^2}{6}$$

$$F(b,h) = \frac{\sigma_b \cdot W}{L} = \frac{\sigma_b \cdot b \cdot h^2}{6 \cdot L}$$

Beispiel 16:

An welcher Stelle $x \in [0, L]$ ist das Biegemoment M(x) eines Balkens mit zwei Stützen im Abstand L am größten, wenn

a) $M(x) = q/2\,(L - x)\,x$ (kostante Streckenlast q),

b) $M(x) = q/6\,x\,(L - x^2/L)$ (Dreieckslast, die von 0 auf den Wert q linear steigt; x ist der Abstand vom linken Auflager).

Beispiel 17:

Eine Sammellinse mit der Brennweite f erzeugt von einem Gegenstand G ein reelles Bild B. Es gilt: $1/f = -1/g + 1/b$ (g ... Gegenstandsweite, b ... Bildweite). Wo müssen G und B liegen, damit $e = -g + b$ möglichst klein wird?

Beispiel 18:

In der kinetischen Gastheorie spielt die Maxwell-Verteilung $\varphi(c)$ eine wichtige Rolle. Berechnen Sie das Maximum der Funktion für die Konstante $\alpha = 1$.

$$\varphi(c) = \frac{4}{\sqrt{\pi}} \cdot \frac{c^2}{\alpha^3} \cdot e^{\frac{-c^2}{\alpha^2}}$$

3.5 Das Differential einer Funktion

Beispiel 1:

Berechnen Sie das Differential der Funktion an der Stelle x_0:

a)	$f(x) = 2 \cdot x^3 - x$	$x_0 = 2$	**b)**	$y = \frac{1}{1 - 2 \cdot x}$	$x_0 = 2$
c)	$g(x) = \cos(x)$	$x_0 = \frac{\pi}{3}$	**d)**	$y = e^{2 \cdot x}$	$x_0 = 1$
e)	$g(x) = x \cdot \ln(x$	$x_0 = 1$	**f)**	$y = \sinh(x)$	$x_0 = 2$

3.5.1 Angenäherte Funktionswertberechnung

Beispiel 1:

Berechnen Sie Δy und dy für:

a) $f(x) = \frac{x^2 + 3}{2}$ $x_0 = -1$ $dx = 0.01$ **und** $dx = 2$

b) $y = \frac{x + 1}{x - 1}$ $x_0 = -2$ $dx = 0.05$ **und** $dx = 0.1$

c) $y = \cos\left(2 \cdot x + \frac{\pi}{2}\right)$ $x_0 = 0$ $dx = -0.02$ **und** $dx = -0.2$

Beispiel 2:

Berechnen Sie mit der Linearisierungsformel:

a) $f(x) = x^3 - 2 \cdot x^2 + 4$ **für** $x = 2.05$

b) $y = \sin(30.2°)$

Beispiel 3:

Berechnen Sie mit dem Mittelwertsatz:

a) $f(x) = \lg(9.92)$

b) $y = \sin(10.1°)$

Beispiel 4:

Berechnen Sie näherungsweise:

a) 0.95^2 **b)** $\sqrt[3]{1.09^2}$ **c)** $\sqrt{5.1}$ **d)** $\sin(0.01)$ **e)** $\cos(87.9°)$

f) $e^{0.07}$ **g)** $\tan(3.94°)$

Beispiel 5:

Beim Erwärmen einer Kugel mit einem Durchmesser von 20.0 cm vergrößert sich dieser um 1 mm. Berechnen Sie die Volumszunahme exakt und in der Näherung durch das Differential.

Beispiel 6:

Der elektrische Widerstand eines Heizkörpers, der an eine Spannung von U = 230 V angeschlossen ist, beträgt R = 75 Ω. Um wie viel Prozent ändert sich der durchfließende Strom I = U/R, um wie viel die Leistung P = U²/R, wenn die Spannung um 5 V abfällt? Beantworten Sie die Fragestellung exakt und in der Näherung durch das Differential.

Beispiel 7:

Ein ungedämpfter elektrischer Schwingkreis besteht aus Kondensator der Kapazität C = 5 μF und einer Spule der Induktivität L = 0.2 H. Die Schwingungsdauer T für die Stromstärke i(t) wie auch für die Kondensatorspannung u_C beträgt nach der Thomson-Formel $T = 2 \cdot \pi \cdot \sqrt{L \cdot C}$. Berechnen Sie exakt und in der Näherung durch das Differential die Änderung von T, wenn sich C um 0.1 μF sowie um 0.5 μF ändert (L bleibt konstant).

3.5.2 Angenäherte Fehlerbestimmung

Beispiel 1:

Die Kante eines Würfels misst a = 13.60 cm ± 0.5 mm. Wie groß sind der absolute und der relative Maximalfehler des Volumens? Bestimmen Sie die Fehler auch exakt mithilfe der Wertschranken.

Beispiel 2:

Für die Fallhöhe h eines Körpers wurde 50.0 m gemessen, wobei ein Fehler von ± 0.5 m für möglich gehalten wird. Wie groß sind der absolute und der relative Maximalfehler für die Aufschlagsgeschwindigkeit v, wenn $v = \sqrt{2 \cdot g \cdot h}$ **gilt?**

Beispiel 3:

Für kleine Ausschläge eines mathematischen Pendels mit der Pendellänge l gilt für die Schwingungsdauer:

$T = 2 \cdot \pi \cdot \sqrt{\frac{l}{g}}$. **Berechnen Sie den relativen Maximalfehler von T, wenn Δl der Messfehler von l ist.**

Beispiel 4:

Wie groß ist die Kapazität einer geladenen Kugel vom Radius r = 10.00 cm ± 0.05 cm, wenn $C = 4\,\pi\,\varepsilon_0\,r$ gilt und $\varepsilon_0 = 8.86\ 10^{-14}$ As/Vcm ist?

Beispiel 5:

Wie groß ist der Leitwert G, wenn der Widerstand mit R = (650 ± 5) Ω gemessen wird ?

Beispiel 6:

Das Volumen eines Würfels soll durch Messung seiner Seitenkante auf 3 % genau bestimmt werden. Wie groß darf in diesem Fall die prozentuelle Messunsicherheit der Seitenkante höchstens sein ?

3.6 Näherungsverfahren zum Lösen von Gleichungen

3.6.1 Das Newton-Verfahren

Beispiel 1:

Bestimmen Sie die Lösungen der folgenden Gleichungen auf drei Nachkommastellen:

a)	$x^3 + x - 1 = 0$	b)	$x^3 - 3 \cdot x - 3 = 0$	c)	$x^4 - 3 \cdot x^2 - 1 = 0$
d)	$x + \ln(x) = 0$	e)	$x = e^{-x}$	f)	$x = 1 + \sin(x)$
g)	$x^2 + \ln(x) = 2$	h)	$e^{-x} = \frac{x}{3} - 0.8$	i)	$2^{-x} - \sin\left(\frac{x}{2}\right) = 3$
j)	$x^2 \cdot e^{-x} = 1$	k)	$2^x + x = 2$	l)	$\frac{1}{x} \cdot \lg(x) + \sqrt{x+1} = 2$

Beispiel 2:

Bestimmen Sie alle Lösungen der folgenden Gleichungen auf drei Nachkommastellen genau und faktorisieren Sie danach das Polynom:

a) $x^3 - 4 \cdot x^2 + x + 5 = 0$ **b)** $x^3 - x^2 - 10 \cdot x + 5 = 0$ **c)** $0.5 \cdot x^3 - x^2 - 3 \cdot x + 1 = 0$

Beispiel 3:

Auf ein Sparbuch werden zu Beginn jeden Jahres K_0 = 1000 € eingezahlt. Wie groß ist die Verzinsung p (in % auf zwei Nachkommastellen genau), wenn das Endkapital beträgt:
a) K_3 = 3215 € nach 3 Jahren, b) K_9 = 9085 € nach 9 Jahren.

$K_n = K_0 \cdot q \cdot \frac{q^n - 1}{q - 1}$ **mit q = 1 - p/100.**

Beispiel 4:

Gegeben ist die Kostenfunktion eines Betriebes mit $K(x) = x^3 - 14\,x^2 + 90\,x + 145$.
a) Bei welcher Stückzahl sind die Durchschnittskosten K(x)/x am geringsten (Betriebsoptimum)?
b) Bestimmen Sie die Gewinnschwellen, wenn zwischen Preis und abgesetzter Warenmenge x die Beziehung p = 155 - 9 x angenommen wird.

Beispiel 5:

Ein liegender zylindrischer Öltank fasst V = 2500 l Öl. Wie hoch steht das Öl, wenn V_1 = 1500 l eingefüllt sind?

Beispiel 6:

Ein halbkugelförmiger Behälter mit dem Radius r = 50 cm wird mit Wasser gefüllt. Wie hoch ist der Wasserstand im Behälter, wenn 50 % des Gesamtvolumens eingefüllt werden.

3.6.2 Das Sekantenverfahren (Regula Falsi)

Beispiel 1:

Bestimmen Sie die Lösungen der folgenden Gleichungen auf drei Nachkommastellen:

a) $x^3 + x - 1 = 0$ **b)** $x^2 + \ln(x) = 2$ **c)** $x^2 - \sqrt{x} = 4$

d) $\sin(2 \cdot x) = 1 - x^2$ **e)** $\cos(2 \cdot x) = x^2 - 1$ **f)** $2^x = 1 + x$

g) $2 \cdot x = \tan(x)$ **$x \in [1, 2]$** **h)** $\tan(\alpha) - 0.25 = 0.5 \cdot \sin(\alpha)$ **$\alpha \in [0°, 60°]$**

Beispiel 2:

Ein Leitungsseil ist in einer Höhe h = 8.0 m auf zwei Masten befestigt, die voneinander einen Abstand von 50.0 m haben. Die Seilkurve ist durch y = a cosh(x/a) + b gegeben. Berechnen Sie a, wenn der größte Seildurchhang 1.5 m beträgt.

Beispiel 3:

Der Rauminhalt eines geraden Zylinders beträgt $V = 2065\ cm^3$, die Oberfläche $O = 1364\ cm^2$.
Berechnen Sie den Durchmesser d und die Höhe h des Zylinders.

Beispiel 4:

Von einem Kugelabschnitt sind $V = 305\ cm^3$ und $r = 8.5\ cm$ gegeben. Berechnen Sie die Höhe h des Kugelabschnittes.

Beispiel 5:

Ein Ball wird in 2.00 m Höhe über dem Erdboden mit einer Anfangsgeschwindigkeit $v_0 = 20.0\ m/s$ unter einem Winkel α schräg nach oben geworfen. Welcher Abwurfwinkel α muss gewählt werden, um einen Punkt P(14.0 m | 8.0 m) zu treffen?

$y = h + x \cdot \tan(\alpha) - \frac{g \cdot x^2}{2 \cdot v_0^2 \cdot \cos(\alpha)^2}$. Wie viele Lösungen gibt es und welche davon sind relevant?

Der Koordinatenursprung befindet sich unter dem Abwurfpunkt.

Beispiel 6:

Eine Siliziumschaltdiode wird an eine Gleichspannungsquelle $U_0 = 2\ V$ angeschlossen. Für die Driftspannung der Diode gilt der Zusammenhang $U(I) = \frac{k \cdot T}{e} \cdot \ln\left(1 + \frac{I}{I_0}\right)$. Für eine bestimmte Diode gilt: $\frac{k \cdot T}{e} = 0.02424 \cdot V$ und $I_0 = 20 \cdot \mu A$. Mithilfe des Vorwiderstandes $R = 10\ \Omega$ lässt sich nun der sogenannte Arbeitspunkt $A(U_D|I_D)$ der Diode einstellen. Dieser kann ausgehend von der Maschenregel $U_0 = I\,R + U$ bestimmt werden. Stellen Sie die Driftspannung $I = f(U)$ und die Gerade $\frac{U}{U_0} + \frac{I}{\frac{U_0}{R}} = 1$ grafisch dar und bestimmen Sie den Arbeitspunkt A (Schnittpunkt beider Kurven).

3.7 Interpolationskurven

Beispiel 1:

Interpolieren Sie die Funktion $y = \sqrt{x}$ zwischen den Stützstellen $x_0 = 1$ und $x_2 = 2$ durch eine lineare Funktion und berechnen Sie damit näherungsweise $\sqrt{1.45}$.
An welcher Stelle zwischen 1 und 2 ist der absolute Fehler betragsmäßig am größten?

Beispiel 2:

Berechnen Sie aus der Kenntnis von ln(1.2) und ln(2) durch lineare Interpolation näherungsweise ln(1.5) und berechnen Sie den absoluten Fehler.
An welcher Stelle zwischen 1.2 und 2 ist der absolute Fehler betragsmäßig am größten?

Beispiel 3:

Bestimmen Sie ein geeignetes Interpolationspolynom, wenn folgende Stützpunkte gegeben sind:

a) $P_0(0.4|8.16)$, $P_1(1.2|8.56)$, $P_2(2.8|11.28)$

b) $P_0(0.8|1.00)$, $P_1(1.2|5.76)$, $P_2(2.6|10.66)$, $P_3(2.8|12.20)$

Beispiel 4:

Der Kraftstoffverbrauch eines PKW pro 100 km wurde für drei Geschwindigkeiten gemessen: 6.0 l bei 70 km/h, 7.1 l bei 90 km/h und 9.9 l bei 120 km/h. Berechnen Sie durch quadratische Interpolation näherungsweise den Treibstoffverbrauch für eine Geschwindigkeit von 100 km/h.

Beispiel 5:

Nähern Sie die Funktion y = sin(x) im Intervall [0, π/2] zu den Stützstellen 0, π/4, π/2 durch ein geeignetes Interpolationspolynom und vergleichen Sie den interpolierten Wert und den wahren Wert zu x = π/3.

Beispiel 6:

Ermitteln Sie den kubischen Spline zu den Stützpunkten:
a) $P_0(0|1)$, $P_1(1|0)$, $P_2(2|0)$
b) $P_0(0|0)$, $P_1(1|1)$, $P_2(2|2)$, $P_3(3|2)$
c) $P_0(0|0)$, $P_1(2|1)$, $P_2(3|2)$, $P_3(5|0)$

Beispiel 7:

Im CAD werden sogenannte Bezier-Kurven verwendet, die eine schnelle Beeinflussung ihrer Form durch wenige Punkte erlauben. Es handelt sich dabei um eine Parameterdarstellung von Kurven, die analog zur Spline-Interpolation stückweise durch Polynome etwa vom Grad 3 erfolgt. Gegeben sei das folgende Bezier-Kurvenstück:

$$\vec{x} = (1-t)^3 \cdot \begin{pmatrix} 1 \\ 1 \end{pmatrix} + 3 \cdot t \cdot (1-t)^2 \cdot \begin{pmatrix} 2 \\ 3 \end{pmatrix} + 3 \cdot t^2 \cdot (1-t) \cdot \begin{pmatrix} 4 \\ 5 \end{pmatrix} + t^3 \cdot \begin{pmatrix} 5 \\ 1 \end{pmatrix}, \quad 0 \le t \le 1.$$

Die Kurve ist durch die Punkte $P_0(1|1)$, $P_1(2|3)$, $P_2(4|5)$ und $P_3(5|1)$ gesteuert. Zeigen Sie:
a) Die Punkte P_0 und P_3 sind Punkte der Kurve.
b) Die Tangente in P0 ist die Gerade durch P_0 und P_1, in P_3 die Gerade durch P_2 und P_3.
c) Stellen Sie die Kurve grafisch dar. Wie liegt die Kurve im Viereck P_0, P_1, P_3, P_4?

3.8 Funktionen mit mehreren unabhängigen Variablen

3.8.1 Allgemeines

Beispiel 1:

Stellen Sie folgende Funktionen grafisch dar:

a) $z = -4 \cdot x - y + 5$

b) $z = \sqrt{4 - x^2 - y^2}$

c) $\frac{x^2}{a^2} + \frac{y^2}{b^2} + \frac{z^2}{c^2} = 1$ a = 2   b = 4   c = 1;   a = 1   b = 1   c = 1

d) $z = \frac{x^2}{2 \cdot 3} + \frac{y^2}{2 \cdot 4}$

e) $z = x^2 + y^2$

f) $z = x \cdot \sin\left(\frac{x}{y}\right)$

3.8.2 Partielle Ableitungen

Beispiel 1:

Bilden Sie die ersten und zweiten partiellen Ableitungen:

a) $z = x^3 + y^3$ **b)** $z = x^2 + 3 \cdot x \cdot y + y^2$ **c)** $f(u, v) = 4 \cdot u^4 + 5 \cdot u^3 \cdot v - 7 \cdot v + 2$

d) $z = x \cdot \cos(y) - y \cdot \cos(x)$ **e)** $z = e^{x \cdot y}$ **f)** $z = \arctan\left(\frac{y}{x}\right)$

Beispiel 2:

Bestimmen Sie y ' = dy/dx aus folgenden impliziten Funktionen:

a) $x^2 + y^2 - 4 \cdot x + 6 \cdot y = 0$ **b)** $x^{\frac{2}{3}} + y^{\frac{2}{3}} = a^{\frac{2}{3}}$

c) $x^3 + y^3 - 2 \cdot a \cdot x \cdot y = 0$ **im Punkt P(a|a)** **d)** $x \cdot y - e^x \cdot \sin(y) = 0$

Beispiel 3:

Bestimmen Sie $\frac{\partial}{\partial x} z$ **und** $\frac{\partial}{\partial y} z$ **aus folgenden impliziten Funktionen:**

a) $x^2 + y^2 + z^2 - 6 \cdot x = 0$ **b)** $z^2 = x \cdot y$

c) $3 \cdot x^2 + 4 \cdot y^2 - 5 \cdot z^2 = 60$ **d)** $x \cdot y \cdot z = a^3$

Beispiel 4:

Bestimmen Sie $\frac{d}{dt} z$ **aus folgenden Funktionen:**

a) $z = x^2 + x \cdot y + y^2$ $x = t^2$ $y = t$ **b)** $z = \sqrt{x^2 + y^2}$ $x = \sin(t)$ $y = \cos(t)$

c) $z = \frac{y}{x}$ $x = e^t$ $y = 1 - e^{2 \cdot t}$ **d)** $u = x^2 \cdot y^2$ $x = 2 \cdot t^3$ $y = 3 \cdot t^2$

Beispiel 5:

Bei Deformation eines geraden Zylinders vergrößerte sich dessen Radius r = 2 dm auf 2.05 dm, und die Höhe h verringerte sich von 10 dm auf 9.8 dm. Ermitteln Sie näherungsweise die Änderung des Volumens V nach $\Delta V \approx dV$.

Beispiel 6:

Bestimmen Sie $\frac{\partial}{\partial u} z$ **und** $\frac{\partial}{\partial v} z$ **aus folgenden Funktionen:**

a) $z = \frac{x^2}{y}$ $x = u - 2 \cdot v$ $y = v + 2 \cdot u$ **b)** $z = x^2 - 2 \cdot y^2$ $x = 3 \cdot u + 2 \cdot v$ $y = 3 \cdot u + 2 \cdot v$

c) $z = e^{x \cdot y}$ $x = s^2 + 2 \cdot s \cdot t$ $y = 2 \cdot s \cdot t + t^2$

Beispiel 7:

Bestimmen Sie die vollständigen Differentiale von:

a) $z = x^2 \cdot y$ b) $z = \frac{x \cdot y}{x - y}$

c) $u = e^{\frac{s}{t}}$ d) $z = \sqrt{x^2 + y^2}$

Beispiel 8:

Bestimmen Sie den Wert des vollständigen Differentials:

$z = \frac{y}{x}$ $x = 2$ $y = 1$ $\Delta x = 0.1$ $\Delta y = 0.1$

Beispiel 9:

Berechnen Sie dz und $\Delta z = f(x+\Delta x, y+\Delta y) - f(x,y)$ für:

$z = x \cdot y$ $x = 5$ $y = 4$ $\Delta x = 0.1$ $\Delta y = -0.2$

Beispiel 10:

Ein Hohlzylinder besitzt die Radien r = 6.00 cm und R = 8.00 cm sowie die Höhe h = 18 cm. Wie ändert sich sein Volumen, wenn wir den Innenradius um 0.20 cm vergrößern, den Außenradius um 0.10 mm verkleinern und die Höhe um 0.30 cm vergrößern? Berechnen Sie die Änderung exakt und mithilfe des totalen Differentials.

Beispiel 11:

Berechnen Sie die prozentuelle Änderung der Schwingungsdauer $T = 2 \cdot \pi \cdot \sqrt{L \cdot C}$ einer ungedämpften elektromagnetischen Schwingung, wenn wir die Induktivität L um 4 % vergrößern und die Kapazität C um 2 % verkleinern.

Beispiel 12:

Die Leistung P, die in einem elektrischen Widerstand R verbraucht wird, ist durch $P = U^2/R$ in W gegeben. Die Spannung beträgt U = 220 V und der Widerstand R = 8 Ω. Wie stark ändert sich die Leistung, wenn U um 5 V und R um 0.2 Ω abnehmen?

Beispiel 13:

Bestimmen Sie die Extremstellen der folgenden Funktionen:

a) $z = f(x, y) = x^2 + x \cdot y + y^2 + 10 \cdot x + 5 \cdot y$

b) $z = f(x, y) = x^2 + x \cdot y + y^2 + 9 \cdot x - 6 \cdot y + 20$

c) $z = f(x, y) = x^3 + 8 \cdot y^3 - 6 \cdot x \cdot y + 1$

d) $z = f(x, y) = e^{\frac{x}{2}} \cdot \left(x + y^2\right)$

Beispiel 14:

Einer Ellipse ist ein Rechteck größten Flächeninhalts einzuschreiben. Bestimmen Sie diesen Flächeninhalt.

$\frac{x^2}{a^2} + \frac{y^2}{b^2} = 1$ **Ellipsengleichung**

3.9 Fehlerrechnung

Beispiel 1:

Berechnen Sie z bzw. f unter Angabe des absoluten und des relativen Maximalfehlers a) mittels Differentials, b) mittels Fehlerfortpflanzungsgesetz und c) mithilfe der Wertschranken:

a) $z = \pi \cdot r^2 \cdot h$ **r = (5 ± 0.05) dm, h = (12 ± 0.1) dm**

b) $\frac{1}{f} = \frac{1}{g} + \frac{1}{b}$ **g = (3.92 ± 0.01) cm, b = (2.41± 0.02) cm**

Beispiel 2:

Der Durchmesser einer Kugel wurde mit d = (13.2 ± 0.1) cm und die Dichte mit ρ = (7.8 ± 0.1) g cm^{-3} gemessen. Berechnen Sie die Masse m unter Angabe des absoluten und des relativen Maximalfehlers a) mittels Differential, b) mittels Fehlerfortpflanzungsgesetz und c) mithilfe der Wertschranken.

Beispiel 3:

Wie groß ist der Flächeninhalt A unter Angabe des absoluten und des relativen Maximalfehlers eines Kreisausschnittes, wenn r = (72.5 ± 0.1) cm und α = (152 ± 1)° gemessen wurden?

Beispiel 4:

Wie groß ist der Flächeninhalt A unter Angabe des absoluten und des relativen Maximalfehlers eines Kreisabschnittes, wenn r = (8.2 ± 0.05) cm und α = (126 ± 1)° gemessen wurden?

Beispiel 5:

Für das Volumen eines Kugelabschnittes gilt $V = \frac{\pi \cdot h^2}{3} \cdot (3 \cdot r - h)$. **Berechnen Sie das Volumen V mit Angabe des maximalen Fehlers, wenn h = (54.0 ± 0.5) mm und r = (48.0 ± 0.5) mm ist.**

Beispiel 6:

Für die Brechzahl n einer Glassorte gilt n = sin(α)/sin(β). Berechnen Sie den relativen Maximalfehler der Brechzahl, wenn der Einfallswinkel α = (35 ± 1)° und der Brechungswinkel β = (23 ± 1)° gemessen wurde.

Beispiel 7:

In einem Gleichstromkreis wurden U = (220 ± 1.5) V und I = (1.23 ± 0.01) A gemessen. Wie groß ist der Widerstand R und dessen relativer Maximalfehler?

Beispiel 8:

Bei der Widerstandsmessung mit der Wheatstone'schen Messbrücke ergibt sich der zu bestimmende Widerstand aus $R_X = R \cdot \dfrac{x}{1000 - x}$ **, wobei R = (1000 ± 1) Ω der bekannte Widerstand und x = (765.8 ± 0.3) die Maßzahl der am Maßstab abgelesenen Länge in mm sind. Wie groß ist der Widerstand** R_x **und dessen relativer Maximalfehler?**

Beispiel 9:

Bei einem Plattenkondensator wurden $A = (83.2 \pm 0.1)\ cm^2$ **und d = (0.15 ± 0.01) cm gemessen. Wie groß ist die Kapazität C und dessen relativer Maximalfehler, wenn C durch C = 0.0866 A/d in pF gegeben ist?**

Beispiel 10:

Bei einer Serienschaltung von zwei Widerständen in einem Gleichstromkreis wurden $R_1 = (78 \pm 1)\ \Omega$, $R_2 = (54 \pm 1)\ \Omega$ **und U = (220 ± 3) gemessen. Wie groß ist die Stromstärke I und deren relativer Maximalfehler?**

3.10 Ausgleichsrechnung

Beispiel 1:

Wir haben Messdaten (Temperatur θ_i**, Spannung** U_i**) eines linearen Temperaturmessfühlers aufgenommen und suchen eine lineare Funktion U(θ) = k θ + d, die diesen Zusammenhang bestmöglich beschreibt.**

Messdaten:

$$\theta := (-23.4 \quad -17 \quad 0 \quad 15.4 \quad 28 \quad 40.1 \quad 56.6 \quad 70.1 \quad 90)^T$$

$$U := (2.808 \quad 2.869 \quad 3.057 \quad 3.243 \quad 3.398 \quad 3.555 \quad 3.788 \quad 3.985 \quad 4.307)^T$$

Die Messwerte verlaufen nur annähernd linear und haben einen leicht parabolischen Anteil. Aus diesem Grund wählen Sie drei Ausgleichsfunktionen $F_0(\vartheta)=1$, $F_1(\vartheta)=\vartheta$, $F_2(\vartheta)=\vartheta^2$ **als Fitfunktionen und versuchen Sie, jene Linearkombination** $u(\vartheta)=a_0F_0(\vartheta) + a_1 F_1(\vartheta) + a_2 F_2(\vartheta)$ **zu finden, die am besten zu den Messpunkten passt (optimale Parabel).**
Stellen Sie die Messpunkte, die lineare und die parabolische Ausgleichskurve zum Vergleich in einem Koordinatensystem dar.
Bestimmen Sie die Fehler bei linearer und bei polynomialer Regression.

Beispiel 2:

Die Vermehrung von Bakterien erfolgt nach dem Gesetz $P(t) = P_0 \cdot e^{\lambda \cdot t}$**. Für P und t liegt folgende Messreihe vor:**

$$t := \begin{pmatrix} 1.336 \\ 0.63 \\ 0.612 \\ 0.217 \\ 1.702 \\ 0.31 \end{pmatrix} \qquad P := \begin{pmatrix} 23.042 \\ 8.02 \\ 8.406 \\ 3.413 \\ 37.837 \\ 6.552 \end{pmatrix}$$

Stellen Sie zuerst die Messpunkte in einem ordinatenlogarithmischen Papier dar.

Logarithmieren Sie das Gesetz $P = P_0\, e^{\lambda \cdot t}$. Dieses ist nun mit linearer Regression $p = p_0 + \lambda \cdot t$ bearbeitbar.
Bestimmen Sie den Korrelationskoeffizienten. Stellen Sie die optimale Gerade und die Originalfunktion jeweils in einem Koordinatensystem dar.

Beispiel 3:

Die Abkühlung einer Probe bei einer Umgebungstemperatur von 20 °C beginnt zur Zeit t = 0 min. Danach messen wir folgende Temperaturen zu den angegebenen Zeitpunkten:

$t := (12 \quad 20 \quad 40 \quad 60 \quad 80)^T$ min

$\vartheta := (141 \quad 120 \quad 89 \quad 65 \quad 50)^T$ °C

Stellen Sie zuerst die Messpunkte in einem ordinatenlogarithmischen Papier dar.

Für die zeitliche Temperaturabnahme der Probe wird das Newton'sche Abkühlungsgesetz

$\vartheta = 20 \cdot °C + (\vartheta_0 - 20 \cdot °C) \cdot e^{-\frac{t}{\tau}}$ angenommen. Ermitteln Sie durch eine geeignete Ausgleichsrechnung die Anfangstemperatur ϑ_0 und die Zeitkonstante τ.

Beispiel 4:

Nachfolgende Messdaten (x_i, y_i) wurden aufgenommen, die zuerst fast linear ansteigen und dann eine Sättigung zeigen. Aus diesem Grund wählen wir zwei Ausgleichsfunktionen $F_1(x) = x/(1 + x)$, $F_2(x) = 1 - e^{-2x}$ mit demselben Verhalten als Fitfunktionen. Suchen Sie jene Linearkombination $f(x)=a_1 F_1(x) + a_2 F_2(x)$, die am besten zu den Messpunkten passt und stellen Sie die Messdaten und die Fitfunktion grafisch dar.

$$x := \begin{pmatrix} 0 \\ 1 \\ 2 \\ 3 \\ 4 \\ 5 \end{pmatrix} \qquad y := \begin{pmatrix} 0 \\ 0.52 \\ 0.75 \\ 0.88 \\ 0.92 \\ 0.98 \end{pmatrix}$$

Messdaten

Beispiel 5:

Nachfolgende Messdaten (x_i, y_i) wurden aufgenommen. Gesucht ist der beste lineare Ausgleich, der mit den Funktionen z, z^2 und ln(z) gefunden werden kann. Also: $g(z) = a \cdot z + b \cdot z^2 + c \cdot \ln(z)$ mit unbestimmten Koeffizienten a, b, c!

$$x := \begin{pmatrix} 3.113 \\ 3.433 \\ 4.219 \\ 4.253 \\ 4.533 \\ 4.709 \\ 5.235 \\ 5.515 \\ 6.865 \end{pmatrix} \qquad y := \begin{pmatrix} 6 \\ 8 \\ 12.5 \\ 13 \\ 14 \\ 15.5 \\ 20 \\ 22.5 \\ 36 \end{pmatrix}$$

Messdaten

Beispiel 6:

Nachfolgende Messdaten (x_i,y_i) liegen annähernd auf einer Hyperbel. Gesucht ist die beste Fitfunktion mit x y = b bzw. zum Vergleich b x y + d x + f y = 1

D :=

	0	1
0	0.01	0.99
1	0.01	0.94
2	0.01	0.9
3	0.01	...

Messdaten

Beispiel 7:

Nachfolgende Messdaten (x_i,y_i) liegen annähernd auf der Funktion $F1(x,\alpha,\beta) = \alpha \cdot \beta \cdot x^{\beta-1} \cdot \exp\left(-\alpha \cdot x^{\beta}\right)$

Gesucht sind die Parameter α und β in der Form, dass sich F1 optimal den Messpunkten anpasst.

$$\mathbf{x} := \begin{pmatrix} 0.132 \\ .322 \\ .511 \\ .701 \\ .891 \\ 1.081 \\ 1.27 \\ 1.46 \\ 1.65 \\ 1.839 \\ 2.029 \\ 2.219 \\ 2.409 \\ 2.598 \\ 2.788 \\ 2.978 \\ 3.167 \\ 3.357 \\ 3.547 \\ 3.737 \end{pmatrix} \qquad \mathbf{y} := \begin{pmatrix} .1 \\ .258 \\ .543 \\ .506 \\ .606 \\ .622 \\ .569 \\ .453 \\ .438 \\ .316 \\ .29 \\ .195 \\ .137 \\ .09 \\ .026 \\ .032 \\ .032 \\ .021 \\ .016 \\ .021 \end{pmatrix}$$

Messdaten

Beispiel 8:

Bei einem Motor wurde die Leistung in kW in Abhängigkeit von der Drehzahl pro Minute (U/min) gemessen. Es ergaben sich folgende Messpaare:

$\mathbf{n} := (1400 \quad 2000 \quad 2600 \quad 3200 \quad 3600)^T$ **U/min**

$\mathbf{P} := (17.6 \quad 30.8 \quad 39.2 \quad 46.5 \quad 50.1)^T$ **kW**

Wie lautet die Ausgleichsgerade? Welche Leistung ist bei einer Drehzahl von 3000 U/min zu erwarten? Bei welcher Drehzahl ist eine Leistung von 34 kW zu erwarten?

Beispiel 9:

Für die Temperaturabhängigkeit des elektrischen Widerstandes R in Ω eines Metalles gilt in guter Näherung $R = R_{20} + \alpha\, R_{20}\, \Delta\vartheta$, wobei R_{20} der Widerstand bei 20 °C, α der Temperaturkoeffizient und $\Delta\vartheta = \vartheta - 20$ °C die Temperaturänderung bezogen auf 20 °C ist. Folgende Messpaare liegen vor:

$$\vartheta := \begin{pmatrix} 0 \\ 1 \\ 2 \\ 3 \\ 4 \\ 5 \end{pmatrix} \qquad \mathbf{R} := \begin{pmatrix} 0 \\ 0.52 \\ 0.75 \\ 0.88 \\ 0.92 \\ 0.98 \end{pmatrix}$$

Ermitteln Sie die Ausgleichsgerade und daraus den Temperaturkoeffizienten α.

Beispiel 10:

Der Spannungsverlauf bei der Kondensatorentladung folgt dem Gesetz $u(t) = U_0\, e^{-t/\tau}$, wobei U_0 die Anfangsspannung und $\tau = R\,C$ die Zeitkonstante ist. Zur Bestimmung der Zeitkonstanten τ wurden folgende Daten gemessen:

$$\mathbf{t} := \begin{pmatrix} 0.09 \\ 0.21 \\ 0.36 \\ 0.65 \\ 0.90 \\ 1.15 \end{pmatrix} \cdot s \qquad \mathbf{u} := \begin{pmatrix} 4.27 \\ 3.21 \\ 2.58 \\ 1.32 \\ 0.85 \\ 0.54 \end{pmatrix} \cdot V$$

Ermitteln Sie durch eine Ausgleichsrechnung die Zeitkonstante τ.

Beispiel 11:

Ein Unternehmen stellt Fahrräder her. Die Gesamtkosten K(x) für eine tägliche Produktionsmenge x betragen:

$\mathbf{x} := (10 \quad 20 \quad 30 \quad 40 \quad 50)^T$ **Stück**

$\mathbf{K} := (11 \quad 20 \quad 28 \quad 38 \quad 43)^T$ **in 1000 €**

Stellen Sie die Wertepaare grafisch dar und ermitteln Sie die Gleichung einer linearen Kostenfunktion.
Welche Kosten können bei einer Produktionsmenge von 35 Stück erwartet werden?
Wie würde eine quadratische oder eine kubische Kostenfunktion aussehen?

4. Integralrechnung

4.1 Das unbestimmte Integral

Beispiel 1:

Ermitteln Sie die Stammfunktionen von:

a) $f(x) = 1$ **b)** $f(x) = x$ **c)** $f(x) = x + 5$

d) $f(x) = x^2$ **e)** $f(x) = x^2 - 4$ **f)** $f(x) = x^4 + x - 1$

Beispiel 2:

Ermitteln Sie die Stammfunktionen der gegebenen Funktionen. Geben Sie jeweils eine spezielle Lösung an, wenn die Kurve durch den angegebenen Punkt gehen soll. Stellen Sie das Problem auch grafisch dar.

a) $f(x) = x - 1$ **P(0 | 1)** **b)** $f(x) = x^3 + 3$ **P(1 | - 2)**

4.2 Das bestimmte Integral

Beispiel 1:

Berechnen Sie folgende bestimmte Integrale mit einer Stammfunktion:

a) $\int_0^5 1\,dx$ **b)** $\int_1^3 x\,dx$ **c)** $\int_0^3 x^2\,dx$

d) $\int_2^5 x^3\,dx$ **e)** $\int_1^6 (x+2)\,dx$ **f)** $\int_1^2 \left(x^2+1\right)dx$

Beispiel 2:

Berechnen Sie die mittlere Ordinate und den zugehörigen x-Wert für die Funktion $y = 4 \cdot \left[\frac{x}{\pi} - \left(\frac{x}{\pi}\right)^2\right]$ **im Intervall zwischen den Nullstellen. Stellen Sie das Problem auch grafisch dar.**

Beispiel 3:

Berechnen Sie folgende bestimmte Integrale unter Ausnützung des Satzes 4.4:

a) $\int_1^2 5 \cdot x^2\,dx$ **b)** $\int_1^3 (x+1)\,dx$ **c) vergleiche** $\int_1^2 (x+3)\,dx$ **und** $\int_1^2 (x+5)\,dx$

d) $\int_1^2 x^3\,dx$ **und** $\int_2^1 x^3\,dx$ **d) Zerlegen Sie das Integral in zwei Teilintegrale:** $\int_1^3 x^6\,dx$

Beispiel 4:

Bestimmen Sie die Maßzahl der Fläche zwischen der Kurve $y = x^2 - 3x + 1$ und der x-Achse im Bereich von a = - 1 und b = 1.5. Stellen Sie das Problem auch grafisch dar.

Beispiel 5:

Berechnen Sie das bestimmte Integral im Bereich von a und b unter Ausnützung der Symmetrie. Stellen Sie das Problem auch grafisch dar.

a) $\int_{-2}^{2} x^4\,dx$ **b)** $\int_{-1}^{1} x^5\,dx$

4.3 Integrationsmethoden

4.3.1 Grundintegrale

Beispiel 1:

Bestimmen Sie die Lösung der folgenden Integrale:

a) $\int \frac{1}{2}\cdot x^3\,dx$ **b)** $\int \frac{1}{t^2}\,dt$ **c)** $\int \frac{1}{\sqrt{v}}\,dv$

d) $\int 2^x\,dx$ **e)** $\int \left(\frac{1}{3}\right)^x dx$ **f)** $\int \frac{1}{t}\,dt$

g) $\int \frac{1}{e^{-x}}\,dx$ **h)** $\int 4^{-x}\,dx$ **i)** $\int \cos(x)^{-2}\,dx$

j) $\int \frac{1}{1-u^2}\,du$ **k)** $\int \frac{1}{\sqrt{1-t^2}}\,dt$ **l)** $\int \sin\left(\frac{u}{2}\right)^2 du$

m) $\int \frac{1}{4+4\cdot x^2}\,dx$ **n)** $\int \frac{1}{5-5\cdot t^2}\,dt$ **o)** $\int \frac{1}{\sqrt{9-9\cdot x^2}}\,dx$

p) $\int \frac{1}{\sqrt{25+25\cdot x^2}}\,dx$ **q)** $\int \frac{1+\cos(x)^2}{\cos(x)^2}\,dx$ **r)** $\int \frac{\left(x^3+x\right)^2}{4\cdot x}\,dx$

s) $\displaystyle\int \frac{(u+2)\cdot e^t}{1-a}\,du$ t) $\displaystyle\int e^{x+1}\,dx$ u) $\displaystyle\int \frac{1}{2\cdot s\cdot \sin(x)^2}\,ds$

Beispiel 2:

Bestimmen Sie die Lösung der folgenden Integrale und stellen Sie das Problem grafisch dar:

a) $\displaystyle\int_0^2 (2\cdot x+2)\,dx$ b) $\displaystyle\int_0^4 (4-3\cdot x)\,dx$ c) $\displaystyle\int_{-1}^1 \left(\frac{x^2}{2}+2\right)dx$

d) $\displaystyle\int_1^2 \left(\frac{x+1}{x}\right)dx$ e) $\displaystyle\int_{-2}^1 2\cdot e^x\,dx$ f) $\displaystyle\int_0^\pi (1+\sin(t))\,dt$

Beispiel 3:

Die Ableitung einer Funktion ist gegeben durch y' = 2 x - 1. Wie lautet die Funktionsgleichung der Kurve, wenn sie den Punkt P(1 | 2) enthält? Stellen Sie das Problem auch grafisch dar.

Beispiel 4:

Die Ableitung einer Funktion ist gegeben durch y' = x^2 - x. Wie lautet die Funktionsgleichung der Kurve, wenn sie den Punkt P(2 | 2) enthält? Stellen Sie das Problem auch grafisch dar.

4.3.2 Integration durch Substitution

Beispiel 1:

Bestimmen Sie die Lösung der folgenden Integrale:

a) $\displaystyle\int (2+3\cdot x)^2\,dx$ b) $\displaystyle\int \frac{1}{(a\cdot x+b)^n}\,dx$ c) $\displaystyle\int \sqrt{5\cdot x-2}\,dx$

d) $\displaystyle\int \frac{3}{\sqrt{1-2\cdot x}}\,dx$ e) $\displaystyle\int \frac{4}{\sqrt[3]{6\cdot x-5}}\,dx$ f) $\displaystyle\int \sqrt{(2-5\cdot x)^3}\,dx$

g) $\displaystyle\int \frac{1}{3-t}\,dt$ h) $\displaystyle\int \frac{1}{1-3\cdot u}\,du$ i) $\displaystyle\int e^{2\cdot v+1}\,dv$

j) $\displaystyle\int e^{-x}\,dx$ k) $\displaystyle\int \sin(\omega\cdot t+\varphi)\,dt$ l) $\displaystyle\int \cos(\omega\cdot t+\varphi)\,dt$

m) $\displaystyle\int \frac{\arcsin(x)}{\sqrt{1-x^2}}\,dx$ n) $\displaystyle\int \sin\left(2\cdot x-\frac{\pi}{6}\right)dx$ o) $\displaystyle\int e^{0.9\cdot t+1.2}\,dt$

p) $\int \frac{1}{\sqrt{2-x^2}}\,dx$ q) $\int \cos(x)^3 \cdot \sin(x)\,dx$ r) $\int e^{x^2} \cdot x\,dx$

s) $\int \frac{3 \cdot x^2 + 2}{\sqrt{x^3 + 2 \cdot x}}\,dx$ t) $\int \frac{\sin(x)}{5 \cdot \sqrt{\cos(x)}}\,dx$ u) $\int e^{x^3} \cdot x^2\,dx$

v) $\int \frac{x}{a^2 + x^2}\,dx$ w) $\int \frac{5 \cdot x}{2 - 3 \cdot x^2}\,dx$ x) $\int \frac{3 \cdot x^2 - 2}{x^3 - 2 \cdot x}\,dx$

y) $\int \frac{x^3}{1 + x^4}\,dx$ z) $\int \tan(x)\,dx$ α) $\int \tan\left(\frac{x}{2}\right)dx$

β) $\int x \cdot \cot\left(x^2\right)dx$ γ) $\int \frac{\ln(x)}{x}\,dx$ ε) $\int \frac{\ln(2 \cdot x)}{x}\,dx$

Beispiel 2:

Bestimmen Sie die Lösung der folgenden Integrale mithilfe von Mathcad:

a) $\int \frac{1}{\sqrt{9 - x^2}}\,dx$ b) $\int \frac{\sqrt{16 - x^2}}{x}\,dx$ c) $\int \frac{1}{x^2 \cdot \sqrt{5 - x^2}}\,dx$

d) $\int \frac{1}{x \cdot \sqrt{x^2 - 4}}\,dx$ e) $\int \frac{x^2}{\sqrt{x^2 - 1}}\,dx$ f) $\int \frac{1}{\cos(x)}\,dx$

g) $\int \frac{1}{\sin(x) \cdot \cos(x)}\,dx$ h) $\int \frac{1}{\sin(x)^4}\,dx$ i) $\int \frac{1}{1 + 2 \cdot \cos(x)^2}\,dx$

Beispiel 3:

Bestimmen Sie die Lösung der folgenden Integrale und stellen Sie das Problem grafisch dar:

a) $\int_0^4 \left(\frac{x}{2} - 3\right)^2 dx$ b) $\int_{-2}^{1} (5 + 4 \cdot x)^3\,dx$ c) $\int_{-3}^{-1} 2 \cdot \left(x^4 + 5\right)^3 dx$

d) $\int_{2}^{4} e^{4\cdot x-2}\,dx$ e) $\int_{0}^{4} 3^{2\cdot x-2}\,dx$ f) $\int_{0}^{\pi} \left(\sin\left(\frac{t}{2}\right)+\cos\left(\frac{t}{2}\right)\right)dx$

4.3.3 Partielle Integration

Beispiel 1:

Bestimmen Sie die Lösung der folgenden Integrale:

a) $\int x\cdot\cos(x)\,dx$ b) $\int x\cdot e^{-x}\,dx$ c) $\int \arccos(x)\,dx$

d) $\int \frac{x}{\sin(x)^2}\,dx$ e) $\int \frac{\ln(x)}{x^2}\,dx$ f) $\int x^2\cdot e^{-3\cdot x}\,dx$

g) $\int x^3\cdot \lg(x)\,dx$ h) $\int x^2\cdot 2^{-x}\,dx$ i) $\int e^{2\cdot t}\cdot\sin(t)\,dt$

Beispiel 2:

Bestimmen Sie die Lösung der folgenden Integrale und stellen Sie das Problem grafisch dar:

a) $\int_{-1}^{1} (3-x)\cdot e^{-2\cdot x}\,dx$ b) $\int_{\frac{-\pi}{2}}^{0} x^2\cdot\sin(x)\,dx$ c) $\int_{0}^{\frac{\pi}{2}} \sin\left(\frac{t}{2}\right)^2 dt$

Beispiel 3:

Bestimmen Sie eine Rekursionsformel für folgende Integrale:

a) $I_n = \int x^n\cdot e^x\,dx$ b) $I_n = \int x^n\cdot\sin(x)\,dx$ c) $I_n = \int x^n\cdot\cos(x)\,dx$

d) $I_n = \int \ln(x)^n\,dx$ e) $\int \tan(x)^n\,dx$

4.3.4 Integration durch Partialbruchzerlegung

Beispiel 1:

Bestimmen Sie die Lösung der folgenden Integrale:

a) $\int \frac{1}{x^2 - 9} \, dx$ b) $\int \frac{x^2 + 3 \cdot x - 4}{x^2 - 2 \cdot x - 8} \, dx$ c) $\int \frac{x}{(x-2)^2} \, dx$

d) $\int \frac{3 \cdot x^2 - 2 \cdot x + 1}{x \cdot (x-5) \cdot (x+7)} \, dx$ e) $\int \frac{5 \cdot x^2 - 3 \cdot x + 2}{(x-1)^3} \, dx$ f) $\int \frac{2 \cdot x - 1}{(x+1)^2} \, dx$

g) $\int \frac{1}{e^{2 \cdot x} - 3 \cdot e^x} \, dx$ **Substitution: $e^x = u$** h) $\int \frac{\sin(x)}{\cos(x) \cdot \left(1 + \cos(x)^2\right)} \, dx$ **Substitution: $\cos(x) = u$**

Beispiel 2:

Bestimmen Sie die Lösung der folgenden Integrale:

a) $\int \frac{1}{x^3 + x} \, dx$ b) $\int \frac{7 \cdot x - 5}{x^2 - 2 \cdot x + 4} \, dx$

4.4 Uneigentliche Integrale

4.4.1 Uneigentliche Integrale 1. Art

Beispiel 1:

Bestimmen Sie die Lösungen der folgenden Integrale, falls möglich. Stellen Sie das Problem auch grafisch dar.

a) $\int_2^\infty \frac{1}{x^3} \, dx$ b) $\int_1^\infty \frac{2}{x^4} \, dx$ c) $\int_1^\infty \frac{2}{\sqrt{x}} \, dx$

d) $\int_{-\infty}^0 e^x \, dx$ e) $\int_{-\infty}^{-1} \frac{1}{x^2} \, dx$ f) $\int_{-\infty}^{-2} \frac{1}{x+1} \, dx$

g) $\int_{-\infty}^\infty \frac{1}{1 + 4 \cdot x^2} \, dx$ h) $\int_{-\infty}^\infty \frac{1}{\cosh(x)^2} \, dx$ i) $\int_{-\infty}^\infty \frac{1}{x^2 + 4 \cdot x + 5} \, dx$

4.4.2 Uneigentliche Integrale 2. Art

Beispiel 1:

Bestimmen Sie die Lösungen der folgenden Integrale, falls möglich. Stellen Sie das Problem auch grafisch dar.

a) $\int_0^3 \frac{1}{\sqrt{9-x^2}}\,dx$ b) $\int_{-1}^1 \frac{1}{\sqrt{1-x^2}}\,dx$ c) $\int_{-2}^3 \frac{1}{x^2}\,dx$

d) $\int_0^1 \frac{3}{x^3}\,dx$ e) $\int_1^2 \frac{x}{x^2-1}\,dx$ f) $\int_1^3 \frac{1}{x-1}\,dx$

g) $\int_2^3 \frac{1}{\sqrt[3]{x-2}}\,dx$ h) $\int_0^1 \ln(x)\,dx$ i) $\int_0^1 x\cdot\ln(x)\,dx$

4.5 Numerische Integration

4.5.1 Mittelpunkts- und Trapezregel

Beispiel 1:

Berechnen Sie die folgenden Integrale numerisch mit Mathcad und vergleichen Sie die Lösung mit den Näherungswerten der Mittelpunktsformel M_n und M_{2n} und der Trapezformel T_n und T_{2n}, wenn wir das Integrationsintervall in n = 4 bzw. n = 10 gleich breite Teilintervalle zerlegen. Geben Sie dazu den relativen Fehler (Mathcad-Näherung und Mittelpunksformelwert bzw. Trapezformelwert) an. Stellen Sie die Funktion und die Integrationsfläche zuerst grafisch dar.

a) $\int_0^2 x^2\,dx$ b) $\int_0^{\frac{\pi}{2}} \sin(x)\,dx$ c) $\int_0^1 \sqrt{1-x^2}\,dx$

d) $\int_0^3 x^3\,dx$ e) $\int_0^3 \frac{1}{\sqrt{2\cdot x+1}}\,dx$ f) $\int_1^2 \ln(x)\,dx$

4.5.2 Kepler- und Simpsonregel

Beispiel 1:

Berechnen Sie die folgenden Integrale numerisch mit Mathcad und vergleichen Sie die Lösung mit den Näherungswerten der Keplerregel (n = 1), der Simpsonregel und der adaptiven Methode, wenn wir das Integrationsintervall in n Doppelintervalle zerlegen. Geben Sie dazu den relativen Fehler (Mathcad-Näherung und Simpsonformelwert) an. Stellen Sie die Funktion und die Integrationsfläche zuerst grafisch dar.

a) $\int_0^1 \sqrt{1+x^3}\,dx \quad n = 2$ b) $\int_2^3 \frac{1}{\ln(x)}\,dx \quad n = 8$ c) $\int_0^{\frac{\pi}{2}} \sqrt{\cos(x)}\,dx \quad n = 4$

d) $\int_0^2 e^{\frac{-x^2}{2}}\,dx \quad n = 4$ e) $\int_0^3 \frac{1}{\sqrt{2\cdot x+1}}\,dx \quad n = 6$ f) $\int_1^3 \frac{1}{x}\,dx \quad n = 2$

g) $\int_0^2 \frac{1}{1+2\cdot x^2}\,dx \quad n = 2$ h) $\int_0^2 x\cdot\sqrt{1+x^3}\,dx \quad n = 8$ i) $\int_{-1}^2 e^x\,dx \quad n = 10$

Beispiel 2:

Berechnen Sie die Fläche zwischen x-Achse und der Folge von diskreten Punkten im Bereich a und b mithilfe der numerischen Berechnung von Mathcad, der Simpsonregel und der adaptiven Methode. Geben Sie dazu den relativen Fehler (Mathcad-Näherung und Simpsonformelwert) an. Stellen Sie das Problem zuerst grafisch dar.

x	0	0,5	1	1,5	2
f(x)	1	1,1	1,5	2,5	3,9

x	3	5	7	9	11
f(x)	1.098	1,509	1,955	2,185	2,411

4.6.1 Bogenlänge einer ebenen Kurve

Beispiel 1:

Berechnen Sie die Bogenlänge von:

a) $y = x^2 \quad a = 0 \quad b = 1$

Werten Sie das Integral numerisch aus, und vergleichen Sie den Wert auf 4 Nachkommastellen mit dem Wert, der sich mit der Simpsonregel für n = 10 Doppelstreifen ergibt. Stellen Sie das Problem auch grafisch dar.

b) Kettenlinie:

$y = 2\cdot\cosh\left(\frac{x}{2}\right) \quad a = 0 \quad b = 2$

Werten Sie das Integral analytisch und numerisch aus, und vergleichen Sie den Wert auf 4 Nachkommastellen mit dem Wert, der sich mit der Simpsonregel für n = 10 Doppelstreifen ergibt. Stellen Sie das Problem auch grafisch dar.

c) **Umfang der gleichseitigen Astroide:** **Werten Sie das Integral analytisch aus. Stellen Sie das Problem auch grafisch dar.**

$$x^{\frac{2}{3}} + y^{\frac{2}{3}} = r^{\frac{2}{3}}$$

d) **Umfang der Ellipse:** **Werten Sie das Integral numerisch aus, und vergleichen Sie den Wert auf 4 Nachkommastellen mit dem Wert, der sich mit der Simpsonregel für n = 10 Doppelstreifen ergibt. Stellen Sie das Problem auch grafisch dar.**

$x = 10 \cdot \cos(t)$

$y = 5 \cdot \sin(t)$

e) **Länge des Hyperbelbogens:** **Werten Sie das Integral numerisch aus, und vergleichen Sie den Wert auf 4 Nachkommastellen mit dem Wert, der sich mit der Simpsonregel für n = 10 Doppelstreifen ergibt. Stellen Sie das Problem auch grafisch dar.**

$x = 2 \cdot \cosh(t)$

$y = \sqrt{3} \cdot \sinh(t)$

$t_1 = 0$ $\quad t_2 = \text{arcosh}(2)$

f) $y = \sin(x)$ $\quad a = 0$ $\quad b = \pi$ **Werten Sie das Integral numerisch aus, und vergleichen Sie den Wert auf 4 Nachkommastellen mit dem Wert, der sich mit der Simpsonregel für n = 10 Doppelstreifen ergibt. Stellen Sie das Problem auch grafisch dar.**

g) **Archimedische Spirale:** **Werten Sie das Integral analytisch und numerisch aus, und vergleichen Sie den Wert auf 4 Nachkommastellen mit dem Wert, der sich mit der Simpsonregel für n = 10 Doppelstreifen ergibt. Stellen Sie das Problem auch grafisch dar.**

$r = a \cdot \varphi$ $\quad \varphi_1 = 0$ $\quad \varphi_2 = 2 \cdot \pi$

h) $x = t^2$ **Werten Sie das Integral analytisch und numerisch aus, und vergleichen Sie den Wert auf 4 Nachkommastellen mit dem Wert, der sich mit der Simpsonregel für n = 10 Doppelstreifen ergibt. Stellen Sie das Problem auch grafisch dar.**

$y = t^3$ $\quad t_1 = 0$ $\quad t_2 = 4$

4.6.2 Berechnung von Flächeninhalten

4.6.2.1 Berechnung von Flächeninhalten unter einer Kurve

Beispiel 1:

Berechnen Sie den Flächeninhalt zwischen Kurve und x-Achse im Bereich a und b und stellen Sie das Problem grafisch dar:

a) $y = (x-3) \cdot \left(x^2 - 4\right)$ $\quad a = -1$ $\quad b = 5$

b) $y = x^{\frac{3}{5}}$ $\quad a = 0$ $\quad b = 2.8$

c) $y = \sinh(x)$ $\quad a = -5$ $\quad b = 5$

d) $y = (x+2) \cdot \left(x^2 - 1\right)$ $\quad a = -2$ $\quad b = 1$

Beispiel 2:

Berechnen Sie den Flächeninhalt eines Sektors der Hyperbel mit $x = 3\cosh(t)$ und $y = 2\cosh(t)$ im Bereich $t = 0$ und $t = t_1$. Stellen Sie das Problem im Bereich $t \in [-3, 3]$ grafisch dar.

Beispiel 3:

Berechnen Sie den Flächeninhalt der Kardioide mit $r = a(1 + \sin(\varphi)$ und $\varphi \in [0, 2\pi]$. Stellen Sie das Problem für $a = 2$ grafisch dar.

Beispiel 4:

Berechnen Sie den Flächeninhalt der Lemniskate mit $r^2 = a^2 \cos(2\varphi)$ und $\varphi \in [0, 2\pi]$. Stellen Sie das Problem für $a = 2$ grafisch dar.

Beispiel 5:

Berechnen Sie den Flächeninhalt der Spirale mit $r = a^{\varphi}$ im Bereich $\varphi_1 = \pi$ und $\varphi_2 = 2\pi$. Stellen Sie das Problem für $a = 3$ grafisch dar.

Beispiel 6:

Berechnen Sie jene Stelle $a > 0$, sodass $\int_a^2 \ln(x)\, dx = 0$ gilt. Stellen Sie das Problem grafisch dar.

Beispiel 7:

Wie lautet die Gleichung der Waagrechten, die den Flächeninhalt zwischen $y = \cos(x)$ und der x-Achse im Intervall $[0, \pi/2]$ halbiert? Stellen Sie das Problem grafisch dar.

4.6.2.2 Berechnung von Flächeninhalten zwischen zwei Kurven

Beispiel 1:

Berechnen Sie die Flächeninhalte zwischen den Kurven und stellen Sie das Problem grafisch dar:

a) $y = x^2$ $\quad y = 6 \cdot x - 3$

b) $y = \ln(x)$ $\quad y = x - 2$

c) $y = \tan(x)$ $\quad y = \cot(x)$ $\quad y = 0$

d) $y = (x + 1) \cdot (x^2 - 2 \cdot x - 11)$ $\quad y = x^2 - 1$ $\quad a = -3$ $\quad b = 3$

e) $y = \sqrt{x}$ $\quad y = x^2$

Beispiel 2:

Wie groß ist der kleinere Teil der Fläche, der durch die Gerade $y = x + 3$ vom Kreis $x^2 + y^2 = 25$ abgeschnitten wird? Stellen Sie das Problem auch grafisch dar.

Beispiel 3:

Wie groß ist die gemeinsame Fläche der Kreise $x^2 + y^2 = 4$ und $x^2 + y^2 = 4x$? Stellen Sie das Problem auch grafisch dar.

Beispiel 4:

Beim Betrieb von Maschinen ist die Erwärmungskurve durch $\vartheta = \vartheta_{max}\,(1 - e^{-t/\tau})$ gegeben. Dabei ist ϑ die Übertemperatur (Temperaturdifferenz auf die Umgebungstemperatur), ϑ_{max} der sich nach langem Betrieb einstellende Beharrungswert, t die Betriebsdauer und τ die Zeitkonstante. Ermitteln Sie die Fläche Zwischen ϑ_{max} und der Kurve ϑ. Wählen Sie geeignete Größen und stellen Sie das Problem auch grafisch dar. Stellen Sie in dieser Grafik auch die Anlauftangente im Punkt P(0|0) dar.

Beispiel 5:

Gegeben ist die Funktion $y = (x+2)\,e^{-x/2}$. Stellen Sie die Funktion im Bereich [-3, 7] grafisch dar. Bestimmen Sie Nullstelle, Extremwert und Wendepunkt. Berechnen Sie die Fläche zwischen Kurve und x-Achse. Berechnen Sie die Fläche zwischen Kurve und jener Geraden, die durch die Nullstelle und den Wendepunkt geht.

4.6.2.3 Mantelflächen von Rotationskörpern

Beispiel 1:

Wie groß ist die Mantelfläche, wenn folgende Kurve um die x-Achse rotiert. Stellen Sie das Problem auch grafisch dar:

a) $y = x^3$ $a = 0$ $b = 2$

b) $y = \cosh(x)$ $a = 0$ $b = 2$

c) $\frac{x^2}{16} + \frac{y^2}{4} = 1$

Beispiel 2:

Wie groß ist die Mantelfläche, wenn folgende Kurve um die y-Achse rotiert. Stellen Sie das Problem auch grafisch dar:

a) $x = y^3$ $c = 0$ $d = 1$

b) $x = \ln(x)$ $c = 0$ $d = 4$

Beispiel 3:

Wie groß ist die Mantelfläche einer Kalotte (Kugelkappe) mit der Höhe $h = h_2 - h_1$, die durch die Rotation eines Kreises $x^2 + y^2 = r^2$ um die y-Achse entsteht. Stellen Sie das Problem auch grafisch dar.

4.6.3 Volumsberechnung

Beispiel 1:

Berechnen Sie das Volumen des Kegelstumpfes mit den Endflächenradien R und r und der Höhe h (y = (R - r)/h . x + r).

Beispiel 2:

Wie groß ist das Volumen eines Drehkörpers, der durch Drehung der Kurve um die x-Achse entsteht? Stellen Sie das Problem auch grafisch dar.

a)	$y = x^2$	$a = 0$	$b = 3$	**b)**	$y = e^x$	$a = 0$	$b = 2$
c)	$y = \sin(x)$	$a = 0$	$b = \pi$	**d)**	$x \cdot y = 4$	$a = \frac{1}{2}$	$b = 2$

e) $x = 2 \cdot (t - \sin(t))$, $y = 2(1 - \cos(t))$ **$t \in [0\ ,\ 2\pi]$**

Beispiel 3:

Die Parabel $y^2 = 4\,x$ schneide den Kreis $y^2 = 5 - (x - 2.5)^2$ in den Punkten P_1 und P_2. Bei Rotation um die x-Achse beschreibt die Fläche einen parabolischen Kugelring mit der Höhe $h = x_2 - x_1$. Wie groß ist das Volumen des Kugelrings?

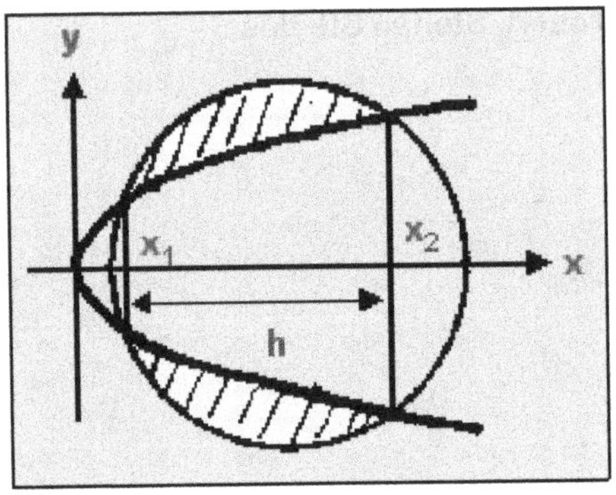

Beispiel 4:

Der Hohlraum eines Zylinders aus Stahl wird durch Rotation der Kurve $y = e^{2x-1}$ um die y-Achse beschrieben. Wie groß ist dieses Volumen zwischen $y_1 = 1$ und $y_2 = 10$?

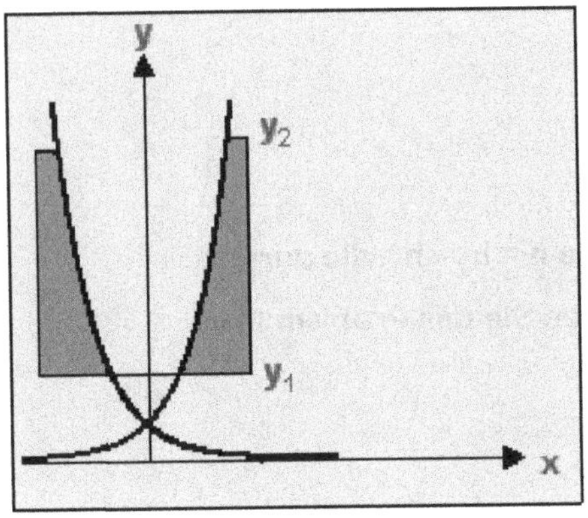

4.6.4 Berechnung von Schwerpunkten

4.6.4.1 Schwerpunkt eines Kurvenstückes

Beispiel 1:

Bestimmen Sie die Koordinaten des Schwerpunktes $S(0|y_s)$ eines Kreisbogens von der Länge b.

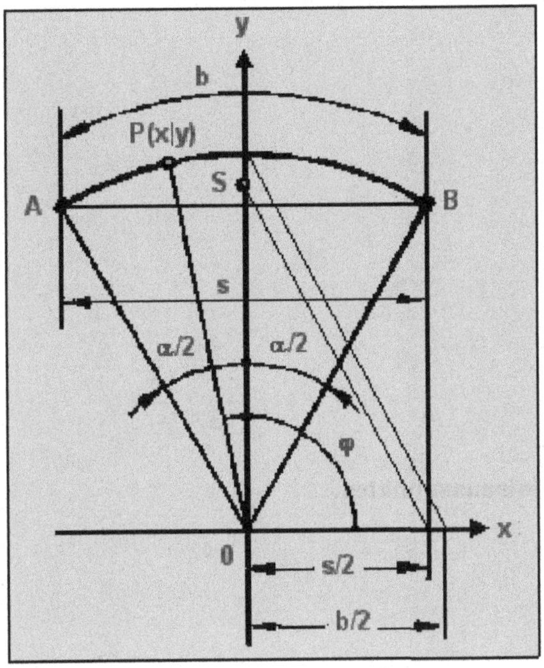

Hinweis: Polarkoordinaten. Der Schwerpunkt soll von r, s und b abhängen.

$b = r \cdot \varphi \qquad db = r \cdot d\varphi$

Beispiel 2:

Bestimmen Sie die Koordinaten des Schwerpunktes des Parabelbogens $y = x^2$ zwischen a = 0 und b = 1.

Beispiel 3:

Bestimmen Sie die Koordinaten des Schwerpunktes eines Zykloidenbogens mit der Parameterdarstellung $x = r\,(t - \sin(t))$ und $y = r\,(1 - \cos(t))$ zwischen a = 0 und b = 2 π r.

Beispiel 4:

Bestimmen Sie die Koordinaten des Schwerpunktes eines 1/4 Ellipsenbogens (Rotation um die x-Achse) mit der Parameterdarstellung $x = a \cos(\varphi))$ und $y = b \sin(\varphi)$ mithilfe der 2. Guldin-Regel zwischen x = 0 und x = a.

4.6.4.2 Schwerpunkt einer Fläche

Beispiel 1:

Bestimmen Sie die Koordinaten des Schwerpunktes der gegebenen Fläche.

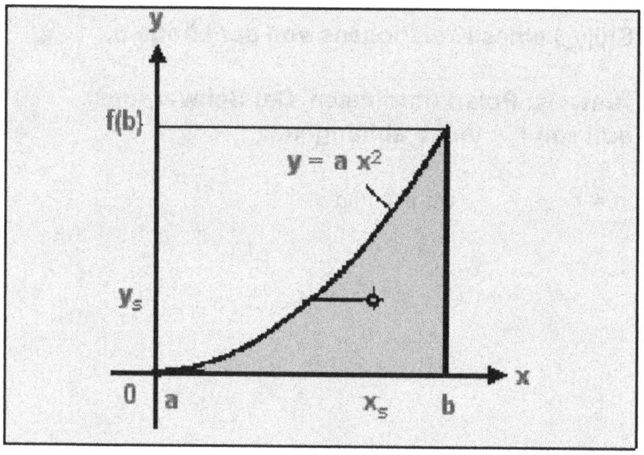

Beispiel 2:

Bestimmen Sie die Koordinaten des Schwerpunktes eines Kreisausschnittes.

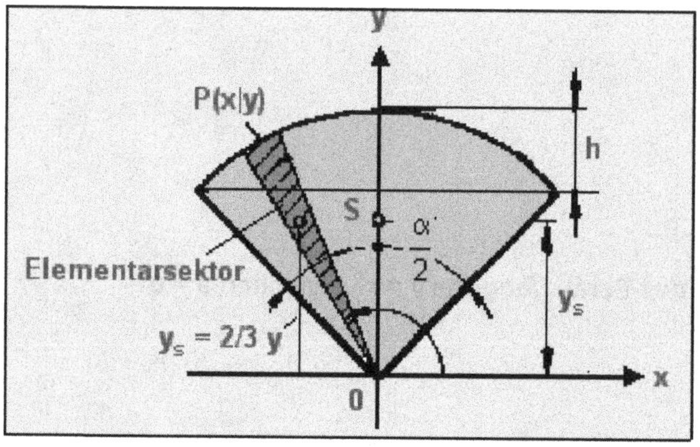

Beispiel 3:

Bestimmen Sie die Koordinaten des Schwerpunktes der Dreiecksfläche.

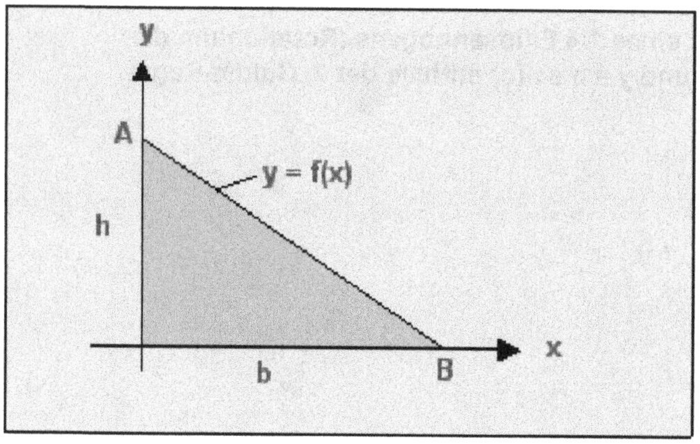

Beispiel 4:

Bestimmen Sie die Koordinaten des Schwerpunktes der gegebenen Fläche.

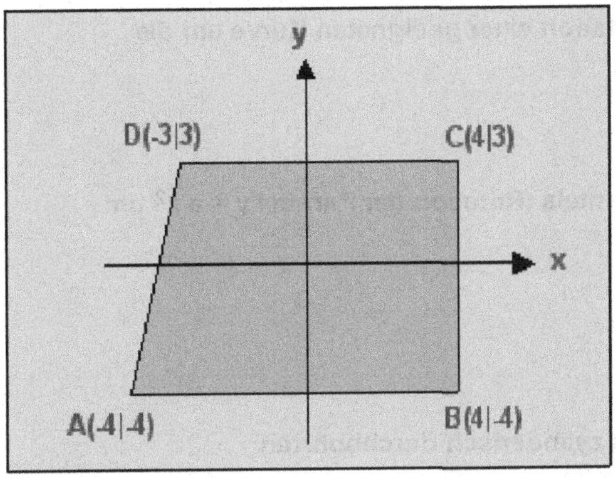

Beispiel 5:

Bestimmen Sie die Koordinaten des Schwerpunktes eines dünnen offenen Hohlprofils.

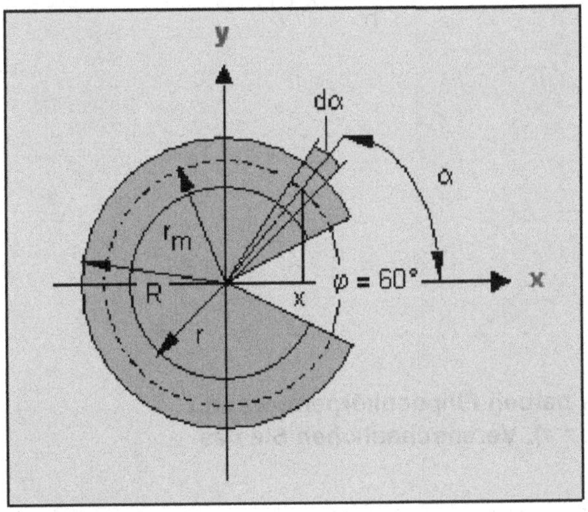

Beispiel 6:

Bestimmen Sie den Schwerpunkt einer halben Ellipsenfläche zwischen x = 0 und x = a mithilfe der 1. Guldin-Regel.

Beispiel 7:

Gegeben ist die Funktion f: $y = e^x(-x^2 + b\,x + c)$ und deren Nullstellen f(0) = 0 und f(b)= 0.

a) Bestimmen Sie die Extremstellen und die Wendepunkte von f und stellen Sie die Funktion im Bereich $-3.5 \leq x \leq 2.2$ grafisch dar.

b) Bestimmen Sie jene Grenze x = c, durch die das vom Graf und von der x-Achse begrenzte Flächenstück in zwei gleiche Teile zerlegt wird.

c) Berechnen Sie die Koordinaten des Schwerpunktes des vom Grafen und von der x-Achse begrenzten Flächenstücks.

4.6.4.3 Schwerpunkt einer Drehfläche

Beispiel 1:

Bestimmen Sie den Schwerpunkt eines Kegelmantels (Rotation einer geeigneten Kurve um die x-Achse) mit Radius r und Höhe h.

Beispiel 2:

Bestimmen Sie den Schwerpunkt eines Drehparaboloidmantels (Rotation der Parabel $y = a\,x^2$ um die y-Achse) mit Radius r und Höhe h.

4.6.4.4 Schwerpunkt eines Drehkörpers

Beispiel 1:

Bestimmen Sie die Koordinaten des Schwerpunktes eines zylinderisch durchbohrten Kegelkörpers.

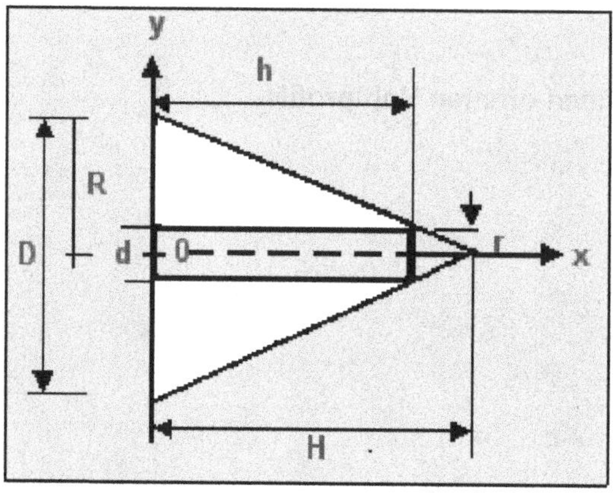

Anleitung:

$$H = \frac{h \cdot R}{R - h} \qquad y = -\frac{R - r}{h} \cdot x + R$$

Beispiel 2:

Bestimmen Sie die Koordinaten des Schwerpunktes eines halben Ellipsenkörpers, wenn eine Ellipse um die x-Achse rotiert (im Bereich x = 0 und x = a). Veranschaulichen Sie das Problem grafisch.

Beispiel 3:

Bestimmen Sie die Koordinaten des Schwerpunktes eines Hyperboloids, das durch Drehung der Hyperbel $x^2/9 - y^2/16 = 1$ um die y-Achse im Intervall [-3,4] entsteht. Veranschaulichen Sie das Problem grafisch.

Beispiel 4:

Bestimmen Sie mithilfe der 1. Guldin-Regel das Volumen eines Kegels mit dem Radius r = 10 dm und der Höhe h = 20 dm.

Beispiel 5:

Bestimmen Sie mithilfe der 1. Guldin-Regel das Volumen des Rotationskörpers der durch Rotation des Flächenstücks zwischen dem Funktionsgrafen y = f(x) und der x-Achse im Intervall [0,a] um die y-Achse entsteht. Veranschaulichen Sie das Problem grafisch.

a) $y = x + 2$ $\quad a = 4$ **b)** $y = e^x$ $\quad a = 2$ **c)** $y = \sin(x)$ $\quad a = \frac{\pi}{2}$

Beispiel 6:

Bestimmen Sie mithilfe der Guldin-Regeln die Oberfläche und das Volumen eines Zylinders mit Radius r und Höhe h.

4.6.5 Berechnung von Trägheitsmomenten

4.6.5.1 Das Massenträgheitsmoment

Beispiel 1:

Berechnen Sie das Massenträgheitsmoment einer Kugel mit Radius r, die um die x-Achse rotiert (Zeichnung!).

Beispiel 2:

Berechnen Sie das Massenträgheitsmoment eines Schwungrades.

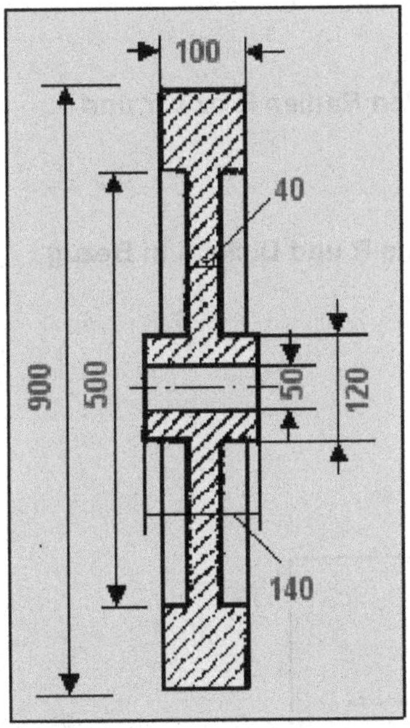

$$\rho = 7.3 \cdot 10^3 \cdot \frac{kg}{m^3}$$

Anleitung: $J = J_{Kranz} + J_{Steg} + J_{Nabe}$

Beispiel 3:

Berechnen Sie das Massenträgheitsmoment eines Drehparaboloidkörpers. Berechnen Sie das Massenträgheitsmoment auf zwei Arten, wie im Bild angegeben.

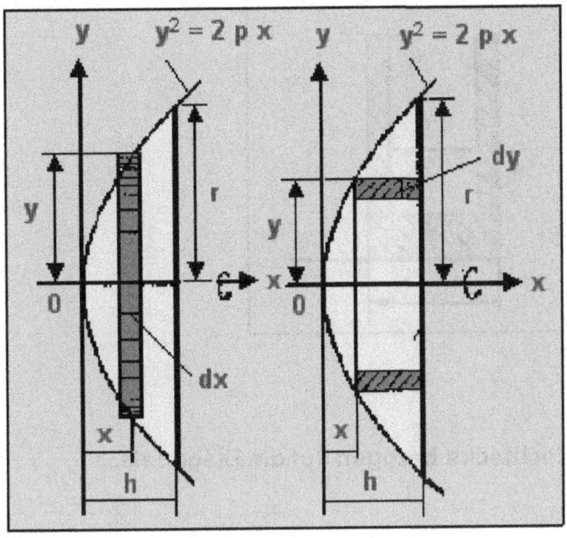

Beispiel 4:

Berechnen Sie das Massenträgheitsmoment eines Vollzylinders, der sich um die Achse g dreht.

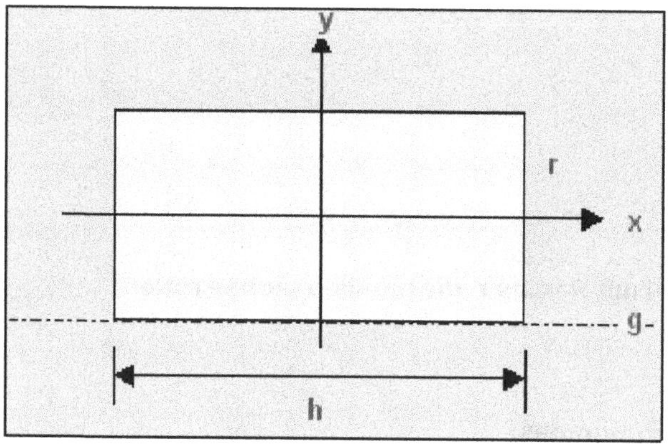

Beispiel 5:

Berechnen Sie das Massenträgheitsmoment eines Drehkegelstumpfes mit den Radien R bzw. r und der Höhe h, der sich um die Symmetrieachse dreht (Zeichnung!).

Beispiel 6:

Berechnen Sie das Massenträgheitsmoment einer Zylinderscheibe mit Radius R und Dicke h in Bezug auf die Achse durch einen Durchmesser (Zeichnung!).

4.6.5.2 Das Flächenträgheitsmoment

Beispiel 1:

Berechnen Sie die axialen Flächenträgheitsmomente bezüglich der x-Achse.

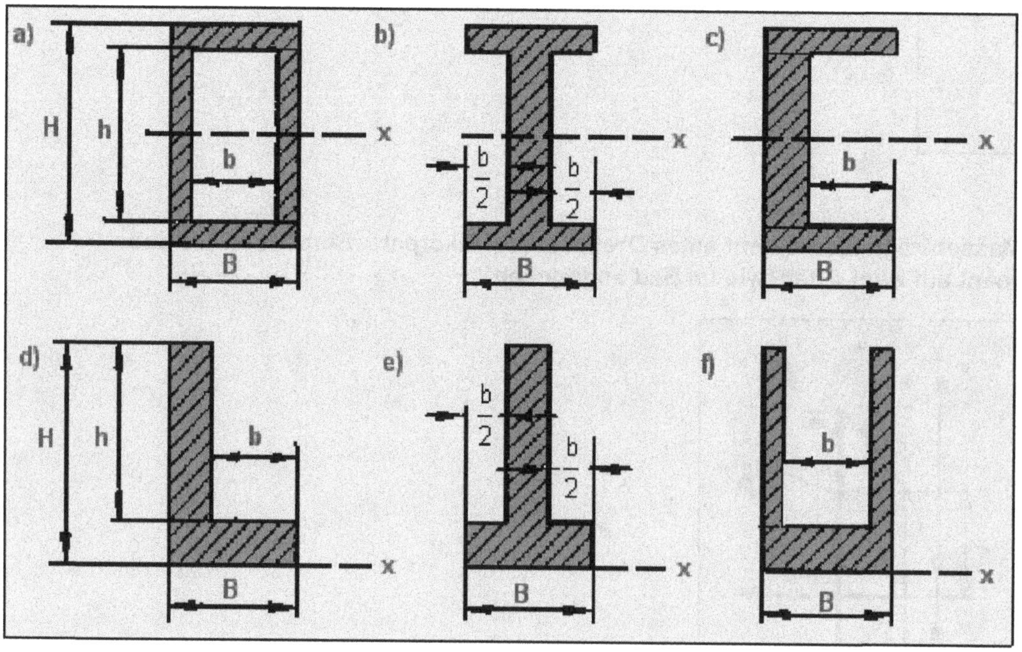

Beispiel 2:

Berechnen Sie das axiale Flächenträgheitsmoment eines Rechtecks bezogen auf die Diagonale.

Beispiel 3:

Aus einer Tabelle für Walzprofile entnehmen wir (|_ 200. 200.20) folgende Angaben:

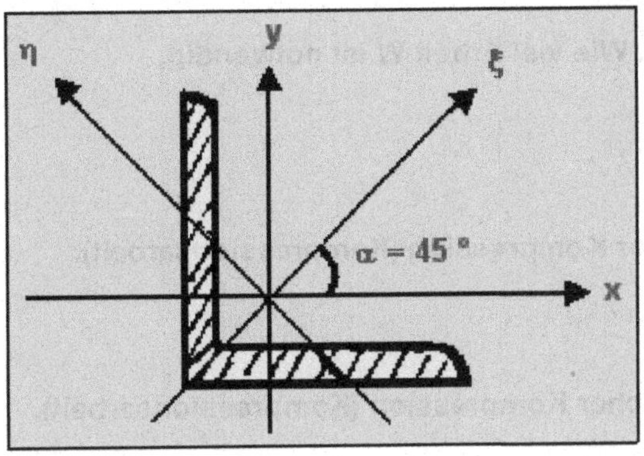

$I_x = I_y = 2850\text{cm}^4$

$I_\xi = 4540 \cdot \text{cm}^4$

Hauptträgheitsmomente

$I_\eta = 1160 \cdot \text{cm}^4$

Überprüfen Sie:

$I_u = I_x = I_\xi \cdot \cos(\alpha)^2 + I_\eta \cdot \sin\alpha^2$

Beispiel 4:

Berechnen Sie die axialen Flächenträgheitsmomente I_x und I_y des vom Grafen der Funktion $y = \sqrt{3 - x}$ und den Koordinatenachsen eingeschlossenen Flächenstücks (grafische Darstellung!).

Beispiel 5:

Berechnen Sie die axialen Flächenträgheitsmomente bezüglich der Koordinatenachsen sowie der dazu parallelen Schwerpunktsachsen für die Fläche unter dem Grafen von a) $y = x^2$, a =0 und b = 2; b) $y = e^{x/2}$, a =0 und b = 2. (grafische Darstellung!).

4.6.6 Berechnung von Biegelinien

Beispiel 1:

Ein beidseitig eingespannter Träger der Länge L = 4 m besitzt eine konstante Trägerlast q_0 = 10.0 kN/m und eine Biegesteifigkeit E * I = 7*10⁶ Nm². Berechnen Sie die Biegelinie y(x). Stellen Sie die Streckenlast q(x), die Querkraft Q(x), das Biegemoment $M_b(x)$ und die Biegelinie y(x) grafisch dar. Es gelten die Randbedingungen y(0) = y(L) = 0, y'(0) = y'(L) = 0.

Beispiel 2:

Ein einseitig eingespannter Träger der Länge L = 3 m besitzt eine konstante Trägerlast q_0 = 10.0 kN/m und eine Biegesteifigkeit E * I = $3 \cdot 10^6$ Nm². Berechnen Sie die Biegelinie y(x). Stellen Sie die Streckenlast q(x), die Querkraft Q(x), das Biegemoment $M_b(x)$ und die Biegelinie y(x) grafisch dar. Es gelten die Randbedingungen Q(0) = q_0* L, $M_b(L)$ = 0, y(0) = 0, und y'(0) = 0.

Beispiel 3:

Ein Träger, der am linken Ende fest eingespannt ist und am rechten Ende ein freies Lager besitzt, hat eine Länge von L = 3 m und wird mit einer konstanten Trägerlast q_0 = 10.0 kN/m belastet. Der Elastizitätsmodul beträgt E = $2 \cdot 10^5$ N/mm² und das Flächenträgheitsmoment I = 10^{-4} m⁴. Berechnen Sie die Biegelinie y(x). Stellen Sie die Streckenlast q(x), die Querkraft Q(x), das Biegemoment $M_b(x)$ und die Biegelinie y(x) grafisch dar. Es gelten die Randbedingungen $M_b(L)$ = 0, y(0) = y(L) = 0, und y'(0) = 0.

4.6.7 Berechnung von Arbeitsintegralen

Beispiel 1:

Für eine besondere Feder gilt das Kraftgesetz $F = 200 \cdot N/m \cdot s^3$. Wie viel Arbeit W ist notwendig, wenn die Feder um 5 cm gedehnt wird?

Beispiel 2:

Berechnen Sie die Arbeit W eines idealen Gases bei isothermer Kompression (Kompressionsarbeit).

Beispiel 3:

Berechnen Sie die Arbeit W eines idealen Gases bei adiabatischer Kompression (Kompressionsarbeit).

Beispiel 4:

Durch ein sich ausdehnendes Gas in einem Zylinder wird ein Kolben so bewegt, dass das Volumen des eingeschlossenen Gases von 250 cm^3 auf 400 cm^3 wächst. Bestimmen Sie die geleistete Arbeit, wenn zwischen dem Druck p (N/cm^2) und dem Volumen V (cm^3) die Gleichung $p \cdot V = 3000$ besteht.

4.6.8 Berechnungen aus der Hydromechanik

Beispiel 1:

Innerhalb welcher Zeit fließt das Wasser, das ein zylindrisches Gefäß der Grundfläche $A = 420\ cm^2$ und der Höhe $h = 40$ cm füllt, durch eine Öffnung im Boden des Gefäßes ab, wenn diese Öffnung einen Querschnitt von $A_1 = 2\ cm^2$ hat? Die Ausflusszahl beträgt $\alpha = 0.6$.

4.6.9 Berechnung von Mittelwerten

Beispiel 1:

Bestimmen Sie den linearen Mittelwert der Funktion $y = x^2/2$ über dem Intervall [1,3].

Beispiel 2:

Bestimmen Sie den linearen Mittelwert und den Gleichrichtwert der nachfolgend gegebenen Funktion. Stellen Sie weiters dieses Problem grafisch dar, wenn $I_{max} = 20$ mA und $T = 3$ ms gegeben sind.

$$i(t) = \begin{cases} I_{max} & \text{if } 0 \cdot ms \le t \le \frac{T}{3} \\ -\frac{I_{max}}{2} & \text{if } \frac{T}{3} < t \le T \end{cases}$$

Beispiel 3:

Bestimmen Sie die Wirkleistung P aus der nachfolgend gegebenen zeitabhängigen Leistung p(t) im Bereich einer Periode T.

$$p = u \cdot i = R \cdot I_0^2 \cdot \cos(\omega \cdot t)^2 - \omega \cdot L \cdot I_0^2 \cdot \sin(\omega \cdot t) \cdot \cos(\omega \cdot t) \qquad \omega = 2 \cdot \pi \cdot f = \frac{2 \cdot \pi}{T}$$

Beispiel 4:

Die Spannung beim Entladevorgang eines Kondensators an Gleichspannung ist gegeben durch $u_C(t) = U_0\ e^{-t/\tau}$. Stellen Sie die Kondensatorspannung u_C für R = 1000 Ω, C = 0.1 µF und U_0 = 10 V und der Zeitkonstante τ = R*C grafisch dar. Berechnen Sie die Fläche zwischen Spannungskurve und t-Achse und interpretieren Sie das Ergebnis.

Beispiel 5:

Bestimmen Sie den Gleichrichtwert des Stromes i = 4 A sin(ω t) - 1.4 A cos(2 ω t) + 0.9 A cos(3 ω t) über eine Periode T. Stellen Sie das Problem für T = 5 ms grafisch dar.

Beispiel 6:

Bestimmen Sie den arithmetischen Mittelwert und den Effektivwert der Spannung $u(t) = (U_{max} / T) * t$. Stellen Sie das Problem für U_{max} = 20 V und T = 10 ms grafisch dar.

Beispiel 7:

Bestimmen Sie den arithmetischen Mittelwert, den Gleichrichtwert und den Effektivwert der nachfolgend gegebenen Spannung. Stellen Sie das Problem für U_{max} = 10 V und T = 3 ms grafisch dar.

$$u(t) = \begin{cases} U_{max} & \text{if } 0 \cdot ms \le t \le \frac{T}{3} \\ -\frac{U_{max}}{3} & \text{if } \frac{T}{3} < t \le T \end{cases}$$

Beispiel 8:

Bestimmen Sie den Effektivwert der nachfolgend gegebenen Spannung. Stellen Sie das Problem grafisch dar.

$$u(t) = \begin{cases} \left[11\left(1 - e^{\frac{-t}{\tau}}\right) - 5\right] \cdot V & \text{if } 0 \cdot \mu s \le t \le 40 \cdot \mu s \\ \left(121 \cdot e^{\frac{-t}{\tau}} - 6\right) \cdot V & \text{if } 40 \cdot \mu s \le t \le 80 \cdot \mu s \end{cases} \qquad \tau = \frac{40 \cdot \mu s}{\ln(11)}$$

Beispiel 9:

Um eine Lampe stufenlos und energiesparend regeln zu können, wird eine Phasenanschnittsteuerung (Dimmer) eingesetzt. Das Prinzip besteht darin, die sinusförmige Netzspannung $u = U_0 \sin(\omega t)$ während jeder Halbwelle erst nach einer Verzögerungszeit τ bzw. erst nach einem Zündwinkel $\alpha = \omega^*\tau$ an den Verbraucherwiderstand durchzuschalten, sodass kein Energieverbrauch stattfinden kann. Bestimmen Sie den Effektivwert der nachfolgend gegebenen Spannung. Stellen Sie das Problem für T = 3 µs und τ = 0.2 µs grafisch dar.

$$u(t) = \begin{cases} 0 \cdot V & \text{if } k \cdot \frac{T}{2} \le t \le k \cdot \frac{T}{2} + \tau \\ 240 \cdot V \cdot \sin(\omega \cdot t) & \text{if } k \cdot \frac{T}{2} + \tau \le t \le (k+1) \cdot \frac{T}{2} \end{cases} \qquad k \in \mathbb{Z},\ T = 2\pi/\omega$$

4.7 Mehrfachintegrale

4.7.1 Doppelintegrale

Beispiel 1:

Berechnen Sie folgendes Doppelintegral und zeigen Sie, dass die Reihenfolge der Integration beliebig ist.

$$\int_{-2}^{2}\int_{0}^{1}\left(x^2 - x\cdot y\right)\,dx\,dy$$

Beispiel 2:

Berechnen Sie folgendes Doppelintegral und zeigen Sie, dass die Reihenfolge der Integration nicht beliebig ist.

$$\int_{1}^{x}\int_{0}^{\frac{\pi}{2}} x\cdot\cos(y)\,dx\,dy$$

Beispiel 3:

Wie groß ist der Flächeninhalt der Fläche, die von den Kurven $y = 2\,x$ und $y = x^2$ und $x = 1$ eingeschlossen wird? Lösen Sie das Problem mithilfe eines Doppelintegrals und stellen Sie den Sachverhalt grafisch dar.

Beispiel 4:

Wie groß ist der Flächeninhalt der Fläche, die von den Kurven $y = \cos(x)$ und $y = x^2 - 2$ eingeschlossen wird? Lösen Sie das Problem mithilfe eines Doppelintegrals und stellen Sie den Sachverhalt grafisch dar.

Beispiel 5:

Berechnen Sie mithilfe eines Doppelintegrals den Flächeninhalt, der von der logarithmischen Spirale $r(\varphi) = e^{0.2\,\varphi}$ und den Strahlen $\varphi 1 = \pi/3$ und $\varphi 2 = 3/2\,\pi$ eingeschlossen wird. Stellen Sie den Sachverhalt grafisch dar.

Beispiel 6:

Wo liegt der Schwerpunkt S der Fläche, die von der Parabel $y = -x^2 + 4$ und der Geraden $y = x + 2$ begrenzt wird? Lösen Sie das Problem mithilfe eines Doppelintegrals und stellen Sie den Sachverhalt grafisch dar.

Beispiel 7:

Wo liegt der Schwerpunkt S einer Viertelkreisfläche? Lösen Sie das Problem mithilfe eines Doppelintegrals und stellen Sie den Sachverhalt grafisch dar.

Beispiel 8:

Wie groß ist der Flächeninhalt der von der Kurve $y = \cos(x)$ und $y = 0.5$ im Bereich $[-\pi/2, \pi/2]$ eingeschlossenen Fläche. Wo liegt der Schwerpunkt auf dieser Fläche? Wie groß sind die Flächenträgheitsmomente I_x und I_y? Lösen Sie die Aufgaben mithilfe von Doppelintegralen und stellen Sie den Sachverhalt grafisch dar.

Beispiel 9:

Berechnen Sie die Flächenträgheitsmomente I_x und I_y eines Kreises mit der Gleichung $(x - R)^2 + y^2 = R^2$. Lösen Sie die Aufgaben mithilfe von Doppelintegralen und stellen Sie den Sachverhalt grafisch dar.

Beispiel 10:

Berechnen Sie das Volumen eines schräg abgeschnittenen Zylinders mithilfe eines Doppelintegrals.

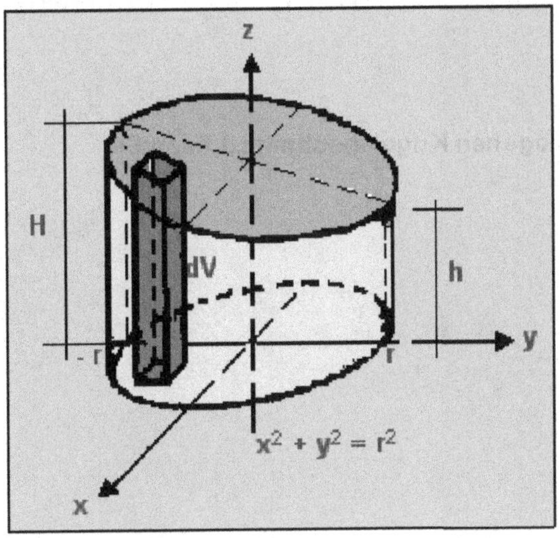

Die Schnittebene liegt parallel zur x-Achse, d. h., z ist nur von y abhängig: $z = a\,y + b$.
$z(-r) = H = a\,(-r) + b$
$z(r) = h = a\,r + b$
Daraus lässt sich a und b berechnen.

Beispiel 11:

Berechnen Sie das Massenträgheitsmoment J_z eines geraden Prismas mit den Grundseiten a und b und der Höhe h bezüglich der Schwerachse z. Lösen Sie das Problem mithilfe eines Doppelintegrals und stellen Sie den Sachverhalt grafisch dar.

4.7.2 Dreifachintegrale

Beispiel 1:

Durch Rotation eines Kurvenstücks $z = \sqrt{x}$ $(0 \le x \le 4)$ entsteht ein trichterförmiger Drehkörper. Bestimmen Sie das Volumen dieses Drehkörpers. Lösen Sie das Problem mithilfe eines Dreifachintegrals und stellen Sie den Sachverhalt grafisch dar.

Beispiel 2:

Durch Rotation einer Ellipse um die z-Achse mit den Halbachsen a und b entsteht ein Rotationsellipsoid. Bestimmen Sie das Volumen dieses Drehkörpers. Lösen Sie das Problem mithilfe eines Dreifachintegrals und stellen Sie den Sachverhalt grafisch dar.

Beispiel 3:

Zur Bestimmung des Volumens einer dreiseitigen Pyramide ist nachfolgendes Dreifachintegral in kartesischen Koordinaten zu lösen. Stellen Sie den Sachverhalt auch grafisch dar.

$$V = \int 1\,dV = \int_0^a \int_0^{-x+a} \int_0^{-x-y+a} 1\,dz\,dy\,dx$$

Beispiel 4:

Zur Bestimmung des Volumens eines elliptischen Querschnittes mit zylindrischer Bohrung ist nachfolgendes Dreifachintegral in Zylinderkoordinaten zu lösen. Stellen Sie den Sachverhalt auch grafisch dar.

$$V = \int_0^{2\cdot\pi} \int_c^a \int_0^{\frac{b}{a}\cdot\sqrt{a^2-r^2}} r\,dz\,dr\,d\varphi$$

Beispiel 5:

Bestimmen Sie das Volumen und den Schwerpunkt eines homogenen Kugelabschnitts. Lösen Sie die Aufgaben mithilfe von Dreifachintegralen.

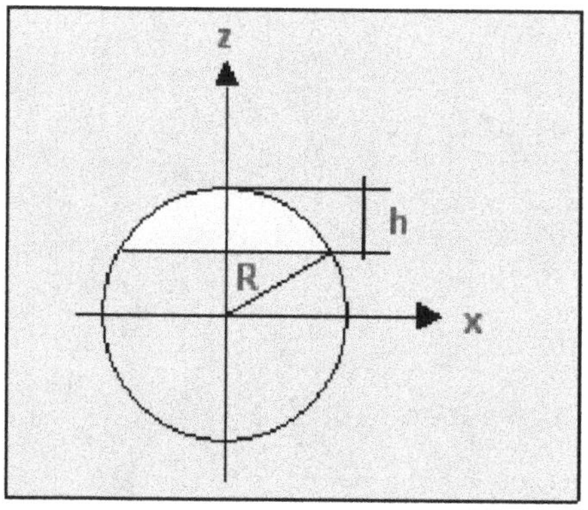

Beispiel 6:

Wo liegt der Schwerpunkt einer homogenen Halbkugel mit dem Radius R? Lösen Sie das Problem mithilfe eines Dreifachintegrals und stellen Sie den Sachverhalt grafisch dar.

Beispiel 7:

Ein kugelförmiger Behälter mit Radius R = 4 m soll von einem h = 15 m unter seinem tiefsten Punkt liegenden Wasserreservoire bis zur Hälfte gefüllt werden. Welche Mindestarbeit muss dafür aufgewendet werden? Die Dichte des Wassers beträgt $\rho = 1000$ kg/m³.

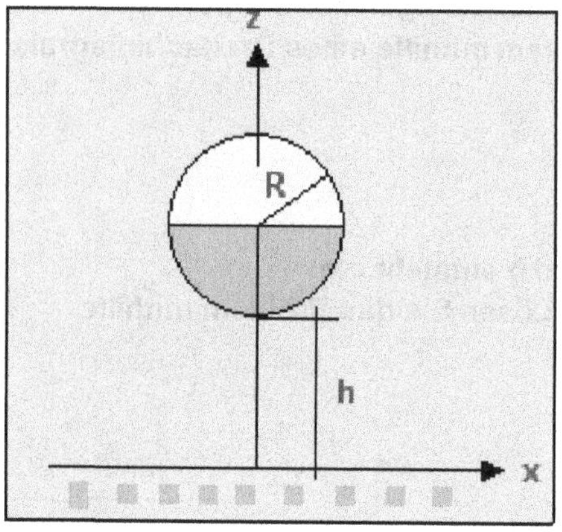

Beispiel 8:

Bestimmen Sie das Massenträgheitsmoment J_z eines Flügels der Dicke d = 0.05 m bezogen auf die zur Querschnittsfläche senkrechte z-Achse. Die Dichte des Flügels beträgt ρ = 4500 kg/m³.

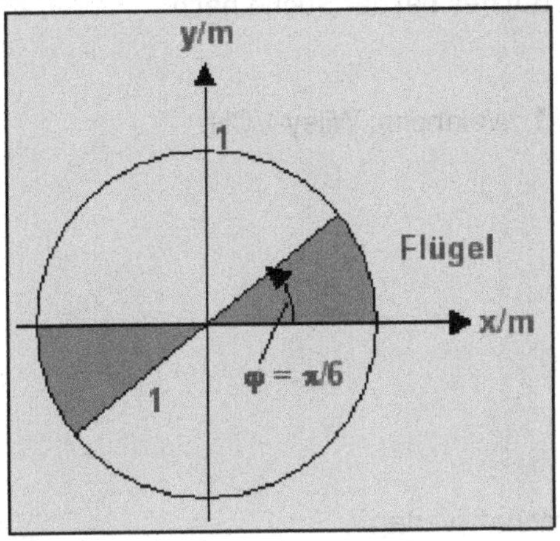

Beispiel 9:

Bestimmen Sie das Massenträgheitsmoment J_z eines Drehzylinders mit Radius R und Höhe h, der durch die Rotation einer zu z parallelen Geraden um die z-Achse entsteht. Stellen Sie den Sachverhalt auch grafisch dar.

Literaturverzeichnis

Dieses Literaturverzeichnis enthält einige deutsche Werke über Mathcad, Algebra, Analysis sowie Differential- und Integralrechnung. Es sollte dem Leser zu den Ausführungen dieses Buches bei der Suche nach vertiefender Literatur eine Orientierungshilfe geben.

ANSORGE, R., **OBERLE**, H.J. (2000). Mathematik für Ingenieure. Band 1. Weinheim: Wiley-VCH.

BARNER, M., **FLOHR**, F. (1987). Analysis 1. Berlin: Walter de Gruyter.

BLATTER, C. (1991). Analysis 1. Berlin: Springer.

BLATTER, C. (1992). Analysis 2. Berlin: Springer.

BRÖCKER, T. (1999). Analysis 1. Heidelberg: Spektrum.

ERWE, F. (1973). Differential- und Integralrechnung. Mannheim: Wissenschaftsverlag.

FORSTER, O. (2001). Analysis 1. Braunschweig: Vieweg.

FORSTER, O., **WESSOLY**, R. (1995). Übungsbuch zur Analysis 1. Braunschweig: Vieweg.

FICHTENHOLZ, G. M. (1978). Differential- und Integralrechnung I. Berlin: VEB.

FICHTENHOLZ, G. M. (1978). Differential- und Integralrechnung II. Berlin: VEB.

FISCHER, G. (1995). Lineare Algebra. Braunschweig: Vieweg.

GRAUERT, H., **LIEB**, I. (1976). Differential- und Integralrechnung I. Heidelberg: Springer.

GRAUERT, H., **FISCHER**, I. (1978). Differential- und Integralrechnung II. Heidelberg: Springer.

HEUSER, H. (2000). Lehrbuch der Analysis. Stuttgart: Teubner.

HILDEBRANDT, S. (2002). Analysis 1. Berlin: Springer.

KABALLO, W. (1996). Einführung in die Analysis. Heidelberg: Spektrum.

KÖNIGSBERGER, K. (2001). Analysis 1. Berlin: Springer.

LEUPOLD, W. (1982). Mathematik Band III. Thun und Frankfurt/Main: Harri Deutsch.

LEUPOLD, W. (1987). Analysis für Ingenieure. Thun und Frankfurt/Main: Harri Deutsch.

MEYBERG, K., **VACHENAUER**, P. (1998). Höhere Mathematik 1. Berlin: Springer.

MEYBERG, K., **VACHENAUER**, P. (1997). Höhere Mathematik 2. Berlin: Springer.

OEVEL, W. (1996). Einführung in die numerische Mathematik. Heidelberg: Spektrum.

PAPULA, L. (2001). Mathematik für Ingenieure und Naturwissenschaftler. Band 1. Wiesbaden: Vieweg.

PAPULA, L. (2001). Mathematik für Ingenieure und Naturwissenschaftler. Band 2. Wiesbaden: Vieweg.

REIFFEN, H.J., **TRAPP**, H.W. (1996). Differentialrechnung. Heidelberg: Spektrum.

RUDIN, W. (1998). Grundlagen der Analysis. München: Oldenbourg.

SCHIROTZEK, W., **SCHOLZ**, S. (2001). Starthilfe Mathematik. Stuttgart: Teubner.

STORCH, U., **WIEBE**, H. (1996). Lehrbuch der Mathematik. Band 1. Heidelberg: Spektrum.

TRÖLSS, J. (2002). Einführung in die Statistik und Wahrscheinlichkeitsrechnung und in die Qualitätssicherung mithilfe von Mathcad. Linz: Trauner.

TRÖLSS, J. (2008). Angewandte Mathematik mit Mathcad (Lehr- und Arbeitsbuch). Band 1: Einführung in Mathcad. Wien: Springer.

TRÖLSS, J. (2008). Angewandte Mathematik mit Mathcad (Lehr- und Arbeitsbuch). Band 2: Komplexe Zahlen und Funktionen, Vektoralgebra und analytische Geometrie, Matrizenrechnung, Vektoranalysis. Wien: Springer.

TRÖLSS, J. (2008). Angewandte Mathematik mit Mathcad (Lehr- und Arbeitsbuch). Band 4: Reihen, Transformationen, Differential- und Differenzengleichungen. Wien: Springer.

WALTER, W. (1997). Analysis 1. Berlin: Springer.

WALTER, W. (1995). Analysis 2. Berlin: Springer.

WOLFF, M., **GLOOR**, O., **RICHARD**, C. (1998). Analysis Alive. Basel: Birkhäuser.

WÜST, R. (1995). Höhere Mathematik für Physiker. Berlin: Walter de Gruyter.

Sachwortverzeichnis

A

B

C

D